Systematische Uebersicht

der

Thiere Brasiliens,

welche

während einer Reise durch die Provinzen von Rio de Janeiro und Minas geraës

gesammelt oder beobachtet

wurden

von

Dr. Hermann Burmeister,

o. ö. Prof. d. Zoologie und Direct. d. zool. Mus. der Universität zu Halle.

Zweiter Theil.

Vögel (Aves).

Erste Hälfte.

Berlin, 1856.

Druck und Verlag von Georg Reimer.

Inhalt.

Zweite Klasse.

Vögel. AVES.

Die Gruppe der befiederten Rückgratthiere ist in Brasilien sehr zahlreich vertreten; überall wohin man sich wendet, sieht man glänzende, schön gefärbte Kolibri's die Blüthen umschweben, oder grellleuchtende Tanagras durch die Gebüsche schlüpfen; hört vielfältig die kreischenden Stimmen der Papageien aus den Kronen der Waldbäume herabschallen, oder pfeifende, kurze Töne aus dem Dickigt unmittelbar neben sich dringen, welche allgemein dem dortigen Rephuhn zugeschrieben werden; — aber man ist doch im Ganzen nicht im Stande, von der wirklich großartigen Mannigfaltigkeit der Vögel dieses Landes sich eine Vorstellung zu verschaffen, bevor man nicht mit dem genauen Studium derselben sich befaßt hat. Deshalb bleibt die Schätzung eines gewöhnlichen Reisenden weit hinter der wirklichen Menge brasilianischer Vogelarten zurück. Es soll unsere Aufgabe seyn, sie hier wenn auch nicht vollständig, doch wenigstens annäherungsweise richtig zu ermitteln. —

Mit einer allgemeinen Betrachtung der Vogelorganisation werden wir diese Untersuchung nicht zu beginnen haben; sie ist in Brasilien keine wesentlich andere, als überall auf der Erde, daher überflüssig zu besprechen, wenn es sich nur darum handelt, die Eigenthümlichkeiten einer gewissen Gegend der Erdoberfläche zusammenzufassen. Für diesen Zweck kann allein die Vergleichung der vorhandenen oder fehlenden Gruppen einen wirklichen, wissenschaftlichen Werth haben und das bildet unser Thema in dieser voraufgeschickten allgemeinen Besprechung. Zwar würde es nicht bloß unterhaltend, sondern auch ebensosehr belehrend sein, eine Schilderung von dem Leben der Vögel an ihren verschiedenen Standorten zu geben; aber die kurze Anwesenheit eines von Ort zu Ort streifenden Reisenden ist einer solchen, vielfache Gesichtspunkte ins Auge fassenden Darstellung nicht grade günstig; man muß lange und zu verschiedenen Jahreszeiten die Tummelplätze der Thiere besucht haben, wenn man von dem Treiben derselben auf ihnen eine nicht bloß lebendige und spannende, sondern auch wahrhaftige und vollständige Schilderung zu geben beabsichtigt. Wer da weiß, wie schwer es hält, bei solchen Unternehmungen nicht die Sache der Form zum Opfer zu bringen, der wird mir beipflichten, wenn ich es vorziehe, wenigstens hier davon zu schweigen. Sicher ist keinem wissenschaftlichen Ornithologen die lebendig und ohne allen prunkenden Wortschwall geschriebene Einleitung zum dritten Bande der Beiträge des trefflichen Beobachters, Prinzen Maximilian zu Wied, unbekannt geblieben; er hat dann eine ebenso reichhaltige wie genaue Behandlung des Thema's genossen, welches ich hier nur andeutete, weil es mir ja vergönnt ist, auf seine werthvolle Arbeit verweisen zu können. Da wird der Lüsterne die Eindrücke empfinden lernen, welche der Urwald mit seinen Hunderten von befiederten Einwohnern auf den Neuling macht; er kann den Stimmen lauschen, welche aus den dichten Laubkronen herabschallen, oder den prachtvollen Blüthenschmuck anstaunen, wenn um seine strahlende Kelche die summenden Kolibris schweben, unter den dichten Gruppen der Blätter hervor aufgescheuchte zierliche Schlüpfer und Zweigkletterer entweichen. —

Mit Recht weist übrigens der Prinz darauf hin, daß nicht Alles neu und überraschend ist, was der wissenschaftliche Sammler oder Naturforscher in fernen Zonen wahrnimmt. Hat er die hundertfältig wiederkehrenden kreischenden Stimmen der Papageien genugsam kennen gelernt; hat er an das sonderbare Kollern oder Läuten mancher Tracheophonen, der Coracina, des Chasmarhynchus sich schon gewöhnt; ist der knarrende klagende Ton eines Tukan, wie er in kurzen Pausen aus dem nahen Walde herüberschallt, ihm eine bekannte Stimme geworden; so vernimmt er auch bald in ganz gewohnter Weise das Girren der Holztauben, das Klopfen eines Spechtes, oder das Wiehern eines Rüttelfalken, der in seiner Nähe auffliegt; er denkt unwillkürlich an seine heimathlichen Fluren und erkennt, daß gewisse Verhältnisse in der Natur überall dieselben bleiben, während andere sich ändern, oder hier und dort völlig verloren gehen. —

Sprechen wir zuvörderst von den analogen Erscheinungen, um die etwaigen Modificationen derselben zu untersuchen, so kann das vielfach anziehende äußere Leben der Vögel uns füglich den ersten Stoff zur weiteren Betrachtung darbieten; es mögen die Verhältnisse des Gefieders, die Zeit und Art seines Wechsels, der Nestbau, die Brütperiode, die Wanderungslust und was sich an diese Gegenstände anreihet, einer kurzen allgemeinen Betrachtung unterworfen werden.

Man weiß, daß die Vögel ihr Federnkleid alljährlich wenigstens einmal, manche auch zweimal erneuern und dann häufig ein sehr verschiedenes Kolorit mit dem neuen Gefieder aufsetzen. Stets stellt sich das schönere, man möchte sagen schmuckvollere Gefieder mit dem Frühlinge, der Zeit des erwachenden Geschlechtslebens in unserer Zone ein, und darum hatte der sinnvolle Beobachter dieses Wechsels einen triftigen Grund, das neue Frühjahrskleid mit dem Namen des Hochzeitskleides zu belegen. Ich will es hier unerörtert lassen, ob, wie man neuerdings anzunehmen geneigt zu sein scheint, dies zweite Jahreskleid überall nur ein verändertes früheres ist, oder in andern Fällen ein wirklich neues; das hat für die Frage, ob auch in Brasilien analoge Erscheinungen am Vogelgefieder wahrgenommen werden, nur eine untergeordnete Bedeutung. Man wird nicht irren, wenn man behauptet, daß je schärfer der klimatische Unterschied der Jahreszeiten sei, desto bestimmter auch die Verschiedenheit des Sommer- und Winterkleides nicht bloß der Vögel, sondern überhaupt aller Thiere sich gestalte. Ein Land wie Brasilien, dessen bei weitem größere Oberfläche noch zwischen den Tropen liegt, kann keine bedeutenden Verschiedenheiten der Jahreszeiten haben; wenn das Federnkleid der Vögel sich nach den Jahreszeiten richtet, so kann die Abweichung des Sommerkleides vom Winterkleide in Brasilien nicht gar groß sein. Das bestätigen alle unsere Erfahrungen. Jahreszeitenkleider haben die brasilianischen Vögel in der That gar nicht; wie der Vogel im Sommer gefärbt ist, so ist er auch im Winter, nur lebhafter erscheint sein Kleid, so lange es frisch und wohl erhalten blieb; matter, trüber wenn es die längste Zeit getragen worden, und der Wechsel desselben bevorsteht. Die Erneuerung des Gefieders erfolgt übrigens bei den brasilianischen Vögeln zur analogen Zeit, wie bei den unsrigen, d. h. im Herbst nach überstandener Brutperiode. Während des kälteren trocknen Winters, welcher im südlichen Brasilien die Monate Juni, Juli und August umfaßt, hat der brasilianische Vogel sein frisches, derberes Kleid größtentheils angelegt, und trotzt in dieser neuen Hülle den allerdings kalten und namentlich am frühen Morgen vor Sonnenaufgang höchst empfindlichen Nächten mit größerer Leichtigkeit. Aber seine Federn sind um diese Zeit nicht bloß breiter und voller, sie sind auch weicher, lockerer, weil die feinen Spitzen, worin ihre Aeste und Strahlen ausgehen, sich noch erhalten haben, wodurch manche Vögel wie mit einem Flor oder Schleier überdeckt erscheinen. Vermöge dieser Einrichtung ist das Kleid des Vogels im Winter matter und düsterer gefärbt, als im Hochsommer; die feinen Spitzen der Federn bieten nicht so viel Fläche dar, sie nehmen nicht so intensive Farben- und so große Pigmentflächen an, wie die breiten unteren Theile der Federn, welche das feste derbe glatte Gefieder zusammensetzen und heraustreten, wenn diese dünnen schwachen Spitzen verloren gegangen sind; — sei es durch allmäliges Abreiben, oder durch ein mit der heißen Jahreszeit (December, Januar, Februar) eintretendes, wirkliches Abstoßen, was an die Stelle des periodischen Federnfalles, der wahren Mauser, zu treten pflegt. Ich glaube, daß die Farbenverschiedenheit des Federnkleides in der kalten und heißen Jahreszeit hauptsächlich von diesem Abstoßungsprozeß der äußeren Spitzen des Gefieders herrührt und darum nicht eine zweite Mauser genannt werden kann. Mir ist kein Beispiel eines so vollständigen Unterschiedes zwischen dem Sommer- und Winterkleide der brasilianischen Vögel bekannt, daß ich eine wirkliche zweite Mauser anzunehmen versucht würde; ich glaube nicht, daß sie in der That existirt. --

Wir haben des Zeitpunktes gedacht, wann die wirkliche Mauser der brasilianischen Vögel eintritt, und selbigen als den Spätherbst angegeben. Das ist gewiß im Allgemeinen die Jahresperiode, in welcher der Federnersatz Statt hat; aber die Natur bindet sich in den heißen Klimaten nicht so bestimmt an ihre Gesetze, wie in den kalten; sie verstattet der besonderen Individualität ihrer Geschöpfe einen bei weitem größeren Spielraum. „Geringere Regelmäßigkeit ist ein Hauptcharakter in den Funktionen der Thiere heißer Länder" bemerkt der Prinz zu Wied sehr richtig von den Lebensverhältnissen der tropischen Geschöpfe; und das läßt sich im hohen Grade auf die periodisch wiederkehrenden Verrichtungen ausdehnen. Wie wir bei den Hirschen erfahren haben, daß die Zeit des Geweihabwurfes großen Schwankungen unterworfen sei (I. Bd. S. 317), so hören wir es hier wieder von der Mauser der Vögel; sie ist der Zeit nach höchst verschieden bei einer und derselben Vogelart, d. h. ihr Eintritt und ihr Ende schwanken selbst auf Zeiträume von Monden. — Einige Beobachter haben geglaubt, daß die Mauserung der Individuen langsamer von Statten gehe in der heißen Zone, als in der gemäßigten. Ich glaube aber, daß dieser Angabe eine unrichtige Auffassung der richtigen Beobachtung zu Grunde liegt; denn nicht die einzelnen Individuen mausern langsamer, sondern der Zeitraum, binnen welches die verschiedenen Individuen einer Art mausern können, ist ein größerer. Das eine Individuum beginnt seine Mauser früher, das andere später, aber beide vollenden sie in einer ziemlich gleichen Zeitperiode. Beobachtet man nun mehre Individuen hinter einander, die alle noch in der Mauser sich befinden, so glaubt man leicht, daß sie sehr langsam mausern mögen, weil sie noch zu so verschiedenen Zeiten in der Mauser angetroffen werden. Hierin liegt offenbar die Täuschung.

Ich glaube, daß die Kräftigkeit der Individuen dabei eine wesentliche Rolle spielt. Große, vollständig ausgewachsene, reichlich genährte, gesunde Vögel werden rascher ihren Federnwechsel durchmachen, als kleine, schwächliche entweder noch sehr junge oder schon sehr alte Thiere; bei ihnen wird ein größerer Zeitraum um so eher verwendet werden können, als die äußern Verhältnisse ihrer Heimath sie nicht nöthigen, rasch und energisch zu sein bei ihren nothwendigen Verrichtungen. Wenn die Kälte im Norden bevorsteht, muß die Mauserung sich beeilen; wenn der nahende Frühling an die beginnende Geschlechtsthätigkeit mahnt, muß die Federnumwandlung rascher von Statten gehen, damit dem darauf folgenden wichtigsten Geschäfte im Leben des Thieres sein Recht ungeschmälert zu Theil werde. Das ist der Grund, warum die nordischen Vögel schneller in ihren Verrichtungen zu sein scheinen, als die tropischen; auf sie drückt das Naturgesetz strenger, als auf die sorgenfreien Bewohner der bevorzugten Gegenden der Erde. —

Bestimmter, als ein Sommer- und Winterkleid, tritt bei den Vögeln Brasiliens ein Jugend- und Alterskleid hervor. Nicht bloß diejenigen Vogelgruppen, welche, wie die Falken, eine sehr große Verschiedenheit im Kleide des unreifen und des reifen Alters auch bei uns zu zeigen pflegen, folgen in Brasilien demselben Gesetze; selbst solche Vögel, denen die westliche Erdhälfte, oder die Tropenzone, zum ausschließlichen Wohnorte angewiesen worden, zeigen sich ihm unterthan. So haben z. B. die Kolibris je nach ihrem Alter ein sehr verschiedenes Ansehn; den jungen Vögeln fehlen die prachtvollsten Theile des Gefieders seiner Aeltern stets ganz. Hier tritt nicht bloß eine relative, in der mangelnden Fülle des Pigments sich offenbarende Verschiedenheit hervor, sondern ein so völlig absoluter Unterschied, daß es sehr schwer hält, die zu einander gehörigen Kleider einer und derselben Vogelart mit Sicherheit zu ermitteln. Ein alter und ein junger Trochilus moschitus haben fast nichts mit einander gemein, als die Größe ihrer Körpertheile und die Farbe der Flügel; alles übrige Gefieder ist mehr oder weniger verschieden. Weniger grell weichen indessen die Kleider anderer Arten von einander ab, namentlich derer, die nicht so hohe und volle Metallfarben besitzen, wie die genannte. Ein junger und ein alter Trochilus albicollis haben viel Aehnliches; was an diesem weiß im Gefieder ist, fällt an jenem ins Graue und die Metalltöne zeigen sich schon recht klar am jungen Vogel. Vermöge solcher Mannigfaltigkeit hält es schwer, allgemeine Sätze über die Jugend- und Alterskleider der Vögel aufzustellen; besonders wenn man nicht Gelegenheit gehabt hat, viele Arten in mehreren Kleidern zu beobachten. Auch scheint in der That kein bestimmtes Gesetz für alle Arten einer und derselben Gruppe festzustehen. So darf man z. B. von den meisten Tracheophonen, diesen für Süd-Amerika so höchst charakteristischen Vögeln, behaupten, daß das Jugendkleid nicht sehr wesentlich vom Kleide der Aeltern abweicht, und doch giebt es unter ihnen Arten oder gar Gattungen, bei denen, wie bei Pipra und Psaris, die Verschiedenheit nach dem Alter sehr groß ist. Dies ist um so auffallender, als in der ganzen Gruppe prachtvolle oder grellfarbige Kleider zwar nicht fehlen, aber doch keinesweges Regel sind; denn grade diejenigen Vögel, welche den höchsten Schmuck des Gefieders im Alter tragen, pflegen in der Jugend wenig oder gar nicht mit bunten oder grellen Farben zu glänzen. Ein sehr auffallendes Beispiel der Art liefern die Tanagrinen. Bei den ächten Tanagren oder Aglajen, wo am alten Vogel die Farben grün, blau, gelb und roth zugleich auftreten können, öfters noch vereint mit schwarz und weiß, ist der junge Vogel so matt gefärbt, daß man noch keine Ahnung von dem strahlenden Colorit gewinnt, welches ihm später zusteht. Und doch giebt es in derselben Familie ganze Gattungen, wo das Jugend- und Alterskleid nur sehr wenig abweicht, wie z B. bei Tachyphonus. Man wird sich also hüten müssen, solche Verhältnisse nach einzelnen Fällen zu verallgemeinern und nur in Folge langjähriger Beobachtung befugt sein, von Gesetzen und ihrer Ausdehnung zu reden. —

Wenn das Jugend- und Alterskleid vieler brasilianischer Vögel große Verschiedenheiten darbietet, so thut das nicht weniger das Kleid der beiden Geschlechter. In dieser Beziehung scheinen strengere Gesetze zu herrschen als in jener. Im Allgemeinen ähneln die Männchen und Weibchen der Vögel einander weniger, als die analogen Geschlechter der Säugethiere; gewöhnlich ist der männliche Vogel kleiner, schmächtiger und graciler gebaut als der weibliche, dem kürzere Gliedmaßen und ein dickerer Rumpf eigen zu sein pflegen. Diese Verhältnisse treten am deutlichsten bei den Raubvögeln hervor. Nur in wenigen Gruppen, z. B. bei den polygamischen Hühnern, kehrt sich die Erscheinung um und das Männchen ist das stärkere, größere, solidere Geschlecht, dem auch eigenthümliche Decorationen, besonders bunt gefärbte nackte Stellen im Gesicht zuertheilt wurden. Hier zeigen sich also die meisten Vögel in einen entschiedenen Gegensatz zu den Säugethieren gestellt, wo immer das männliche Geschlecht das stärkere, größere, kräftigere und besser decorirte zu sein pflegt. Allein mit solchen relativen Unterschieden begnügt sich die Natur in vielen Fällen nicht, sie bringt absolute des Gefieders hinzu und zeichnet beide Geschlechter aufs höchste verschieden im Farbenkleide oder z. Th. auch im Federnbau. — Brasilien hat mit Süd-Amerika mehrere höchst auffallende Beispiele der Art grade in solchen Vogel-Abtheilungen aufzuweisen, die diesen Gegenden eigenthümlich angehören. Ich erwähne hier wieder zuerst der Tracheophonen, wo bei den Eriodoriden, d. h. den Myiotheren und Tamnophiliden, das männliche Geschlecht ein schwarzes oder graues, das weibliche ein bräunliches oder rothes Kleid zu tragen pflegt. Das geht durch die ganze Gruppe. Wenig verschieden ist dagegen das Kleid des männlichen und weiblichen Vogels bei den ihnen nahe verwandten Anabatiden, während bei vielen Fluvicolinen wenigstens ein relativer Unterschied bestimmt wahrgenommen werden kann. Die auffallendste Verschiedenheit aber bieten die Ampeliden dar, namentlich die Piprae; hier weichen die Männchen von den meist grünen Weibchen so sehr in der Farbe ab, daß es oft schwer hält, die verschiedenen Geschlechter einer Art mit Sicherheit zu erkennen.

Andere, wie Chasmarhynchus, haben gar bunte nackte Kehlen, die den Weibchen fehlen. Allgemeine Regel ist das aber nicht; bei gewissen Ampeliden, wie Coracina, stimmen die Geschlechter in Farbe und Zeichnung überein. —

Aehnliche Erscheinungen kommen unter den ächten Singvögeln oder Canoren mit vollständigem Singmuskelapparat weniger häufig vor. Die meisten Fälle der Art liefert die Gruppe der Tanagrinen, mit denen die analogen Nectarineinen in nächster Verwandtschaft stehen. Bei sehr vielen Mitgliedern beider Gruppen ist das Männchen viel schöner, bunter und prachtvoller gefärbt als das Weibchen, dem namentlich das grelle Scheitelgefieder häufig fehlt, was die Männchen auszeichnet. — Unter den Hühnern und Enten, bei denen in der alten Welt die heterogensten Geschlechtskleider angetroffen werden, findet man übrigens viel mehr Uebereinstimmung der Geschlechter solcher Arten, welche Süd-Amerika innerhalb der Tropenzone bewohnen; wahrscheinlich deshalb, weil diejenigen Gruppen beider Familien, bei denen die Geschlechtsdifferenz am auffallendsten ist, hier gar nicht vertreten sind. —

Es wird nicht nöthig sein, die Verschiedenheiten des Gefieders weiter im Allgemeinen zu besprechen; vielleicht möchte die Bemerkung noch passend erscheinen, daß keinesweges bloß die Farbe, sondern häufig auch die Beschaffenheit des Gefieders an der Geschlechtsdifferenz Antheil nimmt und die Männchen, namentlich bei den Ampeliden, mit z. Th. wunderlichen Decorationen glänzen, die den Weibchen fehlen. Die Gattung Rupicola ist eins der auffallendsten Beispiele; doch haben auch viele Colopteriden abweichend nach dem Geschlecht gestaltete einzelne Federn. —

Mit dem Federnwechsel und der davon abhängigen Schönheit des Gefieders steht ein anderes Verhältniß der Vögel in einer gewissen Beziehung; wir meinen die eigenthümliche Wanderungslust, welche diesen Thieren innewohnt. Sie hängt freilich nur in sofern von dem Federnwechsel ab, als beide Erscheinungen nie zusammenfallen, sondern stets die eine der andern nachfolgt. Ein Vogel, der kein vollständiges Gefieder besitzt, kann sich nicht so sicher und anhaltend bewegen, als im anderen Falle; er kann also auch keine weiten Züge unternehmen, bevor nicht sein Federnkleid vollständig ausgebildet worden, denn in ihm liegt das sicherste Hülfsmittel einer schnellen und gefahrlosen Wanderschaft. Die Wanderung der Vögel richtet sich überall nach der Jahreszeit, sie ist das Mittel, dessen sich das Geschöpf bedient, um den Unbilden zu entgehen, welche die Wechselfälle des Klimas in gemäßigten und kalten Zonen ihm bereiten. Schon hierin liegt der Grund deutlich genug ausgesprochen, warum die Bewohner der Tropen viel weniger große Wanderungen unternehmen; ist doch ihre Zone eine viel mehr gleichförmige und darum die Befriedigung der gewöhnlichen Bedürfnisse eine ununterbrochen gesicherte. Aber man würde doch sehr irren, wenn man glaubte, daß der Unterschied der Jahreszeiten hier völlig verschwände. Ich habe diesen Punkt schon in meiner Reise (S. 457) besprochen, und dort nachgewiesen, daß eine bestimmte Analogie aller Erscheinungen mit denen unserer Gegenden nicht verkannt werden könne; daß aber die Uebergangsperioden, welche bei uns den größten Theil des Jahres einnehmen und durch die häufigen Umschläge der Temperatur so unangenehm werden, in der Tropenzone sehr schnell ihren regelmäßigen Verlauf nehmen, und darum gewöhnlich ganz unbeachtet bleiben. Wozu in unseren Breiten mehrere Monate erforderlich sind, das erreicht die Tropenzone in ein Paar Wochen; man merkt den Wechsel kaum, theils weil der Unterschied zwischen dem Sommer und Winter, der heißen feuchten und kälteren trocknen Jahreszeit, viel geringer ist, theils weil die eine Periode ganz sanft und regelmäßig binnen eines kurzen Zeitraumes in die andere übergeht. — Indessen die ganze tropische Organisation ist auf diesen Wechsel angewiesen; sie richtet sich darnach ebenso bestimmt, wie die unsrige und das läßt sich auch an den Vögeln wahrnehmen, die, wenn auch nicht regelmäßig, gleich den unsrigen, von Norden nach Süden einen weiten Weg zurücklegen, doch eine bestimmte Ab- und Zunahme in sehr vielen Gegenden verrathen. Allerdings fehlen wirkliche **Zugvögel** in Brasilien völlig; die **Schwalben**, **Kukuke**, die **Sänger** und **Störche** kann man zu allen Jahreszeiten antreffen, aber man würde sich täuschen, wenn man ihnen stets die gleiche Lebendigkeit und Thätigkeit zutraute; auch sie haben ihre Perioden, wo sie in größter Fülle oder Anzahl erscheinen und gleichsam zu neuem Leben erwachen. Es ist der tropische Frühling, welcher in den **September** fällt, mit dem die Vögel Brasiliens zu neuer und bald äußerster Thätigkeit gelangen; um diese Zeit beginnen sie den Nestbau; treiben die Männchen die Weibchen zur Paarung an, indem sie sie verfolgen; locken sie schon am frühen Morgen mit ihren Stimmen und begrüßen das Tageslicht, wie wenn es zu einem neuen Freudentage aufginge. Mit dem Eintritt der wirklichen Regenperiode, welche dem **November** zufällt, beginnt dann der wahre tropische Sommer; alles ist jetzt in üppiger Fülle und Schönheit, die Bäume bedeckt ein frisches, lebhafter grünes, dichteres Laub; die Blumen öffnen ihre strahlenden oder duftenden Kelche; und das unendliche Heer der Insecten verläßt seine Schlupfwinkel, um auf den Blumen sich zu sonnen, an ihrem Nektar sich zu erquicken. Das alles kommt den Vögeln zu Statten. Hatten sie bisher im Walde gelebt, um ihre Nahrung an den im Dickigt versteckten Früchten, oder den in Fugen und Spalten der Rinde verkrochenen Insecten zu suchen, so treten sie jetzt aus dem nassen, kälteren, wegen der Windstille schwülern Walde hervor, suchen die offnen sonnigen Triften, die nahen Gärten der Ansiedler und zeigen sich hier, vielfältig beschäftigt mit ihrer Nahrung, in ihrem ganzen täglichen, munteren Treiben. Aber wirklich gekommen sind sie nicht, sie sind nur verwegener bis in die Nähe des Menschen vorgedrungen, um alsbald hier seine Beute zu werden. Jung und Alt geht jetzt auf die Jagd, ein Jeder sucht Eier und Nester, wie bei uns die liebe Dorfjugend im Frühjahr, und der **Finkenstrich**, o tempo dos passerinhos, wie der Prinz zu **Wied** (Beitr. III. S. 26) die Periode nennt, ist auch in Brasilien eine allbekannte, sehnsüchtig erwartete Jahreszeit.

Alcide D'Orbigny hat uns über die Wanderungen der südamerikanischen Vögel die vollständigsten Mittheilungen gemacht (Voy. d. l'Am. mér. IV. 3. 155). Er bestätigt, daß es wahre Wanderer in unserem Sinne, wenigstens unter den Singvögeln der Tropenzone, gar nicht giebt, und daß die scheinbare Wanderung doch eigentlich nur in einem periodischen Strich bestehe, der hauptsächlich durch den Mangel ihrer bestimmten Nahrungsmittel bewirkt werde. Der Prinz zu Wied hatte dasselbe schon früher ausgesprochen (Beitr. III. 25) und diesen Strich weiter dahin bezeichnet, daß er mehr in westöstlicher Richtung erfolge, indem derselbe mit der kälteren Jahreszeit aus den höhern Bergregionen (denn von eigentlichen alpinen Zonen kann in Brasilien nicht die Rede sein) gegen die tieferen wärmern Gegenden gerichtet sei, im ganzen Küstengebiet Brasiliens also von Westen nach Osten gehe. Dagegen würde auf den inneren Gegenden die entgegengesetzte Richtung die herrschende sein, weil Brasiliens höchste Gebirge alle dem östlichen Küstenrande in einem Abstande von 40—60 geogr. M. parallel laufen. Weiter hinein, im Gebiet des Amazonenflusses, würde die Erscheinung noch regelmäßiger eintreten müssen, weil die benachbarte hohe Gebirgskette der Cordilleren viel größere Zonenunterschiede nothwendig macht und damit auch einen entschiedneren Vogelzug nach sich zieht. Hier würde aber die Richtung des Zuges wieder von Westen nach Osten gehen; die Vögel des Gebirges würden gegen den Winter in die Ebene hinabsteigen. Daß dem wirklich so sei, haben D'Orbigny's angeführte Erfahrungen bestätigt. Ich meines Theils kann über diesen Punkt nichts Neues angeben; ich habe mich zu kurze Zeit an einem und demselben Orte aufgehalten, um zuverlässige Beobachtungen über das Erscheinen der Vögel mit der Jahreszeit anstellen zu können. Ich konnte nur die täglichen Perioden mit einiger Sicherheit verfolgen und habe in dieser Hinsicht ebenfalls manches Gesetzmäßige wahrgenommen. So erschien z. B. der bei Congonhas in Minas geraës häufige Cypselus torquatus täglich gegen 10 Uhr Morgens in ziemlicher Anzahl auf den Straßen des Ortes, er durcheilte sie ein Paar Stunden mit ebenso schnellen Flügeln, wie unser

C. apus, und war Nachmittags regelmäßig wieder verschwunden. Die Einwohner behaupteten, daß der Vogel auf den benachbarten Berghöhen im Walde seinen Stand habe, und denselben verlasse, um auf den offenen Gegenden nach Insecten zu jagen. Wirklich fand ich die Magen aller von mir untersuchten Exemplare nur mit einer Wespen-Art (Chartergus nidulans), davon aber strotzend gefüllt. Sicher war es also die Hauptschwärmzeit dieser Wespe, welche den Vogel herbeigelockt hatte; denn die Nester der Wespen saßen im Orte vielfältig an den Dächern der höheren Gebäude. —

Die Brützeit der Vögel tritt nach vollendeter Wanderung ein und der Ort, wo sie brüten, ist ihre eigentliche Heimath. Vögel, die in Deutschland nur auf dem Zuge erscheinen und bei uns keine Brütstätte haben, sollten billigerweise nicht unter die deutschen Vögel gerechnet werden. Die Wanderung der brasilianischen Vögel fügt sich demselben Gesetze, sie wird stets vor der Brütperiode und vor dem beginnenden Nestbau zurückgelegt; wo der brasilianische Vogel sein Nest gründet, da hat auch er seine wahre Heimath. Schon hieraus folgt, daß die erste Brut etwa in den September fallen muß. Um diese Zeit besonders sieht man die Vögel in der Nähe des Menschen am Nestbau thätig und erhält grade dann am leichtesten von manchen Arten die Eier. Es war um diese Zeit, d. h. im Laufe des genannten Monats, als mir frische oder nur leicht bebrütete Eier von den gewöhnlichsten Vogelarten meines Aufenthaltsortes öfters gebracht wurden. Später habe ich sie nicht mehr erhalten, wohl aber zum zweiten Mal eben so frische Eier zu Weihnachten, oder am Anfange Januars, um welche Zeit der Hochsommer bevorsteht und die tropischen Hundstage, welche bei Rio de Janeiro die zweite Hälfte des Januars einnehmen, ihrem Beginne nahe sind. Ich möchte diese späteren Eier einer zweiten Brütperiode zuschreiben und annehmen, daß die kleineren Vögel (es waren meistens Frigillinen) eine doppelte Brützeit, wie auch bei uns, besitzen. Im Ganzen hat der Prinz zu Wied dasselbe beobachtet *); auch er meint,

*) Es ist nur ein Schreibfehler, wenn der Prinz in seinen Beiträgen (III. Th.

daß die meisten Vögel der kleineren und mittleren Dimensionen zweimal brüten, daß sich aber die Individuen einer Art nicht so bestimmt an ihre Termine binden, wie die unsrigen, sondern wie bei der Mauser sich manche Abschweifungen davon erlauben. Das ist gewiß eine richtige Auffassung, viel richtiger, als die von ihm erwähnte Ansicht Bajon's, welcher glaubt, vier Brütperioden bei den Vögeln Cajennes annehmen zu müssen. Es mag sein, daß einzelne Paare mehr als zweimal brüten, und es kann das wohl ausnahmsweise bei verschiedenen Arten vielleicht selbst als Regel vorkommen; aber Regel für alle ist es gewiß nicht, davon habe ich mich an den in meiner Umgebung brütenden Vögeln aufs bestimmteste überzeugen können. Daß endlich die Brützeit der tropischen Vögel und namentlich der brasilianischen, fast über das ganze Jahr, nur mit Ausschluß der Monate April, Mai und Juni, sich ausdehne, wie der Prinz zu Wied aus den von ihm beobachteten frischen, aber leeren, Nestern zu folgern scheint, bezweifle ich; leere Nester können ebenso leicht für verlassene, als für bereits benutzte oder baldigst zu benutzende, angesehen werden und ich glaube mit Gewißheit versichern zu können, daß die im Juli gefundenen leeren Nester dergleichen waren. Selbst im August ruhen noch die meisten Bruten, obgleich gegen Ende des Monats manches Nest in Angriff genommen wird; dagegen sind die Monate September bis Februar ächte Brütmonate in Brasilien. Wenn der Prinz noch im März Eier von Pipra-Arten fand, so scheint das für eine dreifache Brütperiode der kleinen Vögel zu sprechen; auch die Kolibris, in deren Nestern schon im August Eier enthalten sein können, dürften eine dreifache Brütperiode besitzen; welche Ansicht mir um so wahrscheinlicher vorkommt, als diese zierlichen Zwergvögelchen jedes Mal nur 2 Eier legen, mithin das, was

S. 29) sagt, daß die meisten Vögel unmittelbar nach dem Ende der Regenzeit brüten; er hat den Anfang dieser Jahreszeit gemeint, wie die Monatsangabe (September bis Januar) beweist, denn in diese Monate fällt die Regenzeit. Ueberhaupt gebraucht der sonst so sorgfältige Beobachter fast immer das Wort trocken an unrechter Stelle; die warme Jahreszeit ist die feuchte, die kalte die trockne. —

sie an Zahl in der Periode sparen, durch häufigere Wiederholung der Brütperiode ausgleichen. Lassen wir indessen den Grundsatz auch hierbei nicht aus den Augen, daß die periodischen Verrichtungen tropischen Geschöpfe weniger streng ihre Zeiten innehalten und darum Eier wie Nester mit Bruten während der ganzen feuchten und warmen Jahreszeit, d. h. vom September bis März, angetroffen werden können. —

Wenn wir uns bisher nur um die rein physischen Erscheinungen im Leben der Vögel bekümmert haben, so dürfte es um so mehr an der Zeit sein, auch ihrer geistigen, ihrer Kunstfertigkeit Erwähnung zu thun. Die Vögel zeigen im Allgemeinen zwei Hauptgeschicklichkeiten, den Nestbau und den melodischen Gesang. —

Was den ersteren Punkt betrifft, so habe ich bei den brasilianischen Gruppengenossen derjenigen Vogelfamilien, welche sich besonders durch einen kunstreichen Nestbau auszeichnen, keine geringere Fähigkeit dazu kennen gelernt, als bei den Bewohnern der östlichen Halbkugel. Im Ganzen sind es nur Singvögel und ihnen nahestehende Abtheilungen, welchen ein hoher Grad von Kunstfertigkeit im Nestbau innewohnt. Kein Raubvogel, kein Papagei oder Specht ist als Verfertiger eines sehr sorgfältig und mühsam gebauten Nestes bekannt; noch viel weniger eine Taube oder ein Huhn. Die meisten Sumpf- und Wasservögel nisten auf dem platten Boden, oft ohne alle Unterlage und die wenigen Mitglieder dieser Abtheilungen, welche, wie die Störche, Wasserhühner, Schwäne &c., ein wirkliches Nest bauen, thun das ohne große Sorgfalt, wenn auch mit Aufwendung eines verhältnißmäßig beträchtlichen Materiales. Aber das zierlich gefügte, aus den feinsten Fäden, Haaren und Halmen zusammengeflochtene Nest eines Finken oder eines Sängers ist denn doch ein ganz anderes Werk. Was ich von Nestern der Vögel dieser Art gesehen habe, stimmt ganz mit den unsrigen überein; ein brasilianisches Finken- oder Sperlingsnest ist ebenso sicher, so tief, so kunstreich und aus so mannigfachen Stoffen zusammengesetzt, wie das europäische; der eine Vogel versteht sein Handwerk vollkommen so gut, wie der andere. So weit meine Erfahrungen reichen, bauen nicht bloß ächte Sänger (Canorae), sondern auch Kreischer (Tracheophones) wie man sie nennen könnte, gleichförmig kunstreiche, aus den oben genannten Materialien zusammengefügte Nester, welche von den in Europa gebauten verwandter oder auch nur analoger Vögel sich gar nicht der Form nach unterscheiden lassen. Dagegen giebt es in Brasilien einige Vögel, welche eigenthümlicher zu Werke gehn. Der sonderbarste von allen ist ohne Widerspruch der Lehmhans (João de barro) wie ihn die Brasilianer nennen, Illiger's Töpfervogel (Furnarius), dessen großes, melonenförmiges, aus dem rothen Lehm der Fahrwege gebautes Nest man in Minas geraës überall neben Ansiedelungen auf den Bäumen sitzen sieht. Es ist das merkwürdigste Gebäude der Art, was ich in Brasilien kennen gelernt habe und bereits anderswo (in Cabanis Journ. für Ornith. I. 167) ausführlich von mir beschrieben worden. Gewissermaßen vertritt dieser Vogel dadurch unsere Schwalben, obgleich sein Haus ganz anders aussieht; denn die brasilianischen Hausschwalben bauen kein Nest aus Koth, wie die unsrigen, sondern nisten nach Art unserer Sperlinge unter den Ziegeln der Dächer. Höchst kunstreich und offenbar, was Zierlichkeit und Sorgfalt betrifft, die ersten unter den Nestern brasilianischer Vögel sind die aus Baumwolle, Moos und Flechten zusammengewirkten Nester der Colibris; — nicht minder überraschen durch ihre sonderbare Gestalt die langen beutelförmigen, aber lose und netzartig durchsichtig gebauten Nester der Cassicen (Cassicus haemorrhous), den die Brasilianer Guasch nennen. Das sind übrigens die einzigen merkwürdigen Nester, welche ich gefunden habe; der Prinz zu Wied traf eine ähnliche Nestform bei Anabates rufifrons, den ich nie brütend beobachtete, obgleich mir der Vogel im Innern von Minas geraës vorkam.

Wenn nach diesen Angaben die Kunstfertigkeit der brasilianischen Singvögel im Nestbau nicht geringer erscheint, als die der unsrigen, so läßt sich von ihrem Gesange keineswegs das Gleiche berichten; die meisten Singvögel sind ganz ohne Gesang und die wenigen, welche singen, dürfen sich mit unseren Hauptsängern nicht messen. In Brasilien tritt neben den Sängern eine Gruppe von Vögeln auf, welche in der äußeren Erscheinung die größte Aehnlichkeit mit den Singvögeln besitzt, sich aber in wesentlichen Organisationspunkten, namentlich im Bau des unteren Kehlkopfes, von ihnen unterscheidet. Das sind die Kreischer oder Tracheophonen. Diese Vögel, vorzugsweise, wenn nicht ausschließlich, im tropischen und südlichen Amerika zu Hause, haben zwar eine laute, mitunter sehr merkwürdige Stimme, aber ein melodischer Gesang geht ihnen ab. Man hört in den Urwäldern Brasiliens nur zu oft das Kollern des Pavão (Coracina scutata) und das glockenartige Geläute des Ferrador (Chasmarhynchus nudicollis), aber wie sonderbar und überraschend diese Töne auch sein mögen, lieblich und das Ohr zum Lauschen anregend sind sie nicht. Neben diesen falschen Sängern, welche übrigens der Zahl ihrer Mitglieder nach die größte Vogelgruppe Brasiliens ausmachen, verschwinden die ächten Sänger fast ganz, denn auch unter ihnen sind die nicht singenden Mitglieder die häufigeren. Keine Tanagra hat einen melodischen Gesang, obgleich sie zur Familie der ächten Sänger gehört; nur unter den Finken, Zaunschlüpfern und Drosseln sind ein Paar Arten, bei denen von einem Gesang die Rede sein kann. Die besten und am meisten geschätzten Sänger gehören offenbar den Spottdrosseln (Mimus) an; die eine Art, den Küsten-Spottvogel (Sabiah da praya, Mimus lividus) sieht man häufig in Käfigen bei den Bewohnern Rio de Janeiros; eine zweite, der Campos-Spottvogel (Mimus saturninus, Sabiah do Sertão) gehört den inneren, offenen Gegenden an, und wird seltener in Käfigen getroffen. Beider Gesang ist nicht übel, wenn man keinen besseren kennt, aber schöner als den unserer Amsel kann ich ihn nicht finden; weder der laute Schlag, noch der flötende Ton ist den Spottdrosseln eigen. Neben ihnen läßt sich der Zaunkönig (Troglodytes platensis) als Sänger rühmen und wie ich glaube, darf man denselben ihnen vorziehen; sein Gesang ist aber nicht besser oder mannigfaltiger, als der unserer Gartengrasmücke, nicht einmal so laut und keineswegs melodischer. Sanft und lieblich klingt die Stimme dieses kleinen Vögelchens wohl, aber es fehlt ihr der großartige Schwung unsrer Nachtigall völlig; es ist, wie wenn man Weber und Gluck in Parallele stellen wollte, den Oberon mit der Iphigenia. Weniger fällt der Gesang der brasilianischen Finken gegen die leichten Melodien der unsrigen ab. Freilich einen Schreier gleich dem Canarienvogel haben die brasilianischen Wälder unten den Finken nicht aufzuweisen, aber Stimmen von Zeisigen und Buchfinken glaubt man mitunter zu hören. Man unterscheidet aber bald, daß auch deren Stimme viel matter, schwächer und feiner sich ausnimmt, als die der östlichen Finken; es ist nur ein Zwitschern und leises Pfeifen, nicht ein durchbringender gellender Laut, den man von ihnen hört. Der beliebteste Sänger von allen ist übrigens eine im Innern vorkommende graue Finkenart, welche der Fringilla plumbea *Pr. Max.* nahe steht, aber einen viel feineren Zeisigschnabel besitzt; ich sah den Vogel lebend, hörte aber keinen Gesang von ihm, weil es Winter war. Die Mineiros nannten ihn Batativo. Daneben wird auch die Fringilla rufirostris *Pr. Max.* als Singvogel in Zimmern gehalten (wegen der Schnabelfarbe Bico vermelho genannt), aber auch dessen Stimme gewährte mir keine genußreiche Unterhaltung, sie ist sehr schwach und ohne eigentliche Melodie. Weiter habe ich keine beachtenswerthen Sänger in Brasilien kennen gelernt; die 5 genannten leisten das Möglichste von Kunstfertigkeit des Gesanges, wozu die mehr als 350 verschiedenen brasilianischen Singvögel sich erheben können.

Wir sind hierdurch von selbst auf die verschiedenen Vögelgruppen mit ihrer in Brasilien ansäßigen Gesammtanzahl der Arten geführt worden und beschließen unsere allgemeine Betrachtung mit einer kurzen Prüfung dieses Themas. Bekanntlich unterscheidet man acht Hauptgruppen oder Ordnungen in der Klasse der Vögel: Raubvögel, Klettervögel, Sing- oder Hockvögel, Tauben, Hühner, Laufvögel, Sumpfvögel und Schwimmvögel. Ihre Unterschiede werden uns später beschäftigen, wenn wir die einzelnen

Gruppen in der angegebenen Folge nach einander betrachten, hier genügt es, sie als bekannte Abtheilungen anzunehmen. Schlägt man die Gesammtzahl aller bis jetzt beobachteten Vögel Brasiliens auf 700 Arten an, eine Zahl die in runder Summe angenommen vielleicht der Wahrheit nach zu hoch fällt, indessen wahrscheinlich noch nicht hoch genug gegriffen ist, wenn man die innerhalb des brasilianischen Kaiserreichs wirklich vorhandene Menge annäherungsweise richtig feststellen will; — so vertheilen sich dieselben sehr ungleich über die erwähnten acht Hauptgruppen dieser Thierklasse. Es befinden sich darunter kaum 60 Raubvögel und etwa 95 Klettervögel. Beide Zahlen sind ansehnlich, wenn man sie mit den in anderen Gegenden der Erde seßhaften Gliedern derselben Gruppen vergleicht. Nach einer vor zehn Jahren erschienenen Aufzählung der Vögel Europas, welche freilich alle diejenigen Arten mit berücksichtigt hat, deren Vorkommen nur als ein ausnahmsweises betrachtet werden kann, sind etwas über 500 verschiedene Spezies auf unserm Continent angetroffen worden *). Davon fallen zwar den Raubvögeln 58 Arten zu, aber den Kletterern nur 12; bei uns fehlen die Papageien, Tukans und Bartvögel und von der großen Zahl der Kukuke kommen nur 2 in Europa vor. Lassen also die Raubvögel uns keinen numerischen Unterschied zwischen Europa und Brasilien ahnen, so zeigen dagegen die Kletterer einen höchst auffallenden; drei ihrer Hauptgruppen, die Papageien, Tukans und Bartvögel, fehlen dem europäischen Gebiet gänzlich. Es ist freilich nicht auffallend, wenn man bedenkt, daß die genannten Gruppen die Tropenzone nirgends weit überschreiten, also natürlich in der Breite Europas nicht mehr leben können; aber es begegnet uns hier wieder ein Fall, der die Eigenthümlichkeit der brasilianisch-amerikanischen Tropenzone darthut, das Auftreten der Tukans oder Rhamphastiden. Wir sehen darin eine Gruppe von Kletter-

*) Schlegel, krit. Uebers. d. europ. Vögel. Leid. 1844. 8. — Die Aufzählung von Blasius u. v. Kayserling (Wirbelth. Europas. Braunschw. 1840. 8.) nimmt nur 490 an, Schlegel dagegen 516 Arten.

vögeln, welche der östlichen Hemisphäre abgeht, zugleich mit den langschnäbligen Kukuken oder Jacamaren (Galbula), deren Wohngebiet ebenfalls nur in Süd-Amerika angetroffen wird. Die alte Welt hat keine ihr eigenthümliche Gruppe der Klettervögel aufzuweisen und erscheint also weniger mannigfaltig in dieser Abtheilung der Vögel, als die neue. Die Tukane und Jacamare sind ächt brasilianisch-amerikanische Formen; etwa ebenso bezeichnend für diese Erdfläche, wie die Gürtelthiere und Faulthiere, deren wir in gleicher Bedeutung bei den Säugethieren gedacht haben. Sonderbar, daß die Jacamare in ähnlicher Art ein gleichgültiges, träges Naturell besitzen, wie die Faulthiere unter den Säugethieren. Jedermann kennt sie in Brasilien als Dummköpfe und nennt sie auch so (João doido).

Eine Vergleichung der brasilianischen Kletterer mit den ornithologischen Gebieten der alten Welt hat also nur in Bezug auf die Tropenzone Werth; anders dagegen stellen sich die Hockvögel dem Beobachter dar. Brasilien beherbergt aus dieser Abtheilung mehr als 400 Spezies, Europa nur 212; oder wenn man die Arten wegläßt, welche nur als zufällig dahin verflogene angesehen werden können, etwa halb so viele, nämlich 200. Untersucht man den ganzen Inhalt der Abtheilung näher, so ergiebt sich, daß derselbe ein dreifach verschiedener ist; es finden sich unter den Hockern oder Hüpfern (Insessores *Illig.*) wirkliche Singvögel (Canorae) mit ausgebildetem Singmuskelapparat, dann Kreischer (Tracheophones) mit eigenthümlich abweichenden Stimmapparaten, und größtentheils stumme Schriller (Strisores) ohne allen Apparat zur Hebung oder Biegung der Stimme. Aechte Sänger hat Brasilien 133, Tracheophonen 185, Strisoren 82 Arten. Europa dagegen beherbergt gar keine Tracheophonen; diese Gruppe gehört nur der südlichen Erdhälfte an, ja ist vielleicht ganz ausschließlich amerikanisch; dagegen trifft man bei uns 206 Sänger, aber nur 6 Schriller. Rücksichtlich der wahren Singvögel hat also nicht bloß die alte Welt den Vorzug der größeren Artenmenge, sondern schon die gemäßigte Zone der östlichen Hemisphäre überholt darin die Tropenzone der westlichen; reiche Melodien und voller Gesang gehören nicht bloß an sich, sondern auch nach der Anzahl derer, die sie hervorbringen, zu den Vorzügen der gemäßigten Himmelsstriche unserer Erde. Es giebt in Brasilien keine Lerche, keine Ammer und noch viel weniger eine Nachtigall; Vögel ähnlicher oder verwandter Art sind auf den östlichen Continent beschränkt; nur Finken, Drosseln, Zaunschlüpfer und Schwalben gehören beiden Continenten gleichmäßig an. Dagegen besitzt die amerikanische Erdhälfte eine ihr eigenthümliche Gruppe von Singvögeln in den Tanagriden; deren Geschlecht ist wieder ein ebenso ausschließlich occidentales Product der Erde, wie unter den Kletterern die Tukane und Jacamare. Aber noch greller tritt die Eigenthümlichkeit Amerikas im Bereich der Schriller hervor; hier begegnet man den Kolibris, als den lieblichsten und zartesten Vögelchen, welche die Erde hervorgebracht hat; und alle ohne Ausnahme sind Amerikaner. Wie die Beutelratten als eigenthümliche Säugethiere fast über den ganzen Continent Amerikas sich verbreiteten, so die Kolibris als Vögel; sie charakterisiren das ornithologische Gebiet der neuen Welt am bestimmtesten, und treten in Brasilien mit mehr als 50 Arten auf. Die alte Welt hat nichts ihnen Entsprechendes; die Nectarinen, welche ihnen habituell ähneln, sind ebenso gut in Amerika wie in Asien und Afrika ansäßig; sie verbreiten sich, als Meliphagiden, über die ganze südliche Erdhälfte, besonders im Gebiet der Südsee-Inseln und Continente sich zahlreich entwickelnd. Was dann neben den Kolibris von Schrillern in Brasilien vorkommt, ist nicht mehr ausschließlich amerikanisch; Eisvögel, Racken Nachtschwalben und Segler findet man in allen Zonen und Gebieten der Erde; dagegen fehlen der westlichen Erdseite die Upupinen, Meropiden, Musophagiden und Bucerotiden; lauter den wärmern Theilen der östlichen Seite ausschließlich angehörige Vogelgestalten. Unser Wiedehopf, der nur noch in Afrika seines Gleichen hat, wäre also in gewisser Beziehung als Stellvertreter der zierlichen amerikanischen Kolibris zu betrachten. —

Die Gruppe der Hocker erhält übrigens durch die zahlreichen Tracheophonen ein ganz merkwürdiges Uebergewicht in Amerika. Von den 700 Vogelarten Brasiliens sind 400 Insessores, d. h. beträchtlich mehr als die Hälfte aller seiner befiederten Bewohner. In Europa dagegen sind unter 500 Spezies nur 200 Insessores, mithin bei weitem weniger als die Hälfte. —

Alle übrigen Hauptgruppen der Vögel treten gegen diese enorme Anzahl von Hockern wenn auch nicht in der Erscheinung, so doch in der Bedeutung wesentlich zurück. Man findet in Brasilien nur 12 Taubenarten und gegen 30 Hühnervögel; Europa besitzt 6 verschiedene Tauben und 16 Hühner, d. h. nur halb so viele. Die Taubenarmuth Brasiliens ist merkwürdig, wenn man den Waldreichthum des Landes berücksichtigt; auch insofern, als es hier keine eigenthümliche Taubenform giebt, während die tropische Region Asiens deren mehrere besitzt. An den Hühnern wird dagegen die Eigenthümlichkeit des Landes wieder recht sichtbar; es ist nur eine einzige Form, das Rephuhn (Odontophorus dentatus) darunter, welche den Gestalten der östlichen Halbkugel ähnelt; alle anderen Hühnerformen sind abweichende, auf das brasilianisch-amerikanische Gebiet beschränkte Arten. Da giebt es keine Truthühner, Fasanen, Pfauen oder Perlhühner; sondern nur Mutungs (Crax) oder Jacus als deren Stellvertreter und neben ihnen die fast schwanzlosen Inambus, welche man den Feldhühnern und Wachteln vergleichen kann. Auffallend ist der prachtvolle Glanz und die ungemein grelle Farbe ihrer Eier; sie übertreffen darin gradezu alle anderen Vögel der Erde bei weitem.

Die sonderbare Gestalt der schwingenlosen Laufvögel, welche sich über die ganze südliche Hälfte der Erdkugel verbreitet, ist in Brasilien auch mit einer Art vertreten; wir begegnen hier einem straußartigen Vogel, Emu genannt, der kleiner ist als der afrikanische Strauß, übrigens aber ihm ähnlich sieht.

Von Sumpfvögeln besitzt Brasilien nicht viel über 60 Arten, also beträchtlich weniger als Europa, wo deren Zahl bis auf 80 steigt. Es fehlen von bekannten Formen die Trappen und Kraniche; dagegen tritt eine eigenthümliche Gestalt in Seriema auf. Der Vogel verbindet in sich Bildungsverhältnisse der Kraniche, Störche und Rallen, ist also gewiß ein sehr merkwürdiges Geschöpf.

Ungemein klein ist die Zahl der brasilianischen Schwimmvögel; sie beläuft sich nicht viel über 30, während man auf den europäischen Gewässern davon 120 verschiedene Arten beobachtet hat. Und doch kommt unter jenen 30 Spezies noch eine diesem Erdstrich ganz eigenthümliche Form, der Fregattvogel (Tachypetes) vor. Freilich fehlen dafür in Brasilien, so weit es dem tropischen Erdgürtel angehört, die Pelikane, Gänse und Schwäne, und von den namentlich im nördlichen Europa so zahlreichen Enten sind nicht mehr als 7 bis 8 Arten vorhanden. Die interessante Form des Schlangenvogels oder Anhingas (Plotus) findet sich in ganz ähnlicher Wiederholung auch in Süd-Asien; die Tropikvögel und Verkehrtschnäbel streifen gleichfalls bis an sehr entfernte Küsten und gehören mehr dem Ocean, als den Uferstrecken an. Beide werden auf der Höhe Brasiliens nicht selten im Weltmeere wahrgenommen; aber kein Pinguin kommt von Süden, keine Alke oder Lumme von Norden bis an die Gestade dieses ächt tropischen Landstrichs; solche Thiere verlassen ungern die kalten Meere und wohnen nicht leicht an größeren Küsten, wo ihnen Ansiedler und einheimische Raubthiere Gefahr bringen. Die verlassenen Felsenküsten und Inseln allein bieten ihnen sichere Wohnstätten. —

Zufolge vorstehender Uebersicht geht die ornithologische Eigenthümlichkeit Süd-Amerikas, und Brasiliens im Besonderen, hauptsächlich aus fünf verschiedenen Vogelgruppen hervor. Als allgemein amerikanische, aber anderswo nicht vorhandene Vogelformen sind nur zwei, die Tracheophonen und die Kolibris aufzuführen; sie verbreiten sich vom äußersten Süden bis zum hohen Norden. Auf das tropische Gebiet und dessen nächste Umgebung bleiben die drei anderen beschränkt; nämlich die kletternden Tukane und die Jacamare, mit denen, als fünfte Gruppe, die eigenthümlichen Hühnerformen des Mutung, Jacu und Inambu zusammengehen. Lediglich im Süden, aber auch außerhalb der Tropen, ist der den Strauß vertretende Emu verbreitet, ausschließlich brasilianisch wohl nur der Seriema (Dicholophus), welchem im Norden Süd-Amerikas oberhalb des Maranhon der Trompetenvogel (Psophia) entspricht. Beide Vögel lassen sich als Correspondenten der Kraniche ansehen. Die eigenthümlichste pelagische Vogelform ist der Fregattvogel. Von bekannten altweltlichen Vögeltypen fehlen in Brasilien die ächten Adler, Krähen, Lerchen, Ammern, Nachtigallen, Bachstelzen, Meisen, Kleiber, Fliegenschnäpper, Wiedehopfe, Bienenfresser, Nashornvögel, Fasane und Hühner, Waldhühner, Trappen, Kraniche, Schwäne, Gänse, Pelikane, Albatrosse, Alken, Lummen und Pinguine. Nur ein Paar an das Wasser gefesselte Vögel, wie der Fischadler (Pandion), der Steinwälzer (Strepsilas collaris), der Sanderling (Calidris arenaria), die graue Strandschnepfe (Tringa cinerea) rc. scheinen mit den europäischen einerlei zu sein; die Sperber und Schleiereulen sehen sich zwar sehr ähnlich, werden aber doch wohl richtiger für verschiedene Arten gehalten. Bei den meisten übrigen ist keine Verwechselung möglich und die Eigenthümlichkeit der brasilianischen Gestalt unbestreitbar. Jene gleichartigen Vögel sind überhaupt nur solche, welche fast auf der ganzen Erdoberfläche an geeigneten Orten sich wiederfinden. —

Erste Ordnung.

Raubvögel. Rapaces.

Man ist gewohnt, das System der Vögel mit jenen stolzen, allermeist großen und kräftigen, kühnen Arten zu beginnen, welche sich durch die mehr oder minder scharfe Hakenform ihres Schnabels und die mit langen, spitzen, stark gekrümmten Krallen bewehrten, stets vierzehigen Füße auszeichnen. —

Der Schnabel dieser Vögel zeigt deutlich zwei Bestandtheile; einen vorderen hornigen Ueberzug, welchem der Haken des Oberschnabels und der schneidende Kieferrand beider Schnäbel angehört, und eine hintere, weiche, häutige Bedeckung, welche die Gegend am Mundwinkel umfaßt, die Nasenöffnung enthält und wegen ihrer gewöhnlich wachsgelben Farbe den Namen Wachshaut (ceroma) führt. Zwischen diesem häutigen Schnabelgrunde und dem Auge liegen die theils ganz nackten, theils und gewöhnlich von einem Wirtel borstenförmiger Federn bedeckten Zügel. Am Kopf zeichnen sich die allermeist großen, mit lebhaft gefärbter, gelber, weißer oder hellbrauner Iris versehenen, in der Regel tief liegenden Augen aus, deren nackte Lider mit Wimpern besetzt zu sein pflegen. Bildet sich um jedes Auge ein selbständiger Federnkranz, so nennt man denselben Schleier. Er ist Hauptcharakter der Eulen. Das Gefieder der Raubvögel ist mannigfaltig, bald derbe, fest und kleinfedrig, bald weich, wie wollig oder seidenartig und dann großfedrig. Die Jungen sind, sobald sie das Ei verlassen, mit einem dichten Daunenkleide bedeckt und behalten dasselbe sehr lange, weil das Hauptfederkleid sich langsam entwickelt. Die Flügel haben am äußeren oder Handtheile stets zehn Schwingen, am mittleren oder Vorderarm mindestens zwölf, gewöhnlich aber mehr (13—16); jene Schwungfedern werden wir Handschwingen, diese Armschwingen nennen. Der

Schwanz besteht ohne Ausnahme aus zwölf paarig gleichen Steuerfedern. — Die Beine der Raubvögel sind die mannigfaltigsten Organe, sie werden in der Regel unterhalb des Hackengelenkes nur von Hornschildern, Warzen oder Schuppen bekleidet und haben zumal auf der Sohlenseite der Zehen einen sehr derben, warzig rauhen Ueberzug. Die Strecke vom Hackengelenk bis zu den Zehen bildet den Lauf (tarsus) und wenn dieselbe gleichmäßig befiedert ist, so nennt man dies Federnkleid Hose. Viele, namentlich größere Raubvögel haben auch breite, weit nach hinten abstehende Federn an der äußern Seite des Schenkels vor und neben dem Knie; diese großen Federn bilden das Schenkelgefieder. Weiter hinab als auf den Lauf geht das Gefieder nur bei den Eulen; die übrigen Raubvögel haben stets nackte Zehen, von denen eine, gewöhnlich große und starke Zehe (der Daumen) nach hinten, die drei andern nach vorn gewendet sind. Ihre Oberfläche pflegt, gleich wie der Lauf, mit kurzen, aber breiten, die Hälfte des Gliedes umfassenden, halbrunden Gürtelschildern bekleidet zu sein. — Von den Krallen ist die bedeutende Größe, die kräftige Bildung, die starke Krümmung und die meist sehr scharfe Spitze beachtenswerth. Ihre absolute wie relative Größe liefert sehr brauchbare Merkmale zur Unterscheidung der verschiedenen hierher gehörigen Gestalten.

Die Raubvögel leben in allen Zonen und werden leicht gesehen, da sie gern hoch und frei in den Lüften schwebend die Gegenden, wo sie sich aufhalten, durchstreifen, aber meistens einsam und nicht leicht in Gesellschaften sich zeigen. Ihre Nahrung besteht in andern Geschöpfen aller Art, welche sie meistens selbst erwürgen. Brasilien beherbergt eine namhafte Anzahl von Raubvögeln und darunter mehrere, welche nur in dieser Gegend der Erde vorkommen. Es gehören dahin zuvörderst die Geier, welche sich von denen der alten Welt scharf als Gruppe unterscheiden; dann die auf Süd-Amerika beschränkten Caracaras und die doppelzähnigen Zahnfalken (Harpagus); zu den übrigen zahlreich verschiedenen Formen lassen sich entsprechende Gestalten in andern Gegenden der Erde nachweisen. Bussarde, Habichte, Sperber und Edelfalken kommen wie überall, so auch in Brasilien vor, und daneben die der südlichen Erdhälfte eigenthümlichen Harpyen.

Man unterscheidet bei den Raubvögeln drei sehr natürliche Unterabtheilungen:

1. Geier, mit nackten oder mangelhaft befiederten Köpfen, weniger stark gekrümmten, am Grunde schlankern Schnäbeln, und mäßig gebogenen Krallen.
2. Falken, mit ganz und vollständig befiedertem Kopf, stärkerem Schnabel, seitwärts abstehenden Augen und relativ sehr großen, stark gebogenen Krallen.
3. Eulen, mit sehr breitem, vollständig befiedertem Kopf, dessen nach vorn gewendete große Augen von einem Federnkranze (Schleier) umgeben sind, und zwar scharfen, spitzen, aber feineren Krallen.

Erste Familie.

Geier. Vulturinae.

Vigors, zool. Journ. II. 368. — *Isis v. Oken* 1830. 1039.

Die Geier unterscheiden sich von den Falken durch ihren stellenweis nackten, nur sparsam mit borsten- oder daunenförmigen Federn besetzten Kopf; ihre am Grunde schwächeren, zusammengeschnürten Schnäbel, mit selbständig gewölbter kuppiger Spitze; die freier und offen daliegenden, mehr hervortretenden Augen, und die schwächern Beine, deren Zehen grader ausgestreckt zu sein pflegen und weniger gekrümmte, am Ende nicht so scharfe und spitze Krallen tragen. Die Oberfläche des Laufes ist, wie der Anfang der Zehen, warzig chagrinirt; auf dem Zehenrücken treten kurze Halbringe oder Gürtelschilder ein, zwischen den Zehen am Grunde ziemlich breite Spannhäute. —

Zu diesen allgemeinen Charakteren bringen die Geier der neuen Welt, als besondere unterscheidende Merkmale, die schmalen, langgezogenen, wagrechten, durchgehenden Nasenlöcher; etwas längere Zehen mit viel stärkeren Spannhäuten zwischen allen drei vorderen, und einzelne völlig nackte Stellen am Kopfe oder Halse. Ihr Schwanz besteht nur aus zwölf Federn und ihre ziemlich kurze dicke Burzeldrüse hat keinen Federnkranz um die Oeffnungen. Die

Zunge ist stark, fleischig, muldig vertieft und am Rande mit Hornzacken sägeartig besetzt.

1. Gatt. Sarcorrhamphus *Dum.*

Auf dem stärkeren dickeren Schnabel erhebt sich ein Fleischkamm, welcher dem weiblichen Geschlechte entweder ganz fehlt, oder im geringeren Grade zusteht; die Befiederung des Halses ist oben, wo sie anfängt, krausenartig abgesetzt; der ganze Körperbau stärker, kräftiger, namentlich auch die Zehen- und Fußbildung gedrungener. —

Sarcorrhamphus Papa. Geierkönig.

Vultur Papa *Linn.* — Lath. Ind. Orn. I. 4. 7. *) — *Buff.* pl. enl. 428. — *Vieill.* Gal. I. 10. pl. 3.
Cathartes Papa *Pr. Max* Beitr. II. 56. 1. — *Spix.* Av. Bras. I. 1. s. tb. 1. juv. *v. Tschudi* Fn. peruana. Orn. 69. 2. — *D'Orbign.* Voyag. IV. 3. pag. 28. — *Caban. Schomb.* Reis. III. 743. 332.
Iribúrubichá *Azar.* Apunt. I. 15. No. 1.
Urubu-Rey der Brasilianer.

Rumpf, Schenkel und Flügelgefieder isabellfarben; Unterrücken, Schwingen und Schwanz schwarz; Halskrause grau; Kopf roth, Stirn, Scheitel, Wangen und Nacken schwarzborstig; der Kamm hoch, lappig getheilt, auch dem Weibchen zustehend. Der junge Vogel braun.

Kopf dick und stark, größtentheils mit feinen schwarzen Borstenfedern besetzt, die nur am Grunde einige noch feinere Aeste haben. Die Gegend um das Nasenloch nackt, warzig, auf der Brücke über den Nasenlöchern ein fleischiger hoher Kamm, der im Leben umgeschlagen herabhängt und nach vorn in einen größeren, nach hinten in zwei kleinere gezackte Lappen getheilt ist; horniger Schnabelüberzug am Grunde schwarz, dann lebhaft roth, die Spitze gelblich weiß. Kehle vom Kinn an, der ganze Vorderhals, die Halsseiten und der unterste Theil des Nackens völlig nackt; desgleichen die Augenlieder bis an den Rand; die Backen unter dem Auge mit 8 dicken, rothen Schwielen, welche sich nach hinten in einen Streifen vereinigen, der sich vom Hinterkopf her eine Strecke am Nackenrande hinabzieht; alle nackten Theile lebhaft roth; die Iris weiß. Am Anfang des Gefieders umgiebt den Hals eine breite graue Binde, die vorn unterbrochen ist, indem

*) Um nutzlose Weitschweifigkeit zu vermeiden, werde ich von den älteren Autoren blos *Latham's* Index ornithologicus, nebst den Planches enluminées citiren, und außerdem solche Schriften, welche speziell der amerikanischen Fauna gewidmet sind. —

ein nackter Streif sich über die Brust bis zum Bauch hinabzieht. Die Federn dieser Binde sind zwar ebensogroß, wie die folgenden, haben aber feinere, lockere Aeste, besonders nach unten zu. — Der ganze Rumpf, die Schenkel und die Flügel bis zu den großen Deckfedern hinab mit hell isabellfarbnen, großen, reinen und schönen, nicht eben straffen Federn bekleidet, die gegen den Nacken hinauf dunkler, gegen den Bauch hinab stets heller werden; nur der Unterrücken ist von der Mitte an schwarz befiedert. Die großen Deckfedern der Flügel sind schwarz, am Außenende bräunlich gelbgrau angeflogen, am Grunde rein weiß; ebenso sind die Schwingen gefärbt, doch fehlt den Handschwingen der hellere Rand. Die Zahl der letztern ist zehn, die erste beträchtlich verkürzt, die dritte die längste; der Daumenfittig besteht aus sechs Federn, am Arm sitzen 20—22 Schwingen, im Schwanz zwölf schwarze nur ganz unten etwas weiße Steuerfedern. Die schwarzen Beine haben eine dichte, feine, sechseckige Chagrinirung uud bekommen erst an den Zehen auf der Mitte des ersten Gliedes Halbgürtel, welche unmittelbar über und vor den Gelenkungen am breitesten sind; die Spannhaut am Grunde der Zehen ist dick, stark warzig chagrinirt und zwischen den beiden inneren Zehen etwas breiter, als zwischen der Außen- und Mittelzehe; die Krallen sind ziemlich hoch und verhältnißmäßig stark gekrümmt; der Daumen hat die kürzeste Kralle. —

Der junge Vogel, wie ihn Spix a. a. O. abbildet, hat statt des Kammes einen kleinen Höcker auf dem Schnabel; sein nackter Kopf und das ganze Gefieder ist rußbraun von Farbe, auf dem Rücken dunkler, auch die Halskrause hat einen dunkleren Ton; die Schwingen und der Schwanz sind schwärzer, die untere Hälfte der Federn ist weißlich, der Steiß und die Unterschenkel sind fast ganz weiß. Unten dehnt sich das Weiße stärker aus an den Federn, als oben auf dem Rücken, daher dort das Gefieder oft streifig und scheckig sich ausnimmt. Die Iris ist perlgrau, die Beine sind dunkelgrau; erscheinen aber, wie beim alten Vogel, wegen des anhängenden rothgelben Lehms, gewöhnlich viel heller, als sie sind. Ihre Grundfarbe ist aber nicht gelb, sondern schwärzlich grau oder schwärzlich braun; hinten etwas heller als vorn. —

Man findet den Geierkönig sowohl im Urwald-Gebiet, als auf den Campos; er ist ein scheuer vorsichtiger Vogel, der nirgends häufig gesehen wird und gleich den übrigen Geiern nur das Fleisch todter Thiere angeht, selbst aber keine lebenden erwürgt. Er nistet auf hohen Bäumen, selbst auf den Spitzen alter abgestorbener starker Stämme und soll ganz weiße Eier legen. Ich beobachtete ein lebendiges Exemplar im Besitz des Herrn Dr. Lund in Lagoa santa und mein Sohn traf den Vogel einmal beim

Jagen in der Nähe des Ortes, wo er einsam auf dem Boden im Grase saß, aber schon aufflog, bevor er zum Schuß nahe genug gekommen war. Seine Nahrung ist nicht bloß stinkendes Aas, sondern auch das Fleisch frisch getödteter Thiere. Während er die Körper der abgebalgten Ratten und Mäuse, welche wir ihm vorwarfen, mit Gier verschluckte, ließ er die gleichen Körper der Vögel unberührt liegen. Daß er in Gesellschaft mit andern Geiern diesen stets vorangehe und selbige so lange warten, bis der Geierkönig sich gesättigt habe, wird von mehreren Reisenden übereinstimmend erzählt, von andern bestritten. Wahrscheinlich ist die Geschichte keine bloße Fabel, wie letztere behaupten; der Stärkere hat im „naturwüchsigen“ Zustande überall die Vorhand vor dem Schwächeren, es würde also viel sonderbarer sein, wenn der kräftigere Geierkönig es sich gefallen ließe, daß die schwächeren gemeinen Geier ihm die besten Bissen neben sich entzögen; er nöthigt sie zu warten, bis er fertig ist, und letztere thun dies nicht aus Scheu vor der Majestät, sondern aus Furcht vor den Schlägen, die sie ohnfehlbar bekommen würden, wenn sie neben ihm zugriffen. —

Mein Exemplar von Lagoa santa hat folgende Maaße: Ganze Länge gestreckt 2′ 10″; Kopf von der Schnabelspitze bis zum Nacken $4\frac{1}{2}$″, Handflügel mit den Schwingen 1′ 7″, Vorderarm ohne Schwingen 9″; Laufttheil $3\frac{1}{2}$″, Mittelzehe 4″, Schwanz 9″. —

2. Gatt. Cathartes *Illig.*

Schnabel schwächer, besonders am Grunde dünner, schlanker, ohne Kamm über den Nasenlöchern; die Befiederung des Halses am Anfange desselben nicht zu einer Krause verändert. Beine dünner, die Zehen relativ länger, mit weniger gebogenen Krallen. — Gefieder einfarbig schwarz. —

a. Oberes Halsgefieder ohne Abweichung, ebenso großfedrig wie das des Rumpfes, auch nicht feinästiger.

1. Carthartes Aura *Illig.*

Vieill. Ois. d'Am. sept. I. 26. pl. 2 bis — Catharista Aura, Gall. I. 16. pl. 4.
Wilson, Am. Orn. pl. 75. f. 1.
Pr. Max Beitr. III. 64. 3. — Dessen Reise n. Bras. I. 54. 103.
D'Orb. Voyag. d. l'Am. mér. IV. 3. 38. Ois. pl. 1. f. 1. et 2. (Kopf und Ei).
v. Tschudi, Fn. per. Orn. 71. 2.
El Acabiráy, *Azara* Apunt etc. I. 24. no. 3.
Urubu *Marcgr.* h. nat. Bras. pag. 207.

Kopf und Beine blaßroth, die Schnabelspitze weißlich, die nackten Stellen des Scheitels und der Kehle allmälig in violett übergehend; junger Vogel braun, der alte schwarz.

Mehr von der Gestalt des Geierkönigs, nur kleiner, der Schnabel noch ziemlich dick, kürzer und am Grunde viel höher, breiter als bei C. Urubu, lebhaft fleischroth, die hornige Kuppe weißlich. Der ganze Kopf, die Kehle und der Vorderhals nackt, im Leben hellroth gefärbt, etwas ins Violette spielend, am deutlichsten am Hinterkopf; nach dem Tode hellbraun; mit kurzen, feinern, schwärzlichen Borstenfedern zerstreut besetzt, am dichtesten hinten auf dem Scheitel, wo sie beim Geierkönig am spärlichsten sind, auch vor den Augen und darunter an den Backen. Bei alten Vögeln wird der Scheitel und die Kehle violetter oder gar blau und die Backen nehmen einen mehr orangefarbenen Ton an; ganz nackt und am hellsten gefärbt ist nur der Vorderhals. Warzen oder Schwielen zeigen sich nur vor dem Auge, an den Zügeln, bis gegen die Backen hinab. Die Iris ist zinnoberroth. Das ganze Gefieder in der Jugend braun, mit helleren Federrändern; im Alter schwarzbraun, mit bläulichem Metallglanz, besonders auf der Mitte der Federn; die Schwingen und Schwanzfedern sind unten, besonders an der Innenseite, weißgrau, außen oder oben schwarzbraun, die Schäfte und Ränder etwas heller; die Armschwingen haben einen fast ganz weißen inneren Fahnensaum, der klarer bei jüngeren als bei älteren Vögeln ist. Von den 10 Handschwingen sind die 3te bis 5te die längsten, die 1ste ist beträchtlich, die 2te mäßig verkürzt. Am Vorderarm und Ellenbogen sitzen 16—17 Schwingen. Der lange breite Schwanz hat 12 Federn, wovon die 3—4 äußeren etwas verkürzt sind. — Die Beine sind trüb fleischroth gefärbt, leicht mit Grau überlaufen; der Lauf ist fein getäfelt chagrinirt, die Zehen haben oben Halbgürtel, die vom Anfang jedes Gliedes gegen das Ende hinab etwas breiter werden. Die Krallen sind stärker gekrümmt, als bei der folgenden Art. Ganze Länge 2′ 6″, Kopf $3\frac{3}{4}$″, Handflügel 1′ 9″. Vorderarm 8″, Schwanz 10″, Lauf $2\frac{1}{2}$″, Mittelzehe $3\frac{1}{2}$″. —

Dieser Geier findet sich nicht im Walddistrict, sondern mehr auf dem Camposgebiet des Innern Brasiliens; er ist lange nicht so häufig, wie die folgende Art, und kam mir auf meiner Reise nirgends vor; er lebt auch nicht in Trupps, wie der Urubu, sondern nur einzeln oder in Paaren, wie der Geierkönig. Sein Nest soll kunstlos sein, wie das der folgenden Art; die Eier sind blaß fleischfarben, mit großen dunkelbraunen und kleinen bläulichen Flecken, besonders am stumpferen Ende, besetzt. Der Verbreitungsbezirk dieser Art scheint ausgedehnter zu sein, denn sie geht nicht bloß bis Paraguay hinab, sondern hoch nach Norden bis weit in das südliche Nord-Amerika hinauf. Azara unterschied den Vogel zuerst von der folgenden Art, mit der ihn Linné, Latham, Buffon und die älteren Autoren verwechselt haben. Seitdem ist er von Illiger, Wilson, Vieillot, dem Prinzen zu Wied beschrieben oder abgebildet worden; eine sehr richtige Abbildung des Kopfes hat D'Orbigny gegeben.

b. Oberes Halsgefieder aus kleinen, schmalen, abstehenden Federn gebildet; das ganze Gefieder kleiner.

2. Cathartes Urubu.

Le Urubu *Buff.* h. nat. I. 175. — pl. enlum. 187.
Catharista Urubu *Vieill.* Ois. d'Am. sept. I. 20. pl. 1.
Cathartes Urubu *D'Orbign.* Voyag. IV. 3. 31. Ois. pl. 1. f. 3. 4.
Vultur Aura *Linn. Lath.* Ind. Orn. I. 4. 8.
— atratus *Wils.* Am. Orn. III. pl. 75. f. 2.
— jota, *Molina*, hist. nat. Chil. 235.
Cath. foetens *Illig. Pr. Max* Beitr. III. 58. 2. — *v. Tschudi*, Fn. Per. Orn. 71. 1. — *Schomb.* Reise III. 742. I. 461.
El Iribu, *Azar.* Apunt. et I. 19. 2.
Urubu der Brasilianer.

Kopf und ganzes Gefieder schwarz, nur die Armschwingen innen weißgrau; Schnabelkuppe weißlich, der Grund des Schnabels viel schlanker, niedriger.

Ganzes Gefieder gleichfarbig schwarzbraun, in der Jugend trüber, bräunlicher, im Alter reiner schwarz, mit grünlichem oder violettem Metallschimmer. Der nackte Kopf und Hals schwarzgrau überlaufen, dicht mit flachen Warzen besetzt; zwischen den Warzen feine Borstenfedern, besonders auf dem Scheitel, den Zügeln und Backen. Schnabel dünn und schlank; am Grunde zwar abgeplattet aber viel niedriger; die kuppige Spitze kleiner, weißlich. Das Gefieder beginnt höher im Nacken und zieht sich an den Halsseiten herab, so daß die vordere Halsmitte wieder etwas aufsteigt; die Brust ist befiedert, nur mitten auf dem Kropf ist eine nackte Stelle. Flügel und Schwanz sind schwarz, aber die Handschwingen haben längs dem hellen Schaft auch einen hellern, unten trüb grauweißen Ton. Von den 10 Handschwingen ist die vierte die längste, und bloß die erste merklich verkürzt; der Vorderarm trägt bis hinter den Ellenbogen nur 13 bis 15 Schwingen; der Schwanz ist kürzer, als bei der vorigen Art, grade abgestutzt, d. h. die äußeren Federn so lang wie die mittleren. Die ganz schwarzen Beine haben einen etwas höheren dünneren Lauf und ziemlich lange dünne Zehen; letztere sind oben von Halbgürteln bekleidet, der Lauf ist warzig getäfelt. Die Iris hat eine trüb braune Farbe *). —

*) Hr. Dr. Lund hat die Beobachtung gemacht, daß sich im Kopf dieses Vogels vorn eine förmliche Klappe befindet, die eine Oeffnung von der

Ganze Länge mit der Krümmung 2′ 3″; Kopf fast 4″, Handflügel 16″, Vorderarm 6″, Schwanz 7″, Lauf 3½″, Mittelzehe 3″.

Der Vogel ist überall gemein in ganz Brasilien und stets truppweise in der Nähe menschlicher Wohnungen sichtbar, dem gefallenen Hausvieh auflauernd, und dasselbe in Gesellschaft unter mannigfachem Streit, wie die Krähen, verzehrend; er riecht stark nach Moschus und wird schon dieses Geruchs wegen gemieden oder verabscheut, weshalb der Urubu ein dreister Vogel ist. Er baut eigentlich kein Nest, sondern legt seine Eier an abgelegenen unzugänglichen Stellen, an steilen Abhängen oder auf hohen Kuppen in Spalten, die er nur dann mit einer Unterlage ausfüllt, wenn eine natürliche geeignete Fläche nicht vorhanden ist. Die Eier haben die Größe eines starken Enteneies, sind grünlich weiß gefärbt, mit hellen oder dunkler braunen Flecken, zwischen denen einige bläuliche Tüpfel sich zeigen und die zerstreut über das ganze Ei sich verbreiten, aber am stumpfen Ende sich mehr sammeln, ohne grade in einander zu fließen. Man findet sie im November, aber auch noch später bis in den Januar; wahrscheinlich hält der Vogel zwei Bruten.

Zweite Familie.

Falken. Falconinae.

Brasil. Gavião.

Der Schnabel ist im Verhältniß kürzer und am Grunde nie verengt, sondern grade da am höchsten; die ihn hier bekleidende Wachshaut ist stets frei sichtbar und nie von den benachbarten Federn des Kopfes überdeckt; die Spitze des Schnabels ist nicht für sich kuppelartig gewölbt, sondern gleichförmig herabgebogen und in einen starken scharfen Haken verlängert. Die Augen liegen vertieft im Kopfe und werden von einem scharfen vorspringenden Orbitalrande überdeckt; sie stehen seitwärts ab, sind nicht nach vorn gewendet und nicht von einem eigenthümlichen Federnkranze umgeben. Der Kopf ist gleich dem Halse mit straffen, allermeist ziemlich kleinen und mehr oder weniger zugespitzten Federn bekleidet, welche sanft und ohne Unterbrechung in das übrige Rumpfgefieder übergehen; bei vielen

Größe eines mäßigen Schrotkornes bedeckt und unter die Haut führt. Ann. d. sc. nat. I. Sér. T. XXV. Frorieps Notiz. etc. Octob. 1832. S. 730.

verlängern sich die hinteren Kopf- oder Nackenfedern zu Hauben oder Schöpfen und sind dann einer größeren willkürlichen Beweglichkeit fähig. Im Ganzen ist das Gefieder derbe und straff, namentlich zeichnen sich die Schwingen- und die Schwanzfedern durch scharfe Ränder und festen Bau aus; die 3—5 ersten Handschwingen haben gewöhnlich an der Innenseite der Fahne einen Ausschnitt, wodurch die Spitze beträchtlich verschmälert wird. Ihre Beine sind dicker, stärker und meistens auch höher als die der Eulen, aber nicht grade im Allgemeinen höher als die der Geier; die Befiederung reicht in der Regel nur wenig auf der äußeren Seite des Laufes über das Hackengelenk hinab; die Zehen haben stets vor den Krallen halbe Gürtelschilder, oder noch allgemeiner auch auf der ganzen Zehenoberfläche nebst der Vorderseite des Laufs; von den 3 nach vorn gewendeten pflegen nur die 2 äußeren durch eine kurze Spannhaut verbunden zu sein, weshalb die äußere nicht willkürlich nach hinten gewendet werden kann, wie bei den Eulen. Hiervon macht nur der Fischadler eine Ausnahme. Unter den Zehen bilden sich an den Gelenkungen recht bemerkbare Sohlenballen, besonders aber am Ende jeder Zehe unter dem Anfange der Krallen. Letztere sind scharf, spitz, kräftig und stark gebogen, doch nicht überall gleich stark, sondern um so mehr je entwickelter das Raubvermögen des Vogels ist. Die Falken nisten auf hohen Standorten, meist alten hohen Bäumen, bauen sehr große Nester aus trocknen Reisern und legen 2—5 ziemlich rundliche, im Verhältniß nicht eben große, gewöhnlich mehr oder weniger braun gefleckte oder ganz braun marmorirte Eier. Sie stoßen auf lebende Thiere, doch nicht immer bloß auf Säugethiere und Vögel; viele fressen Amphibien, selbst Fische oder Insecten und manche auch Schnecken. Sie jagen nur bei Tage und ruhen während der Nacht in ihren Revieren auf hohen Bäumen. Sie leben in der Regel einsam, oder paarig nur zur Brutzeit.

Man sieht in Brasilien Falken zwar weniger häufig, als Geier, namentlich als den überall gemeinen, gesellig in Trupps vorkommenden Urubu; aber es fehlt darum doch nicht an zahlreichen einheimischen Falken, denn wir werden gegen 40 verschiedene Arten hier kennen lernen. Unter denselben befindet sich eine eigenthümliche, für Süd-Amerika charakteristische Gruppe, die der Geierfalken oder

Caracaras. Von den europäischen Falken ist nur die Gruppe der Adler hier nicht eigenthümlich vertreten; denn der in Brasilien beobachtete Fischadler scheint mit unserm deutschen Vogel vollkommen übereinzustimmen. Sehr ähnlich sind auch der Sperber, der Habicht und der Rüttelfalke einander; viel weniger die Bussarde und Weihen. Die größten und stärksten Falken Brasiliens sind die Harpyen, eigenthümlich organisirte Vögel von Adler-Stärke und Habichtskleidern, die sich durch hohe Hauben oder lange Nackenschöpfe kenntlich zu machen pflegen. Mit diesen und den Caracaras giebt es in Brasilien sieben verschiedene Unterabtheilungen falkenartiger Raubvögel.

A. Geierfalken. Polyborinae.

Caracaras der Brasilianer.

Schwächliche Raubvögel mit zugespitztem, aber nicht sehr schmalem Kopfgefieder und am Grunde graden, ziemlich langen, z. Th. hohen Schnäbeln; am Umfange aufgeworfenen Nasenlöchern nahe dem oberen Wachshautrande; starken Augenwimpern; fast oder ganz nackten Zügeln, selbst nackter Kehle und Vorderstirn; hohen dünnen Läufen und ziemlich kurzen schwachen Zehen, deren Krallen weniger gebogen sind und an der Spitze sehr schlank sich zuspitzen. —

Es sind feige Raubvögel, die am liebsten auf dem Boden ruhen oder gehen, und nach Amphibien oder Insecten suchen, welche ihre Hauptnahrung ausmachen; einige lesen besonders gern dem Hausvieh auf der Weide das Ungeziefer ab; ihre typischen Formen sind auf Süd-Amerika beschränkt. Sowohl in der Lebensweise, als auch im Betragen und Ansehn schließen sie sich zunächst an die Geier. —

1. Gatt. Milvago *Spix*.

Ibycter *Vieill.*

Schnabel niedrig, schlank; das Nasenloch kreisrund, ringsum aufgeworfen, mitten in der Wachshaut gelegen, klein und mit einem Zapfen wie bei den Edelfalken. Zügel, Augensaum und Kehle im Alter nackt. Die ruhenden Flügel kürzer als der Schwanz, die dritte bis fünfte Schwinge gleich lang und die längsten. Füße sehr fein gebaut, der Lauf oben getäfelt, unten mit halben Gürtelschildern; Mittelzehe so lang wie der Lauf, oben wie alle Zehen mit kurzen Quertafeln bekleidet.

1. Milvago ochrocephalus *Spix.*

Falco degener *Illig. Licht.* Verz. d. Doubl. 61. 631. — *Pr. Max* Beitr. III. 162. 18.
Milvago ochrocephalus *Spix.* Av. Bras. I. 12. tb. 5. alter Vogel.
Gymnops strigilatus *Spix.* ibid. 10. tb. 4. a. junger Vogel.
Jardin et *Selby* Illustr. of Orn. tb. 2. — Ibicter Chimachima *Kaup.* Isis. 1847, 354. 3.
Polyborus Chimachima *Vieill.* Enc. III. 1181. — *D'Orbign.* Voyag. IV. 3. 63.
Haliaëtos chimachima *Less.* Traité 13.
El Chimachima *Azara* Apunt. I. 50. no. 6.
Caracarai oder Caracara branco der Brasilianer.

Junger Vogel braun, mit gelben Schaftstreifen am Kopf, Hals und Unterleib; alter Vogel ganz gelb mit braunen Flügeln; Schwanzfedern gelb gebändert, die Spitze im Alter breit braun.

So groß wie ein Sperber (Falco Nisus *L.*), Schnabel gelblichweiß, die Wachshaut und das nackte Gesicht etwas mehr röthlich, die Iris dunkelbraun, die Beine bläulichgrau. — Der alte ausgefärbte Vogel hell isabellgelb, ein Streif über dem Auge, der sich zum Nacken hinabzieht, schwarzbraun. Augenlieder mit zahlreichen, aber nicht grade sehr starken, schwarzen Wimpern besetzt. Flügel auf der ganzen Außenfläche braun, aber die Handschwingen am Grunde gelb mit braunen Querbinden, welche an der Außenfahne mit feinen Zickzacklinien wechseln; Armschwingen (12—14) einfarbig braun, so weit sie frei liegen. Schwanz am Grunde gelb, mit 6—8 braunen Querbinden; am Ende breit braun, mit weißlichem Spitzenrande. —

Junger Vogel größtentheils braun, nur die Kehle blaßgelb, der Bauch und die Schenkel mehr rothgelb. Alle Federn des Kopfes, Nackens, Halses, der Brust und des Oberbauches mit gelben verwaschenen Schaftstrichen, die an der Spitze sich etwas ausdehnen. Rücken heller braun, als beim alten Vogel, die Federränder lichter; Handschwingen am Ende braun, am Grunde gelb, braun gebändert, die Außenfahne blasser, mit feinen Zickzacklinien zwischen den Bändern. Armschwingen braun mit schmalen röthlichen Querbinden, die auf der Unterfläche einen gelblichen Ton haben. Schwanzfedern am Grunde gelb, am Ende braun; dort mit 6—7 allmälich breiteren braunen Querbinden, welche nach vorn in Punkte sich auflösen; hier 1—2 röthliche Binden in der dunkleren Spitze. —

Ganze Länge 14″, des Schnabels bis zum Mundwinkel $1\frac{1}{6}$″, der Flügel vom Handgelenk bis zur Spitze 10″, des Schwanzes vom After an 6″, des Laufes 2″, der Mittelzehe ohne die Kralle $1\frac{1}{2}$″. —

Der weiße Caracara horstet in großen Nestern aus Reisig auf hohen Bäumen an abgelegenen Orten, und legt darin 5—7 gelbbraune, rothbraun gefleckte Eier, welche die gewöhnliche Falkenform zeigen (Thienem. Fortpfl. Taf. 50, Fig. 8). Er findet sich im ganzen südlichen Brasilien, doch besonders häufig im Innern auf den baumarmen Camposgefilden, wo er die weidenden Rinder begleitet und nicht selten auf ihnen, Insecten suchend, gesehen wird. Bei dieser Beschäftigung läßt er sich nicht leicht stören, sondern den Jäger ganz nahe herankommen; trifft man ihn aber frei auf dem Felde an, so ist er scheu und weicht bald aus. Daß er wunden Lastthieren in ihre Druckschäden hacke, oder gar die Thiere zerfleische, habe ich nicht in Brasilien gehört und bezweifle diese Angabe Azara's; seine Zutraulichkeit zum Hausvieh hat einen ganz andern Grund, er liest ihnen die voll Blut gesogenen Carapatos (Ixodes) ab, oder zieht selbst, wie mir erzählt wurde, die dicken Oestridenlarven (Bernen) aus den Geschwüren, an denen die Rinder Brasiliens keinen Mangel leiden. —

Anm. 1. Der Chimango Azara's (Apunt. I. 47. no. 5) ist nicht, wie jetzt wohl allgemein feststeht, dieselbe Art mit dessen Chimachima, sondern eine eigene Spezies, die später auch Meyen als Aquila pezopora bekannt machte (Nov. act. phys. med Soc. Caes. L. C. n. cur. XVI. Suppl. 62. tb. 16.). Neuerdings haben Darwin (Zool. of the Beagle. Ornith. p. 14), v. Tschudi (Fn. Per. Orn. 78. 3.) und D'Orbigny (Voyag. IV. 3. 60. pl. 2. f. 3. 4.) den Chimango geschildert. Er weicht, bei großer Aehnlichkeit, schon darin von der hier beschriebenen brasilianischen Art ab, daß der junge und der alte Vogel dieselbe Zeichnung tragen und nur im Farbenton etwas differiren. —

2. Marcgraf's Caracara (Hist. nat. Bras. 211.) läßt sich weder auf diese Art, noch auf den bald zu besprechenden Polyb. brasiliensis deuten; der schwarze Schnabel, welchen er angiebt, widerspricht dem zu bestimmt. Wahrscheinlich hat er das Jugendkleid von Morphnus Urubitinga als Caracara aufgeführt.

2. Milvago nudicollis *Daud.*

Falco nudicollis *Daud.* Traité d'Ornith. II. 79 und 177. No. 47. — *Pr. Max* Beitr. III. 153. 17.
F. aquilinus *Gmel. Linn.* S. Nat. I. 1. 280. — *Buff.* pl. enl. No. 417. — *Kaup.* Isis. 1847. 358.
F. formosus *Lath.* Ind. orn. I. 38. 91.
Ibycter leucogaster *Vieill.* Gall. I. 20. pl. 6.
Gymnops aquilinus *Spix.* Av. Bras. I. 11. 4.

Schwarz, Rücken metallisch glänzend; Bauch, Schenkel und Aftergegend weiß; Gesicht und Kehle nackt, zinnoberroth; Beine orange. —

Ziemlich so groß wie ein Rabe, nur der Kopf kleiner, schlanker. Gefieder etwas großfedrig und derbe; überall glänzend schwarz, auf dem

Rücken und den Flügeln mit grünlichem Metallschiller. Schnabel, so weit hornig, gelblichgrau, die Spitze weißlicher, der Grund bläulicher; vorderer Saum der Wachshaut und des Mundwinkels blauviolett, die hintere Gegend mit dem nackten Gesicht und der Kehle zinnoberroth, mit langen, schwarzen, rückwärtsstehenden Borsten sparsam besetzt; Iris hell karminroth; Augenwimperborsten sehr zahlreich, lang, stark und schwarz. Bauch, Steiß und Schenkel mit rein weißen Federn bekleidet; nackte Füße tief orangeroth, die Krallen schwärzlich. —

Der junge Vogel unterscheidet sich von dem eben beschriebenen alten durch eine mattere Färbung; die schwarze Farbe ist graulich braun, glanzlos, jede Feder mit hellerem Rande; der Schnabel hat einen blaßgelben Ton, die Wachshaut ist trüber roth und besonders die Beine haben eine nicht so klare Orangefarbe. Seine Iris ist nicht roth, sondern braun.

Im Bau ist diese Art etwas kräftiger, als die vorige, der Schnabel dicker, das Nasenloch weiter und mehr nach oben gerichtet. Die ruhenden Flügel sind etwas länger, der Lauf ist kürzer aber nicht grade stärker. Die vordere Seite des Laufes ist mit größeren, die hintere mit kleineren sechseckigen Tafeln bedeckt; die Zehen haben auf der Oberseite derbere, vom Grunde nach der Spitze allmälig breite Schienentafeln; die Innenzehe hat eine viel kräftigere Kralle.

Mein Exemplar zeigt folgende Maaße. Ganze Länge vom Schnabel zum Schwanzende 22″, Schnabel bis zum Mundwinkel 1″ 8‴, Flügel vom Handgelenk bis zur Spitze 15″ 6‴; Schwanz 9″. Die Schwingen sind im Nachwachsen begriffen. Lauf 2″ hoch, Mittelzehe ohne die Kralle 2″ lang.

Der schwarze Caracara gehört mehr den nördlichen Gegenden Brasiliens im Gebiet des Amazonenstromes an, und wurde von mir deshalb nicht auf meiner Reise angetroffen; das Exemplar unserer Sammlung stammt von Para. Der Prinz zu Wied fand ihn gesellschaftlich nördlich vom 15° S. Br. zwischen den Flüssen Ilheos und Pardo, woselbst die eigenthümliche laute Stimme der Vögel weit durch die dichten Waldungen erschallte. In ihrem Magen wurden nur Insekten (Wespen, Bienen, Maden) von ihm angetroffen, weshalb er die Angabe Sonnini's, daß er von Beeren sich nähre, unwahrscheinlich findet. Indeß bestätigt Kaup die Fruchtnahrung, als Ausnahme, auch von unserm Wespen-Bussard, und Schomburgk (Reise III. 742.) sah Früchte einer Malpighia ihn auswerfen.

3. Milvago aterrimus *Temm.*

Falco aterrimus *Tem.* pl. col. 37 u. zu 342. — *Nitzsch.* Pteryl. 89. — *Kaup* Isis. 1847. 353. 1.
Daptrius ater *Vieill.* Gal. I. 19. pl. 5. — *Schomburgk* Reise brit. Guy. III. 742. 328.
Gymnops aterrimus *Spix.* Av. Bras. I. 11. 3.
Gymnops fasciatus Spic. ib. 10. 1. tb. 4. (jung).

Gefieder glänzend schwarz, mit bläulichem Metallglanze, besonders auf den Flügeln; Handschwingen und Schwanz am Grunde weiß, letzterer im Jugendkleide daselbst mit schwarzen Binden.

Von der Größe einer Krähe, überall glänzend schwarz, metallisch violett oder stahlblau schillernd, zumal auf den Flügeln; Wachshaut, Wangen, Augengegend und Kehle nackt, röthlich gelb; Schnabel schwarz, im Vergleich etwas kürzer und höher als bei der vorigen Art, der Rand hinter der hakigen Spitze etwas vorgezogen. Augenlieder mit kleinen schwarzen Wimpern. Flügel schmal und spitz, bis über die Mitte des Schwanzes in der Reihe hinausreichend; die vierte Schwinge die längste, die dritte und fünfte gleich lang und nur wenig kürzer, die erste beträchtlich verkürzt; alle am Grunde der Innenfahne mit einem breiten weißen Fleck; die (12) Armschwingen breiter und mehr gerundet. Schwanz nicht so lang, wie bei den vorigen Arten, aber breitfedrig, jede Steuerfeder vom Grunde bis über die Mitte hinaus weiß, darauf die Spuren von schwarzen aus Querflecken gebildeten Binden, die um so deutlicher sind, je jünger das Exemplar ist. Beine zart gebaut, gelb gefärbt, der Lauf vorn mit zwei Reihen größerer Tafelschuppen, die Zehen mit Gürtelschildern; die Krallen klein, aber spitz, schwarz.

Den jungen Vogel hat Spix abgebildet, er ist grauschwarz, indem die Federn gräuliche Säume besitzen, ohne Metallglanz, hat kürzere Flügel und einen am Grunde matter weißen oder hell braunröthlichen Schwanz, worauf die 5 schwarzen etwas schiefen Binden sehr deutlich sind, während die schwarze Spitze eine viel kürzere Ausdehnung hat. —

Die Art wird vorzugsweise in Guyana und Columbien angetroffen, sie geht aber bis Brasilien hinab, denn Spix beobachtete den alten Vogel im Gebiet des Amazonenstromes, und den jungen am Rio Jurua. Er hält sich einsam und ähnelt im Fluge den Eulen. Schomburgk fand den Vogel auf den Oasen der Savanna, wo Rauchsäulen die brennenden Fluren verriethen, indem er besonders den Amphibien nachstellt, welche dem Feuer zu entfliehen suchen. —

2. Gatt. Polyborus *Vieill.*

Schnabel viel höher, stark abfallend an den Seiten; das Nasenloch schmal elliptisch, nur am Vorderrande aufgeworfen, schief gestellt, am obersten Saume der Wachshaut gelegen. Brust auf der Kropfgegend nackt, aber gewöhnlich die nackte Stelle unter den benachbarten Federn versteckt. Die ruhenden Flügel völlig so lang wie der Schwanz, die dritte bis fünfte Schwinge gleich lang und die längsten. Lauf höher, länger als die Mittelzehe, vorne und hinten mit größeren, sechsseitigen Tafeln bekleidet; Zehen auf der Oberseite mit schmalen Gürtelschienen; Krallen weniger gekrümmt, wenigstens die vorderen. —

Polyborus vulgaris *Vieill.*

Vieill. Gall. d. Ois. I. 23. pl. 7. — ***Spix.*** Av. Bras. I. 3. 1. tb. 1.
Cabanis, v. Tschud. Fn. Per. Orn. 77. 1. — ***D'Orbign.*** Voy. IV. 3. 55.
Schomb. Reis. III. 741. 326.
Falco brasiliensis ***Gmel. Linn.*** S. Nat. I. 1. 262. — ***Lath.*** Ind. orn. I. 21. 40. — ***Pr. Max*** Beitr. III. 190. 23.
Falco Cheriway. ***Jacq.*** Beitr. 17. no. 12. tb. 4.
Vultur plancus ***Forster*** Descr. 321. — ***Lath.*** Ind. orn. I. 8. 19.
Vultur Cheriway ***Lath.*** Ind. orn. I. 8. 20. —
Caracara ***Azara,*** Apunt. I. 42. No. 4.
Caracara der Brasilianer.

Handschwingen am Grunde weiß, braun gebändert; die Spitze schwarzbraun; junger Vogel braun mit gelblicher Kehle; alter Vogel mit schwarzbraunem Scheitel und Rumpf, gelblicher Kehle und fein schwarzbandirtem Halse. Wachshaut und Beine orangefarben. —

Von der Größe des gemeinen Bussard, aber der Schnabel viel stärker und der Lauf höher. Gesicht und Wachshaut spärlich mit feinen Borstenfedern bedeckt, im höheren Alter fast ganz nackt; dunkel orange, der hornige Schnabelüberzug blaß blaugrau; die Iris röthlich hellbraun; die Augenlieder mit sehr zahlreichen, langen, steifen schwarzen Wimpern; die nackten Beine rothgelb; alle diese Farben in der Jugend blasser, die Krallen schwarz. —

Gefieder weich und ziemlich klein, die Scheitel- und Nackenfedern zugespitzt, zu einer Haube aufrichtbar. Junger Vogel ganz braun; der Scheitel am dunkelsten, die Stirn schwärzlich; Nacken und Oberbrustfedern mit helleren gelblichen Schaftstrichen, die im Nacken sich zu Querstreifen absondern; Kehle weißgelb. Handschwingen, Schwanz- und Steißfedern weißlich, mit matten, braungrauen Querbinden und ganz brauner

Spitze; Armschwingen (14—15) braun, unten mit röthlichen Querbinden.

Mit zunehmendem Alter dunkelt das Gefieder beständig nach, nur der Oberhals, Schwanz und Steiß werden heller. Beim alten Vogel ist der Scheitel schwarz, die Kehle ganz weiß, der Hals oben ebenfalls, aber nach unten zu stellen sich schwarzbraune Querbinden ein, die je weiter hinab um so breiter werden und dichter zusammenrücken. An den Handschwingen ist der weiße Grund klarer gefärbt und die dunkleren Querbinden sind schärfer nach innen markirt; die Armschwingen haben statt der rothbraunen weiße Querbinden; die unteren Schwanzdecken sind ganz weiß, die Bügelfedern weiß mit schwarzen Querwellen. Die reiner weißen Schwanzfedern haben eine schwarzbraune Spitze, feine zahlreiche, ziemlich matte, schwarzgraue Querbinden und die äußerste jeder Seite einen gezackten schwarzen Rand.—

Der Caracara ist in den inneren Gegenden Brasiliens einer der gemeinsten Raubvögel, man sieht ihn häufig fliegend und erkennt ihn dann leicht an den weißen Schwingen und Schwanzfedern, oder bemerkt ihn noch gewöhnlicher auf dem Boden, woselbst er ganz wie die Raben schreitend einher stolzirt. Der Vogel ist jedoch scheu und läßt sich nicht leicht in der Nähe der Ansiedelungen schußgerecht nahe kommen. Seine Nahrung besteht hauptsächlich aus Amphibien, Schnecken und großen Insecten, besonders Heuschrecken, die er vom Boden auflieſt. Ich traf den Vogel, wie der Prinz zu Wied, gern in der Nähe der Seen und hatte namentlich während meines Aufenthaltes in Lagoa santa täglich Gelegenheit, einige Exemplare in der Nähe des Ufers auf offnen, bloß mit Gras bewachsenen Stellen herumgehen zu sehen. Das Nest des Caracara findet sich auf hohen Bäumen in den benachbarten Waldungen und ist selten zu erreichen, da er besonders gern die von Schlingpflanzen umwucherten Stämme wählt. Seine Paarzeit fällt in den Anfang des September und sein Nest enthält dann 2 braunviolette, dicht mit dunkleren Tüpfeln und Flecken bestreute Eier, die etwas länglicher gestaltet sind, als die des Bussard und am stumpferen Ende eine fast homogenbraune Zeichnung haben. (Thienem. Fortpfl. Taf. 50, Fig. 4).

Die Maaße meiner Exemplare sind folgende: Ganze Länge ausgestreckt von der Schnabelspitze bis zum Schwanzrande 23″, Schnabel bis zum Mundwinkel 2″, Höhe am Grunde vor der Stirn 1″; Länge des Flügels vom Handgelenk an 15″, Länge des Schwanzes vom After 8″, Lauf 3½″, Mittelzehe ohne die Kralle 2″, Kralle allein 10‴; erste Schwinge 2″ 10‴ kürzer als die drei längsten. —

Anm. Gewissermaßen eine Mittelform zwischen dem gemeinen und dem schwarzen Caracara ist Polyborus montanus *D'Orbign*. Voy. IV. 3. 51. *tb*. 2. aus Peru. Meyen beschrieb zuerst den jungen Vogel als Aquila megaloptera (Nov. act. ph. m. Soc. Caes. C. L. n. cur. Vol. XVI. Suppl. 188. tb. 17); seitdem haben ihn v. Tschudi (Fn. per. Orn. 78.) und D'Orbigny (a. a. O.) besprochen. Der alte Vogel ist schwarz mit weißem Bauche, Schenkel, Steiß und Schwanz; letzterer führt vor der Spitze eine breite schwarze Binde, dagegen haben die Schwingen weiße Spitzensäume. Der junge Vogel ist braun mit dunkleren Schaftstrichen. Wegen des etwas kleineren Schnabels und des zu einer Haube aufgebogenen, gekrümmten Nackengefieders erhebt D'Orbigny den Vogel zu einer besonderen Gattung Phalcobaenus. —

B. Bussarde. Buteoninae.

Körperbau im Ganzen schwächlich, aber nicht schlank, sondern vielmehr etwas plump; der Kopf dick, breit, flach; der Schnabel kurz, vom Grunde an herabgebogen, seitlich zusammengedrückt, nie beträchtlich gewölbt, ziemlich schwach, am Rande stets ohne Zahn. Gefieder weder so straff wie bei den Adlern, noch so schlaff wie bei den Vorigen; die Kopffedern gewöhnlich schmal und spitzig, aber nicht zu Hauben verlängert. Flügel ziemlich lang und spitz, in der Ruhe ganz oder fast bis ans Ende des dann kurzen Schwanzes reichend; mitunter der Schwanz lang und die Flügel dann beträchtlich kürzer. Beine ziemlich hoch und dünn, der Lauf entweder größtentheils nackt und vorn mit Gürtelschildern bekleidet, oder ganz befiedert; die Zehen kurz, schwach, mit scharfen aber nicht grade langen, spitzen, stark gekrümmten Krallen und Gürtelschildern auf dem ganzen Rücken, oder der Strecke zunächst vor denselben. —

Die Bussarde bilden eine zahlreiche, aber in sich mannigfaltige Gruppe, welche das passendste Bindeglied zwischen den Caracaras und den Adlern abgiebt und mit jenen mehr in der Lebensweise, mit diesen mehr im Körperbau Aehnlichkeit hat. Die Bewohner der Tropenzone sind gemeiniglich etwas hochbeiniger, als die unsrigen, und ähneln dadurch den Caracaras beträchtlicher. In ihrem Gefieder schließen sie sich, auch was die Farben betrifft, am nächsten an die Adler, haben in der Regel nur wenig abweichende Alterskleider und nie *) die eigenthümlichen Bindenzeichnungen der Habichte.

*) Cymindis mit Sperbergefieder, welche viele Schriftsteller zu den Bussarden stellen, gehört nicht dahin. —

3. Gatt. Hypomorphnus *Cab.*

Schnabel noch ziemlich lang, dem Caracara-Schnabel ähnlich, aber die Spitze viel stärker hakig herabgebogen, im Ganzen höher und am Grunde grader als bei den ächten Bussarden; das Nasenloch weit, fast kreisrund, dem Schnabelrücken ein wenig näher als dem Mundrande. Zügel, Augengegend, Backen und Kehle sehr spärlich mit Borstenfedern besetzt; der Augenliederrand mit mäßig steifen Wimpern. Flügel bis zur Mitte des Schwanzes reichend, aber doch ziemlich lang, die vierte Schwinge die längste, freilich nur sehr wenig länger als die dritte und fünfte. Schwanz lang und breitfedrig. Beine sehr hoch, der Lauf über zweimal so lang wie die Mittelzehe ohne Kralle, vorn mit größern Schuppenschildern bekleidet; Zehen schwach, oben größtentheils von Gürtelschildern bedeckt, die beiden äußeren mit sehr breiter Spannhaut. Mittelkralle mit nach innen erweitertem scharfen Rande, übrigens, gleich den andern Krallen, ziemlich stark, spitz und viel mehr gekrümmt, als bei den Caracaras.

Das Jugendkleid hell gelbbraun, mit schwarzen Schaftstrichen, das Kleid der ausgewachsenen Individuen schwarz; der Schwanz mit weißer Binde oder weißer Grundhälfte. —

Hypomorphnus Urubitinga.

Cabanis, v. Tsch., Fn. per. Orn. 84. — *Schomb.* Reise brit. Guy. III. 740. 322.
Falco Urubitinga *Gmel. Linn.* S. N. I. 1. 265. — *Lath.* Ind. orn. I. 22. 43. — *Pr. Max* Beitr. III. 196. 24.
Falco longipes *Illig.*
Morphnus Urubitinga *Cuv.* r. an. I. 330. — *Temm.* pl. col. 55 (jung).
Aquila picta *Spix* Av. Bras. I. 5. tb. 1. c. (jung).
Aquila Urubitinga ibid. 4. tb. 1. b. (alt).
Asturina Urubitinga *Kaup* Isis 1847. 206. 8.
Gavilan mixto chorreado, *Azara*, Apunt. etc. I. 88. No. 17 (Uebergangskleid).
Gavilan mixto pintado ibid. 92. No. 18 (jung).
Gavilan mixto negro ibid. 96. No. 20 (alt).
Urubitinga, *Marcgr.* h. n. Bras. pag. 214. —

Der alte Vogel braunschwarz, die Schwingen mit helleren und dunkleren Binden; der Schwanz mit weißer Binde über die Mitte. Der junge Vogel gelb oder gelbbraun, das Rumpfgefieder mit breiten schwarzbraunen Spitzenflecken; die Flügel und der Schwanz gelb und braun bandirt, mit breiterem Endsaum.

Von der Größe unseres Schreiadlers (A. naevia) aber viel höher erscheinend, wegen der langen Läufe und des langen Schwanzes. Das ganze Gefieder des alten Vogels ist dunkel schwarzbraun, die Federn am Grunde heller, graubraun, die des Nackens daselbst weißlich. Kopfgefieder schmal, beträchtlich zugespitzt; Rumpfgefieder breit gerundet, nicht grade sehr derbe. Handschwingen schwarzbraun, die Innenfahne nach unten heller graubraun bandirt; Armschwingen (15) mit deutlichern graulichen Binden. Schwanzfedern am Grunde schwarz, welche Farbe dem Schaft mehr folgt, dann breit weiß, hierauf wieder schwarzbraun und am äußersten Endsaum nochmals weißlich; Schnabel und Krallen hornschwarz. Wachshaut und nacktes Gesicht gelblich, Iris bräunlich gelb; Füße hellgelb. —

Der junge Vogel ist in Farbe und Zeichnung je nach dem Alter höchst veränderlich; eins der jüngsten Kleider hat Spix abgebildet, ein viel älteres Temminck; ersteres paßt mehr zu Azara's G. mixto pintado (mas), letzteres zu dessen G. m. chorreado (femina). Die Grundfarbe ist in diesem Kleide ein helles Braungelb, das auf dem Rücken mehr ins Rothbraune fällt; jede Feder des Kopfes und Rumpfes hat einen breiten schwarzbraunen Spitzenfleck, der sich in der Mitte am Schaft hinaufzieht und keilförmig ausdehnt; diese Flecken werden mit zunehmendem Alter breiter und bilden dann auf der Oberbrust eine ganz schwarzbraune, heller gesäumte breite Binde. Die viel kürzeren Schenkelfedern haben feinere Randbinden, die sich zu Querwellen aneinander reihen. Die Flügel und Schwanzfedern haben außen einen dunkleren braunrothen Ton, und sind mit breiten schwarzbraunen Querbinden geziert, welche an der Außenfahne gewöhnlich in eine einfarbige Strecke zusammenfließen; am Schwanz werden die oberen Binden allmälig schmäler und lassen einen breiten hellen Grund frei, die unteren rücken zusammen und bilden eine breite braune Binde dicht vor der gelblichen sehr hellen Spitze; auch die Innenfahne ist nach oben sehr hellgelblich gefärbt und die dunklen Binden haben eine mehr graubraune Färbung. Schnabel, Iris und Beine wie beim alten Vogel, nur matter gefärbt.

Die Männchen sind beträchtlich kleiner als die Weibchen und haben im Jugendkleide mehr weiß im Gefieder, die Weibchen mehr gelb; alle dunkleren Flecke und Binden sind schmäler und das ganze Colorit wird dadurch viel lichter. Einen solchen männlichen Vogel hat Spix im Jugendkleide abgebildet, den weiblichen Temminck; die Abbildung des alten Vogels von Spix ist genügend.

Der Urubitinga ist im südlichen Brasilien nicht häufig, wenigstens nicht in der Nähe der Ansiedelungen; ich habe ihn nicht auf meiner Reise erhalten, doch einmal im südlichen Minas einen Raubvogel in der Ferne beobachtet, den ich für den Urubitinga hielt; der Prinz zu Wied traf denselben zuerst nordwärts von der Mündung des Rio Parahyba, am Rio Cabapuana, weiter am Mucuri, und hier ebensowohl auf offenen Triften, wie in den größeren Waldungen des Küstengebietes. Er wird von ihm als ein kühner, raubgieriger Vogel geschildert, der nichts desto weniger, wenn er ruht, dem Geschrei mancher dreister Waldbewohner, der Tukans, Guachs (Cassic. haemorrhous), Cassiken (Cass. cristatus) ꝛc. sich ausgesetzt sieht. Er stößt nicht bloß fliegend auf Beute, die in Drosseln, Finken und kleineren Singvögeln besteht, sondern liest auch Amphibien und Heuschrecken vom Boden auf, wie die Caracaras. Nach Schomburgk soll er selbst auf Affen und kleinere Säugethiere gehen. Sein Nest findet man in den Kronen der höchsten unersteiglichen Bäume; es enthält 2 längliche, weiße rostbraun heller und dunkler fleckig getüpfelte Eier (Thienem. Fortpfl. Taf. 49, Fig. 1).

Das Exemplar unserer Sammlung zeigt folgende Maaße: ganze Länge $2^1/_2$', Schnabel bis zum Mundwinkel 2", Höhe desselben am Grunde 14"; Länge des Flügels vom Handgelenk bis zur Spitze 17", des Schwanzes 10", des Laufes 5", der Mittelzehe ohne die Kralle 2", der Hinterzehe mit der Kralle $2^1/_2$".

4. Gatt. Rostrhamus *Less.* *).

Schnabel ungemein dünn und niedrig, aber die Spitze nichtsdestoweniger sehr stark hakenförmig herabgekrümmt; Nasenloch kreisrund, dem Schnabelrücken etwas mehr genähert; Zügel nackt; Augenlieder mit zahlreichen, aber feinen, ziemlich langen Wimpern; Kopf klein, wenig abgeplattet, die Augen nicht besonders vertieft; der Rachen sehr weit, bis hinter das Auge gespalten. Die ruhenden Flügel bis ans Ende des Schwanzes oder darüber hinaus reichend, sehr spitz, schmal, die vierte Schwinge die längste; Schwanz ziemlich lang, am Ende breit, grade abgestutzt, selbst etwas ausgeschnitten. Beine schwach, der Lauf nackt, vorn mit schiefen Gürtelschildern, die sich nach unten in Tafeln auflösen; Zehen auf der Oberseite ganz mit gegen die Spitze hin immer größeren Gürtelschienen bedeckt, die

*) Der Gattungsname wird verschieden geschrieben, bald Rosthramus, bald Rostrhamus; letztere Form ist die ursprüngliche (von rostrum und hamus), aber freilich ebenso unrichtig, wie häßlich; die Composition Rostrihamus wäre regelrechter (Schnabelhaken), doch keineswegs eine klassische oder mehr gefällige gewesen. —

zwei äußeren Zehen ohne Spannhaut; die Krallen lang, dünn, wenig gebogen, die mittlere der 3 vordern mit stumpfer Kante an der Innenseite, welche unten durch unregelmäßige Kerben in Zacken getheilt ist.

Rostrhamus hamatus *Ill.*

Falco hamatus *Illig.* — *Pr. Max.* Beitr. III. 182. 21. —
Rostrhamus hamatus *Caban. Schomb.* Reis. brit. Guy. III. 736. 306.
— niger *Less.* Trait. 56.
— sociabilis *D'Orb.* Voy. IV. 3. 73. — *Kaup.* Isis 1847. 352.
Herpetotheres sociabilis *Vieill.* Enc. III. 1248.
Cymindis leucopygus *Spix* Av. Bras. I. 7. tb. 2.
Gavilan de estero sociabile, *Azara*, Apunt. I. 84. 16.

Ganzes Gefieder schwarzgrau, nur der Schwanz am Grunde zur Hälfte weiß; Wachshaut und Beine orange. —

Der Vogel hat die Größe der **Saatkrähe**, ist aber etwas schmächtiger; die Iris ist blutroth, die Wachshaut, der halbe Unterkiefer und die Füße lebhaft orangegelb, das ganze Gefieder ohne Unterschied dunkel schieferschwarz, matt; nur die Bürzel- und Steißfedern, nebst der Grundhälfte des ziemlich langen, außen grünlich metallisch schillernden Schwanzes sind weiß; doch hat die schwarze Endhälfte noch einen weißlichen Saum. So sehen **alte** ausgefärbte Vögel aus; **jüngere** Vögel haben ein braunes Gefieder mit röthlichen unten sehr breiten Federrändern; die Federn des Rückens und der Flügel erscheinen nach der ersten Mauser schon einfarbig, die der Brust, des Bauches und der Schenkel behalten die rostfarbnen Säume längere Zeit, am längsten die der Brust, während die des Bauches fast ganz weiße Randstreifen bekommen. Bügel und Steißfedern sind weißlich gelbgrau; die weißliche Strecke des Schwanzes am Grunde ist schmäler, der weiße Randsaum viel breiter. Die außen schwarzen, inwendig grauen Handschwingen haben an der Grundhälfte der Innenfahne breite weißliche, graubraun gefleckte Säume. Die (15) Armschwingen haben mehrere breite weiße Querflecken über einander auf der Innenfläche. — Ganze Länge 17″, des Schnabels bis zum Mundwinkel $1\frac{1}{3}$″, der Flügel $13\frac{1}{2}$″, des Schwanzes 6″, des Laufes 2″, der Mittelzehe ohne Kralle $1\frac{1}{3}$″, der Hinterzehe mit der Kralle $1\frac{3}{4}$″.

Der **Hakenbussard** ist nicht grade ein häufiger Vogel; er lebt gesellig auf den offenen Triften des Innern in der Nähe von Seen und Sümpfen, streift in kleinen Flügen weit umher und scheint sich von Insecten, Amphibien und selbst Fischen zu nähren; lebend habe ich ihn nicht beobachten können.

Anm. Der von **Temminck** (pl. col. 61. alt, 231. jung) abgebildete Vogel hat (wie schon Spix bemerkt) einen viel kürzeren einfarbigen Schwanz, in der Jugend ein mehr gelbbraunes Gefieder, im Alter einen heller grauen Ton und ist gewiß eine von der brasilianischen Art verschiedene Species, welcher der Name R. sociabilis zufallen könnte; denn Illiger's F. hamatus stammte aus Brasilien.

5. Gatt. Buteo *Bechst.*

Schnabel kurz, aber hoch, stark seitlich zusammengedrückt, entschieden vom Grunde an herabgekrümmt; der Haken nicht sehr lang, aber scharf, der Rand etwas vortretend, bis dahin stumpfer, dann scharf und schneidend. Wachshaut kurz, wie die Zügel bis zum Auge hin mit feinen Borstenfedern dicht bekleidet, nur oben zwischen den Nasenlöchern nackt; letztere weit, oval, etwas geneigt, dem Schnabelrücken genähert; Augenwimpern schwach und fein. Gefieder ziemlich klein, am Kopf und Oberhalse schmal, deutlich zugespitzt. Flügel von mäßiger Länge, ziemlich spitz, gewöhnlich die fünfte Schwinge die längste, aber die dritte und vierte nur weniger kürzer, die erste fast um die Hälfte verkürzt. Schwanz gewöhnlich kurz, überhaupt klein, die ruhenden Flügel nicht beträchtlich, selbst gar nicht überragend. Füße schwach, der Lauf ziemlich hoch, vorn von schiefen aber breiten Gürtelschildern bekleidet, hinten längs der Mitte gröber geschildet; Zehen oben mit kurzen Halbgürteln, übrigens kurz und schwach mit zwar langen, stark gekrümmten, aber nur schwachen Krallen, von denen die mittlere am Grunde eine kurze schneidende Kante zeigt; die beiden äußern Zehen durch eine kurze Spannhaut verbunden. —

Die amerikanischen Bussarde zerfallen nach dem Gefieder in rothgelbe, braun gefleckte und in weiße, mit schwarzem oder grauem Mantel; letztere haben einen längeren Schwanz, der die Flügel weiter überragt, erstere einen kurzen, der z. Th. von den ruhenden Flügeln überragt wird.

A. Braune Bussarde mit kurzem Schwanz.

1. Buteo nigricollis *Lath.*

Falco nigricollis *Lath.* Ind. orn. I. 35. 80 (alt). — *Daudin*, Traité d'Orn. II. 111. 80.
Falco aequinoctialis *Gmel. Linn.* S. Nat. I. 1. 265. — *Lath.* Ind. orn. I. 22. 42 (jung). — *Le Vaill.* Ois. d'Afr. I. pl. 21. (jung).

Ichthyoborus aequinoctialis *Kaup*. Isis. 1847. 333. 10.
Falco busarellus *Daud*. Tr. d'Orn. II. 168. 141. — *Pr. Max*. Beitr. III. 213. 27.
Ichthyoborus busarellus *Cab. Schomb*. Reis. brit. Guy. III. 739. 321.
Aquila milvoides *Spix* Av. Bras. I. 5. 3. tb. 1. d. (alt).
Buteo busarellus *D'Orb*. Voy. IV. 3. 103.
Circus leucocephalus *Vieill*. Enc. III. 1216.
Buteogallus cathartoides *Less*. Trait.
Gavilan de estero cabeza blanca, *Azar*. Apunt. etc. I. 78. 13. (alt).
Gavilan de estero roxo obscuro *Azar*. ibid. 80. 14. (jung).

Lebhaft rothbraun, Kopf und Hals gelblich, Oberbrust mit schwarzbraunem Fleck; junge Vögel mit schwarzbraunen Schaftstrichen am Rumpfe, ebensolchen Querbinden auf den Flügeln und Wellenlinien auf den Schenkeln; alte bloß mit einigen schmalen Schaftstrichen auf dem Rumpfe, breiteren auf den Flügeln, aber einfarbigen Schenkeln. Handschwingen schwarzbraun, Armschwingen und Schwanz schwarz- und rothbraun gebändert, unten heller. Ruhende Flügel ein wenig kürzer als der Schwanz.

Etwas kleiner als unser gemeiner Bussard (Falco Buteo *Linn.*), aber der Schnabel und die Beine kräftiger; ersterer und die Krallen schwarz, Wachshaut und Beine wachsgelb; Iris graugelb. Hauptfarbe des Gefieders ein schönes lebhaftes Rothbraun, nur der Kopf mit dem Halse und Nacken bis zu den Schultern hellgelb; ein breiter Fleck oben auf der Brust und die Handschwingen rein schwarz.

Der junge Vogel hat auf dem Kopfe, Halse und Nacken schwarzbraune Schaftstriche, die den Scheitel fast ganz bedecken; die Kehle ist einfarbig blaßgelb, hinter dem Auge beginnt ein schwärzlicher Streif, der an den Halsseiten herabläuft. Auf der Brust und dem Bauch haben die Federn verwaschene braune Schaftstriche, von denen mehrere schmale Binden seitwärts abgehen, die gewöhnlich zu beiden Seiten des Schaftes alterniren. Ebenso, aber klarer und dunkler ist das Rücken- und Flügeldeckgefieder gezeichnet; selbst die (15—16) Armschwingen haben dieselben Binden, werden aber gegen die Spitze und an der Außenfahne bald ganz schwarzbraun, bis auf den Endrand, der röthlich bleibt. Ganz ebenso verhalten sich die Schwanzfedern. Beide sind aber, gleich den Handschwingen, auf der unteren Fläche graubraun und grauweiß gebändert. Die Schenkelfedern haben bis zum Lauf hin dichte schmale, schwarzbraune Querwellenbinden in großer Zahl. Ein so gefärbtes Exemplar unserer Sammlung zeigt folgende Maaße: ganze Länge 1′ 8″, des Schnabels $1\frac{1}{2}$″, des Flügels vom Handgelenk bis zur Spitze 13″, des Schwanzes 6″, des Laufes 3″, der Mittelzehe ohne Kralle 1″ 7‴, der Hinterzehe mit der Kralle 2″ 1‴. —

Mit zunehmendem Alter werden die dunkleren Binden und Schaftstriche schmäler und verlieren sich zuletzt an vielen Federn ganz, wenigstens die Binden, während die schwarzbraunen Schäfte und eine schmale Färbung neben ihnen besonders auf dem Scheitel, der Brust und den Flügeldeckfedern bleiben. Am Schwanz und an den Armschwingen bleiben auch die braunen Querbinden, werden aber viel schmäler; dagegen setzt sich die breite schwarzbraune Spitze um so deutlicher von dem vorhergehenden helleren Theile ab.

Alle Farben sind bei dem kleineren Männchen klarer und reiner, als bei dem größeren Weibchen; besonders der helle Kopf und der dunkele Brustfleck. —

Der rothe oder weißköpfige Bussard ist in dem ganzen Küstengebiet Brasiliens ein häufiger, allbekannter Vogel, von dem mir mehrmals und an verschiedenen Stellen, zuerst in Neu-Freiburg, Exemplare von Jägern gebracht wurden. Der Prinz zu Wied fand ihn häufiger in den südlichen, als in den nördlichen Districten des von ihm bereisten Landstrichs; er geht auch südwärts über den Wendekreis hinaus, da er von Azara in Paraguay gesammelt wurde, und streift nordwärts entschieden bis an die Linie, denn Spix erlangte sein Exemplar in den Wäldern am Amazonenfluß. — Seine Nahrung, sagt der Prinz, ist mannigfaltig, wie die aller Bussarde; er liebt die Nähe des Wassers, folgt gern dem Lauf der Flüsse, umfliegt in offenen Gegenden nicht bloß Seen und Sümpfe, darin Amphibien, Schnecken und Insecten aufsuchend, sondern er streift auch über die mit Gebüsch bestandenen, benachbarten Felder, wo er auf kleine Vögel, Mäuse ꝛc. stößt, und kommt selbst in die Nähe der Ansiedelungen, um auch dort Beute jeder Art zu machen. Spix und Schomburgk lassen ihn sogar von Fischen leben, was Kaup durch den Bau seiner Fänge bestätigt. Schomburgk fand sein Nest auf einem mäßig hohen Baume, aus Reisern gebaut, am Ufer des Rio Rupununi und darin 2 erst kürzlich ausgebrütete, daunige Jungen. —

2. Buteo pterocles *Temm.*

Temm. pl. col. 56 (alt) und 139 (jung). — *Lesson* Trait. 80. — *Kaup.* Isis 1847. 328. 4. — *Cabanis,* in *v. Tschudi,* Fn. per. Orn. 92. — *Schomb.* Reis. br. Guy. III. 739. 319.
Buteo unicolor *D'Orbign.* Voy. IV. 3. 109. (ganz jung).

Kopf, Hals, Rückengefieder und Schwanz schwarzbraun, aschgrau angeflogen; Schulterfedern rostbraun gefleckt; Unterhals, Brust, Bauch, Steiß und Schenkel des alten Vogels weiß, letztere schwarzbraun gebändert; der junge Vogel matter braun, oben und unten gleichfarbig, oder unten mit breiten braunen Spitzenflecken der Federn. — Ruhende Flügel ein wenig länger als der Schwanz. —

Durch kürzere Läufe und längere Flügel schon im Totalansehn von der vorigen Art verschieden, im Rumpf zwar etwas größer, kräftiger gebaut, als jene, aber im Ganzen nichtsdestoweniger kleiner sich ausnehmend; durch die sehr spitzen, langen Flügel, welche ruhend über den Schwanz etwas hinausreichen, von allen anderen Arten sogleich sich abscheidend. Diese große Länge rührt hauptsächlich von der dritten Schwinge her, welche von allen die längste ist, während die zweite noch länger ist als die fünfte und die vierte zwischen der zweiten und dritten die Mitte hält. Merkwürdig ist dabei die auffallende und plötzliche Verschmälerung der beiden ersten Schwingen und die nicht so starke der dritten von der Mitte an gegen die Spitze hin.

Der junge Vogel im frühesten Kleide ist ganz einfarbig braun, nur hin und wieder mit helleren Federnrändern; die Stirnfedern erscheinen am Grunde weißlich und die kleinen Flügeldeckfedern haben rothbraune Spitzensäume. Auf den Flügeln zeigen sich sehr schwache dunklere Querbinden und die Innenseite der Schwingen ist mit weißlichen, braungrau gemischten Querlinien geziert. Die Bürzelfedern haben hellrostrothe Querlinien und gleichfalls breite weißliche Säume an der Außenfahne. Die Schwanzfedern sind oberhalb aschgrau, an der Außenfahne bräunlich, mit vielen schwachen schwarzbraunen Querlinien, welche gegen das Ende in einander laufen; auf der Innenfahne der Steuerfedern bemerkt man viele breite weiße Querbinden und der Endrand ist ebenfalls weißlich; die Steißfedern sind weiß, braun gewellt. Ein Männchen zeigte folgende Maaße. Ganze Länge 1′ 10″, des Flügels 1′ 5″, des Schwanzes 8½″, des Laufes 3⅛″, der Mittelzehe ohne den Nagel 1½″; das Weibchen hat einen etwas kürzeren Schwanz und höheren Lauf, bei gleicher Größe. — Dieses Kleid ist D'Orbigny's B. unicolor.

Aeltere Individuen nach der ersten Mauser bekommen einen dunkleren schwarzbraunen Rücken und eine hellere gelbliche Bauchseite; von der Kehle erstreckt sich eine schwarzbraune Binde über die Brust zu den Schultern; die Zügel sind weißlich, die Backen und oberen Halsseiten gelb, mit braunen Schaftstrichen. Von der Brust herab treten breite, schwarzbraune Spitzenflecke auf alle Federn, welche gegen den Steiß und besonders am Schenkelgefieder in kürzere, rothbraune Mondflecken sich umändern. Die Schwanzfedern haben unten einen hellgraulichen Ton, mit matten dunkleren Querbinden, oben einen etwas dunkleren und deutlichere Binden. So stellt Temminck's Fig. 139 den Vogel dar.

Ganz alte ausgefärbte Individuen haben außer den weißlichen Zügeln und Augensäumen einen völlig schwarzbraunen, grau überlaufenen Kopf, Nacken, Kehle, Hals und Rücken. Die Achselfedern färben sich hell rothbraun, mit convergirenden schmalen dunkleren Querbinden; die eigentlichen Flügeldeckfedern sind braun, heller gesäumt und bandirt; auch die (14—15) Armschwingen haben deutliche hellere Binden, die den schwarzbraunen Handschwingen fehlen. Oberbrust und Unterhals sind weiß; die Seitenfedern des Bauchs, das Schenkelgefieder und die Steißfedern haben schmale, gelbrothe Querbinden; die Bügelfedern sind ganz weiß, die Steißfedern nur am Grunde, dann grau gebändert, zuletzt mit einer breiten, schwarzbraunen Endbinde geziert. —

Die Art bewohnt das innere und südliche Brasilien zunächst am Wendekreise, ist aber nicht häufig; Aug. v. St. Hilaire und Natterer beobachteten sie in Goyaz und Mato grosso, Sellow schon in St. Paulo, D'Orbigny noch in Bolivien am Ostabhange der Cordilleren bei Cochabamba, bis 5000′ über dem Meeresspiegel hinauf. Von ihrer Lebensweise ist noch nichts bekannt. —

Anm. Im äußersten Süden und Westen von Süd-Amerika (Peru, Chili, Paraguay, Patagonien) vertritt eine ähnliche, aber im Alter oben ganz schiefergraue, unten weiße Art mit schwarzer Schwanzbinde, bei welcher nur das Weibchen rothbraune Flecke in verschiedener Ausdehnung auf dem Rückengefieder behält, die Stelle der eben erörterten. Azara beschrieb zuerst den jungen, mehr bräunlichgelben Vogel als Aquila coliblanca (Apunt. p. h. n. d. l. Paxar. I. 69. 10.) und nach ihm Meyen das alte Männchen als Aquila braccata (Nov. act. ph. med. etc. Vol. XVI. Suppl. 189. tb. 18.). Seitdem hat D'Orbigny eine ausführliche Beschreibung und gute Abbildung beider Geschlechter unter dem Namen Buteo tricolor gegeben (Voy. d. l'Am. mér. Orn. 106. pl. 3). Vieillot gründete auf Azara's Beschreibung seine Spizaëtus leucurus. Kaup führt den Vogel als Buteo erythronotus (Isis. 1847. 331. 8.) auf und zieht dahin den von King beschriebenen Haliaëtus erythronotus, welchem Gould den Namen Buteo varius beilegt. Derselbe soll indeß, nach v. Tschudi (Fn. per. Orn. 92.) eine eigene, den Falklands-Inseln angehörige, beträchtlich größere Art sein. Am ausführlichsten hat Cabanis in v. Tschudi's Fauna per. Orn. 92. sich über B. tricolor verbreitet; er weist nach, daß besonders der relativ längere Schwanz, welcher die ruhenden Flügel beträchtlich überragt, und ein anderer Flügelschnitt, indem die vierte Schwinge die längste ist, und die zweite bedeutend kürzer als die fünfte, beide Arten, trotz großer Aehnlichkeit im Jugendkleide, unterscheidet. —

B. Weiße Bussarde mit längerem Schwanz *).

3. Buteo scotopterus, *Pr. Max.*

Pr. Max. z. Wied Beitr. etc. III. 1. 204. 25. — *Kaup*, Isis 1847. 211. 13. Buteo lacernulatus *Tem.* pl. col. 437. ?

*) Der in der Anmerkung zur vorigen Art erwähnte Buteo tricolor gehört seiner Farbe nach in diese, von Kaup zu den Habichten gestellte Gruppe (Subg. Leucopternis), und bildet das Uebergangsglied zwischen beiden Abtheilungen.

Ganzes Gefieder weiß, Rücken und Flügel dunkel schiefergrau, Schwingen und eine Binde am Ende des Schwanzes schwarz. —

Von kräftigem, gedrungenem Körperbau, unserm B. lagopus ähnlicher im Habitus, als dem B. vulgaris, aber beträchtlich kleiner. Kopf stark, der Schnabel ziemlich hoch, blaugrau; die Wachshaut grünlich gelb, nach unten ins Graue fallend; Iris gelbgraubraun. Beine hellgelb. Ganzes Gefieder im Alter rein weiß, nur der Rücken bis zum Nacken hinauf und die Außenseite der Flügel sind schiefergrau, doch mehr ins Schwarze, als ins Graue ziehend; die Schwingen sind stets dunkel grauschwarz, aber an der Innenseite der Fahne nach unten weiß, mit schmalen, rein schwarzen Querbinden auf der Oberseite. Der Schwanz ist weiß, mit mehreren schmäleren, oben schwärzlichen, unten gräulichen Binden am Grunde und breiter schwarzer Endbinde, vor der sich noch ein weißlicher Spitzenrand absetzt. Die ruhenden Flügel reichen etwa bis zur Mitte der rein weißen Gegend vor der schwarzen Binde; die vierte Schwinge ist die längste, die dritte ebenso lang wie die fünfte, die zweite kürzer als die sechste, und die erste nur so lang wie die achte. —

Jüngere Vögel haben statt des grauschwarzen einen braunschwarzen Mantel, dessen weiße Federn mit einem feinen röthlichbraunen Endrande versehen sind; gegen die Basis sind diese Federn rein weiß und zwar breiter an der Innenfahne, als an der Außenfahne, und darauf mit ein Paar feinen schwärzlichen Querbinden versehen. Am Kopfe, Halse, Nacken und der Brust zeigen die Federn schmale, grauschwarze Schaftstriche, welche sich nach der Spitze zu in Flecken ausbreiten und besonders gegen die Schultern hin recht deutlich werden. Je jünger der Vogel ist, desto breiter und fleckiger die Schaftstriche; je älter desto reiner und weißer, besonders die Unterseite. Innere Flügeldeckfedern, Schenkel und Steißfedern rein weiß, Bürzelfedern breit schwarz gebändert und gesäumt. Schwanz auf der Oberseite am Grunde ganz schwarzbraun, auf der Unterseite mit durchscheinenden grauen Querbinden; von der Mitte an weiß, vor dem weißlichen Spitzenrande eine schmale, schwarze Binde; das Weiß an der Außenfahne zur Basis hinaufsteigend.

Ganze Länge 17″, Schnabel $1\frac{1}{4}$″, Flügel vom Handgelenk bis zur Spitze $11\frac{1}{3}$″, Schwanz 6″, Lauf 2″ 8‴. Mittelzehe ohne Kralle $1\frac{1}{4}$″, Hinterzehe mit der Kralle $1\frac{1}{2}$″. —

Dieser schöne, kenntliche Raubvogel ist im Waldgebiet der Küstenstrecke des mittleren Brasiliens zu Hause und dort nicht grade selten. Man sieht ihn nur einzeln hie und da auf einem hohen, meist dürren Baum, wo er lange ruhig aushält; so fand ich den Vogel am 28. April im Thale des

Rio Cagado, eines der Nebenflüßchen am oberen Rio da Pomba, konnte ihn aber nicht erlegen, weil sein Stand für unsere Jagdflinten zu hoch war. Der Prinz zu Wied traf den Bussard auf ähnliche Art in den Wäldern von Villa Viçoza am Rio Peruhype und weiter hinauf am Rio Espirito Santo. —

Anm. 1. Es will mich bedünken, als ob der von Kaup zu dieser Art gezogene Buteo lacernulatus *Temm.* nicht zu dem von mir beschriebenen Vogel gehört, sondern das Männchen von Buteo tricolor (s. braccatus) vorstellt; wahrscheinlich hat Temminck die Exemplare beider Arten in Paris nicht gehörig geschieden, und ein peruanisches statt eines brasilianischen abbilden lassen.

2. In Guyana kommen ähnliche weiße Raubvögel mit schwarzem, aber weiß geflecktem Mantel vor, welche noch kürzere Flügel haben und deshalb zu den Habichten von Kaup und Cabanis (*Schomb.* Reise brit. Guy. III. 137.) gestellt werden.

1. Falco poecilonotus *Cuv. Temm.* pl. col. 9. hat eine breite weiße Endbinde am Schwanz und weiße Spitzen am Deckgefieder und an den Schwingen der Flügel; letztere reichen noch bis auf die Mitte des ziemlich kurzen Schwanzes.

2. Falco albicollis ***Lath.*** Ind. orn. I. 36. 81. F. picatus ***Shaw.*** — hat ebenfalls breite weiße Spitzen an dem schwarzen Deckgefieder der Flügel und an den Schwingen; aber der Schwanz ist weiß, mit breiter schwarzer Endbinde vor dem weißlichen Endrande.

3. Falco melanops ***Lath.*** Ind. orn. I. 37. 89. — ***Temm.*** pl. col. 105. hat schwarze Schaftstriche auf Kopf und Nacken, schwarze Zügel und weiße Spitzen nur an den obersten Flügeldeckfedern. Die Flügel reichen bis auf den Anfang des schwarzen, mit einer schmalen, weißen Binde über die Mitte gezierten Schwanzes. Ich habe keine dieser 3 Arten selbst untersuchen können und lasse es unentschieden, ob sie hierher gehören; die letztere scheint mir weit eher ein Habicht zu sein *).

C. Adler. Aquilinae.

Allermeist große, kräftig gebaute Raubvögel mit starken, besonders hohen, am Grunde eine ziemliche Strecke graden Schnäbeln; breitem, flachem Kopfe, scharf vortretendem Superciliarrande und tief liegenden Augen ohne starke Wimpern an den Rändern der Augenlieder; derbem, am Kopfe und Oberhalse kleinem, scharf zugespitztem Gefieder; langen, in der Ruhe bis ans Ende des Schwanzes reichenden Flügeln und starken, kräftig gebauten Füßen, deren Lauf entweder vollständig, oder wenigstens eine Strecke unter dem Hacken nach außen

*) Nitzsch hat in seiner Pterylographie diesen F. melanops mit Buteo scotopterus verwechselt und daher die Mangelhaftigkeit von Temminck's Figur mit Unrecht gerügt (S. 83); sein Vogel war, wie ich jetzt sehe, gar kein F. melanops *Temm.*, sondern ein F. scotopterus ***Pr. Max.***

befiedert ist, und von dem sehr großen, breiten, weit abstehenden, nach hinten verlängerten Schenkelgefieder z. Th. verdeckt wird. Die nackte Strecke des Laufs hat, wie die Zehen auf der Oberseite, kurze Gürtelschilder; die Krallen sind stark, scharf zugespitzt, lang und bedeutend gekrümmt.

Die Adler gehören vorzugsweise der nördlichen Halbkugel an und leben größtentheils außerhalb der Tropenzone; Brasilien besitzt keine ächten Adler mit Hosen oder vollständigem Laufgefieder, die großen Harpyen vertreten hier ihre Stelle; dagegen verbreitet sich der Fischadler bis in diese Gegenden und außerdem eine minder typische Form, welche den südlichen Gegenden besonders jenseits der Tropen angehört.

6. Gatt. Haliaëtus *Savi.*

Lauf vorn und hinten, wie die Zehen oben, mit kurzen Tafeln geschildert, seitwärts und am Zehengelenk schuppenförmig warzig; die obere Partie zunächst am Hacken dicht weich befiedert, vom langen Schenkelgefieder überragt; Krallen halbrund, unten flach, scharfkantig. Der ganz besonders hohe, seitlich flach abfallende Schnabel hat ein längliches, schief gezogenes Nasenloch vorn in der Wachshaut, weit unter dem Rücken; er wird von einem dicken, hinten besonders breiten, oben sehr abgeplatteten Kopfe getragen, dessen Superciliarränder mäßig weit vortreten, wodurch die kleinen Augen minder tief zu liegen kommen, als bei den eigentlichen Adlern. An den Flügeln ist die vierte Schwinge die längste; der breite Schwanz ist genau so lang wie die ruhenden Flügel, und gegen die Mitte hin etwas ausgeschweift. —

Haliaëtus melanoleucus *Vieill.*

D'Orbign. Voy. IV. 3. 76.
Spizaëtus melanoleucus *Vieill.* Enc. III. 1256.
Pontoaëtos melanoleucus *Gray. Gen.*
Haliaëtos Aguya *Lesson* Traité. 42. *Temm.* pl. col. 302. — *Kaup* Isis 1847. 278. 6. (Subg. Heteroaëtus). — Buteo Aguya *v. Tschudi* Fn. Per. Orn. 89. 1.
Aquila obscura y blanca *Azara* Apunt. I. 61. No. 8.

Rückengefieder von der Stirn an, Schwingen und Schwanz nebst der Oberbrust dunkel schwarzgrau; obere Flügeldeckfedern, Unterbrust, Bauch und Schenkel weiß, grauschwarz gewellt; Kehle weißlich.

Beträchtlich kleiner, als unser Seeadler (H. albicilla), in allen Theilen schwächer gebaut, besonders aber die Füße. Schnabel etwa doppelt so lang wie hoch, die stark herabhängende lange Spitze schwarz, von da allmälich in Blau übergehend; die Wachshaut blaßgelb, mit nach vorn weißlichen, nach hinten graulichen Borsten besetzt. Iris hellgrau. Stirn, Scheitel, Nacken, Halsseiten, Oberbrust, Rücken, Schwingen, große Deckfedern und Schwanz schwarzgrau; die äußerste Spitze der Steuerfedern und der Armschwingen weißlich gelbgrau, nach innen verwaschen; die sechs ersten Handschwingen an der Spitze völlig schwarz, gegen den Grund hin allmälig mit grauen, dicht aneinander gedrängten Querwellen, welche allen (10) Hand- und auch den (15—16) Armschwingen zukommen; Achsel- und Schulterfedern schwarz; die Flügeldeckfedern vom Vorderrande des Flügels herab weißlich, mit dichten grauen Wellen, die allmälig etwas weiter auseinander rücken, während die Spitzen schwärzlich werden; große Deckfedern am ganzen freien Ende schwarzgrau. Kehle ganz vorn weißlich, Vorderhals und Backen hellgrau, mit schwärzlichen, verwaschenen Schaftstreifen. Unterbrust, Bauch und Schenkelfedern weiß, mit feinen, zackigen, schwärzlichen Querwellen, die nach hinten immer matter grau werden und mehr auseinander rücken. Untere Schwanzdecken breiter und schwärzer gewellt, aber die Spitze jeder Feder weißlich; obere schwarz, mit feiner weißlicher Spitze. Beine gelb gefärbt, sehr schwach gebaut, der Lauf dünn und hoch, die Zehen kurz und ziemlich frei; die Krallen spitz aber nicht lang, schwarz, die hinterste die längste, die äußerste die kleinste. Vorn am Lauf 11—12 Tafeln, hinten ein Paar mehr; Mittelzehe mit der Kralle so lang wie der nackte Theil des Laufes, gegen das Ende sehr verschmächtigt.

Der junge Vogel des ersten Jahres ist röthlich gelbbraun gefärbt, der Rücken etwas dunkler; die Kehle, der Scheitel und der Nacken haben schwarzbraune Schaftstriche; der Rücken, die Brust und der Bauch schwarzbraune Querbinden, die auf der Mitte des Bauchs einen fast homogenen schwarzen Fleck bilden; Schenkel und Steißgegend sind heller gefärbt und schmäler gebändert; die großen Deckfedern, Schwingen und der Schwanz zeigen schon die schwarzbraune grau angeflogene Färbung des alten Vogels.

Unser Exemplar, ein altes Weibchen, giebt folgende Maaße: ganze Länge des sitzenden Vogels, von der Schnabelspitze bis zum Ende der ruhenden Flügel 29″, Schnabel bis zum Mundwinkel $2^2/_3$″, Flügel vom Handgelenk bis zur Spitze der längsten Schwinge 22″, Schwanz vom After bis zur äußersten Grenze 8″, Lauf vom Hacken bis zum Zehengelenk $4^1/_4$″, der nackte Theil 3″, Daumen ohne Nagel $1^1/_2$″, Innenzehe ebenso 1″, Mittelzehe 2″, Außenzehe $1^1/_6$″.

Dieser Adler ist nur über die untere Hälfte Süd-Amerikas verbreitet, aber nirgends grade häufig; in Brasilien gehört er zu den Seltenheiten, da er hauptsächlich die nicht tropischen Gegenden außerhalb des Wendekreises bewohnt. Mir ist er auf meiner Reise nicht vorgekommen; das hier beschriebene Exemplar stammt aus Chili, wo der Vogel nicht so selten zu sein scheint. Nach D'Orbigny besteht die Hauptnahrung des grauen Adlers in Tauben, deren er eine große Menge auf ihrem Zuge vertilgen soll. Außerhalb dieser Zeit sind kleinere Säugethiere, wie Meerschweinchen und Ratten, seine gewöhnlichste Speise. Sein Nest baut er auf hohen Baumkronen und bebrütet darin zwei fast ganz rothbraun gefärbte Eier. —

Anm. Cabanis hat in v. Tschudi's Fn. per. Orn. 90. diesen Vogel zu den Bussarden gestellt, eine Ansicht, die auch mir nicht unpassend erscheint; — aber so große Buteonen sind wirklich ebenso gut als Adler zu betrachten, noch dazu wenn sie, wie diese Art, so kleine, zahlreiche, spitze und schmale Kopffedern haben. Mich hat die Größe des Schnabels und besonders die nicht verkennbare grade Strecke seines Rückens bestimmt, ihn unter die Adler zu stellen. Die schwachen Füße beweisen weniger, der Schlangenadler (Aq. brachydactyla) hat gewiß nicht stärkere.

7. Gatt. Pandion *Sav.*

Lauf überall von Schuppenwarzen bekleidet, ebenso die Zehen am Grunde; nur am Ende vor den Krallen treten einige (2—4) Gürteltafeln auf; obere Partie bis zum Hacken hinauf innen unbefiedert, kein schildförmig herabhängendes größeres Schenkelgefieder. Krallen ungemein stark gekrümmt, lang und scharf zugespitzt, gleichmäßig rund, ohne scharfe Kanten auf der Unterfläche. Der etwas niedrigere, bauchiger gewölbte Schnabel hat eine sehr lange, stark herabgebogene Spitze, aber eine viel kürzere Wachshaut, mit schief gestelltem, elliptischem Nasenloch; er wird von einem schmäleren, beträchtlich kleineren Kopf getragen, dessen Augen lange nicht so tief liegen, wie bei den ächten Adlern, weil dem Thränenbein das Superciliarbein abgeht. Ruhende Flügel, den ziemlich kurzen Schwanz etwas überragend, sehr spitz, die zweite und dritte Schwinge die längsten. Aeußere Fußzehe sehr kräftig, kann willkürlich nach vorn und nach hinten gewendet werden; sie hat darum so wenig eine Spannhaut, wie die innere.

Pandion haliaëtos.

Falco haliaëtus *Linn.* S. Nat. I. 1. 129. 26. *Lath.* Ind. orn. I. 17. 30. — *Buff.* pl. enlum. 414.
Pr. Max Beitr. III. 73. 1. — *Kaup.* Isis. 1847. 269. 1.
Pandion americanus *Vieill.* Gal. I. 33. pl. 11.
F. piscator *Briss.* Orn. I. 105. No. 14. 15.

Rücken, Flügel und Schwanz oben braun; letzterer verloschen, dunkler bandirt; Kopf, Hals, Brust, Bauch, Schenkel und Steiß weiß; Scheitel-, Kehl- und Halsfedern mit braunen Schaftstrichen, die gegen den Hinterkopf eine Art Flecken bilden; ein Streif vom Auge zum Nacken und eine Binde quer über die Brust ganz braun; letztere unbestimmter, fleckiger. Schnabel und Krallen schwarz, Wachshaut und Beine blaugrau.

Der Fischadler ist über den größten Theil der Erdoberfläche verbreitet und namentlich auf der nördlichen Hemisphäre überall an geeigneten Orten bei größeren Flüssen und Seen heimisch; er geht in Amerika, wie es scheint, ohne Unterbrechung südwärts bis über den Aequator hinaus und wurde in Brasilien vom Prinzen zu Wied unterm 16° S. Br. in der Nähe des Rio Belmonte öfters beobachtet, aber nur einmal erlegt. Der Prinz bemerkt, daß die brasilianische Form in allen Verhältnissen mit der unsrigen übereinstimme, nur eine gelblicher gefärbte Oberbrust und einen reiner weißen Hals habe, während die Farbe der Schwanzfedern matter, verloschener erscheine. — Ich habe den Fischadler auf meiner Reise nicht angetroffen, auch nicht gehört, daß er in der Gegend von Lagoa santa, wo er wegen des großen fischreichen Sees einen sehr geeigneten Stand finden würde, vorkomme. Vielleicht geht er nicht so südlich, d. h. bis zum 20° S. Br. hinab. Auch Azara erwähnt den Fischadler nicht unter den Vögeln Paraguays; ebenso wenig haben D'Orbigny und v. Tschudi ihn in Bolivia und Peru beobachtet. Mit größerem Befremden vermisse ich den Vogel in der Liste der Arten, welche Schomburgk in Britisch Guyana gesammelt hat.

D. Habichtsadler. Harpyidae.

Kräftig gebaute Raubvögel mit hohen, am Grunde graden Schnäbeln, die relativ etwas kürzer und bauchiger sind als bei den ächten Adlern, und mehr dem Schnabel des Fischadlers gleichen; die hakenförmige Spitze ist aber kürzer und stärker als bei letzterem. Das Nasenloch liegt am vorderen Rande der Wachshaut als mehr senkrechte, breit ovale oder kreisförmige Oeffnung tief unter dem

Schnabelrücken. Hauptsächlich unterscheidet diese Vögel das breite, nicht zugespitzte, vielmehr abgerundete, im Nacken hauben- oder schopfartig verlängerte Kopfgefieder von den Adlern. Ihre Augen sind ziemlich klein, liegen tief und haben ganz feine Borstenwimpern an den Liederrändern. Die Flügel sind stumpfer, als bei den Adlern und erreichen in der Ruhe kaum oder höchstens die Mitte des ziemlich langen, starken, breiten Schwanzes; die vierte und fünfte Schwinge pflegen am längsten zu sein. Ungemein starke, kräftige Fänge machen sie den Adlern ähnlich, aber im Ganzen ist die Fußbildung noch stärker, namentlich fleischiger als bei gleich großen Adlern; der Lauf pflegt befiedert oder vorn mit Halbgürtelschildern bedeckt zu sein; die Zehen haben ähnliche Schilder nur auf der unteren Hälfte, unmittelbar vor den Krallen. Letztere sind ungemein lang, scharf, spitz, stark gekrümmt, fast so stark wie beim Fischadler, aber unten mit zwei scharfen, schneidenden Kanten versehen. —

Die Habichtsadler vereinen die Zeichnungen und Farben der Habichte (Astur) mit der Größe und Stärke des Baues der Adler; — sie gehören den südlichen heißen oder warmen Gegenden beider Erdhälften an, bewohnen nur die großen Urwälder dieser Erdstriche, stoßen besonders auf Säugethiere und vertreten daselbst die Adler.

8. Gatt. Harpyia *Cuv.*

Morphnus *Cob.* Thrasaëtus *Gray.* Asturina *Kaup.*

Schnabel ungemein hoch und kräftig, mäßig an den Seiten gewölbt, mit stark gerundeter Kuppe und geschärftem Rande, der unter dem Nasenloch eine Ausbiegung und davor einen stumpfen Zahn bildet; Nasenloch ziemlich klein, oval. Unterkiefer vor der Kinnspalte bauchig herabgewölbt. Nackengefieder lang und breit, zu einer weiten, aufrichtbaren Holle vergrößert. Zügel sehr breit, sparsam mit Borstenfedern besetzt. Flügel kurz, noch nicht bis zur Mitte des Schwanzes reichend, die fünfte Schwinge die längste; Schwanz breit gerundet. Füße ungemein kräftig, dickfleischig, der Lauf hinten bis zum Hacken nackt, vorn fast bis zur Mitte hinab befiedert; beiderseits vorn wie hinten mit einer Reihe großer Tafeln bekleidet, die hintere Reihe schief nach innen gezogen; Mittelzehe fast ganz von solchen Gürteltafeln bedeckt, Hinterzehe die stärkeste von allen (aber nicht die längste) mit einer ganz enormen Kralle und höherem dicken Fleischballen am Ende; die beiden äußeren Zehen durch eine kurze Spannhaut verbunden. —

Süd-Amerika beherbergt von dieser ausgezeichneten Raubvogelgestalt zwei Arten, von denen die nördliche über Brasilien weit verbreitet ist, die südliche nur in den Districten am Rio Parana gefunden wird. —

Harpyia destructor *Daud.*

Vultur Harpyia *Linn.* S. Nat. I. 1. 121. 2.
Falco H. *Lath.* Ind. orn. I. 9. 1. — Gypaëtos Harp. *Daud.* Tr. d'Orn. II. 27. 4.
Falco destructor *Daudin* Traité d'Orn. II. 60. 32.
Falco cristatus ibid. 43. 8. —
Harpyia destructor *Cuv.* R. an. I. 318. — *Temm.* pl. col. 14. — *D'Orbign.* Voy. IV. 3. 81. —
Harpyia ferox *Less.* Trait. d'Orn.
Harpyia maxima *Vieill.* Enc. III. 1249.
Morphnus Harpyia *Cab. v. Tschud.* Fn. Per. Orn. 96. 1. — *Schomb.* Reis. britt. Guyana. II. 365. III. 738. 318.
Asturina Harp. *Kaup.* Isis, 1847. 208. 9.
Thrasaëtus Harp. *Gray.* Gn. Bds.
Yzquauhtli *Hernand.* Mexic. p. 34.

Kopf und Hals grau, verlängerte Nackenfedern, ganzer Rücken, Flügel, Schwanz, Oberbrust und Rumpfseiten schieferschwarz; Schwanz mit drei weißlichen Binden; Unterbrust, Bauch, Schenkel und Steiß weiß; der Bauch mit schwarzen Tüpfeln, die Schenkel schwarz gewellt; Schnabel und Krallen schwarz Beine gelb. —

Dieser stolze, majestätische Vogel übertrifft unsern Steinadler an Größe und kommt im Körper dem Seeadler gleich; aber sein Schnabel ist kürzer und seine Fänge sind viel kräftiger. Der Schnabel ist glänzend schwarz, die Wachshaut bläulich schwarzgrau, gegen das Auge hin heller grau. Das Kopfgefieder ist bis zum Halse hinab bleigrau, die Kehle weißlicher, die hinteren Scheitelfedern nehmen einen bräunlichen Ton an, die letzte Reihe der großen Nackenfedern ist schwarz. Eine breite Binde quer über die Brust; der ganze Rücken, die Außenseite der Flügel und der Schwanz sind schwarzgrau; die Flügel haben einen bläulichen Metallschiller, der Schwanz ist mit 4 breiten, oben grauen, unten weißen Querbinden und gleichem Spitzenrande geziert. Aehnliche Binden haben auch die Schwingen, doch nur auf der unteren Seite; die Innenfahne derselben wird allmälig ganz weißlich. Ihre Zahl beträgt an der Hand 10, am

Arm 16. Unten sind die Flügeldeckfedern weiß, mit schwarzer Spitze und schwarzen Binden; die Rumpfseiten dagegen haben eine rein schwarze Farbe. Von der Mitte der Brust an wird die Körperfläche weiß und ebenso sind die Beine und die Aftergegend gefärbt. Einige Federn des Bauches zwischen den Schenkeln haben einen runden schwarzen Fleck vor der Spitze, die mäßig langen, nicht stark vortretenden Schenkelfedern mehrere schmale, schwarze Querbinden übereinander. Die nackten Füße sind hellwachsgelb, die Krallen schwarzbraun.

Diese Beschreibung ist von einem alten weiblichen Vogel unserer Universitätssammlung entnommen, welcher bei Caraccas erlegt wurde; seine Maaße sind folgende. Ganze Länge von der Schnabelspitze bis zum Schwanzrande 3′ 2—3″; Schnabelhöhe am Grunde $1\frac{1}{4}$″, Schnabellänge bis zum Mundwinkel $2\frac{2}{3}$″; Länge des Kopfes mit dem Schnabel bis ans Ende der längsten Nackenfeder $9\frac{1}{2}$″; Länge der Flügel vom Handgelenk bis zur Spitze der längsten Schwinge $2\frac{1}{4}$′; erste Schwinge 6″ kürzer als die fünfte. Länge des Schwanzes vom After an $13\frac{1}{2}$″, über der längsten Deckfeder $9\frac{1}{2}$″. Länge des Laufs vom Hacken bis zur Sohle 4″, der Hinterzehe ohne Kralle $1\frac{1}{2}$″, der Innenzehe $1\frac{1}{6}$″, der Mittelzehe 3″, der Außenzehe $1\frac{3}{4}$″; der Hinterkralle mit der Krümmung 3″, der Innenkralle $2\frac{1}{3}$″, der Mittelkralle $1\frac{1}{2}$″, der Außenkralle $1\frac{1}{4}$″. —

Die Angaben anderer Beobachter stimmen nicht ganz mit den meinigen; nach Einigen ist die Spitze der langen schwarzen Nackenfedern weißlich, nach Andern hat der Schwanz 5 weiße Binden; Manche geben die vierte Schwinge als längste an, von Einigen werden die Schwanzdecken als aschgrau mit schwarzen Binden bezeichnet. Diese Verschiedenheiten beruhen auf Altersstufen; junge Vögel haben trübere, mattere Farben, sind auf der braunschwarzen Rückenseite mit grau melirt oder gebändert, auf der weißen Bauchseite mehr schwarz gefleckt; ganz alte Vögel werden dort rein schwarz, hier fast ganz weiß, namentlich verlieren sich die schwarzen Flecke der Bauchfedern, zuletzt selbst die schwarzen Binden der Schenkelfedern. Die Iris ist anfangs braungelb, mit dem Alter wird sie mehr rothgelb und hat öfters hellere Flecke auf dunklerem Grunde. Je frischer das Wachsgelb der Füße, je klarer das Schwarz des Rückens, je reiner das Weiß des Bauches, desto älter ist der Vogel. —

Die Harpyia ist im tropischen Amerika zu beiden Seiten des Aequators einheimisch; nordwärts geht sie bis Mexico, südwärts bis über die Mitte Brasiliens hinab; westwärts ist sie in Peru und Bolivien zu Hause, bewohnt aber nur die tieferen heißen Thäler der Andeskette, ohne in die höheren kälteren Regionen hinauf zu steigen. Ich habe den Vogel nicht auf meiner Reise angetroffen, er ist in diesen südlichen Gegenden Brasiliens schon sehr selten und den meisten Leuten ganz unbekannt; indeß wurde zur Zeit meiner Anwesenheit in Rio de Janeiro ein lebendes Exemplar im Lokale des National-Museums gehalten. Er lebt einsam in den großen Waldungen, wo er besonders dem Laufe der Flüsse folgt, und jagt mit ungemeiner Kühnheit weniger auf Waldgeflügel, als auf Säugethiere; unter denen die Affen, welche den Vogel ungemein fürchten, und stets das entsetzlichste Geheul bei seinem Anblick anstimmen, zu seiner Lieblingsnahrung gehören. Auch Faulthiere werden vielfältig seine Beute; beide nimmt er mit großer Gewandtheit aus den Kronen der hohen Bäume, welche sie bewohnen. Indessen stößt er auch auf die am Boden sitzenden Thiere, namentlich in bewohnten Gegenden, nach v. Tschudi's Angabe, auf Haushühner, denen er besonders nachstellen soll; D'Orbigny dagegen bestreitet seine Vogelnahrung in der Wildniß und läßt ihn ausschließlich auf Säugethiere, ja fast nur auf Affen, jagen. Auch junge Hirsche und Rehe sollen von ihm geraubt werden. —

Von seinem Horst und seinen Eiern ist zur Zeit noch nichts bekannt. —

Anm. 1. Die zweite südliche Harpyen-Art wurde zuerst von Azara als Aquila coronada beschrieben (Apunt. p. l. hist. nat. d. l. Paxar. I. 56. No. 7) und demnach von Cüvier Circaëtus coronatus genannt; als solche hat sie Temminck abgebildet (Pl. col. 234.). Kaup nennt den Vogel Asturina Azarae (Isis. 1847. 209. 10.) und Lafresnaye gründet darauf ein eigenes Genus: Harpyhaliaëtus. Derselbe besitzt nicht ganz die Größe der erstern Art, hat einen kürzeren Schwanz und eine schwächere, schmalfedrige Haube; sein Gefieder ist am ganzen Rücken, vom Scheitel herab, den Flügeln und dem Schwanz braun, grau angeflogen; an der Kehle, den Wangen und dem Vorderhalse weiß, mit bräunlichen Schaftstrichen; die übrige Unterseite nebst den Beinen ist aschgrau, mit helleren Federrändern, die Seiten der Schenkelfedern bis zum Steiß sind schwärzlich. Der Schwanz hat eine breite weißliche Binde über die Mitte, eine zweite am Grunde, und weiße Endränder der Steuerfedern. Beine und Wachshaut sind gelb, Krallen und Schnabel schwarz. Ihn ausführlicher zu beschreiben, halte ich nicht für nöthig, weil er die von mir bereisten Gegenden nur selten betritt; er gehört dem äußersten Süden Brasiliens an, kommt aber ausnahmsweise bis in die tropische Zone. Daselbst beobachtete ihn Aug. d. St. Hilaire, wie D'Orbigny (Voy. IV. 3. 75.) erwähnt.

2. Marcgraf's Urutaurana (hist. nat. Bras. 203.), den Linné und einige ältere Schriftsteller zu unserer Harpye ziehn, gehört richtiger zu Spizaëtus ornatus, wohin ihn auch der Prinz zu Wied gebracht hat. —

9. Gatt. Spizaëtus *Vieill.*

Schnabel- und Kopfbildung völlig wie bei der vorigen Gattung, im Ganzen nur etwas schwächer, schon weil die Vögel kleiner sind; auch die Haube mehr schopfartig, wegen der schmäleren Form des verlängerten Nackengefieders; die vorderen Kopffedern zahlreicher, kleiner, spitziger; das Nasenloch kürzer, relativ weiter, rundlicher. Flügel im Verhältniß länger, bis zur Mitte des Schwanzes reichend, die fünfte Schwinge zwar ebenfalls die längste, aber die vierte fast so lang, gleich der sechsten nur sehr wenig kürzer als jene. Den Hauptunterschied liefern die Beine, deren Läufe bis zu den Zehen hinab befiedert sind und deren Zehen eine relativ geringere Stärke haben, namentlich die hintere, obgleich auch sie entschieden die stärkste ist; die nackten Zehen von schuppigen Warzen bekleidet, nur dicht vor den Krallen 3—4 Gürtelschilder und vor letzteren auf dem Rücken der Zehe etwas größere Schuppen. Schwanz lang, breit und noch etwas länger als bei Harpyia.

Von dieser Gruppe kommen in Brasilien zwei Arten vor.

1. Spizaëtus tyrannus *Pr. Max.*

Falco tyrannus *Pr. Max.* Reise I. 360. — Dessen Beitr. III. 84. 3. — *Temm.* pl. col. 73. — *Kaup* Isis 1847. 168. 7. (Subg. Pternura).
Harpyia braccata *Spix.* Av. Bras. I. 7. tb. 3.

Kopf, Kehle, Nacken, Oberbrust schwarz; Obertheile einfarbig braun, Untertheile schwarzbraun, weiß getüpfelt; Schwingen und Schwanzfedern weißlich gebändert. —

Größe im Kopf und Rumpf wie der Schreiadler (Aq. naevia), aber schlanker, wegen des längeren Schwanzes; im Ganzen stärker gebaut als die folgende, etwas kleinere Art. — Kopf, Kehle, Oberbrust und Nackengefieder bis zwischen die Schultern hinab kohlschwarz, die Federn der oberen Theile am Grunde rein weiß, daher, wenn der Vogel die Haube sträubt, letztere gefleckt erscheinend. Sie selbst aus zahlreichen, mäßig verlängerten, schmalen, parabolisch zugespitzten Federn gebildet. Außenseite des ganzen Flügels lebhaft braun gefärbt; die Schwingen unten mit 5—6 weißen Binden, welche an der Außenfahne graulich gefärbt sind, oder ganz fehlen und am Innenrande braun gefleckt werden; oben statt der weißen hellere bräunliche, weißlich gerandete Querstreifen, besonders auf der Innenfahne der (15—16) Armschwingen. Schwanzfedern mit fünf helleren Querbinden, die auf der Unterfläche einfarbig weißgrau, auf der oberen Fläche des Schwanzes graubraun mit weißen Rändern gefärbt sind. Auf der Brust wird das Gefieder schwarzbraun und bleibt so bis zum Schwanz; jede Feder dieser Theile hat weiße ovale Tüpfel in mehreren Querreihen übereinander; ebenso, nur feiner, sind die Hosen und das Schenkelgefieder gezeichnet. Auch die inneren Flügeldeckfedern nehmen daran Theil, doch sind die weißen Flecke hier größer und stellenweis zu Querbinden verflossen. —

So ausgefärbt erscheinen die alten, besonders die männlichen Individuen; jüngere und namentlich weibliche Vögel haben überall einen matteren, mehr bräunlichen oder graubraunen Ton, zumal auf dem Rücken hellere gelbgraue Federnränder, nebst weißlichen Spitzensäumen an den Deck- und Schwungfedern, viel mehr Weiß im Scheitel und Nackengefieder und statt der schwarzen Kehl- und Brustfarbe eine weißliche Kehle, neben einer gelbbräunlichen, dunkler gefleckten Brust, indem die einzelnen, helleren Federn dunklere Schaftstriche führen. Dadurch ersteht namentlich auf der Brustmitte ein gelbbraunes, schwarzgestreiftes Schild. So hat Temminck (a. a. O.) den Vogel abgebildet, ihn aber in der Zeichnung verfehlt; der Kopf ist viel zu klein, der Lauf und der Schwanz zu kurz gegen den dicken Rumpf. —

Mein ganz altes, ausgefärbtes, sehr großes Exemplar, das ich in Neu-Freiburg erwarb, zeigt folgende Maaße: Ganze Länge 2′ 4″; Länge des Schnabels bis zum Mundwinkel 1½″; des Flügels, von der Handwurzel bis zur Spitze, 17½″; des Laufs 2¾″; der Mittelzehe ohne die Kralle 1⅚″; des Schwanzes vom After an 13″.

Der Schnabel und die Krallen sind hornschwarz, die Wachshaut ist grau, gelblich durchscheinend, die Iris orange, die Zehen blaßgelb. Die Hinterzehe hat 4 Gürtelschilder vor der sehr langen (1″ 7‴) lang zugespitzten Kralle und einen enorm dicken Ballen unter der Spitze; die Mittelzehe ist mit 4, die Außen- und Innenzehe nur mit 3 Gürtelschildern versehen; jene hat die kleinste Kralle, und folgen dieselben in der Größe grade umgekehrt wie die Zehenzahlen auf einander. —

Dieser stattliche Vogel ist im Waldgebiet des mittleren Brasiliens zu Hause, aber nicht häufig; ich erhielt ein Exemplar während meines Aufenthalts in Neu-Freiburg von einem dortigen Jäger und sah ein zweites einsam auf einem hohen Baume zwischen Sabara und Sta Luzia, ohne daß es mir gelang, ihm schußgerecht nahe zu kommen. Nach des Prinzen zu Wied Angabe baut er ein Nest aus Reisern auf hohen Bäumen und legt darin 2 Eier. Ebenderselbe Reisende beobachtete den Vogel in den Waldungen am Rio Belmonte, wie er ein Beutelthier jagte, wobei eine Menge verschiedenartiger Vögel, besonders Tukane, ihn schreiend umschwärmten. Er soll, wie die Jäger versicherten, gleich dem folgenden, auf alle kleineren Säugethiere und besonders auch auf Affen stoßen. Spix erhielt sein Exemplar in St. Paulo. —

2. Spizaëtus ornatus *Daud.*

Falco ornatus *Daud.* Tr. d'Orn. II. 77. 44. — *Lath.* Ind. orn. Suppl. I. 7. 21. — *Levaill.* Ais. d'Afr. I. pl. 26. — *Pr. Max.* Beitr. III. 78. 2.
Spizaët. ornatus *Vieill.* Gal. I. 51. pl. 21. — *Kaup.* Isis. 1847. 166. 3.
Harpyia ornata *Spix.* Av. Bras. I. 8.
El Calzado *Azara*, Apunt. I. 106. No. 23.
Urutaurana *Marcgr.* h. n. Bras. 203.

Obertheile dunkelbraun, schwarz gebändert, mit weißlichen Federnspitzen; Nacken rothbraun; Untertheile weiß, von der Brust herab schwarz in die Quere gestreift; Flügel und Schwanz auf der Unterseite mit weißlichen Binden.

Vom Ansehn eines Schreiadlers, aber nicht ganz so stark im Rumpfe, schlanker, hochbeiniger, gieriger im Ausdruck. Schnabel und Krallen hornschwarz, Wachshaut und Zehen gelb, Iris zitronengelb. Stirn und Scheitel mit dem stark verlängerten aber nicht sehr zahlreichen Nackenfedern der Haube schwarz; vom Nacken bis zu den Schultern hinab hell rothbraun. Rücken, Außenseite der Flügel und des Schwanzes braun; Schwingen und Steuerfedern schwarz bandirt; Rücken- und Deckfedern mit großen, glänzend schwarzen Flecken; die äußerste Spitze und der Rand davor bei den meisten Federn weißlich. Unterseite von der Kehle bis zur Brust weiß, gelblich angeflogen; bei jüngeren Vögeln mit rothbraunen Schaftstreifen, zumal an den Seiten; unter dem Auge ein vom Mundwinkel entspringender schwarzer, fleckiger Streif. Von der Brust bis zum Steiß das Seitengefieder mit schwarzen Querbinden, die auch den sämmtlichen Federn der Beine zukommen; die Brustmitte und Aftergegend rein weiß, bei Jüngeren zerstreut schwarz gefleckt. Schwingen an der Innenfahne ganz weiß, darüber mehrere (3—5) weiße Binden hinter dem Ausschnitt; Steuerfedern unten mit 3 weißen Binden und weißer Spitze. —

Ganze Länge 1′ 10—11″; Schnabel bis zum Mundwinkel $1\frac{3}{4}$″. Länge des Flügels vom Handgelenk 16″, des Schwanzes vom After 10″, des Laufs $2\frac{5}{6}$—3″, der Mittelzehe ohne Kralle 2″.

Die jüngeren Vögel sind matter gefärbt und haben mehr Rothbraun auf den Federn des Halses und Rumpfes; es fehlt ihnen, wie dem Weibchen, der schwarze Streif unter dem Auge, und der Schopf des Nackengefieders ist kürzer, bräunlicher.

Dieser schöne Raubvogel, offenbar der schönste Falke Brasiliens, bewohnt die Gegenden nördlich vom 16° S. Br. und ist daselbst in den großen Urwäldern eine zwar wohl bekannte, aber doch nicht häufige Erscheinung. Er baut hoch auf den Kronen der stärksten Waldbäume ein umfangsreiches Nest aus trocknen Reisern, und stößt besonders auf die kleineren Affenarten und das größere Geflügel. Den ruhenden Vogel pflegen Tukane und andere kräftige Waldvögel, nach des Prinzen zu Wied Versicherung, kreischend zu umschwärmen *). Auf meiner Reise bin ich nicht bis in das Gebiet dieses Vogels vorgedrungen und habe ihn deshalb auch nicht beobachten können; bei Neu-Freiburg, wo ich meine Jäger besonders auf ihn aufmerksam machte, erhielt ich ihn nicht, weil er so südliche Gegenden höchst selten berührt. Auch Azara, der ihn unter den Vögeln Paraguays beschreibt, bekam nur einmal ein offenbar verflogenes Exemplar in seine Hände.

Anm. Man rechnet zu dieser Gattung noch eine dritte, mir nicht aus eigener Ansicht bekannte Art Süd-Amerikas: den in Guyana und Columbien, also wahrscheinlich auch in den nördlichsten Districten Brasiliens einheimischen Spizaëtus atricapillus *Cuv.* (*Kaup*, Isis 1847. 168. 6. — *Temm.* pl. col. 79.) wovon Vieillot das Jugendkleid als Buteo melanoleucus (Gal. 40. pl. 14) abgebildet hat. Der Vogel ist beträchtlich kleiner, kaum so groß wie der gemeine Bussard, weiß, mit schwarzem Nacken, Rücken, Flügel und breiter Binde am Schwanzende, vor welcher noch 3—4 schmälere sich befinden. Der junge Vogel hat nur zerstreute schwarzbraune Nackenflecke und ein braunes Rückengefieder, das am Schwanz schwarzgraue Querbinden zeigt; die Spitzen der Armschwingen sind weißlich. Ein schwarzer Fleck über dem Auge, der sich zum Zügel ausbreitet und unter dem Auge etwas fortsetzt, ist in allen Kleidern vorhanden. Relativ längere spitzere Flügel, ein kürzerer Schwanz, dünnere (aber dicht befiederte) Läufe und längere Zehen, unter denen sich besonders die hintere und die mittlere hervorthun, geben, nebst dem viel kürzeren Nackengefieder, dieser Art ein etwas abweichendes Ansehn, daher sie Kaup in ein besonderes Subgenus Spizastur stellt. —

10. Gatt. Morphnus *Cuv.*

Schnabel schwächer, als bei der vorhergehenden Gattung, namentlich niedriger und daher die Nasenlöcher mehr nach oben gerückt, dem Rande des Schnabelrückens genähert; ihre Form länglicher, schmäler, spaltenförmiger; der Schnabelrand weniger geschwungen, fast ohne alle Bucht. Kopfgefieder dicht und lang, im Nacken schopfartig, bis 5″ verlängert, übrigens wie das ganze Gefieder des Körpers, sehr weich, seidenartig, dem Eulengefieder in der Beschaffenheit ähnlich. Flügel von mäßiger Länge, in der Ruhe ein wenig über die Mitte des langen, breiten Schwanzes hinausreichend. Beine hoch und gestreckt, der Lauf ungemein lang, wohl doppelt so lang wie die Mittelzehe, vorn und hinten mit Gürteltafeln bekleidet; am Grunde auf ein Drittel befiedert. Zehen zwar relativ kurz, aber nicht grade schwach,

*) Der Prinz erwähnt dabei krähenartiger Vögel, die es in den brasilianischen Wäldern giebt; vielleicht hat er die Cassicinen gemeint.

mit scharfen, kräftigen, stark gekrümmten Krallen und Gürteltafeln auf der Oberseite. —

Morphnus guianensis *Daud.*

Falco guianensis *Daudin*, Trait. d'Orn. II. 78. No. 46. — *Pr. Max* Beitr. III. 90. 4.

Morph. guian. *Cuv.* regn. anim. I. 318. — *Kaup*, Isis 1847. 201. — *Schomb.* Reise. III. 738. 347.

Ganzes Gefieder weiß, Flügel und Schwanz mit abwechselnden schwarzen und grauen punktirten Binden; Schnabel, Wachshaut und Zügel schwärzlich, Beine gelb mit schwarzen Krallen.

Größe und allgemeine Gestalt der vorigen Vögel, adlerartig, nur viel schlanker erscheinend, wegen der hohen Beine und des langen Schwanzes. Schnabel schwarz, Wachshaut, Zügel, Augenlieder und die das Auge umgebende Haut schwärzlich; am Nasenrücken und Mundwinkel einzelne, weißliche Borstenfedern; Iris dunkelgraubraun. Kopf, Hals, Brust, Bauch, Steiß und Schenkel weiß, in der Jugend Scheitel und Nacken graulich, die langen Nackenfedern schwarz gefleckt; Rücken-, Schulter- und Flügeldeckgefieder röthlich grau, welche Farbe aus feinen, abwechselnden Querbinden und marmorirten Flecken jeder einzelnen Feder hervorgeht. Die Schwingen sind schwarzbraun, mit schmalen, grauröthlichen, scheckigen Querbinden; die sieben bis acht vordersten haben alle Querbinden weit dunkler und eine hellgescheckte Spitze; ihre Form ist schmäler, spitzer, als die der folgenden breiteren, mehr abgerundeten Schwingen. Der Schwanz ist mit vielen schmalen, schwarzbräunlich grauen Querbinden bezeichnet, welche mit andern weißlichen, stark grauröthlich gescheckten abwechseln; letztere werden nach der Spitze hin heller, so daß die Spitze der Steuerfedern ganz weiß erscheint. Die inneren Flügeldeckfedern sind rein weiß. Die hellgelben Füße haben schwarze Krallen und sind an ihrem obern Laufende nach außen fast auf ein Drittel befiedert. —

Jüngere oder weibliche, etwas größere Individuen pflegen am ganzen Kopf und Halse aschgrau überflogen zu sein; ihre langen Schopffedern haben am Grunde rein weiße, in der Mitte eine graue, am Ende eine schwarze Farbe. Oberrücken und Schulterfedern sind schwarzbraun, mit lichteren Säumen; die kleinen Flügeldeckfedern haben an der Spitze einen großen schwarzen Fleck und licht aschgrauröthlich gescheckte Säume, die um so breiter und lichter sind, je jünger der Vogel. Die Schwingen sind schwarzbraun, mit hell bräunlich gescheckten Binden; die Handschwingen fallen etwas dunkler. Die Schwanzfedern zeigen fünf bräunlich angeflogene Querbinden und einen weißlichen Endrand; je älter um so grauer die Farbe der Binden und um so tiefer der Ton der letzten vor der weißlichen Spitze. —

Ganze Länge $2\frac{1}{4}$—$2\frac{1}{6}'$, Länge des Schnabels $1\frac{1}{2}$—$1\frac{2}{3}''$, des Flügels 15—16″, des Schwanzes $11\frac{2}{3}$—12″, des Laufs $3\frac{3}{4}''$, der Mittelzehe 2″, ihrer Kralle fast 1″.

Der Prinz zu Wied, dem wir die ausführlichste Beschreibung dieses großen und schönen Raubvogels verdanken, bekam in den Waldungen am Ufer des Rio Ilheos ein Exemplar lebend, was ein Indianer mit dem Pfeil vom Horste herabschoß, ohne es zu tödten; er fand in seinem Magen Reste von Säugethieren, wobei die Indianer versicherten, daß auch er besonders auf Affen stoße. Später sah der Prinz den Vogel noch mehrmals fliegend. — Auch mir ist es geglückt, ein schönes, großes, ganz altes und an seiner gebänderten Rückenzeichnung leicht kenntliches Exemplar im Walde bei Cantagallo zu beobachten. Ich bemerkte den Vogel fliegend ankommen und sich auf den obersten freien Ast eines starken hohen Baumes unter der Krone setzen, wo er ruhig sitzen blieb und sich lange Zeit von mir betrachten ließ. Sein Sitz war an der andern Seite des Thales, worin ich ritt, was für mich seine Stelle unzugänglich machte, selbst wenn ich den Vogel erlegt hätte. So begnügte ich mich mit dem bloßen, aber langen, ihn völlig und wie ich glaube genau erkennenden Anschaun. Später ist er mir nicht wieder vorgekommen. Man vergleiche meine Reise S. 226.

Anm. Cabanis will in v. Tschudi's Fn. peruana Orn. pag. 96 diesen Vogel mit der großen Harpye (H. destructor) generisch verbinden. Ich kann mich der Auffassung nicht anschließen, glaube vielmehr, daß triftigere Gründe für die Trennung als für die Vereinigung sprechen; wenn ich gleich nicht verkenne, daß nahe Verwandtschaft zwischen den beiden Vögeln besteht. —

C. Habichte. Accipitrinae.

Schnabel kurz, aber am Grunde breit, der Rücken von der Stirn an gebogen, daher die Wachshaut höher liegt, als der Hornüberzug; letzterer mit starkem ziemlich langem Haken und etwas geschwungenem Rande, der in der Mitte wohl einen stumpfen Zahn zu bilden pflegt. Nasenloch klein, aber weit offen, fast kreisrund, dem Schnabelrücken etwas näher als dem Mundrande; Zügel mit einem Wirtel feiner Borstenfedern bekleidet. Kopfgefieder reichlich, langgestreckt, schmal, aber doch nicht so spitz, wie bei Adlern und Bussarden. Ruhende Flügel bis auf die Mitte des meist langen Schwanzes reichend, nur ausnahmsweise länger oder gar so lang wie der ganze Schwanz. Beine zwar nicht schwach, aber auch nicht sehr stark, der Lauf in der Regel hoch, länger als die Mittelzehe ohne die Kralle, größtentheils unbefiedert, vorn und hinten von zahlreichen Gürtelschildern bekleidet; Zehen auf der Oberseite ebenso bedeckt, zwar nicht lang, aber doch kräftig gebaut, mit kurzer Spannhaut zwischen den zwei äußeren und ungemein scharfen, spitzen Krallen, von denen die mittlere vordere am Innenrande mit einer vorspringenden Kante versehen ist und die innere der hinteren, größten an Größe gleichkommt. — Es sind kühne, sehr gewandte Raubvögel mittlerer Größe, welche viel Raublust verrathen und durch ihre eigenthümliche, (das sogenannte Sperrgefieder) zumal unten feine, quergewellte Zeichnung sich auszuzeichnen pflegen. Dieselbe kommt indessen nur dem reiferen Lebensalter zu, die jüngeren Vögel haben dunklere, breitere Schaftstriche auf hellem, meist gelblichem Grunde und braune Mäntel. —

11. Gatt. Astur *Bechst.*

Schnabel besonders stark gekrümmt, der Mundrand hinter dem stumpfen Zahn grade; ruhende Flügel bis auf die Mitte des Schwanzes reichend, dritte und vierte Schwinge die längsten. Schwanz und Lauf ziemlich kurz, letzterer nicht viel länger als die Mittelzehe, stark und kräftig gebaut, außen herablaufend bis zur Mitte befiedert, das Gefieder nach hinten breit abstehend; Zehen relativ länger und fleischiger als bei den übrigen Habichten, mit starken kräftigen Krallen, die äußere ein wenig länger als die innere. Im Alter ein sehr schönes, vollständiges Sperbergefieder, mit feinen Querwellen am Bauch und breiteren Querbinden des Rückens.

Astur nitidus *Lath.*

D'Orb. Voy. IV. 3. 95.
Falco nitidus, *Lath.* Ind orn. I. 41. 97. — *Daud.* Tr. II. 122. 95.
Asturina cinerea *Vieill.* Gall. I. 49. tb. 20.
— nitida *Kaup.* Isis. 1847. 199. 3. — *Caban. Schomb.* Reise III. 737. 312.
Falco striolatus *Temm.* pl. col. 87. (alt), 294. (jung). — *Pr. Max* Beitr. III. 209. 26.
Daedalion nitidus *Less.* Tr. 56. 2.
El Alcon, *Azara*, Apunt. I. 160. 35.

Alter Vogel oben grau, schwärzlich gebändert, unten weiß, grau gewellt; Schwanz schwarz, mit 2 weißen Binden. Junger Vogel ganz weiß, Scheitel, Nacken und Brustseiten braun gestreift; Flügel braun, Schwingen und Schwanz mit weißen Binden.

Gestalt und ganzes Ansehn unsers Taubenhabichts (Astur palumbarius), von demselben Feuer im Benehmen und Blick, aber beträchtlich kleiner, nicht größer als eine Krähe; Kopf dick und stark, Hals kurz, Flügelgefieder sehr straff, Füße fleischig, kräftig. Iris hellbraungelb, Wachshaut und Beine wachsgelb, Schnabel und Krallen hornschwarz, Unterkiefer am Grunde weißlich. —

Der junge Vogel ist am Kopfe, Halse, der Brust, dem Bauch, Bürzel, Steiß und Beinen weiß, etwas ins Gelbliche fallend; der Scheitel und Nacken haben schmale, die Schultern und die Brust breite, braune Schaftstriche auf den Federn; vom Auge zieht sich ein brauner Streif am Halse hinab. Die Flügel sind außen braun, mit etwas helleren Federrändern; die Schwingen am Grunde weiß, braun gebändert, die (15—16) Armschwingen haben eine ganz braune Außenfahne, mit schwarzen Querbinden; der Schwanz ist oben braun mit 3 weißgelbgrauen Binden, unten gelbbraun mit drei weißen Binden.

Der alte Vogel ist am Kopfe, Rumpfe und den Beinen auch weiß gefärbt, aber so dicht mit schmalen, schwarzgrauen, feinen Querwellenstreifen besetzt, daß er fast ganz grau erscheint, nur die Kehle ist weiß; außerdem hat jede Feder einen feinen schwärzlichen Schaft. Der Rücken des Vogels und die Flügel sind schön bleigrau, letztere mit zahlreichen, schwarzgrauen Querbinden von der Breite eines Strohhalmes geziert; die Handschwingen sind schwärzlich, am Außenrande silbergrau, nach innen weißlich, schwarz gebändert; die oben grauen, unten weißen Armschwingen haben hier schwärzliche, dort grauliche Querbinden und einen weißen Spitzensaum. Der Schwanz ist oben schwarz, unten grau, mit weißem Spitzensaum und zwei weißen Binden, von denen die obere auf der Außenseite nur aus weißen Querflecken besteht. Das Steißgefieder ist ganz weiß. —

Ganze Länge 17″, Schnabel $1\frac{1}{4}$″, Flügel 10″, Schwanz $5\frac{1}{2}$″, Lauf $2\frac{1}{3}$″, Mittelzehe ohne den Nagel $1\frac{1}{2}$″, Hinterzehe mit Nagel 2″.

Der Vogel gehört zu den häufigeren Falken im ganzen Küstengebiet Brasiliens; ich traf ein junges, völlig mit Temminck's Figur 294 übereinstimmendes Individuum schon in der unmittelbaren Nähe von Rio de Janeiro, und beobachtete andere ältere öfters bei Neu-Freiburg. Der Prinz zu Wied war weniger glücklich, denn er erhielt den Vogel nur einmal;

Schomburgk dagegen versichert, daß er auch in Guyana zu den gewöhnlichsten Raubvögeln gehöre. Unsere Sammlung besitzt ein von ihm dort erlegtes Exemplar, dessen Färbung mir feiner und schärfer zu sein scheint, als bei den brasilianischen. Wenn, wie ich glaube, Azara's Alcon diesen Falken vorstellt, so geht die Art noch bis Buenos Ayres hinab. — Die Nahrung dieses kühnen Habichts ist sehr mannigfach; der Prinz fand Eidechsenreste in seinem Magen, doch scheinen kleinere Vögel, besonders die Drosseln, seine Hauptbeute abzugeben. Er nistet auf hohen Bäumen; Schomburgk traf nur 2 Junge in einem solchen, aus trocknen Reisern gebauten Neste. —

12. Gatt. Nisus *Cuv.*

Schnabel etwas kleiner und zierlicher als bei Astur, die Hornspitze viel plötzlicher herabgebogen, an sich schwächer; der Mundrand sanfter geschwungen, wodurch der stumpfe Zahn viel undeutlicher wird. Flügel nicht so spitz, die vierte und fünfte Schwinge die längsten; in der Ruhe bis zur Mitte des langen, stumpfgerundeten, gebänderten Schwanzes reichend. Beine sehr fein gebaut, der Lauf hoch, viel länger als die Mittelzehe, vorn und hinten mit schiefen Gürtelschildern bekleidet; Zehen dünn, wenig fleischig auf der Oberseite von Gürtelschildern bedeckt, die äußere Vorderzehe theils kürzer, theils länger als die innere, mit der mittleren durch eine ziemlich breite Spannhaut verbunden; Krallen stark gekrümmt, spitz, die innere der drei vorderen ebenso groß wie die hintere, die mittlere mit stumpfer Kante an der Innenseite. — Gefieder der jungen Vögel röthlich braun, der alten grau; Brust und Bauch in der Regel mit feinen Querwellenlinien. —

a. Aeußere Vorderzehe um das ganze Glied vor der Kralle länger als die innere. Nisus *Kaup.*

1. Nisus tinus *Lath.*

Die Reihe der Arten dieser Gruppe müßte der genannte kleine südamerikanische Sperber (Falco tinus *Lath.* Ind. orn. I. 50. 123. — Falco superciliosus *Linn.* S. Nat. I. 1. 128. — *Kaup*, Isis, 1847. 169. 1.) eröffnen, von dem es aber noch nicht feststeht, ob er in Brasilien gefunden wird. Der männliche Vogel (F. tinus) ist nur 6 Zoll lang, der weibliche

(F. superciliosus, jung?) so groß wie ein männlicher Sperber, oben in der Jugend braun, im Alter dunkel aschgrau, mit schwärzlichen Federrändern; unten weiß, mit unzähligen dunkelgrauen Querwellenlinien; die Schwingen sind an der Innenfahne weiß und haben 4—6 schwarze Binden; der Schwanz zeigt ebenfalls 4 schwarze Binden, deren Lücken auf der Innenfahne blendend weiß werden. Für die Größe des kleinen Vogels sind die Zehen lang, die Flügel etwas weniger spitz, kürzer. Der Vogel wird in Sammlungen selten gesehen, ich kenne ihn nicht und habe Kaup's Beschreibung hier wieder gegeben. Seine Heimath ist Guyana, wo er indessen von Schomburgk nicht gefunden wurde. —

2. Nisus striatus *Vieill.*

D'Orb. Voy. d. l'Am. mér. IV. 3. 88.
Sparvius striat. *Vieill.* Enc. meth. III. 1265.
Nisus Malfini *Less.* Trait. 58.
Falco Nisus *Pr. Max* Beitr. III. 111. 8.
Esparverillo, *Azar.* Apunt. I. 121. 27.

Ganzer Rücken dunkelgrau, Kehle weiß, Brust und Bauch mit feinen grauen Querbinden; Brustseiten und Schenkel einfarbig rostroth; Schwanz oben grau mit 4 schwarzen, unten weiß mit 4 grauen Binden. —

Beträchtlich kleiner als unser Sperber, das Weibchen so groß wie ein hiesiger männlicher Vogel, das Männchen nicht größer als eine Singdrossel, aber beide in Farbe und Zeichnung vollkommen mit einander übereinstimmend. Schnabelspitze und Krallen hornschwarz, der Schnabelgrund weißgrau, die Wachshaut und die Beine hell blaßgelb. — Ganzes Rückengefieder des alten Vogels dunkel schiefergrau, beim Männchen etwas klarer, ins Bleigraue spielend; Schwingen schwärzlicher, mit feinen, greisen Rändern, an der Innenfahne dunkler bandirt, auf der Innenseite mit weißen schiefen Querbinden, die gegen die Spitze hin breiter, aber auch matter, graulicher werden. Schwanz oben grau, mit breiten schwärzlichen Querbinden, von denen nur vier über das hellgraue Bürzelgefieder hervorragen; unten die schwarzen Binden matter, die grauen weiß; äußerste Schwanzfeder jeder Seite beträchtlich schmäler, die Binden auf ihr um eine zahlreicher, schief nach oben und innen gezogen. — Kehle weiß, nur die untersten Federn haben schwärzliche Schäfte. Vorderhals, Brust und Bauch mit feinen graubraunen Querwellen, die beim Männchen schärfer und dunkler gefärbt sind, als beim Weibchen; die Binden der Brustseiten bei beiden Geschlechtern rothbraun, an der Außenseite der Federn in eine beinahe homogene Färbung verflossen. Schenkelgefieder ganz hell und schön rothbraun, ohne alle dunkleren Querlinien. Untere Schwanzdecken weiß, mit wenigen verloschenen, beim Männchen bloß auf dem Schaft bemerkbaren, grauen Querbinden. Unteres Flügeldeckgefieder weiß, scharf schwarzgrau in die Quere gestreift.

Der junge Vogel gleicht dem alten gar nicht in der Farbe und entfernt sich viel mehr von ihm, als unser junger Sperber von seinen Aeltern. Die Hauptfarbe seiner Rückenfläche ist ein grau angeflogenes Braun, dessen Ton besonders auf dem Schwanze ins Graue fällt; die einzelnen Federn haben schmale, rostrothe Ränder, welche besonders an den Schwingen sich auszeichnen, weil sie hier blasser gelbroth spielen. Im Nacken fallen rothgelbe Flecke ein, die vom Halse herum kommen und als breite Seitensäume der Federn sich zu erkennen geben. Vor dem rothgelben Rande bildet sich auf den Flügelfedern noch ein dunklerer schwarzer Fleck aus und die Schwingen selbst haben schwärzliche Querbinden; auf der Innenseite sind sie hellweißgrau gefärbt, daher die schwarzen Binden sich hier viel deutlicher absetzen, nach unten ist die Innenfahne blaß gelbröthlich. Der Schwanz ist wie beim alten Vogel, aber die dunklen Binden des jungen sind schmäler, die hellen also breiter. Auf der Unterfläche ist der Grundton des ganzen Gefieders von der Kinnspalte herab blaßgelb, erst am Steiß wird es rein weiß; die Federn der Kehle und des Oberhalses haben feine schwarze Schäfte, neben denen sich gegen die Spitze hin ein ovaler brauner Fleck bildet. Dieser Fleck nimmt auf der Brust bedeutend an Größe zu und wird von ähnlich gefärbten Querbinden begleitet, welche vor ihm auf der mittleren Partie jeder Feder sich bilden. Dadurch bekommt das Gefieder einen klar gefleckten und trüb gebänderten Charakter. An den Seiten der Brust werden die Flecke breiter, querer, bindenförmiger und nehmen hier eine höhere rostrothe Farbe an, welche an den äußersten Federn auf der ganzen Seite der Außenfahne herrschend wird. Das Schenkelgefieder ist ebenso hell rostroth, ohne Binden und Flecke, aber weniger voll gefärbt als am alten Vogel. Die oberen Schwanzdecken sind grau mit rothen Rändern, die unteren weiß, mit gelbrothen Spitzen; das untere Flügeldeckgefieder ist vorn rothgelb, hinten weißlich, schwarz gebändert.

Ganze Länge des Männchens 9″, des Schnabels 8‴, des Flügels 6⅔″, des Schwanzes 4⅓″, des Laufes 1⅔″, der Mittelzehe ohne die Kralle 1¼″. — Des Weibchens 12″, des Schnabels 9‴, des Flügels 8¼″, des Schwanzes 5¼″, des Laufes 2″, der Mittelzehe ohne Kralle 1½″. —

Ich glaube, daß diese Beschreibung die Selbstständigkeit des brasilianischen Sperbers darthun wird; von unserm europäischen ist er durch die viel geringere Größe, die lebhaft einfarbig rostrothen Rumpfseiten und

Schenkel, besonders aber durch den relativ kürzeren Schwanz verschieden. Denn die ruhenden Flügel reichen bei dieser Art bis über die vorletzte dunkle Schwanzbinde, bei unserer kaum bis auf die Mitte der hellen Binde vor ihr. Auch hat der brasilianische Sperber nicht die weißen Nackenflecke, welche dem unsrigen im alten Federnkleide zustehen. Noch mehr weicht der Vogel übrigens vom nordamerikanischen Sperber (Nisus velox s. fuscus) ab, einmal durch den Umstand, daß bei letzterem das Weibchen kein Sperbergefieder mit Wellenlinien aufsetzen soll, dann aber durch die viel mattere, dem unseres Sperbers ähnliche Färbung; endlich durch einen noch viel längeren Schwanz, bei entschieden kürzeren Flügeln; ruhend erreichen letztere nur die dritte schwarze Schwanzbinde vom Ende. —

Der brasilianische Sperber ist in dem von mir bereisten Gebiet in der Nähe menschlicher Ansiedelungen ein häufiger Vogel, den Jedermann kennt; er kommt, ganz wie der unsrige, bis in die Dörfer, stößt besonders auf Fringilla matutina, oder andere kleine Vögel, und stimmt in seinem Betragen vollkommen mit dem unsrigen überein. Ich habe viele Exemplare gesehen und 3 mitgebracht: ein altes Weibchen von Lagoa santa, ein sehr kleines altes Männchen und einen jungen Vogel von Neu-Freiburg. Der Prinz zu Wied fand den Vogel nicht selber, sondern erhielt ihn von Freyreiß; Azara beschreibt ihn kenntlich, hält ihn aber auch, wie der Prinz, für einerlei mit dem europäischen. Vieillot sonderte den Vogel nach westindischen Exemplaren zuerst ab, verwechselte ihn aber später mit dem nordamerikanischen; ein Fehler, den auch D'Orbigny begangen hat. Ich bin indessen von seinen Artrechten völlig überzeugt. Der Name N. striatus kann ihm bleiben, weil die nordamerikanische Art ohnehin schon ein Paar andere Namen hat und ich denselben ganz bezeichnend finde.

b. Aeußere Zehe kaum um die Hälfte des Gliedes vor der Kralle länger als die Innenzehe. — Asturina *Kaup.*

3. Nisus pileatus *Pr. Max.*

Falco pileatus *Pr. Max* Beitr. III. 107. 7. — *Temm.* pl. col. 205 (Männchen). — *Kaup* Isis. 1847. 178. 9.

Falco Beskii *Licht.* Msc.

— Cooperi *Bonap.* Am. Orn. pl. 10. f. 1. (Weibchen).

Falco poliogaster *Natt. Temm.* pl. col. 264 (Weibchen) ibid 295 (jung). — *Kaup* Isis 1847. 198. *Caban.* in *v. Tschudi* Fn. per. Orn. 18 und 100.

Esparvero azulejo, *Azar.* Apunt. I. 118. 26. (alt).

— pardo y goteado *Azar.* ibid. 113. 24. (jung *).

*) In Azara's Beschreibung heißt die Unterseite nicht gelb, sondern weiß, was gegen die Verbindung mit der vorstehenden Art spricht. Lesson hat

Rückengefieder des Männchens bleigrau, des Weibchens trüber, der Scheitel schwarz; Unterseite hellgrau, die Schenkel rostroth; Flügel und Schwanz schwarz mit oben grauen, unten weißen Binden. —

So groß wie unser Sperber, also beträchtlich größer als die vorige Art. Schnabel und Krallen schwarz, Wachshaut schmutzig olivenbraungrau, Iris und Beine rothgelb, an letzteren der Lauf nicht kürzer, aber etwas weiter hinab befiedert, die Zehen stärker und besonders die Hinterzehe kräftiger, mit einer sehr großen, scharfen, spitzen Kralle. — Farbe der ganzen Oberseite des alten Vogels bläulich grau, Scheitel und Flügel dunkelgrau, ins Schwarzbraune fallend; Schwingen trüb schwärzlich graubraun, mit dunkleren Binden, die Innenfahne weißlich; Schwanz oben graubraun mit 4 schwarzen Binden, unten schwarz mit 3 weißen Binden. Bauchseite von der Kehle bis zum After einfarbig hellgrau, jede Feder mit schwärzlichem Schafte; die unteren Schwanzdecken weiß, die Unterschenkel schön zimmtroth, das untere Flügelgefieder von derselben Farbe. — Das Weibchen ist fast um ein Viertel größer als das Männchen, nicht ganz so schön oder klar ausgefärbt; namentlich fällt die Bauchseite heller und die rostbraunen Schenkel sind etwas matter; im Uebrigen gleicht es dem von Temminck Taf. 205 etwas zu grell gemalten Männchen. —

Der Vogel im Uebergangskleide ist oben viel matter graubraun, der dunklere Scheitel setzt sich von dem Rücken nur sehr wenig ab und die Backen haben denselben Ton; die ganze Unterseite ist hell weißgrau mit feinen schwärzlichen Schäften und gelblichem Anflug, aber die später rostrothen Schenkel haben nur einen matten roströthlichen Schimmer. Ein so gefärbtes Exemplar bildet den Falco poliogaster *Natt.*

Der junge Vogel ähnelt dem jungen Sperber am meisten, ist aber beträchtlich größer, oben viel klarer braun, unten viel voller rothgelb gefärbt, hat viel schmälere, schärfer abgesetzte weiße Querbinden auf der Unterseite des Schwanzes und was ihn leicht kenntlich macht, eine viel kürzere Außenzehe. Vom Scheitel bis zum Schwanz hat jede Feder einen klaren rostrothen Rand; die Seitenfedern des Halses und die des Nackens sind mit breiten rothgelben Randstreifen versehen. Die Schwingen haben zwar dieselbe Zeichnung, wie beim Sperber, aber schmälere, also auch zahlreichere helle und dunkle Querbinden, woran man den Vogel schon im Fluge erkennen kann; der Schwanz ist oben ganz ebenso gefärbt, unten aber

---

auf Azara's Vogel eine eigene Art: Accipiter variatus gegründet (Traité d'Orn 61.) und Vieillot ihn als Sparvius guttatus aufgestellt (Encycl. III. 1266.). Sicher ist von Azara nur ein junger Vogel irgend einer kleinen Falken-Art beschrieben, aber welcher, das läßt sich nicht wohl bestimmen.

nicht weiß mit schmalen, grauen Binden, sondern wirklich schwarz mit vier schmalen weißen Querbinden, von denen die erste noch unter dem rothgelben Deckgefieder steckt; dabei ist der weiße Endsaum viel schärfer abgesetzt, als beim Sperber. Die Unterfläche ist an der Kehle weißgelb, dann schön rothgelb, später am Bauche wieder mehr weißgelb, an den Schenkeln aber völlig und lebhaft rostroth; hier unterscheidet man deutliche dunklere, aber verwaschene Flecke übereinander auf der Mitte jeder Feder. Die Federn der Backen- und Ohrgegend haben breite schwarzbraune Schaftstriche, welche der Kehle ganz fehlen, aber auf der Brust wieder auftreten, doch hier viel breiter und schwarzer erscheinen, als beim Sperber. An den Brustseiten neben den Flügeln ist keine rostrothe Färbung bemerkbar, dagegen sieht man hier breite schwarzbraune Querbinden auf der Mitte jeder Feder, welche indessen nur matt durch die bedeckenden Spitzen der oberen Federn hindurchscheinen; erst die Bauchseiten werden rostroth, wie die Schenkel, während die Bauchmitte blaßgelb bleibt. Im Ganzen sind die schwarzen Flecke und Binden bei dieser Art viel geringer an Zahl, aber einzeln viel größer. —

Ganze Länge eines jungen Vogels 14″, des Schnabels 1″, des Flügels $8\frac{2}{3}$″, des Schwanzes 6″, des Laufes $2\frac{1}{6}$″, der Mittelzehe ohne Kralle $1\frac{1}{2}$″, der Hinterzehe mit Kralle $1\frac{1}{2}$″. Diese Maaße zeigen einen jungen männlichen Vogel an, das alte Weibchen ist etwas größer (18″ lang).

Ich erhielt von diesem schönen Sperber nur ein junges Individuum bei Neu-Freiburg; der Prinz entdeckte ihn am Rio Belmonte; — hernach hat ihn Natterer in Goyaz und Mato grosso, v. Tschudi am Ostabhange der Cordilleren Perus beobachtet und das Berliner Museum ihn aus Montevideo erhalten. Früher kannte übrigens Azara schon den Vogel, der, wie es scheint, mehr die südlichen, als die nördlichen Gegenden Brasiliens bewohnt. Seine Lebensweise ist ganz die des Sperbers, denn auch er kommt, kleines Geflügel jagend, bis in die Dörfer und offenen Städte.

Anm. Die sehr verwickelte Synonymie dieser Art hat Cabanis in von Tschudi's Fauna peruana a. a. O. gut erörtert. Temminck's 3 Abbildungen sind alle verfehlt. Fig. 205 hat zu lange Beine, die beiden anderen viel zu kurze; am besten ist Fig. 295 ausgefallen, doch hat mein Exemplar viel größere Flecke und namentlich deutliche Querbinden auf der Brust, die im Temminck'schen Bilde fehlen. —

c. **Außenzehe nur sehr wenig länger als die innere.** **Rupornis** ***Kaup.***

4. Nisus magnirostris *Gmel.*

Falco magnirostris ***Gmel.*** Linn. S. Nat. I. 1. 282. — ***Lath.*** Ind. orn. I. 46. 111. — ***Buff.*** pl. col. 464. — ***Temm.*** pl. col. 86. — ***Pr. Max*** Beitr. III. 102. 6. — ***Less.*** Traité 57.
Asturina magnirostris ***Kaup*** Isis. 1847. 202. 6.
Nisus magnir. ***Caban. v. Tschudi***, Fn. per. Orn. 104. 3.
Astur magnirostris, ***D'Orb.*** Voy. IV. 3. 91.
Falco insectivorus ***Spix.*** Av. Bras. I. 17. tb. 8 a.
El Indayé, ***Azar.*** Apunt. I. 131. 30.

Rückengefieder im Alter röthlich aschgrau, in der Jugend braun; Unterbrust, Bauch und Schenkel in jedem Kleide mit dichten rothbraunen, in der Jugend dunkleren Querbinden, Kehle und Oberbrust einfarbig rothbraun oder grauröthlich. Schwingen am Grunde hell zimmtroth, schwarzbraun gebändert. —

So groß wie ein weiblicher Sperber, der Schnabel etwas stärker, der Lauf und die Zehen ein wenig kräftiger. Junge Vögel haben von der Stirn bis zum Bürzel einen braunen Rücken; der Schwanz oben vier schwarze Binden, wovon die erste unter den Bürzelfedern steckt. Kehle und Halsseiten sind schwarzgrau, undeutlich weiß gestreift; die Oberbrust ist rostroth mit feinen schwarzen Schäften; von der Mitte der Brust bis zum Bauch und an den Beinen zeigen sich mehrere bunte, auswärts verschmälerte Querbinden auf jeder Feder, welche sich an dem schwärzlichen Schaft etwas ausbreiten. Die Grundfarbe ist weißlich, an den Beinen gelblich. An den Steißfedern zeigen sich statt der Binden nur ein Paar Querflecke über einander. Die Schwingen sind, so weit sie hervorragen, braun, dunkler schwach bandirt; in der Tiefe haben die Handschwingen eine schön zimmtrothe, die (14—15) Armschwingen eine weißliche Farbe, worüber sich schwarzbraune Querbinden in kurzen Abständen verbreiten. Der Schwanz zeigt unten eine weiße Spitze und vier weiße Querbinden. Der hornschwarze Schnabel hat eine sehr weit herabhängende weißgraue Spitze; die Wachshaut ist gelb, wie der Mundrand, die Rückenfläche etwas röthlicher; die Iris hat eine reine gelbe Farbe und die Beine sind tief röthlich wachsgelb gefärbt, mit schwarzen Krallen. —

Je älter der Vogel wird, um so mehr verblassen die Farben, der Rücken nimmt einen braungrauen Ton an und ist bei ganz alten ausgefärbten Vögeln völlig klar aschgrau, mit etwas röthlichem Anflug. Auch die zimmtrothe Farbe der Schwingen verblaßt und geht nach der Innenseite zu mehr und mehr in weiß über. Dagegen haben die unteren Flügeldeckfedern, welche beim jungen Vogel weiß sind, mit wenigen schwärzlichen Flecken, beim alten Vogel dichte, schwarzgraue Querbinden. Die Kehle ist blaß röthlich grau, weißlich gestreift; der Unterhals und die Oberbrust einfarbig rothgrau, oberwärts grauer, unterwärts röthlicher. Die Binden auf der Brust, dem Bauch und den Beinen zeigen jetzt gleiche Breite, eine hoch rostbraune Farbe, und schärfere dunklere Ränder; der gelbliche Grundton der Schenkel ist voller und das Steißgefieder weißer. Der Schwanz hat außer der weißen Spitze nur drei weiße Binden.

Das Männchen ist bestimmter gefärbt als das Weibchen und überall mehr zum grauen, als zum braunen Ton geneigt; es legt das braune Jugendkleid früher ab, als das Weibchen, und letzteres erhält nie einen so entschieden grauen Rücken, wie ersteres. Uebrigens sind beide Geschlechter in der Größe nur sehr wenig verschieden. —

Ganze Länge 15—15 $^1/_2$", Schnabel 1", Flügel 9 $^1/_2$", Schwanz 6", Lauf 2 $^1/_4$", Mittelzehe ohne die Kralle 1 $^1/_{12}$", Hinterzehe mit der Kralle 1 $^1/_2$". —

Einer der gemeinsten Raubvögel Brasiliens und überall anzutreffen; man sieht ihn zwar in der Nähe der Ansiedlungen seltner, als den Sperber (Nisus striatus) oder den kleinen Rüttelfalken (F. sparverius), weil er die Ränder der Wälder und die ruhigen Triften vorzieht, aber dort kann man ihn mit Sicherheit erwarten. Seine Nahrung besteht in kleinen Vögeln wie Säugethieren, auf welche letztere er ebenso gerne am Boden stößt, wie in der Höhe auf erstere; indessen verschmäht er auch die großen Feld- und Laubheuschrecken in Ermangelung anderer Kost durchaus nicht, und Azara berichtet, daß er selbst Schnecken liebe, was ich nicht beobachtet habe. Seine Stimme läßt er aber nicht so leicht hören, wie jene beiden genannten, überall laut kreischenden Falken-Arten; er ist vielmehr träge und gleichgültig gegen seine Umgebung. Er baut auf hohen Bäumen ein Nest aus Reisern, das sich durch nichts besonderes auszeichnet; seine Eier habe ich nicht erhalten. —

d. Aeußere Vorderzehe beträchtlich kürzer als die innere, überhaupt viel dünner und schwächer als die zwei anderen. Geranospiza *Kaup*.

5. Nisus gracilis *Temm.*

Falco gracilis *Temm.* pl. col. 91. (jung). — ***Kaup***, Isis. 1847. 183. 1.
Falco hemidactylus *Temm.* ibid. 3. (alt). — ***Pr. Max*** Beitr. III 97. 5.
Nisus hemidactylus ***D'Orb.*** Voy. IV. 3. 86.
Ischnoscelis gracilis ***Strickl.*** — ***Gray***, Gen. of Birds — ***Caban. Schomb.*** Reis. III. 757. 310.
Sparvius coerulescens ***Vieill.*** Enc. III. 1262.
Gavilan mixto aplomado, ***Azar.*** Apunt. I. 101. 22.

Ganzes Gefieder blaugrau, Schwingen und Schwanz nur z. Th. schwarz, letzterer mit zwei weißen Binden und weißem Endsaum; jüngere (weibliche?) Vögel unten fein weiß gewellt; Steißfedern und Schwanzseiten röthlich gelb. —

Durch die auffallend langen Läufe unterscheidet sich diese Art leicht im Ansehn von den vorigen; sie ähnelt schon sehr der folgenden Gattung, besitzt aber in der absonderlichen Kürze der Außenzehe ein ihr ganz eigenthümliches Merkmal. Der Vogel übertrifft unsern weiblichen Sperber beträchtlich an Größe und kommt der grauen Kornweihe (Circus cyaneus) gleich, womit er überhaupt manche Aehnlichkeit hat. Der Schnabel ist niedrig und schwach gebaut, dabei aber ziemlich lang, der Zahn am Rande sehr wenig bemerkbar; der Hornüberzug hat eine schwarze Farbe, aber der Unterkiefer ist am Grunde und der Oberschnabel am Rande neben der Mitte weißlich; die Wachshaut nimmt an der schwärzlichen Farbe des Schnabels Theil, nur die Zügel scheinen fleischroth durch; die Iris ist gelb, die Beine röthlich gelb, die Krallen schwarz. Ganzes Gefieder dunkel blaugrau, bloß die Handschwingen schwarz, mit dreieckigem weißen Randfleck in der Mitte, dem eine schiefe weiße Querbinde auf der Innenfahne entspricht; vor dieser Binde nach dem Grunde zu eine zweite, schmälere, schwarz gesprenkelte; die vierte bis sechste Schwinge merkwürdig, besonders am Außenrande, verschmälert und die sechste sichelförmig mit der Spitze nach außen gekrümmt; die vierte und fünfte Schwinge sind gleich lang und die längsten; die (12—13) Armschwingen schiefergrau, mit hellerem Spitzensaum und mehreren weißlichen, gesprenkelten Querbinden an der Innenfahne. Flügel im Ganzen lang, in der Ruhe weit über die Mitte des Schwanzes hinabreichend, breitfedrig, aber, wie das ganze Gefieder weich ist, so auch nicht sehr derbe. Schwanz ebenfalls lang, breit, allmälig zugerundet, die vier äußeren Federn jeder Seite etwas stufig verkürzt, blaß rothgelb mit zwei schwarzen Binden und weißem Endsaum; die übrigen vom Grunde an schwarz, mit zwei weißen Querbinden und solchem Endsaum auf der Unterseite; auf der Oberseite ist der Endsaum und die untere Querbinde grau, mit hellerer Basis. Ganze Unterfläche des alten Vogels hell bleigrau, die Kehle weißlich, der Steiß schön hell rothgelb. Das Männchen ist klarer und voller gefärbt als das Weibchen, etwas kleiner, aber sonst ihm ähnlich. —

Der jüngere Vogel hat auf der ganzen Unterseite des Körpers und an den Beinen feine weiße, wellenförmige Querlinien, welche um so schmäler sind, je älter das Individuum ist, und allmälig von der Brust herab mehr und mehr verloren gehn. Sind die weißen Binden noch ziemlich breit, so hat auch der rothgelbe Steiß dunklere Querwellen; werden sie schmäler, so wird der Steiß einfarbiger und zuletzt, wenn schon der Hals und die Brust keine weißen Wellenlinien mehr haben, erscheint auch das Steißgefieder ohne dunklere. So ist das Exemplar gefärbt, welches ich besitze, also älter als das von Temminck Taf. 91 abgebildete. Ganze Länge 17″ 6‴, des Schnabels 1″, des Flügels 11″, des Schwanzes 8″, des Laufes 3″, der Mittelzehe ohne Kralle 1¼″, der Hinterzehe mit Kralle 1″ 2‴, der Außenzehe mit der Kralle 1″. —

Der Vogel bewohnt die Provinz von Rio de Janeiro und hält sich mehr in den waldigen Gebirgsdistricten, als in den freien Ebenen auf. Ich erhielt während meines Aufenthalts in Neu-Freiburg das hier besprochene, noch nicht ganz ausgefärbte Exemplar durch einen dortigen Schützen, der es als einen nicht grade häufigen Vogel bezeichnete. Der Prinz zu Wied traf denselben Falken ebenfalls schon in den südlichen Gegenden und bemerkt, daß er den Magen des Vogels gewöhnlich mit Schnecken und Insecten angefüllt gefunden habe. Schomburgk läßt ihn von kleinen Vögeln und Amphibien sich nähren, und sowohl an der Küste, als auch im Innern auftreten. D'Orbigny will eine geringere Lebhaftigkeit, welche mehr dem Naturell der Bussarde entspricht, beobachtet haben; der Vogel fliegt nach ihm wenig und setzt sich, aufgescheucht, in geringer Entfernung wieder. Azara konnte das von ihm lebendig besessene Individuum mit rohem Fleisch und kleinen Vögeln nähren. —

13. Gatt. Asturina *Kaup*.

Schnabel länger, als bei Astur und Nisus, darum scheinbar höher, aber nichtsdestoweniger vom Grunde an abwärts gekrümmt, wenn auch viel allmäliger, als bei jenen Gattungen; der Haken an der Spitze lang, der Mundrand grade, ohne Vorsprung, aber mit einem bemerkbareren Ausschnitt hinten unter den Zügeln. Nasenloch kreisrund, weit, dem Rücken des Schnabels näher als dem Mundrande. Körperbau sehr gestreckt, selbst der Kopf etwas schmäler als bei gleich großen Habichten; die Flügel sehr lang, spitz, in der Ruhe fast oder völlig bis ans Ende des Schwanzes reichend, obgleich derselbe keineswegs kurz ist. Unterschenkel schwach, ohne breit abstehendes Federnkleid; Lauf ungemein lang, über zweimal so lang wie die Mittelzehe, nur oben eine kurze Strecke befiedert, vorn und hinten mit breiten Gürtelschildern bekleidet; Zehen etwas fleischiger, als bei Nisus, wie bei Astur, auf der Oberfläche mit Tafeln;

Außenzehe ein wenig länger als die Innenzehe, der Nagel der letzteren vollkommen so groß wie der der Daumenkralle. Gefieder vorwiegend rothbraun, unten mit Sperberquerwellen. —

Anm. Die Arten dieser Gattung ähneln sowohl durch ihr Kleid, als auch durch die relativ beträchtliche Größe des Schnabels den Bussarden, und könnten füglich den Namen Bussardhabichte führen; die auffallende Länge der Flügel erhöht diese Aehnlichkeit, obgleich der Gesammtbau einen Habicht deutlich erkennen läßt. Kaup hat das richtig eingesehen und diese Vögel zu den Habichten in das von ihm gegründete Genus Asturina gestellt, dessen vielseitiger Inhalt indeß einer Läuterung bedarf. Cabanis scheint mir weniger glücklich zu sein, wenn er die hierher gehörigen Arten mit dem Urubitinga in eine Gattung bringen will. Ihre langen Läufe sind ebenso gut bei den Habichten wieder zu finden, und die langen Flügel allein können nichts entscheiden. Schon aus dieser Verschiedenheit in der Auffassung geht übrigens die Selbstständigkeit der hier zu besprechenden Falkenform hervor; weshalb ich für sie eine eigene Gattung angenommen und selbige mit dem sonst vacanten, für diese Arten besonders bezeichnenden Namen Kaup's belegt habe. —

1. Asturina rutilans *Licht.*

Falco rutilans *Licht.* Doubl. etc. 60. 627. — *Temm.* pl. col. 25. — *Pr. Max,* Beitr. III. 218. 28.
Falco meridionalis *Lath.* Ind. orn. I. 36. 82. (junger Vogel).
Aquila buson *Spix.* Av. Bras. 2. 3.
Circus rufulus *Vieill.* Enc. III. 1216.
Buteo rutilans *Less.* Trait. 79. — Man. I. 104. — *Gray,* Gen. of Birds. — *D'Orbign.* Voy. etc. IV. 3. 104.
Asturina meridionalis *Kaup,* Isis. 1847. 204. 7.
Hypomorphnus rutilans *Caban. Tsch.* Fn. per. Orn. 84. 2. — Ders. *Schomb.* Reis. III. 740. 325.
Gavilan de estero acanelado, *Azara,* Apunt. I. 72. 11.

Gefieder hell rostroth, beim alten Vogel der ganze Rücken grau, mit rostrothen Federrändern; Bauchseite fein schwarz gewellt. Schwingen am Ende schwarz; Schwanz schwarz, mit weißem Endsaum und weißer Binde über die Mitte, nicht länger als die ruhenden Flügel. —

Von der Größe unsers Taubenhabichts (Astur palumbarius), aber schlanker erscheinend, wegen der viel höheren Läufe. Der hornige Schnabel und die Krallen sind schwarz, die Iris ist braungelb, die Wachshaut, Zügel und Füße trüb gelb. — Der junge Vogel, wie ihn Temminck abbildet, ist rothbraun auf dem Rücken, mit dunkleren, braunen Schaftstrichen, die besonders auf den Flügeln die ganze Mitte der Federn nach der Spitze zu einnehmen; die schwarzen Schwingen haben eine breite, hell rostrothe Basis, worauf an der Innenfahne schmale, schwärzliche Querbinden stehen; die Unterseite der Schwingen ist blasser, weißlicher gefärbt, und die Querbinden beschreiben Zickzacklinien. Die Kehle ist trüber röthlich, auf der Brust wird die Farbe reiner rostroth und von da an sind die Federn in die Quere schwarzbraun gestreift. Die blaß rothgelben Schenkel haben ähnliche dunklere aber feinere Querlinien; die Steißfedern sind trüber rothbraun, mit dunkleren Spitzen. Der Schwanz ist auf der Oberfläche schwarzbraun, die mittleren Federn haben weißliche Querstreifen, die zu beiden Seiten des Schaftes abwechseln; die äußeren Federn sind an der Innenfahne ebenso, an der äußeren rostroth gefärbt, dunkler marmorirt, und alle gegen das Ende mit einer breiten schwarzen Binde geziert, der ein weißlicher Endsaum folgt; auf der Unterfläche ist die Farbe trüber, matter.

Mit zunehmendem Alter wird der rostfarbene Grundton auf den Flügeln viel frischer, zimmtfarbener, am Rumpf dagegen matter bräunlicher, und geht auf dem Rücken immer mehr in Grau über. Der alte Vogel ist dann hier fast wie unsere Wiesenweihe (Circus cineraceus) gefärbt, aber mehr mit rostroth gemischt. Auf dem Kopfe haben die Federn einen schwärzlichen Schaft, der von einem breiten grauen Felde umgeben ist, worauf ein schmaler röthlicher Rand folgt. Im Nacken bekommen die ebenso gefärbten Federn schwärzliche Querlinien, die vom Schaft breit ausgehen und gegen den rothen Rand sich verlieren. Weiter hinab gegen die Schultern wird die Mitte der Feder wieder einfarbig grau und die schwärzlichen Querbinden sind nur noch am Rande der breiteren Außenfahne sichtbar; auf den Flügeln endlich fehlen sie ganz, die Mitte der Feder ist schön bleigrau, die Spitze und der Rand mehr braungrau; nur die kleinsten Flügeldeckfedern am Handgelenk bleiben zimmtroth mit feinen schwarzen Querwellen, von denen die unterste sich bald fleckenartig vor der Spitze ausbreitet. Das Deckgefieder auf der Unterfläche des Flügels ist rothbraun, schwarz quer gewellt. Ebendiese Farbe und Zeichnung haben die Federn des Halses, der Brust, des Bauches, Steißes und der Schenkel; aber die schwarzen Querwellen sind feiner und schärfer als beim jungen Vogel, und die Schenkel haben einen viel dunkleren, röthlichbraunen Ton, worin die Querwellen sich ziemlich verlieren. Der Schwanz ist auf der Oberseite schwarz, mit einer schmalen, weißen Binde über die Mitte und weißem Endrande; die Unterfläche hat statt der schwarzen eine braune Farbe. Die Bürzelfedern sind auch schwarz, mit mehreren, schmalen, weißen Querbinden. —

Ganze Länge 21″ — des Schnabels 1″ 7‴, der Flügel 16″, des Schwanzes 8″, des Laufes $4\frac{1}{4}$″, der Mittelzehe ohne Kralle $1\frac{1}{2}$″, der Hinterzehe mit der Kralle 2″. —

Der Vogel hat nach des Prinzen zu Wied Versicherung mehr die Lebensweise und das Betragen der Bussarde als der Habichte, und nährt sich von Mäusen, Amphibien, Schnecken und Heuschrecken, welche er vom Boden auflieſt; er liebt sumpfige Wiesen und die benachbarten feuchten Felder, indem ihm seine hohen Fersen bei der Jagd auf die genannten Thiere an solchen Oertlichkeiten ganz besonders zu Statten kommen. Die Art ist über ganz Brasilien verbreitet, der Prinz zu Wied traf sie in den Ebenen neben der Mündung des Rio Parahyba, welche seenreich sind und der Zuckerkultur einen so vortrefflichen Boden gewähren; ich selbst habe den Vogel nicht erhalten, weil meine Reise grade solche Gegenden gar nicht berührte; das hier beschriebene ausgefärbte Exemplar stammt von Bahia, wo dergleichen Oertlichkeiten reichlich vorkommen. Schomburgk macht über seinen Aufenthalt ganz ähnliche Angaben, er traf den Vogel in der Regel paarweis an; auch v. Tschudi's Beobachtungen stimmen damit überein. D'Orbigny fand sein ungemein großes, aus Reisern gebautes Nest in der Nähe von Gewässern auf besonders hohen, alten Bäumen, und versichert, daß er bis 4 Eier lege; nach ihm sieht man den Vogel nur zur Brunstzeit in Paaren, sonst immer allein. Da ihn Azara auch in Paraguay beobachtet hat, so darf man seine Verbreitung als über ganz Süd-Amerika ausgedehnt ansehen. —

2. Asturina unicincta *Temm.*

Falco unicinctus *Temm.* pl. col. 313.
Nisus unicinctus *Less.* Tr. 61.
Astur unicinctus *D'Orb.* Voy. IV. 3. 93.
Hypomorphnus unicinctus *Caban. v. Tschudi* Fn. per. Orn. 85. 3.
Falco Harrisii *Audub.* Orn. Biogr. IX. 30.
Buteo Harrisii *Bonap.* Syst. 3. — Aud. Syn. 5. Av.
Polyborus taeniurus *v. Tschudi* Fn. per. tb. 1. (jung).
Gavilan mixto oscuro y canela, *Azar.* Apunt. I. 94. 19. —

Gefieder braun, Deckfedern am Handtheil des Flügels und die Beine rostroth, schwarz gefleckt oder gestreift; Schwingen schwarz; Schwanz schwarz, mit weißer Binde am Grunde und weißlichem Endrande, über die ruhenden Flügel etwas hinausreichend. —

Etwas kleiner als die vorige Art, und besonders durch die relativ kürzeren Flügel und Läufe von ihr verschieden; auch dunkler im Gefieder. Schnabelspitze und Krallen hornschwarz, die Mitte des Schnabels, die Wachshaut und die Beine gelb, die Zügel fleischfarben. — Ganzes Gefieder des alten Vogels schwärzlich braun, auf dem Scheitel und im Nacken am dunkelsten, gegen die Kehle hin heller. Flügeldeckfedern besonders gegen die Handwurzel hin lebhaft rostrothbraun, mit trüberem Wisch gegen die Spitze, die aber wieder heller gesäumt ist; innere Flügeldecken ebenfalls rostroth, schwarzbraun gewellt. Schwingen schwarz, die äußeren Fahnen grau angelaufen; Schwanz größtentheils schwarz, mit weißem Endsaum und ziemlich breiweißer Basis, die aber unter dem ebenfalls weißen Bürzel und Steißgefieder fast ganz versteckt bleibt. Die Brust und der Bauch sind wie der Rücken gefärbt, die Schenkel aber lebhaft rostroth und mit etwas breiteren Federn besetzt. Diese alte ausgefärbte Form ist der Falco Harrisii Audubon's.

Junge Individuen vor der ersten Mauser haben von dem rostrothen Gefieder des Flügels noch keine Spur, sondern ein einfarbig braunes aber nicht sehr dunkles Rückenkleid, das vom Scheitel bis zur Spitze der Flügel reicht; jede Feder ist längs des Schaftes dunkelbraun, am Rande heller, gelblich überlaufen. Die Schwingen sind mit vielen schwärzlichen Querlinien versehen und haben einen weißlichen Spitzensaum; die innere Fahnenhälfte ist am Grunde weißlich, mehr oder weniger hell rostfarben angelaufen. Auf der Unterseite des Körpers herrscht von der Kehle bis zum Steiß ein hell röthlich gelbbrauner Ton; die Kinngegend ist weißlich; die Hals- und Brustfedern haben dunklere rothbraune Schaftstriche; die Brustseiten, der Bauch und die Beine sind mit zickzackförmigen braunen Querwellenlinien gezeichnet; ein Strich über dem Auge, der Steiß und die unteren Schwanzdecken haben einen einfarbigen gelblichen Ton. Der Schwanz ist oben braun, unten graubraun gefärbt, mit vielen (18 — 20) dunklen Querlinien gezeichnet, die nach der Spitze dichter zusammenrücken; sein Endrand und der Grund sind weiß, wie die oberen Deckfedern. — So gefärbte Vögel bilden den Falco taeniurus v. Tschudi's.

Nach der ersten Mauser wird das Schenkel- und das untere Flügeldeckgefieder röther, rostfarbner und bekommt zahlreichere, schärfere, dunklere Querlinien; an den oberen Flügeldeckfedern zeigen sich breite, rostrothe Ränder, welche gegen das Handgelenk hin immer mehr Platz greifen. Die Flügel und Schwanzfedern bekommen einen viel dunkleren schwarzen Ton, wodurch die Querbinden auf ersteren verschwinden, auf letzteren in eine gemeinsame, breite, schwarze Binde verfließen; der Grundtheil wird an diesen breiter weiß, an jenen verliert sich die weißliche Färbung fast ganz. Auf den trüber rostgelben Steißfedern zeigen sich einzelne, schwarze Flecke und ähnliche sieht man am Unterbauch; der Oberbauch und die Brust sind schon ganz dunkelbraun; die Kehle und der Vorderhals haben einen helleren, weißgelben Ton, mit breiten schwarzbraunen Schaftstrichen, welche sich gegen den Nacken hin allmälig über die ganze Feder ausdehnen. Auf dieses Kleid paßt ziemlich Temminck's Figur 313. —

Ganze Länge des Männchens 20″, des Weibchens 24″; Flügel

jenes 1', dieses 1' 2"; Schwanz jenes 8", dieses 10"; Lauf 3", Mittelzehe ohne Kralle 2". —

Der Vogel findet sich vorzugsweise in den inneren und westlichen Gegenden Brasiliens; er verbreitet sich hier südwärts bis Paraguay und nordwärts bis Mexico, ist aber auch im ganzen Gebiet der Anden von Chili bis Californien zu Hause. Von seiner Lebensweise berichtet D'Orbigny, daß er gleich dem Vorigen sich in der Nähe von Gewässern aufhalte, daselbst auf alten abgestorbenen Bäumen sitze, und langsam fliegend über der Erde hinschwebe, seine Beute auflesend. Er ist alt ein scheuer, furchtsamer Vogel, der selbst seine Artgenossen meidet und nur allein gesehen wird; jüngere Exemplare sind es weniger, denn sie kommen selbst in die Stadtgärten von Corientes. Letztere Angabe stimmt mehr zu v. Tschudi's Aussage, der zu Folge man die Vögel nicht selten in kleineren Flügen von 6—8 Stück die Dörfer der Indianer mehrere Stunden lang umschwärmen sehe. Ihre Brutzeit fällt in den October und November; sie nisten auf hohen Bäumen über dichten Gebüschen stacheliger Acacien und legen in ihr kunstloses Nest 4—5 angeblich ganz weiße Eier, welche Farbe indessen D'Orbigny wohl mit Recht als die wahre bezweifelt.

14. Gatt. Climacocercus *Caban.*

Wiegm. Arch. 1844. I. 265.

Brachypterus *Less.* Micrastur *Gray.*

Vögel vom Ansehn der Sperber und Habichte, mit relativ höheren Schnäbeln, kürzeren Flügeln, längeren, stufigfedrigen Schwänzen, und hohen Läufen, die nicht mit Gürtelschildern, sondern von kleineren sechseckigen Tafelschildern bedeckt sind.

Schnabel stärker zusammengedrückt, als bei Nisus und Astur, darum höher, aber nicht länger; die Firste schärfer, der Haken kürzer, stumpfer, der geschwungene Mundrand mehr oder weniger herabgebogen; das Nasenloch weit, groß, kreisrund, dem Schnabelrücken mehr genähert; die Wachshaut kurz, auf den Zügeln ein deutlicher, aber dünner Kranz von Borstenfedern; die ganze Gegend um das Auge herum nackt; die Augenlieder mit langen, zahlreichen, aber feinen Wimpern. Flügel beträchtlich kürzer, aber nicht grade viel stumpfer, wenig über den Anfang des Schwanzes hinausreichend, die vierte, fünfte und sechste Schwinge die längsten und ziemlich von gleicher Länge. Schwanz lang, breit gerundet, die vier äußeren Federn jeder Seite recht merklich stufenförmig verkürzt, die vier mittleren von gleicher Länge. Beine zierlich gebaut, der Lauf ziemlich hoch, wenig über das Hackengelenk hinab befiedert, vorn wie hinten mit sechseckigen Täfelchen bekleidet; Zehen eher kurz als lang, auf der Oberseite von kurzen Gürtelschildern bekleidet; die äußere Vorderzehe zwar schwach, aber doch ein wenig länger als die Innenzehe; letztere mit sehr großem, der Daumenkralle kaum nachstehendem, stark gekrümmtem Nagel. —

1. Climacocercus xanthothorax *Temm.*

Temm. pl. col. 92 (alt). — *Kaup.* Isis 1847. 259. 3.
Falco leucauchenus *Temm.* ibid. 306 (jung).

Rückengefieder braun, Scheitel und Schwingen dunkler, letztere an der Innenfahne heller gebändert; Kehle und Oberbrust zimmtroth; Unterbrust, Bauch und Schenkel weiß, dicht schwarzbraun gebändert; Schwanz schwarz, mit 4 weißen Fleckenbinden und weißem Endrande. —

Ziemlich so groß wie ein großer männlicher Sperber, aber der Kopf etwas kleiner; Schnabel und Krallen hornschwarz, der Unterkiefer blaß gelb, Zügel und Augengegenden gelblich grau; Beine wachsgelb; Iris hellgelb. — Rückengefieder rothbraun, heller und dunkler gewellt, indem jede Feder neben dem Schaft mehrere sehr verwaschene, lebhafter zimmtroth gefärbte Querflecken über einander besitzt; der Scheitel und die Schwingen mehr schwarzbraun, der Schwanz schwarz, mit schmalen weißen Spitzen und vier aus je zwei Querflecken auf jeder Feder gebildeten schmalen weißen Binden. Kehle weißlich; Backen, Seiten des Halses und die Oberbrust schön hell rostroth, verloschen dunkler gewellt; die übrige Unterseite weiß, mit dicht gedrängten schwarzbraunen Querlinien, welche nach hinten immer schmäler werden und auf der Oberbrust noch schmale, rothbraune Ränder neben sich haben. Innenfläche der Flügel weiß, schwarz gebändert; auch die Schwingen an der Innenfahne mit breiten, weißen, am Saume zusammengeflossenen Querbinden.

Der junge Vogel ist auf dem Rücken heller braun, indem jede Feder einen breiten rostrothen Rand besitzt; der Scheitel hat mit den übrigen Obertheilen gleiche Farbe, nur die Schwingen und der Schwanz fallen in einen dunkleren, schwarzbraunen Ton. Letztere beide weichen in der Zeichnung von dem alten Vogel nicht wesentlich ab, aber die Unterfläche ist ganz anders geschmückt. Hier herrscht an der Stirn, den Wangen und der Kehle die weiße Farbe vor, doch haben die feinen Backenfedern dunklere Schaftstriche; über dem Auge bis zum Nacken ziehen sich weißliche Flecke fort, indem die Federn zur Hälfte weiß sind und bloß braune Spitzen haben. Die Oberbrustfedern sind mit ziemlich breiten rothbraunen Querbinden geziert, die übrigen der Brust, des Bauches und der Beine mit schwarzbraunen, ebenfalls breiteren, aber auch viel sparsameren Binden, als der alte Vogel besitzt. Ganz junge Vögel vor der ersten Mauser haben sogar auf dem Rücken und den Flügeln weiße, gelblich angeflogene Flecke, indem die Federn mit einigen solchen zu jeder Seite des Schaftes besetzt sind.

Ganze Länge 13″, des Schnabels 9‴, der Flügel 7″, des Schwanzes 6″, des Laufs $2^1/_3$″, der Mittelzehe ohne Kralle $1^1/_6$″, Hinterzehe mit der Kralle 1″. —

Dieser schöne Habicht bewohnt mehr die südlichen Gegenden Brasiliens, und wurde von einem meiner Hausgenossen im Februar 1851 unmittelbar neben unserer Wohnung in Neu-Freibung erlegt. Der Vogel hatte sich auf einem hohen Gamelleiro des Gartens niedergelassen, und machte uns durch sein eigenthümliches, kreischendes Sperbergeschrei aufmerksam; wir gingen hinaus, um den uns unbekannten Urheber näher kennen zu lernen, und fanden diesen schönen, an seiner rostrothen Brust leicht kenntlichen Raubvogel zu unserem nicht geringen Entzücken; schnell wurde die Flinte geholt und der ungebetene, aber höchst willkommene Gast blieb ruhig sitzen, bis ihn das tödtende Geschoß erreicht hatte. Danach scheint seine Lebensweise ganz die des Sperbers zu sein; sein Kropf und Magen waren leer. — Den jungen Vogel hat Temminck im Kleide nach der ersten Mauser abgebildet, nach Exemplaren, die Natterer wahrscheinlich in St. Paulo einsammelte; auch Aug. de St. Hilaire hat ihn nach Paris gesendet.

Anm. Es wird mir wahrscheinlich, daß Azara unter seinem Esparvero pardo ceja blanca (Apunt. etc. I. 116. No. 25), welchen Vieillot mit dem Namen Sparvius superciliaris belegt hat (Encycl. meth. Ois. III. 1268.), den ersten Jugendzustand dieser Art beschreibt; darnach würde der ganz junge Vogel einen mehr graubraunen Rücken mit mehr weiß gemischt besitzen müssen. —

2. Climacocercus concentricus *Cab.*

Cabanis, v. Tschudi, Fn. per. Orn. 18. 1 und 98. 1. — Ders. *Schomb.* Reis. etc. III. 758. 315.
Falco concentricus *Ill.* Mus. Ber. *Lesson,* Traité etc. 60.
Nisus concentricus *D'Orbign.* Voy. IV. 3. 88.
Circaëtus concentricus *Kaup.* Isis 1847. 260. 4.

Nacken, Rücken und Flügelgefieder blaugrau, Kehle, Hals, Brust und Bauch mit feinen braunen Querbinden; Schwanz mit 2—3 weißen Binden. —

Von der Größe des Sperbers; Schnabel und Krallen hornschwarz, Unterkiefer größtentheils gelb; Wachshaut graugelb, Iris hellgelb, Beine rothgelb. — Der alte Vogel ist auf dem ganzen Rücken heller oder dunkler aschgrau. Die Schwingen sind bräunlich schwarzgrau, unten an der Innenfahne weiß gebändert; die Kehle ist hellgrau, die Brust und der Bauch haben unzählige feine, schiefergraue Querlinien, die nach hinten schmäler werden und auf den Schenkeln nur als feine Linien auftreten; das Steißgefieder und die Schwanzdecken sind weiß, die unteren Flügeldeckfedern haben graue Binden mit weißem Grunde. Der Schwanz ist dunkel schwarzbraun, der Spitzenrand ist weiß, über die Mitte zieht sich eine weiße Binde und eine dritte steckt unter den weißen Bürzel- und Steißfedern. —

Der junge Vogel ist auf der ganzen Oberseite dunkelbraun; die Schwungfedern haben auf der Außenfläche schmale, dunklere, auf der Innenfläche und an der Innenfahne weiße Querbinden. Auf den oberen Schwanzdeckfedern zeigen sich runde weiße Flecke; der Schwanz hat außer dem weißen Endrande noch drei aus Querflecken gebildete weiße Binden. Die Kehle ist weißlich, die ganze Unterseite hellbräunlich gelb, welche Farbe sich um den Hals herum zum Nacken erstreckt, hier aber mit braunen Flecken auf den Spitzen der Federn geziert ist. An den Seiten des Halses und der Brust zeigen sich einige dunklere Querlinien auf dem gelben Grunde. —

Ganze Länge 14″, Schnabel 11‴, Flügel 8″, Lauf $1\frac{5}{6}$″, Schwanz 6″. —

Der hier nach Cabanis a. a. O. beschriebene Vogel ist mir auf meiner Reise nicht begegnet, er gehört mehr den nördlichen Districten Brasiliens an und wurde dem Berliner Museum zuerst von Para und Bahia übersendet. Hernach haben ihn Schomburgk in Guyana v. Tschudi in Peru, D'Orbigny in Bolivien beobachtet. Letzterer traf den Falken in den großen Waldungen am östlichen Fuße der Cordilleren und glaubt, daß sich der Vogel von da über das ganze Waldgebiet des Amazonenstromes verbreite. Er hält sich in 6—7000′ Meereshöhe auf. Sein Betragen ist lebhaft, sein Flug gewandt und seine Nahrung besteht aus kleinen Vögeln und Säugethieren, welche er nahe am Boden hinfliegend aufjagt. Seine Manieren stimmen mit denen des Sperbers überein. —

3. Climacocercus brachypterus *Temm.*

Falco brachypterus, *Temm.* pl. col. 116 (jung) und 141 (alt). — *Nitzsch* Pteryl. 82. 2. — *Kaup*, Isis 1847. 258. 2.
Sparvius semitorquatus *Vieill.* Enc. III. 1263.
— ruficollis *Vieill.* ibid. (jung).
— melanoleucus *Vieill.* ibid. 1267 (alt).
Falco leucomelas *Illig. Licht.* Doubl. etc. 62. 656.
Esparvero negriblanco *Azara*, Apunt. I. 124. 28. (alt).
Esparvero faxado *Azar.* ibid. 126. 29. (jung).

Rückengefieder schwarzbraun oder grau, Schwanz mit 3—4 weißen Fleckenbinden; ein Ring um den Hals und die ganze Unterfläche im Alter weiß; in der Jugend das Halsband und die Brust rostroth, der Bauch und die Schenkel mit feinen schwarzbraunen Querbinden, der Rücken brauner. —

Ein schöner großer Habicht, der unserm Taubenhabicht an Größe gleichkommt, allein viel höhere Läufe, einen kleineren Kopf, aber doch einen beträchtlich höheren Schnabel besitzt. — Hornüberzug und Krallen schwarz, der Mundrand mehr zahnartig vortretend als bei den anderen Arten, der Unterkiefer am Grunde weißlich; das Nasenloch sehr weit, völlig kreisrund; Wachshaut und Zügel schwärzlich olivengrau, dicht mit feinen, schwärzlichen Borstenfedern bekleidet; die nackte Augengegend gelblicher, fleischroth durchscheinend; die Iris gelb. Das Backengefieder unter dem Auge locker gebildet, die Federn klein mit sperriger stehenden Aesten; der Schaft schwarz, die Fahne weiß, mit grauer Spitze. Stirn, Scheitel und Hinterkopf bis zum Nacken schwarzgrau; um den Hals eine weiße Binde, deren breite runde Federn einen schwärzlichen Endsaum haben; Rücken und Flügel wie der Scheitel, die Schwingen an der Innenfahne mit verloschenen weißen Binden; auf der Unterseite graulich, die weißen Binden völlig rein. Schwanz schwarz, mit weißem Endsaum und vier aus Querflecken gebildeten schmalen, weißen Binden, von denen die oberste z. Th. unter dem ähnlich gezeichneten Bürzelgefieder steckt. Die ganze Unterseite des Körpers vom Kinn bis zum Steiß weiß; die oberen Brustfedern bei jüngeren Vögeln hie und da mit schwarzem Fleck vor der Spitze, alle mit feinen, schwarzen Schäften; die letzten Steißfedern auch z. Th. mit schwärzlichen Flecken. Beine ziemlich kräftig, rothgelb; die Läufe ziemlich klein getäfelt, die Zehen dicker, ebenfalls auf der Mitte jedes Gliedes getäfelt, nur über den Gelenkungen mit ungetheilten Gürtelschildern, die hintere und innere Zehe mit großer Kralle. Untere Flügeldeckfedern weiß, die größeren grau gefleckt. Schwanz unten dunkelgraubraun, die Querflecke breiter, die 3 äußeren Federn jeder Seite stark stufig verkürzt.

Der junge Vogel ist auf dem Kopf, den Wangen und dem Rücken braun gefärbt, an den Flügeln deutlich heller und dunkler gebändert, auf dem Schwanz statt der 4 weißen mit 3 grauen gesprenkelten, breiteren Binden geziert; die Kehle ist weiß, mit schwarzen Tüpfeln auf jeder Feder, der Hals, die Brust und das Band um den Nacken sind rothgelb, hier am Rande der Federn schwarzbraun gesäumt, die Brust mit ebensolchen Schaftstrichen gezeichnet; am Bauch, an den Seiten und den Beinen wird das Gefieder weiß, mit gelblichem Anflug und hier hat jede Feder mehrere, ziemlich breite, schwarzbraune Querbinden; auch die Steißfedern und inneren Flügeldeckfedern haben dieselben Farben und Zeichnung. Der Schwanz ist unten braungrau und die noch breiteren Binden sind weiß. —

Ganze Länge 21″, Schnabel 1″ lang, 10‴ hoch; Flügel 11″ lang, Schwanz 9″, Lauf 3″, Mittelzehe ohne Kralle 1″ 7‴, Hinterzehe mit der Kralle $1^3/_4$″. Ein Weibchen, das Männchen ist kleiner. —

Der Vogel gehört zu den seltneren Falkenarten Brasiliens und ist weder dem Prinzen zu Wied, noch mir auf meiner Reise vorgekommen; die hier beschriebenen 2 Individuen unserer Sammlung sind aus Surinam. Temminck hat den Vogel gut abgebildet; der alte hat noch mehr weiß an den Brustseiten und im Halsbande, als der meinige, und stellt das alte Weibchen vor; das alte Männchen ist reiner grau und hat fast gar kein weißes Halsband. Der Falke geht nordwärts bis Mexico, südwärts bis Paraguay, aber die Cordillerenkette scheint er nicht zu berühren, da weder D'Orbigny noch v. Tschudi ihn erwähnen. Von seiner Lebensweise ist bis jetzt nichts Näheres bekannt. —

15. Gatt. Herpetotheres *Vieill.*

Macagua *Less.* Daedalion *Vig.* Cachina *Flemm.*

Schnabel eigenthümlich gestaltet, ungemein hoch, relativ kurz, stark seitlich zusammengedrückt, mit kurzem, dicken Haken, ganz gradem Mundrande und niedrigem Unterkiefer, dessen Spitze abgestutzt und dadurch sehr bestimmt zweizackig geworden ist. Nasenloch ungemein groß, völlig kreisrund, kappenartig aus der Fläche der Wachshaut hervortretend, in der Tiefe mit einem spitzen Mittelzapfen versehen. Wachshaut dick, fleischig; Zügel mit starkem Borstenfedernkranze besetzt, Augengegend nackt; Augenlieder mit langen, starken, steifen Wimpern. Kopfgefieder sehr lang und spitz, besonders im Nacken verlängert, auch das Rumpfgefieder, namentlich auf der Brust sehr deutlich zugespitzt, mit steiferen Schäften als gewöhnlich. Flügel von mäßiger Länge, ruhend bis auf die Mitte des Schwanzes reichend, mit ziemlich stark verschmälerten, spitzen, vorderen Handschwingen, aber (12) breiten kurzen Armschwingen; die dritte und vierte Handschwinge die längsten, die fünfte schon etwas kürzer als die zweite. Schwanz ziemlich lang, aber nicht grade breit, die äußeren Federn etwas verkürzt, die mittleren die längsten. Beine ziemlich stark, fleischiger als bei Habichten, denen der Edelfalken ähnlich, aber die Zehen noch kurz, wie bei der vorigen Gattung; die Oberfläche des Laufes und der Zehen überall mit kleinen, am Lauf sechseckigen Tafelschuppen bekleidet, nur an der Spitze der Zehen vor den Krallen 2—3 Gürtelschilder. Krallen auffallend kurz und dick, schnell zugespitzt, mäßig gekrümmt; die innere der vorderen die größte, die mittlere mit stumpfer Kante, die Außenzehe kaum länger als die Innenzehe.

Man kennt von dieser sonderbaren Falkenform nur eine Art, welche zwar habituell manche Aehnlichkeit mit dem vorherigen Vogel besitzt, aber durchaus nicht mit ihm in dieselbe Gattung gebracht werden kann, wie Nitzsch (Pterylogr. S. 82) überzeugend dargethan hat. Nicht bloß die allgemeine Form des Schnabels und die Form des Nasenlochs erinnern an die Edelfalken, sondern eben so sehr der Mangel des besondern Knochenstücks am Thränenbein, welches man das os superciliare zu nennen pflegt. Dabei ist die Fußbildung mehr wie bei den Caracaras, deren Augenwimpern der Vogel ebenfalls besitzt. Flügel und Schwanzschnitt verweisen ihn zu den Habichten, der höhere Schnabel mehr zu den Bussarden; so daß seine Bezeichnungen höchst mannigfach erscheinen. Am richtigsten betrachtet man ihn wohl als einen Habicht, den entschiedene Analogien in die unmittelbare Nähe der Edelfalken bringen.

Herpetotheres cachinnans *Linn.*

Falco cachinnans *Linn.* S. Nat. I. 128. 18. — *Latham,* Ind. orn. I. 37. 88.
Herpetotheres cachinnans *Vieill.* Gal. I. 47. tb. 19. — *Kaup.* Isis. 1847. 258. 1. — *Cab. Schomb.* Reis. III. 738. 316.
Astur cachinnans *Spix.* Av. Bras. I. 3. tb. 3 a.
Macagua cachinnans *D'Orbigny,* Voy. IV. 3. 96.
Macaguá, *Azara,* Apunt. I. 81. 15.

Rückengefieder braun, Unterseite und ein Band um den Nacken weiß; Augen, Wangen, Kopfseiten und Nacken schwarz; Stirn, Scheitel und Hinterkopf gelb, mit schwarzen Schaftstrichen; Schwanz und Schwingen weiß gebändert. —

Fast so groß wie der Taubenhabicht, aber schwächer im Rumpf, mit hohem, dicken Kopf, den das lange spitze Scheitel- und Nackengefieder noch vergrößert. Hornschnabel und Krallen schwarz, Wachshaut und Beine gelb, Zügel mit schwarzen Borsten besetzt, Augengegend bräunlich fleischfarben, Iris rothgelb. Oberkopf bis zum Nacken blaßgelb, jede Feder mit feinem, schwarzem Schaft; Zügel, Backen, Schläfen, Ohrgegend und Nacken schwarz. Kinn, Kehle, Brust, Bauch, Schenkel und Steiß gelblich weiß, die Brust etwas reiner röthlich gelb; ähnlich die Schenkel. Rücken und Flügelgefieder braun, die Säume der Federn lichter, röthlicher; Schwingen braun, an der Innenfahne rothgelb, nach unten blaßgelb, zuletzt weiß, mit schmalen, braunen Querbinden. Schwanz oben schwarz, auf jeder Feder 5—6 blaßgelbe, nach der Spitze hin mehr rothgelbe Fleckenpaare, die etwas verschoben zu beiden Seiten des Schaftes stehen, und bei jüngeren Vögeln ganz in einander fließen; Unterseite weißgelb, mit 6—7 schmäleren, grauen Binden und weißlichem Endrande. Untere Flügeldeckfedern weißgelb, schwarz getüpfelt.

Die jüngeren Vögel haben kürzere Kopffedern mit breiten Schaftstrichen; hellere und deutlicher gesäumte Rückenfedern; weiter hinabreichende helle Farben an den Handschwingen, namentlich sind die zweite bis fünfte Schwinge auch am Vorderrande weiß und drüber rothgelb; zahlreichere Binden am Schwanz und etwas nach außen um das Handgelenk herum ausgedehnte weiße Flügeldeckfedern; andere und noch jüngere Kleider sind mir nicht bekannt geworden, doch versichert Schomburgk, daß die jüngeren Vögel sehr abweichend gefärbt und gezeichnet seien.

Ganze Länge 20″, Schnabel 13‴ lang, 9‴ hoch; Flügel $11\frac{1}{2}$″ lang, Schwanz $8\frac{1}{2}$″, Lauf $2\frac{1}{2}$″, Mittelzehe ohne Kralle $1\frac{1}{2}$″, Hinterzehe mit Kralle $1\frac{1}{4}$″. —

Der Vogel gehört den inneren Gegenden Brasiliens an, und kam weder dem Prinzen zu Wied, noch mir, auf meiner Reise vor; Spix traf ihn im nördlichen Minas geraes, bei Bahia und Para; D'Orbigny in den Provinzen von Chiquito, St. Cruz de la Serra und Moxos; Azara in Paraguay, Schomburgk im britischen Guyana. Die Reisenden, welche den Vogel in seiner Heimath beobachten konnten, versichern, daß derselbe, gleich den meisten Falken, auf alten, abgestorbenen Bäumen sitzend beobachtet werde, von wo aus er von Zeit zu Zeit ein lautes, lachendes Geschrei erschallen lasse. D'Orbigny sah ihn seinen Lieblingsstand am Rande des Waldes neben Gewässern wählen, wo er stets einsam angetroffen wurde, und wenig Furcht zeigte, wenn man ihm näher kam. Seine Nahrung soll hauptsächlich in Amphibien bestehen; wenigstens fand Spix Schlangen in seinem Magen. Nach Schomburgk stößt er auch auf Vögel, nach D'Orbigny verschmäht er selbst Insecten und todte Fische nicht. Vollgefressen tritt seine Kropfgegend nackt aus dem Brustgefieder hervor, ganz ähnlich wie beim gemeinen Caracara (Polyborus vulgaris), und das giebt eine neue Analogie dieses Vogels zu den genannten anomalen Falken. —

F. Edelfalken. Falcones nobiles.

Ungemein proportionirt gebaute, allermeist nicht große Falken mit dicken, mehr gewölbten als flachen Köpfen, deren Gefieder aus kurzen, breiten, abgerundeten Federn besteht, und relativ großen Augen, deren Lieder eine dichte Reihe feiner, ziemlich langer Wimpern tragen. Der Schnabel ist kurz, aber im Verhältniß hoch, breit bauchig, mit scharfem Endhaken, neben dem sich am Mundrande jederseits ein scharfer vorspringender Zahn absetzt. Die Wachshaut ist kurz, aber dick und das in ihr befindliche kreisrunde Nasenloch hat in der Tiefe einen spitzen, centralen Zapfen. Die Zügel tragen den bekannten Kranz feiner Borstenfedern. Die Flügel sind sehr spitz, beträchtlich lang, und ihre erste Schwinge nur wenig verkürzt, länger als gewöhnlich bei Falken; die dritte Schwinge pflegt die längste zu sein; ruhend reichen die Flügel bis über die Mitte des Schwanzes hinaus. Letzterer ist ebenfalls lang, aber nicht eben breit; seine äußeren 2—3 Federn jeder Seite sind etwas abgekürzt, daher die allgemeine Form zugerundet. Die Beine haben kurze Läufe, aber meist recht lange Zehen, indem die Mittelzehe so lang wie der Lauf oder gar länger sein kann; ihre Oberfläche ist größtentheils mit herzförmigen Schuppen, unter denen auf der Vorderseite des Laufes zwei größere Reihen sich auszeichnen, bekleidet, z. Th. auch von Gürtelschildern; ihre Krallen sind fein, scharf, und stark gekrümmt, mehr von gleicher Größe als bei den andern Falkonien.

Zu dieser Gruppe gehören die gewandtesten Raubvögel und die relativ kühnsten, wenn auch nicht grade die größten und stärksten; sie ist über die ganze Erdoberfläche verbreitet, aber in der Tropenzone überall nur durch kleinere Mitglieder vertreten.

16. Gatt. Falco *Linn.*

Rhynchodon *Nitzsch.*

Schnabel mäßig dick und bauchig, der Haken scharf, der ganze Mundrand schneidend, mit einem starken Zahn etwas hinter dem Haken; Unterkiefer mit einem Ausschnitt neben der abgestutzten Spitze, welche dem Zahn des Oberschnabels entspricht. Wachshaut scharf vom Hornüberzuge abgesetzt, das Nasenloch in ihr völlig kreisrund, ziemlich groß, mit centralem Zapfen. Am Thränenbein kein besonderer knöcherner Ansatz, oder Superciliarbein. Das ganze Gefieder ziemlich derbe und straff, besonders aber die Flügel; letztere scharf zugespitzt, mit starkem Ausschnitt und verschmälerter Spitze an den 2—3 ersten Schwingen der Hand. Zehen sehr lang, besonders die mittlere, die äußere stets länger als die innere; dabei fein, mit hohen dicken Sohlenballen unter den Gelenkungen; ihre Oberfläche und die des Laufes vollständig mit kurzen, feinen Gürtelschildern bekleidet; die Krallen sehr fein, ziemlich lang, stark gekrümmt und lang zugespitzt, fast ganz gleich groß, die mittlere ohne abgesetzte Randkante, vielmehr am ganzen inneren Rande schneidend zugeschärft. —

Man kennt aus dieser Gattung in Brasilien drei Arten, von denen die eine zu den gewöhnlichsten Raubvögeln daselbst gehört, die anderen beiden sind viel seltener; diese Zahl ist klein, wenn man bedenkt, daß bloß über Deutschland und das benachbarte mittlere Europa gleicher klimatischer Beschaffenheit deren sechs verbreitet sind, ja hie und da wohl noch zwei dem Gebiet des Mittelmeeres oder dem vorderen Asien angehörige Arten sich ausnahmsweise einstellen. —

a. **Der Zahn am Schnabelrande klein, die hakige Spitze kurz, auch das Nasenloch kleiner; die erste Handschwinge kürzer als die vierte, die zweite und dritte genau gleich lang. Ganzes Gefieder weicher, großfedriger, besonders die Kopffedern spitzer und länger als bei den folgenden Arten. (Tinnunculus *Vieill.* Cerchneis *Boie*).**

1. Falco sparverius *Linn.*

Linn. Syst. Nat. I. 128. 20. — *Buff.* pl. enl. 444 (alt) und 465 (jung). — *Lath.* Ind. orn. I. 42. 99. — *Pr. Max* Beitr. III. 116. 9. — *Kaup.* Isis. 1847. 49. 3. — *D'Orb.* Voy. IV. 3. 119. — *v. Tschudi* Fn. per. Orn. 110. 2. — *Schomb.* Reis. III. 734. 300.
Bidens sparverius *Spix*, Av. Bras. I. 16. 4 und B. dominicensis ibid. 5.
El Cernicalo *Azara*, Apunt. I. 182. 41.

Rücken zimmtbraun, schwarz gebändert; Bauch blaßgelb mit schwarzen Querflecken auf jeder Feder; Scheitel blaugrau, beim Männchen auch das Flügeldeckgefieder. Schwanz oben braunroth, unten blaßgelb, schwarz gebändert. —

Das alte ausgefiederte Männchen ist ein sehr schöner zierlich gestalteter Vogel, nicht größer als eine Singdrossel; der Hornschnabel fällt nur an der Spitze ins schwärzliche, ist übrigens bläulich, mit weißer Basis, die Wachshaut ist gelb, wie die Beine, die Iris braungelb, die Krallen sind schwarz. Das Kopfgefieder hat bis zum Nacken eine blaugraue Schieferfarbe, mit feinen schwarzen Schäften; der unterste Nackenrand ist fast schwarz, die vorderste Stirngegend weißlich. Im Nacken beginnt eine schöne hell rostrothe Farbe, die sich bis auf die Achselfedern ausdehnt und über den ganzen Rücken fort bis ans Ende des Schwanzes erstreckt. Oben am Halse liegt in diesem rothen Mantel jederseits ein schwarzer Fleck und von den Achseln an zeigen sich breite schwarze Querflecke vor der Spitze jeder Feder; der Schwanz hat eine breite schwarze Binde am Ende, und dahinter noch einen weißlichen Randsaum. Unten ist die Farbe des Schwanzes blaßgelbroth und die äußere Feder jeder Seite neben dem Schaft mit 4—5 schwarzen Flecken gezeichnet, die sich mitunter als breite Binden über die Innenfahne ausdehnen *). Die Flügel werden äußerlich von hellblaugrauen Federn bedeckt, die meistens runde schwarze Flecke tragen; die Handschwingen sind schwarz, mit weißen Querbinden auf der Innenfahne, die am Rande in einen weißen Saum zusammenfließen; die (12) Handschwingen sind an der Spitze breit grau, weiß gerandet, übigens schwarz mit ähnlichen weißen Binden auf der Innenfahne; die untere Fläche ist bei beiden weiß, nach außen grau bandirt. Die Kehle, Backen und der Vorderhals sind weiß, zwischen ersteren zieht sich ein schwarzer Strich vom Zügel hinab und ein zweiter liegt am Rande des weißen Halsgefieders und rostrothen Nackens; die Oberbrust ist schön rostgelb, der Bauch, die Schenkel und der Steiß weißgelb; die Federn der Brustmitte haben schwarze herzförmige Flecke an der Spitze, die der Seite breitere schwarze Querbinden, welche sich mit zunehmender Größe bis über die Schenkel hinab erstrecken. —

Das alte Weibchen gleicht dem Männchen nur in der Farbe des Scheitels und der Schwingen; der ganze Nacken und Rücken, nebst dem Flügeldeckgefieder und der Oberseite des Schwanzes, haben breite, braune, dicht aneinander gerückte Querlinien auf rostrothem an den Flügeln matteren Grunde; nur die äußere Schwanzfeder pflegt ganz gelbroth gefärbt und mit

*) Ein von meinem Sohn in Lagoa santa erlegtes, ganz altes ausgefiedertes Männchen hat 5 solcher Binden an der linken Feder, aber keine an der rechten Seite.

einer schwarzen Binde vor der Spitze versehen zu sein; die übrigen Federn haben außer der breiteren heller gesäumten Spitzenbinde noch (10—12) schmälere Binden. Die Kehle ist weißgelb, gleich den Wangen; die schwarzen Streifen des Männchens vor und hinter der Backe sind beim Weibchen von grauer Farbe; die schöne rothgelbe Brust ist ebenfalls matter und der Bauch nebst den Seiten hat statt der runden schwarzen Flecke bräunliche Schaftstreifen, mit undeutlichen, davon ausgehenden Querbinden; der Unterbauch und der Steiß sind weißgelb. Bei größerem Rumpfe hat das Weibchen einen kürzeren Schwanz, also scheinbar längere Flügel. —

Der junge Vogel unterscheidet sich vom weiblichen Gefieder weniger, als dieses vom männlichen; der Oberkopf ist bei ihm schwärzer, der Rücken brauner, indem die schwarzen Querlinien mehr Breite haben; dasselbe ist auf dem Schwanze der Fall, nur die Endbinde ist relativ schmäler. Von dem dunklen Hals- und Nackenstreif ist wenig zu bemerken, dagegen haben alle Brust-, Bauch- und Seitenfedern viel breitere, dunklere, seitwärts in verwaschene Binden ausgedehnte Schaftstreifen. Der Hauptunterschied liegt in den Schwingen; deren Farbe ist nicht schwarz, sondern braun, und die weißen Querbinden der Innenfahne sind beim jungen Vogel gelblich gerandet; den Armschwingen fehlt die graue Spitze, vielmehr besitzen sie eine deutliche rostrothe Querbinde vor der schwarzen, weiß umrandeten Spitze. — Je älter der Vogel wird, desto schöner färbt sich das Rostroth und desto schmäler werden die schwarzen Querbinden, während die Brustschaftstriche verblassen und in Spitzenflecke sich umwandeln. —

Ganze Länge des Männchens $9\frac{1}{2}$, des Weibchens 10″; Schnabel 6‴, Flügel 7″, Schwanz 5″, Lauf $1\frac{1}{2}$″, Mittelzehe ohne Kralle 1″, Hinterzehe mit der Kralle 9‴. —

Diese Art ist der gemeinste Raubvogel Brasiliens, man trifft sie überall in der Nähe menschlicher Ansiedelungen, wo der Vogel seine Lieblingsbäume hat und darauf mit Sicherheit beobachtet werden kann. Ein solcher Baum stand neben unserm Badeplatz in Neu-Freiburg, und täglich hatte ich daselbst während meines Bades Gelegenheit, den Vogel zu sehen. Er sitzt meist still, läßt von Zeit zu Zeit sein Geschrei ganz wie unser Thurmfalke, nur etwas feiner und kürzer, hören, fliegt von da in die Höhe, rüttelt in der Luft und kehrt wieder zur alten Stelle zurück. Seine Nahrung muß wohl mehr in Insecten, als kleinen Vögeln bestehen, denn ich habe ihn nie auf einen solchen stoßen sehen; sein Nest findet sich auf hohen Bäumen mit dicht belaubten Kronen, es soll drei Eier enthalten, wird aber selten gefunden, weil der Vogel es sehr abgelegen anlegt. — Er ist über ganz Süd-Amerika verbreitet und dringt durch Westindien bis weit nach Nord-Amerika hinein vor. Diese nördlichen Individuen haben gewöhnlich einen schön rostrothen Scheitelfleck, der den von mir in Brasilien gesammelten Stücken fehlt; nur ein ganz junges Exemplar zeigt Spuren davon, indem seine mittleren Kopffedern am äußeren Rande einen rothen Saum besitzen. —

b. Der Zahn am Schnabel ist groß und stark, der Haken länger, und der Ausschnitt zwischen demselben und dem Zahn breiter; überhaupt der Schnabel dicker, stärker, bauchiger, weshalb auch die Wachshaut breiter und das Nasenloch in ihr größer erscheint. Das Gefieder ist derber, straffer, die einzelnen Federn sind kleiner und namentlich die Kopffedern kürzer.

α. Erste Schwinge etwas kürzer als die vierte, die zweite und dritte von gleicher Länge. Schwanz beträchtlich länger als die ruhenden Flügel, die Handschwingen minder schlank und schmal, die beiden ersten mit kurzem Ausschnitt vor der Spitze; die Armschwingen groß, bis zur Mitte des ganzen Handtheiles hinabreichend. (Hypotriorchis *Boie.* Aesalon *Kaup*).

2. Falco femoralis *Temm.*

Temm. pl. col. 121 (jung) und 343 (alt). — *Kaup* Isis 1847. 62. 4. — *D'Orbign.* Voy. IV. 3. 116. — *v. Tschudi* Fn. per. Orn. 108. 1. — *Schomb.* Reise. III. 734. 299.
Falco aurantius *Lath.* Ind. orn. I. 48. 117 a. — *Daudin*, Trait. II. 130. 106.
Falco thoracicus *Illig. Licht.* Doubl. 62.
Falco cyanesceus *Vieill.* Enc. III. 1234.
El Aconcillo aplomado, *Azar.* Apunt. I. 175. 39 (alt) und Aconc. obscuro azulejo ibid. 179. 40 (jung).

Von der Größe eines kleinen Wanderfalken; der junge Vogel braun, Kehle, Schenkel, Bauch und Steiß rostroth; der alte oben blaugrau, um den Nacken eine rostrothe Binde, Brust blaßgelb, die Seiten schwarz mit weißen Querlinien, Bauch, Schenkel und Steiß rostgelb; Schwanz oben, wie unten, weiß gebändert.

Das Weibchen ist etwas kleiner als ein männlicher Wanderfalke (Falco peregrinus), das Männchen nicht größer als ein Baumfalke (F. subbuteo), aber der Kopf schwächer, der Lauf höher, die Zehen kürzer. — Rückengefieder des alten Vogels bläulich grau, die Flügelfedern trüber graulicher, mit weißlichen Rändern; die Handschwingen ganz schwarz, die Armschwingen mit weißem Endsaum, beide auf der Innenfahne mit einer Reihe weißer Querflecke, die auf der Unterseite am Rande zu Binden verfließen. Kehle und Halsseiten gelblich weiß (Weibchen) oder licht bläulich weiß (Männchen), Oberbrust gelb. Vom Zügel läuft ein grauer Streif zum Halse hinab und ein anderer weißer entspringt über dem

Auge, geht zum Hinterkopf, und hier setzt sich an ihn eine breite, rothgelbe Binde, die sich um den ganzen Nacken herumlegt, mitunter aber in der Mitte unterbrochen und stets daselbst verschmälert ist. Die Brustseiten bis zu den Schenkeln sind schwarz, mit feinen, weißen Querbinden; sie dehnen sich anfangs quer über den Oberbauch in derselben Weise aus; Unterbauch, Schenkel und Steiß rostgelb; Schwanz schwarz, mit 5—6 weißen vollständigen Querbinden und weißem Endsaume auf beiden Seiten. Der Hornschnabel ist blaugrau, mit schwärzlichen Haken und gelblichem Grunde. Die Wachshaut und die Beine röthlich gelb, die Iris rothgelb, die Krallen schwarz. —

Der junge Vogel ähnelt dem alten sehr wenig in der Farbe. Sein ganzer Rücken, von der Stirn bis zum Schwanz, ist lebhaft braun; die Schwingen und Schwanzfedern haben einen dunkleren, schwärzeren Ton, und auf beiden sind die Flecken, Binden und Randsäume des alten Vogels in blaßgelber Farbe bemerkbar; die Gegend am Schnabel, die Kehle und Brust sind rostroth, gleich wie der Bauch, die Schenkel und der Steiß, aber letztere Gegenden etwas dunkler gefärbt, als erstere. Ueber den Augen entspringt ein gelber Streif, der zum Halse hinabläuft und einen braunen Streifen abgrenzt, der vom Auge kommt, und der auch einen solchen braunen Backenstreifen nach vorn abgiebt. Die Brust und die Brustseiten sind braun, aber die oberen Brustfedern mit rostgelben Randsäumen gezeichnet. Die Farbe der nackten Theile ist dieselbe, wie am alten Vogel, nur matter. —

Ganze Länge des weiblichen Vogels (das Männchen ist beträchtlich kleiner) 15″, Schnabel 9‴, Flügel $9\frac{1}{4}$″, Schwanz 6″, Lauf $1\frac{3}{4}$″, Mittelzehe ohne Kralle $1\frac{1}{4}$″, Hinterzehe mit Kralle $1\frac{1}{4}$″. —

Dieser schöne Edelfalke ist in Brasilien zwar nicht selten, aber doch keinesweges häufig; ich habe ihn auf meiner Reise nicht gesehen, sondern ein Exemplar unserer Sammlung beschrieben, das einem älteren weiblichen Vogel angehört, als die Temminck'sche Abbildung Taf. 343, welche einen männlichen vorstellt. Derselbe ist bläulicher, das Weibchen grauer, und hat dunkle Schaftstriche auf der Brust, die ich an meinem Exemplar ganz vermisse; dabei fehlt ihm die breite rostgelbe Nackenbinde, welche beim Weibchen um den ganzen Hals herumgeht. — Schomburgk fand den Vogel nur auf der Savanne, nicht im Waldgebiet, und das mag der Grund sein, warum sowohl der Prinz zu Wied, als auch ich selbst, ihn nicht antrafen. Nach v. Tschudi ist die Art in Peru selten, sie scheint mehr den inneren flachen Gegenden Süd-Amerika's anzugehören und weit südwärts sich zu verbreiten, weil Azara den Vogel noch beobachtet hat.

D'Orbigny will ihn von Buenos Ayres bis Moxos und Chiquitos verfolgt haben, da er aber den Bidens femoralis *Spix* bei seiner Art citirt und den Prinzen zu Wied als Gewährsmann für Brasilien aufführt, so wird es fast gewiß, daß er den Vogel gar nicht getroffen hat, denn weder der Eine, noch der Andere reden von ihm. So weit man seine Lebensweise kennt, bietet sie keine Eigenthümlichkeiten dar; er stößt, wie alle Edelfalken, nur auf Geflügel und wählt, vermöge seiner größeren Stärke, schon ziemlich ansehnliche Vögel von der Größe der Staare, wie Icteri, Cassici und dergl. mehr. —

β. Erste Handschwinge viel länger als die dritte, kaum ein wenig kürzer als die zweite, welche die längste ist; letztere ohne Ausschnitt, erstere mit sehr scharfem unweit der Spitze. — Die ganzen ruhenden Flügel reichen weit über die Mitte des Schwanzes hinab, die kurzen Armschwingen aber noch nicht bis zur Mitte des ganzen Handtheils und bedecken nur ein Drittel des Handflügels. (Hypotriorchis ***Kaup***).

3. Falco aurantius *Lath.*

Lath. Ind. orn. I. 48. 117. var. *β.* u. *γ.* — ***Pr. Max*** Beitr. III. 120. 10. — ***Daud.*** Traité d'Orn. II. 131 b. F. rufigularis (alt). — ***Kaup.*** Isis. 1847. 64. 7. — ***Caban. Schomb.*** Reis. III. 733. 298.
Falco deirolerus ***Temm.*** pl. col. 348. (jung).
— albigularis ***Daud.*** l. l. 131. etc.
— cucullatus ***Swains.***

Glänzend schwarz; Kehle, Vorderhals, Bauch und Schenkel rothgelb; Brust und Schwanz unten mit feinen weißen Querlinien; der junge Vogel mit breiter gelblicher Brust und weißer Kehle. —

Kaum so groß wie Falco rufipes, noch etwas kleiner als F. Sparverius. — Der alte Vogel auf der ganzen Rückenseite glänzend schwarz, auch die Flügel und der Schwanz von oben gesehen; unten beide bräunlich, mit schmalen weißlichen Querlinien, die sich zu Binden aneinander reihen. Schnabel schwarzblau, die Basis weißlich; Wachshaut und Beine rothgelb, der Augenring gelb, die Iris braun. Kehle blaßgelb, gegen den Hals hinab bis zur Oberbrust entschiedener rothgelb; von da bis zu den Schenkeln die Unterseite schwarz, mit feinen weißen Querlinien, ebenso das untere Flügeldeckgefieder. Bauch, Schenkel, Steiß und die langen unteren Schwanzdecken dunkel rostgelb. — Der junge Vogel hat oben eine matte, schieferschwarze Farbe, schwache graue Querbinden auf der Oberseite des Schwanzes und breitere weiße auf der Unterseite; die Schwingen haben weißliche Spitzenränder, das untere Deckgefieder ist breit gelb gesäumt und die größeren Federn haben außerdem paarige Flecke. Die Kehle ist weiß, die obere Brust gelb, die untere und der Bauch bis zu den Schenkeln grauschwarz, mit breiten, gelben Säumen der Federn und weißeren Binden davor quer über die größeren Federn der Seiten. Auf den dunkel rostgelben Schenkeln und Steißfedern zeigen sich schwarzbraune Querbinden, die an den langen unteren Schwanzdecken sich zu breiten Flecken vor der Spitze erweitern. —

Ganze Länge 10″, des Schnabels 6‴, des Flügels 7″ 4‴, des Schwanzes 3½″, des Laufes 1¼″, der Mittelzehe ohne Kralle 1″ 2‴, der Hinterzehe mit der Kralle 11‴.

Diese zierliche Falken-Art ist mir in Brasilien nicht vorgekommen, der Prinz zu Wied traf den Vogel häufig in den dichten Gebüschen der Gegend von Coral de Battuba und sah ihn schnell auf Insecten und kleine Vögel stoßend seinen Standort verlassen. Nach Schomburgk macht er auf Schlangen und Eidechsen Jagd, hält sich meist paarig zusammen, und nistet auf mäßigen Bäumen. Wenn der Vogel auffliegt, so wiehert er, wie ein Rüttelfalke. — D'Orbigny, v. Tschudi und Azara haben diese Art nicht gefunden, sie muß also dem Süden und Westen Süd-Amerika's fehlen. —

G. Weihen. Milvinae.

Schwächliche Raubvögel, mit kleinen Köpfen und kurzen, meist schwachen, schon vom Grunde an gebogenen Schnäbeln; langen, spitzen Flügeln, aber gewöhnlich auch langen, öfters gabelförmigen Schwänzen. Lauf und Zehen kurz, letztere ziemlich dick, fleischig, mit kleinen spitzen, aber kurzen Krallen.

Die hierher gehörigen Arten sind die feigsten Raubvögel, sie leben meistens nur von Insecten und stoßen höchstens auf kleine, oder noch sehr junge Vögel. Einige von ihnen haben einen deutlichen schleierförmigen Federnkranz um die Augen und nähern sich dadurch entschieden den Eulen; allein die hohen Läufe, welche grade diesen Weihen zustehen, geben ihnen kein sehr eulenartiges Ansehn. Sie sind in allen Weltgegenden zu Hause, besonders zahlreich und mannigfach aber in Süd-Amerika vertreten. —

17. Gatt. Harpagus *Vig.*

Bidens *Spix.* Diplodon *Nitzsch.* Diodon *Less.*

Gestalt der Edelfalken, aber dicker im Rumpf und kleiner im Kopf; der Schnabel stark bauchig, allein die Rückenfirste dennoch ziemlich scharf; hinter der hakigen Spitze ein tiefer Ausschnitt am Oberschnabel, neben dem der Mundrand mit einem breiten, doppelt gezahnten Lappen herabhängt; Unterschnabel abgestutzt, mit zwei spitzen Zähnen an jeder Seite neben der Spitze. Wachshaut kurz, das Nasenloch ganz nach vorn gerückt, oval, schief gestellt, mit kleinem, undeutlichen Zapfen in der Tiefe. Rachenspalt nur bis unter das Auge ausgedehnt, ziemlich kurz. Zügel mit wenigen Borstenfedern besetzt, die Gegend rings um das Auge nackt; die Augenlieder mit feinen Wimpern. Flügel zwar spitz, aber nicht lang; ruhend etwas vor oder über die Mitte des Schwanzes reichend; die dritte Schwinge die längste, aber nur wenig länger als die kaum etwas verkürzte vierte. Schwanz ziemlich lang, aber nicht breit, die Steuerfedern eher schmal zu nennen. Beine ziemlich kurz, der Lauf nur oben wenig befiedert, vorn von breiten Gürtelschildern bekleidet; Zehen auf der Oberseite ebenso, übrigens ziemlich fleischig, mit starken Sohlenballen und langen, spitzen, stark gekrümmten Krallen. Mittelzehe so lang wie der Lauf, Außenzehe sehr wenig länger als die Innenzehe, am Grunde mit merklicher Spannhaut. —

Man kennt von dieser Süd-Amerika eigenthümlichen Raubvogelgattung nur zwei daselbst weit verbreitete Arten. —

1. Harpagus bidentatus.

Falco bidentatus *Lath.* Ind. orn. I. 38. 90. — *Pr. Max* Beitr. III. 132. 1. — *Temm.* pl. col. 38 (alt) und 228 (jung).
Harp. bid. *Vigors* Zool. Journ. I. 338. — *Kaup* Isis 1847. 57. 2. — *Caban. Tschud.* Fn. per. Orn. 18 u. 107. —
Diodon brasiliensis *Less.* Tr. 95.
Diodon bidentatus *D'Orbign.* Voy. IV. 122.
Bidens albiventer *Spix.* Av. Bras. 14. 2. tb. 7.
— rufiventer *Spix* ibid. 14. 1. tb. 6.

Der Doppelzahn am Oberschnabel ungleich, die hintere Hälfte größer und breiter als die vordere; Gefieder oben schwarzgrau, stahlglänzend, unten rothbraun; junge Vögel dort braun, hier weiß, mit allmälig hervortretenden grauen oder rothbraunen Querwellen. —

Der alte Vogel ist oben schwarzgrau, das Weibchen mit mattem, das Männchen mit lebhaftem Stahlglanze; unten vom Kinn bis zur Brust wie auf dem Rücken gefärbt, mit schmalem weißlichen Kehlstreif, der bei ganz alten Vögeln auch verschwindet; dann lebhaft rothbraun bis zum Steiß, welcher weiß bleibt. Die Schwingen sind schwarz, mit hellen bräunlichen Querbinden, die an der Innenfahne rein weiß werden. Der Schwanz ist obenauf schwarz, mit drei grauen Querbinden, die auch am Rande der Innenfahne in weiß übergehen; unten hat er eine mehr bräunliche Farbe, und die viel breiteren grauen Binden haben eine breite weiße Mitte. — Die Wachshaut ist grünlich gelb, Zügel und Augenlieder hellgrau, gelblich durchscheinend, die Iris hell carminroth, der Schnabel schwarzgrau, die Gegend des hinteren Seitenzahnes und der ganze Unterkiefer weißlich; die Beine sind schön rothgelb gefärbt, nach oben etwas blasser, die Krallen schwarz. —

Der junge Vogel ist vor der ersten Mauser (Temminck, Taf. 228) oben braungrau, unten ganz weiß, oder weißgelb (Spix, Taf. 7) mit schmalen, schwarzen Schäften auf jeder Feder; die Binden am Schwanz und an den Flügeln sind deutlicher und namentlich auf der Oberseite des Schwanzes breiter.

Nach der ersten Mauser bilden sich auf der ganzen Unterseite graue Querwellen, die an der Kehle als Randsäume, auf dem Bauch und der Brust als 4—5 Querbinden auf jeder Feder sich zeigen; die Oberbrust ist fast ganz grau und geht seitwärts in rostroth über. Mit zunehmendem Alter ändert sich nach jeder Mauser das Grau der Binden in Rostroth um, indem sich eine rothe Binde unmittelbar vor jeder grauen einschiebt, wird allmälig breiter und treibt das Graue gleichsam vor sich her, indem zuerst die Brust, dann der Bauch und zuletzt auch die Schenkel eine einfache, klar und scharf rostrothe Farbe annehmen. Dabei ziehen sich die weißen Binden des Schwanzes und der Flügel, immer schmäler werdend, mehr nach innen. Das untere Flügeldeckgefieder ist in allen Altern rein weiß. —

Die Flügel sind bei dieser Art etwas kürzer und erreichen nicht ganz die mittlere Schwanzbinde; die zweite Schwinge ist länger als die sechste, aber kürzer als die fünfte, welche der vierten fast ganz an Länge gleichkommt. —

Der Vogel ist in den Waldungen des Küstengebietes häufig; er sitzt gewöhnlich einsam im Schatten einer dichten Laubkrone und wartet auf Beute, die nach Verhältniß seiner Größe in ziemlich großen Vögeln besteht; Insecten scheinen nur die jüngeren Individuen zu fressen. Sein Nest findet man hie und da auf hohen Bäumen und darin 3—4 dicht rothbraun getüpfelte Eier, welche denen von Falco Subbuteo sehr ähnlich sehen (Thienem. Fortpfl. d. Vög. Taf. 52, Fig. 6). — D'Orbigny traf ihn am Ostabhange der Cordilleren gegen Brasilien hin in der Provinz Chiquito, aber nur einzeln und selten an. Nach v. Tschudi gehört er zu den kühnsten Raubvögeln Perus; er lauert dem Hausgeflügel auf und stößt ein junges Huhn nach dem andern fort, bis er das letzte erhascht hat. Deshalb wird ihm von den Indianern der Dörfer sehr nachgestellt. Ich habe drei Exemplare untersucht, deren Maaße folgende sind:

Weibchen, ganze Länge 15″, des Schnabels 10‴, des Flügels 8″ 8‴, des Schwanzes 6″, des Laufes 1″ 7‴, der Mittelzehe mit der Kralle 1″ 6‴. — Männchen, ganze Länge 13″ 6‴, des Schnabels 9‴, des Flügels 7″ 8‴, des Schwanzes 5″ 10‴, des Laufes 1″ 5‴.

2. Harpagus Diodon *Temm.*

Temm. pl. col. 198. — *Pr. Max* Beitr. III. 138. 14. — *Kaup,* Isis. 1847. 56. 1.
Bidens femoralis *Spix* Av. Bras. I. 15. 3. tb. 8.

Der Doppelzahn am Oberschnabel kleiner, aus zwei gleichen kurzen Zacken gebildet; Gefieder oben grau, Schwingen und Schwanz schwärzlich, grau gebändert; unten weiß, mit rostrothen Schenkeln; junge Vögel oben braun, unten weiß, mit breiten, braunen Schaftstrichen. —

Diese Art ist etwas kleiner als die vorige, hat einen ganz andern, nur wenig an der Spitze in zwei stumpfe Zacken getheilten Randzahn des Oberschnabels und einen ganz verschiedenen Flügelschnitt. Die ruhenden Flügel sind länger, reichen über die Mitte des Schwanzes hinaus und haben ein anderes Verhältniß der Schwingen; zwar ist auch hier die dritte die längste, aber die zweite ist schon etwas länger als die fünfte, und die vierte fast ebenso lang wie die dritte. —

Der alte Vogel ist auf der ganzen Oberseite vom Kopf bis zum Schwanz dunkelgrau, der Nacken und die Halsseiten fallen mehr ins Bleigrau, die Flügel und der Schwanz sind grauschwarz; die Oberseite des letzteren mit vier grauen Binden geziert und der Endrand ebenfalls grau. Unten sind alle Theile licht graulich weiß, die Kehle und der Steiß rein weiß, nur die Schenkel haben eine grell rostrothe Färbung. Die unteren Flügeldeckfedern sind weiß, rostroth angeflogen, z. Th. auch ganz rothbraun; die Schwingen haben weiße Querbinden, die äußerlich nur auf der Innenfahne bemerkt werden. — Die Iris ist gelb, die Wachshaut graulich, die nackte Augengegend scheint fleischroth durch und fällt mehr ins Gelbe; der Schnabel hat eine bleigraue Farbe mit schwarzer Spitze, der Zahn am Mundrande und der Unterkiefer sind fast ganz weiß; die Beine sind rothgelb, die Krallen schwarz. Sie haben übrigens einen relativ kürzeren Lauf und stärkere Zehen, als bei der vorigen Art.

Der junge Vogel ist am ganzen Rücken braungrau, doch treten am Scheitel, im Nacken und auf den Schultern weiße Flecke hervor, indem die Grundhälfte aller Federn hier rein weiß gefärbt ist. Die Schwingen haben hellere und dunklere braune Binden, und der Schwanz ist etwas breiter bandirt als beim alten Vogel. Auf der Unterseite hat das weiße, etwas ins Gelbliche fallende Gefieder schwarzbraune Schaftstriche, die als feine schwarze Schäfte beginnen und sich vor der Spitze in breite Tropfen ausdehnen, welche an den Seiten der Brust gar zu verschmälerten Binden werden. Der Bauch hat schmälere Schaftstriche, der Steiß ist farblos. Die Schwanzfedern sind unten fast ganz hellgrau, mit 5 dunkleren, bräunlichen Binden; auch die Schwingen haben breitere Binden als beim alten Vogel. Das untere Flügeldeckgefieder ist weiß, mit rostrothem Anflug und braunen Querbinden; am dunkelsten rothbraun erscheinen die langen Federn des Hypopterums. Die Schenkel haben eine etwas blassere rostrothe Farbe, und die nackten Theile sind matter gefärbt als beim alten Vogel.

Ganze Länge 13″ 6‴, Schnabel 10‴, Flügel 9″, Schwanz 6″, Lauf 1″ 5‴, Mittelzehe mit der Kralle 1″ 4‴. —

Der Vogel bewohnt dieselben Gegenden, wie der vorige, scheint aber noch südlicher hinabzugehen, und überhaupt seltener zu sein. Spix erhielt schon bei Rio de Janeiro und später in Minas geraes seine Exemplare. Ich habe nur ein junges Individuum vor mir, dessen Heimath mir nicht ganz genau bekannt ist. Azara, D'Orbigny und v. Tschudi haben den Vogel im Süden und Westen von Süd-Amerika nicht beobachtet. —

Anm. Nach den handschriftlichen Untersuchungen von Nitzsch gehört die Gattung Harpagus (Diplodon) richtiger zu den Milvinen, als zu den Edelfalken, wie das schon in der Pterylographie (S. 93) ausgesprochen worden ist. Sie hat, wie Ictinia, Elanus, Cymindis und Baza, eigenthümliche Federngruppen, sogenannte Puderdunen, auf dem Hinterrücken neben dem Becken, und besitzt ein selbstständiges Superciliarbein, was den Edelfalken fehlt. Auch das weiche laxe Gefieder und der große, dunige Afterschaft an den Conturfedern entfernen die Harpagi von den Edelfalken. Selbst die Nasenlöcher und die damit in Harmonie stehenden Nasenmuscheln sind ganz anders gebaut; letztere sind kleiner, sehr in die Tiefe hinabgerückt, und ohne den großen Zapfen, der bei den Edelfalken von ihnen ausgeht.

18. Gatt. Ictinia *Vieill.*

Ganzer Körperbau der vorigen Gattung, aber der Schnabel etwas kleiner, mit schwächerem, einfachem Randzahn, und die Flügel sehr viel länger. Schnabel nur wenig schwächer als bei Harpagus, nicht ganz so hoch, minder bauchig, die Firste stumpfer; der Zahn am Rande hinter der Spitze ein einfacher, scharfer, beträchtlich vorspringender, herabhängender Winkel. Unterkiefer ohne Kerbe neben der stark und breit abgestutzten Spitze. Wachshaut noch etwas kürzer als bei Harpagus, das Nasenloch kleiner, schmäler, aber nicht kürzer, schief gestellt, oval, ohne Spur vom Zapfen. Rachenspalt ebenfalls kurz, reicht nicht völlig bis zum Auge. Zügel mit feinem Borstenwirbel, die Augenlieder breit nackt, mit feinen Wimpern. Gefieder voll und weich, wie bei allen Milvinen, aber die Federn nicht grade sehr groß. Flügel lang, spitz, schwalbenförmig, reichen in der Ruhe ein wenig über den Schwanz hinaus; die erste Schwinge beträchtlich verkürzt und an der Innenfahne von der Mitte scharf verschmälert, die zweite schon länger als die fünfte, die dritte die längste, die vierte zwischen der zweiten und dritten die Mitte haltend. Schwanz grade abgestutzt, ziemlich breit. Beine klein und schwach, aber nicht grade sehr dünn; der Lauf wohl nur so lang wie die Mittelzehe, vorn, wie die Zehen oben, von schmalen Gürtelschildern bekleidet; zwischen der Außen- und Mittelzehe eine recht merkliche Spannhaut, erstere etwas länger als die Innenzehe; alle Krallen fein, schlank, spitz, stark gekrümmt. —

Ictinia plumbea *Gmel.*

Falco plumbeus *Gmel. Linn.* S. Nat. I. 1. 283. — *Lath.* Index orn. I. 49. 118. — *Pr. Max* Beitr. 126. 12. — *Temm.* pl. col. 180 (jung). — *Spix* Av. Bras. I. 12. tb. 8 b.
Ictinia pl. *Vieill.* Enc. III. 1208. — *Less.* Traité 74. — *Kaup* Isis 1847. 86. 2. — *Schomb.* Reise III. 735. 304. — *D'Orbign.* Voyag. etc. IV. 3. 101. — *v. Tschudi*, Fn. per. Orn. 112. 1.
Alcon azulejo, *Azara*, Apunt. I. 167. 37.

So groß wie Falco Subbuteo, der alte Vogel überall am Kopfe und Rumpfe hellblaugrau, die Kehle schwach weiß; Flügel und Schwanz oben schwarz, grau angeflogen, leicht metallisch schillernd; Handschwingen an der Unterfläche und der ganzen Innenfahne schön hell zimmtroth, die

Spitze und der Schaft schwarz; Armschwingen einfarbig schwarzgrau, untere Flügeldeckfedern hellgrau, Schwanzfedern mit drei weißen Querbinden, die auf der unteren Fläche ganz durchgehen, auf der oberen bloß an der Innenfahne weiße Flecke bilden, daher hier in ruhender Stellung der Federn gar nicht gesehen werden. — Iris hell kirschroth, Wachshaut schwarzbraun, wie die Zügel, von denen sich ein schwarzer Fleck bis gegen das Auge hin ausbreitet, der sich am oberen Augenrande bis über das ganze Auge fortsetzt; Hornschnabel schwarz, der Unterkiefer am Grunde blasser. Beine orangegelb, die Krallen schwarz. —

Der junge Vogel ist am Rumpfe weiß, mit breiten schwarzen Spitzenflecken aller Federn des Oberkopfes, Nackens und der Schultern; die Kehlfedern haben bloß schwarze Schäfte, die übrigen der Unterseite breite, in eine schlanke Spitze ausgehende schwarzgraue Mittelflecke. Die Schenkel sind lichtgrau, mit weißlichen Federnrändern. Auf den Flügeln fällt die schwarze Farbe mehr ins Braune, die Handschwingen sind an der Innenfahne matter und nicht so weit hinab rothbraun gefärbt; die Armschwingen haben, wie die großen Flügeldeckfedern, rothgelbe Randsäume an der Spitze und matte graue Binden an der Innenfahne; die unteren Flügeldeckfedern sind weiß, mit grauen Querbinden; der Schwanz hat unten vier volle weiße Querbinden, oben nur weiße Flecke an der Innenfahne, die sich als lichtere braune Querbänder über die Außenfahne fortsetzen. —

Ganze Länge 14″, Schnabel 9‴, Flügel 11″, Schwanz 5″, Lauf 1″ 2‴, Mittelzehe mit Kralle 1″ 5‴. —

Der Vogel ist in den Walddistricten des östlichen Brasiliens nicht selten, man sieht ihn häufig und öfters ganz nahe am Wege auf frei stehenden, nicht grade hohen Waldbäumen sitzen und erkennt ihn schon im Fluge leicht an seinen langen, schön rostrothen Flügeln. Er geht nordwärts bis Guyana, wo ihn Schomburgk in ähnlicher Art, wie ich, beobachtete; südwärts bis Paraguay, wo er aber selten ist; westwärts erreicht er die Cordillerenkette, geht aber an ihr nicht hoch empor, weil er kältere Regionen meidet. In seiner Lebensweise ist er durch nichts besonderes ausgezeichnet; er hält dem Jäger lange Stand und weicht erst, wenn man ganz nahe kommt; sein Flug ist schnell, aber nicht anhaltend. Seine Nahrung ist die der Harpagus-Arten aus Insecten und Vögeln gemischt, welche letztere er mit großer Kühnheit anfällt; indem sogar die halbwüchsigen Hühner auf den offenen Stellen nahe bei den Ansiedelungen von ihm geraubt werden. Ich habe den Vogel besonders bei Neu-Freiburg, dann im ganzen Thale des Rio da Pomba, und auf meiner Rückreise am Rio Parahybuna beobachtet, aber niemals von ihm, so wenig wie der

Prinz zu Wied, eine Stimme vernommen; obgleich letzterer nach Aussage der Eingebornen angiebt, daß sie der unseres Thurmfalken nicht unähnlich sei. Das Nest des Vogels fand Schomburgk auf einem sehr hohen Anacardium-Baum, wo es aus Reisig gebaut war.

Anm. Eine zweite, durch hellere, bleigraue Farbe, den ganz schwarzen Augenring, einfarbig schwarze Handschwingen, aber an der Spitze breite weißgraue Armschwingen unterschiedene Art dieser Gattung findet sich in Nord-Amerika (Ictinia ophiophaga *Vieill.* Gal. I. 44. tb. 17. — Falco mississippensis *Wils.* Am. Orn. III pl. 25, f. 1.); dagegen ist die vorherige Gattung der doppelzahnigen Weihen daselbst nicht mehr vertreten. — Beide Falkenformen sind ausschließlich amerikanische, für die westliche Erdhälfte bezeichnende Gestalten, deren charakteristische Schnabelbildung sie sehr scharf von allen anderen Milvinen absondert. —

19. Gatt. Cymindis *Cuv.*

Odontriorchis et Regerhinus *Kaup.*

Schnabel hoch, stark seitlich zusammengedrückt, die Firste schmal, die Spitze langhakig; Mundrand grade, ohne Bucht oder Zahn. Wachshaut sehr kurz, nackt; mit schmalem, gebogenem, spaltenförmigem, von einer Hautfalte verengtem, fast horizontalem Nasenloch unmittelbar am Vorderrande; Zügel nur in der Richtung vom Nasenloch zum Auge mit feinen Borstenfedern besetzt, fast nackt, gleich wie die Gegend über dem Auge. Augenlieder mit feinen Wimpern; Rachenspalt ziemlich tief, das Auge erreichend. Flügel ungemein lang und spitz, aber doch in der Ruhe nicht völlig so lang, wie der Schwanz, die vierte Schwinge die längste, aber die fünfte und sechste fast gleichlang und kaum etwas verkürzt. Armschwingen ungemein breit, bogig gerundet, besonders die hinteren, zunächst dem Achselgefieder; dafür aber die Zahl klein (nur 12). Schwanz lang, breitfederig, sanft gerundet. Füße sehr kurz und schwach gebaut; die Unterschenkel mit langen, weitabstehenden Federn besetzt; der Lauf dünn, oben befiedert, darunter von 4—5 sehr weichen, hautartigen Gürtelschildern bekleidet; die Zehen ebenfalls schwach, aber ziemlich lang gegen den Lauf, oben mit etwas derberen Gürtelschildern bekleidet, die beiden äußeren Zehen ohne Spannhaut. Krallen sehr dünn, fein, wenig gebogen, aber lang gestreckt; die mittlere vordere mit gekerbtem Saum, die hinterste kleiner als die innere.

Man kennt in Brasilien 2 Arten dieser Gattung, welche beide ein graues Habichtsgefieder besitzen. Ihr nächster Verwandter ist der ostindische Falco lophotes *Cuv.* (*Temm.* pl. col. 10. — Baza loph. *Gray*), welcher nicht bloß denselben Habitus, sondern auch ebensolche Nasenlöcher, ein ähnlich gezeichnetes, großfederiges Kleid, und worauf besonders Werth zu legen, eigenthümliche Dunengruppen auf dem Unterrücken neben der Spinalflur besitzt, welche außerdem nur noch bei Elanus (Falco melanopterus *Daud. Le Vaill.* Ois. d'Afr. I. 36. 37.) und in etwas abweichender Form bei Ictinia plumbea sich finden *). — Der Prinz zu Wied (Beitr. III. S. 152) und nach ihm noch besser Kaup haben die Verwandtschaft der Gattung Cymindis mit Lophotes und unserem Wespenbussard (Pernis apivorus) richtig getroffen, aber unpassend diese Vögel mit den Caracaras zusammen gestellt; man hätte sie zu den Milvinen bringen sollen, wohin sie durch die Fußbildung und die Lebensweise gehören. —

1. Cymindis cajanensis.

Falco cajanensis *Gmel. Linn.* S. Nat. I. 1. 264. — *Buff.* pl. enl. 473. — *Lath.* Ind. orn. I. 28. 63. — *Cuv.* regn. anim. I. 331. — *Kaup,* Isis 1847. 346. 5. — *Caban. Schomb.* Reis. III. 736. 308.
Falco palliatus *Pr. Max* Beitr. III. 148. 16. — *Temm.* pl. col. 204 (alt), 270 (jung).
Astur cayennensis *Spix.* Av. Bras. 13. tb. 8 c. (im Text zu Buteo gestellt).
Asturina cyanopus *Vieill.* Enc. III. 1261.
Gavilan del campo pardo, *Azara,* Apunt. I. 151. No. 33.

Ganze Unterseite weiß; junger Vogel mit braunem Scheitel und Mantel, alter mit ganz grauer Oberseite; beide auf den Flügeln und dem Schwanz mit dunkleren Binden. —

Etwas größer, als die folgende Art, beinahe so groß wie ein Wespenbussard, dessen ganze Gestalt der Vogel nachahmt. Der Schnabel beträchtlich höher, wie die Krallen hornschwarz; die Wachshaut, Zügel und die Basis des Unterkiefers orange, ebenso die Beine und die Iris. — Unterfläche vom Kinn bis zum Schwanz weiß; Oberseite des alten Vogels vom Schnabel bis zum Rücken bleigrau; die Flügel schiefergrau, schwarz bandirt, Unterseite weiß, die mittleren Deckfedern schwarz (wie bei Elanus). Bürzelfedern schwarz, mit weißlichen Spitzenrändern und grauen Binden. Schwanz oben hellgrau, unten weißlich, mit drei breiten schwarzen Binden, von denen aber nur zwei ganz über das Bürzelgefieder herausragen. —

*) Man vergl. Nitzsch Pterylogr. S. 84. Den amerikanischen Elanus leucurus zu untersuchen, fand ich noch keine Gelegenheit. —

Der junge Vogel (F. palliatus) am Kopfe und Halse weiß, aber die Scheitel- und Nackenfedern braun, die äußeren derselben bloß mit Schaftstreifen; mitunter auch ein vom Auge ausgehender brauner Streif. Rücken und Flügel oben schwarzbraun, die einzelnen Federn rothbraun gesäumt, nach dem Grunde zu lichter gefärbt; Schwingen heller und dunkler gebändert. Schwanz trüb graubraun, mit vier schwarzbraunen Querbinden und weißlichem Endrande. Untere Flügeldeckfedern weiß, die Schwingen am Grunde der Innenfahne weißlich, mit schwarzbraunen Binden.

Ganze Länge 19″, des Schnabels 1″ 3‴, des Flügels $12^{3}/_{4}$″, des Schwanzes 9″ 7‴, des Laufs $1^{1}/_{2}$″, der Mittelzehe ohne die Kralle 1″ 5‴, der Hinterzehe mit der Kralle 1″ 6‴. — Beine etwas stärker als bei der folgenden Art, besonders der Lauf, sonst ebenso gestaltet. —

Der hier beschriebene Falke gehört nicht zu den häufigen Arten Brasiliens; ich selbst habe ihn nirgends erhalten und der Prinz zu Wied hat nur einmal ein junges weibliches Individuum bei Villa Viçoza am Rio Peruhype in den dortigen großen Waldungen erlegt. Auch Schomburgk beobachtete ihn nur im Urwalde, und sah den Vogel mit graziösem Fluge über den Wipfeln der Bäume schweben. Spix traf ihn bei Bahia. Nordwärts soll er viel häufiger sein, doch scheint ihn Azara noch sehr südlich in Paraguay gefunden zu haben. —

2. Cymindis uncinatus *Cuv.*

Falco uncinatus *Illiger.* — *Temm.* pl. col. 103 (alt) 104 (mittelalt) 115 (ganz jung). — *Pr. Max* Beitr. III. 172. 19. — *Kaup*, Isis 1847. 344. 4. — *Schomb.* Reise etc. III. 736. 307.
Falco vitticaudus *Pr. Max* ibid. 178. 20 (alt).

Oberseite braun (jung) oder grau (alt); Unterseite heller, bei jungen Vögeln weißlich, mit zahlreichen, anfangs gelbrothen, später grauen Querbinden. Schwanz mit zwei weißen Binden und gleichfarbigem Endrande. —

Gestalt und Ansehn fast wie ein Kukuk, aber größer, beinahe so groß wie eine Krähe. Schnabel bald sehr hoch, bald etwas niedriger, die Spitze lang und stark gekrümmt, hornschwarz, der Unterkiefer weißlich gelb; Wachshaut, Zügel und Augenfleck graulich grün, der Mundrand gelb, in orange fallend; Iris perlweiß, Beine orange, die Krallen schwarz. —

Der junge Vogel vor der ersten Mauser (pl. col. 115.) hat einen graubraunen Rücken mit röthlichen Federrändern, namentlich auf den Flügeln; die schwarzbraunen, heller bandirten Handschwingen haben weißliche Säume; der Schwanz oben zwei gelblichgraue, unten röthlichgelbe Binden und eine ebensolche Spitze. Die Unterfläche des Körpers ist hell rothgelb, mit rostrothen Querbinden, deren mehrere auf jeder Feder über einander sich befinden; die Steißfedern sind fast ganz rothgelb. —

Nach der ersten Mauser geht der braune Ton überall mehr ins Graue über, der gelbe ins Weiße. Der Vogel ist dann am ganzen Rücken schiefergrau; die schwarzgrauen Schwingen haben oben hellgraue, unten weiße Querbinden; der Schwanz ist ebenso bandirt, aber die Basis unten fast ganz weiß; die Bürzelfedern dagegen sind schwärzlich, mit weißen, aus zwei Flecken gebildeten Querbinden. Kehle und Oberbrust ziemlich gleichfarbig grau, mehr oder weniger weiß gestreift; von da an bis zum After zeigen sich auf den weißen Federn graue Querbinden, deren Mitte mehr oder weniger deutlich rostbraun gefärbt ist; die Steißfedern erscheinen größtentheils weiß mit rothgelbem Anflug, oder hellgelb mit rostbraunen Säumen. So stellt den Vogel Temminck's Fig. 104 vor und so ist auch mein Exemplar gezeichnet. Dasselbe hat indessen einen viel höheren Schnabel und einen reiner schiefergrauen, weniger blaugrauen Farbenton. Seine Flügel reichen bis auf die Mitte der breiten, schwarzen Endbinde des Schwanzes und enthalten 12 Armschwingen, an denen die weißen Binden der Handschwingen in ein mattes Grau übergehen. Die unteren Flügeldeckfedern sind weiß, mit grauen Querbinden.

Der ganz alte männliche Vogel (F. vitticaudus *Pr. Max*, pl. col. 103.) wird einfarbig hellgrau, mit bläulichem Anflug, und bekommt bloß eine breite, weiße Schwanzbinde quer über die Mitte. Die Weibchen behalten das Sperbergefieder länger und haben einen beträchtlich höheren Schnabel; recht alte ähneln indeß den alten Männchen, und unterscheiden sich nur durch beträchtlichere Größe von denselben. —

Ganze Länge (meines Exemplars) 16″, Schnabel 1¼″ lang, 8‴ hoch am Grunde; Flügel 11″ lang, Schwanz 7″, Lauf 1″, Mittelzehe ohne Nagel 1″ 2‴, Hinterzehe mit Nagel 1¼″.

Der Vogel ist im Küstengebiet Brasiliens nicht selten; er lebt einsam am Rande der Waldungen, unfern menschlicher Ansiedelungen, fliegt schnell und gewandt, und ruhet auf einzeln stehenden alten Bäumen, oder vorragenden Zweigen, nach Beute spähend. In seinem Magen fand der Prinz zu Wied Reste von Eidechsen und Schnecken; er stößt aber auch auf kleine Vögel.

Anm. Der Prinz hat unter dem Namen Falco albifrons (Beitr. III. 187. 22.) einen Vogel beschrieben, den er in die Nähe der Cymindis stellt und für einen nahen Verwandten derselben zu halten scheint. Ich glaube indessen, daß er das Jugendkleid eines Habichts, und zwar des Astur nitidus (Falco striolatus *Temm.* pl. col. 294) vor sich gehabt habe, was um so eher anzunehmen erlaubt ist, als die alte Form dieses Vogels ebenfalls von ihm zu den Bussarden gestellt wird (Beitr. III. S. 209). Die Beschreibung des Schnabels weist auf einen Habicht hin, weniger die große Länge der Flügel und die Form des Nasenlochs. Da aber von der Wachshaut ausdrücklich gesagt ist, daß sie „breit“ sei, so kann eine Cymindis nicht gemeint sein, denn deren Wachshaut ist ganz ausnehmend kurz. —

20. Gatt. Nauclerus *Vigors.*

Zool. Journ. II. pag. 385. No. 6.

Schnabel niedrig, aber ziemlich lang, doch schon vom Grunde aus sanft herabgekrümmt; der Haken stark, der Mundrand grade, ohne Spur eines Ausschnitts hinter der Spitze; Wachshaut im Ganzen kurz, wenn auch länger, als bei Cymindis und Ictinia, das Nasenloch oval, schief gestellt, am oberen Rande von einer schmalen Hautfalte etwas bedeckt. Rachenspalt tief und weit, der Schnabelrand etwas aufgeworfen nach hinten. Augen nur klein, wegen des im Ganzen sehr kleinen, doch langgezogenen Kopfes; die Augengegend dicht befiedert, die Augenwimpern sehr schwach. Ganzes Gefieder weich, für die Größe des Vogels sehr großfedrig, nach der Weise von Cymindis und Baza gebaut; Flügel und Schwanzfedern straffer, sehr lang und sanft zugespitzt, schwalbenförmig; die ruhenden Flügel zwar kürzer als die äußeren Schwanzfedern, aber viel länger als die mittleren; die dritte Schwinge die längste, aber die zweite schon viel länger als die vierte und die erste länger als die fünfte, beide ersten scharf abgesetzt an der Spitze verschmälert. Schwanz sehr lang, gabelförmig; die ruhenden Flügel reichen bis zur Spitze der zweiten Feder jeder Seite, aber das mittlere Paar kommt erst der sechsten Schwinge der ruhenden Flügel gleich. Beine klein und kurz, doch ziemlich fleischig; der Lauf vorn bloß von sechsseitigen Täfelchen bekleidet, die Zehen größtentheils mit breiten Gürtelschildern bedeckt; die Krallen am Grunde breit, dann bald fein zugespitzt.

Nauclerus furcatus *Linn.*

Falco furcatus *Linn.* S. Nat. I. 129. 25. — *Lath.* Ind. orn. I. 22. 41. — *Wils.* Am. Orn. III. pl. 51, Fig. 3. — *Kaup* Isis 1847. 88. 2. — *Schomb.* Reise. III. 735. 305. — *Lesson* Traité, pag. 73.
Milvus furcatus *Cuv.* Icon. pl. 3. Fig. 1. — *D'Orbign.* Voy. etc. IV. 3. 100.
Elanoides Yetapa *Vieill.* Enc. III. 1205.
Falco Yetapa *Pr. Max* Beitr. III. 141.
Alcon cola-tixera, *Azara*, Apunt. I. 169. 38.

Rein weiß; Rücken, Flügel und Schwanz schwarz, erzgrün schillernd. —

Beträchtlich kleiner als unsere Gabelweihe, mit relativ viel längerem Schwanz und längeren Flügeln. Schnabel schwarz, die Basis des Unterkiefers weißlich, die Wachshaut blaugrau, die Zügel etwas heller; die Iris kaffebraun, die Beine bläulichgrau, die Krallen nicht schwarz, sondern blaßbraun, weißlich durchscheinend. Ganzes Gefieder des alten Vogels weiß, nur die Außenseite der Flügel, der Rücken und der Schwanz schwarz; Flügel und Schwanz metallischgrün glänzend, der Oberrücken kohlschwarz; die Armschwingen an der Innenfahne bis gegen die Spitze hin rein weiß, die letzte Schwinge fast ganz weiß, mit schwarzer Spitze. —

Die jüngeren Vögel haben am Nacken und Hinterkopf schwarze Federnschäfte und z. Th. gar breitere Schaftstriche; ihr Rückengefieder fällt mehr ins Graue und ist glanzlos, die untern Deckfedern haben graue Spitzen, und die letzten Armschwingen sind ganz weiß. Das Männchen ist kleiner als das Weibchen, am Rumpf reiner weiß gefärbt, auf den Flügeln mit mehr Metallglanz.

Ganze Länge des weiblichen Vogels von der Schnabelspitze bis zur Schwanzspitze 23″, der Schnabel bis zum Mundwinkel 14‴, die Flügel vom Handgelenk bis zur äußersten Spitze 16″, der Schwanz vom After gemessen 12″, der Lauf 16‴, die Mittelzehe mit der Kralle 19‴. —

Die schwarze und weiße Gabelweihe ist im Waldgebiet Brasiliens nicht selten, und leicht an ihrem Schwanz selbst hoch in der Luft zu erkennen. Sie fliegt langsam schwebend, meist ohne Flügelschag in weiten Kreisen hoch über den Baumkronen und wird häufig vom Bentavi (Saurophagus sulphuratus) oder ähnlichen kleineren Tyranniden verfolgt, die kreischend den Vogel begleiten und selbst auf ihn hinabstoßen, wodurch die Weihe sichtbar in Verlegenheit geräth. So sah ich den Vogel zuerst von allen Falconiden Brasiliens beim Uebergang über die Serra dos Orgaos am Weihnachtstage 1850 (meine Reise S. 146). Später habe ich ihn in den Umgebungen Neu-Freiburgs mehrmals angetroffen, aber nie schußgerecht ihm nahe kommen können, weil er furchtsamen Naturells sich stets sehr fern hält. Gewöhnlich sah ich die Vögel in derselben Weise, wie es der Prinz zu Wied und Schomburgk angeben, in kleinen Gesellschaften, von denen einige hie und da auf der Krone eines isolirten hohen Baumes saßen, während andere sie umflogen und von Zeit zu Zeit auf dem Baum sich niederließen, diesen oder jenen der sitzenden aufjagend. Mein brasilianischer Begleiter, den ich auf das Spiel der Vögel aufmerksam machte, behauptete, die fliegenden suchten Käfer oder Raupen von den Bäumen, denn nur darin, und nicht in Vögeln, bestehe ihre Nahrung.

Auch der Prinz zu Wied fand Laubheuschrecken und Baumwanzen in ihrem Magen. Derselbe beobachtete im December das aus groben Reisern gebaute Nest des Vogels auf einem hohen Baume, mit 3—4 schon ziemlich erwachsenen Jungen. — Ganz derselbe Vogel kommt auch in Nord-Amerika und Mexico vor und da ihn D'Orbigny in Bolivien angetroffen, Azara in Paraguay gefunden hat, so darf man annehmen, daß er sich über die ganze wärmere Fläche Amerika's verbreitet. —

Die Brasilianer, welche den ausgezeichneten und häufigen Vogel sehr wohl kennen, und wegen der eben erwähnten Lebensweise gar nicht für einen Falken ansehen wollen, weil er nicht auf Vögel stoße, nennen ihn, gleich andern Vögeln mit Gabelschwänzen, Tisore (Scheere). In Minas geraes, wo ich den Vogel nicht gesehen habe, führte Tyrannus furcatus denselben Namen. —

21. Gatt. Elanus *Sav.*

Schnabel ziemlich wie bei Nauclerus, doch beträchtlich kürzer und darum scheinbar höher, allein der sehr weite Rachen noch tiefer bis hinter das Auge gespalten; Hornschnabel ziemlich kurz, stark herabgekrümmt, der Haken lang, ziemlich dick, der Mundrand ohne Spur eines Ausschnitts, aber von der Mitte an breit vortretend, wie aufgeworfen; der Unterschnabel in eigenthümlicher Weise schief abgestutzt am Ende, ohne Kerbe und Randzahn; Wachshaut klein, das Nasenloch in ihr elliptisch, mehr horizontal als senkrecht gestellt; die Zügel von langen zahlreichen Borstenfedern bekleidet, die Augenlieder mit feinen Wimpern; Ohröffnung groß, weit, wenig versteckt, eulenartig. Das Gefieder auffallend weich, seidenartig; die Fahnen weniger zusammenhängend; Flügel lang, in der Reihe über den kurzen schwachen, leicht ausgeschnittenen Schwanz etwas herausragend; erste Schwinge fast ebenso lang wie die dritte, beide nur wenig kürzer als die zweite, welche die längste ist; diese drei dicht vor der Spitze abgesetzt verschmälert, besonders die erste. Füße kurz, aber ziemlich dick, überall von kleinen Tafelschuppen bekleidet; erst dicht vor jeder Kralle ein Gürtelschild; Mittelzehe länger als der Lauf, Außenzehe kürzer als die Innenzehe, ohne Spannhaut am Grunde; Krallen ziemlich stark, fein zugespitzt, mäßig gekrümmt, die mittlere am Grunde scharf gerandet, alle übrigen gleichförmig rund, ohne untere Seitenkanten. —

Die zu dieser höchst eigenthümlichen Falkengattung gehörigen vier Arten sind mit merkwürdiger äußerer Aehnlichkeit über die ganze Tropenzone und deren Nachbarländer unseres Erdballes verbreitet.

Elanus leucurus *Vieill.*

Elanoides leucurus ***Vieill.*** Enc. III. 1205. — ***Kaup*** Isis 1847. 111. — ***Schomb.*** Reise etc. III. 735. 303.
Milvus leucurus ***Vieill.*** Dict. d'hist. nat. 20. 556. — ***D'Orbign.*** Voy. etc. IV. 3. 98.
Falco dispar ***Temm.*** pl. col. 319 (jung).
Elanus dispar ***Less.*** Traité 72.
Alcon blanco ***Azara***, Apunt. 165. 36.

Oberseite hellbleigrau, Unterseite weiß; Flügel am Handtheil außen und innen schwarz. —

Da ich diesen über das ganze wärmere Amerika verbreiteten Vogel nicht selbst beobachtet oder untersucht habe, so setze ich Azara's nach dem Leben entworfene Beschreibung hierher.

Ein schwarzer Fleck umgiebt das Auge und dehnt sich vor und hinter demselben etwas aus; die übrigen Seitentheile des Kopfes bis über die Mitte hinaus, nebst der ganzen Unterfläche des Körpers, mit Einschluß des Schwanzes und der unteren Flügeldeckfedern, sind weiß; nur die unteren Deckfedern der zweiten Ordnung sind schwärzlich. Die ganze Oberseite des Vogels fällt mit den mittleren Schwanzfedern und den Schwingen ins Blaugraue, aber die oberen Deckfedern der Flügel, bis zu den größeren hinab, sind schwarz. Ein Individuum hatte auf der unteren Partie der Brust eine Binde von grauen und bräunlichen Streifen, und auf der hinteren Hälfte des Kopfes bis zum Nacken weiße Federn mit blaugrauen Schaftstrichen und etwas graulichen Rändern. Das wird wahrscheinlich ein jüngerer Vogel gewesen sein. Die Anzahl der Schwingen ist 22, die der Steuerfedern 12. Der Schnabel ist schwarz, die Wachshaut und Beine strohgelb, die Iris orange. —

Ganze Länge 13″ 4‴, Schwanz 6″, Flügelweite $34\frac{1}{2}$″; Lauf zur Hälfte befiedert, im Ganzen 18‴ lang; Mittelzehe 11‴ ohne die Kralle, letztere 6‴ lang.

Man trifft den Vogel, sagt Azara, einzeln, paarig und in kleinen Gesellschaften bis zu 14 Stück besonders in ebenen niedrig gelegenen Gegenden an; so namentlich am Ufer des Rio Paraguay und gegen Brasilien hin, unterm 32° S. Br. Nach D'Orbigny, der ihn schon bei Buenos Ayres und weiter landeinwärts auf den Pampas sah, brachte ihn Aug. de St. Hilaire aus dem Innern Brasiliens mit; sogar in

Chili auf der Westseite der Anden hat er ihn getroffen. In Nord-Amerika kommt er auch vor; aber den heißesten Gürtel der Tropenzone scheint er zu meiden.

22. Gatt. Gampsonyx *Vig.*

Zool. Journ. II. No. 5, pag. 65.

Schnabel und Kopfbildung völlig wie bei Elanus, nur feiner und die Wachshaut beträchtlich kürzer, die Zügel noch dichter mit Borstenfedern besetzt, welche das kleine ovale Nasenloch vollständig überdecken; aber der tief gespaltene Rachen mit dem dicken aufgeworfenen Mundrande des Schnabels ebenso deutlich entwickelt. Gefieder in gleicher Weise weich, lang, seidenartig, besonders die Stirn- und Backenfedern unter dem Ohr; dagegen die Flügel sehr viel kürzer und der Schwanz beträchtlich länger. Erstere reichen in der Ruhe nur wenig über die Mitte des Schwanzes hinab, sind fein zugespitzt, schmal und klein; die erste Schwinge ebenso wenig verkürzt, wie bei Elanus, aber doch etwas kürzer als die vierte; die zweite zwar die längste, aber nur sehr wenig länger als die dritte; keine von allen scharf abgesetzt verschmälert. Schwanz ziemlich breit, grade abgestutzt. Beine relativ hoch, namentlich viel höher als bei Elanus, der Lauf außen fast ganz befiedert; die Zehen stark, mit großen, fein zugespitzten, stark gekrümmten Krallen, deren Unterseite eben so wenig, wie bei Elanus, Randkanten besitzt; die Mittelkralle allein mit vortretender Kante an der Innenseite; Außenzehe kürzer als die Innenzehe, ohne Spannhaut; die Oberfläche aller und des Laufs getäfelt.

Gampsonyx Swainsonii *Vig.*

Zool. Journ. II. No. 5, pag. 65 (Isis 1830. 840). — *Kaup* Isis. 1847. 109. — *Schomb.* Reise, III. 735. 302.
Elanus torquatus *Cuv. Less.* hist. nat. d. Ois VII. 207. — *Less.* Traité 72.
Falco rufifrons *Pr. Max* Beitr. III. 123. 11.

Scheitel, Nacken, Rücken, Flügel und Schwanz oben schwarzbraun; Unterseite und ein schmales Nackenband weiß; Stirn, Schläfen und Schenkel rothgelb.

Dieser zierliche Falke ist der kleinste seiner Familie in Brasilien und überhaupt einer der seltensten; er erreicht noch lange nicht die Größe des Rüttelfalken und steht dem Krammetsvogel an Größe nach. Sein Gefieder ist am Scheitel, dem Nacken, Rücken, auf den Flügeln und dem Schwanz braun; doch haben die Federn am Grunde eine weiße Farbe, während die dunklere Endhälfte bei alten Individuen einen leichten Metallschiller zeigt. Die Stirn, die Schläfen unter dem Ohr und die Unterschenkel sind hell rostgelb; alle anderen Körpertheile rein weiß und erstreckt sich ein weißes schmales Band um den Nacken, das gegen den Rücken hin einen röthlichbraunen Saum zeigt. Die Unterseite der Flügel und die Innenhälfte aller Schwingen ist weiß, selbst die Spitze der 3 letzten Hand- und aller Armschwingen hat einen weißen Saum; doch geht quer über die weiße Deckfedernpartie ein rostgelber Streif. Die Steuerfedern sind unten grauweiß und am Innenrande auch oben weiß gesäumt, nur die rechte innerste ist ganz braun. Der Schnabel und die Krallen sind schwarz, die Wachshaut scheint grau durch; die Iris ist hochroth und die nackten Füße haben eine lebhafte Orangenfarbe. Auf den Zehen sieht man gegen die Kralle hin 3—4 Gürtelschilder, im Uebrigen sind sie, wie der Lauf, mit ziemlich großen, eckigen Tafeln bedeckt. —

Ganze Länge 9″, Schnabel bis zum Mundwinkel 9‴, Flügel 6″, Schwanz 3″ 8‴, Lauf 14‴, Mittelzehe mit der Kralle 15‴. —

Der hier beschriebene Falke bewohnt die heißesten Gegenden des Waldgebietes Brasiliens zu beiden Seiten des Amazonenstromes und geht nordwärts bis Guyana, wo ihn Schomburgk meist paarig antraf. Das Weibchen saß gewöhnlich in der Nähe des Männchens auf den freieren Zweigen hoher Bäume, und wenn das eine Geschlecht sich erhob, folgte augenblicklich das andere unter Gekreisch ihm nach. Der Prinz zu Wied erhielt nur ein Exemplar nahe der Seeküste am Rio Mucuri; das von Swainson zuerst beobachtete Individuum stammte aus der Gegend bei Bahia und war etwas landeinwärts W.S.W. an der Bai erlegt worden. Ebendaselbst ist auch das meinige von einem dort ansäßigen Pflanzer geschossen; ich habe den Vogel lebend nicht beobachtet, er scheint kaum so südlich hinabzugehen wie mein Reisegebiet. —

Anm. Der Prinz zu Wied führt den Vogel mit Unrecht unter den Edelfalken auf und darum scheint Kaup seine Beschreibung übersehen zu haben. Ich würde nicht anstehen, ihn mit Elanus generisch zu verbinden; denn kaum können zwei Formen einander ähnlicher sein, als diese.

23. Gatt. Circus *Bechst.*

Schnabel ziemlich klein, schwach, niedrig, besonders der Haken, stark vom Grunde an herabgekrümmt; Rachen mäßig tief, bis unter den vorderen Augenwinkel gespalten; Mundrand vorn leicht ausgebuchtet, hinten mäßig aufgeworfen. Wachshaut kurz, das Nasenloch groß, breit oval, schief gestellt, nach oben weiter. Augen ziemlich groß, mit feinen Wimpern. Vom Hinterkopf entspringt über dem Ohr ein Kranz kleiner schmaler, steifer Federn, der sich um das Ohr herum, am Rande des Unterkiefers fort, bis zum Mundwinkel begiebt, und diese Vögel im Gefieder den Eulen anreiht. Federnkleid ziemlich weich und groß, die Flügel lang, spitz, ruhend bis über die Mitte des Schwanzes hinabreichend; die dritte und vierte Schwinge die längsten, die 5 bis 6 ersten abgesetzt verschmälert. Schwanz ziemlich lang, abgestutzt. Beine mit hohem dünnen, nackten, von Gürtelschildern bekleideten Lauf und kurzen, schwachen Zehen, deren Rücken dieselbe Bedeckung hat; Mittelzehe beträchtlich länger als die anderen, die innere etwas kürzer als die äußere, letztere schwach geheftet; Krallen klein, aber scharf und spitz. —

1. Circus superciliosus *Temm.*

Temm. pl. col. 22. — *Less.* Traité 87. pl. 3. Fig. 1. —
Falco palustris *Pr. Max* Beitr. III. 224. 29.
Circus macropterus *Vieill.* Enc. III. 1215. — *Kaup* Isis 1847. 103. — *D'Orb.* Voyag. etc. IV. 3. 112.
Circus albicollis *Vieill.* Enc. 1214 (jung).
Gavilan del campo alilargo *Azara* Apunt. I. 136. 31.
Gavilan de estero chorreado, *Azara* ibid. 74. 12 (jung).

Schnabel etwas größer und Flügel etwas länger als bei der folgenden Art. Obertheile graubraun, Schwung- und Schwanzfedern dunkler gebändert; ein Streif hinter dem Auge und die Unterseite weiß; Brust und Bauch mit sparsamen braunen Schaftstrichen.

Der alte Vogel zeigt Stirn, Wangen, Kehle und einen Streifen vom Auge zum Nacken rein weiß; Oberkopf, Nacken, Rücken und eine Binde quer über den Unterhals schiefergrau; Flügel und Schwanz oben mehr braungrau, die Ränder der Federn lichter; die großen Deckfedern und Schwingen heller und dunkler gebändert, die hellen Binden lebhaft schiefergrau, breiter als die dunkleren, schwarzgraubraunen; Schwanz mit vier hellen Binden und gleichfarbigem Endrande. Brust, Bauch, Schenkel und Steiß rein weiß, bei jüngeren Vögeln mit einigen schwärzlichen Schaftstrichen, besonders auf den Seiten der Brust; Schwingen und Schwanz auf der Unterseite weißgrau, dunkler bandirt; untere Flügeldeckfedern weiß; obere Schwanzdecken ebenfalls weiß, mit schwarzer Spitze. Schnabel und Krallen horngraublau, die Spitze schwärzlich; Wachshaut grünlich grau, Iris gelbbraun, Beine wachsgelb. —

Der junge Vogel fällt statt des grauen Tones überall ins Braune und ist um so röthlicher braun, je jünger; die Scheitel- und Nackenfedern haben rothgelbliche Ränder; der Steiß, der Bürzel und die Schenkel fallen ins Rothbraune, die Brust und der Bauch ins Gelbliche, mit breiten, schwarzbraunen Schaftstreifen, die anfangs die ganze Feder einnehmen und bloß weißgelbe Seitenränder übrig lassen. Im weiblichen Geschlecht herrscht die röthlich gelbe Farbe an der Stirn, den Backen und der Kehle noch mehr vor, als bei den jungen Männchen; die Schaftstriche der Federn sind schmäler und erweitern sich im Nacken zu Tropfen; die oberste Brust, oder der Unterhals, hat eine dunklere, aus breiteren Schaftstreifen gebildete Querbinde, die sich an den Halsseiten zum Auge hinaufzieht; auf dem Bauch zeigen sich wieder isolirte Tropfenflecke, und die langen, spitzen Seitenfedern haben breite, weiße Ränder; die Steiß- und Schenkelfedern sind mit braunen Binden geziert, die auf letzteren feine Zackenlinien darstellen. —

Ganze Länge 23″, des Schnabels 1½″, der Flügel 16″, des Schwanzes 10″, des Laufes 3″, der Mittelzehe ohne Kralle 1″ 8‴, der Hinterzehe mit der Kralle 2″. —

Die Art gehört den südlichen Districten Brasiliens in der Nähe des Wendekreises an, bis etwas darüber hinaus, und findet sich vorzüglich in offenen, wasserreichen, sumpfigen Gegenden, wo sie nach Art unserer Rohrweihe (Circ. aeruginosus) auf Amphibien und Wasservögel stößt. Man trifft sie an Seen und den schilfreichen Flüssen der Niederungen nicht selten. —

2. Circus cinereus *Vieill.*

Vieill. Enc. meth. III. 1213. — *D'Orbign.* Voyage, etc. IV. 3. 110.
Falco histrionicus *Quoy* et *Gaimard* Voy. d. l'Uran. Zool. 93. pl. 15. 16. — *Kaup* Isis. 1847. 98. 4.
Gavilan del campo ceniciento, *Azara* Apunt. I. 145. 32 (alt).
Gavilan del campo pardo *Azara* ibid. 151. 33 (jung).

Schnabel schwächer und schlanker; Flügel beträchtlich kürzer als der Schwanz; Oberseite hellbleigrau, mit schwärzlichen Schwingen; untere weiß, mit feinen, rostbraunen Querbinden.

Aehnelt unserer grauen Kornweihe (Circus cyaneus) einigermaßen; die ganze Rückenseite des alten Vogels ist hellbleigrau; die Flügeldeckfedern haben dieselbe Farbe, aber breite, hellere und dunklere Binden; die Handschwingen sind schwarz, vorn grau angelaufen; die Armschwingen grau, mit breiter schwarzer Binde und weißem Endsaum, beide an der Innenfahne nach unten weiß; der Schwanz ist unten weiß, oben bleigrau überlaufen, schwarzgrau gebändert, mit schwarzer Spitzenbinde. An der Bauchseite herrscht, von der Brust bis zum Steiß, eine weiße Grundfarbe; die Kehle und Halsseiten sind grau, die Oberbrustfedern haben grauliche und davor etwas röthliche Binden; die Unterbrust, Beine, Bauch und Steißfedern sind rostroth bandirt. Der Schnabel und die Krallen sind schwarzgrau, die Wachshaut und die Beine blaßgelb, die Iris ist röthlichgelb. — Das Weibchen gleicht dem Männchen im Gefieder, doch das Grau ist matter, nicht so bläulich, und der Körper etwas größer.

Der junge Vogel hat oben eine dunkelbraune, unten eine röthlichbraune, nach hinten mehr gelbliche Farbe; die Federn der Stirn, Wangen, Kehle und Halsseiten haben breite rothgelbe Ränder, aus denen sich über und hinter dem Auge ein hellerer Streif bildet. Die kleinen Deckfedern der Flügel sind breit rothgelb gesäumt; die mehr braunen als schwarzen Schwingen schimmern am Vorderrande etwas grau, haben 5—6 schmale Binden und die Armschwingen einen weißlichen Endrand. Das Brustgefieder ist ziemlich dunkelbraun, wird aber allmälig heller, und geht am Bauch, den Beinen und dem Steiß in Rothgelbbraun über, indem sich auf jeder Feder mehrere blassere, fast weißgelbe Querbinden bilden. Der Schwanz ist an den Seiten braun, nach der Mitte zu mehr grau, unten weißlich, auf beiden Seiten dunkler gebändert, mit breiterer Endbinde, die einen weißen Vorstoß hat. —

Ganze Länge 16″, Schnabel 11‴, Flügel 12″, Schwanz $7\frac{1}{2}$″, Lauf $2\frac{1}{2}$″, Mittelzehe $1\frac{1}{4}$″. —

Die Art bewohnt die südlichsten Gegenden Brasiliens und kommt besonders häufig noch südlicher, im Gebiet des Rio de la Plata vor. Azara hat sie zuerst beschrieben und wie es scheint zweimal, den jungen weiblichen Vogel als Gavilan del campo pardo (Apunt. I. 151. 33.), worauf Vieillot seinen Circus campestris gründete. Später ist von Quoy und Gaimard (a. a. O.) eine kenntliche Abbildung des alten und jungen Vogels gegeben worden; sie beobachteten ihn auf den Maluinischen Inseln. Ich selbst habe den Vogel nicht getroffen; er berührt das Gebiet meiner Reise wohl nicht, oder nur höchst ausnahmsweise, denn seine nördliche Grenze ist der Wendekreis. D'Orbigny fand ihn in der Provinz Corientes, in Chili und Patagonien, wo er in leichtem Fluge meist gradlinigt und gegen den Wind stolz die Luft durchfurchte, nur selten hie und da auf einem hohen Baum ruhete und auf Mäuse, Feldhühner (Tinamus) und Amphibien Jagd machte. Er zieht freie, offene Gegenden den bewaldeten vor; ist scheu und hält nur Stand, wenn er seinen Raub verzehrt. Sein Nest soll er nach Angabe der Eingebornen am Boden haben. —

Anm. Der Gav. d. campo pardo Azara's wird von G. R. Lichtenstein (Doublett. 62. sub No. 656) als Falco frenatus *Illig.* aufgeführt, und für das Weibchen des Falco leucomelas *Illig.* (Climacocercus brachypterus, S. 96) erklärt, was mir minder passend erscheint, als D'Orbigny's Annahme, wonach er ein Jugendkleid der hier beschriebenen Art ist. —

Dritte Familie.

Eulen. Striginae.

Brasil. Curuje.

Ein ungemein großer, nach hinten zumal sehr breiter, herzförmiger, dicht und stark befiederter Kopf mit ebenfalls großen, nach vorn gewendeten Augen, die von einem Kranze eigenthümlicher Federn umgeben werden, macht die Nachtraubvögel leicht kenntlich. Jener Augenkranz, dessen Gefieder mit dem der Zügel durch die sperrige Stellung der Aeste und die lang ausgezogene, borstenförmige Spitze des Schaftes mehr oder weniger übereinstimmt, lehnt sich an einen anderen Kranz kleinerer, steiferer Federn mit dicht geschlossenen Fahnen, welcher den sogenannten Schleier bildet und mindestens die weite Ohröffnung in einem Halbkreise umgiebt, mitunter jedoch nach vorn über die Augen fort bis an den Schnabel und unter dem Auge bis an den Rand des Unterkiefers reicht. Je vollständiger dieser meist aus 3—5 Reihen Federn gebildete Kranz ist, um so breiter wird auch der Federnkranz um das Auge, und da derselbe stets mit dem langen Zügelgefieder zusammenhängt, so bleibt von der Wachshaut des Schnabels nichts sichtbar, ja selbst der hornige Ueberzug versteckt sich noch zum Theil dahinter. Diese Bildung des Gesichtes und die Stellung der Augen sind charakteristische Eigenschaften der Eulen. — Im Uebrigen macht das weiche, daunige, z. Th. seidenartige Gefieder; der Mangel eines Federnkranzes am Zipfel der Bürzeldrüse, und die in der Regel vollständige Befiederung des Laufes diese Vögel kenntlich. Namentlich haben ihre vorderen Schwingen am äußeren Rande eine eigenthümlich gefranzte Beschaffenheit, die nur wenigen (z. B. der Gatt. Glaucidium) fehlt, und den leisen Flug bewirkt, welcher für diese Vögel, zumal in der stillen Nacht, von Werth ist. Ihre Schwingen sind übrigens nie sehr lang, doch erscheinen ihre Flügel im Allgemeinen groß, wegen des kurzen kleinen

Schwanzes, der nicht minder eine allgemeine Eigenschaft der Eulen bildet. Ihre Beine sind im Ganzen kurz und fein gebaut, erscheinen aber dick, wenn sie recht voll und weich befiedert sind. In vielen Fällen erstreckt sich das Gefieder auch auf die Zehen, aber die meisten tropischen Eulen haben ziemlich nackte, warzige, mit feinen Borsten sparsam besetzte Zehen. Von denselben ist der Daumen stets sehr klein und die Außenzehe willkürlich nach vorn oder hinten wendbar, also nie mit einer Spannhaut am Grunde versehen, welche den meisten Falken zusteht. Auch zwischen den beiden inneren Zehen fehlt eine solche Spannhaut ganz. Die Krallen sind feiner, spitzer und schlanker, als bei den Falken; freilich aber auch nie so stark, obgleich noch recht stark gekrümmt. — Anatomisch unterscheiden sich die Eulen von den Falken durch den Mangel einer erweiterten Stelle des Schlundes, die den Kropf vorstellen könnte, und durch viel längere Blinddärme. Sie fressen niemals Aas, stets nur lebende Geschöpfe, welche sie selbst erbeuten, obgleich die kleineren Eulen sich mit Insecten begnügen, und legen in ihre ziemlich kunstlosen Nester 3—5 rein weiße, glänzende, sehr kugelförmige Eier, welche für die Größe der Vögel nur einen sehr mäßigen Umfang haben. — Die meisten Eulen sind vollständige Nachtthiere, welche den Tag über in dunklen Schlupfwinkeln zubringen und nicht viel sich sehen lassen. Diejenigen, welche am Tage ruhen, werden, wenn sie hervorkommen, von anderen Vögeln unablässig verfolgt, während die meist kleineren Tageeulen unangefochten bleiben.

In Brasilien hat man auch bei Tage vielfältig Gelegenheit, Eulen zu beobachten, weil es unter ihnen eine ziemlich häufige Form giebt, die vorzugsweise am Tage thätig ist (Glaucidium); dahin gehören die kleinsten Eulen, welche man kennt. Es ist das und die sonderbare Erdeule (Noctua cunicularia) eine für Brasilien höchst charakteristische Gestalt. Die übrigen brasilianischen Eulen haben in den meisten Gegenden Correspondenten, doch scheinen die nacktzehigen großen Käuze (Ciccaba) auch nur in Amerika vorzukommen, aber bis zum höchsten Norden hinaufzugehen.

Nach der Anwesenheit oder dem Mangel eines beweglichen Federnschopfes über dem Auge zerfallen die Eulen zunächst in zwei Gruppen.

A. Eulen mit sogenannten Ohren.

Die Ohren gehören nicht eigentlich zum Ohr des Vogels, sondern bilden frei bewegliche Federnbüschel, welche zwar über oder hinter dem Auge an den Seiten des Kopfes sitzen, aber mehr das obere Ende des Schleiers, als das Ohr, durch ihre Stellung andeuten.

1. Gatt. Bubo *Cuv.*

Schnabel groß und stark, der stärkste der Eulengruppe, indessen doch schon vom Grunde an herabgebogen, wie übrigens bei allen Eulen; das Nasenloch weit, breit oval, nach vorn an den Rand der Wachshaut gerückt; Schnabelgrund völlig unter dem sehr steifen Gefieder der Zügelgegend versteckt. Augen enorm groß, aber der sie umgebende Federnkranz ziemlich kurz, zumal nach oben und hinten; hinter dem Auge und fast über dem Ohr ein Schopf längerer Federn. Gefieder groß und weich, die Schwingen breit, stark gefranzt, die dritte und vierte die längsten, ruhend bis über die Mitte des kurzen Schwanzes hinausreichend. Füße stark, bis an die Krallen hinab dicht von weichen Federn bekleidet; die Krallen stark gekrümmt, spitz, ziemlich lang; die Sohle der Zehen breit, fleischig, dicht mit hohen schuppenförmigen Warzen bekleidet. —

Bubo crassirostris *Vieill.*

Strix crassirostris *Vieill.* Enc. III. 1280.
Strix Nacurutu *Vieill.* Enc. III. 1281. — *Pr. Max* Beitr. III. 274. 7.
Strix macrorhynchus *Temm.* pl. col. 62.
Strix virginiana *Lath.* Ind. orn. I. 52. 2. *Linn. Gmel.* S. Nat. I. 1. 287. 13.
Bubo virginianus *Briss.* I. 484. 2. — *Lesson* Traité 115. — *Tschudi* Fn. per. 120. 1. — *Schomb.* Reise. III. 733. 297.
Bubo pinicola *Vieill.* Ois. d'Amer. sept. I. 19.
Strix bubo magellanicus *Gmel. Linn.* S. Nat. I. 1. 286. 1. d. — *Buff.* pl. enl. 385. — *Lath.* Ind. orn. I. 52 d. — *D'Orbign.* Voyag. etc. IV. 3. 137.
Narucutu *Azara*, Apunt. I. 192. 42.
Jacurutu *Marcgr.* h. nat. Bras. 199.

Viel kleiner als der Uhu, gelb, die Rückseite mit sehr dicht aneinander gerückten, gesprenkelten, die Bauchseite mit ferneren, einfachen Querwellenlinien; Schwingen und Schwanzfedern breit gebändert; Ohrfedern außen schwarz, innen gelb.

Zügel weiß, Backen gelblich weiß mit schwarzen Schäften, hinter dem Ohr eine schwarze Bogenlinie; Kehle und Halsmitte weiß, Halsseiten, Scheitel, Nacken und Oberrücken gelb, jede Feder mit breitem schwarzen

Schaftstrich, der feine Seitenwellen absendet, dazwischen noch Sprengpunkte. Flügeldeckgefieder dicht mit feinen schwarzen Sprengpunkten bedeckt, indeß hat jede Feder auch einen breiteren Schaftstrich, der sich gegen die Spitze hin verengt, und zuletzt wieder in einen schwarzen Fleck vor dem Ende sammelt. Schwingen größtentheils gelb, die äußere Hälfte dunkler, röthlicher, die Fahne breit schwarzbraun bandirt, die Binden zu beiden Seiten des Schaftes alternirend, der Innenrand einfarbig weißgelb, die Spitze der 5 ersten Handschwingen breit braun; die 4 ersten auch beträchtlich scharf abgesetzt verschmälert, doch die verschmälerte Spitze schnell kürzer werdend. Untere Flügeldeckfedern weiß, gegen das Handgelenk hin gelb, überall ziemlich sparsam braun fein wellig gebändert. Unterfläche des Körpers gelblich, mit feinen, ziemlich scharf abgesetzten braunen Wellen- oder Zickzackquerlinien; die oberen Brustfedern auch hie und da mit größerem braunen Fleck an der Spitze. Unterbauch, Steiß und Beine einfarbig blaßgelb; untere Schwanzdecken fein sperriger braun gebändert. Schwanz oben mit breiten, von dichten Sprengpunkten begleiteten, unregelmäßigen braunen Binden; unten blaßgelb mit 5 feinen, scharfen, wenig gezackten, schwarzbraunen Querstreifen. Die nackten Hornüberzüge am Schnabel und den Zehen sind schwarz, die Wachshaut ist etwas grauer, die Iris rothgelb.

Ganze Länge 19″, Schnabel 1″ 10‴, Flügel 13″ 2‴, Schwanz 6½″ Lauf 2″, Mittelzehe ohne Nagel 1″ 9‴. —

Die große Ohreule Brasiliens lebt, wie unser Schuhu, in den Wäldern; sie sitzt bei Tage ruhig auf einem freien Ast dicht unter der Krone, oder verkriecht sich gar in hohlen Bäumen und Felslöchern, wo es dergleichen grade giebt; bei Nacht und in der Dämmerung hört man ihre Stimme, wenn sie auf Beute ausgeht, welche in allerhand kleinen Säugethieren und Vögeln besteht. Alte kräftige Weibchen stoßen selbst auf Agutis und junge Pacas. Ihr Nest findet man selten, da diese Eulen es sehr versteckt anlegen; es ist nach Azara's Angabe aus Reisern auf hohe dicht belaubte Bäume gebaut und enthält 2 weiße Eier. Ich habe den Schuhu Brasiliens nur einmal im Walde getroffen, aber nicht erhalten können; es war in einer sehr wilden Gegend unfern des Rio Parahyba, jenseits desselben nach Norden. Der Prinz zu Wied erhielt den Vogel ziemlich in derselben Breite am Rio Cabapuana, wo die von der Fazende Muribeca abgeschickten Jäger ihn erlegten. Er ist indessen durch ganz Amerika von Canada bis nach dem Feuerlande hin verbreitet und erreicht, sonderbarer Weise, im Norden des Continents eine viel beträchtlichere Größe, als im Süden. Das nordamerikanische Exemplar der hiesigen Sammlung steht dem Uhu nur wenig an Größe nach, während die südlichen Exemplare um die Hälfte kleiner bleiben. Das hier beschriebene ist ein chilenisches, ein ächt brasilianisches liegt mir nicht vor. D'Orbigny, v. Tschudi, Schomburgk und fast alle Reisende Süd-Amerika's haben den Vogel beobachtet; auch ist er den Eingebornen überall bekannt und darum so vielfältig mit Eigennamen belegt worden, denn fast jeder Reisende giebt eine andere Provinzialbenennung an. D'Orbigny hat eine halbe Seite voll solcher Indianischen Namen, die sämmtlich eine Nachahmung der theils tiefen, theils hellkreischenden Stimme des Vogels sind, zusammengestellt. Das mir gesandte chilenische Exemplar war mit Tucucire bezeichnet. —

2. Gatt. Otus *Cuv.*

Schnabel im Verhältniß ebenso stark, wie bei Bubo, dicht bis zur Spitze von steifen Borstenfedern bedeckt; Kopf und Augen relativ kleiner, aber der Schleier viel bedeutender entwickelt, indem er vom Auge um das Ohr herum bis zum Munde reicht; über demselben, auf der Höhe des Auges, ein bald langer, bald kurzer, spitzer Ohrschopf. Gefieder weicher und kleiner, die Federn schmäler, spitzer, im Alter an der Unterseite bloß mit einfachen Schaftstreifen geziert. Flügel in der Ruhe über die Mitte des Schwanzes hinabreichend, breit, die vierte Schwinge die längste, die beiden ersten an der Spitze abgesetzt verschmälert. Schwanz ziemlich kurz; Beine stark, die Zehen zwar bis an die Krallen befiedert, aber das Gefieder kürzer und dünner. —

Die Gattung unterscheidet sich von Bubo hauptsächlich durch die viel stärkere Schleierbildung bei entschieden schwächerem Körperbau, neben ähnlicher Färbung und gleich starker Schnabel- wie Krallenbildung.

1. Otus americanus *Gmel.*

Strix americana *Gmel. Linn.* S. Nat. I. 1. 288. — *Lath.* Ind. orn. I. 54. 8.
— mexicana *Gmel.* ibid. — *Lath.* l. l. 9.
— maculata *Vieill.* Enc. III. 1281. — *Pr. Max* Beitr. III. 281. 8.
— longirostris *Spix.* Av. Bras. I. 21. tb. 9 a.
— clamator *Vieill.*
Nacurutú chorreado *Azara,* Apunt. I. 202. 44.

Gelb, Kopf, Nacken, Rücken, Brust und Bauch mit breiten schwarzen Schaftstrichen; Flügel und Schwanz grau gebändert, die Lücken gesprengt punktirt; Stirn, Zügel und Kehle weiß; Ohrbüschel sehr groß.

Das ganze Gefieder ist in der Grundfarbe gelb, nur die Stirn, vorderen Zügelfedern, hintere Partie des Augenkranzes und die Kehle sind weiß. Die oberen Stirn- und Scheitelfedern haben eine schön rothgelbe Farbe und feine schwarze Schaftstriche; die breiten Ohrfedern sind von außen bis über die Mitte schwarz, innen weiß; ihre Zahl ist 7—9, und die längste wohl so lang wie der ganze Kopf ohne den Schnabel. Um das Auge legt sich ein rothgelber Ring, der von einem weißen Ringe umfaßt wird; darauf kommen die steifen, schwarzen Federn des Schleierkranzes, der jederseits um das ganze Gesicht herumgeht. Der Nacken, Hals und Oberrücken sind rothgelb, mit breiten, etwas zackig begrenzten Schaftstrichen; die Brust, der Bauch, die Beine und der Steiß blaßgelb; erstere zwei schwarz gestreift, wobei die Streifen von vorn nach hinten immer länger und schmäler werden. Das Flügelgefieder zeigt graubraune Querbinden, die schmäler sind, als ihre Lücken, und zwischen denselben graubraune, dicht gedrängte Sprengpunkte auf mehr weißlichem Grunde. An der Innenseite der Schwingen verlieren sich die Punkte, die Lücken werden einfarbig gelb und zuletzt ganz weiß. Der Schwanz ist auf der Oberseite ebenso gezeichnet, doch verschwinden die Sprengpunkte auf den äußeren Federn mehr und mehr; auf der unteren Seite haben die Schwanzfedern eine weißliche Farbe und einfache graue Querwellenlinien.

Der eben flügge Nestvogel mit dem Dunenkleide hat an Flügel und Schwanz schon die Farbe und Zeichnung des alten Vogels; doch stehen die dunklen Binden der Federn dichter neben einander und ihre Zahl ist deshalb größer; den Rumpf bekleidet ein langes, weiches Daunengefieder, das trüb gelb gefärbt und mit zahlreichen graubraunen Querlinien ziemlich dicht überzogen ist; diese Querlinien stehen am Kopf und Rücken fast unmittelbar neben einander, an der Brust und dem Bauch weiter von einander. Stirn und Zügel sind wie beim alten Vogel gefärbt und befiedert, der Augenkranz ist fast ganz rostgelb, der schwarze Schleier dahinter sehr breit und deutlich. Die Ohrfedern haben auch eine weiche, fast daunige Beschaffenheit und breite schwarze Schaftstriche von gelbgrauem Saume umgeben. Schnabel und Krallen sind schwarz gefärbt, die Iris ist braun. —

Ganze Länge 16″, Schnabel $1\frac{1}{4}$″, Flügel 11″, Schwanz 5″, Lauf 2″, Mittelzehe ohne Kralle $1\frac{1}{2}$″; der junge Vogel im Ganzen nur 13″ lang, der Flügel $8\frac{1}{2}$″.

Ich erhielt von dieser durch ihre langen Ohrbüschel ausgezeichneten Eule 2 Exemplare, das eine in Neu-Freiburg, das andere junge in Lagoa santa, beide von dortigen Jägern geschossen. In ihrer Lebensweise weicht sie, so weit mir bekannt geworden, nicht von unserer Ohreule ab. Spix bekam seine Exemplare bei Bahia; der Prinz zu Wied giebt den Fundort nicht genauer an. Da aber Azara die Art noch in Paraguay traf, so scheint sie über ganz Brasilien sich zu verbreiten; dem Westen Süd-Amerika's dürfte sie fehlen, weil weder D'Orbigny, noch v. Tschudi den Vogel beobachtet haben. —

2. Otus brachyotus *Forst.*

Strix brachyotus *Forst.* Phil. Tr. Vol. 50. pag. 384. 2. — *Lath.* Ind. orn. I. 55. 11. — *Buff.* pl. col. 438. — *Naum.* Vög. Dtschl. II. tb. 45. Fig. 2. Otus brachyotus, *Less.* Traité 111. — *v. Tschudi,* Fn. per. Orn. 121. 15. 1. — *D'Orbigny,* Voy. IV. 3. 134.

Blaßgelb, die Kopf- und Rumpffedern mit schwarzen Schaftstrichen, welche bis zur Brust breit, von da an schmal und lang gestreckt sind; Flügeldeckfedern an der Außenseite gelb, an der Innenseite und an der Spitze schwarz; Schwingen und Schwanz mit graubraunen Binden, die Innenfahne der ersteren allmälig ganz weiß; Augenkranz zunächst um das Auge schwarz, dann gelb; Ohrbüschel sehr klein, aus 2—3 Federn gebildet, über dem inneren Augenwinkel. Ganze Länge 16'', Schnabel 1'' 2''', Flügel 12'', Schwanz 5'', Lauf 1'' 4'''. —

Die kleinere Ohreule ist nicht bloß über die ganze nördliche Erdhälfte, sondern auch über einen großen Theil der Tropenzone verbreitet; man kennt sie in den meisten Gegenden Süd-Amerika's, und D'Orbigny hat sie noch an den Grenzen Patagoniens getroffen. Im eigentlichen Brasilien kommt sie zwar vor, aber sie ist dort selten; weder dem Prinzen zu Wied, noch mir, glückte es, Exemplare zu bekommen; indessen habe ich sie auf dem Meere beobachtet, westlich von den Inseln des grünen Vorgebirges, wo uns gegen Abend eine solche Eule begegnete, sich auf unser Schiff setzte und von einem der Matrosen lebend ergriffen wurde. Ich nahm den Vogel in meine Hut und suchte ihn eine Zeit lang lebend zu erhalten, indem ich ihm eingesalzenes, noch nicht gekochtes Fleisch vorsetzte, was er aber verschmähte. Bei der genauesten Untersuchung habe ich keine wesentliche Unterschiede zwischen diesem Individuum und unsern deutschen Exemplaren entdecken können, weshalb ich eine weitere Beschreibung desselben für überflüssig halte; die obige Diagnose lehrt ihn genugsam kennen.

3. Gatt. Scops *Sav.*

Schnabel ohne hervorragende Eigenheiten, der Oberkiefer stark gekrümmt, mit scharfem Haken, der Unterkiefer mit leichtem Ausschnitt neben der abgestutzten Spitze. Nasenloch ziemlich klein, in der oberen Ecke der Wachshaut angebracht. Das Borstengefieder der Zügel sehr dicht, die einzelnen Federn lang, zur Hälfte aus einer einfachen Borste bestehend. — Neben dem Hinterkopf über der Ohröffnung ein kleiner Büschel aufrichtbarer Federn. Der Schleier um die Ohrmündung nur klein, weder den Scheitel, noch den Unterkiefer erreichend und als Folge davon ein nur wenig verbreiteter Augenkranz. Gefieder ziemlich kleinfedrig, oben dicht mit Sprengpunkten bedeckt, welche den mittleren, kreuzförmig vertheilten Schaftstrich nur wenig kenntlich lassen; unten der Schaftstrich sehr deutlich, mehrmals fein kreuzweis verästelt. Ruhende Flügel bis über die Mitte des Schwanzes hinabreichend, die vierte und fünfte Schwinge die längsten, unter sich gleich lang, die ersten 4 wenig am Innenrande verschmälert; Schwanz klein; Füße nur bis an die Zehen befiedert, die Zehen von Warzen bekleidet, die dicht vor der Kralle 3—4 kurze Gürtelschilder umschließen; Außenzehe etwas kürzer als die Innenzehe, der Daumen nach Verhältniß sehr kurz. —

Die Ohrenkäuze sind kleine, zierliche und muntere Eulen, welche sich durch ihre dichte und scharfe Kreuzzeichnung leicht kenntlich machen. In Brasilien kommen 2 Arten vor.

1. Sc. decussata *Illig.*

Strix brasiliana *Lath.* Ind. orn. I. 55. 12. — *Daud.* Tr. II. 220. — *Pr. Max* Beitr. III. 286. 9.
Ulula s. Strix brasiliensis *Briss.* I. 499. 8. — *Klein* Av. 57. 8. — *Linn. Gmel.* S. Nat. I. 1. 289.
Strix decussata *Licht.* Doubl. 59. 615.
— crucigera *Spix.* Av. Bras. I. 22. tb. 9.
— Choliba *Vieill.* Enc. III. 1279.
Scops Choliba *D'Orb.* Voy. IV. 3. 132. — *v. Tschudi* Fn. per. Orn. 118. — *Schomb.* Reise III. 733. 295.
Ephialtes Choliba *Gray.*
Caburé, *Marcgr.* h. nat. Bras. 212.
Chóliba, *Azara* Apunt. I. 218. 48.

Oben braungrau, unten gelbgrau, hier mit dichten, schwarzen Kreuzflecken auf jeder Feder. An den Halsseiten ein schwarzer Fleck; ein Theil der Achsel- und Flügeldeckfedern an der Außenfahne rein weiß. —

Von der Größe des Europäischen Ohrenkauzes (Strix Scops *Linn.* Sc. Ephialtes *Sav.*), aber dunkler gefärbt; das Männchen graubraun, das Weibchen mehr ins Gelbbraune fallend. Ganzes Rückengefieder von der Stirn bis zum Schwanz fein schwarzbraun besprengt, jede Feder mit einfarbigem, fast schwarzem Schaftstrich, welcher sich nach den Seiten in den ebenso gefärbten Sprengpunkten verliert; gegen die Spitze der Feder hin zu beiden Seiten des Randes mehrere Paar gelblicher, schwarz gesäumter Punkte, die sich auf dem Oberrücken zu breiten, runden Randflecken ausdehnen, zwischen welchen Kreuzäste des Schaftstrichs sich hindurch ziehn. Weiter hinab am Rücken werden die Punkte verloschener, und am Unterrücken fehlen sie ganz; zugleich zieht sich auch der Schaftstrich auf eine schmale Mittellinie zusammen und die von ihm ausgehenden Kreuzäste rücken dichter an einander. Auf den Flügeln bleibt die Zeichnung in der Hauptsache dieselbe, aber die äußeren Achselfedern und ein Theil der vordersten großen Deckfedern bekommen einen rein weißen, großen Fleck neben der Spitze auf der Außenfahne. Die Schwingen haben breite, graubraune Binden, die neben dem Schaft verfließen und gegen die Spitze hin durch Sprengpunkte verwischt werden; weiter hinab sind die Lücken an der Außenseite rothgelb, an der Innenseite der Fahne weißgelb. Das innere Deckgefieder ist gelb, mit einigen sehr verloschenen, braunen Wellen. Die Schwanzfedern haben ziemlich dieselbe Zeichnung, aber die Binden sind breiter, werden auch außen gesprengt gefleckt und die hellen Lücken umschließen gewöhnlich noch einen dunkleren Querfleck. Die Unterfläche des Vogels ist heller gelbgrau, und jede Feder hat einen scharfen, schwarzen Schaftstrich, von dem zu beiden Seiten feinere, verloschene Aeste in ungleichen Abständen ausgehen. Die Kehlfedern und Zügelborsten sind einfarbig gelb, letztere an der Endhälfte, so weit die einfache Spitze reicht, aber schwarz; der Augenkranz ist grauweiß, mit feinen Querlinien gezeichnet, der Rand des Schleiers schwarz, gleich wie ein Fleck neben ihm an den Seiten des Halses. Unmittelbar um das Auge setzt sich in dem Federnkranze ein etwas dunklerer Ring ab, der über dem Auge sich ausbreitet und hier gegen den Ohrbüschel sich erstreckt; beim Weibchen hat dieser Ring einen mehr rostrothen, beim Männchen einen mehr schwarzbraunen Ton, was überhaupt von allen dunkleren Farben desselben Geschlechtes gilt. Die Ohren bestehen eigentlich nur aus drei Federn, welche ganz dieselbe Zeichnung wie die übrigen Kopffedern haben. Das Schenkelgefieder ist wie der Bauch gezeichnet, aber die Aeste des Schaftstrichs stehen ferner von einander; der Unterschenkel und der Lauf haben eine dunklere, mehr rostgelbe Grundfarbe und mattere, halb verloschene Querlinien in dichter Folge. Das Steißgefieder und die unteren Schwanzdecken gleichen dem Schenkelgefieder; die oberen Schwanzdecken dem Rückengefieder. Die Iris ist hell röthlich gelb, die nackten Zehen haben einen graubraunen Ton; der hornige Schnabel ist grau mit heller Spitze, die Krallen sind braun.

Ganze Länge des Weibchens 10″, des Männchens 9″; Schnabel 9—10‴, Flügel 5″—5″ 9‴, Schwanz 3½″, Lauf 1¼″. —

Der Ohrenkauz ist in ganz Brasilien eine der häufigsten Eulenarten; man sieht ihn bei Tage in den Wäldern gewöhnlich auf einem Ast unmittelbar neben dem Stamm sitzen und trifft oft beide Geschlechter zusammen oder doch nah bei einander. Außerhalb Brasilien findet sich der Vogel noch im ganzen Flachlande Süd-Amerika's, die südlichste Spitze abgerechnet, und nordwärts bis Mexico; die Westseite der Cordilleren besucht er, nach v. Tschudi's Versicherung, nicht, und erhebt sich auch am Ostabhange des Gebirges nie über 6000′. — Ich habe 2 Exemplare von Lagoa santa mitgebracht, die beide Männchen sind; ein weibliches Individuum unserer Sammlung ist von Rio de Janeiro. —

2. Scops atricapilla *Natt.*

Temm. pl. col. 145.

Scheitel bis zum Hinterkopf und ein Streif durch den Augenkranz von da bis zum hinteren Augenwinkel schwarz; Rückengefieder gelbbraun, fein gesprengt, Bauchgefieder graulich, mit deutlichen, kreuzförmigen schwarzen Schaftstrichen.

Etwas kleiner als die vorige Art, der Schwanz kürzer, daher die ruhenden Flügel fast bis an den Rand desselben reichen. Oberkopf bis zum Nacken schwarz; der Nacken selbst, die Halsseiten und die Kehle weißlich, mit feinen grauen Zickzacklinien gezeichnet. Der Augenkranz ebenfalls weißgrau, mit feinen, dichter aneinander gerückten, schwarzen Querwellenlinien. Die Ohrfedern an der Innenseite weiß, mit feinen, schwarzen Querstreifen; an der Außenseite schwarz, welche Farbe sich als Binde durch den Augenkranz zum hinteren Augenwinkel fortsetzt. Auf dem Halse zeichnet sich in dem hellen Nackengefieder eine breite, braune, mit schwarzen Zickzacklinien gewässerte Binde aus; der eigentliche Rücken und die Flügel haben eine gelbliche Grundfarbe, worauf dichte, braune und schwarze Flecken und Sprengpunkte, welche auf der Mitte jeder Feder zu ausgezackten Schaftstreifen sich sammeln, vertheilt sind. Die Schwingen und der Schwanz sind braun gebändert auf gelbem Grunde, die Binden aber weder sehr scharf, noch sehr breit, zumal auf dem Schwanze, wo sie mehr an jeder Seite tief ausgezackte Schaftstreifen vorstellen. Die Unterfläche des Rumpfes ist von der Kehle bis zum Steiß mit feinen, schwarzen, schärfer abgesetzten Kreuzstreifen, welche vom Schaft ausgehen, auf hell weißgrauem Grunde geziert. Die Schenkel haben schmälere Zickzackquerlinien, und der Lauf ist nur oben damit geziert. Rings um das Auge fällt die Farbe des Federnkranzes ins Schwarze, besonders nach vorn, und der Schleierrand hat dieselbe Färbung;

die Iris ist gelb, die nackten Zehen haben eine gelbbraune Farbe, der Schnabel eine graue mit weißer Spitze, die Krallen sind braun. —

Diese kleine, zierliche Eule ist eine Entdeckung Joh. Natterer's, welcher ein Exemplar aus dem Innern Brasiliens an das Naturalienkabinet nach Wien sandte. Von demselben hat Temminck die erwähnte Abbildung gegeben. —

B. Eulen ohne Ohrbüschel.

a. Mit fast vollständig befiederten Zehen.

4. Gatt. Ulula *Cuv.*

Schnabel nach Verhältniß des Körpers sehr groß und stark, der Haken kurz und dick, der Rücken firstenartig zugeschärft, aber doch abgerundet; der Unterkiefer mit abgestutzter, seitlich gekerbter Spitze. Borstengefieder der Zügel sehr stark, aber nicht grade sehr lang, nur an den Seiten die Wachshaut vollständig bedeckend; letztere breit, mit kleinem, runden Nasenloch am Vorderrande nahe der oberen Ecke. Ganzes Gefieder ziemlich derbe und fest, derber als sonst wohl bei Eulen; die einzelnen Federn kleiner, ihre Anzahl also größer; der Kopf daher nicht sehr dick und groß erscheinend; der Schleier klein, ziemlich kurz, wenig über die Ohrgegend hinausgehend; der Augenkranz nur nach hinten und unten entwickelt. Flügel ziemlich lang und breit, weit über die Mitte des Schwanzes hinabreichend; die vierte, fünfte und sechste Schwinge fast gleich lang und die längsten, die drei ersten mäßig verkürzt und nach der Spitze verschmälert. Schwanz ziemlich lang, länger als bei den meisten Eulen, breitfedriger und derber. Beine stark, der Lauf und die Zehen dicht befiedert; nur an der Spitze der Zehen liegen vor den Krallen 2—3 nackte Gürtelschilder; die Krallen sehr groß, lang und fein zugespitzt, am Grunde stark; der Daumen und die Außenzehe kurz, mit kleineren Krallen. —

Die große, schön gefärbte Art dieser Gattung vertritt unserer Waldkäuze (Str. Aluco *Linn.* und Str. uralensis *Pall.*) Stelle in Brasilien; lebt wie diese, nur in Wäldern und hat eine ähnliche rauhe, dumpfe Stimme. —

Ulula torquata *Daud.*

Strix torquata *Daudin*, Traité d'Orn. II. 193. 13. — *Le Vaill.* Ois. d'Afr. I. pl. 42 (alt), pl. 44 (jung). — *Vieill.* Enc. meth. III. 1290.
Strix perspicillata *Lath.* Ind. orn. II. 58. 24. (sehr jung).
Strix superciliosa *Shaw.* gen. Zool. II. pl. 32.
Strix pulsatrix *Pr. Max* Beitr. III. 268. 6.? (mitteljung).
Noctua torquata *D'Orbign.* Voyag. etc. IV. 3. 126.
Athene torquata *Cab. Schomb.* Reise. III. 732. 292.
Nacurutu mocho *Azara*, Apunt. I. 192. 42.

Rückengefieder von der Stirn bis zum Schwanzende, Wangen und eine breite Binde am Unterhalse kaffebraun; Brust, Bauch, Beine und Steiß blaßgelb; Zügel, oberer Kopfrand und ein Mondfleck unter der Kehle weiß. —

Größer als unser Waldkauz, aber nicht so groß wie Ulula uralensis; der Scheitel bis an die Stirn heran, Hinterkopf, Nacken, Rücken, die Flügel und der Schwanz, nebst einer Binde über die Oberbrust und den Unterhals rein kaffebraun; der Scheitel und der Nacken etwas dunkler als die übrigen Theile; die größeren Flügeldeckfedern mit mehreren lichteren Querstreifen zu beiden Seiten der Fahne über einander, die äußersten an der Spitze zickzackartig und fast weiß. Schwingen trüber graubraun, mit dunkleren Querbinden und weißgrauem Endrande; Schwanzfedern ebenso gezeichnet; beide auf der Unterseite weißgrau und graubraun gebändert, die Binden gegen den Grund hin mehr verloschen. Borstenfedern der Zügel rein weiß, mit brauner Basis und brauner Endborste; ein aus kurzen, derben, sperriger ästigen Federn gebildeter weißer Streif zieht sich von der Stirn, die ähnlich befiedert ist, über dem Auge zum Hinterkopf hin; die Backen, der Augenkranz, die Kehle und Warzen sind dunkelbraun, der Vorderhals dagegen ist weiß, welche Farbe sich wie ein Halbmond, nach beiden Seiten hin schmäler werdend, fortzieht; gegen die Mitte ist dieser weiße Mondfleck mit der braunen Binde der Brust verflossen; unter derselben wird das Gefieder hell röthlich isabellgelb, welche Farbe nach hinten mehr verblaßt; auch die Beine und der Steiß haben dasselbe Colorit. Die Innenseite der Flügel ist blaßgelb, die äußeren großen Deckfedern haben graue Spitzen, die Schwingen eine weiße, schiefe, am Innenrande hinablaufende Basis. Die Krallen sind graubraun, die nackten Schilder vor ihnen etwas lichter grau; der Schnabel ist grünlich weiß, die Spitze fast ganz weiß, der Grund graulich, die Wachshaut hellgrau, die Iris braun. —

Ganze Länge 20″, des Schnabels 2″, des Flügels 14″, des Schwanzes 8″, des Laufes $2^1/_2$″, der Mittelzehe mit der Kralle $2^1/_3$″. —

Der Nestvogel ist von einem hellen, weißgelben Dunenkleide bedeckt, das am Scheitel, Nacken, Wangen und der Oberbrust mit dichten, braunen Querlinien, am Bauch mit lichteren, rothbraunen Linien geziert erscheint.

Schwingen und Schwanz wie beim alten Vogel. Nachdem das Dunenkleid abgelegt worden, erscheint der ganze Vogel schneeweiß, nur das Gesicht ist schwarz; erst im zweiten und dritten Jahre wird der Rücken matt graubraun, die Bauchseite aber bleibt noch ganz weiß; die weiße Stirn, die Scheitelränder und der weiße Mond auf dem Vorderhalse sind dann noch nicht deutlich vorhanden. Mit zunehmendem Alter treten sie hervor, wenn die Farben mehr in braun und isabellgelb übergehen, wobei das Männchen intensiver gefärbt erscheint, als das Weibchen. Auf junge Vögel ohne weiße Kopfränder scheint sich Str. pulsatrix *Pr. Max.* zu beziehen.

Ich erhielt von dieser schönen Eule das hier beschriebene männliche Exemplar in Lagoa santa; es befindet sich nach der Mauser im schönsten Frühlingskleide, und erscheint darin an den Rumpfseiten fast rostgelb; ältere abgeflogene Individuen werden blasser. Von seiner Lebensweise habe ich nichts in Erfahrung gebracht, doch versichern die Schriftsteller, welche den Vogel im Leben beobachteten, daß er nur im tieferen, einsamen Walde sich aufhalte, am Tage ruhig auf einem Baumast sitze, und in der Dämmerung seine dumpfe Stimme erschallen lasse. Wenn, wie sich vermuthen läßt, die Strix pulsatrix des Prinzen zu Wied auf jüngere, obgleich schon geschlechtsreife Individuen sich bezieht, so klingt ihr Ton wie ein Klopfen mit einem schweren Instrument: blach! blach! blach! blach! in schneller Folge auf einander. Der Prinz fand Reste von Beutelthieren in dem von ihm untersuchten Exemplar; der Vogel lebt wahrscheinlich von allen kleineren, nächtlichen Säugethieren und bewohnt, wie es scheint, das ganze wärmere Blachland Süd-Amerika's, vom Orinoco bis zum La Plata. Hier hat ihn Azara beobachtet und D'Orbigny denselben in Bolivien am Fuße der Cordilleren gegen Brasilien hin (Provinz von Sta Cruz und Moxos), doch nur selten, angetroffen; Schomburgk sah ihn in Guyana, besonders an Flüssen, wo er vorzugsweise auf Süßwasser-Krabben Jagd machte.

b. Zehen entweder ganz nackt, oder sparsam mit Borsten besetzt.

5. Gatt. Ciccaba *Wagl.*

Isis 1832. S. 1222.

Diese eigenthümlich südamerikanische Eulenform stimmt in allen wesentlichen Charakteren mit der vorigen Gattung überein, unterscheidet sich aber davon durch den etwas kürzeren Schwanz, daher die ruhenden Flügel ziemlich bis an den Endrand desselben reichen, und durch die vollständig unbefiederten, an der Spitze von 2—3 Gürtelschildern, davor von kleinen Warzen bekleideten Zehen. Im Uebrigen ist der Schnabel ebenso stark, das ganze Gefieder ebenso derb und kleinfedrig, der Lauf ebenso kurz, dick und dicht befiedert, wie bei Ulula. Nur der Schleier ist etwas größer, reicht höher am Kopf hinauf und neben der Kehle herum bis zum Schnabel; weshalb denn auch der Augenring sich mehr ausbreitet und namentlich über dem Auge breiter ist. In Folge dessen scheint der Kopf größer und dicker zu sein als bei Ulula. —

Ich habe von dieser Gattung 2 Arten aus Brasilien mitgebracht; es sind aber noch andere Spezies daselbst einheimisch. —

1. Ciccaba Hulula *Daud.*

Strix hulula *Daudin*, Traité d'Orn. II. 190. 9. — *Le Vaill.* Ois. d'Afr. I. pl. 41. — *Wagl.* l. l. —
Strix lineata *Shaw.*, gen. Zool. — *Caban.* *Schomb.* Reise III. 732. 293.
— albomarginata *Spix.* Av. Bras. I. 23. tb. 10 a.

Schwarz, alle Federn mit mehreren weißen Bogenlinien; Iris und Zehen gelb. —

So groß wie Ulula Aluco, auch ihr in der Gestalt ähnlich, aber schlanker, der Kopf kleiner, das Gefieder derber, glatter; das ganze Federnkleid schwarz, die Schwingen und Schwanzfedern etwas ins Braune fallend; alle Federn mit 4—5 feinen, weißen Bogenlinien. Zügel mit schwarzen Borstenfedern besetzt, die nur am Grunde einige weiße Aeste haben; Augenkranz schwarz, mit 3—4 weißen Ringen, wovon einer zunächst am Augenumfange; Kehle schwarz. Ruhende Flügel etwas kürzer, als der Schwanzrand; die Schwingen braun, fein weiß gebändert, die Binden nach innen breiter, am Grunde verflossen. Untere Flügeldeckfedern breiter weiß gebändert. Schwanz mit 4 schmalen, weißen Querbinden und breiterem weißen Endrande. Schenkelgefieder breit, stark abstehend. Schnabel weißlich, am Grunde graulich, Wachshaut grau. Iris orange. Zehen gelb, Krallen braun, die Spitze schwarz.

Ganze Länge 17″, der Flügel 12″, des Schwanzes 6″, des Laufes 2″. —

Mir ist diese schöne Eule in Brasilien nicht vorgekommen; Spix, dessen Beschreibung hier wiedergegeben wurde, erhielt sein Exemplar schon bei Rio de Janeiro. Nach La Vaillant, der die Art zuerst bekannt machte, ist sie im französischen Guyana selten; er bekam nur 1 Exemplar in seine Gewalt. Schomburgk bestätigt die von ihm gemachte Angabe, daß sie am Tage herumfliege und versichert, auch ihr Federnkleid ändere sich mit dem Alter beträchtlich. —

Anm. Eine verwandte, mir nicht durch eigene Ansicht bekannte Art kommt im französischen Guyana, also wahrscheinlich auch im nördlichen Brasilien vor. Buffon, welcher auf Taf. 244 der planch. enlum. eine Abbildung gab, nannte sie die Eule von Cayenne, und darnach ertheilte ihr Gmelin den Namen Strix cajanensis (*Linn.* Syst. Nat. I. 296.), welchen Latham annahm (Ind. orn. I. 64. 41.) Beide und Buffon beschreiben den Vogel sehr kurz (Allgem. Hist. d. Natur. IX. 2. 124. 4.). Er habe die Größe von Ulula Aluco, sei rostfarben, mit schmalen wellenförmigen, braunen Querlinien auf dem ganzen Gefieder; der Schnabel sei hellgelbroth, die Iris gelb, die Krallen schwarz. Vieillot hat den Vogel als Strix fasciata aufgeführt (Enc. meth. III. 1292.). Neuere Beschreibungen sind meines Wissens nicht erschienen. —

2. Ciccaba hylophila *Temm.*

Temm. pl. col. 373.

Rothgelbbraun; Rückengefieder schwarzbraun dicht gebändert, am Kopf und Nacken die braunen Binden nicht breiter als der Grund, auf den Flügeln viel breiter. Vorderhals weiß, Brust und Bauch mit abwechselnden weißen, rothgelben und braunen Querbinden; erstes Zehenglied befiedert. —

Etwas kleiner als unser Waldkauz (Ulula Aluco), nicht größer als die Schleiereule. Die Grundfarbe des Gefieders ist auf dem ganzen Rücken, von der Stirn bis zum Schwanz, ein schönes, klares Rothgelb, gegen welches schwarzbraune Querbinden sich scharf absetzen. Letztere haben am Kopf noch nicht ganz die Breite der Grundfläche zwischen ihnen und stehen gewöhnlich 2 auf jeder Feder; eine am Endrande, die zweite eine Strecke davor; die Basis jeder Feder bis fast zur Mitte ist graubraun. Auf dem Rücken und den Schultern werden die braunen Binden breiter als der rothgelbe Grund, aber auch matter; sie bilden hier einen Spitzenfleck und vor ihm zwei breite Binden, die durch schmale, etwas winkelige und zackige rothgelbe Querstreifen getrennt erscheinen. Auf den Schwingen und dem Schwanz nehmen beide Binden einen gesprenkelten, fleckigen Charakter an, doch lassen sich noch immer hellere, gelbrothe und fast doppelt so breite, braungraue Abschnitte gut unterscheiden. Deutlicher tritt die Bindenzeichnung auf der Unterfläche hervor; hier ist die Grundfarbe der Schwingen wie des Schwanzes graugelblich; die Schwingen haben breite graubraune, die Steuerfedern schmale Querbinden, und beide eine weißliche, grau fleckige Spitze; der Grund und die Innenfahne beider Federn ist heller und mehr röthlich gelb als grauweiß gefärbt; die Zahl der dunklen Binden am Schwanz ist vier. Die Schleierfedern sind an der Basis graubraun, an der Spitze und am Rande fein rothgelb gesäumt;

der Augenkranz besteht aus rothgelben Federn, deren Schaft gegen die Spitze hin einen weißen, nach unten schwarzbraun gesäumten Fleck einschließt. Die Gegend zunächst am Auge ist schwärzlich, das steife Zügelgefieder weiß mit schwarzen Schäften und schwarzer Borste an der Spitze. Die Kehlfedern sind wie die Schleierfedern beschaffen, nur etwas größer. Die Mitte des Halses wird von einem breiten, weißen Mondfleck eingenommen, der seitwärts hinter dem Schleier etwas emporsteigt. Die Brustfedern sind weiß, rothgelb und schwarzbraun quergebändert; gegen den Bauch hin dehnen sich die breiten Binden der Federn mehr aus, und die schwarzbraunen und rothgelben fließen in rothbraune Binden zusammen. Solcher Binden hat jede Feder drei; eine an der Spitze, eine auf der Mitte des weißen Theils, eine am Anfange desselben vor der graubraunen dunigen Basis; auf den Steißfedern sieht man nur noch Spuren der Binden. Die Schenkelfedern sind lang, weich, fast wollig, größtentheils weiß, braun gebändert, in der Tiefe graubraun; die Hosen des Laufes haben eine rostgelbe Farbe, mit feinen braunen Querbinden; sie erstrecken sich bis auf das erste Zehenglied hinab. Der nackte Theil der Zehen ist fleischfarben, die Krallen sind am Grunde gelb, am Ende braun; der Schnabel ist grünlich weiß, am Haken gelblich, nach der Wachshaut zu graulich, sie selbst aschgrau. Die Farbe der Iris war braun. —

Ganze Länge 15″, Schnabel $1\frac{1}{4}$″, Flügel 9″, Schwanz 4″, Lauf 1″ 8‴, Mittelzehe ohne die Kralle 1″.

Das hier beschriebene Exemplar dieser, wie es scheint, seltenen Eule wurde von einem meiner Hausgenossen bei Neu-Freiburg erlegt und mir im Balge überlassen; es gehört, gleich wie das von Temminck abgebildete, einem jungen Vogel an, dessen altes, vollständiges Federnkleid man noch nicht kennt. Ueber die Lebensweise dieser Eule weiß ich nichts zu sagen, als daß sie den dichten Urwald liebt und bei Tage sich ruhig verhält. —

Anm. Herr v. Tschudi hat in der Fauna peruana einen Vogel als Noctua melanonota beschrieben und abgebildet (Orn. 114. 1. tb. 4), welchen er selbst anfangs für identisch mit der hier beschriebenen Art hielt, später aber als davon verschieden erkannte. Die Art ist etwas größer (19″ lang), auf der ganzen Rückenseite und am Kopf braun; nur die Zügel, oberen Augenränder und die Kehle sind weiß; die Schwingen haben abwechselnde hellere und dunklere Binden; die Unterseite des Körpers ist blaßgelb, quer weiß und braun gebändert; die Schenkel und Hosen haben eine einfach rostgelbe Farbe; der Schwanz ist unten grau, oben braun, mit vier schmalen, weißen Querbinden und breitem Endsaum. — Wenn auch wirklich diese beiden Vögel nicht zu einer Art gehören, so stehen sie doch einander sehr nahe und es ist zu vermuthen, daß das alte ausgefärbte Federnkleid der Ciccaba hylophila dem Kleide der Noctua melanonota, welche entschieden zur Gattung Ciccaba gerechnet werden muß, ähnlich sehen werde. Deshalb habe ich die kurze Beschreibung der v. Tschudi'schen Art hier mitgetheilt. —

3. Ciccaba Suinda *Vieill.*

Strix dominicensis *Gmel. Linn.* S. Nat. I. 1. 296. — *Lath.* Ind. orn. I. 64. 40.
Strix Suinda *Vieill.* Enc. III. 1293.
Noctua dominicensis *Caban. Tschudi,* Faun. per. Orn. 115. 2.
Suindá, *Azara,* Apunt. I. 205. 45.

Ganze Rückenseite braun, fein heller und dunkler gewellt, die Schwingen und Schwanzfedern breiter gebändert; oberer Augenrand bis zur Stirn gelblich weiß, Brust und Bauch rostgelb, mit langen braunen Schaftstreifen.

Etwas kleiner als die vorige Art, also auch kleiner als unsere Schleiereule. Der ganze Rücken von der Stirn an lebhaft rostbraun, worin feinere, rostgelbe, quere Zickzacklinien sich ausscheiden, deren mehrere (3—4) auf jeder Feder übereinanderstehen. Die Schwingen haben schmälere, rostgelbe und breitere rostbraune Querbinden, die zu beiden Seiten des Schaftes alterniren und an der Innenfahne in eine homogene blaßgelbe Färbung sich verlieren; an dem frei liegenden Theile der hintersten Armschwingen zeigen die braunen Binden einen feinen schwärzlichen Rand nach unten und die gelben Binden eine gesprenkelte braune Zeichnung, welche sie in die braune Binde allmälig hinüber führt. Ganz ebenso sind die Schwanzfedern gezeichnet, die braunen Binden auf ihnen aber breiter. Die Unterseite der Schwingen und Steuerfedern ist gelbgrau, braungrau gebändert; solcher Bänder haben die Steuerfedern fünf, welche je mehr nach der Spitze um so dichter an einander rücken. Das borstige Zügelgefieder ist weißgelb, am Grunde rostbraun, an der Spitze schwarz. Der Augenkranz hat zunächst über dem Auge eine dunkle schwarzbraune Farbe, im Uebrigen ist er dunkel rostbraun, mit weißlichen Flecken am Schaft jeder Feder; nur am vorderen Rande zieht sich vom Zügel her ein hellerer blaß rostgelber Streif bis über das Auge zum Scheitel hin. Die feineren schlanken Schleierfedern sind blaß rostgelb, mit schwarzen Zickzackquerlinien und fast weißlichem Endsaum, besonders an den Backen. Vorderhals und Oberbrust haben eine dunklere Farbe, als Unterbrust und Bauch, indem jede rostgelb gefärbte Feder einen sehr breiten, braunen Schaftstreif zeigt, der feine Seitenäste abgiebt. Letztere verlieren sich von der Unterbrust an, wobei zugleich die Schaftstreifen schmäler und heller, mehr rostroth werden, und einen feinen schwarzen Schaft einschließen. Die Schenkel- und Steißfedern sind größtentheils einfarbig rostgelb, etwas dunkler rothbraun längs der Mitte. Die Hosen des Laufes haben eine tief rostgelbe Farbe und matte braune Querlinien; das erste Zehenglied ist unbefiedert. Die nackten Zehen zeigen eine fleischbraune Farbe, die Krallen sind hell horngelb, an der Spitze braun; die Iris ist braun, die Wachshaut graugrün, der Hornschnabel am Grunde grau, an der Spitze weiß.

Ganze Länge 14″, Schnabel 1″, Flügel $9\frac{1}{2}$″, Schwanz 5″, Lauf $1\frac{1}{2}$″, Mittelzehe ohne Kralle 1″.

Mir wurde während meines Aufenthaltes in Congonhas im August ein altes männliches, ausgefärbtes Exemplar dieses Vogels von einem dortigen Jäger gebracht, der es im nahen Walde erlegt hatte. Die Eule gehört indessen nicht zu den häufigen Erscheinungen; sie ist auch von Azara in Paraguay und durch v. Tschudi in Peru, aber nur einmal, beobachtet worden, scheint also nirgends häufig zu sein. Im Flügelschnitt stimmt sie genau mit den beiden vorigen Arten überein; d. h. sie hat 25 Schwingen, wovon die vierte, fünfte und sechste die längsten sind, doch so, daß die fünfte die beiden anderen fast um 1‴ überragt; die ersten vier sind merklich am Innenrande verschmälert, die folgenden nur sehr wenig nahe der Spitze. Ihre Lebensweise näher kennen zu lernen, hatte ich keine Gelegenheit; sie hält sich bei Tage im Walde versteckt und fällt deshalb Jägern nicht gar oft in die Hände. D'Orbigny und Schomburgk haben die Art nicht beobachtet, obgleich sie sich über das ganze tropische Amerika, östlich von der Cordilleren Kette, zu verbreiten scheint. Nach Buffon ist sie noch auf St. Domingo zu Hause und daher rührt der von Gmelin für sie gewählte, nicht sehr passende Artname. Deshalb habe ich Vieillot's spätere Benennung vorgezogen.

6. Gatt. Strix *Linn.*

Schnabel niedriger und etwas länger, bei übrigens gleicher Größe des Vogels; die Spitze des Unterkiefers mit leichter Randkerbe; das Nasenloch länglich elliptisch, lang, schief gestellt, weiter nach vorn gerückt als gewöhnlich, weil der Hornüberzug des Schnabels nach Verhältniß kürzer ist, als bei den bisher betrachteten Eulen. Kopf auffallend dick und breit, scheinbar ebenso breit wie der Rumpf, wegen des ungemein großen Schleiers; letzterer herzförmig gestaltet, unter dem Schnabel von beiden Seiten verbunden, über dem Schnabel nur wenig getrennt, so daß bloß ein schmaler Streif für die Stirn übrig bleibt; der Augenkranz breit, dicht, unmittelbar mit dem Zügelgefieder vereinigt und auch im Federnbau nur wenig von ihm verschieden. Ganzes Gefieder sehr weich, seidenartig wollig. Ruhende Flügel beträchtlich länger als der Schwanz, sie selbst breit; die erste Schwinge vollkommen so lang wie die zweite und beide nur wenig kürzer als die dritte, aber länger als die vierte, welche schon beträchtlicher verkürzt ist. Schwanz kurz, die einzelnen Federn klein, schwach, weicher als gewöhnlich. Beine hoch aber nicht stark, der Lauf von oben herab stets schlechter befiedert, am untersten Drittel nur von feinen Borstenfedern bekleidet; die Zehen mehr nackt, als befiedert, sparsam mit Borsten besetzt, warzig, übrigens dünn und fein gebaut mit langen spitzen, dünnen Krallen; die mittlere vordere mit starker, z. Th. kammförmiger Randkante. —

Strix perlata *Licht.*

Verz. d. Doubl. d. zool. Mus. etc. 59. 613. — ***Pr. Max*** Beitr. etc. III. 263 5. — ***D'Orbigny***, Voyage d. l'Am. mér. IV. 3. 135. — ***v. Tschudi*** Faun. per. Orn. 121. — ***Schomb.*** Reise III. 732. 294.
Strix furcata ***Temm.*** pl. col. 432.
Tuidara ***Marcgr.*** h. n. Bras. 205.
Lechuza ***Azar.*** Apunt. I. 210. 46.

Rückenseite grau marmorirt, mit weißen, schwarz gesäumten Punkten; Unterseite weißlich oder blaß rostgelb, grau gefleckt; Augenkranz weiß, um das Auge braun; Schleier rostgelb und schwarz gefleckt. —

Der hier zu beschreibende Vogel ist unserer Schleiereule (Strix flammea *Linn.*) so ähnlich, daß man ihn für denselben halten könnte; allein näher betrachtet fällt er nicht bloß etwas größer aus, mit relativ längeren Läufen und etwas längerem Schwanz, sondern es bieten sich auch noch andere kleine Unterschiede dar. Die Hauptfarbe des Rückens ist dieselbe, ein bräunliches Grau, das durch unzählige feine, hellere weiße und dunklere graubraune Querzickzacklinien gebildet wird. Man bemerkt darin Reihen weißer, etwas dreiseitiger, schwarz umrandeter Punkte, die einzeln auf der Spitze jeder Feder stehen; der Grund der Federn ist rostgelb und scheint an vielen Stellen neben der grauen Endhälfte hervor. Die Schwingen sind ebenfalls rostgelb, mit nach innen hellerer, sammetweißer Fahne, und grauen gesprenkelten Querbinden, die zu beiden Seiten des Schaftes alterniren und auf der Innenhälfte breiter oder deutlicher werden; an der Spitze tragen auch sie einen helleren, dreiseitigen Fleck. Die Grundfarbe des unter den ruhenden Flügeln ganz versteckten Schwanzes ist heller rostgelb, mit fünf grauen Binden, welche wie auf den Flügeln aus feinen Querwellenlinien bestehen. Der Augenkranz ist beinahe weiß, oben vor dem Auge befindet sich, wie bei unserer Art, ein dunkelbrauner Fleck, der gegen die Zügel verwaschen gelb wird; der Schleierkranz ist rostgelb, jede einzelne Feder weiß gerandet, braun gefleckt neben dem schwarzen Schafte. Der Vorderhals unter und über dem Schleier ist weiß, die Brust und der Bauch weißlich gelb oder blaß rostgelb, der Steiß wieder weiß, einzelne graubraune Punkte sind zerstreut über die Brust und den Bauch so vertheilt, daß jeder Punkt die Spitze einer Feder einnimmt; die Zwischenräume z. Th. in die Quere grau gestreift, indem die Federn etwas dunklere Ränder haben. Die Unterschenkel und der obere befiederte Theil des Laufs haben eine blaß rostgelbe Farbe, worauf mitunter einzelne graue Punkte sich zeigen. Die Iris ist dunkelbraun, der Schnabel gelb, die Zehen sind fleischbraun, die Krallen braun, gegen die Spitze hin blasser. —

Ganze Länge 16″, Schnabel 1½″, Flügel 12″, Schwanz 4½″, Lauf 2¼″, Mittelzehe mit der Kralle 1¾″. —

Ich erhielt von dieser nicht seltenen Eule ein Exemplar in Neu-Freiburg, der Prinz zu Wied das seinige in Bahia. Alle anderen süd-amerikanischen Reisenden haben den Vogel ebenfalls beobachtet und seine Lebensweise völlig übereinstimmend mit der unserer Schleiereule geschildert. Neigung, nahe bei oder noch lieber in menschlichen Wohnungen zu nisten, große Gefräßigkeit, wenig Scheu vor Annäherungen und leichte Gewöhnung an den Menschen sind die bekannten Hauptzüge ihres Charakters. Nach v. Tschudi pflanzt sich die Eule sogar in der Gefangenschaft fort. —

7. Gatt. Noctua *Sav.*

Athene *Boje.*

Schnabel der Schleiereule, doch nicht ganz so schlank, namentlich die Wachshaut kürzer; Nasenloch kreisrund, von einem aufgeworfenen nach hinten dicken Rande eingefaßt, bis an die obere Kante des Schnabels hinaufgerückt. Zügelgefieder steifer, die einzelnen Federn straffer, mit kürzerer Fahne und längerer Endborste; Schleier klein und schwach, über dem Auge fast vollständig verschwunden und die Kehle lange nicht erreichend; der Augenkranz nur nach hinten und unten entwickelt, nach oben sehr wenig ausgedehnt. Gefieder kleinfederig, daher der Kopf viel schmäler als der Rumpf, übrigens weich, seidenartig. Flügel lang, spitz, in der Ruhe bis ans Ende des Schwanzes reichend; die dritte Schwinge nur sehr wenig länger, als die zweite und vierte, die erste so lang wie die fünfte. Schwanz ziemlich lang, wenigstens nicht kurz, die einzelnen Federn von mäßiger Breite. Beine hoch, besonders der Lauf; letzterer vorn mäßig und nach unten abnehmend befiedert, hinten nackt; Zehen fast ganz nackt, warzig, neben jeder Warze eine feine

Borste. Krallen ziemlich kurz, besonders die der Außenzehe; Mittelzehe mit scharfer, innerer, ungekerbter Kante. —

Noctua cunicularia *Molin.*

Strix cunicularia *Molina,* hist. nat. Chil. 233. — *Gmel. Linn.* S. Nat. I. 1. 292. — *Lath.* Ind. orn. I. 63. 38. — *Pr. Max* Beitr. III. 248. 4.
Noctua cunicularia *D'Orbign.* Voy. Am. mér. IV. 3. 128.
Athene cunicularia *Bonap.* — *Schomb.* Reise III. 731. 290. — *Darwin,* Zool. of the Beagl. III. 31.
Noctua Urucurea *Less.* Traité d'Orn. 103. — *v. Tschudi* Fn. per. Orn. 116.
Strix grallaria *Temm.* pl. col. 146.
Noctua grallaria *Less.* l. l. 102.
Urucureá, *Azara,* Apunt. I. 214. 47.

Rückenseite graubräunlich, mit runden, weißen Tüpfeln; Bauchseite weißlich, mit braungelben Querflecken; Schwingen und Schwanz an beiden Fahnenseiten weiß gefleckt. —

Etwas größer als unser Sperlingskauz (Strix passerina *Linn.*) und besonders durch die viel höheren, sparsam befiederten Läufe von ihm verschieden. Rückengefieder graubräunlich, auf dem Kopf etwas mehr ins Gelbe fallend, jede Feder mit weißer oder rostgelber breiter Spitze, die durch den dunklen Schaft in 2 Flecken abgetheilt wird. Vom Nacken an die Federn an der Spitze halbseitig weiß, nämlich nur nach außen; auf den größeren Rückenfedern mehrere weiße Fleckenpaare übereinander. Schwingen an der Außenfahne mit kurzen, an der Innenfahne mit breiten dreieckigen, weißen Flecken, die, je mehr nach unten, um so größer werden und am Rande dann gewöhnlich zusammenfließen; die Grundfarbe der Handschwingen brauner, die Spitze schmal graulich; die Grundfarbe der Armschwingen mehr ins Gelbe fallend, die Spitze breit weiß. Schwanz oben heller gefärbt als die Flügel, mit 4 Paar zu Binden an einander gereiheten, weißen Querflecken; Unterseite der Schwingen und Steuerfedern weiß, mit verloschenen graulichen Binden; untere Flügeldecken ebenfalls weiß, mit grauen Spitzen an den vorderen großen Deckfedern. Zügelfeder weiß, mit brauner Spitze; Augenkranz weiß, der Saum hinten und unten bräunlich, wodurch über dem Auge ein weißer Streif entsteht. Kehle rein weiß; quer über den Hals eine graubraune Binde, Unterhals wieder rein weiß, Brust und Bauch besonders an den Seiten mit graugelbbraunen Querstreifen, die einzeln auf jeder Feder vor der Spitze stehen; Schenkel und Steißgefieder weiß, desgleichen die Hosen. — Iris gelb, Schnabel weißlich an der Spitze, graulich am Grunde, Wachshaut grünlich grau, nackte Zehen ebenso gefärbt, etwas fleischroth durchscheinend, Krallen braun. —

Ganze Länge 9½″, Schnabel 10‴, Flügel 6″, Schwanz 3″, Lauf 2″, Mittelzehe 1⅙″. —

Das hier beschriebene Individuum ist ein Weibchen; der männliche Vogel hat eine bestimmtere, auf dem Kopfe mehr ins Rostgelbe, auf dem Rücken mehr ins Braune fallende Farbe, und eine etwas geringere Größe, d. h. 8⅔″ Gesammtlänge. —

Die Erdeule bewohnt die offenen Campos im Innern Brasiliens und lebt in Erdlöchern von circa 2 Fuß Tiefe, die sie aber nicht selbst gräbt, sondern bloß aufsucht, indem sie die verlassenen Baue von Erdgräbern unter den Säugethieren, besonders Tatulöcher, bezieht; auch in geöffnete Termitenhaufen dringt sie ein, wenn sie von ihren ersten Bewohnern verlassen worden sind. Man sieht die Eule fast immer neben oder vor dem Loch am hellen Tage, auf einem Busch oder Hügel, doch zieht sie sich schnell in dasselbe zurück, wenn man ihr nahe kommt. Fern von der Höhle fliegt sie unter gellendem Geschrei chi-chi-chi u. s. w. mit stets zuckenden Flügeln in Wellenlinien auf, setzt sich aber bald wieder, nickt mit dem Kopfe und wiederholt dies Manöver, so oft sie auf's Neue Gefahr merkt. In diesen Löchern nistet auch der Vogel und dann ist das Pärchen stets beisammen. Seine Nahrung besteht hauptsächlich in Mäusen und großen Heuschrecken; doch frißt er in Ermangelung derer auch andere Insecten, Larven und selbst kleine Schlangen. Die Eule ist an geeigneten Oertlichkeiten über ganz Süd-Amerika, ja selbst über Nord-Amerika verbreitet und hier die beständige Begleiterin des sogenannten Prairie-Hundes (Arctomys ludoviciana), wie in den Pampas der La Plata-Staaten die Gesellschafterin des Bizcacha (Lagotis Cuvieri). Vergl. Darwin naturw. Reisen, übers. v. Dieffenbach I. 144.

Anm. Der von Spix (Av. bras. I. 23. 5. tb. 10) Strix undulata genannte Vogel scheint mir das Nestdunenkleid dieser Art vorzustellen.

8. Gatt. Glaucidium *Boje.*

Brasilian. Caburé.

Schnabel kurz, aber nicht schwach, besonders der Unterkiefer nach Verhältniß hoch, am Ende schief abgestutzt, mit deutlicher Kerbe an jeder Seite neben der Spitze. Die Wachshaut zwar nicht lang, aber ziemlich dick; das Nasenloch klein, kreisrund, von einem aufgeworfenen Rande umgeben, weit nach oben und vorn gerückt. Zügelgefieder steif, nicht sehr dicht, aber lang, die Borstenspitze der

Federn den ganzen Schnabel weit überragend. Schleier klein, sehr wenig entwickelt, über dem Auge ganz verschwunden, nur an den Schläfen und Backen deutlich; Augenkranz in derselben Weise nach hinten und unten ausgedehnt, über dem Auge fehlend. Kopfgefieder klein, dicht, steifer als gewöhnlich; Rumpfgefieder weicher. Flügel kurz, in der Ruhe nur bis auf den Anfang des Schwanzes reichend, ihre Schwingen ohne gefranzten Rand, die vierte und fünfte Schwinge die längsten, die dritte wenig, die erste und zweite beträchtlich verkürzt. Schwanz ziemlich lang und steif, breiter als bei den meisten Eulen. Füße zwar nicht hoch, aber kräftig, der Lauf nicht länger als die Mittelzehe, ganz befiedert; die Zehen zwar warzig nackt, aber mit langen Borstenfedern ziemlich voll besetzt; Krallen nach Verhältniß groß, stark, sehr spitz, der Daumen auffallend kurz gegen die ziemlich langen Vorderzehen. —

Es sind kleine, dem südamerikanischen Continent eigenthümliche Eulen, welche die Größe des Dompfaffen und Kernbeissers zu haben pflegen, aber wegen des stärkeren Gefieders etwas kräftiger sich ausnehmen. —

1. Glaucidium ferrugineum *Pr. Max.*

Pr. Max z. Wied Beitr. z. Naturg. Brasil. III. 234. 1. — *Temm.* pl. col. 199. (fem.).
Noctua ferruginea *v. Tschudi*, Fn. per. Orn. 117. 4.

Größer als die folgenden Arten, der Schwanz viel länger; Männchen rothbraun, im Nacken weiß gefleckt, der Schwanz einfarbig; Weibchen rothgelb, im Nacken zwei schwarze Flecke, der Schwanz braun gebändert.

Der Vogel ist beträchtlich kleiner als unsere Sperlingseule (Strix passerina *Linn.*), aber dennoch viel größer, als die beiden folgenden Arten, und besonders an seinem längeren Schwanz und den relativ längeren Flügeln, welche die Basis des Schwanzes nur soeben erreichen, kenntlich.

Das Männchen ist oben rostbraun, die Kopffedern haben nur z. Th. feine weißliche Schäfte, die sich im Nacken ganz verlieren; unter denselben zeigen sich grade in der Nackenbuge große, weiße Flecke auf allen Federn, neben denen sich an jeder Seite eine mehr grauliche Stelle bemerkbar macht. Die äußeren Achselfedern und der größere Theil der Flügeldeckfedern haben ähnliche große weiße Flecke; die Schwingen dagegen in der braunen Grundfarbe an jeder Seite hellere Randflecke, die an der

Außenfahne rostgelb, an der Innenfahne matter blaßgelb gefärbt sind. An den oberen Armschwingen bilden sich die Randflecken mehr zu blasseren rostrothen Querbinden aus, deren breitere Zwischenräume dunkler gerandet sind. Der Schwanz ist einfarbig rostroth, und zeigt nur einige sehr schwache Spuren von 5—6 dunkleren Querbinden. Die Stirn ist weiß, und von ihr erstreckt sich ein nach hinten gelberer Streif über das Auge fort. Die steifen Zügelfedern haben eine weiße Basis, werden dann eine kurze Strecke bräunlich und darnach über die Hälfte schwarz. Der Augenkranz ist blaß rostbraun. Am Kinn sitzt ein Busch ähnlicher Federn, wie am Zügel; die Kehle und die Halsseiten sind weiß, die Brust und der Bauch haben breite rostbraune Schaftstreifen, welche die Oberbrust fast ganz anfüllen; das Hosengefieder ist hell rostgelb, der Steiß weiß, die untere Schwanzdecke rostgelb; beide von dauniger Beschaffenheit.

Das Weibchen unterscheidet sich vom Männchen durch einen viel helleren rostgelben Rücken; zahlreichere breitere, helle aber nicht weiße Schaftstriche auf Stirn, Scheitel und Hinterkopf; den Mangel der großen runden, weißen Flecke im Nacken und auf den Flügeln, und einen deutlichen schwarzen Fleck zu jeder Seite der Nackenbuge, wo das Männchen bloß eine graue Stelle besitzt. Die Schwingen sind wie beim Männchen gefärbt, aber heller; der Schwanz dagegen hat 6—7 viel deutlichere, schmale braune Querbinden. Unten zeigt das ganze Gefieder einen licht grauen Ton, und die rostgelben Schaftstriche verschwinden mehr, gleich wie die weiße Farbe der Stirn und der Kehle; dagegen sind die lichtgrauen Halsseiten schwarz gefleckt, wo sie beim Männchen ganz weiß bleiben. — Die Iris ist citronengelb, die Wachshaut grünlich gelb, der Schnabelgrund grau, die Spitze weißlich, die Zehen fallen ins Gelbgraue, mit durchscheinendem Fleischton, die Krallen sind braun. —

Ganze Länge $7\frac{1}{6}''$, Schnabel $8'''$, Flügel $4\frac{1}{2}''$, Schwanz $2\frac{3}{4}''$, Lauf $9'''$, Mittelzehe mit der Kralle $1''$. —

Diese niedliche Eule ist im Waldgebiet häufig; man sieht sie am Tage nicht selten auf isolirten alten Bäumen sitzen, oder ab und zu fliegen, denn sie scheut das helle Sonnenlicht keinesweges. Sie hält auch nicht Stand, wenn man ihr nahe kommt, sondern entweicht zur rechten Zeit, nachdem sie den Jäger gewahrt hat. An Orten, wo sie nicht viel gestört wird, kommt sie in die Gärten der Fazenden, und ebenda beobachtete ich ein Pärchen mehrere Tage auf der Fazende Areas, bis wir bei der Abreise uns die Freiheit nahmen, es zu schießen. Eine Stimme habe ich von der kleinen Eule nicht vernommen. Der Prinz zu Wied versichert, daß sie im Walde oft zu hören sei, und wie keck, keck, keck ... klinge. Sie nistet in alten, hohlen Bäumen oder Felsspalten, und hält sich zur Brutzeit stets paarig beisammen. Ihre Nahrung sind Insecten. —

2. Glaucidium passerinoides *Temm.*

Temm. pl. col. 344. (mas). — *Pr. Max* Beitr. III. 239. 2. — *Schomb.* Reise III. 731. 291.
Noctua ferox *D'Orbign.* Voy. etc. IV. 3. 127.
Strix ferox *Vieill.* Enc. III. 1289.
Caburé, *Azara*, Apunt. I. 225. 49.

Männchen oben graubraun, der Scheitel weiß getüpfelt, der Schwanz oben schwarz, weiß gebändert; Weibchen oben rothbraun, der Scheitel fein gestreift, der Schwanz rothbraun, braun gebändert.

Diese Art ist beträchtlich kleiner als die vorige und unterscheidet sich von ihr auch dadurch, daß hier das Weibchen die rothbraune Farbe des Männchens der vorigen hat, das Männchen dagegen graubraun gefärbt ist. Ein relativ entschieden kürzerer Schwanz erhöht diese Unterschiede.

Das Männchen hat eine graubraune Rückenseite; nur neben der Stirn bildet sich über dem Auge, doch nicht weiter, ein weißer Streif. Alle Kopffedern haben einen weißen Keilfleck vor der Spitze. Im Nacken scheint jederseits ein schwarzgrauer Wisch hervor, neben dem nach innen und außen weißliche Querstreifen auftreten. Die äußeren Achselfedern und die großen Flügeldeckfedern haben je einen großen weißen Fleck; die Schwingen sind schwarzbraun, mit verloschenen graugelben Querbinden, die am Außen- und Innenrande in einen weißen Fleck enden. Der Schwanz ist obenauf dunkel schwarzbraun, mit 5—6 aus Querfleckenpaaren gebildeten weißen Binden und weißlichem Endrande; die Unterseite ist bräunlich grau, deutlicher weiß gebändert. Das Zügelgefieder besteht aus langen schwarzen Borsten, deren Basis weiß ist; der Augenkranz hat die Farbe des Rückens, aber mehrere weißliche Querflecke auf jeder Feder; die Kehle ist zumal an den Seiten breit weiß. Von der Brust an ist die weiße Unterseite mit breiten, mehr röthlich braunen Schaftstreifen geziert; das Hosengefieder ist graulich.

Das Weibchen hat eine hellere rostbraune Farbe am Rücken; die blassen Tüpfel seines Kopfes sind nicht weiß, sondern rostgelb und viel mehr in die Länge gezogen; statt des grauen Wisches hat der Nacken an jeder Seite einen schwarzen Fleck, neben dem die rostgelben Querstreifen sich minder deutlich absetzen; die hellen Flecke der Achseln und Flügeldeckfedern fehlen größtentheils, auch den Schwingen gehen die weißen Randflecke wenigstens auf der Außenseite ab. Der Schwanz ist oben nicht schwarz, sondern rothbraun, mit 6—7 dunkelbraunen schmalen Querbinden, die sich am Schaft etwas ausbreiten. Zügel, Backen, Kehle und Bauchfläche haben die Zeichnung wie beim Männchen, aber alle braunen Farben sind röther, viel mehr rostbraun; auch die Hosen sind rostgelb. Die Iris ist gelb, die Wachshaut grünlich grau, die Schnabelspitze weißlich, die Zehen sind blaß grünlich gelb. —

Ganze Länge 7″, Schnabel 9‴, Flügel 3¾″, Schwanz 2″, Lauf 9‴, Mittelzehe 1″. —

Diese Art findet sich nicht im Küstengebiet, sondern im Innern, in den Gebüschen der Campos-Region, und ist dort nicht eben selten; ich erwarb in Lagoa santa ein Pärchen, das noch weiter landeinwärts, bei Sette Lagoas, erlegt worden war. Da D'Orbigny sie in Bolivien am Ostabhange der Cordilleren, Azara in Paraguay bis zum 29° S. Br. und Schomburgk in Guyana beobachtete, so ist sie wahrscheinlich durch das ganze innere Süd-Amerika verbreitet. Auch dürfte Le Vaillant's Chevechette (Ois. d'Afr. I. pl. 46) zu ihr gezogen werden müssen, wie schon der Prinz zu Wied annahm. Letzterer scheint nur Männchen gekannt zu haben. Das Weibchen unterscheidet sich vom Männchen der vorigen Art sogleich durch die geringere Größe, die rein schwarzen Nackenflecke und die braunen Binden auf dem Schwanze; vom Weibchen durch die viel dunklere Farbe, den kürzeren Schwanz und die weiße Grundfarbe der Bauchseite. In der Lebensweise findet, so weit ich es beurtheilen kann, kein Unterschied zwischen beiden Arten statt. —

Anm. D'Orbigny vereinigt den Caburé Azara's mit Str. passerinoides *Temm.* also mit dieser Art, und hat, wie ich glaube, darin Recht. Es scheint, als ob sowohl Illiger, wie Lichtenstein (Doubl. 60. 616.) die 3 Arten, um welche es sich hier handelt, nicht scharf genug unterschieden.

3. Glaucidium pumilum *Temm.*

Temm. pl. col. 39. — Strix pumila *Illig. Licht.* Doubl. 60. 616 (z. Th.) — Strix minutissima *Pr. Max* Beitr. III. 242. 3. —

Rückengefieder des Männchens graubraun, des Weibchens dunkel rothbraun; Scheitel weiß punktirt, Brustseiten einfarbig rostgelb. Schwanz mit 3 weißen Binden bei beiden Geschlechtern. Flügel erreichen fast die Mitte des Schwanzes. —

Auch diese Art ist wieder ebenso viel kleiner gegen die vorige, als jene gegen die erste gehalten; ihre Grundfarbe fällt am Rücken bei beiden Geschlechtern mehr ins Braune, doch hat das Männchen eine reiner braune, das Weibchen eine rostroth angeflogene braune Farbe. Der Kopf ist von der Stirn bis zum Nacken weiß punktirt, die Punkte haben einen ganz elliptischen Umriß, und ziehen sich vorwärts nicht in Striche aus, wie namentlich bei den Weibchen der anderen 2 Arten; das Männchen hat zahlreichere und hellere Punkte als das Weibchen. Im Nacken bildet sich ein unterbrochener weißlicher Halbring, der an jeder Seite einen schmalen grauen oder schwarzen Fleck einschließt. Dieser Fleck ist beim Männchen sehr undeutlich. Das reiner gefärbte Rückengefieder hat keine weißen Flecken, dagegen zeigen sich einige solche Flecken auf den untersten Flügeldeckfedern, deren Grundfarbe beim Männchen mehr ins Schwarze, beim Weibchen mehr ins Braune fällt. Die schwarzbraunen Schwingen haben viel undeutlichere, trübere Querbinden und sehr kleine, rostgelbe Randflecke in viel geringerer Zahl. Nur an der Innenfahne fließen diese Flecken mehr nach unten in einander. Der Schwanz ist obenauf sehr dunkel braun, beim Männchen fast schwarz, und hat außer dem weißen Spitzenflecken nur noch drei weiße, aus isolirten Flecken gebildete Querbinden. Die Stirn bis gegen das Auge hinauf ist weiß; das Zügelgefieder halb weiß, halb schwarz; der sehr wenig entwickelte Augenkranz ist röthlich braun, rostgelb in concentrischen Kreisen punktirt. Die Kehle und Halsseiten sind rein weiß, doch hat die Mitte des Vorderhalses noch einige rostgelbe Wische. Die Brustseiten sind einfarbig rostgelb oder rostroth, die ganze Mitte der Brust und des Bauches weiß, auf den Bauchseiten erscheinen rostrothe Schaftstreifen, die seitwärts über den Schenkeln in einanderfließen. Die Hosen sind rostgelb, braun getüpfelt. Iris hellgelb, Wachshaut grünlich, wie der Schnabelgrund, die Spitze weißlich; Zehen hellgelb, Krallen am Grunde blaß, an der Spitze braun, zuletzt schwarz.

Ganze Länge 6″, Schnabel 8‴, Flügel $3\frac{1}{2}$″, Schwanz $1\frac{1}{2}$″, Lauf 8‴, Mittelzehe 9‴ mit der Kralle. —

Von dieser kleinen zierlichen Eule erhielt ich ein Weibchen in Neu-Freiburg, der Prinz zu Wied bekam seine Exemplare im Sertão der Provinz von Bahia. Die Art lebt, gleich der ersten, mehr im Walde, und scheint die seltenste von den dreien zu sein, deren Verbreitungsbezirk nicht so ausgedehnt ist, wie der jener beiden früheren Arten. In ihrer Lebensweise stimmt sie mit ihnen überein; sie ist, wie jene, eine Tag-Eule, die selbst ihre Stimme bei Tage im Walde erschallen läßt. Der Prinz zu Wied fand in ihrem Magen Insecten. —

Anm. 1. Ich stimme dem Prinzen bei, wenn er die Strix pumila *Illig.* (*Lichtenst.* Doubl. 60. 616), welche a. a. O. auf Azara's Caburé (Apunt. I. 225. No. 49) bezogen wird, für verschieden von der Temminck'schen hält. Indessen möchte es räthlich sein, ihr den Namen St. pumila zu belassen, weil jetzt schon die Temminck'sche Figur weit besser bekannt sein dürfte, als Azara's Beschreibung. Ueberdies hat der Prinz selbst Azara's Art als Str. passerinoides *Temm.* beschrieben, obgleich dieselbe schon früher von Vieillot Str. ferox genannt worden war. Der Name Str. minutissima, welchen der Prinz vorschlägt, würde freilich ein sehr bezeichnender sein, denn diese hier beschriebene Art ist die kleinste aller Eulen, welche es giebt.

2. Noch eine vierte Spezies aus dem äußersten Süden Amerikas (von Port Famine an der Magelhaens-Straße) hat Vigors als Strix nana aufgestellt (zool. Journ. III. 426. Isis. 1830. 1182) und später G. R. Gray von ihr eine Abbildung gegeben (Gen. of Birds pl. 12). Sie ist aber nicht kleiner, als Gl. pumilum oder minutissimum, sondern entschieden größer. Zwar giebt Vigors nur 5½" an, aber er meint damit bloß den Rumpf, ohne den Schwanz, welcher noch 2½" lang ist. Unsere Sammlung hat kürzlich ein Exemplar dieser Art erhalten, welches bei Sandy point (Punta de las Arenas) an der Nordostküste des Feuerlandes erlegt wurde und dies gleicht viel mehr dem Gl. ferrugineum in der Größe, hat aber daneben die Farbe des Männchens von Gl. passerinoides; doch ohne den Schwanz, welcher die auffallende Länge der ersteren Art besitzt und dabei braun und rothgelb, nicht braun und weiß, bandirt ist. Ich zähle darauf, neben dem schmalen Spitzensaum, acht feine hell rothgelbe Binden, die auf der Unterseite weißlich durchscheinen. Das Individuum befindet sich in der Mauser und zeigt noch am Kopf die Federn des Jugendkleides, denen die hellen Punkte auf der Stirn, dem Scheitel und dem Nacken ganz fehlen; grade wie in Gray's übrigens etwas gelblicher braun gefärbten, wahrscheinlich ein Weibchen vorstellenden, Abbildung. Ohne Zweifel werden sich die 3 anderen Arten darin ebenso verhalten. Am besten unterscheidet man alle 4 nach dem Schwanze:

Bei Gl. ferrugineum ist er einfarbig rothbraun (Männchen), oder rothbraun, mit 8 dunklen, aber matten, braunen Binden (Weibchen).

Bei Gl. nanum dunkelbraun, mit 8 schmalen, nach oben genäherten, rothgelben Binden. Gesammtlänge 8". Beide Arten sind langgeschwänzt,

Bei Gl. passerinoides ist der Schwanz des Männchens braun, mit 5 aus Querflecken gebildeten weißen Binden; der des Weibchens rothbraun, mit 6 schmalen, braunen Querbinden.

Bei Gl. pumilum hat der Schwanz gar nur 3 weiße (Männchen) oder 4 rothgelbe (Weibchen) Querbinden und beide Arten stehen einander durch einen viel kürzeren, breiteren Schwanz näher. —

Bei allen 4 Arten haben übrigens die jungen Vögel 1—2 Binden mehr am Schwanz, als die alten. —

Zweite Ordnung.

Klettervögel. Scansores.

Wenn es in der vorigen Ordnung hauptsächlich die eigenthümliche Form des Schnabels und sein zwiefacher, aus Wachshaut und Hornschneide gebildeter Ueberzug war, welcher den Charakter der Gruppe bildete, so sind es dagegen die Füße, welche das wichtigste Merkmal der Klettervögel abgeben. Es stehen nämlich von ihren vier Zehen nur zwei nach vorn, die beiden anderen nach hinten. Jene zwei vorderen sind der Reihe nach die zweite und dritte, die hinteren also der Daumen und die vierte. — Im Uebrigen erscheinen uns die Klettervögel viel mannigfaltiger organisirt, als die Raubvögel und es hält schwer, noch anderweitige Charaktere aufzustellen, die ihnen ausschließlich zufielen. Wir beschränken darum unsere Gruppenschilderung auf wenige allgemeine Angaben. —

Der Schnabel der Klettervögel hat gewöhnlich nur einen einfachen, hornigen Ueberzug; eine Wachshaut kommt bloß den Papageien zu. Er ist übrigens stark, öfters sehr groß und meistens von der Länge des Kopfes. Die Nasenlöcher sind klein und an den Grund des Schnabels gerückt, wo der hornige Ueberzug endet. Man sieht sie deshalb bei den meisten Klettervögeln nicht, sie stecken unter dem Gefieder der Stirn oder des Schnabelgrundes, treten aber bei den Papageien, wo eine wirkliche Wachshaut, d. h. ein auf den Grund des Schnabels übergehender Hautsaum, abgesondert ist, deutlich aber erst ganz dicht vor dem Kopfgefieder auf. Viele Klettervögel zeigen in dieser Gegend sehr starke steife Borsten, welche den Schnabelgrund, und somit auch das Nasenloch, verstecken. — Das Gefieder der Klettervögel ist im Allgemeinen sehr großfederig und darum an Zahl gering; doch sind die einzelnen Federn ziemlich derbe, besonders aber die Schwanz- und Schwungfedern hart gebildet, wenn auch im Einzelnen nicht gerade groß. Dem Rumpfgefieder fehlen die Dunen; es hat nur eine untere dunige Fahnenstrecke, die gewöhnlich nicht sehr groß ist; ein hinterer, bloß duniger Afterschaft kommt den meisten, namentlich den Papageien, Spechten und Trogoniden, zu. Dadurch bekommt ihr Gefieder etwas Lockeres, das um so deutlicher wird, je größer und je geringer an Zahl die einzelnen Federn werden. Ihr Schwanz besteht bei den meisten Mitgliedern (den Papageien, Spechten und mehreren Trogoniden) aus zwölf, bei anderen (den meisten Cuculinen, vielen Trogoniden und Ramphastiden) nur aus zehn Steuerfedern. Am Handtheil des Flügels scheinen immer zehn Schwungfedern zu sitzen. —

Ein äußeres Merkmal von nicht geringer Bedeutung findet sich in der Bügeldrüse, jenem herzförmigen, auf dem Schwanzrücken gelegenen Schmierbeutel, womit die Vögel ihre Federn einzuölen pflegen. Dieses Organ hat an seiner nach hinten gewendeten Spitze 2 Oeffnungen und darum einen Kranz eigenthümlicher Federn, welcher bald fehlt, bald vorhanden ist. Man vermißt diesen Federnkranz unter den Klettervögeln bei den Kukuken und einigen Trogoniden; dagegen haben ihn die Spechte und Tukane, ebenso die Papageien, wenn nicht die ganze Drüse fehlt, was häufig bei amerikanischen Papageien der Fall ist.

Die Fußbildung der Klettervögel, obgleich im Ganzen ihr Hauptmerkmal, ist doch im Einzelnen verschieden. Hinten am Lauf, der nie befiedert erscheint, treten nur kleine warzige netzförmige Täfelchen auf, und mit einer ähnlichen papillösen Sohle sind die Zehen ausgerüstet; vorn dagegen und auf der Oberseite der Zehen sieht man in den meisten Fällen breite Halbgürtel, Gürtelschilder oder Schienen, welche dann auch auf die Zehen übergehen, und hier auf den Gelenkungen schmale dünne Gürtel, auf den Gliedern breitere Tafeln darstellen. Ganz gleichmäßig warzige, chagrinirte Ueberzüge haben die Papageien am Fuß. —

Anatomische allgemein gültige Merkmale von Bedeutung giebt es bei den Klettervögeln nicht; da alle eine wenn auch laute und starke, aber nie melodische Stimme besitzen, so fehlen ihnen die verschiedenen Modulations- oder Schallapparate, welche bei den meisten Hockvögeln am unteren Ende der Luftröhre auftreten. —

In ihrer Lebensweise sind sie durch die vorherrschende Verbreitung über die Tropenzone merkwürdig; gerade die größte Familie der Papageien sind nur in heißen Gegenden zu Hause; auch die Ramphastiden und Trogoniden überschreiten dieselbe nicht; Spechte kommen in allen Erdgegenden vor, Kukuke wenigstens noch in den gemäßigten, obgleich sie daselbst nur sehr sparsam vertreten sind. — Die Nahrung der Klettervögel ist bei den Papageien und Ramphastiden vorzugsweise vegetabilisch; die Spechte fressen nur Insecten, die Kukuke und Trogoniden vorzugsweise. —

Die ganze Abtheilung zerfällt in fünf schon mehrmals genannte Familien:

1. Papageien; mit hohen dicken, gebogenen Schnäbeln, deren Spitze hakig ist, wie bei Falken, und deren Basis eine kurze Wachshaut zu haben pflegt; die sehr fleischigen Füße zeigen eine bloß warzige Bedeckung; zwölf Schwanzfedern. —

2. Tukane; mit hohem aber langem, an der Spitze herabgebogenem Schnabel, der keine Spur einer Wachshaut zeigt, und nicht mit Borsten am Grunde besetzt ist. Füße vorn mit Gürtelschildern; zehn Schwanzfedern.

3. Bartvögel; mit kürzeren, verschiedenartig gestalteten Schnäbeln, deren Basis von mehreren Gruppen langer steifer Bartborsten umgeben ist; die Füße sind sehr klein, aber mit Gürtelschildern bekleidet; der Schwanz ist theils aus zehn, theils aus zwölf Federn gebildet.

4. Spechte; mit geraden, steifen, an der Spitze meißelförmig zugeschärften harten Schnäbeln ohne Bartborsten; von Gürtelschildern bekleideten starken Füßen und zwölf, meist steifen, spitzen Steuerfedern, von denen aber die beiden äußeren sehr viel kleiner und unter dem nächsten Paar versteckt sind.

5. Kukuke; mit dünnen, öfters schlanken, mehr oder weniger mit der Spitze herabgebogenen Schnäbeln, ohne Bartborsten; von Gürtelschildern bekleideten, meist hohen Füßen, und in der Regel zehn Schwanzfedern. —

Vierte Familie.

Papageien. Psittacinae.

Die eigenthümliche Gestalt der Papageien ist so allgemein bekannt, daß es nicht nöthig erscheint, sie hier, wo es sich mehr um eine Unterscheidung der verschiedenen Arten handelt, ausführlich zu beschreiben. Trotzdem haben die Brasilianer keinen allgemein bezeichnenden Namen für sie; man unterscheidet sofort die besonderen, durch den Kopf und Schwanz zumal ausgezeichneten Formen, mit verschiedenen Namen, und hört das Wort Papageio, welches hauptsächlich für Ps. amazonicus und seine nächsten Verwandten gebraucht wird, viel seltener, als Periquitto oder Maitacca, womit die kleineren keilschwänzigen oder kurzschwänzigen Arten bezeichnet werden. Arara heißen nur die ganz großen, mit nackten Warzen, dicken Köpfen und starken Schnäbeln, deren Schwanz eine so enorme Länge erreichen kann. —

Es giebt wenig Vögelfamilien, die so vielfältige Eigenthümlichkeiten zeigten, wie die Papageien. Kommt ihre Schnabelform auch durch die hakig gebogene Spitze dem Schnabel der Raubvögel am nächsten, so ist doch der Papageischnabel sehr viel dicker, stärker, relativ höher und im Ganzen übereinstimmender geformt. Auf dem Oberschnabel bemerkt man einen wenn auch nur schmalen, doch scharf abgesetzten Rückenstreif, von welchem nach beiden Seiten die mäßig gewölbten Flächen dachartig herablaufen. Hinten verlieren sie sich in die kurze, besonders unter dem Nasenloch mit steifen Borstenfedern sparsam besetzte Wachshaut, welche gegen den Mundwinkel hin sich zurückzieht. Das Nasenloch liegt nach oben in der Wachshaut, neben der Rückenfläche, ist kreisrund und von einem aufgeworfenen Rande umgeben. Die Mundränder des Oberschnabels haben gewöhnlich einen stumpfen, aber starken, zahnartigen Vorsprung in der Mitte, der nach vorn schärfer abgesetzt ist, als nach hinten. Die hakige Spitze ist sehr lang und auf der unteren leicht vertieften Fläche feilenartig gestreift. Der beträchtlich kürzere Unterschnabel hat ein dickes, korbartiges Ansehn, ist nur wenig niedriger oder selbst höher als der obere, und in der Mitte häufig mit einer schwachen Längskante versehen, welche den Kinnwinkel anzeigt. Neben ihr laufen in ziemlichem Abstande noch zwei Seitenkanten, welche etwas vorwärts convergiren und die breite, hohe und scharfe Endschneide des Unterschnabels abgrenzen. Vor denselben ist der Mundrand beiderseits, dem Zahn des Oberschnabels entsprechend, tief ausgebuchtet und wird von da nach hinten allmälig höher. Die Seiten des Unterschnabels sind mehr oder weniger gewölbt. —

Das Gefieder der Papageien zeichnet sich durch Derbheit aus und besteht nur aus wenigen Federn; daher die einzelnen Federn groß sind, mit Ausnahme derer des Kopfes. Um das Auge liegt in vielen Fällen eine nackte Stelle, welche im Leben weiß bepudert zu sein pflegt. Die Zügel sind bei den meisten Arten befiedert und besonders die Backen neben dem Unterkiefer sehr dicht von zum Theil vorwärts gewendeten Federn bekleidet. Auf der hinteren Seite hat jede Leibfeder einen großen, dunigen Afterschaft. Die Schwung- und Schwanzfedern sind besonders derbe, aber in der Regel nicht gerade sehr lang oder sehr breit; nur die Schwanzfedern erreichen häufig eine enorme Länge. Die Bügeldrüse ist klein, schmal, spitz und mit einem Federnkranz am Zipfel versehen; nicht selten aber fehlt sie ganz, sowohl bei Keilschwänzen, als auch bei den stumpfschwänzigen Arten. —

Die Beine sind dick, stark, fleischig, aber nie hoch; der Lauf ist viel kürzer als die Mittelzehe und stets nur von kleinen Schuppentäfelchen bekleidet. Die ziemlich langen Zehen haben eine starke Sohle, aber nur an der Spitze einen besonderen Ballen; sie sind auf der Oberseite wie der Lauf bedeckt, doch werden die Schuppen gegen die Spitze hin allmälig größer und gehen auf dem letzten Gliede vor der Kralle in kurze Tafeln oder Gürtelschilder über. Die Krallen sind nicht lang, aber stark gebogen und ziemlich spitz, indessen nie sehr stark; der innere Vorderfinger hat gewöhnlich die kleinste Kralle und nicht viel größer pflegt die des Daumens zu sein; die größte sitzt an dem vorderen Außenfinger, doch steht ihr die Kralle des hinteren Außenfingers nur wenig nach.

Der innere Bau der Papageien bietet besonders im Knochengerüst manche Eigenthümlichkeiten dar. Die merkwürdigste ist ohne Frage die Gelenkverbindung zwischen Oberschnabel und Stirn, welche nur bei den Papageien vorkommt. Ebenso eigenthümlich ist die Gelenkverbindung des Unterkiefers mit dem Quadrat- oder Paukenbein, indem dasselbe einen in die Länge gezogenen Gelenkkopf hat, welchem an der Innenseite des Unterkiefers eine Längsgrube entspricht. Bei den übrigen Vögeln geht die Richtung beider der Quere nach gegen die Kieferäste *). Auch dürfte der völlig geschlossene kreisrunde, knöcherne Orbitalrand, und die sehr beträchtliche Größe der Gaumenbeine nicht leicht bei anderen Vögeln ihres Gleichen finden. Merkwürdig ist die Kleinheit des Gabelbeines bei den Papageien; es liegt hier frei über dem Kamm des Brustbeines, hat keinen Griff und verschwindet bei manchen Arten **) total. Das Brustbein ist ziemlich groß, am Ende abgerundet und öfters gar nicht mit Busen versehen; der hohe Kamm tritt nur wenig nach vorn vor. Im Fuß will der Prinz zu Wied einen Knochen mehr, als bei andern Vögeln gefunden haben; er scheint aber das Rudiment des Tarsusknochens für den Daumen, welches etwas größer ist und vielleicht auch freier bleibt als gewöhnlich, für einen den Papageien eigenthümlichen Knochen angesehen zu haben.

Unter den weichen Theilen ist die dicke, fleischige, stumpf kegelförmige Zunge wohl das merkwürdigste Organ; sie hat indessen mitunter noch hornige Zacken oder Stacheln am Rande. Der Schlund erweitert sich zu einem Kropf; der drüsige Vormagen ist durch eine glatte Strecke (den Zwischenschlund) vom eigentlichen Magen getrennt und letzterer bloß schlaffwandig, auf der Innenseite fast zottig; die Gallenblase und die Blinddärme fehlen. Die Luftröhre hat am unteren Kehlkopf drei Muskelpaare zur Verstärkung der stets lauten kreischenden Stimme. —

Die Papageien leben in der strengsten Monogamie und halten sich während der Brutperiode stets paarig zusammen. Ihr Federnkleid

*) Bekanntlich hat Wagler auf diese Form der Gelenkung, welche unter den Säugethieren in analoger Art bei den Nagern auftritt, seine curiose Ansicht gestützt, daß die Papageien den Nagern, und nicht den Affen, entsprächen. Es genügt indeß, daran zu erinnern, daß eine so lokal tropische Form, wie es die Papageien sind, unmöglich der allerverbreitetsten Säugethiergestalt entsprechen könne. Sollen sie mit Säugethieren zusammengestellt werden, so ist offenbar die Vergleichung mit den Affen eine zutreffendere und glücklichere.

**) Nach Nitzsch fehlt die furcula normal bei Platycercus und bei Psittacula.

zeigt keine großen Geschlechtsunterschiede und nur relative Altersverschiedenheiten, bei jungen Vögeln ist es matter gefärbt. Sie bauen ihre kunstlosen schlechten Nester meist in Baumlöcher und legen zwei ganz weiße Eier. Ihre Nahrung besteht hauptsächlich in mehlreichen Beeren, oder in den Samen hartschaaliger Kapseln, aus denen sie die mehlhaltigen Kerne durch ihre dicken Schnäbel mit Hülfe der Zunge geschickt herauszuschälen wissen. Sie fliegen weder anhaltend, noch leicht, sondern mit angestrengtem kurzem Flügelschlage und halten sich gewöhnlich in kleinen Trupps zusammen. Ihre Ruheplätze sind die hohen Kronen der Waldbäume, in denen sie geschickt umherklettern; auf dem Erdboden benehmen sie sich sehr unbeholfen, und gehen höchst unsicher, mehr watschelnd. So lange sie nicht gestört werden, verhalten sie sich ruhig im Walde und beschäftigen sich in den dichten Kronen der Waldbäume mit Fruchtsuchen und Aufknacken; wobei sie gern schwächere Laute, wie wenn sie Behagen empfänden, hören lassen; sobald man ihnen aber nahe kommt, fliegen sie kreischend auf, gleich den Krähen, und eilen schnell davon. Sie sind höchst aufmerksam, aber doch nicht scheu; lassen den Jäger bis zur gehörigen Entfernung herankommen und fliehen erst, wenn ihnen seine große Nähe bedenklich erscheint. Im Urwalde, wo man sie häufig überrascht, weil sie daselbst am zahlreichsten auftreten und nirgends fehlen, verrathen sie sich stets durch das Gekreisch, womit sie die Flucht ergreifen, wenn der Reisende den Bäumen nahe gekommen ist, auf denen sie Nahrung suchen. Auch während des Fluges, wo man die Gatten stets paarig einander genähert sieht, künden sie ungewohnte Erscheinungen durch ihre Stimme an, und da sie sehr hoch fliegen, wenn sie umherstreifen, so hört man die Papageien oft eher, als man sie sieht. Einzelne Individuen trifft man sehr selten, nur die großen Aras sind mehr zur Isolirung geneigt. Ueberhaupt je kleiner die Art, desto mehr neigt sie zur Geselligkeit.

Brasilien ist reich an Papageien, aber seine Arten erscheinen hier nicht sehr mannigfach; mit Ausnahme der Aras sind alle grün gefärbt, mit rothen, gelben oder blauen Decorationen. Diese drei Farben herrschen auch bei den Aras vor. Ihre Schnäbel und Füße sind gewöhnlich schwarz, erstere auch häufig weißgelb; ihre Iris ist fast immer weiß oder gelb in verschiedenen Abstufungen. Die Nacht bringen alle im Walde schlafend zu und halten sich in bestimmten Räumen auf, zu denen sie gegen Abend heimkehren. Besonders in der kalten Jahreszeit sind sie hier vereinigt. Den Regen ertragen sie sehr gut, weil ihr derbes meist bepudertes Gefieder ihnen hinreichenden Schutz gewährt. —

I. Papageien mit lang zugespitzten Keilschwänzen.

Nicht bloß der Schwanz, sondern auch der gesammte übrige Federnschnitt dieser Papageien, ist gestreckter, länger und spitziger, als bei den nachfolgenden, mit kurzen breiten Schwänzen.

1. Gatt. Macrocercus *Vieill.*

Sittace *Wagl.*

Brasilianisch Araras.

Schnabel ungemein groß, der stärkste aller Papageischnäbel; die abgeplattete Firste breit, zumal gegen die Stirn, aber nicht scharfkantig abgesetzt bei den großen Arten; der Haken des Oberschnabels alsdann fast ebenso lang, wie der gewölbte Kuppentheil vor ihm; die Wachshaut sehr kurz, mitunter ganz versteckt. Unterschnabel an den Seiten, dem stumpfen Zahn am Rande des Oberschnabels entsprechend, bogig ausgeschnitten oder ausgeschweift; ohne untere Kinnkante. Zunge dick, streifig, vorn etwas stengelförmig angeschwollen, ganz fleischig; auf der Oberseite mit feinen Längsfurchen, zwischen denen auf den Schwielen kleine stumpfe Papillen in Reihen stehen; hinten 4 paarig ungleiche Warzen, und ein etwas abgesetzter, leicht gezackter, schief nach außen gerichteter Rand. — Wangen breit nackt, d. h. nicht bloß die Zügel- und Augengegend, sondern auch die Backenpartie neben dem Unterschnabel mehr oder weniger von Federn entblößt; die Gegend unter dem Auge öfters mit Reihen kleiner Federn besetzt. — Gefieder sehr derbe. Die Flügel lang zugespitzt, weit über den Schwanz hinabreichend, aber doch viel kürzer als der Schwanz; die erste Schwinge etwas verkürzt, die zweite die längste, die dritte noch etwas länger als die erste. Schwanz lang und keilförmig, meistens länger als der Körper. Bürzeldrüse vorhanden. Beine sehr stark und dick, besonders der kurze Lauf; die

Krallen groß und stark gekrümmt, spitz, vor ihnen auf jeder Zehe 2—3 Gürtelschilder. —

Die Arten dieser ausgezeichneten Gattung sind größtentheils auf das östliche tropische Amerika beschränkt; sie bewohnen hauptsächlich die ungestörten dichten Urwälder, und ziehen sich bald aus der Nähe menschlicher Ansiedelungen zurück, namentlich die ganz großen Arten. Deren kolossale Schnäbel sind die kräftigsten Papageischnäbel, welche es giebt.

1. Macrocercus Macao *Linn.*

Psittacus Macao *Linn.* S. Nat. I. 139. — *Lath.* Ind. orn. I. 82. 1. — *Pr. Max* Beitr. IV. 138. 1.
L'Ara Macao *Le Vaill.* hist. nat. d. Perr. I. 3. tb. 1.
Sittace Macao *Wagl.* Mon. Psitt. 209. 37.
Arara Macao *Spix* Av. Bras. I. 27. 4.
Arara-canga *Marcgr.* h. nat. Bras. 206.
Guacamáyo roxo *Azar.* Apunt. II. 392. 271.

Roth; Unterrücken, Schwingen und Schwanz obenauf hellblau; äußere Flügeldeckfedern grün; die nackten Warzen mit 5—6 Reihen kleiner Federn. Schnabel oberhalb weiß, unterhalb schwarz. —

Gefieder des Kopfes, Halses, Rückens, der Brust, des Bauches und der Beine scharlachroth; die Federn des Nackens und Oberrückens mit grünlichen Rändern, die nach unten hinab, wo die Federn eine spitzere Form annehmen, immer breiter werden. Mittel- und Unterrücken, nebst den Bürzel- und Steißfedern schön himmelblau. Oberste, kleinste Flügeldeckfedern scharlachroth; die mittleren, die hinteren unteren und die Achselfedern grün, letztere auf der Mitte röthlich durchschimmernd; vordere unterste Flügeldeckfedern, die Schwingen und der Schwanz auf der Außenseite ultramarinblau, auf der Unterseite, gleichwie die ganzen inneren Flügeldeckfedern roth; 10 Handschwingen, 13 Armschwingen, beide an der Innenfahne der Oberseite schwärzlich, die drei vordersten lang zugespitzt; die mittleren Schwanzfedern oben roth durchscheinend oder ganz roth. Nackte Wangen fleischfarben, dicht weiß gepudert, mit mehreren (5—6) Reihen kleiner, pinselförmiger rother Federn, welche von der Gegend des Nasenlochs ausgehen, und beide Seiten des Auges umstrahlen. Oberer Schnabel mit hinten sehr breiter, abgeplatteter, vorn schmaler, stumpfkantiger Firste, hell hornfarben; die Spitze und der sanft geschwungene Rand, ohne Zahn, wie der ganze Unterschnabel, schwarz; Iris gelblich weiß, Füße schwarzgrau, die Krallen braunschwarz. —

Der junge Vogel ist viel matter gefärbt, als der alte, das Roth fällt ins Braun, die grünen Deckfedern haben lichtere, bläulich grüne Ränder; die grünen Ränder der Nackenfedern sind breiter.

Ganze Länge 30—32″, der Schnabel 3″ lang, $2^2/_3$″ hoch. Länge des Flügels 16″, des Schwanzes 12″, des Laufes $1^1/_4$″, der vorderen Außenzehe 1″ 8‴, der Kralle 11‴. —

Diese Art geht von allen Araras am weitesten nach Süden und war ehedem auch in den waldigen Umgebungen Rio de Janeiros anzutreffen; jetzt hat sie die bevölkerten Gegenden längst verlassen. Sie liebt die großen Urwälder in der Nähe der Flüsse, so lange sie durch Ebenen strömen, und steigt nicht gern in die höheren Gebirgswaldungen hinauf. Jetzt findet man sie noch am unteren Parahyba und Rio da Pomba, gleichwie weiter nordwärts in allen dichteren Küstenwäldern, bis gegen Bahia hin; aber auch südlicher als Rio de Janeiro, in St. Paulo, kommt sie noch vor. Im Innern traf sie Azara unterm 28° S. Br. Mein erstes Zusammentreffen mit ihr erfolgte den 26. April 1851 am Rio da Pomba im dichtesten Walde, wo ein frischer Weg durchgeschlagen war (vergl. meine Reise S. 274). Der laute, ganz krähenartige Ruf des auffliegenden Vogels überraschte mich und ich erkannte denselben bald an seiner Größe und seiner glänzenden Färbung. Ich kann nicht leugnen, daß der Ton mit dem Namen des Vogels Arara Aehnlichkeit hat; aber er klang tiefer, wie ein Kehllaut, der in Kreischen überging, und ich zweifle nicht, daß er andern Ohren völlig wie Arara vorkommen wird. Ueberhaupt ist die Bezeichnung der Thierstimmen großen Verschiedenheiten unterworfen, weil andere Nationen andere Laute wahrnehmen, als wir; woraus sich die Verschiedenheit der Angaben erklärt. So leugnet z. B. der Prinz zu Wied die Aehnlichkeit der Stimme mit dem Namen. Nach den ausführlichen Berichten dieses sorgfältigen Reisenden nährt sich der Vogel hauptsächlich von den Früchten der Sapucaya (Lecythis Ollaria), der Juvia (Bertholletia excelsa) und mehreren mehlhaltigen Palmenbeeren, wie der Licuri (Cocos capitata) oder Aricuri (Cocos coronata), deren rothgelbe Frucht-Trauben selbst für Menschen genießbar sind und diesen Vögeln vortrefflich munden müssen. Auch mit den Früchten der Schlingpflanzen, unter denen besonders die von den Brasilianern Spinhia genannten Formen ihnen Nahrung liefern, sieht man sie häufig beschäftigt. — Alle diese Pflanzen gedeihen nur im dichten Urwalde, und das ist auch der Standort der Vögel; auf die offenen Campos kommen sie nicht, und kaum betreten sie die lichteren Waldungen des Innern fern von den größeren Flüssen; aber dort, wo auch der Urwald stets am besten gedeiht, kann man Araras mit Sicherheit erwarten. Man sieht sie aber nur in kleinen Zügen und öfter als andere Papageien auch einsam; in große Schaaren, wie manche kleineren Arten, kommen sie nicht vor. —

Anm. Im nördlichen Süd-Amerika tritt statt der eben beschriebenen eine sehr ähnliche Art auf, welche früher häufig mit ihr verwechselt worden ist. Ich setze darum ihre Diagnose her, obgleich sie in Brasilien wohl nicht, und gewiß nur in der Nähe des Amazonenstromes, gefunden wird.

M. Aracanga *Gmel. Linn.* S. Nat. I. 1. 313. — *Lath.* Ind. orn. I. 83. 2. — *Le Vaill.* l. l. I. 7. pl. 2. — *Wagl.* Mon. Psitt. 210. 38. — *Schomb.* Reise brit. Guy. III. 729. 287. Ps. erythroxanthus *Gesn.* Av. I. 720.

Im Rumpf etwas kleiner als die vorige Art, aber durch den viel längeren Schwanz größer erscheinend. Kopf, Hals und Rumpf roth gefärbt; die Flügel auf der Außenseite blau, der Ton voller, dunkler; obere Flügeldeckfedern gelb, grün gesäumt; untere roth, gleich wie die vier mittleren Schwanzfedern, die vier äußeren obenauf blau, unten roth; die Schwingen an der Innenfahne schwärzlich. Backen weiß bepudert, ohne Spur von Federnreihen. Schnabel, Iris und Füße genau wie bei der vorhergehenden Art. Ganze Länge 36—38", der Schwanz 23—24". —

2. Macrocercus Ararauna *Linn.*

Psitt. Ararauna *Linn.* S. Nat. I. 139. 3. — *Lath.* Ind. orn. I. 83. 4. — *Buff.* pl. enl. 36. — *Le Vaill.* l. l. I. 9. pl. 3. — *Pr. Max* Beitr. IV. 153. 2. — *Schomb.* Reise brit. Guy. III. 130. 288.
Sittace Ararauna, *Wagl.* Mon. Psitt. 211. 39.
Arara-Una, *Marcgr.* h. nat. Bras. 206.
Canindé, *Azar.* Apunt. II. 400. 272.

Ganze Rückenseite nebst den Steißfedern grünlich hellblau, Stirn rein grün; Unterseite dottergelb; oberste Kehle, Schnabel und Füße schwarz.

Etwas kleiner als die zuerst beschriebene Art im Rumpfe, aber mit viel längerem Schwanze. Der lange nicht so starke, gegen den Rücken schmälere und mehr zugerundete als abgeplattete Schnabel ist ganz schwarz; seine hakige Spitze hat unten nur am Anfange Feilenfurchen, hernach ist sie glatt; die nackten Wangen, Zügel, Augenränder und Backen sind dicht weiß bepudert und mit drei Reihen kleiner schwarzer Federn geziert, die vom Zügel unter dem Nasenloch ausgehen und divergirend unter dem Auge fort zum Ohr hinlaufen. Die Iris ist hell grünlichweiß. Das Gefieder beginnt vorn an der Stirn mit grünen Federn, wird aber bald hellblau, mit grünlichem Anflug und erstreckt sich in dieser Farbe über die ganze Rückseite des Körpers bis zum Schwanz. Unten haben die langen Schwanzdecken oder Steißfedern dieselbe Farbe. Die Schwingen sind an der Außenfahne dunkler blau gefärbt, an der Innenfahne schwärzlich; auf der Unterfläche haben alle einen gelben aber matten Ton, der gegen die Ränder hin bräunlich grau wird. Ebendieselbe Farbe zeigen sämmtliche Steuerfedern des Schwanzes; sie sind oben blau, unten matt gelb, mit bräunlichen Rändern. Die ganze Unterseite des Halses und Rumpfes, die Innenseite des Flügels, und die Beine sind schön und rein dottergelb, nur die Kehle rings um den Schnabelgrund ist schwarz, welche Farbe allmälig nach außen in Olivengrün übergeht. Die Füße sind schwarzgrau und die langen stärker zusammengedrückten Krallen schwarz. —

Im Flügelschnitt gleicht die Art der ersten, aber die ersten Federn sind spitzer und ihre Längenunterschiede bedeutender; die zweite, längste, ist $1\frac{1}{2}''$ länger als die dritte, und $2\frac{1}{4}''$ länger als die erste; der Schwanz hat die anderthalbmalige Länge des Rumpfes. Ich finde 37″ Gesammtlänge, davon beträgt der Schnabel $2\frac{1}{4}''$, der Schwanz 20″, die Flügel 15″, der Lauf 1″, die äußere Vorderzehe mit der Kralle $3\frac{1}{2}''$; der Schnabel ist am Grunde $2\frac{1}{3}''$ hoch. —

Der Araraunа führt völlig dieselbe Lebensweise, wie der Macao, geht aber nicht so weit südwärts, wohl aber weiter nach Norden, denn er ist auch in Guyana häufig angetroffen. Der Prinz zu Wied konnte den Vogel nicht selbst erlegen, erhielt aber bestimmte Nachricht, daß er südlich von Bahia am Rio Pardo und bei Iiboya vorkomme. Er erwähnt seine Verbreitung besonders über das Flußgebiet des Rio St. Franzisco und ebenda beobachtete ihn A. de St. Hilaire in der Nähe von Contendas (Prem. Voy. II. 376), woselbst er in kleinen Trupps zwischen den Burity-Palmen (Mauritia vinifera) sich zeigte und deren Früchte verzehrte. Schomburgk giebt gleichfalls Palmennüsse und Beeren (von Astrocaryum, Bactris und Maximilianea-Arten) als seine Hauptnahrung an. Er sah den Vogel in großer Anzahl am Rio Takutu auf Uferbäumen sitzen, wo er des Morgens unter knurrenden Tönen seine Federn vom nächtlichen Thau reinigte, und von Zeit zu Zeit mit seinem Nachbar liebkosend tändelte; eine Gewohnheit, die den meisten Papageien eigen ist. Sein Nest findet sich ebenfalls in Baumlöchern, oder in hohlen Palmenstämmen, und enthält zwei ganz weiße, etwa 20‴ lange Eier. —

Nach dem Prinzen zu Wied heißt der Vogel bei den Einwohnern Callindé; St. Hilaire nennt ihn Canindé und behauptet, daß der Name Ararauna nicht dieser Art, sondern der folgenden ursprünglich zukomme. —

Anm. Azara beschreibt als Canindé (Apunt. II. 400. 272) einen Vogel, den Wagler (Mon. Psitt. 212. 40) als eigene Art aufführt, weil er viel kleiner sei und eine blaue (nicht schwarze) Kehle habe. Im spanischen Original ist aber deutlich gesagt, daß das Individuum, welches Azara untersuchte, unvollständige, in der Mauser begriffene Flügel hatte, also auch einen nicht ausgewachsenen Schwanz. Zieht man dessen zu 14″ angegebene Länge, von der Gesammtlänge 26″ ab, so bleibt 12″, was ziemlich die Körperlänge eines nicht ganz ausgewachsenen Vogels ist. Ich stimme darum Vieillot bei, wenn er Azara's Canindé für einerlei mit dem M. Araraura hält und für ein jüngeres Kleid ansieht. Nach Azara ginge alsdann diese Art im Innern bis 24° 30′ S. Br. hinab. —

3. Macrocercus hyacinthinus *Lath.*

Vieill. Gal. d. Ois. II. 3. pl. 24.
Psittac. hyacinthinus, *Lath.* Ind. orn. I. 84. 5.
Psittacus augustus *Shaw*, Mus. Lever. 59. — zool. Misc. tb. 609.
Anodorhynchus Maximiliani *Spix* Av. Bras. I. 47. tb. 11.
Sittace hyacinthina *Wagl.* Mon. Psitt. 214. 43.

Einfarbig dunkel ultramarinblau, über die nackten Backen geht vom Nasenloch zum Ohr ein dicht befiederter Streif; Schnabel und Füße schwarz. —

Schnabel von sehr bedeutender Größe, viel stärker als bei der vorigen Art, die Firste stark gewölbt, mit zwei stumpfen Seitenkanten, der Endzahn ungemein lang, der Mundrand sanft geschwungen, ohne zahnförmigen Absatz, glänzend schwarz. Zügel dicht befiedert, indem sich vom Mundwinkel ein nach hinten breiterer, dichterer Federnstreif zum Ohr hinzieht, daher von den nackten Backen nur ein breiter Ring um das Auge und die Gegend am Unterkiefer übrig bleibt; diese nackten Stellen gelb gefärbt, leicht bepudert. Ganzes Gefieder ultramarinblau, der Scheitel, Nacken, die Flügel und der Schwanz dunkler gefärbt; die Kehle, Brust und der Bauch heller, in gewisser Richtung blaß himmelblau schillernd; Flügel auf der Innenseite, die Innenfahne und Unterseite der Schwingen, nebst der Unterseite des Schwanzes matt schwarz; die äußeren obersten Deckfedern der Flügel schwärzlich gesäumt. Füße schwarzgrau, die Krallen hornbraun; die Iris schwarzbraun. —

Ganze Länge 38″, Schnabel 4¼″, Flügel 16″, Schwanz 22″, Lauf 1½″, vordere Außenzehe mit der Kralle 4″. —

Dieser schöne Vogel bewohnt das Stromgebiet des Rio St. Francisco, besonders unterhalb der Verbindung mit dem Rio das Velhas, und erstreckt sich von da westwärts bis gegen den Amazonenstrom hinauf. Er ist weniger scheu, als der blau und gelbe Ara, wird aber nirgends so häufig oder in so zahlreichen Schwärmen angetroffen. Nach Aug. de St. Hilaire sieht man ihn stets nur paarweis. Derselbe Beobachter versichert (Prem. Voy. II. 376), daß eigentlich diese Art den Namen Ararauna bei den Eingebornen führe, was „schwarzer Ara" bedeute, womit die gleiche Angabe von Spix, daß die Brasilianer den Vogel Arara preto nennen, gut zusammenstimmt. Ich selbst habe den Vogel nicht beobachtet, da er über den 16° S. Br. nicht hinabzugehen scheint. —

Anm. Es kommen im Innern Süd-Amerika's noch andere, ganz blaue

Aras vor, deren Verbreitung bis in das mittlere Brasilien zweifelhaft ist, daher ich sie nur kurz bezeichne.

1. M. glaucus *Vieill.* nouv. Dict. d'hist. nat. II. 259. — *Wagl.* Mon. Psittac. 214. 42. tb. 26. — Azul, *Azar.* Apunt. II. 402. 273. — Gleicht im Gefieder völlig der vorstehenden Art, ist aber viel matter gefärbt und beträchtlich kleiner. Das Kolorit fällt am Kopf und Rumpf ins Graue, auf den Flügeln mehr ins Himmelblaue, am Schwanzrücken ins Grünliche; die Unterseite der Schwingen und Steuerfedern ist schwarzbraun; der Schnabel am Grunde schwarz, nach der Spitze hin heller. Ganze Länge 28″, Schnabel 3″, Flügel 13″, Schwanz 14″, Lauf 1″, lange Vorderzehe ohne Kralle $1^2/_3$″. Von Azara in Paraguay bis zum 33° S. Br. beobachtet, auch am Uruguay und bei Montevideo. —

2. M. Spixii *Wagl.* Mon. Psitt. 213. 41. — Arara hyacinthinus *Spix* Av. Bras. I. 25. tb. 23. — Ganz himmelblau, der Scheitel und die Flügel dunkler; letztere inwendig und der Schwanz unten schwarz. Zügel und Wangen ganz nackt, gelblich weiß, die Ohrgegend graulich; Schnabel nicht sehr groß, schwarz, die Spitze beider Kiefer und der Rücken des Oberkiefers weißlich; Iris weiß. Ganze Länge 18″, Schnabel $1^1/_3$″, Flügel $6^1/_2$″, Schwanz $9^3/_4$″. Am Amazonenstrom. —

4. Macrocercus severus *Linn.*

Psittac. severus *Linn.* S. Nat. I. 140. 6. — *Lath.* Ind. orn. I. 85. 10. — *Pr. Max* Beitr. IV. 155. 3. — *Le Vaill.* hist. nat. d. Perr. 19. pl. 8. 9. — *Wagl.* Mon. Psitt. 204. 33.
Maracana, *Marcgr.* hist. nat. Bras. 207.

Grün, Scheitel ins Bläuliche spielend; Stirn kirschrothbraun; Schwingen obenauf blau, unten roth; Schwanz am Grunde roth, am Ende blau.

In der Gestalt, schon wegen der viel geringeren Größe, durch zierlichere Form von den vorhergehenden Arten abweichend; der Schnabel kleiner, schmäler, auf der gerundeten Rückenfirste eine schwache Furche; am Grunde schwarz, an der Spitze graulich. Wachshaut und nackte Wangen gelblich fleischfarben, mit Reihen kleiner spitzer, schwarzer Federn, die am Zügel einen Wirtel bilden, und sowohl vor dem Auge hinauf, als auch unter dem Auge fort gegen das Ohr hinstreichen. Anfang der Stirn dunkelkirschrothbraun, Scheitel bis zum Nacken bläulich grün, von da ab der ganze Rumpf schön und lebhaft grün, mit einem Strich ins gelbliche, desgleichen die äußeren Flügeldeckfedern; die inneren vorderen und die Gegend am Handgelenk hell zinnoberroth, die übrigen trübroth. Schwingen und vorderste große Deckfedern obenauf blau, unten trübroth; die Handschwingen am Innenrande schwärzlich, die Armschwingen am Außenrande grün. Schwanzfedern roth, aber nicht frisch, sondern bräunlich blutfarben, an den Rändern grünlich, die Spitze blau. Flügelschnitt minder spitz, die zweite und dritte Schwinge gleich lang, die vierte noch länger als die erste. Füße schwarz, Iris gelblich.

Ganze Länge 20″, Schnabel $1^1/_2$″ lang, $1^1/_3$″ hoch; Flügel 10″, Schwanz $9^1/_3$″, Lauf 9‴, vordere Außenzehe 20‴. —

Ich habe diesen Papagei auf meiner Reise nicht angetroffen, er lebt nördlicher und wurde vom Prinzen zu Wied, der seine südliche Grenze auf den 19° Br. setzt, erst am Rio Mucuri und Belmonte beobachtet, woselbst er häufig war und den Namen Anacan führte. Nach der Angabe Lichtenstein's (Abh. d. Berl. Ac. a. d. Jahr. 1815 — 16 pag. 167) ist er der Maracaná von Marcgraf, was um so eher richtig erscheint, als diese Art grade bei Bahia sehr gewöhnlich sein soll. Sie lebt zur Brutzeit paarig, übrigens in Gesellschaft, liebt besonders die Frucht der Jandiróba (Feuillea cordifolia) des Jikitibá und eine andere mit milchigem Safte, welche der Prinz nicht kannte. Den Maispflanzen werden ihre Schwärme sehr gefährlich. Beim Nahrungsuchen in den Baumkronen sind sie, wie viele Arten, gesprächig; lassen allerlei sonderbare Laute, wie Knurren, Locken, Flüstern, hören, und fliegen mit kreischendem Geschrei davon, sobald man ihnen nahe kommt. Ihr Flug ist reißend schnell.

5. Macrocercus Illigeri *Kuhl.*

Psittac. Illigeri *Kuhl.* Conspect. 19. 10. — *Pr. Max* Beitr. IV. 160. 4. — *Wagl.* Mon. Psitt. 201. 31. — *v. Tschudi*, Fn. per. Orn. 44. 1. 271.
Psitt. Maracana *Vieill.* N. D. II. 260. — Enc. 1417.
Arara purpureodorsalis *Spix.* Av. Br. I. 26. tb. 24.
Maracaná afeytado, *Azar.* Ap. II. 405. 274.

Grün, Kopf ins Bläuliche spielend; die Stirn, die Mitte der Unterbrust und des Oberrückens roth; Flügel außen bläulich, innen gelblich; Schwanz am Grunde roth, an der Spitze blau, unten gelblich.

Etwas kleiner als die vorige Art, besonders der Schwanz relativ kürzer. Hauptfarbe des Gefieders ein schönes frisches Grün, das ins Gelbliche spielt; der Kopf, besonders auf dem Scheitel und an den Backen, bläulich graugrün; die Mitte der Stirn, unmittelbar am Schnabel, hellblutroth. Schwingen außen blau, innen blaßgelb, der Innenrand schwärzlich; die hintersten Armschwingen obenauf grün, die vordersten an der Spitze eigenthümlich buchtig ausgeschweift. Unterbrust zwischen den Schenkeln und der Oberrücken zwischen den Schultern hellroth. Schwanz am Rande trüb rothbraun, die beiden mittleren längsten Federn auch etwas über die Mitte ebenso gefärbt; die Spitze aller Federn lebhaft himmelblau, die Unterseite blaßgelb, der Innenrand geschwärzt. — Schnabel kleiner als bei M. severus, namentlich nicht so stark gekrümmt, die Rückenfirste deutlicher abgeplattet und seicht gefurcht; schwarzbraun gefärbt, der Grund etwas heller, die Spitze graulich. — Wangen nur zwischen dem Mundwinkel und dem Auge, bis hinter dieselben, nackt, röthlich gelb gefärbt; fast unbefiedert, nur mit Reihen sehr feiner schwärzlicher Borstenfedern besetzt. — Iris außen orange, nach innen allmälig matt braun gefärbt. — Beine fleischrothgelb, mit bräunlichen nach der Spitze dunkleren Krallen; die Warzenbildung nur auf den Zehen, zumal gegen die Spitze hin, deutlich. —

Ganze Länge 16″; der Schnabel 1″ 5‴ lang, 1″ 4‴ hoch am Grunde; Flügel 8″, Schwanz 7″, Lauf 7‴, längste Vorderzehe ohne die Kralle 14‴. —

Die Flügel sind bei meinem Exemplar im Nachwachsen begriffen und vielleicht nur darum hat die erste Feder genau die Länge der zweiten, hinter welcher die dritte wenig, die vierte aber schon 14‴ an Länge zurückbleibt. Am Schwanz ist die äußere kleinste Feder etwa halb so lang, wie die mittleren längsten.

Diesen Papagei erhielt ich bei Neu-Freiburg, aber nur einmal; er ist kein Freund der Gebirgswaldungen, sondern lebt mehr in den unteren Ebenen, nahe den Strommündungen, wo er namentlich am Parahyba, zwischen Capo frio und der Mündung des Flusses, häufig vorkommt. In seiner Lebensweise stimmt er mit der vorigen Art überein, deren Stelle er auch im ganzen südlichen Brasilien vertritt. Azara hat ihn in Paraguay und v. Tschudi in Peru beobachtet. Spix giebt die Campos von Bahia als Fundort seiner Exemplare an. —

6. Macrocercus nobilis *Linn.*

Psittac. nobilis *Linn.* Mus. Ad. Frid. Regis 13. — *Lath.* Ind. orn. I. 85. 9. — *Pr. Max* Beitr. IV. 165. 5. — *Wagl.* Mon. Psitt. 199. 29. — *Schomb.* Reis. III. 729. 284.
Psitt. guianensis *Kuhl.* Consp. pag. 19. No. 11.
— cumanensis *Lichtenst.* Doubl. 6. 8.
Psittacara frontata *Vig.* zool. Journ. II. 389 (1826).
Arara macrognathus *Spix* Av. Bras. I. 26. tb. 25.

Grün, die Stirn himmelblau; die inneren Flügeldeckfedern roth; Innenseite der Schwingen und des Schwanzes blaßgelblich. —

Beträchtlich kleiner als alle früheren Arten, nur so groß wie Conurus guianensis; lebhaft grün gefärbt, die Stirn bis zum Scheitel und den Augen himmelblau. — Innenseite der Flügel bis zu den großen Deckfedern und der äußere Rand am Handgelenk hell zinnoberroth; die Schwingen und der Schwanz unten blaßgelb, am Innenende getrübt. — Schnabel weißlich, die Kinngegend des Unterkiefers grau; Backen weiß, ohne alle Federreihen, die Gegend am Unterkiefer nicht so breit nackt, wie bei den früheren Arten. Iris orangefarben. Füße dunkelgrau, die Krallen hornbraun. —

Länge 13″, Länge des Schnabels 1″ 4‴, des Flügels 6″ 10‴, des Schwanzes 6½″, der größten Vorderzehe 10‴ ohne den Nagel.

Die Art ist im mittleren Brasilien zu Hause, aber nicht häufig; man findet sie schon nördlich von Rio de Janeiro am Rio Macahé und weiter hinauf am Rio Peruhype (18° Br.). Spix traf sie dicht bei Bahia; Schomburgk auf der Savanne bei Pirara. Ihre Lebensart ist die der vorigen. —

Anm. Im inneren Brasilien, näher dem Amazonenstrom, kommen noch zwei Spezies vor, deren Haupt-Gebiet eigentlich außerhalb der Grenzen Brasiliens fällt. Es sind:

1. M. militaris *Linn. Lath.* Ind. I. 83. 3. — *Le Vaill.* Perr. 11. tb. 4 u. 15. tb. 6. — *Wagl.* Mon. 206. 35. — *Brehm.* Mon. f. 4. Taf. 5 u. f. 6, Taf. 8. — Bläulich grün, die Stirn blutroth, die Backen weiß mit Reihen kleiner bräunlicher Federn; Bauchseite und Flügelbug bräunlich überlaufen. Schwingen außen blau, innen grüngelb, der Saum geschwärzt; Schwanz am Grunde roth, am Ende blau, unten grünlich gelb; die äußere Feder jeder Seite ganz blau. Schnabel und Füße schwarz. Länge 2′, Flügel 14″, Schwanz 15″. Am oberen Amazonenstrom, besonders in Columbien, Peru, Ecuador, Panama und Mittel-Amerika zu Hause.

2. M. Macavuana *Gmel. Lath.* Ind. I. 84. 6. — *Buff.* pl. enl. 864. — *Wagl.* Mon. 202. 32. — *Schomb.* Reis. III. 729. 285. — *Le Vaill.* 17. tb. 7. — Aiuru-catinga *Marcgr.* h. n. Bras. 207. — Hellgrün, Stirn und Kehle ins Bläuliche spielend; Schwingen außen blau, unten grünlich gelb; Bauch zwischen den Schenkeln roth gefleckt. Backen weiß, nackt; Schnabel und Füße schwarz. Länge 17″, der Flügel 10″, des Schwanzes 8″. — Im Innern Brasiliens (Goyaz, Mato grosso), wo er die luftigen Catinga-Wälder bewohnt; auch nördlicher am Amazonenstrom und besonders in Guyana eine der gemeinsten Arten, hier die Ita-Palme (Mauritia flexuosa) als Lieblingsaufenthalt wählend. —

2. Gatt. Conurus *Kuhl.*

Consp. Psitt. 4. (Nov. act. ph. med. Soc. Caes. L. C. n. c. X. 1830).

Sittace *Wagl.*

Brasilianisch Periquittos.

Kleinere Papageien mit starken Schnäbeln, aber befiederten Wangen, deren ganzes Gefieder kürzer, rundfedriger gebaut ist und deren Schwanz eine mäßige Länge neben spitzer Keilform besitzt. Sie haben nur z. Th. noch einen nackten Ring um die Augen; bei den kleineren Arten reicht das Gefieder bis dicht ans Auge heran. Der Schnabel hat eine kürzere breitere Form, eine stumpf abgesetzte, leicht gefurchte Firste und leicht befiederte Wachshaut, in welcher, vom borstigen Gefieder umgeben, die kleinen Nasenlöcher unmittelbar vor der Stirn sich befinden.

Die Perikittos, wie diese kleinen keilschwänzigen Papageien in Brasilien genannt werden, leben in mäßigen Trupps und lassen sich sehr selten einzeln sehen; zur Brutzeit hält sich das Pärchen stets dicht zusammen. Ihr Gefieder ist größtentheils grün. —

a. Mit breiter nacktem Augenring.

α. Schnabel hell gefärbt, im getrockneten Zustande weißlich.

1. Conurus guianensis *Briss.*

Psitt. guianensis *Briss.* Av. IV. 331. 59. pl. 28. f. 1. — *Lath.* Ind. orn. I. 96. 41. — *Buff.* pl. enl. 407. (jung), 167 (alt). — *Pr. Max* Beitr. IV. 169. 6. — *Wagl.* Mon. 198. 28. — *Schomb.* Reis. III. 720. 283.
Le Vaill. Perr. pag. 35. pl. 14 et 15.
Maracaná verde, *Azar.* Apunt. II. 415. 275.
Maracaná in Brasilien. —
Varietät mit ganz rothen unteren Flügeldecken.
Sittace euops. *Wagl.* Mon. 176. 6. — Tab. 24, Fig. 2.

Grün, hie und da eine rothe Feder am Kopfe und Halse; Unterseite und Rand der Flügel am Handgelenk roth, die großen Deckfedern darunter gelb; Schwingen und Schwanz unten gelblich. —

Eine der stärker gebauten Arten, mit dickem, breitem Kopf; großem, im Alter blaß fleischbraun (getrocknet weißlich) gefärbten Schnabel und breit nacktem, graulich überlaufenem Augenringe. Gefieder lebhaft grün, Unterfläche heller als der Rücken, die mittleren Scheitelfedern am dunkelsten grün, heller gerandet. Hie und da am Kopf und Halse eine rothe Feder, die aber auch fehlen können. Iris orange. Innenseite der Flügel am Handgelenk und Außenrande lebhaft zinnoberroth, welche Farbe sich bald mehr, bald weniger nach der Tiefe hinabzieht und bei jungen Vögeln viel blasser, beschränkter ist, ja oft nur auf die Mitte der einzelnen Deckfedern sich erstreckt; untere große Deckfedern gewöhnlich blaßgelb, selbst die vorderste äußere mitunter ebenso gefärbt; bisweilen grünlich grau, gelb gerandet, zumal wenn auch die kleinen Deckfedern meist grün gesäumt sind. Schwingen und Schwanz außen grün, innen blaßgelb, die Schwingen schwärzlich gesäumt. Beine dunkel fleischroth, grau überlaufen, die Krallen hornbraun. —

Ganze Länge 13″ 6‴, Schnabel 1″ 2‴ lang, 1″ 3‴ hoch am Grunde, Flügel 7″, Schwanz 6″, Lauf 7‴, Außenzehe vorn 1″ ohne die Kralle.

Der Papagei ist die gemeinste Art der Perikittos in den von mir bereisten Gegenden; man hört und sieht ihn täglich in den Wäldern um Neu-Freiburg, wo er in Menge mir gebracht wurde. Diese Exemplare sind etwas kräftiger gebaut, als andere in unserer Sammlung, welche nördlicher erlegt wurden; namentlich ist der Schnabel stärker, am Grunde breiter, bauchiger. Einer von denselben hat gar keine rothen Federn, ein anderer eine einzelne rothe Stirnfeder, und bei diesem Exemplar sind die unteren Deckfedern des Flügels am ganzen Rande grün, die großen Deckfedern nicht gelb. Am Flügel sind die zweite und dritte Schwinge die längsten, und die vierte ist noch etwas länger als die erste; jene hat eine auffallend schlanke, ausgeschweifte Spitze, welche bei dem Exemplar mit unten grünem Flügelrande nicht so bemerkbar ist. Das scheint die weibliche, die andere Form die männliche zu sein. —

Jüngere Vögel sind matter gefärbt, haben keine zerstreuten rothen Federn und die Innenseite des Flügels scheint nur auf der Mitte röthlich hindurch.

Die Art verbreitet sich durch ganz Süd-Amerika, von Columbien bis Paraguay; Spix traf sie in Minas geraes bei Diamantina (Tijuca) und hielt sie mit Kuhl für Ps. nobilis.

2. Conurus acuticaudatus *Vieill.*

Vieill. Enc. meth. 1402. — N. Dict. XXV. 369. — ***Wagl.*** Mon. 200. 30. — ***Desm.*** Icon. ornith. pl. 31.
Aratinga haemorrhous ***Spix.*** Av. Bras. I. 29. tb. 13.
Maracaná cabeza azulada, ***Azar.*** Apunt. II. 421. 278.

Grün, Stirn himmelblau, Schwingen und Schwanz unten blaßgelb, die Basis der Steuerfedern weinrothbraun. —

Der Papagei hat die Gestalt und Größe der vorigen Art, auch in der Hauptsache dieselbe Farbe, doch ist der Schwanz relativ etwas länger, also auch spitzer. Der Schnabel ist gelblich hornfarben, nach der Basis etwas grauer; die Iris orange, der nackte Augenring graulich fleischfarben. Das ganze Gefieder hat eine lebhafte grüne Farbe, nur die Stirn ist bis zum Scheitel hinauf himmelblau. Die Flügel sind etwas dunkler grün, die Schwingen innen blaßgelb, schwärzlich gesäumt; der Schwanz obenauf ebenfalls grün, unten blaßgelb an der Spitze, weinrothbraun am Grunde, mit Ausschluß der zwei mittleren Federn, welche ganz grün gefärbt sind. Die Beine sind fleischroth, grau überlaufen, die Krallen hornbraun. —

Ganze Länge 14″, des Schnabels 1″ 3‴, des Flügels 7″ 3‴, des Schwanzes 7″, des Laufs 7‴.

Diese Art bewohnt das Camposgebiet im Innern Brasiliens und verbreitet sich vom Amazonenstrom bis nach dem Rio Paraguay; Spix erhielt sie im Sertong von Bahia bei Campo alegro, mir selbst kam sie nicht vor. —

3. Conurus luteus *Briss.*

Psittac. brasil. lutea *Briss.* Orn. IV. 369. 74. — *Lath.* Ind. orn. I. 92. 32. — *Buff.* pl. enl. 525. — *Le Vaill.* Perr. pl. 20. —
Psitt. Guaruba *Gmel. Linn.* S. Nat. I. 1. 320. — *Kuhl.* Consp. 23. no. 17. —
Aratinga Carolinae *Spix.* Av. Bras. I. 29. 1. tb. 12.
Quijuba-Tui, *Marcgr.* h. n. Bras. 207. — *Licht.* Abh. d. B. Ac. 1815. 167.

Gelb, Schwungfedern außen grün, innen schwärzlich. —

Ein sehr schöner Perikitto, so groß wie die vorigen Arten, der Schnabel noch stärker und kräftiger, hell horngelbgrau gefärbt; der nackte Augenring schmal, weißlich; die Iris dunkel orange. Ganzes Gefieder lebhaft und hell dottergelb, nur die Schwingen außen grün, innen gelblich grün, schwarz gesäumt mit gleichfarbiger Spitze. Beine fleischroth, grau überlaufen, die Krallen braun. —

Ganze Länge 14″ 6‴, des Schnabels 1″ 7‴, des Flügels 6″ 6‴, des Schwanzes 6″ 6‴, des Laufs 7‴.

Die Art ist im nördlichen Brasilien, zu beiden Seiten des Amazonenstromes, einheimisch; Spix erhielt seine Exemplare bei Para; sie geht bis Pernambuco und Bahia hinab, ist aber nirgends häufig.

β. Schnabel dunkel gefärbt, im getrockneten Zustande hornbraun.

4. Conurus solstitialis *Linn.*

Psitt. solst. *Linn.* S. Nat. I. 141. 12. — *Lath.* Ind. orn. I. 92. 31. — *Kuhl,* Consp. p. 27, No. 29. — *Wagl.* Mon. Ps. 193. 23. —
Psitt. luteus *Vieill.* — *Le Vaill.* Perr. tb. 18 et 19. — *Spix.* Av. Bras. I. 30. tb. 14 a.

Gelb, Backen und Bauchmitte roth; Schwingen und Schwanzfedern am Grunde grün, am Ende blau, die letztern z. Th. mit gelber Spitze. —

Kleiner als die vorigen Arten, schlanker und schmäler; Schnabelrücken kaum gefurcht, blasser am Grunde, übrigens braun; Iris orange, nackter Augenring fleischfarben. Gefieder des Rumpfes und der Flügel bis zu den großen Deckfedern bei alten Vögeln rein gelb, bei jüngeren etwas ins Grünliche fallend. Stirn, Backen, Schläfen und Mitte der Brust roth, beim alten Männchen diese Stellen lebhafter und voller gefärbt, als beim Weibchen. Große äußere Flügeldeckfedern grün, mit gelblicher Spitze. Schwingen am Grunde und Vorderrande grün, dann blau, die Spitze der hinteren gelblich; Unterfläche aller schwärzlich. Schwanzfedern auf der Oberseite grünlich, gegen das Ende hin blau, unten blaßgelb mit schwärzlichen Rändern; die Spitze der vier äußeren jeder Seite gelblich. Beine fleischbraun, graulich angelaufen.

Ganze Länge 11″ 10‴, Schnabel 1″, Flügel 6″, Schwanz 6‴. — Erste Schwinge so lang wie die vierte, zweite und dritte die längsten; die vierte fein zugespitzt, stark am Vorderrande geschweift. —

Der Guaruba, wie dieser Perikitto im nördlichen Süd-Amerika genannt wird, bewohnt die Gegenden am Rio Negro und Rio Branco zu beiden Seiten des Amazonenstromes, und verbreitet sich von da nach Norden bis ins Gebiet des Orinoco und Essequebo; er lebt, wie die übrigen Arten, gesellig und wird besonders gern von den Eingebornen, deren Lieblingsart er ist, eingefangen. Schomburgk fand ihn am häufigsten in den Umgebungen des Roraima-Gebirges, wo ihrer stets 20—30 in jeder Indianer-Niederlassung angetroffen wurden. —

5. Conurus auricapillus *Ill.*

Kuhl. Consp. Psitt. p. 20. No. 12. — ***Pr. Max*** Beitr. IV. 178. 8. — ***Licht.*** Doubl. 6. 9.
Sittace Jendaya ***Wagl.*** Mon. 191. 22.
Psitt. Jendaya, ***Gmel. Linn.*** S. Nat. I. 1. 319. — ***Lath.*** Ind. orn. I. 92. 30.
Aratinga chrysocephalus ***Spix.*** Av. Bras. I. 30. tb. 14 (altes Männchen).
— aurifrons ***Spix.*** ibid. 32. tb. 16 (jüngere und weibliche Vögel). —
Jendaya, ***Marcgr.*** h. nat. Bras. 206.
Nandaya im mittleren Brasilien.

Grün, gelb angeflogen; Stirn, Backen und Brust roth; große Deckfedern, Schwingen und Schwanz zur Hälfte blau, unten schwärzlich. —

Von der Größe der vorigen Art; der Schnabel etwas kräftiger, die Firste deutlicher abgesetzt, leicht gefurcht, hornschwarz; Iris perlgrau; nackter Augenring fleischfarben. Gefieder beim jüngeren Vogel vorherrschend grün, mehr oder minder stark gelblich angeflogen; je älter um so gelber, zuletzt fast ganz gelb am Kopfe, Halse, Nacken und der Brust bis zu den Schenkeln. Stirn roth, desgleichen die Backen und die Halsseiten; der Scheitel selbst bei jüngeren Vögeln schon gelblicher, als das übrige Gefieder. Unterbrust und Bauch bis zu den Schenkeln roth angeflogen und um so deutlicher gefärbt, je älter das Individuum ist; Schenkel, Steiß und Bürzel grün, die Spitze der Federn z. Th. roth. Flügel in jedem Alter außen grün, innen roth; große äußere Deckfedern blau mit grünem Rande; Schwingen grün, die Spitze und Innenfahne blau, der Saum und die Unterfläche geschwärzt. Schwanz obenauf moosgrün, unten schwarz; die Spitze und der Außenrand der seitlichen Federn blau. Beine schwärzlich grau. —

Junge Vögel sind vorherrschend grün und um so matter gefärbt, je jünger; mit zunehmendem Alter färbt sich zuerst der Scheitel und dann der ganze Kopf, Hals, Nacken und die Brust bis zu den Schenkeln hinab gelblich, wobei die unterste und oberste Partie dieser Gegenden immer deutlicher roth auftreten läßt. Rein gelb werden an den genannten Stellen nur die alten Männchen (*Spix.* tb. 14.); beim Weibchen erscheinen Stirn, Backen und Brust zwar ebenso roth, wie beim Männchen, aber die gelbe Farbe dazwischen fällt mehr ins Grüne.

Ganze Länge 12½", Schnabel 14"', Flügel 6" 3"', Schwanz 6". — Erste Schwinge länger als die vierte, zweite länger als die dritte, die vierte an der Spitze plötzlich verschmälert, ausgeschweift an beiden Seiten.

Dieser schöne Perikitto vertritt die Stelle des vorigen im mittleren Brasilien; der Prinz zu Wied fand ihn an der ganzen Küste vom Rio Parahyba bis Bahia; Spix beobachtete ihn in Minas geraes und Piauhi. Hier im Norden scheint er entschiedener gelb zu werden, wenigstens sind mir und dem Prinzen zu Wied keine so gelben Exemplare auf unserer Reise vorgekommen, wie das bei Spix von daher abgebildete. In ihrer Lebensweise weicht die Art von den übrigen Perikitten nicht ab.—

b. Der nackte Augenring ist schmal und geht nur wenig über die Augenlider hinaus, wenn er nicht ganz fehlt.

α. Hellgrüne, z. Th. gelb gezeichnete Arten, deren Schwanz unten blaßgelb oder licht grünlich gefärbt ist.

aa. Schnabel grau; vierte Schwinge abgesetzt zugespitzt.

Die Form der vierten Schwinge ist merkwürdig, indem sich die Spitze durch eine Verschmälerung der Außenfahne und tiefe Bucht der Innenfahne scharf absetzt und eine feinere, schmälere Spitze bildet. Selbige ist viel länger und spitzer bei dem einen (männlichen) Geschlecht, als bei dem anderen. Die hieher gehörigen Arten verhalten sich darin wie die vorhergehenden der ersten Gruppe mit breit nackten Augenringen.

6. Conurus flaviventris.

Sittace flaviventris, *Wagl.* Mon. Psitt. 196. 26.
Maracaná del cabeza y encuentro roxo, *Azar.* Apunt. II. 418. 276.

Grün, der Bauch gelb; Stirn, Flügel außen und innen am Handgelenk, nebst einem Streif auf der Schulter roth; Schwingen größtentheils blau.

Die Art ist nur aus Azara's Beschreibung bekannt, welche folgendermaaßen lautet.

Die Grundfarbe des Körpers ist ein etwas ins Dunkle fallendes Grün; ein lebhaft rother Fleck dehnt sich von der Stirn bis zur Mitte des Kopfes aus. Von derselben Farbe ist die Gegend am Handgelenk, 8"' breit nach außen und innen auf die Deckfedern sich erstreckend und ein Streif, der aus den vordersten äußeren großen Deckfedern besteht. Außerdem finden sich einige rothe Federn mitten im Achselgefieder und ein mehr rothgelber Ring auf den Federn am Hackengelenk der Beine. Die Handschwingen sind grün, an der innern Hälfte der Fahne blau violett. Dieselbe Farbe zeigen auch die Armschwingen; auf der Innenseite sind beide hell meergrün. Der Schwanz hat obenauf eine grüne Feder, die übrigen sind am Grunde grün, an der Spitze gelblich und in der Mitte zwischen beiden Farben roth. Der Bauch ist gelb. Der Schnabel schwarzbraun mit hellerer Spitze; die Iris rein gelb, der nackte Augenring bläulich weiß, die Beine perlgrau. —

Ganze Länge gegen 13″, Körper ohne den Schwanz 6½″, Schnabel 11‴, Unterschenkel 2″, Lauf 11‴.

Azara beobachtete ein in der Gefangenschaft gehaltenes Exemplar dieser Art im nördlichen Paraguay (30° 30′ S. Br.) an der brasilianischen Grenze, und sah einige Male Individuen fliegen, welche er zu derselben Art rechnet. Der Schwanz war verstümmelt, wird aber 6″ nicht viel an Länge überschritten haben. —

7. Conurus canicularis *Linn.*

Psittacus canicularis ***Linn.*** Syst. Nat. I. 142. 16. — ***Lath.*** Ind. orn. I. 94. 37. — ***Buff.*** pl. enl. 767.
Psitt. aureus ***Gmel. Linn.*** S. Nat. I. 1. 329. — ***Kuhl.*** Consp. 25. No. 22. — ***Pr. Max*** Beitr. IV. 174. 7. — ***Wagl.*** Mon. Ps. 187. 18.
Psitt. brasiliensis ***Briss.*** Orn. IV. 337. 61. — ***Lath.*** Ind. orn. I. 108. 63. — ***Buff.*** pl. enl. 838. — ***Le Vaill.*** Perr. I. tb. 41.
Tui Apute-juba ***Marcg.*** h. nat. Bras. 206.
Maracaná frente naranjada, ***Azar.*** Apunt. I. 426. 280. —

Grün, Stirn breit dottergelb, bläulich eingefaßt; Handschwingen innen, Armschwingen außen blau, beide unten wie der Bauch und Schwanz blaßgelbgrün.

Die Farbe des Rückens ist ein lebhaftes frisches Grün, die des Bauches und der Brust gelblicher grün, an der Kehle bis zur Oberbrust graugrün. Die ganze Stirn am Schnabelgrunde ist lebhaft dottergelb, welche Farbe indeß nach hinten immer blasser, nach vorn tiefer und röthlicher wird. Rund um dieselbe herum ist das Kopfgefieder himmelblau, verwäscht sich aber bald nach hinten in Grün. Die Armschwingen sind am Vorderrande, die Handschwingen am Hinterrande blau, letztere schwärzlich gesäumt; die erste Schwinge ist etwas kürzer, als die zweite längste, und so lang wie die dritte; die merklich kürzere vierte hat eine schmale beiderseits ausgeschweifte Spitze. Unten ist der ganze Flügel blaßgelb, die Endpartie der Schwingen etwas trüber und geschwärzt. Der Schwanz hat oberhalb eine grüne, unten eine blaßgelbgraue Farbe mit schwärzlichen Spitzen. — Der Schnabel ist horngrau, an der Spitze blasser, die Rückenfirste deutlich gefurcht; der nackte Augenring hat eine grauliche Farbe, die Beine sind schwarzgrau, die Iris hat innen einen graubraunen, nach außen einen trüb rothgelben Ring. —

Ganze Länge 10″ 9‴, Schnabel 10‴, Flügel 5″ 8‴, Schwanz 5″, längste Vorderzehe 8‴ ohne Kralle. —

Die Art war häufig in den Umgebungen von Neu-Freiburg; sie verbreitet sich sowohl weiter nördlich, als auch südlich bis Paraguay, wo Azara sie beobachtete; der Prinz zu Wied fand den Vogel erst am Rio Espirito Santo; in Guyana scheint er nicht mehr vorzukommen. —

8. Conurus pertinax *Linn.*

Psittac. pertinax *Linn.* S. Nat. I. 145. 15. — *Lath.* Ind. orn. I. 94. 34. — *Buff.* pl. enl. 528. — *Le Vaill.* Perr. pl. 34—36. — *Kuhl.* Consp. p. 24, No. 20. — *Wagl.* Mon. Psitt. 190. 21. — *Schomb.* Reis. III. 728. 281.
Conurus inornatus *Kuhl.* Syn. pag. 92, No. 167.
Conurus chrysophrys *Swains.* two Cent No. 120.

Grün, Bauch gelblich; Kehle und Oberbrust graugrün, Backen und Augengegend dottergelb. Schwingen nach innen blau. —

Ganz vom Ansehn der vorigen Art und deren Stellvertreter in den nördlichen Gegenden Brasiliens. — Gefieder lebhaft grün, die Bauchseite blasser, gelblicher; die Gegend vor den Schenkeln mitunter wirklich gelb. Stirnrand, Augengegend, Backen, Kehle und Anfang des Halses dottergelb; der Vorderhals und die Oberbrust trüb grünlich grau, der Scheitel bläulich grau. Schwingen äußerlich blau, mit grünem Vorder- und schwärzlichem Hinterrande; die Innenseite schwarzgrau. Schwanz oben grün, unten gelblich, grau angelaufen. Schnabel ziemlich hell hornbraun, der nackte Augenring kaum abgesetzt, die Iris mit innerem dunkler braunem, äußerem gelbem Ringe. Beine fleischbraun, weißgrau angeflogen.

Ganze Länge 10″, Schnabel 11‴, Flügel 5″ 6‴, Schwanz 4″ 8‴. —

Bewohnt die nördlichen Gegenden am Amazonenstrom und Guyana, wo ihn Schomburgk nur auf der Savanne antraf. —

9. Conurus aeruginosus *Linn.*

Psittac. aeruginosus *Linn.* S. Nat. I. 142. 17. — *Lath.* Ind. orn. I. 95. 38. — *Edw.* Glean. tb. 177. —
Psittac. Cactorum *Pr. Max. z. Wied* Reis. n. Bras. II. 168. 232. 344. — Dessen Beitr. IV. 193. 11. (1.) — *Kuhl.* Consp. Psitt. 82. No. 143. — *Wagl.* Monogr. Psitt. 189. 20.
Aratinga flaviventris *Spix.* Av. Bras. I. 33. tb. 18.

Grün; Stirn, Backen, Kehle und Oberbrust graulich; Bauch bis zum After gelb; vordere große Flügeldeckfedern und Spitzen der Schwingen blau. —

Gleicht in Größe und Ansehn sehr der vorigen Art; das Gefieder hat dieselbe lebhaft grüne Farbe, ist an der Unterfläche heller und geht am Bauch bis zum After hin in reines Dottergelb über. Die Stirn ist bis zum Scheitel hinauf bräunlich olivengrün; die Kehle, der Vorderhals und die Oberbrust sind trüber graugelblich grün; am Augenrande stehen einige gelbe Federn. Die Flügel innen, die Schenkel und unteren Schwanzdecken bleiben grün; nur die vordersten großen Deckfedern und die Schwingen sind blau, am Innenrande schwärzlich gesäumt, am Außenrande grün. Der Schwanz ist oben grün, unten gelblich, die mittelsten Federn haben bläuliche Spitzen. — Der Schnabel ist trüb weißlich-horngrau, nach der Basis zu dunkler; die Iris schmal orange gesäumt, die nackten Augenlider grau; die Beine fleischroth, dunkelgrau überlaufen. —

Ganze Länge 9″ 8‴, des Schnabels 11‴, des Flügels 5″, des Schwanzes 4″ 4‴, der größten Vorderzehe 8‴. —

Der Prinz zu Wied beobachtete diese Art zwischen den Catinga-Wäldern des Sertong von Bahia auf offenen Triften an Cactus, von deren Früchten sich die Vögel ernährten; wobei dieselben, von Staude zu Staude fliegend, ihre laute gellende Stimme hören ließen, aber stumm blieben, so lange sie an den Pflanzen Früchte suchten. Spix erlegte Individuen in Minas novas bei Contendas und nördlicher in Piauhy. —

Anm. Nach Wagler (a. a. O.) ist Aratinga Caixana (nicht ninus) *Spix*. Av. Bras. I. 34. tb. 19. f. 1. auf ein im Schwanze unvollständiges Exemplar dieser Art gegründet. Mir scheint der gelbe Streif auf den Flügeln, durch die hinteren großen Deckfedern hervorgebracht, bedenklich; indessen auch der kann, wie die viel blassere Farbe, Folge der Gefangenschaft sein, worin das abgebildete Exemplar gehalten worden war.

10. Conurus murinus *Gmel.*

Psittac. murin. *Gmel. Linn.* S. Nat. I. 1. 327. — *Lath.* Ind. orn. II. 100. 55. — Pl. enl. 768. — *Kuhl.* Consp. 28. no. 30. — *Wagl.* Mon. Psitt. 176. 7. — *Darwin*, Zool. of the Beagle. Birds. 112. Reise I. 158.
Psittac. buccalis *Bechst. Lath.* Uebers. d. Vög. etc. — *Kuhl.* Consp. 26. 26.
— cotorra *Vieill.* Enc. 1396. — N. D. XXV. 362.
— cinereicollis *Vieill.* l. l.
Maracaná viudita, *Azar.* Apunt. II. 431. 282.

Grün; Stirn, Kehle, Vorderhals und Oberbrust graulich; Schwingen blau, grün gesäumt.

Aehnelt dem C. aureus und C. pertinax, hat aber keine gelben Zeichnungen. Das ganze Gefieder ist lebhaft und frisch grün; die Stirn bis zum Auge, die Kehle, der Vorderhals und die Oberbrust hellgrau; auf der Brust haben die Federn gelbliche Ränder. Der Flügel erscheint ebenfalls grün, aber bläulicher; denn die Schwungfedern sind eigentlich blau, haben aber breite grüne Randsäume und werden nach innen schwärzlich. Der Schwanz ist oben grün, unten lichter, grasgrünlich blau. — Der Schnabel hat eine ziemlich lichte graugelbliche Farbe, die Iris ist braun, der nackte Augenring sehr schmal, ganz wie bei Ps. pertinax; die Füße sind bräunlich grau. —

Ganze Länge 10″ 6‴, Schnabel 9‴, Flügel 5″ 10‴, Schwanz 4″ 9‴. —

Diese Art gehört dem Süden Brasiliens bei Montevideo und am Uruguay an; sie lebt in den dortigen Wäldern ganz nach der Weise der Perikittos und ist häufig. Azara beobachtete den Vogel in Paraguay, von wo er sich westwärts bis an die Cordilleren verbreitet. Dem mittleren und nördlichen Brasilien fehlt die Art. —

bb. Schnabel röthlich weiß, fleischfarben; vierte Schwinge nicht abgesetzt zugespitzt, sondern stumpf, wie die folgenden.

11. Conurus viridissimus *Temm.*

Kuhl. Consp. p. 25. No. 24. — *Pr. Max* Beitr. IV. 198. 12. — *Buff.* pl. enl. 837.
Psittac. rufirostris *Illig. Licht.*
Aratinga acutirostris *Spix* Av. Bras. I. 32. tb. 15. f. 1.
Psittac. Tirica *Gmel.* — *Lath.* Ind. orn. I. 134. 158.
Conur. Tiriacula *Gray*, *Schomb.* Reis. III. 727. 278.

Grün, Kehle und Bauch blasser gelblich grün; Schwingen außen blau, innen blaßgrünlich. —

Dieser kleine, hell fleischroth schnäblige Perikitto hat, gleich den folgenden, einen schmäleren, mehr zusammengedrückten als gewölbten Schnabel, dessen Firste zugeschärft und durchaus nicht gefurcht ist; dabei tritt die Wachshaut breiter hervor und das Nasenloch liegt freier da. Ein kleiner, nackter, grauer Augenring ist vorhanden. Die Iris ist graubraun. Das ganze Gefieder hat eine lebhaft grüne Farbe, die Zügel, Backen und Kehle sind gelblich grün; die Bauchseite ist blasser und nach hinten ebenfalls gelblicher; ebenso ist die Innenseite der Flügel gefärbt. Außen haben die Flügel, besonders vorn am Rande, einen olivenbräunlichen Ton, der nach unten schärfer grün wird; die Schwingen sind blau, aber der vordere Rand grünlich, der innere schwärzlich und die Innenseite hell bläulich weißgrau. Die mittleren Schwanzfedern spielen auch ins Blaue, die

Unterfläche des Schwanzes ins Gelbe. Die Beine sind fleischfarben, graubraun angelaufen.

Ganze Länge 10″, Schnabel 10‴, Flügel 4″ 8‴, Schwanz 4″ 6‴, größere Vorderzehe 7‴ ohne Kralle.

Das Weibchen ist überall matter gefärbt als das Männchen, dessen Flügel namentlich blauer erscheinen; die jüngeren Vögel haben einen graulich grünen Ton, und fast ganz grüne Flügel, indem das Blau der Schwingen noch sehr verloschen und unter dem breiteren grünen Außenrande versteckt ist. Auch die Flügeldeckfedern sind bräunlicher grün, als am alten Vogel.

Im ganzen Küstenwaldgebiet Brasiliens ist diese Art eine der gemeinsten; mir wurden mehrmals lebendige Exemplare gebracht, welche man gern einfängt und in den Zimmern hält, namentlich in kleineren Ortschaften. Von ihrer Lebensweise ist nichts Eigenthümliches zu berichten.

Anm. Der Prinz zu Wied bezweifelt, daß Psitt. Tirica *Gmel. Lath.* zu dieser Art gehöre, weil letzterer unter den kurz geschwänzten Papageien stehe. Indessen zeigt die von Latham angezogene Taf. 837 der pl. enl., wo der Vogel unzweifelhaft gemeint ist, daß Buffon's Autorität ihn zu dieser falschen Ansicht bestimmte. Jüngere Vögel haben übrigens einen viel kürzeren Schwanz als die alten.

12. Conurus virescens *Gmel.*

Psittac. viresc. *Gmel. Linn.* S. N. I. 326. — *Lath.* Ind. orn. I. 100. 51. — *Buff.* pl. enl. 359. — *Le Vaill.* Perr. pl. 57. — *Wagl.* Mon. 174. 4.

Grün; große äußere Deckfedern am Grunde weiß, am Ende gelb; Armschwingen weiß, gelbgrün gesäumt. —

Kaum so groß wie die vorige Art, dunkelgrün; der Schnabel blaß fleischfarben, stark zusammengedrückt und etwas kleiner; die Augengegend weißlich, die Iris braun. Flügel mit einer gelben Binde, welche von den am Grunde weißen, am Ende schief vorgestoßen gelben, großen Flügeldeckfedern gebildet wird; darunter eine weiße Binde, welche hauptsächlich von den Armschwingen herrührt. Der Daumenfittig ist himmelblau, der Flügelrand vor ihm weiß. Die Handschwingen sind außen tief himmelblau, innen schwärzlich; die vierte oder fünfte bekommt eine weiße Basis, die allmälig breiter wird und an den Armschwingen sich bis zur Spitze herauf erstreckt. Der Endrand ist dann schwarzgrün gesäumt und die Außenfahne mehr oder minder gelb überlaufen. Der Schwanz ist obenauf grün, unten bläulich. Die Beine sind fleischbraun, die Nägel dunkler.

Ganze Länge 8″ 6‴, Schnabel 9‴, Flügel 4″ 6‴, Schwanz 3″ 6‴. —

Diese Art ist weder dem Prinzen zu Wied, noch mir auf der Reise vorgekommen; sie gehört den inneren Gegenden am Amazonenstrom an und scheint nicht weiter südlich zu gelangen. Von ihrer Lebensweise ist nichts Eigenthümliches bekannt. —

Anm. Azara's Maracaná ala amarilla (Apunt. II. 434. 283.), welchen man zu dieser Art rechnet, scheint eher zu Con. xanthopterus *Spix.* zu gehören, weil nichts von den weißen Schwingen gesagt ist.

13. Conurus xanthopterus *Spix.*

Aratinga xanthopterus *Spix.* Av. Bras. I. 31. tb. 15, Fig. 2. — *Wagl.* Mon. Psitt. 173. 3.
Maracaná ala amarilla, *Azar.* Apunt. II. 434. 283. ?

Hellgrün, die Bauchseite blasser; über die Flügel eine blaßgelbe Binde; Schwingen und Schwanz bläulich grün. —

So groß wie die vorige Art, aber auffallend schlank gebaut; der Schnabel niedrig, die Spitze lang aber wenig gekrümmt, der Rand davor ganz grade, blaß fleischfarben. Ein nackter Augenring fehlt; die Iris ist braun. Das ganze Gefieder hellgrün, der Rücken dunkler als der Bauch; am dunkelsten die Decken der Flügel, bis zu den großen Deckfedern, welche hell limonengelb gefärbt sind. Der Daumenfittig spielt tief blau, die Schwingen und Schwanzfedern sind außen rein aber dunkel grün, innen blaß spangrün; die Handschwingen haben einen schwärzlichen Innensaum und schwarze Schäfte. Die Beine sind fleischbraun.

Ganze Länge 10″, Schnabel 10‴, Flügel 5″, Schwanz 4″ 9‴. — Am Flügel ist die erste Schwinge etwas länger als die dritte, und die zweite länger als beide; die vierte verkürzt sich beträchtlich. Der Schwanz ist auffallend schmalfedrig und daher sehr schlank und spitz.

Der Vogel war in den Umgebungen von Neu-Freiburg häufig; ich sah täglich kleine Gesellschaften desselben bei meinen Excursionen im Walde, wo sie ganz die Lebensweise der übrigen Arten führten.

Anm. 1. Nach Wagler ist Psittaculus xanthopterygius *Spix* Av. Bras I. 38. tb. 34 f. 1 et 2 der junge eben flügge Vogel dieser Art. Spix erhielt ihn in Minas geraes, will dagegen die alte Form erst am Amazonenstrom gefunden haben. Gegen Azara's Maracana ala amarilla spricht nur der viel längere Schwanz unserer Art; seine Länge ist zu $2\frac{2}{3}$″ angegeben, also nur halb so groß.

2. Es schließen sich an diese Gruppe noch einige kleinere Arten, welche bloß im nördlichen Brasilien vorkommen, daher ich sie hier kurz definire.

a. Conurus chrysopterus: Grün, Scheitel himmelblau; der Stirnrand, die Kinngegend und eine Binde am Flügel goldgelb; Schwingen neben dem Schaft blau, dann schwärzlich gesäumt. — Tuipara *Marcgr.* h. nat. Bras. 206. — Psittacus Tuipara *Linn. Lath.* Ind. orn. I. 129. 141. (alt) und Ps. chrysopterus ibid. 140. (jung). — *Le Vaill.* Perr. tb. 58. 59. — Ps. cajennensis *Swains*, zool. Ill. pl. 1. — *Wagl.* Mon. Psitt. 171. 1. Ganze Länge $7\frac{1}{2}$″. —

b. Conurus Tui: Grün, Stirn bis zum Scheitel gelb; Bauchseite gelblich, Rückenseite bläulich überlaufen. Schwingen auf der Innenseite blau. — Tui

Marcgr. h. nat. Bras. 206. — Psitt. Tui *aut. Lath.* Ind. orn. I. 134. 160. — *Le Vaill.* Perr. pl. 70. — *Buff.* pl. enl. 456, Fig. 1 (jung). — *Wagl.* Mon. Psitt. 172. 2. — Ganze Länge 7″; der Schnabel dieser Art ist dunkler gefärbt, mehr braunroth als rosa; Schwanz relativ kürzer. —

Psittac. Tovi *aut. Lath.* Ind. orn. I. 134. 157. — *Buff.* pl. enl. 190. 1. und Psitt. Sosove *aut. Lath.* ibid. 159. — *Buff.* l. l. 456. 2. sind durch Zähmung entstellte Individuen, und scheinen beide zu Conurus chrysopterus zu gehören. —

β. Buntfarbige Perikittos mit ganz oder wenigstens auf der Unterseite rothem Schwanze.

Auch diese Gruppe hat mancherlei Selbstständigkeiten. Ihr Körperbau ist schlanker, gestreckter; der Kopf kürzer, höher, wegen des dicken und hohen, allermeist horngrauen gewölbten, Schnabels, dessen Firste deutlich abgesetzt und gefurcht ist, und der wieder die schmale, buchtige Wachshaut der ersten Section besitzt. Ihre Färbung fällt dunkler und bunter aus; die Schwingen sind intensiver blau, der Schwanz ganz oder unterhalb roth, die Beine braungrau und ebenfalls dunkel gefärbt. Der Flügelschnitt ist breiter und an der vierten Schwinge fehlt die abgesetzte, schlanke Spitze.

14. Conurus lepidus *Illig.*

Wagl. Mon. Psittac. 180. 10.
Aratinga perlatus *Spix* Av. Bras. I. 35. tb. 20.

Grün; Scheitel braun; Nacken, Halsseiten, Kehle und Oberbrust grau, dunkler gewellt; innere Deckfedern der Flügel roth, Schwingen blau, Schwanz kirschroth. —

Der Oberkopf bis zum Nacken ist braun; die vordersten Stirnfedern schillern grün; die Backen sind vorn erzgrün, hinten blaugrün; der Nacken, die Seiten des Halses, die Oberbrust und die Kehle bis zum Kinn sind von graugelben Federn bekleidet, deren Basis dunkler und der Rand heller gefärbt ist, zuletzt aber doch einen schwärzlichen Vorstoß haben. Rücken, Unterbrust, Bauch und die Flügel außen sind dunkelgrün; die Seiten- und Steißfedern bläulich; die Mitte der Brust rothbraun gefleckt; die kleinen Deckfedern der Innenseite und der Rand am Handgelenk haben eine frische Zinnoberfarbe. Die Schwingen sind tief blau, unten und am Innenrande schwarz. Der Schwanz ist obenauf kirschrothbraun, unten schwarzbraun. — Der Schnabel hat die gewöhnliche Hornfarbe, die Wachshaut ist etwas heller, der breite nackte Augenring fleischrothgelb, die Iris braun, die Beine dunkelbraun. —

Ganze Länge 10″, Schnabel 10‴, Flügel 5″, Schwanz 5″, längste Vorderzehe ohne Kralle 9‴. —

Diese schöne Art gehört den inneren Gegenden am Amazonenstrom an, wo sie Spix zuerst beobachtete; Illiger kannte sie von Para, woher auch mein Exemplar stammt; weiter nach Süden scheint sie nicht, wohl aber tief ins Innere bis zum Fuß der Cordilleren sich auszubreiten.

Anm. Wagler hat die beiden von Spix abgebildeten Vögel in 2 Arten getrennt, was ich nicht für richtig halte; Spix scheint nur junge Vögel mit matter Färbung, mehr Roth am Flügelbug und hellerem Schwanze gekannt zu haben; wenigstens sind die von ihm angegebenen Maaße viel geringer, als die meines Individuums. Sittace chlorogenys *Wagl.* l. l. 181. 11. ist die jugendliche Form, welche Spix für das Weibchen erklärt. —

15. Conurus versicolor *Gmel.*

Psittac. versic. *Gmel. Linn.* S. Nat. I. 1. 327. — *Lath.* Ind. orn. I. 101. 52. — *Buff.* pl. enl. 144. — *Le Vaill.* Perr. pl. 16. — *Wagl.* Mon. Ps. 185. 16. — *Schomb.* Reise, III. 728. 280.
Psittac. Anaca *Raj.* Syn. 35. 8. — *Lath.* Ind. orn. I. 131. 149.
Anaca *Marcgr.* h. nat. Bras. 207. —

Grün, Bauchmitte, Rücken und Bürzel roth; Scheitel dunkelbraun; Schläfen, Backen und Augengegend rothbraun; Vorderhals, Kehle, Nacken und Brust braun, die Federn rothgelb gesäumt; Schwingen blau, Unterseite des Schwanzes roth. —

Diese Art ist der vorigen höchst ähnlich, von derselben Größe und dunkelgrüner Hauptfarbe; aber der Rücken ist bis zum Schwanz hinab roth gefärbt, anderer Unterschiede nicht zu gedenken. Der Scheitel ist einfarbig braun, die Stirnfedern haben dunkelblaue Ränder; die Gegend am Schnabelgrunde und Auge ist rostroth, mit ebensolchen blauen Rändern; vom Nacken bis zur Brust, an der Kehle und dem Vorderhalse haben die Federn eine trüb braune Farbe, mit breiten orangegelben, oder hell rostrothen Rändern. Die Flügel zeigen bloß am Bug einen rothen Rand; die inneren Deckfedern sind grün; die Schwingen sind blau, innen schwarz, außen grünlich gesäumt, unten ganz schwarz. Mitten auf der Brust liegt vor den Beinen ein großer rother Fleck. Der Schwanz ist obenauf purpurviolett, unten hell blutroth gefärbt, also unten heller als obenauf; während bei der vorigen Art seine Färbung sich umgekehrt verhält.

Ganze Länge 10″, Schnabel 9‴, Flügel 4″ 10‴, Schwanz 4″ 8‴, Lauf 5‴. —

Der Anacan-Perikitto ist hauptsächlich in Guyana zu Hause, kommt aber bis nach Brasilien; er bewohnt dichte Waldungen, ist sehr scheu und wird nicht gezähmt. Schomburgk, der ihn neuerdings am Canuku-Gebirge beobachtete, sagt, daß er in Guyana zu den seltenen Arten gehöre. —

16. Conurus cruentatus *Pr. Wied.*

Pr. Max. z. Wied, Reise n. Bras. I. 53. 72. II. 147. 341. — Dess. Beitr. z. Nat. Bras. IV. 183. 9. — *Wagl.* Mon. Psitt. 186. 17.
Psitt. erythrogaster *Licht.* Doubl. etc. 7. 16.

Conurus squamosus *Kuhl.* Consp. 20. no. 13. — *Temm.* pl. col. 338.
Aratinga cyanogularis *Spix* Av. Bras. I. 33. tb. 17.
Psittacara Lichtensteinii *Vig.* zool. Journ. II. 389. 1826.
Tiriba der Brasilianer.

Grün; Schwingen blau, schwarz gesäumt; Scheitel braun, die Federn gelb gerandet, Zügel und Backen kirschroth; Rücken und Bauchmitte blutroth; Schwanz obenauf gelbgrün, unten blutroth.

Etwas größer und namentlich kräftiger gebaut, als die beiden vorhergehenden ähnlichen Arten, und leicht von ihnen an dem obenauf gelbgrünen Schwanz zu unterscheiden. Die Hauptfarbe ist ein schönes dunkles Grün; Stirn, Scheitel und Nacken sind schwarzbraun, die einzelnen Federn schmal gelb gerandet; die Halsseiten hinter dem Ohr sind ganz ledergelb; die Ohrklappe dagegen, die Backen und Zügel dunkel kirschrothbraun; die Gegend am Unterkiefer erzgrün, die Kinngegend weißlich. Um den ganzen Hals zieht sich vor dem grünen Gefieder ein himmelblauer Ring, der sich auf der Brust etwas ausbreitet. Der Mittelrücken und die Mitte des Bauchs sind dunkel blutroth; die Schwanzdecken grün, die oberen gelblicher, olivenfarben, wie der Schwanzrücken; die Unterfläche des Schwanzes ist blutroth, jede Feder mit olivenfarbener Spitze. Die Flügel sind außen wie innen grün, nur der meist unter dem Gefieder versteckte Rand vor der Handwurzel ist lebhaft roth; die Schwingen blau, am äußeren Rande grün, am inneren schwarz gesäumt; auf der Unterseite gelblich. Die vierte Schwinge ist länger als die erste, und die zweite die längste. Schnabel hornschwarz, mit weißgrauer Spitze; Iris orange, Beine schieferschwarz; der nackte Augenring schmal, schwärzlich. —

Ganze Länge 11″, Schnabel 1″, Flügel 6″, Schwanz 5″, Lauf 8‴, längste Vorderzehe ohne die Kralle 10‴. —

Die Art bewohnt das Küsten-Waldgebiet des mittleren Brasiliens; ich erhielt sie bei Novo Friburgo, Spix bei Rio de Janeiro, der Prinz zu Wied von Cabo Frio bis zum Rio Espirito Santo. Nordwärts wird sie seltner, geht aber doch bis Bahia. Ihre Lebensweise ist die gewöhnliche.

17. Conurus leucotis *Licht.*

Kuhl. Consp. Psitt. 21. 15. — *Pr. Max* Beitr. etc. IV. 188. 10. — *Wagl.* Mon. Psitt. 178. 8. —
Aratinga Ninus *Spix* Av. Bras. I. 34. tb. 19, f. 2.
Tiriba-pequena der Brasilianer.

Grün, Scheitel braun, Stirn und Backen kirschroth, Ohrdecke weiß; Brust weiß und schwarz quer gestreift; Bauchmitte, Rücken und Schwanzspitze roth; Schwingen blau.

Offenbar der zierlichste und eleganteste aller Perikitto's; auffallend schlank, mit kleinem hohen Kopf, starkem dicken Schnabel und sehr langem Schwanz. Scheitel braun, die vorderen Federn metallisch bläulich grün; Stirnrand, Zügel, Backen und Kehle kirschroth; Ohrdecke weißlich. Hals, Rumpf und Flügel dunkelgrün; der Anfang des Halsgefieders bläulich, die Mitte der Brust olivengrün; alle Federn am Vorderhalse und der Brust mit weißem, schwarz gerandetem Bogenstrich am Ende. Flügel am Bug roth, die Schwingen außen blau, grün angeflogen, innen schwarz; die vierte spitzer als die anderen, die zweite die längste. Bauchmitte und Unterrücken blutroth; der Schwanz am Grunde grün, dann obenauf kirschroth, unten blutroth. Schnabel horngrau mit weißlicher Spitze, Iris orange umsäumt; Augenring schwärzlich, aber sehr schmal; Beine dunkel aschgrau.

Ganze Länge 9″, Schnabel 8‴, Flügel 4″ 8‴, Schwanz 4″ 4‴, große Vorderzehe ohne Kralle 7‴. —

In denselben Gegenden, wie die vorige Art, und keineswegs selten; ich erhielt den Vogel in Neu-Freiburg.

18. Conurus vittatus *Shaw.*

Psittacus vittatus *Shaw.*, gen. Zool. — *Kuhl.* Consp. Psitt. 21. no. 14. — *Wagl.* Mon. Ps. 179. 9. — *Le Vaill.* Perr. pl. 17.
Psitt. undulatus *Ill. Licht.* Doubl. 7. 15.
Aratinga fasciatus *Spix* Av. Bras. I. 35. tb. 21.
Psitt. frontalis *Vieill.*

Grün, Stirnrand kirschroth; Brust gelbgrau, weißlich und bräunlich in die Quere gestreift. Schwingen blau; Schwanz obenauf olivengrün, unten blutroth, wie die Bauchmitte. —

Oberseite gleichförmig und lebhaft grün gefärbt, die Federn des Kopfes und Nackens dunkler umrandet; vorderste Stirnfedern und die Zügel dunkel kirschroth; Ohrdecke gelbbraun, silberglänzend. Vorderhals und Brust gelblich graugrün, heller und dunkler quer gestreift; d. h. jede Feder mit heller Endbinde und dunklem Rande. Bauch zwischen den Beinen blutroth. Flügel außen und innen grün; die Handschwingen bläulich spangrün, unten schwarzgrau; schlanker zugespitzt, die vierte länger als die erste, die zweite die längste, aber alle 4 wenig verschieden. Schwanz obenauf olivengrün, gegen die Spitze hin heller, gelblicher; auf der ganzen Unterseite blutroth, die Spitzen der Federn gelbgrau angeflogen. Schnabel horngrau, die Spitze blasser. Iris orange; Augenring klein, schwarzgrau; Beine schiefergrau.

Ganze Länge 11″, Schnabel 10‴, Flügel 5″ 2‴, Schwanz 5″, große Vorderzehe ohne die Kralle 9‴. —

Im Innern Brasilien's (Minas geraes, St. Paulo).

II. Papageien mit breitem oder kurzem Schwanze.

Der Schwanz hat bei den Arten dieser Abtheilung keine allgemeine Form; bald sind die Federn breit und gerundet, bald schmal und spitz; aber es fehlt ihm die Länge der vorigen Section und besonders die starke stufenförmige Absetzung der einzelnen Federn. Mit dem breiteren Bau der Schwanzfedern harmonirt übrigens auch hier das ganze Gefieder; die einzelnen Federn sind kürzer, schuppenförmiger und darum ist ihre Anzahl, besonders am Kopf und Halse, beträchtlicher. —

3. Gatt. Deroptyus *Wagl.*

Kopf von einer weiten, durch das verlängerte Nackengefieder bewirkten, beweglichen Holle umgeben; das Stirn- und Scheitelgefieder klein, glatt anliegend. Schnabel groß und stark, mit scharf abgesetzter, kantiger, gefurchter Rückenfirste; kräftigem stumpfen Zahn am Rande und scharf vortretender Kinnkante; die Wachshaut kurz, Sförmig am Rande geschweift, mit vortretendem Nasenloch. Um das Auge ein breiter nackter Ring. Flügel bis zur Mitte des Schwanzes reichend, die einzelnen Federn stumpf zugespitzt, die erste beträchtlich verkürzt, die dritte die längste, die zweite gleicht der vierten. Schwanz ziemlich lang und breit, die einzelnen Federn gerundet, die drei äußeren jeder Seite etwas stufig verkürzt. Beine ziemlich schwach, aber langzehig, mit scharfen, spitzen, aber nicht großen Krallen. —

Deroptyus coronatus *Linn.*

Psittacus coronatus *Linn.* S. Nat. I. 143. 21. — *Lath.* Ind. orn. I. 106. 74.
Psittac. accipitrinus *Linn.* ibid. 148. 38. — *Edw.* Av. 4. tb. 165. — *Lath.* Ind. l. l. 111. 89. — *Spix* Av. Bras. I. 44. tb. 32 a. — *Wagl.* Mon. Psitt. 79. — *Schomb.* Reise, I. 720. 243.
Psitt. elegans *Clus.* Exot. 365. — *Buff.* pl. enl. 526.
— violaceus *Gmel. Linn.* S. Nat. I. 1. 337. — *Lath.* Ind. orn. I. 112. 91. — *Du Tertre* h. n. d. Antill. II. 250.

Kopf, Vorderhals und Kehle graugelb; die großen Nackenfedern roth, blau gesäumt; übrigens grün, der Bauch blau und roth gewellt; die Schwingen und Schwanzfedern unten schwarz. —

Dieser schöne Papagei vertritt die Stelle des Kakadus in Amerika, ist aber hier der einzige seines Gleichen. Sein großer starker Schnabel ist hornbraungrau mit hellerer Spitze, der nackte Augenring schwärzlich; die Iris außen gelb gerandet, nach innen graulich grün. Das Kopfgefieder ist anfangs klein und blaß gelbgrau; nur der äußerste Stirnrand und die

Zügel sind braun; nach hinten wird es dunkler, indem die allmälig größer Federn dunklere Säume und helle Schaftstriche bekommen; der eigentliche Nackenkragen ist trüb blutroth, mit himmelblauem Saume an jeder Feder. Von den Schultern herab ist die Farbe ein reines, aber nicht sehr helles Grün, das nach hinten dunkler wird. Die Handschwingen sind ganz, die Armschwingen unten und innen schwarz gefärbt. Der Schwanz wird gegen die Spitze zu bläulich und ist auf der Unterseite ebenfalls schwarz. Von der Brust herab bis über den ganzen Bauch haben die Federn einen trüb blutrothen Endfleck, der von einem auf der Brust grünen, am Bauch himmelblauen breiten Saume umfaßt wird; auch die langen, wie bei Raubvögeln abstehenden Schenkelfedern haben eine ähnliche Zeichnung, aber der grüne Endsaum ist viel breiter. Die Beine sind schieferschwarz. —

Ganze Länge 14″, Schnabelbogen 1½″, Flügel 7″, Schwanz 5½″, vordere längste Zehe ohne die Kralle 15‴. —

Der Stand dieses schönen Vogels ist in Brasilien auf die Gegend am Amazonenstrom beschränkt; dort traf ihn Spix bei Villa nova. Im britischen Guyana findet man ihn, nach Schomburgk, minder häufig, als die eigentlichen Papageien; er lebt meist paarweis, seltner in kleinen Gesellschaften; sucht gern die niedrigen Wälder in der Nähe der Ansiedelnngen auf, ist zutraulich, leicht zähmbar, aber weichlich und ungelehrig. Seine Stimme klingt wie Hia-hia; er nistet ebenfalls in Baumlöchern und legt mehr als 2 Eier, mitunter 4. Gereizt sträubt er seine schönen Nackenfedern in einem weiten Halbkreise empor. —

4. Gatt. Triclaria *Wagl.*

Papageien von mittlerer Größe mit stark seitlich zusammengedrücktem hohen Schnabel, dessen Firste zwar schmal, aber sehr scharfkantig abgesetzt und gefurcht ist; der Zahn am Rande des Schnabels ist niedrig, aber scharf; die Wachshaut nur da, wo das Nasenloch liegt, bemerkbar. Ein nackter Augenring fehlt. Das Kopfgefieder ist lose gefügt, großfedrig und gleichförmiger, ohne schuppenförmigen Absatz der einzelnen Federn. Die Flügel zeichnen sich durch die schlank zugespitzte, auswärts gebogene Form ihrer vorderen Handschwingen aus, unter denen die zweite bis vierte gleich lang und die längsten sind. Besonders macht sie der lange, gleichbreite Schwanz kenntlich, dessen Federn einzeln etwas zugespitzt, aber nicht scharfspitzig gestaltet und dabei fast ganz gleich lang sind; nur die zwei äußersten jeder Seite verkürzen sich ein wenig. Die Beine sind zierlicher gebaut, als bei den ächten Papageien. —

Triclaria cyanogastra *Pr. Wied.*

Psittac. cyanogaster ***Pr. Max z. Wied*** Reise n. Bras. I. 263. — Dess. Beitr. z. Nat. Bras. IV. 203. 13. — ***Kuhl.*** Consp. Psitt. 71. 124. — ***Vieill.*** Enc. meth. 1375. — ***Wagl.*** Mon. Ps. 170. —
Psitt. malachiticus ***Spix*** Av. Bras. I. 40. tb. 38.

Grün, äußere Schwingen und Schwanzfedern nebst der Spitze des Schwanzes himmelblau; Männchen mit violetter Bauchmitte.

Einfarbig schön und rein grün gefärbt, das Gefieder loser, locker gefügt; die einzelnen Federn und namentlich ihre Schäfte nicht unterscheidbar, ohne abgesetzten oder anders gefärbten Rand. Schwingen am Vorderrande und der Spitze schwarz, nach innen und auf der Mitte grün, unten hell spangrün, der äußerste vordere Rand himmelblau angelaufen; die Armschwingen breit, schief am Ende ausgeschweift; die Handschwingen scharf zugespitzt, stark gebogen geschweift. Aeußere Schwanzfedern ganz und alle an der Spitze himmelblau; die Unterseite blasser, grünlich hellblau; beide Farben beim Männchen lebhafter, als beim Weibchen. Ersteres hat außerdem einen schönen rothvioletten, himmelblau schillernden Fleck mitten am Bauch zwischen den Schenkeln. — Schnabel weißlich horngelb, die Wachshaut schieferfarben, die Iris blaßbraun, die Beine aschgrau. —

Ganze Länge 11″, Schnabelbogen 1″, Flügel 6½″, Schwanz 4″, Lauf 7‴, längste Vorderzehe ohne die Kralle 10‴. —

Der Vogel ist in dem von mir bereisten Gebiet der Küsten-Waldstrecke ebenso heimisch, wie im Innern von Minas geraes. Ich erhielt mehrere Exemplare, sowohl in Novo-Friburgo, als auch in Lagoa santa. Der Prinz zu Wied fand ihn am Rio Peruhype und Mucuri, aber nicht nördlicher; Spix schon bei Rio de Janeiro. — Mir wurde er von den Schützen Maitacca genannt, der Prinz und Spix nennen ihn Sabiah-si oder Sabiah-sica, was „grüne Drossel“ bedeutet. —

5. Gatt. Psittacus *aut.*

Schnabel groß, sehr stark gebogen, mäßig gewölbt, die Firste nur nach hinten scharfkantig abgesetzt, leicht gefurcht. Wachshaut sehr kurz, nur in der Gegend, wo das Nasenloch liegt, bogig vortretend. Gefieder knapp anliegend, derbe, kleinfedrig; die Federn zahlreicher, dichter zusammengedrängt, mit scharf abgesetzten Rändern einander schuppenförmig bedeckend. — Augengegend mehr oder weniger von Federn entblößt. Flügel breit und stark gebaut, bis über die Mitte des Schwanzes hinabreichend, wenn sie ruhen; die vordersten Schwingen bis zur vierten stufig verlängert. Schwanz mäßig breit, etwas gerundet, die einzelnen Federn nicht zugespitzt, die zwei äußeren etwas verkürzt. — Nasenlöcher weit offen stehend, etwas erhaben gerandet; Zunge dick, hoch gewölbt, ganz fleischig; Beine ebenfalls stark, dick und fleischig, mit großen kräftigen Krallen. —

Zu dieser Gruppe gehören die großen kurzschwänzigen Papageien Süd-Amerika's; die einzigen, welche dort Papageios genannt werden.

1. Psittacus pulverulentus *Gmel.*

Gmel. Linn. S. Nat. I. 1. 341. — ***Lath.*** Ind. orn. I. 123. 120. — ***Buff.*** pl. enl. 861. — ***Le Vaill.*** Perr. pl. 85 et 92. — ***Kuhl.*** Consp. 81. 141. — ***Pr. Max*** Beitr. IV. 231. 18. — ***Wagl.*** Mon. Ps. 120. 4.
Jurú der Brasilianer.

Lauchgrün, die Federnränder schwärzlich, das ganze Gefieder wie gepudert; Flügelbug grün, der Rand daneben und die vordersten Armschwingen z. Th. roth. —

Das ist die größte Art der Gattung in Brasilien, und wie es scheint in ganz Süd-Amerika. Der Vogel hat ein kräftiges Ansehn, einen ungemein großen Schnabel mit lang hakiger Spitze, eine von der Mitte an scharfkantige gefurchte Firste, und einen stark vorspringenden Wachshautlappen. Die Farbe des Schnabels ist hell bläulichgrau, die Spitze fast weiß, die Wachshaut schwarz; die Iris innen braun, außen roth oder orange. Ganzes Gefieder lauchgrün, weiß bepudert, aber nicht eigentlich staubig, sondern wie angehaucht, nicht verwischbar; die Federn des Scheitels, Nackens, Rückens und der Brust mit schwärzlichen Rändern, die besonders breit auf dem Scheitel werden; die Stirn bei gezähmten oder alten Vögeln öfters blaßgelb gefärbt, am Rande auch wohl roth. Flügel derb gebaut, unter den langen breiten Achselfedern versteckt, wenn der Vogel zusammengekauert da sitzt und dann einfarbig grün aussieht; übrigens am Vorderrande nur unter dem Bug blaßroth, mit schwarzen Handschwingen, und grünen Armschwingen, zwischen denen aber die drei ersten der letztern mit breiter, rother Außenfahne sich hineinschieben. Vorderste große Deckfedern mitunter gelb an der Spitze. Steißgefieder blaß gelbgrün, ebenso die breite Spitze des Schwanzes, die Basis dunkelgrün. Beine schiefergrau, weißlich gepudert, Krallen hornschwarz. —

Ganze Länge 18—19″, Schnabelbogen 2″, Flügel 9″, Schwanz $5\frac{1}{2}$″, lange Vorderzehe ohne die Kralle $1\frac{1}{2}$″. —

Der Juru ist ausschließlich in den großen dichten Waldungen zu Hause, wo er in mäßigen Gesellschaften angetroffen wird und sich ganz wie die kleineren Arten benimmt; ich fand den Vogel nur im District des Rio da Pomba, und sah dort mehrmals gezähmte Individuen; der Prinz zu Wied beobachtete ihn zuerst südwärts am Rio Itapemerim, dann besonders am Rio Doce und in der Provinz von Bahia. Er ist ferner am Amazonenstrom und in ganz Guyana gemein. Spix erlegte ihn am Ufer des Solimoes. —

2. Psittacus Dufresneanus *Kuhl.*

Shaw., gen. Zool. I. — ***Kuhl***, Conspect. Psitt. 78. no. 136. — ***Pr. Max*** Beitr. etc. IV. 225. 17. — ***Wagl.*** Mon. Psitt. 132. 13. — ***Le Vaill.*** Perr. 34. tb. 91. — ***Küster*** Psitt. no. 71.
Acamutanga oder Camatanga der Brasilianer.

Grün, die Federn des Halses schwarz gerandet; Stirn zinnoberroth, Zügel gelb, Backen und Kinn himmelblau. Flügelbug grün, vorderste Armschwingen außen roth.

Etwas kleiner als die vorige Art, vom Ansehn des gemeinen Amazonen-Papageies. Schnabel mäßig dick, stark gerundet, horngrau, gegen die Basis heller, am Grunde mit fleischröthlicher Wachshaut. Iris orange. Stirn bis an die Augen zinnoberroth, die Zügel und Backen gelb, die Wangen bis zum Kinn hinab himmelblau; der Scheitel mitunter röthlich oder bläulich angeflogen, sonst grün, wie das ganze Rumpfgefieder; am Halse, Nacken, Rücken und der Brust schwärzlich gerandet. Flügeldeckfedern auf beiden Seiten grün; die Schwingen schwarz, die vordersten mit grünem Rande; die ersten Armschwingen mit rothem Fleck an der Vorderfahne, dem ein grüner Saum und eine blaue Spitze folgt; die übrigen Armschwingen bloß am Ende blau. Schwanz obenauf grün, die 2 mittleren Federn ganz grün, mit hell gelblicher Spitze; die folgenden nach außen mit einem allmälig breitern rothen Fleck in der Außenfahne, und einem zweiten rothen Fleck näher dem Grunde; die äußerste Feder am Rande blau. Beine hell schiefergrau, gelblich durchscheinend. —

Ganze Länge $15\frac{1}{2}$″, Schnabelbogen 1″ 8‴, Flügel 8″ 4‴, Schwanz 4″ 8‴, längste Vorderzehe ohne die Kralle $1\frac{1}{4}$″. —

Besonders im mittleren und nördlichen Brasilien (Rio de Janeiro, Espirito Santo) einheimisch und dort offenbar die schönste Art, aber nicht häufig; lebt nur im dichten Urwalde und macht sich durch seine minder kreischende, hohle, wie noat-noat klingende Stimme kenntlich. Daß er bis

Guyana hinauf geht, bezeugt **Schomburgk** (Reise, III. 724. 270.), doch hatte er nur einmal Gelegenheit, den Vogel in Menge zu sehen.

3. Psittacus vinaceus *Pr. Wied.*

Pr. Max z. Wied Reise n. Bras. II. 198. — Dessen Beitr. etc. IV. 220. 16. — ***Kuhl.*** Consp. Psitt. 78. No 135. — ***Wagl.*** Mon. Psitt. 133. 14. —
Psittac. columbinus ***Spix*** Av. Bras. I. 40. pl. 27.
Loro garganta roxo, ***Azar.*** Apunt. II. 458. 286. —

Grün, die Federn breit schwarz gesäumt; Stirn und Zügel blutroth, Vorderhals licht violett; vordere Armschwingen am Rande roth, desgleichen die seitlichen Schwanzfedern am Grunde.

Schnabel hoch weinroth, die Spitze weißlich; Wachshaut und nackter Augenring grünlich grau, Iris orange. Stirn, Zügel und Schnabelrand am Unterkiefer blutroth; das ganze übrige Gefieder lauchgrün, aber die Federn des Scheitels, Nackens, Rückens, Halses und der Brust ziemlich breit schwarzgrau gerandet; die Grundfarbe des Rückens und besonders der Schultern etwas gebräunt, olivenfarben; die Mitte der Brust hell weinroth, himmelblau schillernd, indem jede Feder vor dem schwarzen Rande die angegebene Farbe annimmt. Solche Federn ziehen sich bis zum Bauch hinab. Flügel auf beiden Seiten grün, die oberen Deckfedern z. Th. noch schwarz gesäumt, der vordere Rand des Flügels unter dem Bug gelb, roth gefleckt; die vordersten Handschwingen himmelblau, die mittleren blau gerandet; die ersten Armschwingen an der Außenfahne hellroth, an der Spitze grün, die hinteren grün; alle an der Unterseite und am Innenrande schwarz. Die zwei mittleren Schwanzfedern ganz grün, die folgenden am Grunde zu beiden Seiten des Schaftes roth, dann grün, an der Spitze alle Federn blasser gelbgrün.

Ganze Länge 13″, Schnabelbogen $1\frac{1}{3}$″, Flügel $7\frac{1}{3}$″, Schwanz $4\frac{1}{4}$″, vordere größere Zehe ohne die Kralle $1\frac{1}{6}$″. —

Der **weibliche** Vogel ist matter gefärbt, als der männliche, besonders der Schnabel und die Brust; vor dem schwarzen Saume der Federn sind breite röthliche oder z. Th. bläuliche Bogenflecke sichtbar, namentlich im Nacken. Der **junge** Vogel gleicht mehr dem Weibchen, aber alle seine Farben sind unreiner, trüber, gewässerter. —

Auch dieser Papagei gehört zu den schönsten Arten Brasiliens, und steht vielleicht allen an Schönheit seines sanften Kolorits voran. Er bewohnt mehr die innere Campos-Region, als die Küstenseite Brasiliens und kommt darum bei Rio de Janeiro nicht vor. **Spix** traf den Vogel in St. Paulo, der Prinz zu **Wied** erst im Sertong von Bahia. **Azara** beobachtete ihn nur an der Grenze der Tropen, unter dem 25° S. Br., wo er auf offenen Triften, fern von Ansiedelungen, lebte. Sein Naturell ist still, gleichsam traurig, daher er auch nicht sprechen lernt; er streicht paarig und kehrt von seinen Streifzügen gegen Abend an seine gewohnten Orte, mit niedrigem Gebüsch bestandene Höhen, zurück, sich daselbst zahlreich versammelnd. —

4. Psittacus autumnalis *Linn.*

Linn. S. Nat. I. 147. 37. — ***Lath.*** Ind. orn. I. 124. 122. — ***Edw.*** Av. 4. tb. 164. — ***Le Vaill.*** Perr. II. tb. 111. — ***Kuhl.*** Consp. 79. no. 137. — ***Wagl.*** Mon. Psitt. 129. 9.
Psittac. Diadema ***Spix*** Av. Bras. I. 43. tb. 32.

Grün, die Federn fein schwarz gesäumt; Backen orange, Stirn und Rand der vorderen Armschwingen blutroth, Scheitel und Handschwingen blau. Aeußerste Schwanzfedern mit rothem Fleck. —

Auch diese Art steht den beiden vorigen sehr nahe. Die Hauptfarbe des Körpers ist grün, mit schwarzen, bläulich schillernden Federrändern; der Schnabel ist horngrau mit weißlichgelbem Rücken, wie bei Ps. pulverulentus gestaltet, d. h. sehr stark hakig; die Wachshaut und der nackte Augenring haben eine blasse Fleischfarbe; die Iris ist gelb. Ueber dem Schnabel ist die Stirn bis an die Augen blutroth; die Backen vom Mundwinkel bis hinter das Auge sind orange, roth angeflogen, zumal nach hinten; der Scheitel ist dunkeltürkisblau. An den Flügeln sind alle Deckfedern grün, nur der Rand unter dem Bauch ist gelblich, z. Th. roth gefleckt. Die Handschwingen sind schwarz, die vorderen an der Außenfahne blau; die vordersten Armschwingen sind am Vorderrande roth, dann grün, zuletzt blau, die hintersten ganz grün, alle unten schwarz mit bläulicher Basis. Die Schwanzfedern sind ganz grün, unten und an der Spitze blasser, gelblicher; die äußerste jeder Seite hat einen schwachen, rothen Fleck am Rande vor der Spitze. Die Beine sind schiefergrau. —

Ganze Länge 14″, Schnabelbogen 1″ 9‴, Flügel 8″, Schwanz 4″ 8‴. —

Der Vogel lebt nur im Gebiet des Amazonenstromes und wurde von Spix weit im Innern am Solimoes erlegt. —

Anm. Eine verwandte, am östlichen Abhange der Cordilleren, besonders in Peru, einheimische Art ist der Psittacus cyanotis ***Kuhl.*** Consp. 77. n. 133. — Psitt. brasiliensis ***Linn.*** S. Nat. I. 147. 36. — ***Edw.*** Av. 4. tb. 161. — ***Le Vaill.*** Perr. II. 57. pl. 106. — ***Wagl.*** Mon. Psitt. 130. 10. — Sie unterscheidet sich, bei gleicher allgemeiner Größe und Färbung, von der vorigen Art durch den gelbgrünen Scheitel und die blauen Schläfen, während Stirn, Zügel und Kinn ebenfalls roth gefärbt sind. Der Flügelbug ist gelb und der Rand darunter roth. Die Deckfedern haben gelbliche Ränder, die Schwingen sind am Außenrande blau, die hinteren Armschwingen grün, aber die vorderen nicht roth am

Rande. Der Schwanz hat breite rothe Flecken auf den Seitenfedern, die 2 mittleren sind ganz grün, die äußerste jeder Seite hat eine blaue Außenfahne. —
Eine andere ähnliche, aber sehr seltene Art aus dem Innern Brasiliens ist Psittacus cyaneocapillus *Vieill.* Enc. 1373. — Psitt. Bouqueti *Le Vaill.* II. pl. 104 u. 135. — *Kuhl.* Consp. 76. n. 132. — *Wagl.* Mon. 131. 11. — Bei ihr sind Stirn, Zügel und Backen blau; Vorderhals und Oberbrust roth, das übrige Gefieder grün, mit schwärzlichen Federrändern. Von den blauen Schwingen besitzen die vordern Armschwingen einen rothen Rand, die hintersten sind grün; der blaßgrüne Schwanz hat eine gelbe Spitze und matte rothe Flecken.

5. Psittacus aestivus *Linn.*

Linn. S. Nat. I. 146. 32. — *Lath.* Ind. orn. I. 121. 117. — *Kuhl.* Syn. 75. n. 131. — *Pr. Max.* Beitr. z. Nat. Bras. IV. 205. 14. — *Le Vaill.* Perr. II. 65. pl. 110 a. 110 b. — *Buff.* pl. enl. 547 (alt) u. 839 (jung). — Psittac. amazonicus *Wagl.* Mon. Psitt. 126. 7. — *Briss.* Aves. IV. 256. — *Spix* Av. Bras. I. 45. 13.

Aiurú-curúça, *Marcgr.* h. nat. Bras. 205. *Licht.* Abh. Berl Ac. 1815. 166. — Papageio der Brasilianer.

Grün, Vorderkopf, Backen und Kehle gelb, Zügel und vorderster Stirnrand himmelblau; Flügelbug grün; seitliche Schwanzfedern innen roth, mit grüner Querbinde. —

Lebhaft grün, der Rücken entschieden dunkler, die Federn des Kopfes, Halses, Rückens und der Brust schwärzlich gerandet. Schnabel horngrau, der Rücken weißer, die Wachshaut blaßgelb; nackter Augenring hellgrau, Iris nach außen zinnoberroth gerandet; äußerste kleinste Stirnfedern, Zügel, oberer Augenrand und ein Bogen über den Scheitel ultramarinblau, der davon umschlossene Vorderkopf gelb. Backen und Kehle gelb, je breiter je älter der Vogel ist. Kinn bei jüngern Vögeln und Vorderhals noch grün, später auch gelb. Flügel nur am Rande unter dem Bug gelb und bei alten Vögeln etwas roth gefleckt, sonst ganz grün, bis auf die Schwingen, welche schwarz, außen am Grunde grün und dann dunkelblau gefärbt sind; nur die vordern 4—5 Armschwingen haben einen breiten feuerrothen Rand, soweit die Handschwingen grün sind. Der Schwanz ist kürzer, als bei der folgenden Art, oben grün, unten und an der Spitze blaßgelb. Die äußerste Feder hat einen tiefblauen Rand, und sie nebst den folgenden eine breite feuerrothe, nach innen gelb verwaschene Mitte, welche von einer nach innen breiter werdenden grünen Querbinde durchbrochen ist. Die Beine sind aschgrau, die Krallen schwärzlich. —

Ganze Länge 14″, Schnabelbogen 1″ 7‴, Flügel 8″, Schwanz 4″, längste Vorderzehe ohne die Kralle 1 $^1/_4$″. —

Die dritte Schwinge ist die längste, die zweite gleicht der vierten, die erste ist noch kürzer als die sechste; alle vorderen scharf zugespitzt, am Rande buchtig geschweift. —

Der junge Vogel (*Buff.* pl. enl. 839) unterscheidet sich vom alten durch eine mattere Farbe, besonders aber durch den fast ganz bläulichen Vorderkopf und den gelbgrauen, nicht rein gelben, noch sehr beschränkten Backenfleck. Auch sind die dunkleren Federnränder schwächer, und die Flügel am Rande blaßgrün gefärbt.

Es ist dieser Papagei die gemeinste Art im Küstenwaldgebiet Brasiliens; er lebt gern auf den sumpfigen Vorländern der Flüsse, in den Mangle-Gebüschen und nährt sich, nach dem Prinzen zu Wied, hauptsächlich von Conocarpus- und Avicennia-Früchten. In den Wäldern, wo diese Bäume häufig wachsen, trifft man den Vogel beständig in großer Anzahl und kann in kurzer Zeit davon viele erlegen. Sie werden wie Tauben und Hühner in Brühen mit Reiß überall gegessen.

Anm. Ich habe für diese Art den von Kuhl und dem Prinzen zu Wied gewählten Namen beibehalten, weil letzterer den Vogel zuerst kenntlich und ausführlich beschrieb. Auch Latham citirt bei der Hauptform seines Psitt. aestivus Buffon's Figur 547 der pl. enl., welche unzweifelhaft den alten Vogel vorstellt; die Abbildung des jungen (pl. 839) hat er übersehen und erst Wagler sie mit Recht zu dieser Art, seinem Ps. amazonicus, gestellt. — Der Meinung der anderen Autoren viel nachzuforschen, ist überflüssig, da keiner die Art richtig erkannt zu haben scheint; nur Brisson's Ps. amazonicus gehört mit Sicherheit hierher. — Ob Psitt. xanthops *Spix.* (Av. Bras. I. 39. tb. 26.) wirklich, wie Wagler meint, diese Art ist, darf bezweifelt werden, weil Spix Minas geraes als Fundort derselben nennt, wo der Ps. aestivus gar nicht vorkommt. Indessen paßt die Abbildung nur zu dieser, nicht zur folgenden Art, und die Heimaths-Angabe möchte also ein Irrthum sein.

6. Psittacus amazonicus *Lath.*

Lath. Index orn. I. 119. 114. — *Kuhl.* Conspect. 74. n. 130. — *Pr. Max.* Beitr. IV. 213. 15.
Psitt. aestivus *Spix,* Av. Bras. I. 44. 12.
Psitt. ochrocephalus *Gmel. Linn.* S. Nat. I. 1. 339. — *Wagl.* Mon. Ps. 122. 6. — *Schomb.* Reis. III. 724. 271.?
Psittac. amazonicus brasiliensis et jamaicensis *Briss.* Av. IV. 233. 20; 272. 35; 276. 36. — *Le Vaill.* Perr. II. tb. 84 et 87. — *Buff.* pl. enl. 120. (gefleckte Varietät); 312 (junger Vogel); 13 (gelbe Varietät: Ps. Aurora *aut.*).
Aiuru-curau *Marcgr.* h. nat. Bras. 205. (*Licht.* l. l. 166.)
Loro cabeza amarilla, *Azar.* Apunt. II. 440. 285.
Papageio grego der Brasilianer.

Hellgrün, Stirn himmelblau, Scheitel, Backen und Kehle gelb; Flügelbug roth; seitliche Schwanzfedern innen blutroth, ohne grüne Querbinde.

Lichter gefärbt, als die vorige Art, die schwärzlichen Federnränder schmaler. Schnabel weniger bauchig, mehr zusammengedrückt, höher, mit scharfkantig abgesetzter Firste; tief horngrau, die Wachshaut schwärzlich; Iris nach außen orangegelb gerandet, nach innen blaßgelb. Stirn bis an die Augen und auf die Mitte des Scheitels himmelblau, die Zügel nur

z. Th. von derselben Farbe; die untere Hälfte, die Backen, Schläfen, Kehle und Scheitelmitte gelb; das Gefieder in der Umgebung spangrün angeflogen, gleich wie auch die Brust. Flügel am Rande vor dem Bug vom Ellenbogengelenk her blutroth, am Vorderrande unter dem Bug gelblich, bei alten Vögeln roth gefleckt. Schwingen schwarz, die Handschwingen an der Außenfahne blau, die vordersten Armschwingen breit blutroth am Rande, die Spitze blau, später grün; die hintersten ganz grün. Mittlere 2 Schwanzfedern ganz grün, die anderen mit gelber Spitze und einem kleinern blutrothen, nach innen verwaschenen Fleck auf der Mitte, welcher um so größer ist, je älter der Vogel. Beine aschgrau, weißlich gepudert. —

Ganze Länge 14″, Schnabelbogen 1″ 8‴, Flügel 8″, Schwanz $4\frac{1}{2}$″, längste Vorderzehe ohne Kralle $1\frac{1}{4}$″. —

Der Vogel ist nach des Prinzen zu Wied richtiger Beobachtung ein Bewohner des Innern Brasiliens, der das Küsten-Waldgebiet meidet; er lebt in den Wäldern und Gebüschen der Camposregion, woselbst er ebenso häufig ist, wie die vorige Art im Urwalde. Ich habe mehrere Exemplare aus Lagoa santa, Congonhas u. a. Orten mitgebracht. In der Lebensweise findet kein Unterschied statt. Während der Nacht halten sie sich in großen Schaaren auf ihren beliebten Standquartieren zusammen und streifen von da des Tages über in den benachbarten Gegenden umher, mit Nahrungsuchen beschäftigt. Während des Frühlings und Sommers (October bis März) sieht man die Gatten jedes Paares stets unzertrennlich bei einander. — Die Art verbreitet sich übrigens durch das ganze innere Brasilien, von Paraguay bis zum Amazonenstrom; dort beobachtete sie Azara, hier Spix. Sie ist der Liebling aller indianischen Völkerschaften und findet sich in ihren Niederlassungen stets in Menge gezähmt. —

Anm. Die Bezeichnung Ps. ochrocephalus ist ebenso passend für die vorige, wie für diese und die folgende Art, daher minder geeignet, als der den Stand des Vogels im Innern gut andeutende, hier beibehaltene, ältere Name. Im Allgemeinen sieht man ihn häufiger in Europa, als den vorigen, dessen Zähmung nicht so leicht und dessen Naturell wilder ist. —

7. Psittacus xanthops *Wagl.*

Monogr. Psittac. 121. 5. — ***Le Vaill.*** Perr. I. tb. 86. et tb. 98 bis
Psittac. ochropterus ***Gmel. Linn.*** S. Nat. I. 341. — ***Lath.*** Ind. orn. I. 123. 119.
Psittac. poecilorhynchus ***Shaw.*** gen. Zool. 8. 491. —

Hellgrün, Schnabel und Beine fleischfarben; Stirn, Scheitel und Zügel gelb; Flügel am Bug roth; alle Schwanzfedern am Ende gelblich, die äußeren am Grunde nach innen roth. —

Die Art ist ein wenig größer, als beide vorigen, und hat namentlich einen höheren, stärkeren Schnabel, dessen Zahn am Rande ausgekerbt ist, von schwach fleischrother, im Tode weißgelber Farbe, mit rein weißer Spitze. Auch die Wachshaut ist hell gefärbt und der nackte Augenring weiß. Die Iris hat außen einen orangegelben, innen einen braungrauen Ring und zwischen beiden einen dritten blaßgelben. Das Gefieder ist viel weicher, als bei den vorigen, lebhafter grün, jede einzelne Feder relativ größer, auch bloß am Nackengefieder sehr wenig schwarz gerandet. Die Stirn bis an die Augen, die Mitte des Scheitels, die Zügel und die Augengegend sind schön einfarbig gelb. Die Flügel haben einen breiten hellblutrothen Bug und einen gelblichen, bei alten Exemplaren roth gefleckten Vorderrand; die Schwingen sind schwarz, am Grunde blau; die ersten Armschwingen haben einen langen, hell blutrothen Vorderrand, die hinteren werden ganz grün. Das Bauchgefieder ist sehr blaßgrün, um die Hacken legt sich ein deutlicher gelber Federnring. Im Schwanz sind die 2 mittleren Federn nicht ganz grün, sondern sie haben, gleich den seitlichen, eine breite gelbe Spitze; die anderen besitzen einen kleinen, sehr nach oben gerückten, rothen, innen gelb gesäumten Fleck. Die Beine sind fleischfarben, weiß bepudert, die Krallen braun. —

Ganze Länge 15—16″, Schnabelbogen $1\frac{3}{4}$″, Flügel $8\frac{1}{2}$″, Schwanz $4\frac{1}{2}$″, größte Vorderzehe ohne die Kralle $1\frac{1}{3}$″. —

Anm. Ich habe von dieser Art nur ein gezähmtes Stück untersucht, dessen Heimath sich nicht mit Sicherheit angeben läßt. Wahrscheinlich fällt sie auf die nördlichen Districte Brasiliens, im Gebiet des Amazonenstromes, weil weder der Prinz zu Wied, noch Azara sie beobachtet haben. Es ist möglich, daß die von Schomburgk mitgebrachten Exemplare seines Ps. ochrocephalus (Reise. III. 724. 271.) zu dieser Art gehören, weil er zu den Autoren *Linn. Gmel.* ein Fragezeichen setzt. Dann würde ihr Gebiet wohl nördlich vom Amazonenstrom liegen. —

8. Psittacus festivus *Linn.*

Linn. S. Nat. I. 147. 35. — *Lath.* Ind. orn. I. 126. 129. — *Buff.* pl. enl. 840. — *Le Vaill.* II. pl. 129. pl. 88. — *Kuhl.* Consp. 81. n. 142. — *Wagl.* Mon. Ps. 118. 2. — *Schomb.* Reise III. 724. 268.

Grün, Stirn kirschroth, Zügel und Backen blau; Hinterrücken roth; Flügelbug grün, ebenso die Armschwingen; Schwanz roth gefleckt.

An Größe steht diese Art der vorigen noch etwas voran, und ist nächst dem Ps. pulverulentus wohl die größte; sie hat einen einfarbigen, lebhaft aber nicht gerade hell grünen Ton, fast ohne alle schwärzlichen Ränder an den Federn. Der vorderste Stirnrand ist bis zu den Zügeln hinab dunkel kirschrothbraun; über dem Augenrande zieht sich ein dunkeltürkenblauer Streif fort, der von der Stirn gegen das Ohr sich hinzieht; dieselbe Farbe hat das Kinn und die Kehle. Die Flügel sind ganz grün; die Schwingen schwarz, mit blauem Vorderrande, die hintersten Armschwingen grün. Der Unterrücken bis zum Bürzel und den Schwanzdecken ist scharlach roth. Der Schwanz hat in der Mitte zwei ganz grüne Federn, die drei nächsten sind blaßgrün, mit rothem, gelb gesäumten Fleck auf der Fahne nach innen; die beiden äußeren ohne Fleck, aber die äußerste mit blauem Außenrande. — Schnabel hoch und stark, mit scharfkantiger, gefurchter Firste; horngrau, die Spitze dunkler; Iris goldgelb, Beine schiefergrau.

Ganze Länge $15\frac{1}{2}''$, Schnabelbogen fast $2''$, Flügel $8''$, Schwanz $4\frac{1}{3}''$. —

Die Heimath dieses ausgezeichneten und seltenen Vogels fällt in die Gegend am Amazonenstrome, wo Spix ihn am Rio Içа beobachtete. Schomburgk legt sein Hauptgebiet an den Rio Branco und Rio Negro, weil er den Vogel bei Eingebornen daselbst öfters gezähmt sah. Er ist die gelehrigste Art unter den Papageien Brasiliens, lernt nicht bloß sprechen, sondern auch Melodien pfeifen, und wird selbst von den Indianern allen anderen vorgezogen. —

6. Gatt. Pionus *Wagl.*

Brasilianisch Maitaccas.

Es sind kleinere Papageien, deren Schnabel zwar hoch und auf der Firste scharfkantig abgesetzt, aber doch mehr von beiden Seiten zusammengedrückt ist und daneben in der Regel einen langen, spitzen Endhaken besitzt. Das Gefieder ist besonders am Kopf und Halse sehr klein, derbe; jede einzelne Feder schmäler, nicht so breit abgerundet, mehr herzförmig als schuppenförmig, besonders am Halse, gestaltet. Die ziemlich schmalen, spitzen Flügel reichen öfters bis ans Ende des kurzen Schwanzes, oder doch stets über dessen Mitte herab; der Schwanz selbst ist auffallend klein, seine Federn sind schmal, aber nicht zugespitzt, sondern stumpf gerundet. Die Beine sind für die Größe des Körpers stark, kräftig, ziemlich fleischig und ganz wie bei den ächten Papageien gebaut. —

1. Pionus menstruus *Linn.*

Psittacus menstr. ***Linn.*** S. Nat. I. 148. 49. — ***Lath.*** Ind. orn. I. 113. 95. — ***Buff.*** pl. enl. 384. — ***Kuhl.*** Consp. 72. n. 126. — ***Pr. Max.*** Beitr. IV. 237. 19. — ***Le Vaill.*** Perr. II. 70. pl. 114. — ***Wagl.*** Mon. Ps. 140. 1.
Ps. cyanocephalus ***Briss.*** Orn. IV. 247. 28.

Kopf, Hals und Brust blau; das übrige Gefieder erzgrün; Steiß- und Schwanzfedern innen hell blutroth, die Spitzen blaugrün. —

Etwas kleiner als eine Dohle, schon wegen des viel kürzeren Schwanzes. Schnabel an der Spitze horngrau, die Basis blasser, zu beiden Seiten unter dem Nasenloch ein rosafarbner Fleck; Wachshaut, Augenring und Beine schiefergrau; Iris graubraun. — Gefieder am Kopfe bis zum Nacken, am Halse und der oberen Brust ultramarinblau, die Federn mit dem schwarzen Grunde z. Th. durchblickend; die äußersten Nackenfedern schön erzgrün, blau gerandet. Rücken, Unterbrust, Bauch und Flügel erzgrün; die Rückenfedern dunkler gerandet, die der Brust himmelblau schillernd; die sämmtlichen obern Deckfedern gelblich olivengrün, die untern z. Th. spangrün. Schwingen grün, auf der Oberseite der innere, auf der Unterseite der äußere Saum schwarz; dritte Schwinge die längste, die zweite länger als die vierte und diese länger als die erste. Steißfedern blutroth, die Gegend am Schaft blau, die Spitze gelblich. Mittlere zwei Schwanzfedern ganz grün, die seitlichen am Außenrande und der Spitze blau, in der Tiefe nach innen rosa oder hell blutroth. Ruhende Flügel etwas länger als der Schwanz. —

Ganze Länge 10½″, Schnabelbogen 1¼″, Flügel 7″, Schwanz 3″, Außenzehe ohne die Kralle 1″. —

Die jungen Vögel haben da, wo die alten blau sind, eine graue Farbe mit bläulichen Federrändern; das Gelbe der Flügelfedern ist trüber und der ganze Farbenton matter. — Das Weibchen ähnelt dem Männchen in der Farbe, hat aber weder so klares Blau am Halse, noch einen so gelblichen Flügelbug. —

Der Vogel ist im Waldgebiet der Küsten die gemeinste Art unter den kurzschwänzigen Papageien mittlerer Größe und heißt überall Maitacca; ich erhielt ihn nur in Novo-Friburgo, nicht in Lagoa santa. Schomburgk (Reise III. 723. 263.) traf ihn ebenso häufig in Guyana, wo er besonders den reifen Goyava-Früchten nachstellte. —

2. Pionus flavirostris *Spix.*

Aves Bras. I. 42. 6. tb. 31. Fig. 2. — *Pr. Max.* Beitr. IV. 243. 20. — Psitt. Maximiliani, *Kuhl.* Consp. 72. n. 127. — *Wagl.* Mon. Ps. 141. 2. — Loro Siy, *Azar.* Apunt. II. 461. 287.

Dunkelgrün, Stirn und Zügel schwärzlich, Vorderhals himmelblau; Steiß und Mitte der Schwanzfedern blutroth. —

Etwas größer als die vorige Art, dunkler, aber reiner grün gefärbt. Schnabel wachsgelb, die Basis des Oberschnabels horngrau, die Wachshaut schwarz, die Iris braun. — Gefieder am Stirnrande und den Zügeln bis zur Kopfmitte schwärzlich schieferfarben, die Mitte der Federn dunkel metallisch grün; vom Scheitel an die Federn reiner grün, mit schwarzem Schaft und bläulich schwarzgrauem Rande; die Federn einzeln noch länglicher und schmäler, als bei der vorigen Art, und besonders die Ohrdecke locker gefügt, lebhafter metallisch. Oberbrust und Unterhals mehr oder minder himmelblau. Flügel außen und innen grün; der Schaft an den Schwingen und der untere Vorderrand nebst der Mitte schwarz; die zweite Schwinge länger als die dritte, die vierte länger als die erste und kürzer als die dritte. Steißgefieder hinter dem After hell blutroth, die Spitze der Federn gelblich. Mittlere Schwanzfedern ganz grün, die äußeren grün mit blauem Außenrande und hellrothem Fleck am Grunde nach innen. — Ruhende Flügel etwas kürzer als der Schwanz. —

Ganze Länge 12″, Schnabelbogen $1^1/_3$″, Flügel 7″, Schwanz $3^1/_3$″, längste Vorderzehe 1″. —

Der junge Vogel (*Spix* l. l.) ist matter gefärbt, am Kopf grau, am Halse ohne Blau, am Steiß sehr licht rosaroth. — Das Weibchen hat nur einen schmalen blauen Ring am Unterhalse, eine fast graue Stirn und etwas kleinere, minder glänzende Backenfedern. —

Der Prinz zu Wied beobachtete diese von ihm entdeckte Art zuerst am Rio Peruhype und Mucuri; ich erhielt sie im Innern von Minas geraes bei Lagoa santa. Spix fand sie in Piauhy und Schomburgk in britisch Guyana, woselbst sie besonders den Früchten einer wilden Feigen-Art nachstellt. Sie zog dort im October und November schaarenweis aus dem Innern gegen die Küste. —

3. Pionus purpureus *Gmel.*

Psittacus purpureus *Gmel. Linn.* S. Nat. I. 1. 346. — *Lath.* Ind. orn. I. 129. 140. — *Buff.* pl. enl. 408. — *Spix* Av. Bras. I. 46. 16. — *Le Vaill.* Perr. II. pl. 115. — *Kuhl.* Consp. 73. n. 128. — *Wagl.* Mon. Psitt. 144. 4.

Schwarzbraun; die Stirn, Zügel und Bauchseite hell purpurroth überlaufen; große Deckfedern grün, Schwingen und Schwanz blau, Steiß roth. —

Kleiner als die vorhergehenden Arten; die Hauptfarbe ein mattes Dunkelbraun, das bei alten Vögeln schwachen Kupferschiller besitzt; die Federn des Rückens heller gerandet, der Scheitel schwärzer, blaugrau überlaufen. Stirn am vordersten Rande und die Zügel rosenroth; Brust und Bauch purpurviolett, indem der Endsaum jeder Feder eine solche Farbe annimmt. Steißgefieder hellroth. Große äußere Deckfedern der Flügel grünlich, die vordersten blau am Rande; die Schwingen alle auf der Außenseite dunkelblau, auf der unteren hellblau mit schwarzem Vordersaum. Schwanz blau, die seitlichen Federn in der Mitte mit hellrothem

Wisch, der bald sehr klar, bald wie verwaschen gefärbt ist. Ruhende Flügel etwas kürzer als der Schwanz, die zweite und dritte Schwinge die längsten, die erste und vierte nur wenig kürzer. — Schnabel auffallend stark gekrümmt, mit langem spitzen Endhaken und scharfem Randzahn; der obere hornschwarz, der Grund und die Wachshaut röthlich weißgelb; der Unterkiefer an den Seiten grau, am breiten Kinnrande weißlich gelb; nackter Augenring schiefergrau, Iris braun; Beine fleischfarben, grau überlaufen, die Krallen schwärzlich. —

Ganze Länge 10", Schnabelbogen $1\frac{1}{4}$", Flügel 6", Schwanz $2\frac{1}{2}$", lange Vorderzehe ohne die Kralle 11'''. —

Der junge Vogel ist matter braun und hat breitere helle Federnränder; von der Rosafarbe an der Stirn und den Zügeln ist wenig zu sehen und der Scheitel grauer; dem Bauch fehlt der Purpurschiller und die Flügel haben keinen so deutlichen grünen und blauen Farbenton. Außerdem schimmert am Halse überall der weiße Grund der Federn hervor; auch fehlt der rothe Fleck im Schwanz und die Farbe der Steißfedern ist sehr matt. — Das Weibchen unterscheidet sich vom Männchen ebenfalls durch etwas mattere Farbentöne. —

Die Art ist weder dem Prinzen zu Wied, noch mir auf meiner Reise vorgekommen; sie lebt im Innern und Norden in der Nähe des Amazonenstromes und kommt aus den Gegenden bei Para zu uns, wo sie auch Spix erhielt. —

Anm. Im Norden und Innern Brasiliens, zu beiden Seiten des Amazonenstromes, kommen noch einige Arten vor, die hauptsächlich dem Gebiet des Orinoco und Guyana angehören, sich aber z. Th. bis in Brasilien hinein zu verbreiten scheinen. Ich setze ihre Definitionen her, ohne sie mit Sicherheit als Einwohner Brasiliens zu vertreten.

1. Pionus melanocephalus *Wagl.* Mon. Ps. 146. 6. — *Lath.* Ind. orn. I. 128. 136. — *Buff.* pl. enl 527. — *Spix* Av. Bras. I. 45. 14. — *Le Vaill.* Perr. II. 77. pl. 119. — Ps. leucogaster Ill. *Kuhl.* Consp. 70. 121. (jung). — Stirn, Zügel, Scheitel und Schwingen schwarz, letztere vorn blau, grün gerandet; Nacken rothgelb, Wangen und Kehle wachsgelb; Brust und Bauch licht graugelb, Beine und Steiß goldgelb; ein Fleck am Mundwinkel, der Rücken, die Flügel und der Schwanzrücken lebhaft und voll grün. Schnabel und Beine schwarz. — Caracas und Rio Negro.

2. Pionus pileatus, *Gmel. Kuhl.* Consp. 61. 100. — Psitt. Caica *Wagl.* Mon. Ps. 147. 7. — *Lath.* Ind. I. 128. 137. — *Buff.* pl. enl. 744. — *Le Vaill.* Perr. II. pl. 133. — Stirn, Zügel, Scheitel und Backen schwarz; Kehle, Hals und Nacken ochergelb mit dunkleren Federnrändern; Rücken, Flügel, Brust, Bauch und Beine grün; Schwingen und vordere große Deckfedern blau gerandet; Schwanzrücken grün, die Spitzen der Federn blau, die Unterseite schwarz. Schnabel, Augenring und Beine fleischroth. — Cayenne.

3. Pionus Barrabandi *Wagl.* Mon. Psitt. 148. 8. — *Kuhl.* Consp. 61. 101. — *Le Vaill.* Perr. II. pl. 134. — *Spix.* Av. Bras. I. 46. 17. — Kopf und Oberhals schwarz, die Backen allein ochergelb; Rumpf und Flügel grün, der

Rand vor dem Bug und das Hackengefieder orange, innere Deckfedern cochenillroth. Schwingen schwarz, Außenrand blau, untere Innenseite grün; Oberbrust olivenbraungrau; Schwanz am Grunde gelb, sonst grün. Schnabel und Beine schwarz. — Am Rio Iça (Spix), sehr selten. —

4. Pionus vulturinus *Illig. Kuhl.* Consp. 62. 102. — *Wagl.* Mon. Psitt. 148. 9. tb. 24, Fig. 2. — Kopf schwarzgrün, wenig befiedert; ein Ring um den Hals und die Innenseite der Schwanzfedern gelb; Oberbrust olivenbraungrün; innere Deckfedern cochenillroth, der Bugrand orange. Schwingen schwarz, außen blau, unten grün gesäumt; Spitze der Schwanzfedern blau. Schnabel blaß, die Spitze schwarz; Beine schwarz. — Para. —

5. Pionus brachyurus *Kuhl.* Consp. 72. 125. — *Wagl.* Mon. Ps. 154. 14. — Ps. pumilio *Spix* Av. Bras. I. 41. 4 tb. 29 f. 2. — Ps. viridissimus *Swains.* zool. Ill. 32. tb. 153. — Hellgrün, ohne alle farbigen Zeichnungen; nur ein schwarzer, gegen den Scheitel gelb gesäumter Streif geht von der Stirn über dem Auge zum Ohr hin; die Schwingen unten schwärzlich, die äußeren Schwanzfedern am Grunde purpurroth. Schnabel und Beine schwarzgrau. — Para und Inneres am Amazonenstrom.

7. Gatt. Psittacula *Briss.*

Kleine Papageien mit kurzen, mäßig dicken Schnäbeln und auffallend kleinem kurzen Schwanze, dessen Federn einzeln schmal und zugespitzt, aber doch gleich lang sind. Der Haken ihres Schnabels pflegt kurz und ziemlich stumpf zu sein; der Randzahn niedrig, obgleich scharf abgesetzt. Die Flügel sind ebenfalls spitz, die Schwingen schmal, nur die drei ersten verlängert und ziemlich gleich lang; ruhend reichen sie bis ans Ende des Schwanzes. Die Beine sind klein, schwach und minder fleischig, als bei den größeren Papageien; der Lauf ist stets sehr kurz. —

Das Gefieder ist weich, lang, großfedrig und die einzelnen Federn haben keinen abgesetzten, anders gefärbten Rand; die Gegend um das Auge ist nur sehr wenig nackt, dagegen tritt die Wachshaut mehr hervor. Die Zunge ist ganz fleischig. Osteologisch sind sie durch den völligen Mangel des Gabelbeines merkwürdig.

Die kleinen Zwergpapageien leben stets gesellig in beträchtlichen Schwärmen, fallen wie Staare truppweise in die Pflanzungen oder Gärten und sind überall häufige, wohlbekannte Vögel.

A. Schnabelrücken mit deutlicher, scharfkantig abgesetzter gefurchter Firste.

1. Psittacula pileata *Scop.*

Scopol. Ann. I. hist. nat. 1769. 33. 22. — *Pr. Max* Beitr. IV. 247. 21. — *Wagl.* Mon. Ps. 153. 1.

Psitt. mitratus *Kuhl.* Consp. 70. 122. — *Pr. Max* Reise I. 262. — *Temm.* pl. col. 207.
Psitt. erythrocephalus *Vieill.* Enc. 1403.
Psitt. Maitaca *Spix* Av. Bras. I. 41. 5. th. 29. f. 1. —
Maracanà cabeza roxa, *Azar.* Apunt. I. 437. 284.

Grün; Stirn, Scheitel, Zügel und Augenrand beim Weibchen blau, beim Männchen scharlachroth; Flügelrand, Schwingen z. Th. und Spitze der Schwanzfedern blau. —

So groß wie ein Kernbeißer, ganz schön und lebhaft grün; der Rücken und die Flügel etwas olivenbraun überlaufen, die Steißgegend gelblich. Schnabel am Grunde schwarz, an der Spitze weißlich; Iris graubraun, Wachshaut und Augenring grünlich aschgrau; Stirn, Zügel, Scheitel und Augengegend bis zum Ohr hell scharlachroth; Flügelrand und äußerste kleinste Deckfedern malachitblau, die Innenseite der Flügel und Schwingen spangrün, der vordere Theil der letztern schwarz; außen dieselbe Seite blau, grün gerandet, die Innenseite schwarz; die hintersten Armschwingen ganz grün. Mittlere Schwanzfedern grün mit blauer Spitze, die seitlichen blau, grün gerandet; die Unterseite aller spangrün. Beine schieferschwarz.

Ganze Länge 8″, Schnabelbogen 1″, Flügel $5^2/_3$″, Schwanz $2^1/_2$″.

Der junge Vogel ist ganz matt grün, ohne Roth am Kopf und sehr blassem Blau an Flügeln und Schwanz. — Das Weibchen hat statt des rothen einen blauen Oberkopf, der am Ohr violett wird, und bei jüngern Vögeln auf die Stirn und Zügel beschränkt bleibt. —

Dieser hübsche Papagei ist im Waldgebiet der Küste Brasiliens von Rio de Janeiro bis Bahia nicht selten; er lebt weniger gesellig als die nachfolgenden kleineren Arten und sammelt sich erst in der kalten Jahreszeit (Mai bis September) zu größeren Schaaren an. — In seiner Lebensweise weicht er von dem allgemeinen Betragen der Papageien nicht ab. Ich erhielt ihn in Neu-Freiburg. —

B. Schnabelrücken gerundet, ohne scharfkantig abgesetzte Firste.

a. Schwanzfedern mit zugerundeter Spitze.

2. Psittacula surda *Illig.*

Psittac. surdus *Kuhl.* Consp. 59. 96. — *Pr. Max* Beitr. IV. 252. 22. — *Wagl.* Mon. Ps. 158. 7.
Psitt. chrysurus *Swains.* zool. Ill. III. 29. tb. 141.

Grün, Kehlgegend und Bauch gelblich; der Schwanz gelb, die Seitenfedern oben schwarz, unten grün umrandet. —

Schnabel relativ kleiner, die Firste abgerundet, blaßgelb, die Spitze schwärzlich, feiner und schärfer; Iris innen weißgrau, außen aschgrau;

nackter Augenring sehr versteckt. Das ganze Gefieder grün; die Gegend an der Kehle und den Backen blasser, gelblicher, der Rücken dunkler, die Flügel am reinsten grün, der Steiß gelbgrün; vorderste Deckfedern am Bug bräunlich olivengrün, der Rand des Flügels bläulich; große Deckfedern schwarz. Schwingen schwarz, vorn grün, unten blaßgrün. Die zwei mittelsten Schwanzfedern grün, mit schwarzer Spitze; die seitlichen gelb, fein schwarz gerandet, mit breiterem Spitzensaum, der neben dem Schaft grünlich schillert. Beine bleigrau, die Krallen weißlich mit dunkler Spitze.

Ganze Länge 7″, Schnabelbogen 10‴, Flügel 4″ 10‴, Schwanz 2″, längste Vorderzehe ohne die Kralle 8‴. —

Der junge Vogel hat schon ganz die Färbung des alten, aber einen viel trüberen Ton; das Weibchen ist nicht so klar gefärbt, wie das Männchen, reiner grün und minder olivenbraun am Flügelbug. —

Der Vogel ist selbst in Brasilien selten; der Prinz erhielt nur einmal ein Pärchen am Rio Mucuri, mir kam kein Individuum vor; das hier beschriebene weibliche wurde vom Berliner Kabinet bezogen, dem die Bälge aus Para zugegangen waren. Spix gedenkt der Art nicht, sie ist ihm also auf der Reise entgangen. —

3. Psittacula melanonota *Licht.*

Kuhl. Consp. 59. n 97. — Psitt. melanotus *Pr. Max. z. Wied*, Beitr. IV. 256. 23. — *Wagl.* Mon. Psitt. 158. 6.
Psitt. erythrurus *Pr. Max* Reise n. Bras. I. 275.

Grün; Rücken und Schulterfedern schwarz; Flügelrand und seitliche Schwanzfedern roth, letztere mit schwarzer Spitze. —

Etwas kleiner als die vorige Art, lebhaft grün gefärbt; der Schnabel horngelb, am Rande grau; die Iris braungrau, die Wachshaut grünlich grau; Augenring lebhaft roth. Rückenseite dunkler grün, im Nacken etwas bräunlich, der eigentliche Rücken bis zum Schwanz und die Schulterfedern braunschwarz. Unterseite heller, die Kehle ins Gelbliche ziehend, die Seiten der Brust und des Bauches bläulich meergrün. Flügel außen grün, am Rande bläulich; die vorderen großen Deckfedern schwarzbraun; die Schwingen am Vorderrande grün, sonst außen schwarz, innen meergrün. Schwanzdecken lang, wie die zwei mittleren Schwanzfedern grün, mit schwarzer Spitze und rother Basis; die übrigen roth, mit feinem schwarzen Rande und breiter schwarzer Spitze; die äußerste mit grünem Fleck auf der schwarzen Spitze. —

Ganze Länge 6″, Schnabelbogen 9‴, Flügel 4″, Schwanz 1⅙″, lange Vorderzehe ohne die Kralle 7‴. —

Der junge Vogel ist matter gefärbt, besonders der blaß kaffeebraune Rücken und der blaßrothe Schwanz; beim Weibchen sind die Farben zwar voll, aber nicht so blendend, wie beim Männchen, das sich besonders durch die mehr bläuliche Unterseite kenntlich macht.

Der rothschwänzige Zwergpapagei bewohnt das Küstenwaldgebiet des mittleren Brasiliens; die Exemplare des Prinzen zu Wied wurden am Rio Mucuri erlegt, die meinigen in der Gegend von Bahia, woher auch das Berliner Kabinet die seinigen erhielt.

Anm. Verwandte, aber mehr nördliche, in Brasilien wohl nicht ansäßige Arten sind:

1. Psittacula melanoptera; Psittacus melan. *Gmel. Linn.* S. Nat. I. 1. 350. — *Lath.* Ind. orn. I. 132. 152. — *Buff.* pl. enl. 791. — *Kuhl.* Consp. 60. n. 99. — *Wagl.* Mon. Ps 157. 5. — Psitt. micropterus *Kuhl.* Consp. 67. no. 113. — Sie hat dieselbe grüne Hauptfarbe und den schwarzbraunen Rücken, aber die großen Flügeldeckfedern sind am Grunde gelb, an der Spitze blau; die schwarzen Schwingen haben einen grünen Rand und die hinteren Armschwingen eine gelbe Spitze; der Schwanz ist wie bei der vorigen Art gezeichnet, aber die Farbe der Seitenfeder blaß violett, nicht hochroth. — Columbien. —

2. Psittacula purpurata: Psittacus purp. *Gmel. Linn.* S. Nat. I. 1. 350. — *Lath.* Ind orn. I 132. 150. — *Kuhl.* Consp 60. no. 98. — *Wagl.* Mon. Ps. 156. 3. — Psitt. porphyrurus *Shaw.* Nat. Misc. I. 547. tb. 16. 8. — Grün, Scheitel und Nacken graulich; Schultern und Flügeldeckfedern bräunlich; Schwingen schwarzbraun, grün gerandet; vier mittlere Schwanzfedern grün mit schwarzer Spitze, die seitlichen purpurroth, schwarz gerandet, mit breiter schwarzer Endbinde. — Cayenne. —

b. Schwanzfedern mit scharfer, keilförmiger Spitze.

4. Psittacula passerina *Linn.*

Psittacus passerinus *Linn.* S. Nat. I. 150. 47. — *Lath.* Ind. orn. I. 133. 156. — *Buff.* pl. enl. 455. 1. — *Kuhl.* Consp. 58. 93. — *Pr. Max* Beitr. IV. 260. 24. — *Wagl.* Mon. Ps. 154. 2.

Psitt. capensis *Shaw.* Misc. pl. 893. — *Lath.* Ind. orn. I. 132. 153.

Psittaculus gregarius *Spix* Av. Bras. I. 39. 3. tb. 24. fig. 3. 4. pullus et Ps. passerinus ibid. 38. 1. tb. 23. mas et fem.

Tui-eté et Tui-Tirica *Marcgr.* h. nat. Bras. 206. — *Licht.* Abh. d. Berl. Ac. 1815. 167.

Enano *Azar.* Apunt. II. 463. 288.

Grün; große Deckfedern, hintere Schwingen am Rande und der Unterrücken ultramarinblau.

Dieser kleinste aller brasilianischen Papageien hat noch nicht die Größe eines Sperlings; er ist ganz hell und lebhaft grün, unten gelblicher; der Schnabel weißgelb, die Wachshaut grau, die Iris bräunlich, die Schwingen schwärzlich, mit grünem Vorderrande, die Beine aschgrau.

Diese homogene Färbung behält beim alten Vogel nur der Rumpf. Die Flügel bekommen fast ganz ultramarine Farbe, indem sämmtliche untere Deckfedern, der Rand der oberen, die großen Deckfedern und die meisten Schwingen jene Farbe annehmen. Unten sind die Schwingen alle meergrün, mit schwarzer Vorderhälfte; nur die 4—5 vordersten behalten auch oben den grünen Rand bei. Endlich wird auch der Unterrücken bis zu den Schwanzdecken lebhaft ultramarinblau.

Männchen und Weibchen sind gleich gezeichnet, aber jenes ist lebhafter und voller gefärbt als dieses. —

Ganze Länge 5″, Schnabelbogen 7‴, Flügel 3″ 4‴, Schwanz 1½″, längste Vorderzehe ohne die Kralle 7‴. —

Der grüne Zwergpapagei gehört zu den gemeinsten Vögeln Brasiliens, er ist überall in Menge ansäßig und bewohnt ebensowohl das Küstenwaldgebiet, als auch die Gebüsche der Campos. Hier kommt er gern truppweise bis in die Gärten der Ansiedelungen. Er ist ungemein leicht zu zähmen, erträgt aber die Gefangenschaft nicht lange, zumal ein einzelnes Individuum. Er hat eine feine pfeifende Stimme und wenn diese Vögelchen zu Dutzend auf einem Tamarinden-Baum, dessen Samen sie besonders lieben, mit Fruchtsuchen beschäftigt sind, so kreischen sie dabei fast so durcheinander, wie ein Schwarm kreischender Sperlinge. Besonders wenn man sie aufjagt und nun der ganze Schwarm davon eilt, ist das Gekreisch lebhaft und ganz dem der Sperlinge ähnlich.

Der Vogel ist übrigens durch das ganze tropische Süd-Amerika verbreitet; Azara fand ihn in Paraguay, Schomburgk in Britisch Guyana, der Prinz zu Wied an der ganzen Küste vom Rio Parahyba nordwärts. In seiner Lebensweise liegt nichts besonderes; er nistet in Baumlöchern und legt mehrere weiße Eier. Daß er, wie Azara berichtet, gern die verlassenen backofenförmigen Nester des Furnarius rufus in Beschlag nehme, kann wohl sein; doch ist mir in Minas geraes nie ein beglaubigter Fall der Art bekannt geworden. Mehr als vier Eier legt er aber nicht. Azara sah einmal ein gefangenes Pärchen brüten, aber nicht die Jungen auskriechen, weil das Weibchen vor der Zeit umkam. —

Fünfte Familie.

Tukane. Ramphastidae.

In Brasilien findet sich keine eigenthümlichere, schon durch ihr ganzes Ansehn kenntlicher gemachte Vogelgruppe, als die hier zu behandelnde der Tukans. Wenn man die Papageien nicht ohne Grund als Parallelform der Affen betrachtet, so muß man die Tukane den Faulthieren parallel stellen, und hat dazu die bestimmteste Veranlassung in der übereinstimmenden geographischen Verbreitung beider Thiergestalten. Tukane bewohnen nur die tropische Region Amerika's, gehen aber, als Vögel, leichter und weiter in die benachbarten Gegenden über; Tukane streifen bis Mexico und Buenos Ayres, woselbst Faulthiere nicht mehr gefunden werden. Tukane bewohnen auch die westlichen Abhänge der Kordilleren, wohin die Faulthiere nicht gehen; schon Berglehnen von über 5000 Fuß Höhe betreten sie nicht mehr. Auch ist das Naturell der Vögel kein so langsames, wie das der Faulthiere; ein Vogel muß behende sein, sonst ist er kein Vogel mehr. Aber stumpfsinnig sind auch die Tukane, wenn gleich nicht in dem Grade, wie die Faulthiere. Sie werden darin nur von den Bartvögeln (Bucconidae) übertroffen. Das sind die wahren Faulthiere, ihrem Benehmen nach, unter den Vögeln.

Der auszeichnendste Theil des Tukans ist sein Schnabel: ein großer, gebogener, seitlich mehr oder weniger zusammengedrückter Hornkegel, welcher an der Basis die Breite des ganzen Kopfes besitzt und in der Länge dem eigentlichen Rumpfe öfters nicht nachsteht. Er ist überall von einer dünnen Hornschicht bekleidet, welche bis an den Grund reicht. Daher fehlen ihm die Nasengruben und die Wachshaut; selbst die Nasenlöcher sind versteckt, und bis an die äußerste Grenze gegen das Kopfgefieder zurückgezogen, woselbst sie nach oben, dicht vor der Stirn, zu beiden Seiten des Schnabelrückens liegen. Eine stark hakige Spitze, oder Zähne, hat der Schnabel nicht; ist er am Rande zackig, so sind das nur später entstandene Kerben. Die Gegend des Kopfes um das Auge und am Oberschnabel, vom Mundwinkel bis zur Stirn, ist in der Regel nackt, ohne alle Federn, selbst ohne die Borstenfedern, welche häufig diesen

Ort bekleiden; auch die Augenlider sind wimpernlos: ein Charakter, den die Tukane mit den Papageien gemein haben. —

Das Federnkleid der Tukane ist voll, aber nicht reichlich; es besteht vielmehr aus wenigen großen Federn und ist sehr viel weicher, klarer und laxer gebaut, als das der Papageien; übrigens aber sind die einzelnen Federn breit, rund und ziemlich kurz. Das erstreckt sich auch auf die Flügel, welche einen runden Schnitt haben und nie weiter als bis auf den Anfang des Schwanzes reichen; auch so breite, große, selbst lange Armschwingen besitzen, daß sich die relativ viel kleineren, besonders kurzen Handschwingen darunter in der Ruhe fast vollständig verstecken. Die erste Schwinge ist beträchtlich, die zweite mäßig verkürzt, die vierte in der Regel die längste, doch wenig länger als die dritte und fünfte, welcher auch die sechste kaum nachsteht. Der Schwanz dagegen ist groß, öfters breit, in den meisten Fällen lang, keilförmig zugespitzt und stufig; er besteht aus zehn Federn. Die Bürzeldrüse hat keinen bedeutenden Umfang, eine längliche Herzform und einen befiederten, schwach zipfelförmigen Ausgang.

Die Beine sind groß und stark, aber nicht fleischig. Der Lauf ist ziemlich lang, dünn und vorn wie hinten von tafelförmigen Gürtelschildern bekleidet, deren Zahl sieben zu sein pflegt. Die Zehen haben über den Gelenkungen zwei kurze, dazwischen auf den Gliedern ein langes Tafelschild, sind aber sonst von einer warzigen Sohle mit mäßigen Ballen bekleidet; sie enden mit langen, stark gebogenen, aber nicht sehr kräftigen Krallen, von denen die beiden vorderen nur wenig größer sind als die entsprechenden hinteren, übrigens aber am Innenrande einen erweiterten, vorspringenden Saum besitzen. —

Vom inneren Bau der Tukane ist das Wichtigste ebenfalls bekannt. Man weiß, daß der große und scheinbar so plumpe Schnabel hohl ist, mit einem schwammförmigen großmaschigen Knochennetz erfüllt, welches Luft von der Nase her in sich aufnimmt und dadurch den Schnabel ganz leicht macht; man weiß ferner, daß die Nasengänge Sförmig gebogene Röhren sind, welche von der Stirn im Schnabelgrunde zur Rachenhöhle hinabsteigen; und daß die Zunge ein schmales, horniges, am Rande gefasertes Band, einem Grasblatte vergleichbar, darstellt, ohne alle fleischigen Bestandtheile. Der Schlund hat keinen Kropf und der Magen keine dicken Muskelkörper, sondern nur eine fleischige Wand. Die Leber besteht aus zwei Lappen; die Gallenblase fehlt, wie bei den meisten Papageien *), und ebenso die Blinddärme.

Am Skelet ist die Ausdehnung der pneumatischen Knochen besonders hervorzuheben; sie beschränkt sich auf Schädel, Hals, Rumpf, Becken und Oberarm; der Oberschenkel und alle abwärts gelegenen Knochen nebst denen am Arm unter dem Ellenbogengelenk führen Mark. Der Schädel hat die übliche quere Verbindung am Unterkiefergelenk und keinen geschlossenen Orbitalring. Der Hals besteht aus 12, der Rücken aus 8 Wirbeln mit ebensovielen Rippenpaaren, der Schwanz aus 8 Wirbeln; so viele finde ich wenigstens bei Rh. erythrorhynchus, während R. Wagner bei Rh. discolorus nur 7 Rückenwirbel zählt. Das Brustbein ist nicht groß, nach hinten erweitert und an jeder Seite mit 2 ungleichen Busen versehen; der Kamm ragt wenig vor, ist nach vorn nicht verlängert und auf eine eigenthümliche Weise mit den beiden getrennten Schenkeln des Gabelbeines verbunden. Diese Trennung des Gabelbeines in zwei besondere Knochen ist merkwürdig; sie findet sich auch bei Papageien und Bartvögeln, allein dann bleiben die Enden der Gabelbeine frei, während sie bei den Tukanen fest und innig mit zwei vortretenden Ecken des vorderen Kammrandes sich verbinden. Das ist eine besondere osteologische Eigenheit dieser Vögel. —

Von der Anordnung der Muskeln, besonders derer des Schwanzes, welche die große Beweglichkeit desselben bei den Tukans erklären, hat Owen eine weitere Beschreibung gegeben, worauf wir verweisen (Proceed. Zool. Soc. 1833. pag. 509); ebenso R. Wagner in Gebrüd. Sturm's Monographie (Nürnb. 1840. 4.), deren Vollendung leider noch immer nicht erfolgt ist. Ihnen voran ging Gould mit einer noch prachtvolleren Arbeit (A Monogr. of the Ramphastidae. Lond. 1833—35 Fol.).

Die Lebensweise der Tukans ist am besten von dem Prinzen

*) Ausnahmsweise fand R. Wagner eine Gallenblase beim gelben Cacadu (Psitt. sulphureus *Linn.*); vielleicht kommt sie den Cacadus überhaupt zu.

Maximilian zu Wied geschildert. Sie sind, wie die Papageien, Bewohner des Waldes, welche die offenen Gegenden meiden und nicht leicht in die menschlichen Ansiedelungen sich verirren. Die großen Arten trifft man einsam oder paarweis an, und hört sie öfter, als man sie sieht, indem ihre eigenthümliche knarrende Stimme sie bald kenntlich macht; die kleineren Pteroglossen leben gesellig, wie die Papageien, fallen in Trupps auf die Waldbäume, von deren Früchten sie sich ernähren, und lassen dabei allerhand eigenthümliche knarrende Laute hören, bis sie aufgescheucht mit Geschrei davon eilen. Aber ihre Stimme ist nicht so durchdringend kreischend wie die der Papageien. Im Fluge ähneln sie denselben; sie bewegen sich schnell, aber mit Anstrengung ohne Dauer, und sind selbst in der Luft an den kurzen breiten Flügeln leicht zu erkennen. Den Schnabel tragen sie dabei vorgestreckt, den Hals etwas eingezogen. — Ihre Nahrung besteht in Baumfrüchten und z. Th. auch in Insecten; sie ziehen aber weiche, mehlhaltige Früchte den harten Kernen vor; knacken auch nicht Nüsse, wie die Papageien, sondern begnügen sich mit Beeren und Fleischfrüchten aller Art. Daß sie dieselben emporwerfen, ehe sie sie herunterschlucken, wird vielfältig behauptet; gesehen habe ich es nicht. Den Goyaven stellen sie sehr nach und wenn sie sie haben können, auch den Bananen; — Schaden aber richten sie dadurch nicht an. Sie nisten, wie die Papageien, in Baumlöchern und legen zwei weiße Eier; ihr Nest ist aber stets mit großer Vorsicht versteckt und wird selten gefunden. Mir ist es ebensowenig, wie dem Prinzen zu Wied geglückt, Eier und Nester dieser Vögel zu erhalten. —

Jung eingefangen, werden sie bald zahm, und lassen sich leicht mit mehlhaltiger Kost (gekochten Kartoffeln, Bataten, Mandioccabrei u. s. w.) ernähren; sie ertragen aber die Gefangenschaft in der Regel nicht lange. Ich besaß einige Zeit einen solchen jungen, noch nicht ganz ausgefederten Vogel von Rh. discolorus, mußte ihn aber zurücklassen, als ich meine Reise weiter fortsetzte, weil sein Transport zu mühsam gewesen wäre. In Europa sieht man sie selten lebend, da sie die Seereise nicht gut überstehen. —

1. Gatt. Ramphastus *Linn.*

Schnabel besonders groß, am Grunde dick, stärker als der Kopf, gegen das Ende hin bedeutend zusammengedrückt, mit mehr oder minder scharfer Rückenfirste. Nasenlöcher vor dem graden, nur beiderseits leicht ausgebogenen Stirnrande des Schnabels. Schwanz relativ kurz, stets kürzer als der Rumpf, aber breit, stumpf gerundet, mit gleichlangen Federn. —

Das Kolorit dieser den Raben und Krähen in der Größe nahen Vögel ist schwarz, mit rothen, weißen oder gelben Stellen an der Kehle, dem Rücken und Bürzel. Sie leben stets einsam oder paarig im Urwalde, sind scheu, und kommen nie in die unmittelbare Nähe der menschlichen Ansiedelungen.

1. Ramphastus Toco *Gmel.*

Gmel. Linn. S. Nat. I. 1. 356. — *Lath.* Ind. orn. I. 135. 1. — *Buff.* pl. enl. 82. — *Pr. Max* Beitr. IV. 271. 1. — *Le Vaill.* Ois Parad. pl. 2. — *Wagl.* Syst. Av. p. 1. — *Sturm* et *Gould* Mon. tb. 6.
Tucáno *Azar.* Apunt. II. 236. n. 50.

Schwarz; Kehle und Bürzel weiß, Steiß roth; Schnabel hoch orange, der Rücken feuerroth, die Spitze schwarz. —

Ist die größte Art der Gattung, größer als eine Krähe, aber kleiner als der Kolkrabe. Gefieder gleichförmig schwarz, aber etwas ins Braune fallend; die Kehle, Backen und der Vorderhals weiß, letzterer mitunter schmal roth gesäumt; die oberen Schwanzdeckfedern auch weiß, der Bürzel hell blutroth. Schnabel sehr groß, besonders hoch, nach der Spitze hin zwar stark zusammengedrückt, aber wenig erniedrigt; der Rand mit einigen leichten Kerben; die Farbe lebhaft orange, gegen den Rücken hin tiefer roth, mehr feuerfarben, desgleichen die Spitze des Unterkiefers; am Oberkiefer eine bald breite, bald kurze schwarze Spitze; auch der ganze Rand des Schnabels dicht vor dem Kopfgefieder ist schwarz, die nackten Augen, Zügel und Schläfengegend aber lebhaft feuerroth, die Augenliderränder schwarzblau. Die Beine sind blaugrau gefärbt, die Krallen schwärzlich. —

Ganze Länge 22″, Schnabelbogen 6″, Flügel $8^3/_4$″, Schwanz $5^1/_4$″, längste Vorderzehe ohne die Kralle 2″. —

Der Toco oder Tucan grande, wie ihn die Brasilianer nennen, ist nicht mehr bei Rio de Janeiro zu treffen; man findet ihn erst im Innern von Minas geraes, wo ich zweimal so glücklich war, ihm zu begegnen (in Lagoa santa und Congonhas). Er geht südlich bis nach Paraguay, und nordwärts bis an den Rand des Caraibischen Beckens. In allen diesen Gegenden ist er ein zwar bekannter, aber doch nicht häufiger oder gemeiner Vogel, der sich ungemein vorsichtig benimmt und darum nicht leicht erlegt wird. In seiner Lebensweise gleicht er übrigens den anderen großen Arten; seine Nahrung besteht, nach Schomburgk (Reise III. 720.), hauptsächlich aus den Früchten der Capsicum-Arten, woher der deutsche Name: Pfefferfresser sich erklärt. Er sah den Vogel in der Gefangenschaft mit aller menschlichen Kost, darunter auch Fleisch und Fische, vorlieb nehmen; bezweifelt aber doch mit Grund die Angabe, daß er selbst Fische, Eidechsen und kleine Vögel fange, wie manche Schriftsteller berichten. Auch mir ist keine darauf bezügliche sichere Beobachtung bekannt geworden; im freien Naturzustande fressen alle Tukane nur frische, nicht allzu harte und trockne Pflanzenfrüchte. —

Anm. Im größten Theile Brasiliens giebt es nur diese eine Art mit weißer Kehle; dagegen findet sich eine zweite, schlanker gebaute, etwas kleinere Art mit weißer Kehle im Norden Süd-Amerikas, bei welcher jedoch der Schnabel viel niedriger und größtentheils scharlachroth gefärbt, auf der Firste und am Grunde aber gelb ist. Sie hat einen gelben Bürzel und einen breiteren rothen Saum am unteren Rande der weißen Kehle. Das ist der Ramphastus erythrorhynchus *Gmel.* — *Lath.* Ind. orn. I. 136. 5. — *Le Vaill.* l. l. pl 3. Pl enl. 262. — *Wagl.* Syst. Av. 2, — in Guyana die gemeinste Art, wie Schomburgk (Reise III 722) berichtet. —

Von ihm unterscheidet man den Ramphastus Cuvieri *Wagl.* S. Av. n. 5. — *Stm.* Mon. tb. 3. — dadurch, daß derselbe etwas größer ist, einen orangefarbnen Bürzel und statt des rothbraunen einen schwarzen Schnabel mit gelber Firste und Basis besitzt. Der Vogel bewohnt die Gegenden Brasiliens am oberen Amazonenstrom, gegen Peru und Bolivien hin, woselbst ihn Prof. Pöppig beobachtete. Vergl. Sturm's Monogr. die Einleitung. —

Eine vierte Art mit weißer Kehle ist der mexicanische Ramphastus culminatus *Gould* Proc. zool. Soc. I. 70. — *Strm.* Monogr. tb. 5, welcher sich von Rh. Cuvieri durch viel geringere Größe und einen weißen Grund des Schnabels, besonders des unteren, unterscheidet. —

2. Ramphastus discolorus *Linn.*

Linn. S. Nat. I. 152. 7. — *Lath.* Ind. orn. I. 135. 2. — *Buff.* pl. enl. 269. — *Le Vaill.* 22. pl 8. — *Wagl.* Syst. Av. 14. — *Swains,* zool. Ill. II. pl. 108. — *Jard. Selb.* Orn. pl. 29. — *Gould* Mon. pl. 11. — *Stm.* Mon.
Ramph. Tucai *Licht.* Doubl. 7. 23. — *Wagl.* l. l. 13. —
Ramph. chlororhynchos *Temm.*
Tucai, *Azar.* Apunt. I. 239. 51.

Schwarz, Schnabel grün, am Grunde schwarz gesäumt; Vorderhals dottergelb; Brust, Bürzel und Steiß roth. —

Ziemlich so groß wie eine Krähe, nur schlanker im Rumpf gebaut. Das Gefieder ist größtentheils schwarz, bei alten Vögeln leicht metallisch schillernd am Rücken und auf den Flügeln. Die Kehle, der Vorderhals und die Oberbrust sind hellgelb, auf der Mitte tief orangegelb; die Brust von da bis an die Beine ist hellblutroth, ebenso die Schwanzdecken oben und unten. — Der Schnabel hat eine lebhaft grüne Farbe, ist am Mundrande ziemlich stark kerbig gezackt und hellroth gefärbt, an der Basis mit einem schwarzen Rande gesäumt, der sich am Unterkiefer beiderseits mit einer Schneppe nach vorn fortsetzt. Die Iris ist graublau, die nackte Augengegend ziegelroth, die Beine dunkel bleigrau, die Krallen schwarz.

Der junge Vogel gleicht dem alten in der Färbung ganz, hat aber einen sehr viel kleineren Schnabel, dessen Basis noch gar keinen schwarzen Rand besitzt.

Ganze Länge 19″, Schnabel $3\frac{1}{2}$—$3\frac{3}{4}$″, Flügel 7″, Schwanz 6″, längste Vorderzehe ohne die Kralle $1\frac{1}{3}$″.

Dieser Tukan ist in den von mir bereisten inneren Gegenden die gemeinste Art, ich erhielt ihn in Minas geraes an allen Orten, wo ich mich längere Zeit aufhielt; man hört auch seine knarrende Stimme häufig in den Wäldern und hat nicht selten Gelegenheit, den Vogel in der Ferne sitzen zu sehen, wobei sein buntes Gefieder ihn leicht kenntlich macht. Im Waldgebiet scheint er zu fehlen, weil ihn der Prinz zu Wied nicht beobachtete. Seine Lebensweise bietet nichts Eigenthümliches dar; der gefangene junge Vogel, den ich eine Zeit lang besaß, fraß am liebsten gekochte Kartoffeln und Maniocwurzeln, die ihm aber hingehalten werden mußten, wenn er sie nehmen sollte; alte Vögel lassen sich weder fangen, noch zähmen. —

Anm. Außer dieser Art mit hellgrünem Schnabel kennt man nur noch eine mit ähnlicher Schnabelfarbe aus Mexico, den Ramphastus carinatus *Swains.* zool. *Ill.* I. pl. 45 (*Edw.* Av. III 253. tb. 329. — R. piscivorus *Linn.*); er hat einen gleichfarbig gelben Vorderhals, nur eine schmale rothe Binde über die Brust und einen weißen Bürzel. —

3. Ramphastus Temminckii.

Wagl. Syst. Av. n. 10. — *Pr. Max z. Wied,* Beitr. IV. 272. 2. — *Buff.* pl. enl. 307. — *Vieill.* Gal. d. Ois. suppl. Tucan de Para.
Ramph. Ariel *Vigors,* zool. Journ. II. 466.
Ramph. maximus *Cuv.*

Schwarz, Schnabel auch schwarz, mit gelber Binde am Grunde; Vorderhals dottergelb, heller gesäumt; Brust mit rother Binde, Bürzel und Steiß roth.

Beträchtlich kleiner, als die vorige Art, zwar ähnlich gefärbt, aber leicht an dem schwarzen Schnabel von ihr zu unterscheiden. Gefieder größtentheils schwarz, der Rücken und die Flügel metallisch schillernd; die Kehle und der Vorderhals bis zur Brust orangegelb, lichter blaßgelb gerandet; am Ende des gelben Vorderhalses eine breite blutrothe Binde über die Brust. Schwanzdecken ebenfalls blutroth, aber die Farbe nur wenig nach vorn ausgedehnt. Der Schnabel etwas kürzer, stärker nach vorn zusammengedrückt, am Rande mitunter (bei alten Vögeln) gekerbt; schwarz, glänzend, die Basis vor dem Rande mit breiter blaßgelber Binde, die platte Firste vor der Stirn licht grau. Nackter Augenring dunkelroth, Iris bläulich, Beine bleigrau mit schwarzen Krallen.

Ganze Länge 17½″, Schnabel 3⅓—3½″, Flügel 7″, Schwanz 6″, längste Vorderzehe ohne die Kralle 1½″. —

Der junge Vogel gleicht dem alten in der Färbung, doch ist auch bei ihm der Schnabel und der Schwanz sehr viel kürzer und am ersteren die gelbe Binde anfangs nur als Linie bemerkbar.

Im Waldgebiet der Küsten ist diese Art die gemeinste; man trifft sie schon in der Nähe von Rio de Janeiro, und besonders in den Wäldern am Orgelgebirge. Ich habe zu Neu-Freiburg viele Exemplare gesehen und einmal auch einen jungen Vogel, der mit Kartoffeln, Mandiocca und Bataten gefüttert wurde. Die Brasilianer stellen dem Vogel sehr nach, weil sein Fleisch eine angenehme Nahrung liefert; mit Reiß gekocht, ähnelt das Gericht einer guten Taubenbrühe und ist ganz schmackhaft. Von den Indianern wird besonders die schöne gelbe Kehle als Schmuckmittel benutzt, der Vogel aber gleichfalls von ihnen allgemein gegessen. —

Anm. Am ähnlichsten ist dieser Art der Ramphastus vitellinus *Illig. Wagl.* Syst. Av. 12. — *Le Vaill.* l. l. 19. pl. 7. — *Swains.* l. l. pl. 56. — Derselbe hat eine weiße Kehle und Backengegend, einen gelben Bürzel und statt der blaßgelben eine lichtblaue Binde am Grunde des Schnabels. Er lebt nördlicher in Guyana und bewohnt Brasilien nur im Gebiet des Amazonenstromes, am Rio Branco und Rio Negro, wo Natterer ihn erlegte.

2. Gatt. Pteroglossus *Illig.*

Schnabel kleiner, schlanker, runder, gegen die Spitze weniger zusammengedrückt, die Basis nicht höher als der Kopf, bisweilen mit einem mehr oder minder scharf abgesetzten, aufgeworfenen Rande; die Nasenlöcher nicht vor dem Schnabel, sondern in einem Ausschnitt des Schnabels zu beiden Seiten der abgeplattenen Stirnfirste; Mundrand mehr oder minder gekerbt. — Flügel ebenso kurz, aber nicht ganz so stumpf gerundet, wie beim Ramphastus; die Federn einzeln spitzer, die zweite so lang wie die vierte und die dritte die längste. — Schwanz lang, keilförmig zugespitzt, die Federn stufig, ebenfalls schmal mit theils scharfer, theils stumpfer Spitze. —

Im Kolorit dieser Gattung herrscht größere Mannigfaltigkeit, namentlich überwiegen gelbe und grüne Farbentöne weit mehr; die Männchen haben in vielen Fällen von den Weibchen abweichende Kleider. Die Vögel leben in kleinen Gesellschaften, nach Art der Papageien, sind zahlreicher, lebhafter, munterer, und stehen den Conuren im Betragen am nächsten; sie fressen nicht bloß Früchte, sondern auch Insecten, selbst ziemlich große Käfer pflegen sie zu verschlucken.

A. Schnabel lang und stark, der Rücken sanft gewölbt, am Grunde von einem aufgeworfenen Rande umgeben, der ihn gegen das Kopfgefieder abgrenzt; Unterschnabel am Grunde schief abwärts gegen den Kopf verlängert. Der Schwanz spitz keilförmig, so lang wie der Rumpf, oder noch etwas länger. Beide Geschlechter gleich gefärbt.

1. Pteroglossus Aracari *Linn.*

Syst. Nat. I. 151. 3. — *Lath.* Ind orn. I. 138. 11. — *Buff.* pl. enl. 166. — *Le Vaill.* l. l. 29. pl. 10. — *Vieill.* Gal. II. 14. pl. 30. — *Wagl.* Syst. Av. 2. — *Gould*, Mon. pl. 12.
Aracari *Marcgr.* h nat. Bras. 217.
Arassari der Brasilianer.

Schwarz, Rücken metallisch grün; Unterseite von der Brust an grünlich gelb, mit breiter rother Binde; Bürzel roth; Oberschnabel weiß mit schwarzer Firste, Unterschnabel schwarz mit weißem Rande am Grunde. —

Von der Größe einer Elster, aber schlanker gebaut. Die Grundfarbe des Gefieders ist dunkel metallisch grün, welches zwar nur matt, aber doch ganz deutlich ist. Der ganze Kopf und der Hals sind schwarz, mit dunkelbraun violettem Anflug an den Backen und beim Weibchen auch an der Kehle. Von der Brust bis zum Schwanz ist die Farbe blaß grüngelb, die Schenkel sind graugrün; mitten über den Bauch zieht sich eine rothe Binde. Der Bürzel ist bis zum Rücken hinauf roth, der Schwanz oben schwarzgrün, unten graugrün. Der Oberschnabel hat eine weiße, leicht gelbliche Farbe; nur der Mundwinkel neben dem aufgeworfnen weißen Rande am Grunde und die abgerundete Rückenfirste sind schwarz; der Unterschnabel ist ganz schwarz, mit weißem Rande am Grunde. Die nackte Augengegend ist schieferschwarz, die Iris braun, die Beine grünlich grau.

Ganze Länge 17″, Schnabel 4″, Flügel 6″, Schwanz $6^1/_2$″, längste Vorderzehe ohne die Kralle $1^1/_4$″.

Im ganzen von mir bereisten Strich Brasiliens ist dieser Vogel gemein; man findet ihn häufig in Paaren auf einzeln stehenden Bäumen ruhig sitzen, und hört von Zeit zu Zeit seinen Ruf: kulik, kulik. Seine

Gesellschaften sind nicht zahlreich, 5 — 6, selten mehr. Der Vogel ist wenig scheu und hat im Benehmen viel von der Elster; er klappt wie sie mit dem Schwanze und fliegt ebenso stoßweise mit kurzem, schnellem Flügelschlage; auch umlagert er Raubvögel, besonders Eulen gern, und schreit sie an, wie die Dohlen. —

Anm. 1. Man hat von dieser Art eine Form als Pteroglossus Wiedii (*Sturm* Monogr. 4. Heft) gesondert, welche den inneren Gegenden Brasiliens angehört, und von Natterer in St. Paulo, Mato grosso, Minas geraes u. s. w. gesammelt wurde. Sie unterscheidet sich fast nur durch den Schnabel, dessen schwarzer Rückenstreif viel schmäler ist, während der schwarze Streif am Mundwinkel des Oberschnabels sich nach innen zu mehr ausbreitet und als graue Wolke am Mundrande hinzieht. Außerdem sollen die Schenkel röthlich olivenbraun überlaufen, nicht einfarbig graugrün sein. Die von mir aus Minas geraes mitgebrachten Exemplare (von Lagoa santa und Congonhas) haben diese Charaktere nicht, sind also der ächte Pt. Aracari. —

2. Am nächsten steht dem Pteroglossus Aracari der Pteroglossus castanotis *Gould* Proc. zool. Soc. I. 119. — Mon. pl. 13. — Derselbe ist etwas größer (18½″) und hat entschieden rothbraune Backen, die sich beim Weibchen über die ganze Kehle ausdehnen; der gelbe Bauch ist lebhafter gefärbt und vorn am Brustrande roth gefleckt. Hauptunterschiede giebt der Schnabel in der braunrothen Färbung neben der erhabenen Leiste am Grunde und in dem schwarz gefleckten Mundrande des Oberschnabels, dessen Flecken den Kerben entsprechen. Auch dehnt sich der schwarze Rückenstreif am Grunde so sehr aus, daß er mit dem schwarzen Wisch an den Seiten vor dem braunen Mundwinkel zusammentrifft. — Diese Art bewohnt die inneren Gegenden nördlich vom 17° S. Br. und wurde besonders nördlicher bis zum Amazonenstrom von Natterer gesammelt.

3. Weiter entfernt sich von ihnen der Pteroglossus flavirostris *Fraser*, Ann. nat. hist. 1841. VII. 153. — *Sturm* Monogr. — Sein Schnabel ist kleiner und einfarbig hellgelb; der ganze Kopf mit der Kehle violettbraun und die Brust roth mit schwarzer Binde. Seine ganze Länge beträgt nur 16″. — Natterer fand diese Art am Rio Xiu, einem Nebenfluß des Rio Negro, nördlich vom Amazonenstrom. —

4. Mit ihm ist der Pteroglossus Azarae *Vieill.* Gal. d. Ois. Introd. c. fig. — *Le Vaill.* l. l. Suppl. 40. pl. A. — *Sturm*, Monogr. — leicht zu verwechseln; bloß ein schwarzer Schatten an beiden Seiten des Oberschnabels und der rein schwarze Scheitel unterscheidet denselben von der anderen Art. — Die Heimath dieser scheint Columbien zu sein.

5. Sehr ähnlich ist den vorigen beiden Arten auch der Pteroglossus Sturmii, welchen Natterer vom Rio Madeira bei Borba mitbrachte. — Der Vogel ist kleiner (15½″), hat einen grünlichen Oberschnabel, aber schwarzen Unterschnabel; die Zeichnung in der Hauptsache wie Pt. Azarae, aber statt der schwarzen Binde über die Brust ein gelber Halsring, welcher durch einen schwarzen Vorstoß von der braun violetten Kehle gesondert wird. Auch ist der Bürzel viel weniger roth, der Nacken dagegen viel breiter roth gefärbt. —

6. Die ausgezeichnetste Art von allen hierher gehörigen ist Pteroglossus pluricinctus *Gould* Proc. zool. Soc. III. — *Le Vaill.* l. l. pl. 11. — *Sturm* Monogr. — Der Vogel hat die Größe und den Schnabel des Pt. Aracari, auch dessen ganze Rückenfarbe, aber die Brust ist von dem schwarzem Halse abwärts goldgelb, mit zwei schwarzen Binden hintereinander, von denen die hintere vor den Schenkeln einen rothen Saum besitzt. Am Rio Negro von Natterer beobachtet.

B. Schnabel relativ kleiner, der Rand gegen das Kopfgefieder nicht leistenförmig aufgeworfen; der Anfang des Unterschnabels mit fast senkrecht gestelltem Rande, nicht schief und nach hinten gezogen, wie in der vorigen Abtheilung. —

a. Schwanz spitz keilförmig, so lang wie der Rumpf oder noch länger.

2. Pteroglossus Bailloni *Wagl.*

Wagler, Syst. Av. no. 7. — *Le Viall.* l. l. II. 44. pl. 18. — *Sturm*, Monogr. Pterogl. croceus *Jard. Selb.* Orn. I. pl. 6.

Rückenseite bräunlich olivengrün, Bauchseite goldgelb, Bürzel roth; Schnabel gelbgrün, am Grunde ein rother Längsstreif. —

Im Rumpf beinahe so groß, wie Pt. Aracari, aber der Schnabel viel kleiner, der Schwanz dagegen länger, spitzer. Schnabel blaß gelblich grün, der Mundrand stark gekerbt; neben dem Mundwinkel ein hellrother Fleck, welcher sich bis auf die Mitte des Oberschnabels ausdehnt, den Unterschnabel aber bloß am Mundwinkel berührt. Rückengefieder olivenbraungrün; Stirn, Augengegend, Backen und die ganze Bauchseite goldgelb; Schwingen und Schwanz graugrün, die Schwingen heller gerandet. Nackter Augenring ziegelroth. Iris braungelb. Beine grünlich grau.

Ganze Länge 16″, Schnabel 2⅚″, Flügel 5¼″, Schwanz 6″, längste Vorderzehe ohne die Kralle 1″. —

Dieser schöne, in seiner Art einzige Vogel ist in den Thälern am Nordabhange des Orgelgebirges nicht grade selten; er lebt paarig, oder in kleinen Trupps, und wurde von mir mehrmals im Walde beobachtet (bei Novo-Friburgo, Penha, Areas). Der Prinz zu Wied erwähnt ihn (Beitr. IV. 281. 3.) als Tukan, ohne den Vogel selbst gesehen zu haben, weil derselbe nicht gern die offenen Gegenden des unteren Flußlaufes betritt. Natterer erlegte ihn bei Ant. Diaz und Pahor an der Straße nach Minas. In Minas geraes ist er mir nicht mehr vorgekommen.

Anm. Der Vogel vertritt im südlichen Brasilien die Stelle der ganz grünen, aber kurzschwänzigen Arassaris, welche in ziemlicher Zahl über die Gegenden Süd-Amerikas, nordwestlich vom Amazonenstrom, sich verbreiten. Habituell stehen ihm indeß die folgenden Arten mit schwarzem Kopf und ganz gelbem Bauch viel näher und das sind überhaupt seine nächsten Verwandten.

b. Schwanz kürzer, nicht so lang wie der Rumpf, relativ breiter und mehr zugerundet.

α. Schnabelrücken sanft gewölbt, mindestens doppelt so lang wie der Kopf bis zum Nacken, der Kinnwinkel reicht nicht bis zur Mitte des Unterschnabels hinab. Schwanz von mehr als halber Rumpfeslänge. —

3. Pteroglossus Humboldti *Wagler.*

Syst. Av. n. 4. — *Sturms* Monogr. 2 Taf.

Kopf und Hals schwarz, beim Weibchen die Kehle braun; Rückenseite grün metallisch, Bauchseite blaßgelb, Bürzel roth. —

Der Schnabel ist ziemlich groß, über zweimal so lang wie der Kopf; der Oberkiefer gelb, mit schwarzer Firste und schiefen schwarzen Strichen am Mundrande in den Kerben; der Unterkiefer ganz schwarz, mit gelbem Rande am Grunde. Der nackte Augenring ist bläulich grau, die Iris braungelb. Das Gefieder zeigt den gewöhnlichen grünen, metallisch schillernden Rücken, woran eine tief schwarze Stirn und Scheitelplatte stößt; Backen, Wangen, Kehle und Oberhals sind beim Männchen ebenfalls schwarz, beim Weibchen licht rothbraun. Die ganze Unterseite vom Halse bis zum Schwanz ist blaßgelb, nur die Schenkel grün, mit gelbbraunem Hackenringe; der Bürzel lebhaft roth; die Beine grünlich grau. —

Ganze Länge 17″, Schnabel $3^3/_4$″, Flügel 5″ 2‴, Schwanz 6″. —

Die Art gehört den Gegenden am Amazonenstrom an, und verbreitet sich über das mittlere Flußgebiet südlich von der Mündung des Rio Negro, wo Natterer sie bei Monaqueri erhielt; sie vertritt hier die Stelle des Pt. viridis *Linn.* aus Cajenne, welcher sich von ihr nur durch gelben Schnabelrücken und beim Weibchen ganz braunen Kopf unterscheidet.

Anm. Außer Pt. viridis *Linn.* ist keine Art bekannt, welche mit der vorstehend beschriebenen verwechselt werden könnte; der ganz schwarze Unterschnabel unterscheidet beide leicht von dem sehr ähnlichen Pt. inscriptus *Swains* zool. Ill. II. 20., der einen in der Mitte gelben Unterschnabel, geringere Größe und relativ kürzeren Schwanz bei sonst gleichem Ansehn besitzt. Auch der bewohnt die Gegend am Amazonenstrom, aber mehr abwärts bei Para.

β. Schnabelrücken fast ganz gerade, wenigstens ohne aufsteigende Wölbung, nur an der Spitze herabgebogen; der Schnabel überhaupt viel kürzer und höchstens um die Hälfte länger als der Kopf bis zum Nacken; der Kinnwinkel bis auf die Mitte des Unterschnabels reichend. Schwanz nur so lang wie der halbe Rumpf. — Selenidera *Gould* *).

4. Pteroglossus maculirostris *Ill.*

Lichtenst. Doubl. 7. 25. — ***Wagl.*** Syst. Av. no. 9. — ***Le Vaill.*** l. l. 45. pl. 15. — ***Pr. Max*** Beitr. IV. 290. 2. — ***Sturm*** Mon. — ***Vieill. Gall.*** Introd.

Pterogl. maculatus, ***Jard. Selb.*** Orn. I. pl. 26.

Arassari póca der Brasilianer.

Rücken grün, Bauch gelb; Kopf und Hals beim Männchen schwarz, beim Weibchen braun, mit gelber Ohrdecke. Schnabel weißgrün, mit 4 schwarzen Querstreifen. —

Kleiner als alle früheren Arten, nicht größer als eine Misteldrossel,

*) Die oben charakterisirte Gruppe der Arassaris ist eine der eigenthümlichsten von allen. Außer den angegebenen Merkmalen haben ihre Arten einen gelben Nackenring und eine braune Schwanzspitze mit einander gemein. Der Kopf des Männchens ist schwarz gezeichnet, der des Weibchens hellbraun; der Rücken stets dunkelgrün, die Bauchseite gelb.

nur der Kopf stärker. Schnabel ziemlich klein, wenig gebogen, kegelförmig, weißlich, die Spitze gelblich grün, vor ihr an jeder Seite eine schwarze Querbinde, die auf beide Schnabelhälften übergeht, und außerdem am Oberschnabel 2—4 (je nach dem Alter des Vogels) schiefe schwarze, nach oben zugespitzte Querstreifen, von denen die vordersten mit dem oberen Ende der schwarzen Querbinde sich zu vereinigen pflegen. Nackte Augengegend hell lauchgrün gefärbt, die Iris braungelb. Gefieder des Kopfes, Nackens, der Kehle und des Vorderhalses bis über die Brust hinab beim Männchen schwarz, beim Weibchen zimmtbraun, darin ein großer gelber Ohrfleck, der aus einer vorderen orangen und hinteren citrongelben Hälfte besteht. Um das Nackengefieder eine schmale, meist sehr verwaschene gelbe Binde. Rücken, Flügel und Schwanz dunkelgrün, ohne Metallschiller; die Spitze der sechs mittleren Schwanzfedern braun; Bauch graugrün, an den Seiten vor den Schenkeln ein großer gelber, in der Mitte orangefarbener, nach hinten lederbrauner Fleck. Der Steiß blutroth, die Beine grünlich grau, mit braunem Hackengefieder, die Schwingen schwarzgrau mit graulich grünen Rändern. Die erste Schwinge sehr kurz, die zweite so lang wie die siebente, die dritte, vierte und fünfte die längsten.

Ganze Länge 12—$12\frac{1}{2}$″, Schnabel 2—$2\frac{1}{4}$″, Flügel 5″, Schwanz 4″, längste Vorderzehe ohne die Kralle $1\frac{1}{6}$″. —

Der Vogel findet sich nicht mehr in der Provinz von Rio de Janeiro, sondern tritt erst weiter nach Norden im Gebiet des Rio Doce auf. Ich beobachtete ihn mehrmals auf meiner Reise im Thale des Rio Chipoto, welcher als Anfang des Rio Doce sich betrachten läßt. Sie saßen zu 5—6 auf einzeln stehenden, nicht grade hohen Bäumen im offenen Felde und waren, wie die Papageien munter umherhüpfend, mit Fruchtsuchen beschäftigt, bis meine Erscheinung sie aufscheuchte und sie kreischend davon eilten. Der Prinz zu Wied fand den Vogel besonders am Rio Belmonte. Sein Benehmen ist ganz das der ersten Art, auch er hebt und klappt mit dem Schwanze und fliegt schnell mit lebhaftem Flügelschlage nach Art der Papageien, aber weniger anhaltend, meist nur ruckweise, um in nicht gar großer Entfernung sich wieder niederzulassen.

Der junge Vogel unterscheidet sich vom alten in der Färbung nicht wesentlich, wohl aber sehr beträchtlich in der Größe des Schnabels, der wie bei allen Ramphastiden in der Jugend sehr viel kleiner ist. Ganz junge Thierchen haben nur einen schwarzen Schatten vor der Spitze, der sich später in zwei Querbinden sondert. Allmälig kommen dann eine dritte, vierte und selbst fünfte Binde hinzu, indem sich bei fortschreitendem Wachsthum immer eine nach der andern von der breiteren Binde an der Spitze absondert. —

Anm. Eine ganze Reihe sehr ähnlicher Arten ist über die mehr nördlichen Gegenden Brasiliens oder Süd-Amerikas verbreitet. Sie haben alle fast oder ganz genau dieselben Farben und Zeichnungen des Rumpfes, unterscheiden sich aber constant an der Farbe und Zeichnung des Schnabels, nebst einigen Verhältnissen des Kopfgefieders. Ich setze in kurzen Definitionen ihre Unterschiede her.

A. Schnabelgrundfarbe weißgrün.

1. Pt. Langsdorffii *Wagl.* Syst. Av. 12. — *Stm.* Monogr. — hat einen fast ganz schwarzen, nur an der Basis weißgrünen Schnabel. — Bewohnt die östlichen Abhänge der Cordilleren von Peru und die benachbarten Gegenden des Innern Brasiliens.

2. Pt. Gouldii *Natt.* — *Gould,* Proc. zool. Soc. V. — *Stm.* Monogr. — hat einen einfarbig schwarzen Oberschnabel mit grüner Spitze, aber einen einfarbig weißen Unterschnabel mit ebensolcher Spitze und schwarzer Querbinde vor derselben. — Wurde von Natterer am Rio Madeira erlegt. —

B. Schnabelgrundfarbe orange oder roth.

3. Pt. Reinwardtii, *Wagl.* Syst. Av. no. 11. — *Sturm,* Monogr. — Der Schnabel ist röthlich orange oder fast ochergelb gefärbt; die Rückenfirste, die Spitze beider Hälften, und einige Randflecken in den Kerben des Oberschnabels schwarz. Das Rumpfgefieder hat mehr gelb an den Seiten des Bauchs vor den Schenkeln. — Im Innern Brasiliens von Spix gesammelt. —

4. Pt. Nattereri *Gould.* Proc. zool. Soc. III. — *Stm.* Monogr. — Der Schnabel ist blutroth mit schwarzem Firstenstreif, großem schwarzen Basalflecken und schmalen Mundrandflecken in den Kerben. Der große gelbe Seitenfleck des Rumpfes ist stärker nach hinten gebräunt.

5. Pt. piperivorus *Linn.* S. Nat. I. 150. 2. — *Lath.* Ind. orn. I. 138. 12. — *Buff.* pl. enl. 577. 729. — Pt. Culik *Wagl.* Syst. Av. no. 10. — *Stm.* Mon. — Schnabel schwarz, an der Basis blutroth, besonders der Unterkiefer. Gefieder beim Weibchen bloß im Nacken braun, die Brust grau; der gelbe Seitenfleck des Rumpfes fehlt. — Am Rio Negro, nördlich vom Amazonenstrom; häufig in Guyana (Schomb. Reise, III. 721).

Von der besonderen Unterabtheilung der grünen Arassari's, welche Gould Aulacorhynchus, Gray Aulacorhamphus nennt, kommt keine Art in Brasilien vor; sie sind über Guyana (Pt. viridis *Linn.*), Columbien (Pt. sulcatus *Swains*), Mexico (Pt. prasinus *Licht. Wagl.* et Pt. Wagleri *Sturm*), Neu-Granada (Pt. albivitta *Boiss. Stm.*) und besonders über Peru (Pt. atrogularis, Pt. Lichtensteinii, Pt. Derbyanus, Pt. haematopygus *Stm.* Mon.) verbreitet. Die Gruppe schließt sich durch den am Grunde nach hinten gezogenen, schief abgesetzten Unterschnabel und die deutliche Randleiste desselben an die erste Gruppe der ächten Arassari's, hat aber einen sehr viel kleineren, mehr oder minder deutlich der Länge nach gefurchten Schnabel und einen kürzeren Schwanz, mit braunem Vorstoß an den mittleren Federn; Pt. sulcatus allein einen ganz grünen Schwanz. — In ihrer Lebensweise weichen sie von den übrigen Gruppen der Arassari's nicht wesentlich ab. Vgl. *v. Tschudi* Fn. peruana, Orn. 261. fld.

Sechste Familie.

Spechte. Picinae.

Pica-pao der Brasilianer.

Die Spechte sind eine kosmopolitische Vogelgestalt, welche aus den heißesten bis in die kältesten Regionen der Erde sich verbreitet und in allen Ländern durch zahlreiche Arten vertreten wird. Ein starker, meist ganz grader, kegelförmig meißelartiger Schnabel, dessen Spitze von beiden Seiten her senkrecht zugeschärft ist und der, wie auf der Oberseite eine scharfe Firstenkante, so am Unterschnabel eine scharfe Kinnkante zu haben pflegt, macht sie kenntlich. Dieser Schnabel ist lediglich von einer festen Hornscheide bedeckt, hat keine Spur einer Wachshaut, und reicht bis unmittelbar an das dichte Kopfgefieder, indem sich eine Schneppe des letzteren in die Nasengrube hineinbegiebt und die Nasenlöcher überdeckt. Es sind zwei kleine, ovale Oeffnungen, welche zur Seite einer scharfen Kante, die mit der Firstenkante parallel läuft, in einer Vertiefung unfern des Schnabelgrundes sich befinden. Steife Mundwinkelborsten haben die Spechte so wenig, wie die Tukane und Papageien.

Das Gefieder der Spechte ist derbe und dicht, sonst aber durch nichts besonderes ausgezeichnet. Die Conturfedern des Kopfes sind stets sehr klein und zahlreich, länglich gestaltet; die des Rumpfes breit und kurz, und nicht so gedrängt gestellt; sie führen einen kleinen, schwachen Afterschaft. Die Flügel haben ziemlich lange, mehr schmale und spitze, als stumpfe Handschwingen, deren erste sehr kurz und deren Anzahl beständig zehn ist; die Armschwingen sind zwar etwas breiter, aber keinesweges auffallend kürzer, sie wechseln zwischen 9 und 12. Auszeichnend ist besonders der Schwanz durch die steife zum Anstämmen geschickte Beschaffenheit seiner Federn, wenigstens bei den meisten und den typischen Spechten. Diese Eigenschaft kommt besonders den beiden mittelsten, stets kräftiger gebauten Federn im höchsten Grade zu; die folgenden vier jeder Seite sind kürzer, schwächer, aber doch derbe und ziemlich von gleicher Länge; dagegen ist die letzte äußerste Schwanzfeder sehr viel kleiner, weicher und nicht mit einem steifen Schafte versehen. Sie legt sich auch auf die nächste folgende und versteckt sich in der Ruhe zwischen dieser und der dritten. Daher scheint der Schwanz der Spechte nur zehn Federn zu enthalten; er hat aber wirklich zwölf. Die Spechte haben alle eine große, breit herzförmige, völlig zweitheilige Bürzeldrüse, deren Ausgänge von einem dichten Federnkranze umgeben sind; zwischen ihren beiden Hälften liegen die Spulen der großen mittleren Schwanzfedern. —

Die Beine der Spechte gleichen sehr denen der Tukans; ihr Lauf ist aber relativ kürzer und ihre Zehen sind stärker. Beide werden auf der Oberseite von kurzen, an den Gelenkungen nicht abweichenden Tafelschildern bedeckt; den Lauf bekleidet hinten eine warzenförmige Netzhaut; die Zehen enden mit großen, besonders hohen, sehr stark gebogenen, scharfen und spitzen Krallen. —

Das Knochengerüst der Spechte ist fein gebaut und im Kopf und Rumpf vollständig pneumatisch; von den Gliedmaßenknochen nehmen Ober- und Vorderarm daran Theil, aber kein Knochen des Beines. Das Schulterblatt ist kurz und am Ende sonderbar lappenförmig erweitert. Das Gabelbein ist sehr schwach, wenngleich etwas kräftiger, als das der Papageien und Tukane; wenigstens förmlich zu einer Gabel geschlossen. Stark dagegen ist das Schlüsselbein. Das Brustbein ähnelt auffallend dem der Tukane, hat einen niedrigen graden Kamm und am hinteren Ende zwei Busen an jeder Seite, deren Zwischenfortsätze sich am Ende Tförmig erweitern und divergirend auseinander weichen. Mitunter ist der äußere stets kleinere Busen jeder Seite durch Berührung der gegenüberstehenden Ecke der beiden Zwischenfortsätze völlig zu einem ovalen Loch abgeschlossen. Am Schwanz fällt die Breite der Querfortsätze und die Größe des Endwirbels auf. Letzterer hat außer dem wirklichen Querfortsatz noch eine breite, scheibenförmige Erweiterung unter demselben, welche auszeichnend für die Spechte ist. — Die Zahl der Wirbel beträgt im Halse gewöhnlich 12, im Rücken 7—8, im Schwanz ebenfalls 8, doch verwachsen die 2 vordersten später in der Regel mit den Becken. —

Unter den weichen Theilen der Spechte ist die Zunge ihr merkwürdigstes Organ *). Die Zunge selbst ist eine kleine, hornige, sehr

*) Eine ausführliche ältere Beschreibung des ganzen Zungenapparates giebt *V. A. Huber*, de lingua et osse hyoideo Pici viridis. Stuttg. 1821. 4.

längliche Pfeilspitze, die an jeder Seite einige (5—6) steife kurze Stacheln oder Borsten am Rande trägt. Diese kleine Zunge sitzt an einem langen, graden, griffelförmigen Zungenbein von der Länge des Schnabels, wovon nach hinten noch 2 doppelt so lange zweigliedrige Zungenbeinhörner ausgehen. Das Zungenbein steckt in einer höchst elastischen, papillösen Scheide, welche eingezogen oft wie eine Springfeder aussieht, im Munde liegt, und sich glatt ausdehnt, wenn der Apparat hervorgesteckt wird. In der Ruhe biegen sich die Zungenbeinhörner um den Hinterkopf zur Stirn hinauf, liegen hier unter der Haut, und reichen mit ihren Spitzen sogar bis in die hornige Scheide des Schnabels, weit über die Nasenlöcher hinaus; indem sich daselbst ein eigener Kanal zu ihrer Aufnahme am rechten Nasenloch zu befinden pflegt. Sie steigen von hier, wenn der Specht die Zunge ausstreckt, in die elastige Scheide des Zungenbeinkörpers hinab, und schieben so die Zunge vor sich her, mehrere Zoll weit aus dem Schnabel heraus. Mit diesem Apparat zieht der Specht aus den Fugen und Rissen der Rinde seine Nahrung, die Holzinsekten und ihre Larven hervor, nachdem er Löcher in die Rinde geschlagen und die versteckten Thierchen durch Anklopfen an den Stamm aufgescheucht hat. Sie eilen in die Löcher, um zu entrinnen, und werden daselbst leicht die Beute des emsigen, stets nachspähenden Vogels. — Die Eingeweide des Spechtes sind übrigens kurz, der Schlund hat keinen Kropf, aber einen weiten Vormagen; der Magen ist mehr oder weniger fleischig, der Darmkanal ohne Blinddärme; die zweilappige Leber mit einer langen, aber engen, wurstförmigen Gallenblase versehen. Sehr deutlich ist auch bei den Spechten eine besondere kleine Drüse innen am Mundwinkel; wie denn überhaupt die Speicheldrüsen derselben stark entwickelt sind, wegen des eigenthümlichen vorstreckbaren Zungenapparates.

Die Spechte leben größtentheils in Wäldern und sind darin auf der ganzen bewohnbaren Erde vorhanden; sie klettern an den Zweigen umher, gewöhnlich in senkrechter Stellung, den Kopf nach oben, den Schwanz an den Baum gestemmt, und suchen in den Fugen der Rinde nach Nahrung. Oefters lassen sie dabei, zumal wenn sie an- oder abfliegen, ihre laute kreischende Stimme hören; häufiger aber vernimmt man das Klopfen mit dem Schnabel, wenn sie Löcher in die Rinde schlagen, oder versteckte Insekten heraustrommeln. Sie nisten in Baumlöchern kunstlos und legen in der Regel vier ganz weiße, feinschaalige Eier, welche beide Gatten abwechselnd bebrüten. —

Brasilien, ein Land voller Wälder, ist auch reich an Spechten, aber seine Arten sind nicht größer als die unsrigen und die größten nicht einmal so groß wie unser Schwarzspecht (Picus Martius *L.*). Sie bilden nach dem Bau des Schnabels, Schwanzes und der allgemeinen Form mehrere natürliche Gruppen, von denen einige den Europäischen entsprechen, andere dagegen eigenthümliche sind. Der merkwürdigste ist offenbar der Campos-Specht, welcher am Boden einhergeht, wie eine Krähe, und nur die offenen Triften mit lichtem Gebüsch bewohnt. Wir gruppiren hier diese Vögel nach der Form des Schnabels und der Beschaffenheit des Kopfgefieders. —

Anm. Die systematische Arbeit von Malherbe (Mem. d. l. Soc. d. sc. nat. de Metz. 1849) habe ich nicht benutzen können, weil mir die citirten Memoires hier nicht zugänglich sind; ich folge also meiner eignen Auffassung. —

I. Spechte mit ganz gradem Schnabel und scharf abgesetzter Rückenkante.

Der Schnabel ist bei den Spechten dieser Gruppe nicht bloß grader, sondern auch stärker und kräftiger, er hat eine vollständige Piramidenform, eine scharf abgesetzte Rückenkante, deutliche über der Nasengrube sich hinziehende Seitenkanten und eine scharfe Kinnkante, welche Kanten alle um so bestimmter hervortreten, je kräftiger die Schnabelbildung überhaupt ist.

Nach dem Kopfgefieder bilden sie 2 Gruppen.

A. Das Kopfgefieder ist schopf- oder haubenförmig verlängert.

1. Dryocopidae.

Es ist nicht bloß die schopf- oder haubenförmige Verlängerung, welche das Kopfgefieder dieser Spechte auszeichnet, sondern auch der eigenthümliche, zerschlissene Bau der Fahnen, woraus die Haube besteht; die Fahnenäste stehen einzelner, sind dünner, und bilden mehr einen Pinsel, als eine wahre, geschlossene Feder. Gegen den dadurch sehr groß erscheinenden Kopf sticht der ziemlich lange und dünne Hals auffallend ab; dieser Theil ist nämlich mit sehr kleinen, schmalen, kurzen Federn bekleidet. Der Rumpf hat ein derbes, aber keinesweges großfedriges Kleid, und erscheint dadurch breit und fest gebaut. Der Schnabel ist in dieser Gruppe am größten. Schwarz am Rücken roth am Kopfe sind die vorherrschenden Farben. —

1. Gatt. Campephilus *G. R. Gray.*

Das Kopfgefieder ist lang, aber schmalfedrig, und bildet eine senkrecht stehende, mehr oder weniger nach vorn übergebogene Haube, die mehr auf dem Scheitel, als im Nacken ihre Stelle hat; die einzelnen Federn sind zwar derbe, aber ihre Fahne doch nicht geschlossen, und ihre Aeste kürzer als bei der folgenden Gattung. Der Hals ist sehr lang, länger als bei den folgenden. Der Schnabel ist ungemein stark und kräftig gebaut, die Schneide an der Spitze hoch, die Nasenlochkante der Firste parallel aber, ziemlich weit von ihr abgesetzt; die Kinnkante ebenfalls sehr scharf, der Kinnwinkel kurz, reicht nur wenig über die Nasengrube in den Unterschnabel hinab. Die langen, ziemlich spitzen Flügel haben eine nach Verhältniß große erste Schwinge, welche die Länge der halben zweiten übertrifft; die zweite ist mäßig, die dritte kaum verkürzt, also die vierte die längste. Der sehr lange steife Schwanz hat starke Schäfte an den 6 mittleren Federn, aber das mittelste Paar ist ziemlich stumpf zugerundet, nicht so spitz wie die ihm zunächst stehenden und daher nur wenig länger. Die Beine sind durch den starken fleischigen Lauf ebenso kenntlich, wie durch die sehr langen dünnen Zehen, deren Krallen zwar groß, spitz und völlig sichelförmig gekrümmt, aber nach Verhältniß nicht so stark gebaut sind, wie die der folgenden Arten. Auffallend lang ist übrigens nur die äußere hintere Zehe; sie übertrifft die äußere vordere sogar an Länge.

Kopf und Hals pflegen wenigstens beim Männchen in dieser Gattung ganz roth zu sein. —

1. Campephilus robustus *Freyr.*

Picus robustus *Freyr. Licht.* Doubl. d. zool. Mus. etc. 10. 56. — *Spix* Av. Bras. I. 56. 1. tb. 44. — *Pr. Max* Beitr. IV. 385. 1. — *Wagl.* Syst. Av. sp. 11. —

Carpinteco gorro y cuello roxo, *Azar.* Apunt. II. 301. 250.

Rumpf hell rothgelbbraun, am Bauch schwarz in die Quere gestreift; Kopf und Hals roth, Flügel und Schwanz schwarz. —

Die Hauptfarbe des Körpers ist ein lichtes Gelbbraun, das bei ganz alten Vögeln röthlich isabellfarben zu werden pflegt; jüngere Individuen sind trüber gelbbraungraulich gefärbt. Der Kopf und der Hals sind bis auf die Brust roth, doch treten an den Seiten der Wangen und des Oberhalses kleine schwärzliche Querstriche auf, und am Ohr ein weißlicher Fleck. Der Schnabel ist weißlich horngelb, nach der Basis zu mehr graulich; die Iris hellgelb. Die Flügel und der Schwanz sind schwarz, die inneren Deckfedern der Flügel blaßgelb, die Schwingen an der Innenfahne rothbraungelb gesäumt, mit davon ausgehenden Querflecken, welche bei jungen Vögeln deutlicher hervortreten. Brust, Bauch, Schenkel und Steiß haben schwarze Querwellenlinien auf dem rothgelben Grunde, die besonders deutlich an den Seiten werden. Die Beine sind grünlich grau, die Krallen schwärzlich.

Ganze Länge 15″, Schnabel 1″ 8‴, Flügel 7″, Schwanz 4½″.

Das Weibchen hat eine kleinere Haube und unterscheidet sich außerdem vom Männchen durch einen weißlichen, fein schwarz gerandeten Streifen, welcher vom Mundwinkel unter dem Auge fort zum Ohr sich hinzieht; auf der Stirn breitet sich der schwarze Rand etwas vor dem Schnabel aus und bildet die Nasenbefiederung.

Der junge Vogel ist trüber gefärbt, und der graugelbbraune Rücken hat ebenfalls schwarze Querflecken; die Haube ist klein und besonders das Roth viel matter. Die Backen sind weißlich gefärbt. —

Dieser schöne Specht ist die größte Art seiner Familie in Brasilien; er bewohnt vorzüglich die großen Waldungen der Küstengebiete von St. Paulo, Sta Catharina, und kommt, obgleich selten, noch bis in die Gegend von Rio de Janeiro, meidet aber die Nähe der Ansiedelungen. Seine Lebensweise bietet keinen ihm eigenthümlichen Zug dar; er klopft und hackt an den Bäumen, wie alle Spechte und sucht sich besonders die recht alten großen Stämme aus. Häufig hört man seine gellende Stimme, wenn er an einem solchen Baume beschäftigt ist.

Anm. 1. Im nördlichsten Brasilien, am Amazonenstrom, tritt mitunter eine verwandte Art auf, deren eigenthümliche Heimath nach Guyana fällt; das ist der:

Picus rubricollis *Gmel. Linn.* S. Nat. I. 1. 426. — *Lath.* Ind. orn. I. 226. 6. — *Buff.* pl. enl. 612. — *Wagl.* Syst. Av. sp. 12. — *Schomb.* Reise, III. 716. 233. — Der Vogel erreicht die Größe der vorigen Art und hat, wie sie, einen weißlichen Schnabel am ganz rothen Kopf und Halse, welcher nur beim Weibchen mit einem weißen, schwarz gerandeten, vom Mundwinkel ausgehenden Backenstreif geziert wird. Dafür bleibt die Haube des Weibchens viel kleiner. Rücken, Flügel und Schwanz sind schwarz; Brust, Bauch, Schenkel und Steiß bräunlich ochergelb, desgleichen die unteren Flügeldeckfedern und die Basis der Schwingen. Beim Männchen erstreckt sich das Roth des Halses über die ganze Brust bis auf den Bauch. Die Beine sind schwarzgrau, die Iris ist weißlich. — Schomburgk fand die Art nicht häufig in den großen Waldungen am

Caunku-Gebirge und hörte den Vogel während des Hüpfens an den Stämmen öfter, als andere Spechte, seine laute Stimme ausstoßen. —

2. Eine dritte Art dieser Gattung, welche Brasilien betreten mag, gehört dem westlichen Gebiet am Fuße der Cordilleren an; sie ist:

Picus haematogaster *v. Tschudi* Fn. peruan. Orn. 265. 3. tb. 25. — Kopf, Hals, Brustseiten, Bauch und Bürzel roth; Kehle, Vorderhals, Brustmitte, Flügel und Schwanz schwarz; Rücken strohgelb, schwarz gewellt; vom Nasenloch läuft ein weißlicher, oben schwarz gerandeter Streif unter dem Auge fort nach den Halsseiten. Ganze Länge 14½". — Peru.

2. Gatt. Dryocopus *Boje.*

Schnabel nach Verhältniß etwas dünner, schlanker, aber noch scharfkantiger; die Nasenrandleiste dichter an die Rückenfirste hinangerückt und in ihrer ganzen Länge gleichmäßiger erhöht; Kinnwinkel tiefer und ziemlich bis zur Mitte des Unterschnabels hinabreichend. Haube des Kopfes zwar groß, aber mehr schopfartig nach hinten verlängert, die Federn feiner, sperriger ästig und noch mehr pinselförmig gestaltet. Hals zwar sehr dünn und fast noch dünner als bei der vorigen Gattung, allein auch etwas kürzer. Flügel lang und sehr spitz, die erste Schwinge relativ viel kleiner, schmäler, spitzer, kürzer als die halbe zweite; die dritte noch merklich kürzer als die vierte und fünfte, welche die längste ist. Der Schwanz groß, stark, länger keilförmig, die zwei mittelsten Federn sehr spitz und viel länger als die zunächst stehenden. Lauf relativ kürzer als bei der vorigen Gattung, die Zehen zwar lang, aber doch im Verhältniß etwas kürzer, besonders die hinteren, welche den vorderen mehr gleichen; die Krallen hoch und kräftig gebaut. Gefieder vorwiegender schwarz gefärbt.

1. Dryocopus lineatus *Linn.*

Picus lineatus *Linn.* S. Nat. I. 174. 4. — *Lath.* Ind. orn. I. 226. 5. — *Buff.* pl. enl. 717. — *Spix* Av. Bras. I. 58. 5. tb. 48. — *Pr. Max.* Beitr. IV. 389. 2. — *Wagl.* Syst. Av. no. 8. — *v. Tschudi*, Fn. per. Orn. 43. 2. — *Schomb.* Reis. III. 716. 231.
Carpintero negro, *Azar.* Apunt. II. 294. 248.

Schnabel schwarz; Haube beim Männchen ganz roth, beim Weibchen bis zur Mitte schwarz; Bauch weißlich quergestreift, Rücken ganz schwarz. —

Ebenfalls ein großer schöner Specht, der dem vorigen im Rumpfe nicht nachsteht, aber des kürzeren Halses und Schwanzes wegen kleiner aussieht. Die Hauptfarbe des Gefieders ist kohlschwarz, der Schnabel hat dieselbe Farbe; die Haube ist von der Stirn bis zum Nacken beim Männchen lebhaft scharlachroth, beim Weibchen von der Stirn bis zum Mittelkopf schwarz, dann ebenfalls roth. Ein weißer Streif beginnt mit gelblichem Tone in der Nasengrube und zieht sich unter dem Auge und Ohr zum Nacken, läuft am Halse herab und verliert sich am Rande der Brust vor dem Flügelbug in dem von da an quer schwarz und gelblich weiß gestreiften Gefieder, das bis zum Schwanz reicht. Jede Feder hat anfangs nur einen hellen Rand, hernach ist sie ganz weiß, mit breiter schwarzer Binde und gelblichem Spitzensaum. Charakteristisch ist auch das Kehlgefieder durch die feinen schwarzen Streifen auf weißem Grunde, welches die ganze Kinnfläche bis zur Kehle einnimmt. Die Flügel sind außen einfarbig und ganz schwarz, mit einem breiten weißen Streif auf der Mitte des Deckgefieders; innen weiß bis zu den Schwingen; letztere am Grunde z. Th. aber nur eine kurze Strecke an der Innenfahne weiß. Der Schwanz ist schwarz gefärbt, gleich wie der ganze Rücken bis zum Nacken hinauf. Die Iris ist weiß, die Beine sind bläulich schwarzgrau. —

Ganze Länge 13″, Schnabel 1″ 8‴, Flügel 8″, Schwanz kaum 5″. —

Das Weibchen ist etwas kleiner als das Männchen, und hat, wie schon erwähnt, eine vorn schwarze, hinten rothe Haube; beim Männchen ist außerdem die ganze Backe am Unterschnabel roth, aber dunkler gefärbt als die Haube. Der weiße Fleck auf den Flügeln erstreckt sich beim Männchen über die ganze Mitte der kleinen Deckfedern beim Weibchen bloß auf die vordere Gegend am Bug; dagegen ist bei beiden der Rand vor dem Daumflügel weiß. Der Schnabel ist bei dieser Art stärker, als bei der folgenden, die Beine aber sind kürzer und die Krallen etwas kleiner.

Ich erhielt den Vogel sowohl bei Neu-Freiburg im Küsten-Waldgebiet, als auch im Camposgebiet bei Lagoa santa; er verbreitet sich ohne Zweifel über ganz Brasilien, da ihn Azara in Paraguay, v. Tschudi in Peru und Schomburgk in Guyana antrafen. Unter den brasilianischen Spechten ist er die gemeinste Art und so wenig scheu, daß er auf die isolirten alten Bäume in die Rossen der Ansiedler geht und selbst mitten im Dorfe erlegt werden kann. Sein Benehmen war genau das unserer einheimischen Arten.

Anm. 1. Spix hat a. a. O. nicht ein Weibchen, sondern zwei Männchen, ein jüngeres und ein älteres, vorgestellt. Die weißlichen Spitzen der Schwingen kommen nur den Männchen zu, besonders den älteren Individuen.

2. Im äußersten Süden Brasiliens, bei Montevideo, kommt ein höchst ähnlicher, aber etwas größerer (ganze Länge 15″) Specht vor, den Lesson (Traité d'Orn. — *Demurs* Icon. pl. 27.) als Picus erythrops *Cuv.* beschrieben hat und der in der Berliner Sammlung, von wo ich ihn zur Ansicht erhielt, den Namen P. semitorquatus führte. Der Vogel unterscheidet sich neben der Größe,

die in allen Theilen beträchtlicher ist, besonders durch den Mangel des weißen Streifs auf den Flügeln.

2. Dryocopus albirostris *Vieill.*

Picus albirostris ***Vieill.*** Enc. 1304. — N. Dict. XXVI. 69. — ***Spix*** Av. Bras. I. 56. 2. tb. 45. — ***Wagl.*** Syst. Av. no. 9. — ***Schomb.*** Reis. III. 716. 232. — ***v. Tschudi***, Fn. per. Orn. 43. 1.
Picus comatus ***Illig. Pr. Max.*** Beitr. IV. 393. 3. —
Ipecu ***Marcgr.*** h. nat. Bras. 207.
Carpintero lomo blanco, ***Azara*** Apunt. II. 297. 249.

Schnabel weiß, Haube beim Männchen ganz roth, beim Weibchen mit schwarzem Längsstreif; Bauch weißlich quergestreift, Rücken weiß eingefaßt. —

Etwas, aber nur sehr wenig kleiner als die vorhergehende Art, und besonders scharf durch den weißen Schnabel von ihr verschieden. Dieser Schnabel ist in allen seinen Dimensionen etwas feiner, sonst aber genau ebenso gebaut, licht weißgrau gefärbt, oder bei alten Vögeln ganz blaß-weiß. Der Kopf des Männchens ist ganz roth, nur unter dem Ohr bleibt ein schwarzer Fleck übrig; der des Weibchens hat weiße Backen und einen schwarzen Längsstreif, der die ganze Stirn einnimmt, nach hinten aber schmäler wird und mit einer Spitze bis ans Ende des Schopfes reicht. Vom Nasenloch geht ein weißer Streif aus, der sich am Mund-winkel fort unter dem Auge und Ohr zum Halse begiebt, breiter ist, als bei der vorigen Art, am Halse herabläuft und an der Schulter auf den Rücken übergeht, wo er mit dem weißen, schwarz gefleckten Rückengefieder zusammentrifft, dagegen das quergestreifte weiße Brustgefieder nicht mehr erreicht. Einfarbig schwarz ist auch die Kinngegend, gleich wie der Vorder-hals, die Oberbrust, der Unterrücken, die Flügel und der Schwanz. Die Innenseite der Flügel ist weiß, ebenso die halbe innere Fahne der sämmtlichen Schwingen. Die Zeichnung der Unterbrust und des Bauches bis zum Schwanz ist völlig wie bei der vorigen Art, blaß gelblich weiß-grau, mit schwarzen Querbinden, die etwas schmäler sind als bei D. lineatus. Die Beine zeichnen sich durch einen etwas höheren Lauf und beträcht-lich größere Krallen aus; ihre Farbe ist ziemlich licht grünlich grau, die der Krallen hellhorngrau. Die Iris ist weiß. —

Ganze Länge 13″, Schnabel 1½″, Flügel 6½″, Schwanz 4″. —

Das Weibchen ist bloß am Kopf anders gefärbt als das Männchen, nämlich weiß an den Backen, statt roth, und von der Stirn bis zum Ende der Haube mit einem schwarzen Streif gezeichnet. Der weiße Streif beginnt beim Männchen erst unter dem Auge, die Zügel sind eben-falls bei ihm roth, wie die Backen, die Federn der Nasengrube aber weiß. —

Die Art ist nicht so häufig wie die vorige, aber doch über ganz Brasilien verbreitet; Azara, v. Tschudi und Schomburgk haben auch sie außerhalb Brasilien in Paraguay, Peru und Guyana gefunden. Ihre Lebensweise bietet nichts Bemerkenswerthes dar. —

Anm. Im westlichen Brasilien, nahe den Cordilleren, kommen noch ein Paar Spechte vor, die sich durch ihren weißlichen Schnabel an die eben beschriebene Art anschließen.

1. Picus galeatus *Natt. Temm.* pl. col. 171. — *Wagl.* S. Av. sp. 10. — Der Vogel ist schwarz mit hoher rother Haube und beim Männchen rothem Backenstreif; die Ohrgegend ist fein weiß und schwarz gewellt, hinter ihr entspringt ein weißer Streif, der am Halse zum Nacken hinabläuft. Die Kehle und Zügel sind gelbröthlich weiß; die Brust schwarz, rothgelb getüpfelt; die übrige Unterseite schwarz und weiß quer gestreift. Die Schwingen haben einen rostrothen Innenrand. Ganze Länge 12″. Von Natterer im Innern Brasiliens gesammelt.

2. Picus atriventris *D'Orbign.* Voy. d. l'Am. mer. IV 3. Orn. 378. pl. 63. f. 1. — P. Boiei *Wagl.* S. Av. sp. 3. — P. leucopoyon *Valenc.* — Ganz schwarz, Kopf und Backen roth; am Ohr ein schwarzer und weißer Streif; am Halse läuft ein blaßgelber Streif bis zum Rücken hinab; innere Flügeldeckfedern und Saum der Schwingen ochergelbbraun. — Ganze Länge 13″. — In Corientes und Chuiquitos von D'Orbigny gesammelt.

B. Das Kopfgefieder ist kurz, ohne Schopf- oder Haubenbildung.

2. Dendrobatidae.

Die Spechte dieser Gruppe haben ein viel sparsameres, weicheres, im Einzelnen großfedrigeres Kleid, welches dem Körper ein leichtes, lockeres Ansehn giebt. Ihr Schnabel ist viel feiner gebaut, nicht ganz so lang wie der Kopf, aber doch völlig grade und ohne alle Andeutung einer gebogenen Rückenfirste, vielmehr ist dieselbe als scharfe Kante erhöht und deutlich abgesetzt; dasselbe gilt von den übrigen Schnabelkanten. — Die Zeichnung neigt, namentlich an der Unterseite, zu helleren und dunkleren Querwellen; die Hauptfarben des Gefieders sind gelb und grün, oder schwarz und weiß. —

3. Gatt. Dendrobates *Swains.*

Der Schnabel ist nicht so lang, wie der Kopf, aber ganz grade und ungemein scharfkantig; die sehr deutliche Nasenlochleiste ist kurz, nur so lang wie die Nasengrube, und geht von ihr divergirend nach dem Schnabelrande; die Spitze des Oberschnabels ist ziemlich hoch, scharf meißelförmig, die des Unterschnabels feiner, pfriemenförmig; der Kinnwinkel reicht nicht bis zur Mitte hinab. Das Kopfgefieder besteht aus schmalen, spitzen, aber nicht zerschlissenen Federn; es bildet weder eine Haube, noch einen Schopf, sondern verlängert sich im Nacken nur wenig. Der Hals ist ungemein kurz und erscheint dick, wegen der größeren Federn. Die Flügel sind ziemlich breit und eher stumpf als spitz zu nennen; die erste Schwinge ist ganz klein, die zweite schon recht lang, die vierte und fünfte sind die längsten. Der Schwanz ist kurz und stumpf; nur die vier mittleren Federn sind zugespitzt und verlängert, die seitlichen sehr weich und gerundet; überhaupt das ganze Gefieder lax und zur Daunenbildung geneigt. Die Beine haben einen kurzen Lauf, aber ziemlich lange Zehen mit übrigens feinen, lang zugespitzten, stark gebogenen Krallen. Eine gleichmäßige querbandirte Wellenzeichnung des ganzen Gefieders macht die hierher gehörigen kleinen Arten kenntlich. —

1. Dendrobates passerinus *Linn.*

Picus passerinus ***Linn.*** S. Nat I. 1746. — ***Lath.*** Ind. orn. I. 238. 40. — ***Wagl.*** Syst. Av. no. 60. — ***Pr. Max.*** Beitr. IV. 431. 12. — ***Lichtenst.*** Doubl. 10. 67. — ***Schomb.*** Reise, III. 716. 229. — ***v. Tschudi,*** Fn. peruan. Orn. 265. 4. —
Picus ruficeps, ***Spix*** Av. Bras. I. 63. 16. tb. 56. Fig. 2. 3.
Picus maculifrons ***Spix*** ibid. Fig. 1.
Picus affinis et P. spilogaster ***Wagl.*** Syn. Av. no. 61 u. 59. — ***Swains*** zool. ***Ill.*** II. pl. 78. —
Carpintero pardo dorado, ***Azar.*** Apunt. II. 321. 258.

Rückenseite olivengrüngelb, heller gelb gefleckt; Unterseite schwarzgrau und gelbweiß quer gebändert; Scheitel des Männchens mit rothen, des Weibchens mit gelben Federnspitzen. —

Der alte Vogel hat einen einfarbig schwarzbraunen Oberkopf, mit beim Männchen blutrothen, beim Weibchen orangegelben Federnspitzen, die im Nacken etwas länger und spitzer sind. Das eigentliche Rückengefieder ist einfarbig olivengelbgrün, nur die Deckfedern der Flügel haben einen dreieckigen weißgelben Fleck vor der Spitze, der dunkler gesäumt und roth angeflogen zu sein pflegt. Die Schwingen sind braungrau, am Außenrande olivengelbgrün, an der Innenfahne weiß gefleckt. Die Kehle ist gelblich, beim alten Männchen grünlich; auf der Brust, am Bauch und an den Schenkeln haben die Federn schwarzbraune und blaßgelbe Querbinden, von denen die letzteren schmäler, aber am Schaft winkelig erweitert zu sein pflegen. Die Schwanzfedern sind braun, unten blasser mit einigen (etwa

4—5) breiten, auf dem mittelsten Paar fast ganz verloschenen, gelblich-weißen Querbinden. Der Schnabel ist dunkelhorngrau, die Iris graubraun, die Beine schwarzgrau. —

Ganze Länge 7″, Schnabel 1″, Flügel $3^{2}/_{3}$″, Schwanz 2″.

Der junge Vogel sieht ganz anders aus und ist darum vielfältig verkannt worden. — Zuvörderst ist sein Oberkopf schwärzlicher und jede Feder mit einem weißen Schaftstreif geziert, der sich vor der Spitze etwas ausbreitet. Das ganze Rückengefieder hat blaß gelbgrüne Querbinden und die dreieckigen Flecken auf den Flügeldeckfedern sind viel größer, herzförmiger, ohne dunklen Saum und ohne rothen Anflug. Die Schwingen haben durchgehende blaßgelbe Querbinden und ebensolche, doch in größerer Zahl und deutlicher, als am alten Vogel, bezeichnen den Schwanz. Die ganze Unterfläche von der Kehle bis zum Steiß ist schwärzlich graugrün, blaßgelbgrau getüpfelt, indem die einzelnen Federn nur je 2 gegenüberstehende, seitliche Flecke statt der Querbinden besitzen; doch am Schenkelgefieder und am Bauch dehnen sich diese Flecken mehr zu Binden aus. Die Innenseite der Flügel ist weißlich und grau gebändert. —

Je jünger der Vogel ist, um so deutlicher sind die Tüpfel auf der Brust und die Querbinden auf dem Rücken; die weiblichen Individuen haben lichtere Farben, besonders am Kopf und einen weißlich gelbgrauen Backenstreif, der vom Mundwinkel ausgeht; auch der obere Augenrand ist weißlich; — die männlichen jungen Vögel haben einen fast schwarzen Scheitel, dessen Hinterkopffedern schon röthliche Spitzen zeigen. Je mehr Roth am Kopf auftritt, um so einfarbiger wird der Rücken und um so deutlicher quergebändert die Brust. Auch kommt der röthlichgelbe Ton der Flecken auf den äußeren Flügeldeckfedern erst mit dem Alter mehr hervor. —

Dieser kleine Specht ist in Brasilien überall häufig; ich erhielt ihn mehrmals in Neu-Freiburg; er scheint sich durch das ganze wärmere Süd-Amerika zu verbreiten.

Anm. Spix Fig. 1 stellt ein junges Männchen ziemlich gut dar, seine Fig. 2 ist ein nicht ganz altes Männchen, Fig. 3 ein ebenfalls nicht ganz altes, aber doch relativ älteres Weibchen. Swainson's Pic. affinis stellt das alte Männchen vor, Wagler's gleichnamige Art ein minder vorgeschrittenes Alter.

2. Dendrobates maculatus *Vieill.*

Picus maculatus *Vieill.* Enc. 1317. — Id. N. D. XXVI. 91. — *Wagl.* Syst. Av. no. 58. —
Picus cancellatus *Licht. Wagl.* Isis. 1829. 510. —
Carpintero chorreado, *Azar.* Apunt. II. 324. 259.

Klein, ganzes Gefieder braunschwarz und weiß gebändert; Oberkopf beim Männchen, Nacken beim Weibchen roth. —

Nicht größer als unser kleinster Buntspecht; Oberkopf schwarzbraun, jede Feder mit weißem, am Ende erweitertem Schaftstrich; beim Männchen die Spitzen aller Federn blutroth, beim Weibchen nur die Spitzen der Nackenfedern blaßroth. Ein Streif vom Auge zum Ohr fast ganz weiß; das übrige Gefieder schwarzbraun und reinweiß gebändert auf dem Rücken, längs gestreift auf der Brust und am Bauch; vorderste Handschwingen an der Spitze einfarbig graubraun, die übrigen schwärzlich; die Schwanzfedern weiß und graubraun quergestreift. Schnabel sehr scharfkantig, relativ kürzer, horngrau, die Basis des Unterkiefers weißlich; Iris blaßgelb, Beine schwarzgrau. —

Ganze Länge 6″, Schnabel 8‴, Flügel $3\frac{1}{4}$″, Schwanz $1\frac{3}{4}$″. —

Der junge Vogel ist trüber gefärbt, das Schwarzbraune lichter, das Weiße graulicher, selbst mit gelblichem Ton und das Roth an den Kopffedern fehlt.

Diesen niedlichen und kleinsten brasilianischen Specht erhielt die Berliner Sammlung von St. Paulo, durch den eifrigen Sammler Sellow, einen der thätigsten Reisenden jenes Institutes. Früher hatte ihn Azara beobachtet, aber nur einmal; er scheint also selten zu sein — Wagler's Angabe, daß er in Mexico vorkomme, ist ein Irrthum. —

Anm. Am nächsten sind mit dieser Art verwandt:

1. Picus lignarius Molina h. nat. Chil. — P. Kingii *Gray*. — P. melanocephalus *King*. — P. puncticeps *D'Orb*. Voy. etc. IV. 3 379. 327. pl. 64. f. 1. — der auch in Brasilien am Fuße der Cordilleren vorzukommen scheint (P. albostriatus *Natt.*). — Der Vogel ist aber größer (7″ lang) und schärfer schwarz und weiß, obgleich ganz ebenso, gezeichnet. D'Orbigny's Figur stellt einen jungen Vogel mit trüber Grundfarbe dar. Der alte Vogel (P. Kingii) ist ganz rein schwarz und weiß gefärbt. Das Weibchen hat einen rothen Hinterkopf, das Männchen einen rothen Oberkopf.

2. Picus variegatus *Lath*. Ind. orn. I. 233. 22. — *Buff*. pl. enl. 748. 1. — Picus squamosus et flavicollis *Vieill*. N. D. — *Wagl*. S. Av. no. 56. 57. — aus Surinam.

3. Picus scalaris *Wagl*. Isis 1829. 511. — P. gracilis *Lesson* — P. Nuttalli, *Gamb*. Journ. Ac. n. Sc. Phil. I. pl. 18. f. 2. 3. — aus Mexico. —

Alle 4 Arten haben dieselben Farben und Zeichnungen und unterscheiden sich nur in einzelnen Punkten; doch sind die 3 zuletzt genannten schon etwas größer als die hier beschriebene aus Süd-Brasilien. —

4. Gatt. Chloronerpes *Swains*.

Der Schnabel ist zwar ganz grade, aber ziemlich fein und öfters schwach gebaut; die Firstenkante ist deutlich, aber nicht scharf; die Nasenlochkante hat dieselben Eigenschaften; die Spitze ist niedrig, ziemlich stumpf, der Kinnwinkel reicht über die Mitte hinab. Um das Auge bleibt ein schmaler nackter Saum. Das Gefieder ist sehr weich, lang, aber nicht reichlich, in der Hauptfarbe olivengrünlich, mit viel gelb, besonders am Kopfe; nur die Unterfläche hat dichte Querbinden. Die Scheitelfedern sind schmal, spitz, aber nicht besonders verlängert oder eigenthümlich gebildet. Die Flügel reichen bis auf die Mitte des Schwanzes und sind ziemlich breit. Die erste Schwinge erreicht beinahe die halbe Länge der zweiten, welche noch viel kürzer ist als die dritte; die längste pflegt die fünfte zu sein. Der Schwanz ist ziemlich kurz, breit und mäßig steif; die vier mittleren Federn sind lang zugespitzt, die seitlichen kürzer, aber nicht eigentlich gerundet. Die Beine sind zwar nicht lang, weder im Lauf noch in den Zehen, tragen aber nach Verhältniß sehr lange, stark gebogene und spitze Krallen; überhaupt größere, als sonst die Spechte gleichen Umfanges zu haben pflegen. —

1. Chloronerpes polyzonus *Temm.*

Picus polyzonus *Wagl.* Syn. Av. no. 41.

Olivengrün; vom Mundrande läuft ein gelber Streif bis zum Nacken unter dem Auge hin; Bauchseite hell und dunkel fein quergewellt. —

Etwas größer als die folgende Art, unserem mittleren Buntspecht gleichkommend, aber feiner gebaut. Der Schnabel ziemlich dünn, mit schlanker Spitze, hornfarbig, die Basis blaßgelbgrau; Iris gelbbraun. Ganzes Gefieder grünlich olivenfarben; die Schwingen an der Innenfahne rothbraun, der Schwanz an der Spitze schwarzbraun, unterhalb graugrün. Vom oberen Mundrande geht hinter dem Nasenloch ein goldgelber Streif aus, welcher sich über die Zügel zum unteren Rande des Auges erstreckt, und am Ohr vorbei zum Nacken zieht, wo er sich an den Seiten des Halses verliert. Das Kinn und die Kehle sind fein getüpfelt; von da an scheidet sich die Zeichnung der Unterfläche in hellere weißlich gelbe und dunklere braungrüne Querwellen, die dicht neben einander stehen und ziemlich gleiche Breite haben; nur mitten auf der Brust sind die dunkleren Binden breiter als die hellen. Die Beine sind graubraun, die Krallen ungemein groß, heller gefärbt. Von den Handschwingen ist die erste sehr klein, die zweite nur wenig kürzer als die dritte und diese fast eben so lang wie die vierte, längste. —

Ganze Länge 9″, Schnabel 1″ 2‴, Flügel 5″, Schwanz 2½″. —

Ich habe diesen Vogel nach einem Exemplar der Berliner Sammlung beschrieben, dessen Fundort nicht näher bekannt ist, aber wahrscheinlich auf die inneren Gegenden Brasiliens am Amazonenstrome fällt. — Nach Wagler unterscheidet sich das Weibchen vom Männchen bloß durch eine mattere Farbe. —

2. Chloronerpes aurulentus *Licht.*

Picus aurulentus *Licht.* Doubl. etc. 10. 65. — *Temm.* pl. col. 59. f. 1. — *Wagl.* Syst. Av. n. 49. —
Picus chrysochlorus *Vieill.* Enc. 1320. — Id. D. Dict. XXVI. 98. —
Picus brasiliensis *Swains.* zool. Ill. I. pl. 20.
— macrocephalus *Spix* Av. Bras. I. 60. 11. tb. 53. f. 2.
Carpintero verde dorado, *Azar.* Apunt. II. 317. 256.

Jüngere Vögel im Kleide des mittleren Lebensalters.

Picus maculipennis *Illig.* — *Wagl.* Syst. Av. no. 51. — Isis 1829. 514.
Picus auratus *Vieill.* Enc. 1305. — Id. N. Dict. l. l. 70.
Picus xanthotaenia *Wagl.* Syst. Av. no. 50.
Carpintero dorado pardo. *Azar.* Apunt. II. 320. 257. —

Gelblich olivengrün, Wangen und Kehle goldgelb; Bauchseite dicht heller und dunkler in die Quere gestreift. Männchen mit rothem Oberkopf, Weibchen mit rothem Hinterkopf, beide mit rothem Backenfleck. —

Der Vogel ist etwas kleiner als unser mittlerer Buntspecht, aber schlanker gebaut; sein Schnabel ist ziemlich fein, relativ kürzer als bei der vorigen Art, und schwächer als bei der folgenden. Der Oberkopf des Männchens ist ganz roth bis weit in den Nacken hinab, hier um so weiter roth, je älter das Individuum; beim Weibchen ist bloß ein rother Fleck am Hinterkopf. Die Zügel, Kehle und Wangen sind goldgelb, doch bleibt auf letzteren hinter dem Auge ein Streif von der Farbe des Grundes übrig, der zwei gelbe Streifen trennt, wovon einer über dem Auge, der andere unter dem Auge verläuft. Mit zunehmendem Alter wird dieser dunklere Backenfleck zugleich schmäler und schwärzlicher, bis er zuletzt, wenigstens bei ganz alten Männnchen, nur eine schwarze Linie hinter dem Auge vorstellt (Spix Figur). In demselben Maaße dehnt sich die goldgelbe Kehle am Halse abwärts aus und läßt bei alten Vögeln nur an den Seiten des Halses einen grünbraunen Streif übrig; bei jüngeren ist der Vorderhals heller und dunkler grün quer gewellt. Das ganze Rückengefieder und die äußeren Deckfedern der Flügel sind gelblich olivengrün, je älter der Vogel, um so frischer goldgelber; die Innenseite der Flügel ist rothgelb, braun getüpfelt, am Bug bei alten Vögeln goldgelb. Die Schwingen sind schwarzbraun, am Außenrande olivengrün angelaufen, am Innenrande rothbraun gesäumt. Die jüngeren Exemplare haben auf der ganzen Fahne breite hell rothbraune Querbinden, die mit dem Alter schmäler werden und später auf den Handschwingen ganz, auf den Armschwingen wenigstens auf der Außenfahne verloren gehen. — Der Schwanz ist schwarzbraun, auf der Unterseite grünlich angelaufen; die äußersten Federn haben bei jüngeren Vögeln rothbraune Randkerben. Die Unterfläche ist von der Brust bis zum Steiß hell weißlich und dunkel graugrün in die Quere gestreift, wovon die hellen Streifen bei jüngern Vögeln nur als seitliche Querflecken auftreten, allmälig zusammenfließen und bei alten vollständige, dunkler gerandete, schmale Querlinien bilden. Die Gegend am Schenkel pflegt die breitesten Binden zu haben. Die Beine sind grünlich grau, die Krallen blaßgelb mit dunklerem Rücken; die Iris ist hellbraun. —

Das Männchen ist schärfer gezeichnet und voller gefärbt als das Weibchen, und der junge Vogel viel matter; anfangs hat er gar kein roth, später bilden sich rothe Federnspitzen an den Backen, die beim alten Männchen auch den ganzen Oberkopf, beim Weibchen nur den Hinterkopf färben. Den rothen Backenfleck haben beide Geschlechter, aber der weibliche Vogel einen viel kürzeren. —

Ganze Länge 8″, Schnabel 1″, Flügel 4½″, Schwanz 2½″.

Der Specht gehört den inneren Gegenden Brasiliens an, und kommt im Waldgebiet nicht vor; die hier beschriebenen Exemplare wurden im Süden von Minas geraes gesammelt. Ueber den Amazonenstrom und bis an die Cordilleren scheint der Vogel sich nicht auszubreiten. —

Anm. Die angezogenen Schriftsteller und Abbildungen schildern den Vogel meistens nicht im jungen, sondern im Kleide des mittleren oder höheren Lebensalters. Spix Figur stellt ein recht altes Männchen vor; etwas jünger, aber nicht viel, ist das Exemplar, wonach Temminck's Abbildung gemacht wurde. Ganz junge Vögel mit Flecken auf den Unterleibfedern, statt der Binden, sieht man selten; am gewöhnlichsten kommen die Individuen mit geschlossenen Querlinien und breiten rothbraunen Binden auf den Schwingen, Illiger's Picus maculipennis, vor. Diese haben schon die rothen Zeichnungen der alten Vögel am Kopf, aber noch nicht deren ganz goldgelbe Wangen. —

3. Chloronerpes icterocephalus.

Picus icterocephalus *Lath.* Ind. orn. I. 241. 49. — *Buff.* pl. enl. 784. — *Spix* Av. Bras. I. 62. 14. tb 54. — *Wagl.* Syst. Av. sp. 52.
Picus chlorocephalus *Gmel. Linn.* S. Nat. I. 432. — *Schomb.* Reise, III. 716. 228.
Picus erythropis *Vieill.* N. Dict. XXVI. 98 — *Wagl.* S. Av. n. 53. — *Pr. Max.* Beitr. IV. 427. 11. —

Kopf gelb, beim Männchen mit rother Haube, beim Weibchen mit rothem Hinterkopf. Rückenseite olivengrün, Bauchseite blaß gelbgrau und braungrün gewellt. —

Beträchtlich kleiner, als die vorigen Arten, der Schnabel relativ stärker, besonders nach der Basis zu, die Kanten mehr hervortretend, ohne schärfer zu sein, hornbraun, die Basis blaß gelblich. Gefieder des ganzen Kopfes goldgelb, welche Farbe auch der Hals und beim Weibchen die Kehle hat; Oberkopf des Männchens und die ganze Kehle bis zur Mitte des Halses roth, beim Weibchen der Scheitel und der Hinterkopf roth, die Stirn vorn grünlich, hinten röthlich fleckig. Rücken und Flügel gelblich olivengrün, die inneren Deckfedern blaß gelbroth, die Schwingen braun, an der Innenfahne breit zimmtroth gesäumt, an der Außenfahne olivengrün. Unterseite auf der Brust, dem Bauch, den Schenkeln und dem Hinterrücken gelblich und bräunlich olivengrün in die Quere gewellt, aber die hellen Querbinden breiter als die dunklen, und am Schaft rautenförmig erweitert; welche Zeichnung besonders vor den Schenkeln auf der Unterbrust recht deutlich ist. Schwanzfedern bräunlich olivenfarben, die Schäfte auf der Rückenseite braun, an der Bauchseite weißlich; ebenso die Schäfte der Schwingen gefärbt. Beine grünlich grau, Iris hellbraun. —

Ganze Länge $7^1/_2$'', Schnabel 10''', Flügel $4^1/_3$'', Schwanz 2'' 2'''. —

Der junge Vogel hat statt des goldgelben einen grüngelben Kopf und kein roth. Letzteres tritt beim Männchen anfangs nur als Backenstreif auf. Dann haben die Federn der Unterseite noch getrennte Querflecken statt der breiten Binden.

Dieser ausnehmend hübsche kleine Specht bewohnt das Waldgebiet des mittleren Brasiliens, und geht bis in die Gegend von Rio de Janeiro, aber nicht weiter nach Süden hinab. Der Prinz zu Wied traf ihn auf seiner ganzen Reise nicht bloß im Urwalde, sondern selbst in den Gebüschen nahe bei Ansiedelungen; Spix erhielt seine Exemplare am Amazonenstrom; nach Schomburgk ist der Vogel über ganz Guyana verbreitet. —

Anm. Wagler hat auch diese Art, wie die vorige in 3, so in 2 Spezies gesondert, aber sicher mit noch weniger Grund, als bei jener; er beschreibt das alte Männchen als Picus erythrops, das jüngere Geschlecht als Picus icterocephalus. Obwohl dieser Name der jüngere ist, so habe ich ihn doch vorgezogen, weil Gmelin's Benennung: Picus chlorocephalus, nur auf junge Vögel ihre passende Anwendung finden könnte. —

II. Spechte mit schwächerem Schnabel, dessen weniger abgesetzte Firstenkante mehr oder minder gebogen und stumpfer ist.

Der Schnabel dieser Gruppe erscheint im Allgemeinen schwächer zu sein, bald ist er dünner, sanft gebogen und schlanker, bald kürzer, grader und dann auch stärker; aber weder seine Kanten, noch die Spitze erreicht die Schärfe, wie bei der vorhergehenden Abtheilung. In der Regel ist der Kinnwinkel viel länger, der Unterschnabel also tiefer gespalten und der Kinnrand kürzer.

A. Kopfgefieder haubenförmig verlängert.

3. Celeinae.

Kopf- und Nackengefieder ist zwar von gewöhnlicher Bildung, aber zu einer hohen Haube verlängert, und im Nacken wohl etwas feiner zugespitzt, doch sind die einzelnen Federn nicht pinselförmig zerschlissen oder stärker ausgedehnt. —

5. Gatt. Celeus *Boje.*

Malacolophus *Swains.*

Der Schnabel ist entschieden kürzer als der Kopf, viel spitziger, im Ganzen schwächer gebaut und die Rückenkante mehr oder minder stark gebogen, weil die Spitze keine senkrechte Schneide mehr hat, sondern einem stumpfen Pfriem ähnlicher sieht; auch die Leiste über dem Nasenloch ist schwächer, besonders nach vorn, wo sie allmälig ganz verschwindet; der Kinnwinkel reicht bis über die Mitte des Schnabels hinab. Das Kopfgefieder bildet eine große Haube, welche aus sehr langen, bandförmigen, geschlossenen Federn besteht. Der Hals hat die kurze, enge Gestalt der zweiten Gattung, das Rumpfgefieder ist aber großfedriger, voller und weicher. Sehr viel kürzer, kleiner und schwächer sind die Schwingen und Schwanzfedern. An der Hand ist die erste Schwinge schon ziemlich groß und länger als die halbe dritte, welche der fünften gleicht; die vierte ist die längste. Die ruhenden Flügel reichen zwar bis auf die Mitte des Schwanzes, aber nur weil letzterer so kurz ist und schmälere, spitzere, sehr schlank zugespitzte Federn besitzt, die sich stark stufig verkürzen. Die Beine sind kürzer, etwas fleischiger, ihre Gürtelschilder schmäler, ihre

Krallen aber doch sehr groß und stark, ähnlich denen der vorigen Gattung.

Die Arten sind ausschließlich im heißen Amerika zu Hause.

1. Celeus flavescens *Gmel.*

Picus flavescens ***Gmel.***, ***Linn.*** S. Nat. I. 1. 427. — ***Lath.*** Ind. orn. I. 239. 42. — ***Spix*** Av. Bras. I. 58. 6. tb. 49. — ***Wagl.*** Syst. Av. no. 79. — ***Pr. Max.*** Beitr. IV. 396. 4.
Carpintero gorro pajizo. ***Azar.*** Apunt. II. 303. 251.

Schwarz, die Federn des Rückens und der Flügel gelb gesäumt; Kopf gelb mit langer Haube, beim Männchen ein blutrother Backenfleck. —

Der ganze Kopf ist blaß citronengelb und die Haube aus einigen sehr langen Federn gebildet, welche dem Kopf mit dem Schnabel an Länge z. Th. gleichkommen; die Zügel- und Nasenlochgegend ist mit sehr kleinen, steifen, aufrechten Federn bekleidet; die ganze Backe bis unter das Ohr beim Männchen lebhaft blutroth, beim Weibchen schwarz gestreift, indem die vorderen Federn einen schwarzen Schaftstrich haben. Im Nacken zieht sich die gelbe Farbe bis zu den Schultern hinunter, am Vorderhalse ist das Gefieder schwarz, und ebenso am ganzen Rumpf, mit Ausnahme des Unterrückens, welcher blaß gelb ist. Die breiten Federn des Oberrückens und die äußeren Deckfedern der Flügel haben breite, blaßgelbe Randsäume; die Handschwingen sind an der Innenfahne nach unten, die Armschwingen auf beiden Fahnen mit blaßgelben Querbinden geziert; die äußeren Schwanzfedern haben einen feinen gelben Rand, wenigstens beim alten Männchen. Das Schenkelgefieder ist blaßgelb. — Der Schnabel ist bleigrau, die Spitze des untern weißlich; die Iris kirschroth, der schmale nackte Augenring blaugrau; die Beine ähnlich, nur etwas dunkler. —

Ganze Länge 12″, Schnabel 1¼″, Flügel 6½″, Schwanz 4″.

Das Weibchen gleicht dem Männchen, mit Ausschluß des angegebenen Unterschiedes der Backen, völlig, hat aber nicht ganz so lange Haubenfedern, und eine etwas blassere Farbe. Die Schenkelfedern sind z. Th. mit schwarzen, schmalen Schaftstrichen versehen, welche beim alten Männchen etwas breiter zu sein pflegen. —

Die jüngeren Vögel sind viel matter gefärbt, haben eine kleinere Haube und die männlichen keinen rothen Backenstreif. —

Der Specht ist ungemein häufig in allen selbst schon stark gelichteten Waldungen; er läßt den Jäger leicht ankommen, fällt durch seine schöne große Haube bald in die Augen und giebt häufig genug seine kreischende Stimme dem Reisenden zu vernehmen. Südwärts geht er bis Paraguay, aber nordwärts kaum bis zum Amazonenstrom. —

2. Celeus Tinnunculus *Wagl.*

Picus Tinnunc. *Wagl.* Isis, 1829, 516 — *Pr. Max.* Beitr. IV. 401. 5.

Kopf und Hals schmutzig gelb; Rücken schwarz mit rothbraunen Querbinden; Brust schwarz, Bauch blaßgelb und schwarzbraun quergestreift.

Der Vogel, den ich nicht kenne, hat nach den Beschreibungen die Größe des Vorigen, aber einen etwas längeren, mehr graden Schnabel von horngrauer, am Unterkiefer hellerer Farbe; der ganze Kopf und Oberhals, das Kinn und die Kehle sind schmutzig hellgelb, an der Stirn und dem Gesicht licht bräunlich überlaufen; ein hochrother Streif geht von der Schnabelwurzel über die Backen bis unter das Ohr, und steigt am Halse ein wenig hinab; Unterhals und Brust sind ungefleckt schwarz; Rücken, Flügel und Bürzel schwarz, mit rothbraunen Querbinden; die Schwingen und Schwanzfedern schwarzbraun, ebenfalls mit rothbraunen Querbinden, und besonders an den Schwanzfedern mit langer ungefleckter schwarzer Spitze. Bauch, Steiß und Aftergegend fahl gelbröthlich, schwarzbraun in die Quere gestreift. Beine bräunlich grau.

Der Prinz zu Wied erhielt nur ein einziges Exemplar dieses Spechtes an der Ostküste während seiner Reise; er war nicht abgeneigt, dasselbe für eine Varietät der vorigen Art zu halten; indessen bestimmte ihn der größere Schnabel, den Vogel lieber als eigene Art zu nehmen, welcher Ansicht auch Wagler ist. — Am nächsten scheint ihm der in Guyana einheimische Pic. multicolor *Gmel.* — *Buff.* pl. col 863. — *Wagl.* S. Av. no. 77. zu stehen.

3. Celeus ochraceus *Spix.*

Picus ochraceus *Spix* Av. Bras. I. 59. 8. tab. 51. fig. 1. — *Wagl.* Syst. Av. no. 80. —

Blaß ochergelb, der Rücken und die Brust bis zum Bauch schwarz, mit gelben Querbinden; Schwingen und Schwanz schwarzbraun. —

Auch diese Art hat alle Bildungsverhältnisse der ersten, ist aber beträchtlich kleiner und anders gefärbt. Das Kopfgefieder bis zum Nacken hinab ist hell ochergelb und die Haube ganz wie bei Cel. flavescens aus sehr langen, ziemlich breiten Federn gebildet; am Vorderhalse treten zuerst schwarze Flecken auf, die bald in ein schwarzbraunes Brustschild mit feinen gelblichen Federnrändern zusammenfließen; der Rücken, die Flügeldeckfedern und der Bauch sind schwarz, jede Feder der Oberseite mit breitem ochergelbem Saume, die Bauchfedern dagegen mit feinem ochergelbrothem Rande. Die Schwingen sind schwarz, die Handschwingen am Innenrande von der Basis bis zur Mitte rostroth, die Armschwingen breiter röthlich braun gefärbt, die letzten mit gelben Querbinden. Die Schwanzfedern sind schwarz, nur die beiden äußersten haben an der Innenfahne ein Paar röthlichgelbe Querbinden. — Der Schnabel ist ziemlich kurz und leicht gebogen, wie bei Cel. flavescens, schwarzgrau; die Beine sind mehr grünlich grau, die Iris blaßgelb.

Das Männchen unterscheidet sich vom Weibchen durch einen blutrothen Fleck an der Backe, der vom Mundwinkel bis zum Ohre reicht, und sich breit nach unten bis an die Kehle ausdehnt. —

Ganze Länge 10″, Schnabel 1″, Flügel 5″ 5‴, Schwanz 3″ 4‴. —

Der Specht wurde von Spix im Gebiet des Amazonenstromes erlegt; er steht dem Cel. flavescens sehr nahe, unterscheidet sich aber gut durch die geringere Größe und den viel mehr gelben, eigentlich nur schwarz gefleckten Rücken, indem sich auf jeder Feder nur ein fast herzförmiger breiter Spitzenfleck bildet, übrigens aber die Feder röthlichgelb gefärbt ist. —

4. Celeus flavicans *Lath.*

Picus flavicans *Lath.* Ind orn. I. 240. 44. — *Buff.* pl. enl. 509. — *Wagl.* Syn. Av. no. 78. — *Spix.* Av. Bras. I. 60. 9. tb. 51. fig. 2.

Picus exalbidus *Gmel. Linn.* S. Nat. I. 1. 428. — *Pr. Max.* Beitr. IV. 404. 6. — *Schomburgk,* Reise III. 715. 224. —

Blaßgelb, Flügel und Schwanz schwarzbraun, die Deckfedern graubraun, mit blaß gelblichen Rändern. —

Schnabel ziemlich kurz, relativ etwas stärker, mit deutlich gebogener Firste und stumpf pfriemenförmiger Spitze; die Nasenleiste fast ganz verloschen, wegen der mehr bauchigen, kegelförmigen Gestalt; übrigens hornweißgelb gefärbt, mit etwas dunklerer graulicher Wurzel. Iris gelbbraun, um das Auge ein graulicher Ring. Gefieder des Kopfes, Halses und ganzen Rumpfes hell strohgelb, die Rückenseite etwas dunkler, der Scheitel und der Oberrücken ins Bräunliche spielend; die Federn des Oberhalses mit graubraunen Schaftflecken. Flügeldeckfedern blaß graulich braun, mit verloschenen gelblich weißen Rändern; Schwingen braun, graugelb nach außen gerandet, an der Innenfahne mit einem hellgelben Längsstreif geziert; die letzten hell fahlgelb überlaufen. Obere Schwanzdecken graubraun, an den Seiten gelblich gerandet. Schwanzfedern dunkelgraubraun. Beine bräunlich grau. —

Das Männchen hat an den Backen von der Wurzel des Unterkiefers bis gegen die Kehle hin einen breiten, nach hinten zugespitzten, $^3/_4$ Zoll langen rothen Streif, der dem Weibchen mit einfarbig gelbem Kopfe fehlt.

Ganze Länge 10″, Schnabel 1″, Flügel $5^1/_2$″, Schwanz $3^1/_3$″.

Diese Art gehört mehr dem nördlichen Küstengebiet Brasiliens in der Umgebung des Amazonenstromes an; der Prinz zu Wied erlegte den Vogel schon bei Bahia, Schomburgk fand ihn in Guyana, aber nicht häufig, da er zu den seltenen Spechten gehört. Das von mir bereiste Gebiet besucht er nicht. Seine Lebensweise ist übrigens genau die der übrigen Spechte. —

5. Celeus Jumana *Spix.*

Picus Jumana *Spix* Av. Bras. I. 57. 4. tb. 47. — *Wagl.* Syst. Av. no. 76. —

Einfarbig zimmtbraun, Schwingen und Schwanz schwarzbraun; Unterrücken ochergelb; innere Deckfedern, Schenkel und Steiß blaß gelbbraun. —

Vom Ansehn der vorigen Arten, der Schnabel etwas länger und nicht so stark gebogen wie bei C. flavicans, blaß horngelb gefärbt, die Wurzel blaugrau; Iris braun. Gefieder trüb zimmtrothbraun, auch die Haube, welche an Größe hinter denen der vorigen Arten etwas zurücksteht, und namentlich schmälere Federn enthält; innere Flügeldeckfedern blaßgelb, die äußeren etwas lichter gerandet; der Rand unter dem Daumflügel weißlich; Schenkelgefieder gelbgrau, gegen den Steiß hin verwaschen und allmälig trüber. Rücken ochergelb, bisweilen grünlich gelb, bis zu den Schwanzdecken, welche dieselbe Farbe haben. Schwingen und Schwanzfedern schwarzbraun; die Handschwingen an der Innenfahne bis zur Mitte, die Armschwingen fast bis zur Spitze hin hell ochergelbroth gebändert. Beine graubraun, fast schwarz. —

Das Männchen hat einen dunkel blutrothen Backenstreif, der vom Unterkiefer bis unter das Ohr reicht, und auf seiner oberen Seite von dunkleren Federn begränzt wird. —

Ganze Länge 11½″, Schnabel 1″ 2‴, Flügel 5″ 8‴, Schwanz 4″ 5‴. —

Von Spix am Amazonenstrom beim Indianer-Dorf Jumana gesammelt. —

Anm. Am nächsten steht dieser Art der Picus cinnamomeus *Gmel. Lath.* Ind. orn. I. 240. 45. — *Buff.* pl. enl. 524. — *Wagl.* Syst Av. n. 75 — Der Vogel unterscheidet sich durch seine hell ochergelbe Haube und die mit gelben Flecken gezeichneten äußeren Deckfedern der Flügel von der hier beschriebenen Art. Er lebt in Guyana, betritt aber auch die nördlichsten Gegenden Brasiliens. Nach Schomburgk (Reise III. 715. 223.) ist er dort sehr gemein und hat in seinem Betragen das Eigene, gern auf den Boden des Waldes hinabzukommen, um daselbst Nahrung zu suchen, was die ächten Waldspechte nicht thun.

B. Mit kurzem, breit gerundetem, anliegendem Kopfgefieder.

4. Colaptidae.

6. Gatt. Colaptes *Swains.*

Große Spechte mit ziemlich dünnem, deutlich gebogenem, nicht sehr langem Schnabel, dessen Firstenkante zwar scharf, aber nicht selbstständig erhöht, dessen Nasenlochleiste dagegen völlig verstrichen und kaum noch als feine Linie angedeutet ist. Das Nasenloch liegt mehr nach innen und ist deutlicher offen; die Kinnkante zwar sichtbar, aber kurz, weil der Kinnwinkel tiefer in den Schnabel hinabreicht. Die Spitze ist stumpf, mehr zugerundet als zugeschärft, und der Oberkiefer merklich länger als der untere. Die Flügel sind kurz, stumpfer von Schnitt, und reichen nur über den Anfang des Schwanzes hinüber; ihre erste Schwinge ist auffallend klein, die zweite so lang wie die achte, und die fünfte am längsten. Der Schwanz hat zwar spitze und abgenutzte, aber nicht sehr steife Federn, von denen nur die sechs mittleren mit scharfer Spitze und steifen Schäften versehen sind; die Länge des mittelsten Paares übertrifft nur wenig die der 2 nächsten, gleich langen Paare. Die Beine haben einen starken hohen Lauf, mäßig lange fleischige Zehen, aber viel schwächere, feinere Krallen als andere Spechte von gleicher Größe.

Colaptes campestris *Pr. Max.*

Picus campestris *Licht.* Doubl. d. zool. Mus. 10. 60 — *Pr. Max. z. Wied* Reis. n. Bras. II. 172. — Dessen Beitr. IV. 409. 7. — *Spix* Av. Bras. I. 57. tb. 46. — *Wagl.* Syst. Av. no. 83. — *Vieill.* Enc. 1321. — N. Dict. XXVI. 101. —

Picus chrysosternus *Swains.* Mem. of Werner. nat. hist. Soc. III. 288. — Isis, 1829. 516.

Carpintero campestre, *Azar.* Apunt. II. 311. 253.

Scheitel und Kehle schwarz, Wangen, Hals und Oberbrust goldgelb; Rumpf und Flügel blaßgelb, schwarzgrau gebändert. —

Ein schöner, großer Specht, der unserm Grünspecht nicht nachsteht, aber einen kleinern Kopf und stärker befiederten, daher dickern Hals besitzt. Der Schnabel ist hornschwarzgrau, die Spitze etwas blasser; die Iris dunkel kirschroth. Der Oberkopf von der Stirn bis zum Nacken glänzend schwarz, die Federn ziemlich breit und stumpf, kaum etwas verlängert. Nasengefieder, Zügel, Backen und Schläfen blaßgelb; von da an goldgelb, wie der Nacken, die Halsseiten und der Anfang der Brust; Kehle schwarz, am Kinn weißlich besprengt, besonders bei älteren Vögeln, deren Kinnrand ganz weiß wird. Der ganze Rumpf blaß weißlichgelb, jede Feder mit mehreren schwarzen Querbinden, die mit zunehmendem Alter schmäler werden und nur in der Mitte breiter bleiben, dann auch zickzackförmig sich hin und her biegen. Rücken, Schultern und Flügel eigentlich braungrau, mit mehreren schmalen, lichteren gelblich grauen Querbinden auf jeder Feder. Schwingen graubraun mit goldgelbem Schaft, inwendig lichter grau; die Handschwingen unten an der Innenfahne mit weißlichen Querbinden, die Armschwingen an beiden Fahnen bis zur Spitze. Unterrücken und Bürzel weiß, mit feinen grauen Querlinien; obere Schwanzdecken schwarzgrau, weiß gebändert. Schwanzfedern schwarzbraun, die äußeren Paare an der Außenfahne gelb gebändert, die 3 inneren Paare nur an der Innenfahne. — Beine blaugrau.

Männchen und Weibchen sind in der Zeichnung nicht verschieden, das Männchen aber besonders an den Backen lebhafter goldgelb, bei recht alten Vögeln an der schwarzen Kehle röthlich überlaufen, auf dem Rücken dunkler und am Bauch lichter. Der junge Vogel weicht durch ein trüberes Gefieder und kleineren Schnabel ab; er hat überhaupt breitere Binden, als die älteren Vögel, bei denen sie sich auf der Brust allmälig in schmale Querflecken auflösen.

Ganze Länge 12—13″, Schnabel am Mundwinkel 1 1/3″, Flügel 6″, Schwanz 4″, Außenzehe ohne die Kralle 1″. —

Wenn man das lichte Camposgebiet im Innern Brasiliens betritt, so ist dieser Specht eine der ersten eigenthümlichen Gegenstände, welche man wahrnimmt; man bemerkt ihn bald in kleinen Trupps an den niedrigen Bäumen umherhüpfen, und ist nicht wenig erstaunt, alle Augenblick einen oder den andern herabspringen und auf dem Boden schreitend einhergehen zu sehen. Dabei schreit er, von Zeit zu Zeit, ganz wie unsere Spechte. Der Vogel sucht besonders nach Termiten und zerstört die überwölbten Gänge, welche diese Thiere in den Fugen der Rinde anlegen, um ungestört in ihr Nest zu gelangen. Selbst die festen lehmigen Gebäude dieser Insekten weiß er sich zu öffnen und die herzulaufenden Bewohner zu fangen. — Auf dieselbe Weise fängt er auch die an den Stämmen oder am Boden wandernden Ameisenschwärme. Der Vogel läßt sich bei diesem Geschäft nicht leicht stören, er giebt sich nicht viel Mühe, dem Jäger auszuweichen, und wird leicht geschossen; gleich die erste Gesellschaft, welche wir sahen, mußte uns vor Rio das Pedros (s. meine Reise S. 373) einen Genossen ablassen. — Das Nest des Vogels muß sehr versteckt angelegt sein, da man es noch gar nicht kennt; am Boden dürfte es wohl kaum sich befinden. —

Der Vogel ist durch das ganze Camposgebiet, südlich vom Amazonenstrom bis Paraguay verbreitet; die waldreichen Flußthäler besucht er nie, sondern hält sich nur auf den offenen Flächen zwischen denselben auf. —

Anm. Malherbe hat diese Art in 2 aufgelöst, je nachdem das Kinn weiß oder schwarz ist; die mit weißem Kinn haben schmälere Zeichnungen überhaupt, besonders an der Brust, und werden von ihm Pic. campestroides (!) genannt. Rev. Zool. 1849. 541.

7. Gatt. Leuconerpes *Swains.*

Der Schnabel ist sehr entschieden, wenn auch nur sanft, gebogen, dünn und schwach gebaut, mit sehr stumpfer Firstenkante und ohne alle Nasenlochleiste, statt deren sich eine feine Linie zeigt; die Spitze des Oberschnabels hat ein ziemlich scharfes Ende, mit senkrechter Kante; der Unterschnabel ist fein zugespitzt, die Kinnkante ist ganz stumpf, aber sehr lang, der Kinnwinkel sehr kurz, wie bei den großen Waldspechten. Das Gefieder des Kopfes weicht durch nichts von dem des übrigen Körpers ab, doch bleibt am Auge ein breiter Ring ganz frei davon; der Hals ist kurz und stark befiedert, daher dicker als bei allen andern Spechten, der Kopf freilich ziemlich klein, besonders schmal. Die Flügel sind lang, spitz, und reichen weit über die Mitte des Schwanzes hinab; die erste Schwinge ist ganz besonders klein, aber spitz; die zweite gleicht der sechsten, die dritte und vierte sind die längsten. Der Schwanz kann nicht groß genannt werden, er ist vielmehr kurz, wenn auch nicht schmal; die 8 mittleren Federn haben steife Schäfte und scharfe Spitzen, die 2 mittelsten sind sichtbar stärker und länger als die andern. Wenig entwickelt sind die Beine, besonders die Krallen; sie sind zwar relativ höher, aber nicht länger als die von Colaptes, erscheinen darum klein.

Die einzige bekannte Art ist über die südliche Hälfte von Süd-Amerika verbreitet.

Leuconerpes candidus *Otto.*

Picus candidus *Otto* in Buffon's Vögel, Uebers. Th. 23. S. 251. — *Hollandre* Abrégé d'hist. nat. III. 404. a. — *Wagl.* Syst. Av. no. 81. — *Pr. Max* Beitr. IV. 415. 8 —

Picus dominicanus *Vieill.* Enc. 1306. — N. D. XXVI. 72. — *Licht.* Doubl. 10. 61. — *Spix* Av. Bras. I. 59. 7. tb. 51. —
Picus bicolor *Swains.* zool. Ill. I. pl. 38.
Carpintero blanco y negro, *Azar.* Apunt. II. 315. 254.

Weiß; Schnabel, Rücken, Flügel und Schwanz schwarz, letzterer am Grunde weiß gefleckt. —

Der Specht hat im allgemeinen Ansehn wenig spechtartiges; sein schmaler, kleiner Kopf, sein dicker Hals und sein schwacher, sanft gebogener Schnabel machen ihn leicht kenntlich. Das Gefieder ist weich, breitfedrig aber nicht grade reichlich; am Kopfe, Halse und Rumpfe weiß. Vom hintern Augenwinkel entspringt ein schwarzer Streif, der zum Nacken geht und hier mit dem schieferschwarzen Rückengefieder sich verbindet. Auch die Flügel sind ganz schwarz, inwendig mehr grauschwarz, die Schwingen mehr schwarzbraun. Der Unterrücken bis zum Bürzel ist weiß, der Schwanz schwarz, die Federn an jeder Seite der Fahne weiß in die Quere gefleckt bis etwa zur Mitte. Auf dem Schenkelgefieder zeigt sich mitunter eine graue Stelle. Die Beine sind grünlich bleigrau. Der nackte Augenring ist orangefarben, die Iris perlgrau. —

Das Weibchen gleicht dem Männchen völlig, doch ist der blaß grünlichgelbe Anflug im Nacken und auf der Bauchmitte, welcher dem alten Männchen zusteht, beim Weibchen matter, und fehlt gewöhnlich am Nacken völlig. —

Ganze Länge 11″, Schnabel 1$^1/_6$″, Flügel 7″, Schwanz 3″, längste Vorderzehe ohne die Kralle 1″. —

Ich erhielt von diesem seltenen Vogel ein Weibchen bei Neu-Freiburg, der Prinz zu Wied das seinige am Rio Cabapuana, Spix in Minas geraes, Azara in Paraguay. — Der Specht lebt einsam in den dichten Urwäldern, und wird nur zur Brutzeit paarig gesehen; von seiner Lebensweise, die eigenthümliche Züge haben dürfte, ist noch nichts Näheres bekannt. —

8. Gatt. Tripsurus *Swains.*

Kleine Spechte mit ziemlich gradem, schlankem Schnabel, dessen sanft gebogene Rückenfirste nach vorn scharf, nach hinten stumpfkantig abgesetzt ist und dessen Nasenlochleiste wenigstens in der hinteren Partie noch deutlich hervortritt; die Spitze des Oberschnabels ist zwar nicht hoch, aber doch scharfkantig schneidend, die des Unterschnabels stumpfer. Letzterer hat einen kurzen, nicht ganz bis zur Mitte reichenden Kinnwinkel, aber keine deutliche oder gar scharfe

Kinnleiste. — Das Gefieder ist ziemlich weich, das des Kopfes nicht abweichend gebaut, der Nacken ohne Schopf, das Auge von einem breiten nackten Ringe umgeben. Die Flügel sind lang, spitz, bis über die Mitte des Schwanzes hinabreichend; die erste Schwinge ist sehr klein, nur ganz rudimentär, die zweite zwar verkürzt, aber weniger als bei anderen Gattungen, die dritte hat mit der vierten und fünften, welche die längsten sind, fast gleiche Länge. Der Schwanz ist nicht grade lang, ziemlich schmal und stark zugespitzt; nur die drei mittleren Paare haben steife Spitzen, die seitlichen viel stumpferen Federn weiche. — Die Beine sind zierlich gebaut, aber nicht grade schwach; die Länge der Zehen ist minder auffallend, aber die Krallen sind stark für die Größe der Zehen.

Die Hauptfarbe des Rückens ist ein dunkles, stahlblau glänzendes Schwarz; das Männchen hat einen z. Th. rothen Oberkopf, der dem Weibchen fehlt. — Es sind zierliche und behende Waldspechte.

1. Tripsurus coronatus *Ill.*

Picus coronatus ***Licht.*** Doubl. etc. 10. 63. — ***Pr. Max.*** Beitr. IV. 419. 9.
Picus flavifrons ***Spix.*** Av. Bras. I. 60. 10. tb. 52. — ***Wagl.*** Syst. Av. no. 63.
Picus rubriventris ***Vieill.*** Gall. II. 8. pl. 27. — Enc. 1324. — N. D. XXVI. 75. u. 103. —
Carpintero vientro roxo, ***Azar.*** Apunt. II. 316. 255.

Oberseite schwarzblau, Rücken und letzte Armschwingen weiß gefleckt; Stirn, Kehle und Vorderhals gelb; Oberbrust graugelb, Unterbrust und Bauch roth, die Seiten bis zum Steiß schwarz und grau quergestreift.

Von der Größe unseres mittleren Buntspechtes, aber schlanker gebaut. Schnabel und Beine schwarz, der nackte Augenring olivengrün, die Iris gelbbraun. Die Stirn und Kehle bis zur Mitte des Halses goldgelb; beim Männchen der Scheitel und Nacken zinnoberroth, beim Weibchen blauschwarz, wie die Zügel, die Schläfen und die ganze Oberseite des Körpers; das Gefieder des Rückens aber weiß, mit Einschluß des Bürzels und der oberen Schwanzdecken. Untere Flügeldeckfedern schwarz und weiß gebändert, die Schwingen mit weißen Querflecken an der Innenfahne, welche allmälig an Zahl und Breite zunehmen, so daß die hintersten und die Schulter-Federn am Innenrande auch von oben weiß gesäumt erscheinen. Oberbrust grau, gelb überlaufen, Unterbrust und Bauch bis zum After zinnoberroth; die Seiten, Schenkel und die unteren Schwanzdecken schmal weißgelb und schwarz gebändert. Schwanzfedern schwarz, die äußeren an der Innenfahne mit einigen weißen Querflecken; auf der Unterfläche graulich.

Das **Weibchen** unterscheidet sich vom Männchen nur durch den Mangel des rothen Oberkopfes; die **jüngern** Vögel haben mattere Farben, dem Rücken fehlt der stahlblaue Anflug, die weißen Flecken der Schwingen und des Schwanzes sind größer und zeigen sich auf ersteren z. Th. an der Außenfahne, wenigstens der Armschwingen; besonders aber am Achselgefieder bis zum Nacken hinauf. —

Ganze Länge 8″, Schnabel 1″, Flügel 5″, Schwanz 2½″, Lauf 1″ bis zum Hacken, längste Vorderzehe ohne die Kralle 10‴. —

Dieser hübsche Specht ist über ganz Brasilien verbreitet, aber nicht grade häufig; er hält sich im Innern der Waldungen auf und kommt nie in die offenen Gegenden. Der Prinz zu **Wied** beobachtete ihn am Rio Belmonte, **Spix** bei Rio de Janeiro, ich erhielt ihn in Minas geraes, von Sette Lagoas; er geht bis Paraguay hinab, aber nicht, wie es scheint, bis zum Amazonenstrom hinauf. —

2. Tripsurus hirundinaceus *Linn.*

Picus hirundinaceus ***Linn.*** Syst. Nat. I. 174. 5 — ***Lath.*** Ind. orn I 227. 8. — ***Buff.*** pl. enl. 694. — ***Wagl.*** Syst. Av. no. 64. — ***Schomb.*** Reise. III. 714 222.
Picus rubrifrons ***Spix.*** Av. Bras. I. 61. 13. tb. 55. —

Schwarzblau; Unterrücken weiß, Bauch roth, die Seiten und Steißgegend schwarz und weiß bandirt. —

Etwas kleiner, als die vorige Art, übrigens ihr ganz ähnlich, nur der Schnabelrücken etwas mehr gebogen. Hauptfarbe des Gefieders ein tiefes schwärzliches Stahlblau; der Oberkopf beim Männchen zwischen den Augen roth. Unterrücken, Bürzel und obere Schwanzdecken weiß; die Schwingen an der Innenfahne weiß bandirt, welche Farbe am Rande mehr oder minder breit verflossen ist. Bauchmitte zinnoberroth; Bauchseiten, Schenkel, Steiß und Schwanzdecken weiß und schwarz gebändert, das Weiß ins Gelbliche spielend. Schwanz schwarz, die Federn an der Innenfahne mit kleinen weißen Randflecken. Schnabel und Beine schwarz; Augenring graulich fleischfarben. Iris ochergelb. —

Männchen und **Weibchen** unterscheiden sich bloß in der Farbe des bei ersterem rothen Scheitels; die **jüngeren** Vögel sind matter gefärbt und haben überall mehr weiß im Gefieder. —

Ganze Länge 7—7½″, Schnabel 11‴, Flügel 4⅓″, Schwanz 2⅓″. —

Eine ausnehmend hübsche Art, welche nur die nördlichsten Gegenden

Brasiliens am Amazonenstrom bewohnt und von Spix bei Para gesammelt wurde. Häufiger und sehr gemein ist sie in Guyana. Nach Schomburgk kommt sie hier überall bis in die Nähe der Ansiedelungen und nistet auf einzeln stehenden alten Bäumen, mitten in den durch Rodung und Abbrennen erzeugten Feldanlagen der Pflanzer und Indianer. Ein Paar, das von einem solchen Baum Besitz genommen hat, duldet darauf kein anderes, sondern verscheucht jeden Ankömmling durch Schreien und Anfliegen, bis er sich entfernt. Ihr Nest ist in Löchern des Stammes an stets unzugänglichen Stellen angelegt. —

Anm. Wagler hat diese Art in vier Spezies aufgelöst, welche er Picus hirundinaceus (no. 64), P. meropirostris (no. 65), P. ischnorhynchus (no. 66) und P. rubrifrons (no. 67) nennt; er stützt sich dabei auf die Form des Schnabels und einige Unterschiede der Zeichnung. Nach dem mir aus Berlin zur Ansicht geschickten Exemplar des P. meropirostris finde ich allerdings dessen Schnabel länger, scharfkantiger auf der Firste und grader; dabei hat nur dieses Individuum einen weißen, ziemlich breiten Streif über dem Auge, welcher sich gegen den Nacken hinzieht und allmälig eine goldgelbe Farbe annimmt; aber es fehlen ihm die weißen Flecken an der Innenfahne der letzten Armschwingen wenigstens auf der Oberseite und am Schwanze, welche Büffon angiebt. Das scheint doch mehr als bloße Altersverschiedenheit zu sein. — Sehr junge Thiere haben mehr Weiß im Gefieder, namentlich auf den äußeren Deckfedern, und am Handgelenk der Flügel weiße Querflecken, welche den älteren Exemplaren nur an der Innenseite des Deckgefieders bleiben. — Wenn man danach 2 Arten annehmen will, so würde die Form von Cajenne mit dem weißen Augenstrich, welche den längeren Schnabel besitzt, als die älter beschriebene, den Namen Tripsurus hirundinaceus behalten müssen, die in Brasilien von Spix zuerst beobachtete ohne weißen Augenrandstreif dessen Namen Tripsurus rubrifrons fortführen. —

C. Mit schmalem, nach hinten verlängertem, zerschlissenem Kopfgefieder.

5. Melanerpinae.

9. Gatt. Chrysoptilus *Swains.*

Schnabel kurz, klein und niedrig; die Rückenfirste sanft gebogen, scharfkantig abgesetzt, die Nasenlochleiste sehr verstrichen, erhöht über dem Nasenloch verlaufend; die Spitze stumpf, kaum schneidend; der Kinnwinkel weit in den Unterkiefer hinabreichend, die Kinnkante kaum bemerkbar. Kein nackter Augenring. Nackengefieder ziemlich lang, die obersten Enden der Federnäste ohne Strahlen, pinselförmig zerschlissen und etwas verlängert; Rumpfgefieder weich und lax. Flügel ziemlich kurz, stumpfer als gewöhnlich; die erste Schwinge sehr klein, kaum ein Drittel der längsten messend; die zweite ebenfalls stark verkürzt, die vierte und fünfte die längsten. Schwanz von ziemlicher

Länge, aber nicht sehr spitz; nur die vier mittleren Federn steif, die seitlichen breiter, mit kürzerer Spitze und schwächerem Schaft. Beine feiner gebaut als bei anderen Spechten gleicher Größe, indessen die Nägel doch stark gekrümmt und sehr spitz. — Ganzes Gefieder grünlich, schwarz gebändert und gefleckt. —

1. Chrysoptilus melanochlorus *Gmel.*

Picus melanochlorus ***Gmel. Linn.*** S. Nat. I. 1. 427. — ***Lath.*** Ind. orn. I. 239. 41. — ***Wagl.*** Syn. Av. no. 42. — ***Pr. Max.*** Beitr. IV. 423. — Picus cristatus ***Vieill.*** Enc. 1321. — N. D. XXVI. 98.
Carpintero verdinegro, ***Azar.*** Apunt. II. 306. 252.

Gelbgrün; Rücken schwarz gebändert, Bauchseite schwarz getropft; Nacken roth, beim Männchen auch die Backen; Schläfen, Augengegend und Zügel gelblich. —

Stirn bis zum Scheitel schwarz, der Hinterkopf und Nacken roth; Zügel, Augengegend und Wangen bis hinter das Ohr weißlich gelb, vorn die Farbe weißer, nach hinten gelber; Kinn und Kehle weiß und schwarz gestreift; beim Weibchen auch die beim Männchen rothen Backen des Unterkiefers. Ganzes Gefieder gelbgrün, die Rückenfedern mit schwarzen Querbinden, die Brust- und Bauchfedern mit schwarzen Tropfenflecken, welche auf der Brust herzförmig und größer sind, als am Bauch, mit dem Alter des Vogels an Umfang abnehmen und endlich am Bauche völlig verschwinden. Flügel wie der Rücken, die Schwingen schwärzlich graubraun mit gelbem Schaft und gelbgrünen Querbinden, die den zwei ersten fehlen, den folgenden am Grunde, den hinteren an der ganzen Fahne zustehen. Schwanzfedern schwarz, die mittleren am Grunde, die äußeren an beiden Seiten bis zur Spitze gelbgrün gebändert. Schnabel dunkel horngrau, die Iris rothbraun, die Beine grünlich grau, mit blassen Krallen. —

Das Weibchen ist etwas blasser gefärbt, als das Männchen, und letzteres hat, außer den rothen Backen, im Alter auch noch rothe Spitzen an den Federn der Stirn und der Mitte des Oberkopfes. Die jungen Vögel sind trüber graulich gelbgrün gefärbt, mit breiteren Binden am Rücken versehen und an der Unterseite ebenfalls grün und schwarz gebändert, nicht getropft. Kleine runde Flecken auf der Brust bezeichnen das höhere, große herzförmige das mittlere Alter. —

Ganze Länge 11″, Schnabel 1″, Flügel 6″, Schwanz 4″, Lauf 1″, längste Zehe ohne die Kralle 1″. —

Man findet diesen schönen Grünspecht sowohl im Waldgebiet, als auch in den Gebüschen der Campos, aber nicht auf offenem Felde; er ist ziemlich häufig und kam mir an mehreren Orten während der Rückreise von Congonhas bis Rio de Janeiro nahe am Wege vor. Nordwärts geht er bis Guyana, woher ihn Büffon erhielt; südwärts bis Paraguay, wo er von Azara in ähnlicher Art, wie ich ihn sah, häufig beobachtet wurde. Auch der Prinz zu Wied gedenkt seiner als eines auf seiner ganzen Reise ihm vorgekommenen Vogels.

2. Chrysoptilus cajennensis *Gmel.*

Picus cajennensis ***Gmel. Linn.*** S. Nat. I. 1. 428. — ***Lath.*** Ind. orn. I. 239. 43. — ***Buff.*** pl. enl. 613. —
Picus guttatus ***Spix*** Av. Bras. I. 61. 12. tb. 53. fig. 1.
Picus icteromelas ***Vieill.*** N. D. XXVI. 84. — ***Wagl.*** Syn. Av. no. 43.

Olivengrün, Rückenseite schwarz gebändert, Bauchseite punktirt; Nacken roth bei beiden Geschlechtern; beträchtlich kleiner als die vorige Art. —

Dunkler und mehr bräunlich grün gefärbt, als die vorige Art, übrigens ihr höchst ähnlich, nur um ein Drittel kleiner. Stirn und Scheitel schwarz, Hinterkopf und Nacken roth; Zügel, Augengegend und Wangen gelblich; die Backen beim Männchen mit rothem Streif, beim Weibchen, wie die Kehle, schwarz gestreift. Rückengefieder schwarz gebändert, aber die Binden schmäler und feiner als bei der vorigen Art; Bauchseite mit zerstreuteren schwarzen Tropfen gezeichnet, die auf der Brust größer und herzförmig gestaltet sind. Schwingen schwarzbraun, mit gelbem Schaft; die Fahne der vordern am Grunde, der hinteren überall gelb gebändert. Schwanzspitze schwarz, die Mitte gelb gebändert, die äußeren Federn auf der Unterseite ganz gelbgrün. Schnabel schwarz, Iris gelbbraun, Beine bräunlich grün, die Krallen heller. —

Ganze Länge 7″, Schnabel 8‴, Flügel 5″, Schwanz $2^1/_2$″. —

Die Art gehört den nördlichen Districten Brasiliens an und wurde von Spix am Amazonenstrom erlegt; die Berliner Sammlung erhielt sie von Para. Häufig scheint sie nirgends zu sein, denn Schomburgk gedenkt ihrer nicht, und Wagler hat sie gar nicht gesehen, daher nur unvollständig erkannt. —

Anm. Die beiden angezogenen Abbildungen von Büffon und Spix stimmen so genau mit einander überein, daß ich schon deshalb die Selbstständigkeit der Art für genügend begründet halte. Der Uebersetzer von Azara's Reise, Walkenaer, will auch Azara's Carpintero verdinegro hierher ziehn (Voy. d. l'Am. mér. IV. 8.), allein ich sehe dazu keinen Grund, weil Azara die Größe seines Vogels zu 11″ angiebt, ganz wie meine Exemplare. In der Berliner Sammlung befindet sich ein höchst ähnlicher Specht von Montevideo (Chrys. chlorozostos ***Licht.*** — ***Wagler***, Isis 1829. 513. — Picus Buffonii ***Temm.*** pl. col. tabl. meth. pag. 62. — ***Buff.*** pl. enl. 719.), der weit eher zu Azara's Art gehören könnte, als dieser nördliche Chrys. cajennensis. Nach den mir aus Berlin zur Ansicht mitgetheilten Exemplaren des Ch. chlorozostus ist derselbe dunkler und mehr graugrün, als gelbgrün gefärbt, das Schwarz tritt überall in breiteren Binden oder größeren Flecken auf und die Schäfte der Schwingen sind nicht gelb, sondern außen braun. Einen Hauptunterschied des Ch. chlorozostus finde ich in dem entschieden längeren, mehr schwarzen Schwanz, dessen äußerste Feder jeder Seite (nebst der versteckten kleinsten und eigentlich äußersten) allein gelbgrüne, spitze Querbinden besitzt, welche vom Schaft ausgehen, während die nächstfolgenden blaß grünlich graue Randflecke haben. Endlich ist die Ohrdecke nicht gelb, sondern ganz entschieden grau. Hiernach muß Azara's Art zu Ch. melanochlorus gezogen werden, denn er beschreibt die Backen als strohgelb und die 3 äußeren Schwanzfedern gebändert. —

III. Zwerg-Spechte mit ganz kleinem Schnabel, dessen Firste ohne alle Kante ist und deren Schwanz nur aus weichen Federn besteht.

6. Picumnidae.

10. Gatt. Picumnus *Temm.*

Kleine Vögelchen, nicht viel größer als unsere Goldhähnchen (Regulus), deren ganzes Gefieder ungemein weich und lax ist, nur aus wenigen, für die Größe des Körpers umfangreichen Federn besteht, und keinen steifen Stemmschwanz bildet. Der Schnabel ist länglich kegelförmig, grade, spitz und weder auf der Firste, noch am Kinn mit einer abgesetzten Kante versehen. Die Nasenlöcher sind unter dem Kopfgefieder versteckt, sie liegen ganz seitwärts nach unten und haben keine abgesetzte innere Randkante, wie die ächten Spechte. Die kurzen Flügel haben eine sehr rundliche, stumpfe Form, sonst aber die Schwingen-Verhältnisse der wahren Spechte; die erste Schwinge ist sehr klein, die zweite beträchtlich, die dritte merklich verkürzt, die vierte pflegt mit der fünften die längste zu sein. Der Schwanz hat keine steifen Schäfte, seine Federn sind weich, abgerundet, die äußerste jeder Seite ist ebenso klein, wie bei den wahren Spechten, die nächste noch stark verkürzt, die dritte wenig, die 6 mittleren haben ziemlich gleiche Länge. Die Beine sind ebenfalls wie bei den Spechten gebaut, und für die Größe der Vögel weder schwach noch klein; auch die Nägel haben die hohe Sichelform der Spechtkrallen. —

Anm. Von dieser die Stelle des Wendehals (Yunx) in Brasilien vertretenden Gattung hat zuerst Temminck (Pl. col. 371. Texte) eine Uebersicht gegeben; später ist sie von Wagler (Isis. 1829 645.) und kürzlich von Lafresnaye (*Guerin*, Rev. zoolog. Ann. 1845) monographisch bearbeitet worden.

A. Rückengefieder ungefleckt, die Federn nur heller gesäumt.

1. Picumnus minutus *Linn.*

Pipra minuta *Linn.* S. Nat. I. 340. 13.
Picus minutus *Lath.* Ind. orn. I. 243. 55. — *Lichtenst.* Doubl. 11. 79.
Picus minutissimus *Pall.* n. nord. Beitr. III. 5. tb. 1. f. 2. —
Yunx minutissima *Gmel. Linn.* S. Nat. I. 1. 423. — *Vieill.* Gal. d. Ois. II. 10. pl. 28. —
Picumnus cirratus *Temm.* pl. col. 371. fig. 1.
Picumnus minutissimus *Pr. Max* Beitr. IV. 378. 1.
Picumnus cayennensis *Lafresn.* l. l. 6. 1.

Graubraun, der Nacken ochergelb, der Scheitel schwarz mit weißen Punkten, beim Männchen die Stirn roth; Unterseite schwarz und weiß quer gestreift.

Etwas größer, als die folgenden Arten. Rückengefieder bräunlich grau, die Federn lichter gelblicher gerandet, wodurch auf dem Rücken selbst undeutliche hellere und dunklere Querlinien entstehn. Flügeldeckfedern besonders an der Spitze licht gesäumt; die Schwingen schwarzbraun, mit breiten gelblichen Seitenrändern, die zumal an den hintersten Armschwingen sich scharf absetzen. Innenfläche der Flügel weißlich gelb. Schwanzfedern schwarz, die seitlichen mit breitem, weißlichem Streif an der Außenfahne, die 2 mittelsten mit solchem Streif an der Innenfahne, die beiden neben ihnen allein ganz schwarz. Oberkopf schwarz, beim alten Vogel jede Feder mit weißem Punkt, beim Männchen die Scheitelfedern mit scharlachrothem Längsfleck; der Nacken und die Halsseiten ochergelbbraun, die Kehle weißlich, die übrige Unterfläche schwarz und weiß quergestreift, jede Feder mit zwei schwarzen Querlinien, aber weißem Endsaum. Schnabel hornschwarz, die Basis des Unterkiefers blasser; die Iris graubraun, die Beine bleigrau. —

Ganze Länge 4″, Schnabel 6‴, Flügel 2″, Schwanz $1\frac{1}{4}$″.

Die jungen Vögel haben ein viel matter gefärbtes Kleid, aber in der Hauptsache dieselben Farbentöne, nur der Oberkopf ist braunschwarz, mit graugelbem Fleck auf jeder Feder und der Rücken lichter gelbgrau. Das Weibchen unterscheidet sich vom Männchen durch den Mangel der rothen Spitzen am Scheitelgefieder; es hat auch da weiße runde Punkte. —

Dieser kleine niedliche Vogel bewohnt die Waldungen des Küstengebietes, und kommt darin nicht selten vor; seine Lebensweise ist ganz die der Goldhähnchen. Eine Stimme habe ich nicht von ihm vernommen. Gegen den Herbst sammeln sich die Vögel zu kleinen Gesellschaften, im Sommer sieht man sie nur paarig. Sie nisten dann in Baumlöchern, mitunter ganz nahe bei Ansiedelungen, wie Schomburgk beobachtete (Reise, III. 714. 221).

2. Picumnus Temminckii *Lafr.*

Lafresn. Revue zool VIII. 6. (1845). —
Picumnus exilis *Temm* pl. col. 371. fig. 2. — *Wagl.* Isis, 1829. 646. 3.
Yunx minuta *Vieill.* Enc. 1300. —
Carpintero enano, *Azar.* Apunt. II. 327. 260.

Graubraun, die Rückenfedern heller gerandet, die Bauchseite breiter schwarz und weiß in die Quere gestreift. Scheitel schwarz, weiß punktirt, beim Männchen die Mitte roth. —

Etwas kleiner als die vorige Art, übrigens in der Hauptsache ebenso gefärbt, die Bauchseite nur breiter schwarz gestreift, indem jede einzelne Feder nur eine schwarze Binde quer über die Mitte hat. Kopfgefieder schwarz, mit weißen Punkten, die Scheitelmitte beim Männchen roth gestreift. Nacken und Halsseiten ochergelb. Rücken und Flügeldeckfedern lichter gelblich gesäumt; die Schwingen schwarzbraun, nur die hinteren des Armes innen blaßgelbroth gesäumt. Schwanz wie bei der vorigen Art gefärbt.

Ganze Länge $3\frac{1}{2}''$, Schnabel $5'''$, Flügel kaum $2''$, Schwanz $1\frac{1}{6}''$. —

Der junge Vogel verhält sich zum alten ganz wie bei der vorigen Art.

Dieser kleine Zwergspecht gleicht dem vorigen sehr im Ansehn, wird aber für verschieden gehalten, worüber ich mich nicht äußern kann, da ich ihn nicht selbst gesehen habe. Er scheint nur die südlichen und inneren Gegenden Brasiliens zu bewohnen und dort die Stelle der vorigen Art zu vertreten.

B. Rückengefieder mit hellerem Fleck auf jeder Feder.

a. Bauchseite mit hellen und dunklen Querlinien.

3. Picumnus exilis *Licht.*

Picus exilis, *Licht.* Verz. d. Doubl. d. zool. Mus. etc. 11. 80. —
Picumnus Lichtensteinii *Lafr.* l. l.
Picumnus cirratus *Wagl.* Isis 1829. 645. 2.

Olivengelbgrün, Scheitel schwarz, weiß punktirt, beim Männchen roth gestrichelt; Bauchseite schwarz und gelbgrün quer gestreift. —

Noch kleiner als der vorige, in der Hauptsache gelblich grün gefärbt; der Oberkopf schwarz, jede Feder mit weißem Punkt an der Spitze, die mittleren Scheitelfedern beim Männchen hellroth an der Spitze. Rückengefieder heller gesäumt, der äußere Rand aber dunkler; in dem Saum am Ende des Schaftes ein hellerer Fleck und vor demselben ein schwärzlicher Wisch. Schwingen schwarzgraubraun, die Handschwingen einfarbig, die Armschwingen am Außenrande grünlich gesäumt, an der Innenfahne nach unten weiß. Innere Flügeldeckfedern gelblich weiß. Schwanzfedern schwarz, die 2 innersten mit schiefem weißgelbem Streif auf der Innenfahne, die drei äußeren mit solchem Streif an der Außenfahne, welche sich bei dem äußersten Paar ziemlich über die ganze Mitte der Feder ausdehnt. Unterseite an der Kehle weiß und schwarz, an der Brust und dem Bauch gelb und schwarz in die Quere feiner gestreift; jede Feder der Brust mit drei schwarzen Querlinien, wovon die letzte dicht vor dem lichteren Rande steht; der Federngrund am Schaft weiß, am Saume gelbgrün gefärbt. Schnabel schwarz, an der Basis bläulich weiß; die Iris braungelb, die Beine dunkel bleigrau. —

Ganze Länge 3½″, Schnabel 5‴, Flügel 2″, Schwanz 1″. —

Beim weiblichen und jungen Vogel ist der Rücken nicht so deutlich punktirt, sondern mehr heller und dunkler gewellt, namentlich je jünger das Individuum noch ist; dagegen treten die schwarzen Flecken vor dem weißlichen Rande deutlicher hervor, und gehen selbst auf die hintersten obersten Armschwingen über, woselbst sie sich mehrmals über einander auf jeder Feder zeigen. —

Die Art wurde der Berliner Sammlung aus St. Paulo durch Sellow eingesandt; sie scheint dort nicht häufig zu sein. —

Anm. Ganz dieselbe Zeichnung und Färbung besitzt Picumnus Buffonii *Lafr.* l. l. — *Buff.* pl. enl. 786. 1. — Picumnus minutus *Wagl.* Isis, 1829. 645. 1. — aus Cajenne. Der Vogel ist etwas größer, als der hier beschriebene, mißt 4″ und hat eine noch mehr ins Grüne spielende Färbung. Die Fleckenzeichnung des Rückens ist in der Hauptsache dieselbe, aber die weißen Tüpfel sind größer und der schwarze Punkt vor ihnen dehnt sich saumförmig vor ihnen aus.

b. Bauchseite wie der Rücken gefleckt.

4. Picumnus pygmaeus *Licht.*

Picus pygmaeus, *Licht.* Verz. d. Doubl. etc. 12. —
Picumnus pygmaeus *Lafr.* l. l.
Picumnus ocellatus *Wagl.* Isis 1829. 645. 4. —

Bräunlich, der Oberkopf schwarz, alle Federn des Kopfes, Rückens, der Brust und des Bauches weiß gefleckt; Stirn des Männchens rothstreifig. —

Die Hauptfarbe ist ein trübes Braungrau, das am Rücken einen etwas gelblichen Anflug besitzt, indem hier die Federn lichtere gelbliche Säume besitzen. Der Oberkopf ist schwarz, fein weiß punktirt, die Stirn des Männchens hat hellrothe, streifige Federnspitzen; im Nacken bildet sich jederseits eine lichtere, weißgraue Stelle, indem hier jede Feder einen sehr breiten, weißen Spitzenfleck bekommt; auf dem übrigen Rücken haben die Federn ähnliche aber kleinere weißliche Spitzenflecke, und vor jedem Fleck einen kleineren schwarzen Punkt. An der Bauchseite des Körpers tritt ganz dieselbe Zeichnung, wie am Rücken, auf, doch sind die meisten Flecken etwas kleiner und mehr allseitig von einem schwarzen Rande umgeben. Gegen den Bauch, und besonders am After, werden die Flecken zwar größer, aber auch trüber und unbestimmter. Die Innenseite der Flügel ist blaßgelb, die Schwingen sind braungrau, die hinteren am Innenrande, und die letzten obersten Armschwingen auch am Außenrande gelb gesäumt. Die beiden mittelsten Schwanzfedern haben eine weiße Innenfahne, und darin öfters einen schwarzen Punkt an der Spitze, die Außenfahne ist schwarz, wie die folgenden Federn, nur die zwei äußeren jeder Seite sind auf der Mitte weiß.

Das Weibchen ist ebenso gezeichnet, wie das Männchen, letzteres hat aber zur Hälfte blutrothe Stirnfedern. — Die jüngeren Vögel haben trübere Farben, kein Roth an der Stirn und viel mehr verloschene, aber an Umfang größere, weißliche Punkte auf den Federn. —

Ganze Länge $3^1/_2$″, Schnabel 5‴, Flügel 2″, Schwanz 1″. —

Die Berliner Sammlung besitzt 3 Exemplare dieser Art aus Brasilien, deren Fundstätte nicht genauer bekannt ist; wahrscheinlich fällt sie auf die inneren nördlichen Districte. —

Anm. Sehr nahe verwandt mit dieser Art ist Picumnus albosquamatus *D'Orbigny*, Voy. dans l'Am. mér. IV. 3. pl. 64. fig 2. — *v. Tschudi*, Fn. per. Orn. 264. 1. — Farbe und Zeichnung stimmen überein, aber die weißen Flecken der Brust sind etwas größer und der Bauch ist einfarbig lichter gelbgrau, ohne Flecken. Auch scheint der Vogel etwas größer zu sein (4″ 3‴ nach v. Tschudi). Er bewohnt die Ostabhänge der Cordilleren. —

Eine eigenthümliche Gruppe bilden diejenigen Arten, deren Körper auf der Ober- wie Unterseite ungefleckt ist; sie scheinen auf die nördlichsten Gegenden Süd-Amerika's (Columbien, Neu-Granada) beschränkt zu sein. — Wagler beschrieb die erste Art derselben als Picumnus cinnamomeus (Isis, 1829. 646. 5.); später Bonaparte eine als Asthenurus rufiventris (Proc. zool. Soc. 1837); — jetzt hat Lafresnaye noch 3 andere hinzugefügt (Rev. zool. 1845, 366. und 1847, 78.). —

Siebente Familie.

Kukuke. Cuculinae.

Klettervögel mit mehr oder weniger zusammengedrücktem, sanft gebogenem, mitunter hohem, scharfkantigen Schnabel, von der Länge des Kopfes oder kürzer, und wenigen steifen Borstenfedern am Schnabelgrunde, deren Kletterfüße noch lang und ziemlich stark gebaut sind, indessen einen relativ höheren Lauf, kürzere Zehen und schwächere Krallen besitzen. Ihr Schwanz ist weich und lang, besteht aber aus 8—12 Federn. —

Diese Merkmale unterscheiden die Kukuke leicht von den Spechten, wie von den Tukans; letzteren stehen sie in der Fuß- und Schwanzbildung näher, als den Spechten, aber der viel kleinere Schnabel und die Anwesenheit von steifen Borstenfedern im Gesicht, an den Zügeln und Backen weisen auf eine nähere Verwandtschaft mit den Bartvögeln hin, denen sie auch in der Nahrung sich anschließen. Die Kukuke fressen, wie die Spechte, Insecten, welche sie aber nicht aus den Ritzen und Fugen der Rinde hervorsuchen, sondern von den Blättern und Zweigen, oder wo sie sonst offen dasitzen, ablesen.

Ihr Körperbau hat keine so augenfälligen Eigenschaften, wie jener der Papageien, Tukans oder Spechte, und darum herrscht manche Verschiedenheit in der Begrenzung ihrer Gruppe.

Der Schnabel der Kukuke ist nicht so lang wie der Kopf, mehr oder minder stark seitlich zusammengedrückt, sanft gebogen, mit herabgezogener, aber nicht eigentlich hakiger Spitze; gewöhnlich runder, nur bei Crotophaga scharfkantiger Rückenfirste; nach hinten breiter abstehender, vorn senkrechter Mundkante und ziemlich weit vorragenden Nasengruben, in denen die Nasenlöcher als länglich ovale Spalten am unteren Rande oder in der vorderen Ecke sich befinden, weil eine derbe Hautfalte sich von oben herab über sie legt und die Nasenmündung verengt. Schon auf dieser Nasendecke pflegen Federn zu sitzen, die Befiederung des Kopfes reicht also bis an die Nasenöffnungen heran; indessen diese Federn sind anders gebaut, als die übrigen, gehen in lange, derbe, astlose Spitzen aus und bilden die sogenannten Borstenfedern, welche die Basis des Schnabels umgeben und besonders auf den Zügeln über dem Mundwinkel sich entwickeln. Von großer Steifheit und Stärke sind sie freilich nicht, und das bildet einen Hauptunterschied zwischen den Kukuken und Bartvögeln der folgenden Familie. Am Zügel fehlen übrigens mitunter alle Federn, d. h. die Zügel bleiben nackt, so bei Crotophaga und Ptiloleptis *Swains.;* dagegen haben die nackten Augenlieder steife Borstenwimpern in ihren Rändern. —

Das Gefieder des Körpers ist weich, großfedrig und nicht sehr dicht; die Federn sind bald breit, bald schmal und lang; öfters sehr lose mit abstehenden Fahnenästen, und nur dann derbe und fest, wenn sie Metallglanz annehmen, was freilich bei den amerikanischen Kukuken nicht häufig der Fall ist. Die Flügel sind eher kurz, als lang, reichen ruhend nur bis auf den Anfang des Schwanzes, haben eine mehr abgerundete Form und stets eine stark verkürzte erste Schwinge, doch zehn Schwingen an der Hand. Auch die zweite Schwinge ist verkürzt und gewöhnlich erst die vierte oder fünfte die längste. Der Schwanz hat oft eine sehr große Länge und wenigstens immer eine beträchtliche Breite, obgleich er mitunter nur aus acht, gewöhnlich aus zehn, aber auch aus zwölf Federn besteht. — In den meisten Fällen sind die Schwanzfedern stark stufig, also nur paarig gleichlang. —

Die Beine haben einen hohen, ziemlich zusammengedrückten Lauf, der vorn von breiten Halbgürteln (6—8), hinten von kleinen Tafeln bekleidet wird. Die Zehen sind auch lang, aber sehr viel dünner und besonders mit kleinen, schwachen Krallen versehen; ihre Oberfläche ist getäfelt, ihre Sohle warzig. Die äußere Vorderzehe ist die längste, die äußere Hinterzehe zwar nicht viel, aber doch etwas kürzer; von den beiden Innenzehen steht stets die vordere der hinteren an Größe voran. —

Eigenthümlich verhält sich die Bürzeldrüse der Kukuke durch ihre tiefe herzförmige Theilung in zwei divergirende Hälften; den langen aus beiden verwachsenen, aber isolirten Ausgänge gebildeten Zipfel ohne Federnkranz am Ende, und die Anwesenheit einer größeren Feder mitten auf jeder Hälfte, wenigstens bei vielen, wenn nicht allen, ächten Kukuken. — Die Stellung der Federn in den Fluren ist wegen ihrer Größe sehr sperrig, und darin stimmen die Kukuke mehr mit den Papageien als mit den Spechten überein. —

Vom innern Bau der Kukuke ist kaum eine besondere Eigenthümlichkeit erwähnenswerth. Das Skelet ist zarter und schwächer gebaut, als das der Spechte; die Stirn relativ breiter und besonders der Oberkiefer durch seinen abstehenden wagrechten Rand nach hinten ausgezeichnet. Das Gabelbein articulirt mit dem Kamm des Brustbeins an der Spitze nach innen, ohne mit ihm zu verwachsen, und ist sehr lang; die Brustbeinplatte wird nach hinten schnell breiter, hat einen abstehenden Tförmigen Seitenast, ähnlich dem der Spechte, und einen sonderbar und eigenthümlich aufgebogenen Endrand, vor dem nicht selten eine ovale Lücke im Knochen sich befindet, die auch als zweiter innerer Busen nach hinten sich öffnen kann. Dann wird die Form ganz spechtartig. Der Hals pflegt 12, der Rücken 6—7, der Schwanz nur 5—7 Wirbel zu enthalten, und der letzte etwas dick, aufgetrieben, aber nicht mit starken Seitenästen versehen zu sein. Die Form des Beckens ist breit, flach und kurz; besonders zeichnet sich die Gegend zwischen den Hüftgelenken durch ihre Breite aus; sehr kurz ist auch die hintere Partie des Sitzbeines. Luft führen alle Kopf- und Rumpfknochen, aber von den Gliedmaßenknochen bloß der Oberarm, nicht der Oberschenkel; selbst das Schulterblatt ist, wenigstens beim europäischen Kukuk, luftfrei.

Die Eingeweide sind beträchtlich entwickelt. Die Zunge hat die Länge des Unterschnabels, ist flach, nur nach hinten fleischig und hier mit zackigen Endlappen versehen, übrigens aber ohne Zacken und Spitzen am Rande der vorderen Portion. Der Schlund dehnt sich in der Mitte sehr aus, ohne einen eigentlichen Kropf zu bilden; der Magen ist groß, weit, häutig, und einer sehr starken Ausdehnung fähig, wobei ihm der aufgebogene Endrand des Brustbeines zu statten kommt. Die Gallenblase wird vermißt, die beiden Blinddärme sind dagegen vorhanden und mitunter ziemlich lang. Die weiblichen Genitalien bieten bei unserem einheimischen Kukuk eine Merkwürdigkeit dar in der Langsamkeit, womit sich die reifen Eier zur Brutzeit eins nach dem andern entwickeln. Der Kukuk kann darum nicht selbst brüten, er bildet seine Eier so allmälig aus, daß das letzte erst fertig wird, wenn das erste schon ein vollendetes Junge enthalten müßte, und das würde die Länge seiner Brutzeit verdoppeln. Er zieht es daher vor, andern Vögeln seine Eier aufzubürden, ohne selbst ein Nest zu bauen. Von ausländischen Kukuken ist dasselbe bekannt; doch bauen viele und besonders die Amerikaner auch eigne Nester, brüten selber und legen 4—5 meist grünliche, oder weiß und grünlichgrau gefleckte Eier *).

Die Kukuke leben einzeln oder in kleinen Trupps, ziehen mehr offene Gegenden den dichten Waldungen vor, hüpfen behende in den Gebüschen umher, ohne zu klettern, und lassen dabei in kurzen Pausen ihre meist eigenthümlichen Stimmen erschallen.

Daß ihre Nahrung aus Insecten, vorzüglich aus Raupen und dickleibigen Käfern besteht, wurde schon früher erwähnt; sie sind darum auf die wärmeren Gegenden der Erde beschränkt und finden sich viel zahlreicher auf der östlichen als auf der westlichen Hälfte. Süd-Amerika hat in der Gattung Crotophaga eine ihr ganz eigenthümliche Form aufzuweisen, doch werden auch seine übrigen Arten zu besonderen Gattungen mit Recht erhoben. —

I. Kukuke mit unbefiederten, ganz nackten Zügeln und acht Schwanzfedern.

Die Kukuke dieser Section haben starke, ziemlich hohe Schnäbel, ein derberes Gefieder und breite, stumpfgerundete, achtfedrige Schwänze, deren Federn nur wenig stufig verkürzt sind. Ihre Fußbildung ist ebenfalls viel kräftiger, als die der folgenden Gruppe.

1. Gatt. Crotophaga *Linn.*

Brasilianisch Anú.

Schnabel so lang wie der Kopf, hoch, der Oberschnabel mit scharfkantiger, auf der Basis kammartig erhöheter Firste, welche sich eine Strecke auf die Stirn hinauf fortsetzt. Nasenloch frei an den Seiten des Schnabels, klein, mehr rundlich geformt, oberhalb häutig gesäumt; vor ihm, gleich wie an den übrigens nackten Zügeln, einige ziemlich steife Borstenfedern; Spitze des Schnabels stark herabgebogen, Zunge ziemlich kurz, länglich pfeilförmig, die vordere Hälfte glatt, die hintere gezackt. Gefieder im Ganzen derbe, die Federn des Kopfes

*) Man vergleiche über beide Verhältnisse: G. W. Thienemann in *Cabanis* Journ. f. Ornith. Extra-Heft. 1853, S. 54. und Dr. Hartlaub, ebend. II. 5. S. 415.

klein, schmal, metallisch gesäumt, die des Halses allmälig breiter, bis zur Brust und Schulter, wo sie halbkreisrund werden, ebenfalls mit breitem, metallischen Saum. Flügel nach Verhältniß lang, über die Basis des Schwanzes hinabreichend, die vierte oder fünfte Schwinge die längsten. Schwanz so lang wie der Rumpf, oder etwas länger, völlig frei, die Schwanzdecken ganz kurz, unter den ruhenden Flügeln versteckt; übrigens breit abgerundet, nur aus acht Federn gebildet, wovon die zwei äußeren Federn jeder Seite etwas abgekürzt sind. Bein ohne andere Eigenheiten, als daß sie ziemlich stark und die Krallen relativ länger und schärfer, also etwas größer sind als bei den ächten Kukuken.

Die Anu's oder Madenfresser bewohnen ausschließlich Süd-Amerika; es sind ganz schwarze Vögel mit Stahl- oder Metallschiller, welche die Nähe des Menschen nicht scheuen, sondern überall neben Dörfern und Fazenden sich sehen lassen und durch den Ton ihrer Stimme, welcher sie den Namen verdanken, sich leicht verrathen. Sie nisten in Gesellschaft, oder einzeln, oft ganz nahe bei Häusern, und kleiden ihr Nest mit Lehm aus, wie unsere Drosseln. Ihre blaß blaugrünen Eier haben einen kreidigen, abfärbenden Ueberzug. —

1. Crotophaga major *Linn.*

Gmel. Linn. Syst. Nat. I. 1. 363. — *Lath.* Ind. orn. I. 148. 2. — *Buff.* pl. enl. 102. f. 1. — *Pr. Max* Beitr. IV. 319. 2. — *Schomb.* Reis. III. 712. 213. — *v. Tschudi,* Fn. per. Orn. 256. 1.
Crotophaga Ani, *Vieill.* Gal. II. 35. pl. 43.
Annó guazú, *Azar.* Apunt. II. 348. 264.

Dunkel stahlblau, die Ränder der Federn am Kopfe, Halse, Rücken und Brust metallisch grün; Schnabel lang, der Kamm mäßig, die Spitze nicht hakig.

Etwas größer als eine Elster, namentlich schlanker und der Schnabel weit stärker. Ganzes Gefieder dunkel stahlblau, der Schwanz mehr ins Violette fallend; die Federn des Kopfes und Nackens lang zugespitzt, die des Rückens und der Brust sehr breit, letztere deutlicher metallisch grünlich gesäumt. Flügel nach Verhältniß spitzer, die Schwingen schmäler, schmächtiger, die vierte Schwinge die längste. Schwanz länger als der Rumpf, sehr stark und breit, die 2 äußeren Federn um ein Drittel kürzer, das nächste Paar nur wenig verkürzt. Schnabel noch etwas länger als der Kopf, minder stark seitlich zusammengedrückt, die Spitze wenig und sanft gekrümmt, der Kamm auf die hintere Hälfte der Firste beschränkt, nach hinten stumpfkantig; Nasenloch sehr klein. Iris grünlich, der innere Rand gelb; Beine schwarzbraun. —

Ganze Länge 17½″, Schnabel am Mundrande 1″ 9‴, Flügel 7½″, Schwanz 9″, Lauf 1″ 10‴ hinten, 1″ 7‴ vorn nackt. —

Diese Art ist beträchtlich größer als die folgende, und nicht so gemein; man sieht sie namentlich in der Nähe von Ansiedelungen selten, sie zieht mit Gebüsch besetzte ruhige Gegenden allen anderen Oertlichkeiten vor und findet sich an solchen Stellen in kleinen Gesellschaften durch das ganze wärmere Süd-Amerika, wie die angeführten Schriftsteller zeigen.

Das Nest dieses Vogels konnte weder der Prinz zu Wied, noch ich selber erhalten; der Versicherung Azara's zu Folge nistet der große Anu nicht in Gemeinschaft, wie der nachfolgende kleine es thut, von dem übrigens auch mir nur einzelne Nester vorgekommen sind. Schomburgk indessen giebt (Reise II. S. 159) das Gegentheil an. Das Ei ist in *Thienemanns* Fortpfl. d. ges. Vögel I. S. 91, Taf. XV, Fig. 8 (10) abgebildet; es erreicht fast die doppelte Größe des Eies der folgenden Art, ist mit einem ähnlichen aber feinern Ueberzuge bekleidet, und die Grundfarbe bläulich grün, wie beim kleinen Anu. —

2. Crotophaga Ani *Linn.*

Syst. Nat. I. 154. 1. — *Lath.* Ind. orn. I. 148. 1. — *Buff.* pl. enl. 102. f. 2. — *Pr. Max.* Beitr. IV. 314. 1. — *Schomb.* Reise III. 713. 214.
Ani *Marcgr.* h. n. Bras. 193.
Annó, *Azar.* Apunt. II. 344. 263.

Blauschwarz, die Ränder der Federn am Kopfe, Halse, der Brust und dem Rücken violett metallisch; Schnabel kurz, der Kamm hoch, scharf und eben, die Spitze hakig. —

Beträchtlich kleiner als eine Elster und kaum so groß, wie der Kukuk, mehr blauschwarz, als stahlblau gefärbt, die metallisch glänzenden Säume der Federn am Vorderleibe nicht grün, sondern violett schillernd; die Schwungfedern relativ breiter, die Spitzen schärfer, aber kürzer. Gefieder des Kopfes etwas breiter, die Federn stumpfer, die Brust weniger metallisch. Der Schwanz kürzer als der Rumpf, relativ breiter und runder. Schnabel nur so lang wie der Kopf, die Spitze stark herabgebogen, der Kamm auf dem ganzen Rücken des Oberschnabels sehr scharf, aber eben, ohne Seitenfurchen. Iris grau, Beine schwarz. —

Ganze Länge 12—13″, Schnabel am Mundwinkel 1″, Flügel 5½″, Schwanz 6″, Lauf 1⅓″. —

Junge und alte Vögel sind nur an dem lebhafteren Metallglanze der letzteren von einander zu unterscheiden; auch die beiden Geschlechter stimmen ganz mit einander überein. —

Der Anu ist in den meisten Gegenden Brasiliens, wenigstens der südlichen Hälfte, einheimisch; er lebt nicht im dichten Walde, sondern in

Gebüschen neben Triften, und hält sich sehr gewöhnlich nahe bei den Ansiedelungen auf, hier besonders die weidenden Rinder begleitend. Häufig sieht man den Vogel auf dem Rücken der Kühe oder Ochsen, mit Ablesen des Ungeziefers, besonders der voll gesogenen Carapatos beschäftigt. Man hört an solchen Stellen alle Augenblicke seinen Ruf, der wie der Name des Vogels durch die Nase gesprochen klingt, sieht ihn von Busch zu Busch fliegen, wobei er, wie die Elster, mit dem Schwanze wippt, doch während der Brutzeit meist paarig vereint. Sein Nest ist mir zweimal gebracht worden, und das eine Mal nahm es mein Sohn selbst von der Stelle. Es saß in einem niedrigen Busch, wenig über Mannshöhe und war aus trocknen, weichen Pflanzentheilen gebaut, inwendig aber mit Lehm ausgefüttert. Die Eier haben die Größe derer der Holztaube (Columba Oenas), sind kreideweiß, ganz matt, und färben etwas ab. Schabt man den kreidigen, wie ein Kartenblatt starken Ueberzug herunter, so werden sie hell bläulich grün. Desmürs hat eine gute Abbildung davon gegeben (*Guérin* Magaz. d. Zool. II. Ser. I. pl. 36. 1843). — Vgl. meine Notiz darüber in Cabanis, Journ. f. Ornith. I. 174. — Nach Azara nisten die Anu's gern gesellschaftlich in großen vereinigten Nestern, und brüten oder füttern sogar die Jungen in Gemeinschaft, alle Weibchen für alle sorgend. Ich habe dergleichen in Brasilien nicht gehört, noch viel weniger solche gesellige Nester kennen gelernt. Das mir gebrachte Nest enthielt 5 Eier, in dem anderen waren ebensoviele gewesen. —

Anm. Swainson hat in seiner Schrift: Two Century and a Quarter etc. pag. 321, Fig. 65 c. eine Crotophaga laevirostris beschrieben, die ich nicht kenne, wenn sie nicht, wie ich vermuthe, mit meiner Cr. Ani einerlei ist. Dagegen scheint die zweite daselbst aufgestellte Art eine gute Spezies zu sein.

3. Crotophaga rugirostris *Swains.*

Swains. two Centruy and a Quarter etc. pag. 321. fig. 65. b. — *Jard. Selb.* Illustr. of Ornith. pl. 41. — *Schomb.* Reis. III. 713. 215.

Blauschwarz, die Federn des Kopfes, Halses, Rückens und der Brust breit metallisch violett gesäumt; Schnabel hoch, scharfkantig, der Kamm in die Quere runzelig. —

Gestalt und ganzer Bau der vorigen Art, aber etwas größer. Das Gefieder ebenso dunkel bläulich schwarz, nur wenig stahlblau schillernd, aber die Federn des Kopfes, Halses und der Vorderbrust bunt kupferig violett gesäumt, die des Rückens und Bauches bestimmter grünlich metallisch gerandet. Der Schnabel zwar ganz so gestaltet, wie beim ächten Anu, aber relativ etwas länglicher, der Kamm gestreckter, mit 4—5 stumpfen, wellenförmigen Querrunzeln, die der vorigen Art völlig fehlen. Etwas anders ist auch der Flügelschnitt; die Schwingen sind relativ breiter und bloß die erste ist eigentlich zugespitzt, die folgenden sind bis zur achten am Ende schief abgestutzt, so daß eine schärfere, mehr vorragende Außenecke und eine stumpfere Innenecke am Ende jeder Feder entsteht. Die Schwanzfedern sind schmäler, gleichmäßiger breit und der ganze Schwanz erscheint deshalb beträchtlich länger. Iris graubraun, Schnabel und Beine schwarz.

Ganze Länge 14″, Schnabel am Mundwinkel 1″ 3‴, Flügel 6″, Schwanz 7″, Lauf 1½″. —

Ich habe von dieser Art ein Exemplar unserer Sammlung aus dem nördlichen Brasilien vor mir, dessen angegebenen Unterschiede wohl nicht mehr auf Rechnung des höheren Alters geschrieben werden können; ich halte es, mit Swainson, für eine eigne Art. —

Gatt. Ptiloleptis *Swains.*

Diplopterus *Boje.* Octopteryx *Kaup.*

Gefieder des Kopfes, Halses und Rumpfes sehr schmalfedrig, mit steifen Schäften, aber weichen, kurzen, sperrigen Aesten. — Schnabel kürzer als der Kopf, zwar ohne Kamm, mit abgerundeter Firste, aber doch höher und stärker als bei allen anderen Kukuken Brasiliens; das Nasenloch eine lange horizontale Spalte am ganzen unteren Rande der Nasengrube. Die Zügel mit einigen Borstenfedern am unteren Rande, sonst nackt. Flügel lang und spitz, bedeutend über die Basis des Schwanzes hinabreichend, die erste, zweite und dritte Feder stark stufig abgekürzt, die vierte und fünfte die längsten. Schwanz achtfedrig, zwar lang, aber breit abgerundet, ganz frei; die Schwanzdecken oben wie unten völlig verkürzt, noch unter den ruhenden Flügeln versteckt. Beine stark, besonders der Lauf; die Zehen dünner als bei Crotophaga, die Krallen kleiner und schwächer.

Anm. Die Brasilianer haben die natürliche Verwandtschaft dieses Vogels durch ihre Benennung Anú branco (weißer Anu) sehr richtig aufgefaßt, dagegen die meisten Ornithologen sie verfehlt; selbst der aufmerksame Prinz zu Wied, welcher doch die brasilianische Benennung sehr wohl kannte, hat ihn unter die ächten Kukuke gestellt. Das allein richtige Verfahren schlug Swainson ein, als er für den Vogel eine besondere Gattung annahm; er kann in der That mit keinem anderen Cuculinen generisch zusammengestellt werden. Am nächsten steht er in vielen Punkten den Crotophagen, womit ihn Vieillot, nach Azara's Vorgange, gradezu verband, und namentlich näher als den Coccyginen.

Ptiloleptis Guira *Gmel.*

Cuculus Guira ***Gmel. Linn.*** S. Nat. I. 414. — ***Lath.*** Ind. orn. I. 219. 40.
Crotophaga piririgua ***Vieill.*** Gal. II. 36. pl. 44.
Coccyzus Guira ***Temm.*** — ***Pr. Max.*** Beitr. IV. 335. 3. — Voyag. de l'Uran. Zool. 114. pl. 26.
Guira-acangatara ***Marcgr.*** h. n. Bras. 216.
Piririguyá, ***Azar.*** Apunt. II. 346. 262.

Blaßgelb, Scheitel rothbraun, die Federn des Kopfes und Halses mit schwarzem Schaft; Rückenfedern braun mit weißem Schaft; Schwanz mit schwarzer Binde über die Mitte. —

Etwas größer, als der gemeine Anu, so groß wie die Crotophaga rugirostris; Hauptfarbe blaßgelb, der Oberkopf rothbraun. Jede Feder des Kopfes, Halses und Anfanges der Brust mit schwarzem Schaft, welcher sich auf den Kopffedern etwas ausbreitet; die Federn am Hinterkopf schopfartig verlängert. Im Nacken werden die Federn längs der Mitte schwarzbraun, behalten aber darin einen weißgelben Schaft nebst weißlichen Rändern, und diese Färbung dehnt sich über die Schultern und einen Theil der Flügeldeckfedern aus. Die großen Deckfedern und die Armschwingen sind schwarzbraun, blaßgelblichbraun gerandet; die Handschwingen hellbraun, blaßgelb gerandet, mit schwärzlicher Spitze. Rücken, Innenseite der Flügel, Brust, Bauch und Schenkel einfarbig blaßgelb, der Rücken fast weiß. Zwei mittlere Schwanzfedern braun, mit gelblicher Basis; die anderen 6 am Grunde ebenso gelb, in der Mitte schwarz, metallisch schillernd, am Ende weiß. — Schnabel horngelb, die Rückenseite etwas gebräunt; Iris weiß, Beine hell grünlichgrau.

Ganze Länge 15″, Schnabel am Mundwinkel 1″ 4‴, Flügel 7″, Schwanz 8″, Lauf 1″ 8‴. —

Das Männchen ist von dem Weibchen nicht im Colorit verschieden; der junge Vogel matter gefärbt und an den braunen Flügelfedern breiter seitlich gelb gesäumt.

Der weiße Anu (Anú branco), wie dieser Vogel von den Brasilianern genannt wird, lebt an ähnlichen Orten, wie der schwarze; in offenen mit Gebüsch bestandenen Gegenden, und gehört mehr den niedrigen Landstrichen, als den gebirgigen an. Ich traf den ersten Schwarm beim Uebergange über den Rio Negro, unterhalb Cantagallo, von wo sie den Fluß hinabgehen und besonders in den Gegenden der sogenannten Campos Goaytacazes, am untern Rio Parahyba, häufig sind. Der Vogel lebt ganz wie der Anu, ist wenig scheu, hält sich in kleinen Trupps zusammen und hüpft von Ort zu Ort in dem Buschwerk herum, das er sich zum Aufenthalt gewählt hat, dabei von Zeit zu Zeit seine kreischende, wie piririri klingende Stimme erschallen lassend. Nach Azara nistet er ebenso gesellig, wie der Anu, was Spix und Martius bestätigen (Reise I. 325); Seine grünlichen Eier sind gleich denen des Anu, mit einem kalkigen, weißen, aber nur in netzförmigen Streifen aufgetragenen Ueberzuge versehen. (Vergl. *Thienemann*, Fortpfl. d. ges. Vögel I. 91. Taf. 15, Fig. 11).

II. Kukuke mit dicht befiederten Zügeln.

A. Mit zwölf Schwanzfedern und kurzen Schwanzdecken.

3. Gatt. Cultrides *Pucher*.

Coccyzus *Temm*.

Schnabel fast so lang wie der Kopf, ziemlich stark und hoch, in der Hauptrichtung grade, am Ende herabgebogen, seitlich zusammengedrückt, mit abgerundeter Firste. Nasenloch eine Längsspalte am unteren Rande der Nasengrube, oberhalb durch eine Hautfalte verengt. Gefieder überall derbe und dicht bis an das Nasenloch reichend, mit wenigen Borstenfedern am Schnabelgrunde; am Hinterkopf einen kurzen, mehr horizontalen Schopf bildend. Flügel sehr kurz, nur bis auf den Anfang des Schwanzes reichend, völlig gerundet, die fünfte Schwinge die längste. Schwanz frei am Grunde, die oberen wie unteren Decken kurz, nicht viel über den Schwanzkörper hinabreichend; die zwölf Schwanzfedern ruderförmig verbreitert, am Ende abgerundet, die äußeren merklich verkürzt. Beine stark und hoch, die äußere Hinterzehe kürzer als die vordere, die Krallen von mittlerer Größe. —

Cultrides Geoffroyi *Temm*.

Coccyzus Geoffroyi *Temm.* pl. col. 7. Text livr. 26. — *Pr. Max* Beitr. etc. IV. 324. 1.
Cuculus torquatus *Ill.* Msc.
Aracuão do mato virgem der Brasilianer.

Glänzend metallisch grün auf dem Rücken, gräulich gelbbraun am Bauch; Kehle schwarz schuppig gefleckt, über die Brust eine schwarze Binde; Schopf und Schwingen stahlblau. —

Ein großer stattlicher Vogel und der größte Kukuk Brasiliens, wenn man nach der wirklichen Körpergröße urtheilt. Sein Gefieder ist ziemlich derbe, die einzelnen Federn sind kleiner, zahlreicher, kürzer, runder, und die ganze Oberseite hat einen lebhaften grünen Metallglanz, der auf dem Kopf, besonders im Schopf, in stahlblau sich verwandelt. Der Schnabel ist am Grunde bläulich weiß, nach der Spitze matt weiß; die Iris orange, nach außen röthlicher, nach innen gelber gefärbt. Die Kehle ist bis zur Brust hinab blaß röthlich gelbgrau, jede Feder mit schwärzlichem Schuppenfleck, welcher sich über die ganze untere Partie der Feder erstreckt; Stirn, Zügel, Halsseiten und Nacken mit ähnlichen schwärzlichen Bogenstrichen gezeichnet. Mitten über die Brust eine schmale, schwarze Bogenbinde, die vom Flügelbug auszugehen scheint; die Grundfarbe zunächst vor ihr ohne Bogenstriche, desgleichen die ganze Bauchseite dahinter, doch von den Hüften an die Färbung dunkler, brauner, zuerst rothbraun, dann einfach braun. Schwingen schwärzlich, die vordere Fahne nach außen stahlblau; der Schwanz dunkel kupferviolettroth, wie der Unterrücken, die Seitenfedern an der Außenfahne violett, an der Spitze und Innenfahne grünlich metallisch, welche Farbe sich auf die Spitze der Mittelfedern ausdehnt. Beine blaugrau. —

Ganze Länge 20″; Schnabel $1\frac{1}{6}$″, Flügel $6\frac{1}{2}$″, Schwanz 9″, Lauf 2″. —

Der junge Vogel ist matter gefärbt, das Metallische des Rückens sehr verloschen, die Brust ohne schwarze Binde, die Federn des Schopfes kürzer, bloß stahlblau gerandet. —

Der Vogel bewohnt die dichten Waldungen, lebt einzeln, und kommt darum seltener in die Hände der Reisenden; weder dem Prinzen zu Wied, noch mir, ist es gelungen, ihn selbst zu beobachten. Seine Heimath sind die Walddistricte des mittleren Brasiliens in der Gegend von Bahia; er geht südwärts etwa bis zum Rio Belmonte hinab. Von seiner Lebensweise ist weiter nichts bekannt. —

B. Mit zehn Schwanzfedern.

Die Kukuke dieser Section sind vorzugsweise mit einem weichen, lose gebauten Gefieder versehen und haben von allen den längsten, stark keilförmig zugespitzten Schwanz.

a. Mit langen weit über die Mitte des Schwanzes hinabreichenden oberen Schwanzdecken.

4. Gatt. Dromococcyx *Pr. Wied.*

Macropus *Spix.*

Schnabel sehr fein und dünn gebaut, kürzer als der Kopf, grade, mäßig zusammengedrückt, mit abgerundeter Firste und sehr wenig herabgebogener Spitze; das Nasenloch eine Längsspalte am unteren Rande der Nasengrube, von oben her durch eine Hautfalte verengt. Zügel befiedert, aber die Nasendecke nackt; die Borstenfedern sehr klein, und fast ganz mit dem übrigen Gefieder verschmolzen. Alle Federn zwar weich, aber doch etwas derber als bei der folgenden Gattung gebaut; die Flügel über die Basis des Schwanzes hinabreichend, die drei ersten Schwingen stark abgekürzt, die fünfte die längste. Schwanzdecken der Rückenseite sehr stark entwickelt, die mittelsten fast ebenso lang wie die 2 Schwanzfedern neben der Mitte; alle mit feinern Spitzen der Aeste, und daran leicht von den viel derberen Schwanzfedern zu unterscheiden. Schwanz nur so lang wie der Rumpf, breit keilförmig gestaltet, die einzelnen Federn paarig gleich lang, breit zugespitzt. Beine sehr dünn, die schwächsten in der ganzen Gruppe; die Zehen zwar nicht grade kurz, aber die Krallen auffallend klein. —

Dromococcyx phasianellus *Spix.*

Pr. Max z. Wied Beitr. etc. IV. 358. 1.
Macropus phasianellus *Spix* Av. Bras. I. 53. 1. tb. 42. —
Piaya macrura *Verraux.*

Kopf, Hals und Brust gelbbraun; Rücken schwarzgrau, die Federn weiß gerandet; Schwanz mit weißen Spitzen und schwarzem Fleck davor auf der Unterseite; Bauch, Schenkel und Steiß weiß.

So groß wie unser Kukuk, aber feiner gebaut, der Schnabel und Kopf viel schmäler, das Gefieder weicher, die Beine höher. Oberschnabel braun, Unterschnabel weißgelb. Iris graubraun. Kopf, Hals und Brust röthlich gelbbraun, der Scheitel dunkler, die Federn am Hinterkopf schopfartig verlängert, das Kinn fast weiß. Flügel und Rücken dunkel schieferschwarz, jede Feder mit weißem Saum, der sich an der Spitze zu einem Fleck verdichtet; Schwingen feiner hellgrau gerandet, die Innenseite breit weiß gesäumt, die Spitze aller mit weißem Fleck. Schwanzfedern obenauf braungrau, unten lichtgrau; jede mit breiter weißer Spitze und davor ein großer schwarzer Fleck auf der Unterseite. Unterbrust, Bauch, Schenkel und Steiß rein weiß. Beine sehr dünn und schwach, fleischfarben, etwas gebräunt auf der Vorderseite. —

Ganze Länge 12", Schnabel 10"', Flügel 5", Schwanz 6", Lauf $1\frac{1}{4}$". —

Der hier beschriebene Vogel ist noch ziemlich jung, was die vielen breiten, weißen Ränder der Federn, und namentlich die weißen Spitzen beweisen; mit zunehmendem Alter wird der Ton trüber, bräunlicher, und die helleren Ränder und Spitzen der Rückenfedern gehen allmälig ganz verloren. Dagegen treten an dem bisher einfarbigen Vorderleibe schwarze Flecken auf, die besonders über die Brust sich in einem Bogen vertheilen. Dann ist auch der Schnabel etwas stärker (Spix Figur).

Ich erhielt von diesem schönen Kukuk das hier beschriebene Exemplar in Neu-Freiburg, wo es mir als ein seltener Vogel von meinem Schützen gebracht wurde. Nach den Angaben des Prinzen zu Wied lebt er mehr auf der Erde, als in den Gebüschen des Urwaldes; er ist ein Freund der dichtesten Verflechtungen des Gezweiges, an dem er seine Nahrung sucht, die ebenfalls in Insecten besteht. Spix erhielt sein Exemplar in den Wäldern am Rio Solimoes. —

5. Gatt. Diplopterus *Boje*.

Schnabel kurz, aber relativ hoch, stark seitlich zusammengedrückt, mit abgerundeter Firste und merklicher herabgebogener Spitze; das Nasenloch eine schmale, sehr enge, horizontale Spalte am unteren Rande der Nasengrube. Borstenfedern klein und schwach, wie bei allen diesen Kukuken mit befiederten Zügeln. Gefieder weich, ziemlich schmalfedrig, sanft zugespitzt; die Flügel über die Basis des Schwanzes hinabreichend, nur die zwei ersten Schwingen stark verkürzt; die dritte wenig, die vierte fast so lang wie die fünfte, längste. Schwanz lang, stark keilförmig zugespitzt, aber die vier mittleren Federn beinahe gleich lang; die oberen Schwanzdecken sehr verlängert, dem dritten Paare der Schwanzfedern nächst der Mitte gleichkommend. Beine hoch und schwach, aber die Krallen doch viel länger, schärfer und spitzer als bei der vorigen Gattung.

Es sind kleine Waldkukuke mit trübe gefärbtem Gefieder, dessen Jugendkleid durch die schönfarbigen, lichten, breiten Federnsäume viel besser aussieht, als das des reifen Lebensalters. —

1. Diplopterus naevius *Linn.*

Cuculus naevius *Linn.* Syst. Nat. I. 170. 9. — *Lath.* Ind. orn. I. 220. 42. — *Buff.* pl. enl. 812. — *Brisson,* Orn. IV. 127. 11. pl. 9. f. 1.

Junger Vogel.

Cuculus punctulatus *Gmel. Linn.* S. Nat. I. 1. 414. — *Lath.* Ind. orn. I. 220. 43.

Oberseite graubraun, jede Feder mit schwarzbraunem Schaftstreif; Unterseite ganz weiß. Scheitel rothbraun und schwarz gestreift. —

Ganzes Gefieder auf der Seite des Rückens graubraun, jede Feder mit schwarzbraunem Schaftstreif; Kopf mehr rothbraun, schwarzbraun gestreift, die Nackenfedern etwas verlängert. Rücken, Flügel und Schwanz besonders bei alten Vögeln mit schwachem grünlichem Metallschiller. Unterseite vom Kinn bis zum Schwanz weiß, ohne alle Schattirung, die Seiten der Brust etwas gelblicher, bei jüngeren Vögeln mit bräunlicher Querlinie auf jeder Feder; die Steißgegend gelbbräunlich. Die Schwingen haben feine gelbrothe Ränder nach außen und einen ähnlichen Fleck an der Spitze, der um so deutlicher ist, je jünger der Vogel. Schwanz oben braun, unten grau, jede Feder gelblich gerandet. — Schnabel braun, der Unterschnabel blasser, gelblich weiß; die Iris grau, die Beine bräunlich. —

Ganze Länge 10″ 8‴, Schnabel 9‴, Flügel $4^2/_3$″, Schwanz $5^1/_2$″, Lauf 14‴. —

Der junge Vogel hat eine lichtere, mehr ins Gelbrothe fallende Färbung; schmälere, nicht so voll schwarze Schaftstriche und hell rothgelbe Säume an den Federn, die an der Spitze sich zu breiten Erdflecken ausbilden; die Unterfläche des Körpers ist gelblicher gefärbt, besonders auf der Brust und an den Seiten, und die Oberbrust hat deutliche braune Bogenlinien auf jeder Feder. — Außerdem ist der Schnabel kleiner, besonders niedriger, und der Schwanz kürzer. —

Der **Kukuk** ist besonders in Guyana zu Hause und kommt, wenn er Brasilien berührt, nur in der Nähe des Amazonenstromes vor. In seiner Lebensweise stimmt er völlig mit der folgenden, höchst ähnlichen Art überein. —

2. Diplopterus galeritus *Ill.*

Cuculus galeritus *Licht.* Doubl. zool. Mus. 9. 49. — *Illig.* Abh. d. Berl. Acad. 1816. 224. —
Coccyzus Chochi *Vieill.* Enc. 1345. —
Coccyzus naevius *Pr. Max.* Beitr. IV. 341. 4.
Chochi, *Azara*, Apunt. II. 359. 266.

Junger Vogel.

Coccyzus Chiriri *Vieill.* Enc. 1345. —
Chirri, *Azar.* l. l. 369. 268. —
Soçi der Brasilianer.

Graubraun auf der Oberseite, jede Feder mit schwarzem Schaftstreif; Scheitel rothbraun, schwarzbraun gestreift; über dem Auge ein weißer Strich. Unterfläche weiß, Brust grau, in der Jugend gelbbraun.

Diese Art ähnelt der vorigen in Größe und Farbe so vollständig, daß eine Verwechselung beider sehr leicht ist. Der Vogel hat eine graubraune Rückenfarbe, welche durch dunkle schwarzbraune Schaftstreifen auf jeder Feder mannigfacher wird und matt erzgrün schillert. Der Oberkopf ist rothbraun und der schwarzbraune Schaftstreif nicht so deutlich abgesetzt. Ueber dem Auge entsteht ein weißer Streif, welcher sich, breiter werdend, zum Hinterkopf hinzieht und am Nacken neben dem Ohr grau endet; ein zweiter dunklerer Streif geht vom Mundwinkel aus und läuft über die Backe zum Ohr, wo er verschwindet. Die Kehle ist weißgelb, die Brust grau, welche Farbe besonders an den Seiten vor dem Flügelbug sich zeigt. Die Unterbrust, der Bauch und die Schenkel sind weiß, der Steiß ist licht gelbbraun. Die vorderen Deckfedern sind schwarzbraun, die übrigen von graubrauner Farbe; die Schwingen außen schmal gelbgrau gerandet, in der Tiefe nach innen weiß und auf der Mitte der Unterseite am dunkelsten grau. Der Schwanz hat obenauf eine braungraue, unten eine licht graue Farbe; jede Feder ist von der Basis nach innen rothgelb gesäumt und die äußerste Seitenfeder mit einer schiefen schwarzen Binde über die Mitte geziert. Außerdem haben die 3 äußern Federn jeder Seite schmale weiße Spitzen. —

Der junge Vogel übertrifft den alten an Schönheit bei weitem, indem sein ganzes Rückengefieder einen rothgelben Ton zeigt, weil jede Feder von einem breiten rothgelben Saume eingefaßt wird, der an der Spitze einen durch den schwarzen Vorstoß nach innen scharf abgesetzten Endfleck bildet. Dagegen unterscheidet sich der Scheitel vom Rücken in der Farbe nicht so stark. Aehnliche Spitzen haben auch die Schwingen und Schwanzfedern, dagegen sind die schwarzbraunen Schaftstreifen der Rückenfedern blasser. Der weiße Streif über dem Auge ist matter und reicht vorwärts bis zur Nasengrube; der schwarze Streif auf der äußern Schwanzfeder nur als Fleck angedeutet, dagegen der rothgelbe Saum viel breiter und sichtbarer. Die Kehle ist rothgelb, die Brust braungelb, jede Feder mit intensiver gefärbter Spitze, vor der sich eine braune Bogenlinie zeigt. Die Schenkel sind rothgelb angeflogen und die Aftergegend ist ebenfalls schärfer gefärbt.

Der Schnabel ist oberhalb braun, unterhalb gelb; die Iris weißlich, die Beine sind graubraun.

Ganze Länge 11″, Schnabel am Mundwinkel 8‴, Flügel $4^2/_3$″, Schwanz $5^1/_2$″. —

Dieser Kukuk war bei Neu-Freiburg in der niedrigen Buschwaldung nicht selten; man sieht ihn behende mit wippendem Schwanze durch die Gebüsche hüpfen und hört dabei in kurzen Pausen seine laute, zweitönige Stimme, welche wie der brasilianische Name des Vogels klingt. Der Prinz zu Wied hat sie auf Noten gesetzt. Derselbe beobachtete den Vogel schon bei Rio de Janeiro. Azara fand ihn in Paraguay. Schomburgk in Britisch Guyana, wo sein Benehmen ganz dasselbe ist. Sein Nest kennt man noch nicht. —

Anm. 1. Der junge Vogel hat sowohl bei dieser, als auch bei der vorigen Art, ein viel weicheres, mehr seidenartiges Gefieder, und einen schwächeren, namentlich niedrigeren, lichter gefärbten Schnabel. Er weicht in seinem ganzen Ansehn so völlig von dem alten ab, daß es nicht auffallen kann, ihn von Azara wie von Latham als eigne Art behandelt zu sehen. Das ist um so natürlicher, als man ihn nur einzeln sieht, nicht paarig, wie den alten Vogel; wenigstens während der Brunstzeit, wo der junge bereits sein Jugendkleid abgelegt hat. Ich habe 2 alte Vögel und einen jüngeren mitgebracht, von denen nur der ältere weiße Spitzen an den 3 äußeren Schwanzfedern jeder Seite besitzt und eine breitere, mehr über die Mitte der Feder hinabreichende schwarze Binde an der äußersten Schwanzfeder. Durch beide Eigenschaften wird also das höhere Alter angedeutet. —

2. Der von Lesson als Piaya brasiliana aufgestellte Kukuk (Rev. zool. 1839. 41.), den Gray und Bonaparte zu Diplopterus ziehen, ist mir nicht bekannt, daher ich ihn unbesprochen lasse. Seine Definition lautet: Crista rufa nigro-varia, genis alisque griseis, speculo alari violaceo. — Ebensowenig weiß ich über Bonaparte's Dipl. Lessonii (Consp. Av. 109. 2.) zu sagen; die Definition lautet a. a. O.: Cristatus, uti D. naevius, cui similis, sed duplo major!

b. Mit kürzeren, noch nicht bis zur Mitte des Schwanzes hinabreichenden oberen Schwanzdecken.

6. Gatt. Coccygus *Vieill.* *)

Coccyzus *aut.*

Coccygon *Gloger.* Coccygius *Nitzsch.*

Schnabel ziemlich schlank, nach vorn mehr oder minder stark seitlich zusammengedrückt, mit herabgebogener, schlanker Spitze, aber breiter Basis, deren Mundrand entschiedener hervortritt. Nasengrube kurz, breit, befiedert; das Nasenloch eine kleine schiefe, ovale Oeffnung in der vordersten Ecke. Borstenfedern stark ästig, zahlreich, mit langen, feinen Endspitzen. Gefieder lax und weich, die Federn nicht deutlich abgesetzt, einfarbig, ohne hellere Ränder, und ohne wesentliche Verschiedenheit zwischen Jugend und Alter. Flügel ziemlich lang und spitz, über die Basis des Schwanzes hinabreichend; die 3 ersten Schwingen stark verkürzt, die 4te oder 5te die längste. Obere Schwanzdecken nicht sehr verlängert, nie länger als die kür-

*) Der Name Coccyzus ist ein reiner Schreib- oder Druckfehler, den alle Welt nachschreibt, ohne zu bedenken, daß κόκκυξ im Genitiv κόκκυγος flectirt wird; nicht κόκκυζος, wie es lauten müßte, wenn daraus Coccyzus werden sollte. —

zesten äußeren Schwanzfedern; Schwanz selbst lang, länger als der Rumpf, stark keilförmig zugespitzt, aber die einzelnen Federn stumpf gerundet. Lauf kürzer und stärker als bei den vorhergehenden Gattungen; die längste Zehe wohl so lang wie der Lauf, aber viel schwächer; die Krallen fein, ziemlich lang und spitz.

α. Obere Schwanzdecken länger als die ruhenden Flügel; Gefieder sehr weich.

Piaya *Less.* Pyrrhococcyx *Cuban.*

Diese Abtheilung hat unter den amerikanischen Kukuken den längsten Schwanz und das weichste, vollste Gefieder; ihr Schnabel ist relativ kürzer, als in der nachfolgenden Gruppe und darum etwas dicker, bauchiger und außerdem von heller Färbung. Ihre oberen Schwanzdecken erreichen die Länge der kürzesten äußeren Schwanzfedern, und ragen weit über die ruhenden Flügel hervor. —

1. Coccygus cajanus *Linn.*

Cuculus cajanus *Linn.* Syst. Nat. I. 170. 14. — *Lath.* Ind. orn. I. 221. 45. — *Buff.* pl. enl. 211.
Coccyzus cajanus *Temm.* pl. col. livr. 26. — *Pr. Max.* Beitr. IV. 329. 2. — *v. Tschudi,* Fn. per. Orn. 255. 84. 1. — *Schomb.* Reise III. 713. 217.
Coccyzus macrocercus *Vieill.*
Atingaçu camucu *Marcgr.* h. nat. Bras. 216.
Tingazú *Azara* Apunt. II. 353. 265.
Alma do Gato der Brasilianer.

Hellrothbraun, Brust, Bauch, Schenkel und Steiß bleigrau. Schwanzfedern auf der Unterseite schwarz mit weißen Spitzen. —

Der größte Kukuk Brasiliens, wenn man bloß nach der Gesammtlänge urtheilt, im Körper nicht größer als eine Elster, sehr weich und langfedrig; hell rothbraun, die Kehle und der Vorderhals blasser; die Brust, der Bauch und der Steiß bleigrau, letzterer schon schieferschwarz. Schwingen an der Innenseite und Spitze braungrau, die erste sehr kurz, die vierte noch merklich abgekürzt, die fünfte oder erst die sechste ist die längste; alle auf der Mitte der Innenseite und die hinteren auch am Innenrande blaß rothgelb; die Innenseite des Flügels übrigens weißlich. Schwanzfedern auf der unteren Fläche schwarz, an der Spitze weiß, auf der oberen dunkler rothbraun, der Schaft schwarz. Schnabel grünlich weiß, nach der Basis zu dunkler. Iris carminroth. Beine hell bläulich grau. —

Männchen und Weibchen sind gleich gefärbt, die jüngeren Vögel matter, haben kleinern Schnabel und kürzern Schwanz, ähneln aber sonst den alten Vögeln völlig.

Ganze Länge 18—22″, welche verschiedene Länge besonders auf

Rechnung des Schwanzes kommt. Schnabel auf der Firste 1″, am Mundwinkel $1\frac{1}{2}$″, Flügel $5\frac{1}{2}$—$6\frac{1}{2}$″, Schwanz 10—14″, Lauf $1\frac{1}{3}$—$1\frac{1}{2}$″.

Diesen Kukuk kennt Jedermann in Brasilien, da er bis in die Ansiedelungen kommt, und in den Gärten oder benachbarten Gebüschen sich fast täglich sehen läßt. Er verbreitet sich durch das ganze wärmere Süd-Amerika, hüpft mit wippendem Schwanze von Zeit zu Zeit schreiend auf den Zweigen umher, ist gar nicht scheu, läßt sich ganz nahe kommen und hält lange Zeit in der Nähe des Jägers aus. Sein Ruf klingt fast wie: zick! zick! zick! ꝛc. — Das Nest des Vogels ist selten zu finden, ich habe keins erhalten; nach Spix und Martius (Reise, II. 478) legt er grünlich marmorirte Eier, deren sechs in dem Neste waren, das sie in Minas geraes erhielten. Es befindet sich, nach Schomburgk, in dichten Gebüschen. —

Anm. Die angegebenen größten Maaße sind von einem Exemplar aus St. Catharina genommen, das in seinem ganzen Federnkleide reichlicher und voller gefärbt erscheint, als die von mir erlegten, mehr nördlichen Individuen. Weiter aber unterscheidet sich der Vogel von den meinigen nicht. Ich vermuthe darin ein frisches, für den Winter bestimmtes Herbstkleid.

2. Coccygus brachypterus *Less.*

Cabanis *Schomb.* Reise III. 714. 218.
Cuculus cajanus var. *γ. Lath.* Ind. orn. I. 221. 45. —
Macropus Caixana *Spix* Av. Bras. I. 54. 2. tb. 43.
Piaya brachyptera *Lesson.*

Heller rothbraun, Scheitel und Steiß grau; Schwanzfedern auf der Unterseite gelbgrau, am Ende schwärzlich mit weißer Spitze. —

Der Vogel hat das Ansehn der vorigen Art, auch in der Hauptsache deren Farbe, aber er ist etwas kleiner, hat einen relativ stärkeren Schnabel und kürzere Flügel. Der Schnabel ist blaßroth, der Scheitel bis zum Hinterkopf grau; von da ab wird das Gefieder licht rothbraun, welche Farbe nicht bloß der Kehle und dem Vorderhals, sondern auch der ganzen Brust und dem Bauch bis zu den Schenkeln zufällt; erst an den Schenkeln, am Unterbauch und Steiß wird die Farbe schiefergrau. Die Flügel sind wie bei der vorigen Art gefärbt, aber viel kürzer, die Schwingen auch etwas grauer. Der Schwanz ist ebenfalls kürzer und zugleich schmäler; seine Federn sind bis zur Mitte hinab gelblichgrau auf der Unterseite gefärbt, werden dann allmälig dunkler schiefer graunnd enden mit einer weißen Spitze. Die Iris ist roth, die Beine haben eine blaugraue Farbe. —

Ganze Länge 12—15″, Schnabel 1″, Flügel $4\frac{1}{2}$″, Schwanz je nach der Größe $6\frac{1}{2}$—8″. —

Spix fand diese mir nicht vorgekommne Art in den Wäldern am Rio Tocantins; sie wird also den nördlichen Districten Brasiliens angehören, da auch der Prinz zu Wied sie nicht auf seiner Reise antraf. Nach Schomburgk hat sie die Lebensart der vorigen. —

Anm. Eine dritte, beiden vorigen sehr ähnliche Art bildet die Variet. β. des Cuculus cajanus von Latham, welche Brisson (Orn. IV. 124. pl. 16, fig. 2) schon als Petit Coucou de Cayenne unterschieden hatte; daher Coccygus minutus *Caban. Schomb.* Reise III. 714. 19. — Coccyzus minutus et rutilus *Vieill.* — Coccyzaea monachus *Cuv. Less.* Traité d'Orn. 142. — Der Vogel ist nicht größer als ein Pirol und mit dem Schwanz nur 10″ lang, wovon 5½″ auf letzteren kommen. Er hat den grünlichen Schnabel der ersten Art, aber die röthliche Bauchfarbe der vorigen; erst die Gegend am After hinter den Schenkeln ist grau und der Schwanz auf der Unterseite gleichfarbig licht gelbgrau mit weißer Spitze. — Die Berliner Sammlung erhielt Exemplare von Para; ihr Hauptgebiet liegt nördlich vom Amazonenstrom. —

β. Obere Schwanzdecken nur so lang wie die ruhenden Flügel, Gefieder derber, Schnabel schlanker.

Der Hauptunterschied dieser Gruppe liegt in dem etwas derberen und deshalb kürzeren, knapper anliegenden Gefieder des Rumpfes, während die Schwingen etwas länger, die Flügel also spitzer sind. Damit harmonirt der schlankere, mehr zusammengedrückte, relativ längere, aber nicht höhere Schnabel. Der Schwanz hat denselben Bau, ist aber nach Verhältniß kürzer, weshalb auch die oberen Deckfedern unter den ruhenden Flügeln versteckt bleiben. —

3. Coccygus seniculus *Lath.*

Pr. Max. z. Wied Beitr. IV. 348. 5.
Cuculus seniculus *Lath.* Ind. orn. I. 219. 38. — *Buff.* pl. enl. 813. —
Cuculus minor *Gmel. Linn.* S. Nat. I. 1. 411.
Coccyzus melanocoryphus *Vieill.* Enc. 1344.
— melanorhynchus *Cuv. Less.* Traité d'Orn. 141.
Coucou, *Azar.* Apunt. II. 365. 267.

Scheitel grau, der übrige Rücken grünlich braungrau, im Alter leicht metallisch schillernd; Unterfläche ochergelb, die Halsseiten hellgrau. —

Ein sehr schlank gebauter Kukuk, dessen Schnabel sich durch seine schmale, stark gebogene Form auszeichnet und gewöhnlich ganz schwarz gefärbt ist. Es giebt aber auch Individuen, bei welchen die Kinngegend des Unterkiefers rothgelb gefärbt ist, wie bei dem einen der beiden, welche ich mitgebracht habe, oder gar der ganze Unterkiefer; welche Farbe er bei den Individuen aus Mittel-Amerika gewöhnlich zu haben pflegt. Die Stirn und der Scheitel bis zum Hinterkopf sind licht grau, wie Schieferpulver; von da an hat die ganze Rückenseite, mit Einschluß der Flügel und der zwei mittleren Schwanzfedern, einen bräunlich graugrünen Ton, der besonders bei alten Vögeln entschieden metallisch erzgrün schillert. Die Kehle ist weißlich; der Vorderhals, die Brust, der Bauch und der Steiß sind ochergelb, die letzteren dunklerer und bräunlicher gefärbt; die Halsseiten haben wieder einen hell schiefergrauen Ton und um das Auge liegt ein schwarzer Ring, der sich nach vorn zum Zügel, nach hinten zum Ohr etwas fortsetzt. Die Flügel sind auf der Innenseite blaßgelb, die Schwingen hellgrau, an der Innenfahne gelb gesäumt; die vierte Schwinge ist die längste und die dritte nur wenig kürzer. Die Schwanzfedern haben außer den 2 mittleren eine schwarze Farbe, letztere eine schwarze, die anderen 8 eine weiße Spitze. Die Beine sind bleigrau, die Iris ist braungrau. —

Ganze Länge 11″, Schnabel am Mundwinkel $1\frac{1}{3}$″, die Firstenkante 1″, der Flügel $4\frac{1}{2}$″, der Schwanz 5″, der Lauf 10‴. —

Männchen und Weibchen gleichen einander in der Färbung, doch haben erstere einen lebhafteren, volleren Farbenton. Die jungen Vögel erscheinen am Bauch weißlicher, am Rücken trüber graulich, ohne Metallschiller. —

Dieser hübsche ungemein behende Vogel findet sich in den Gebüschen von ganz Süd-Amerika, bei Dörfern und Ansiedlungen, ist wenig scheu, und läßt von Zeit zu Zeit seinen Ruf, der dem unseres Kukuks ähnelt, erschallen. Nach Azara besucht er die südlichen Gegenden am La Plata nur im Sommer. Nordwärts verbreitet er sich nicht bloß bis auf die Antillen, sondern noch weiter nach Florida und Süd-Carolina. — Azara giebt die Farbe seiner Eier zu hellgrün an; ich habe das Nest nicht erhalten können, den Vogel aber mehrmals bekommen. —

Anm. 1. Die Schriftsteller sind uneinig, ob nicht mehrere Arten unter Cuculus seniculus stecken. Lesson, Gray, Bonaparte u. A. sondern die Individuen aus Westindien und Guyana, welche einen ganz rothgelben Unterschnabel besitzen sollen, wie Buffon's pl. 813, als C. seniculus von den Individuen aus Brasilien, die gewöhnlich einen ganz schwarzen Schnabel besitzen; daher C melanorhynchus *Less.*, oder C. melanocoryphus *Vieill.* — Ich habe schon angegeben, daß das eine, jüngere, meiner Exemplare blaßgelb am Kinnwinkel des Unterschnabels gefärbt ist, und glaube deshalb keinen großen Werth auf die Farbe des Unterschnabels legen zu dürfen. Buffon's Abbildung stellt offenbar einen noch jüngeren Zustand vor, das beweist der matte Farbenton des Rückens, der nicht graue Oberkopf und der nicht grau an den Seiten gefärbte Hals. Also würde der hellfarbige Unterschnabel Character des Jugendzustandes sein, und derselbe in Guyana voller rothgelb, in Brasilien mit dem Alter schwarz werden.

2. Schwieriger scheint mir die Entscheidung, ob Azara's Ceniciento (Apunt. etc. II. 368. 268. — Coccyzus cinereus *Vieill.* Enc. 1344.) auch hierher gehört. Nach der Beschreibung a. a. O. ist die Unterseite weiß, die Kehle und der Vorderhals grau, der Steiß und die Innenseite der Flügel röthlichgelb; der Oberkopf und die ganze Rückenseite braungrau, der Schwanz an der Spitze weiß, mit schwarzer Binde auf der Rückseite. Der Schnabel ganz schwarz. — Azara beobachtete den Vogel, dessen ganze Länge zu $8\frac{1}{2}$″ angegeben ist, nur einmal, aber in mehreren Exemplaren, und da weder der ganz schwarze Schnabel, noch der graue Vorderhals zu den von mir als Jugendzustand angenommenen

Verhältnissen des Cocc. seniculus passen, so ist es vielleicht richtiger, diesen Vogel als eigne Art gelten zu lassen. Gray will ihn sogar zu einer eignen Gattung erheben. —

Achte Familie.

Bartvögel. Bucconinae.

Wir vereinigen unter diesem Namen eine Reihe von Klettervögeln, deren Schnabel am Grunde mit sehr steifen, oft langen Borstenfedern besetzt ist, die so vertheilt zu sein pflegen, daß sie in fünf Gruppen zerfallen, wovon 2 hinter den Nasenlöchern am Rande des Oberschnabels, 2 am Rande des Unterschnabels auf den Backen, und die fünfte im Kinnwinkel sitzt. Die Borstenfedern überdecken mit ihren steifen, astlosen Enden die bezeichneten Stellen des Schnabels und stehen mehr nach vorn, als nach den Seiten vom Kopfe ab.

Im Uebrigen haben diese Vögel die meiste Aehnlichkeit mit den Kukuken, namentlich in der Form und Größe des Schnabels; aber derselbe zeigt so bedeutende Verschiedenheiten, daß es kaum möglich wird, ihn weiter im Allgemeinen zu schildern. Bald ist er sehr kurz, breit und flach (Trogon); bald sehr lang, dünn und scharfkantig (Galbula); in den meisten Fällen etwas zusammengedrückt, leicht gebogen, mit abgerundeter Firste und von Kopfeslänge (Capito, Monasa). Immer hat er einen ganz hornigen Ueberzug, eine kurze, ziemlich unter dem Gefieder versteckte Nasengrube, und kleine runde Nasenlöcher, beinahe in der vordersten Ecke der Grube, unmittelbar vor dem Gefieder. Die Spitze pflegt mitunter deutlich hakig zu sein und die Kinnkante von mehr als halber Schnabellänge. —

Das Gefieder der Bartvögel ist weich, großfedrig, und meistens sehr schlaff; die Federn haben breite Fahnen, nach unten starke, an der Endhälfte sehr dünne, schwache Schäfte, die man am Rumpfgefieder kaum bemerkt und stecken mit ihrer kurzen Spuhle so wenig und so locker in der Haut, daß sie schon bei leichter Berührung herausfallen. Gewöhnlich ist die größere Hälfte der Federn mit Dunenästen versehen, und außerdem ein duniger Afterschaft an ihnen vorhanden. Ihre geringe Haltbarkeit in der Haut rührt übrigens ebensosehr von letzterer her, wie von der Kleinheit der Spuhle; die Haut der Bartvögel ist so dünn, zart und von florartiger Beschaffenheit, daß es fast unmöglich wird, einen Trogon abzubalgen, ohne die Haut an mehreren Stellen zu zerreißen. Das erschwert die gelungene Aufstellung und Conservation dieser Vögel in den Sammlungen bedeutend. —

Die Flügel sind kurz, reichen ruhend nie weit über die Basis des Schwanzes hinab, und haben stark verkürzte erste Schwingen; letztere sind, gegen das übrige Gefieder gehalten, derbe gebaut, stark gekrümmt, und haben einen starken Schaft, aber gewöhnlich eine sehr schmale Außenfahne. — Der Schwanz besteht bei den Amerikanern gemeiniglich aus zwölf, bisweilen aus zehn Federn, die sich mitunter recht merklich verlängern; er hat nach Verhältniß nicht so steife Schäfte wie die Flügel, und endet gewöhnlich stumpf oder abgerundet. — Die Bürzeldrüse ist klein und ohne Federnkranz am Zipfel.

Vom inneren Bau der Bartvögel ist noch sehr wenig bekannt; indessen beweisen meine an Trogon viridis, Malacoptila fusca und Monasa tenebrosa in Brasilien angestellten Untersuchungen, daß in der Hauptsache alles wie bei den Kukuken sich verhält. So fand ich eine glatte, nach vorn verschmälerte, stumpf zugespitzte Zunge, welche hinten mit 2 kleinen, wenig aber spitz gezackten Endlappen versehen, vorn mit einer leichten Hornscheide überzogen ist. Der Schlund war weit und wenigstens bei Trogon stark schlauchartig ausgedehnt, ganz wie bei unserem Cuculus canorus. Der ziemlich große Magen hat eine pomeranzenförmige Gestalt und eine bei Trogon sehr dünne, bei Monasa und Malacoptila dickere, mehr fleischige Wand und bei ebendiesen eine feste, lederartige innere Oberhaut, die dem Trogon fehlt. Er enthielt bei Letzterem nur große Raupen, bei den anderen beiden verschiedene hartschaalige Insekten, Ameisen, Bienen, selbst Wanzen und Schmetterlinge. Eine Gallenblase fand ich nicht, die Leber war klein und zweilappig; dagegen besaßen alle 3 Vögel zwei große, lange und ziemlich weite Blinddärme, welche die Länge des Mastdarmes übertrafen und weit am Dünndarm hinaufreichten. — Das Skelet ist ebenfalls ganz kukuksartig, besonders das kurze aber breite Brustbein mit seinen vier hinteren, stark divergirenden Tförmigen Fortsätzen und das relativ noch breitere Becken. Das Gabelbein ist unten geschlossen, aber nur lax mit dem Brustbeinkamm verbunden; das Schlüsselbein sehr stark, besonders nach unten. In die Detailbeschreibung glaube ich hier nicht eingehen zu müssen. —

Der Lebensweise nach sind die Bartvögel ebenfalls Kukuke, wie schon ihr Mageninhalt beweist. Sie fressen Insecten, allein sie hüpfen nicht an den Zweigen umher, sie zu suchen; sondern sie sitzen ruhig an versteckten Orten im Gebüsch und erwarten die ihnen nahekommenden, um sie ohne alle Anstrengung ihrerseits wegzuschnappen. Dies träge, faule, dumme Naturell ist allen Bartvögeln eigen und ein rechter Familienunterschied zwischen ihnen und den lärmenden, beweglichen Kukuken. Indessen theilen sie mit ihnen die Lust am isolirten, einsamen Aufenthalt und die geringe Vorsicht gegen Fremde, besonders gegen Jäger. Sie bleiben ruhig am Platze, wenn man ihnen nahe kommt, und lassen sich selbst mit einem Stock vom Zweige herunterschlagen, wenn ihr Standpunkt niedrig genug ist, um erreicht zu werden. Die Brasilianer haben dafür alle diese Vögel Hans Dummkopf (João doido) genannt und wissen ihnen noch manche andere Spottnamen nachzurufen; bald diese, bald jene Art damit bezeichnend. Ihr Benehmen erinnert den Naturforscher augenscheinlich an die Faulthiere, als deren Stellvertreter unter den Vögeln Brasiliens im Betragen sie ohne Frage angesehen werden müssen. —

Von ihrem Nestbau und ihren Eiern habe ich nichts in Erfahrung gebracht; so viel ich weiß, ist auch anderweitig bisher nichts Ausführliches darüber bekannt geworden.

I. Bartvögel, deren beide inneren Zehen nach hinten gerichtet sind.

1. Trogonidae.

Schnabel viel kürzer als der Kopf, breit dreieckig, mit ziemlich stark gewölbtem Oberschnabel, hakiger Spitze, und bauchig nach hinten vortretenden Kieferrändern, der sich füglich als ein kurzer, breiter Kukuksschnabel ansehen läßt. Nasengrube unter dem steifen Borstengefieder, oder selbst unter der weichen Nasengrubenbefiederung versteckt; die Spitzen der Borstenfedern lang, ziemlich steif und reichlich, besonders im Kinnwinkel, aus dem sie aufwärts gebogen nach allen Seiten hervorragen. Augen nach Verhältniß sehr groß, die Augenlider borstig gewimpert. Gefieder sehr weich, lax, stark dunig in der unteren Partie jeder Rumpffeder und größtentheils metallisch glänzend, besonders beim Männchen. Flügel kurz, die Schwingen sichelförmig stark gekrümmt, einzeln schmal, spitz, mit sehr steifen Schäften; die drei bis vier ersten stark verkürzt. Schwanz lang, zwölffedrig, die drei äußeren Federn jeder Seite verkürzt, die sechs mittleren größer, breiter, und von gleicher Länge. Bürzeldrüse ohne Federnkranz am Zipfel, klein mit schlanker Spitze. — Beine sehr klein und schwach; der Lauf kurz, fast ganz vom Schenkelgefieder verdeckt; die Zehen dünn, und ziemlich kurz, von schmalen feinen Gürteln auf der Oberseite bedeckt und eigenthümlich gestellt, indem nicht, wie bisher, die erste und vierte nach hinten gerichtet sind, sondern die erste und die zweite, während die dritte und vierte nach vorn stehen. Das ist ein den Trogoniden ganz eigenthümliches Stellungsverhältniß (*Vieill.* Galer. II. 15. — Nitzsch, Pterylographie, S. 132). Eine prachtvolle Monographie dieser Gruppe hat ebenfalls Gould geliefert.

1. Gatt. Calurus *Swains.*

Trogon *aut.* Pharomachus *de la Lare.*

Große Trogoniden mit relativ breiterem, flacherem Kopf, dessen Schnabel niedriger, schmäler und nach der Spitze hin stärker zusammengedrückt, am Ende selbst mehr hakig herabgebogen ist. Die Borstenfedern sind lang, aber nicht grade sehr steif, und die Nasengruben ganz unter den nach vorn gewendeten großen Zügelfedern versteckt. Das Gefieder ist nach Verhältniß am Kopfe und Rumpfe kleinfedriger, dagegen sehr viel größer das Deckgefieder der Flügel und das obere des Schwanzes. Namentlich erreichen die mittleren Schwanzdeckfedern die ganze Länge der Schwanzfedern, oder ragen selbst noch ein Beträchtliches über sie hinaus. —

Zu dieser Gattung gehören die schönsten und größten Trogoniden der neuen Welt, welche besonders die Gegenden nördlich vom Amazonenstrom bewohnen; nur eine Art streift bis nach Brasilien.

Calurus pavoninus *Spix.*

Trogon pavoninus *Spix* Av. Bras. I. 47. 1. tb. 35.
Calurus pavoninus *Swains.* — *Gould* Mon. Trog. pl. 23.

Rückengefieder glänzend metallisch grün, die Federn des Scheitels glatt anliegend; Schnabel rosenroth, Bauch purpurroth, Schwanz ganz schwarz. —

Ganzes Gefieder glatt anliegend, das des Kopfes, Halses, Rückens, der Oberbrust, die Deckfedern der Flügel und des Schwanzes lebhaft metallisch grün, mit kupferigem oder violettem Schiller; Innenseite der Flügel, Schwingen und Schwanz schwarz; Unterbrust, Schenkel, Bauch und Steiß purpurroth. Beine braun, Schnabel rosenroth, Iris rothbraun. —

Ganze Länge 11¼″, Flügel 4″, Schwanz 5¾″. —

Spix erlegte diesen schönen Vogel bei Marabitanas am Rio Negro unter 1° N. Br. Von seiner Lebensweise ist nichts bekannt; das abgebildete Individuum scheint ein ausgefärbter alter männlicher Vogel gewesen zu sein.

Anm. Temminck hielt den von Spix abgebildeten Vogel für einerlei mit einer sehr ähnlichen Art von Costa rica, welche er unter demselben Namen pl. col. 372. abbilden ließ. Allein diese Art hat ein kammförmig über die Stirn emporgerichtetes Kopfgefieder, einen viel längeren Schwanz und eine weiße Spitze an der äußersten Schwanzfeder jeder Seite. Sie wird von Gould als Cal. resplendens (Mon. pl. 21.), von Bonaparte als Cal. paradiseus abgesondert. — Eine zweite Art mit kammförmigem Stirngefieder hat D'Orbigny als Trog. antisianus (Voy. de l'Am. mér. Orn. IV. 3. 381. pl. 66. Fig. 1.) beschrieben und Gould sie Cal. pulchellus (s. peruvianus, Mon. pl. 22) genannt. Bei ihr ist der Schnabel gelb und die 3 äußeren Schwanzfedern sind zur Hälfte oder fast ganz weiß. — Die übrigen bekannten Arten haben, wie 3. Cal. pavoninus, glatt anliegende Kopffedern, und 4. Cal. auriceps *Gould* (Mon. pl. 25. von Bogota) ebenfalls ganz schwarze Schwanzfedern, letztere aber einen orangegelben Schnabel. — 5. Cal. fulgidus *Gould* (Mon. pl. 24. aus Venezuela) besitzt weiße Spitzen oder Binden (beim Weibchen) an den 3 äußeren Schwanzfedern jeder Seite, nebst orangefarbenem Schnabel; — und 6. Cal. neoxenus *Gould* (Mon. pl. 26. aus Süd-Mexico) allein von allen stahlblaue Schwanzfedern mit weißen Spitzen der 3 äußeren zu beiden Seiten.

2. Gatt. Trogon *Linn.*

Schnabel breiter und höher, besonders nach vorn; der Oberkiefer bauchig gewölbt, die Spitze weniger hakig, der Rand öfters leicht gekerbt. Gefieder großfedriger, weicher, laxer; die Flügel kürzer und stumpfer; die oberen Deckfedern abgekürzt, nur die erste Hälfte des Schwanzes bedeckend und nicht viel über die ruhenden Flügel hervorragend. Große Flügeldeckfedern kurz, breit und schuppenförmig anliegend, nur den Anfang der Armschwingen überragend. Beine sehr fein und zierlich gebaut, die Kralle der kleineren Vorderzehe abgekürzt und sehr kurz; die der größeren mit erweitertem Innenrande. Die 3 äußeren Schwanzfedern jeder Seite mehr oder minder abgekürzt, besonders die äußersten beiden. —

Es sind kleinere Vögel, die einen mehr gewölbten, schmäleren Kopf und eine gestrecktere Körperform zu haben pflegen; sie leben im Urwalde, halten sich einsam, und lassen sich durch die Nachahmung ihres Rufes bis nahe an den Beobachter heranlocken, wenn sie brünstig sind.

A. Arten mit rothem Bauch.

1. Trogon Surucua *Vieill.*

Vieill. Enc. meth. 1362. — ***Gould*** Mon. Trog. pl. 15.
Trogon leucurus ***Swains.*** Two Cent et a Quat. pag. 331.
Surucuá, ***Azara*** Apunt. II. 373. 270. — Voyag. d. l'Amer. mér. Atl. pl. 24.

Männchen: Kopf und Hals bis zur Brust blauschwarz, Rücken grün, Bauch blutroth; die drei äußeren Schwanzfedern jeder Seite einfarbig weiß am Außenrande.

Weibchen: Grau, am Bauch rosaroth, Flügeldeckfedern fein weiß quer liniirt; die drei äußeren Schwanzfedern weiß am Außenrande.

Männchen am Kopf und Halse schwarzblau, stahlblau und violett schillernd; Rücken und die oberen Schwanzdecken metallisch grün, mit dem Lichte bläulich, im reflectirten Lichte golden schillernd; Brust und Bauch hell blutroth; die Körperseiten vorn bleigrau. Flügeldeckfedern schwarz und weiß fein wellenförmig sprenkelig gezeichnet; Schwingen schwarz, nach unten auf der Innenseite weiß, äußerlich nur fein weiß gerandet, die Armschwingen an der Außenfahne grau gesprenkelt; untere Flügeldeckfedern grau. Zwei mittlere Schwanzfedern blau mit schwarzer Spitze, die nächstfolgenden schwarz mit blaugrüner Außenfahne, die vierte und fünfte jeder Seite ebenso, aber weiß an der Spitze und dem Außenrande daneben, die äußerste sechste ganz weiß an der äußeren Fahne. Schnabel weißlich, die Ränder des Oberkiefer schwach gekerbt; Iris dunkelroth, der Augenliderrand orange; Beine schwarzgrau, weißlich gepudert. —

Beim Weibchen ist der Kopf, Hals, Nacken, Rücken und Bürzel nebst den Flügeldeckfedern bleigrau; die Brust spielt mehr ins Aschgraue, der Bauch ist blasser rosaroth. Auf den großen Flügeldeckfedern zeigen sich feine weiße Querlinien, welche auch auf die Außenfahne der Armschwingen übergehen. Schwanz schwarzgrau mit schwarzer Spitze, die drei äußeren Federn jeder Seite an der Spitze und der Außenfahne weiß. Schwingen schwarz, Augenlider weiß.

Ganze Länge 10¼″, Schnabel 8‴, Flügel 4½″, Schwanz 3⅔″, Lauf 8‴. —

Der Vogel lebt einsam in den Urwäldern des südlichen Brasiliens und nördlichen Paraguays und hat das dummdreiste Benehmen seiner Verwandten; Azara sah ihn mit dem Stock todtschlagen. Seine Stimme klingt wie pio, pio, pio ꝛc. Er nistet, nach jenem Schriftsteller, in den Gebäuden einer Baumtermiten-Art (Cupim), welche er sich selbst mit dem Schnabel öffnet und die Insecten daraus vertreibt. Das Weibchen legt im September 2, nach Anderen 4 weiße Eier. — Ich selbst habe den Vogel nicht gefunden, aber in 2 Exemplaren untersucht, welche die hiesige Sammlung von Berlin bezog. —

Anm. 1. Azara's Beschreibung stimmt mit meinen Vögeln beiderlei Geschlechts vollständig überein. Ob Swainson's Tr. leucurus dieselbe Art ist, kann ich nur vermuthen; wahrscheinlich wird das Weiß des Schwanzes bei älteren Vögeln nach innen breiter, und mag sich dann über den größten Theil der Endhälfte jeder Feder erstrecken. Vielleicht gehört auch Trogon personatus *Gould* Ann. nat. hist. IX. 237. zu dieser Art.

2. Der in Cayenne und nordwärts vom Amazonenstrom, nach Spix (Av. Bras. I. 49. 6.) auch in Brasilien ansäßige Trogon Curucui *aut.* — *Buff.* pl. enl. 452. mas., pl. 737. fem. — Tr. melanurus *Swains.* two Cent. pl. 146. — Tr. nigricaudatus *Gould* Mon. pl. 18. hat ganz schwarze äußere Schwanzfedern, eine breitere graue Wellenzeichnung auf den Flügeln beim Männchen, und dichter aneinandergerückte weiße Querlinien daselbst beim Weibchen. — Ueber ihn ist Schomburgk's Reise III. 718. 242. zu vergleichen. —

2. Trogon variegatus *Spix.*

Spix Av. Bras. I. 49. 5. tb. 38. a. mas.
Trogon purpuratus *Swains.* birds of Brazilia. pl. 63. 64.

Männchen: Kopf, Hals und Nacken blau, Gesicht schwarz, Rücken grün, Bauch blutroth; äußere Schwanzfedern weiß, schwarz quer gestreift.

Weibchen: Kopf, Hals und Rücken grau, Brust oben weiß, dann roth, wie der Bauch; äußere Schwanzfedern weiß gesäumt, der Rand schwarz gefleckt.

Männchen: Schnabel blaßgelb, der Rand gekerbt; Iris gelbbraun, Augenlider gelb. Stirn, Backen, Wangen und Vorderhals schwarz, Scheitel, Nacken und Oberbrust tief stahlblau; Rücken bis zum Bürzel erzgrün, die 4 mittleren Schwanzfedern obenauf blaugrün, mit schwarzer Spitze. Unterbrust, Bauch und Steiß blutroth, die Federn am Grunde weiß, daher hinter der stahlblauen Oberbrust ein weißlicher Ring sich bildet. Kleine Flügeldeckfedern aschgrau und weiß fein gewellt, innere Flügeldeckfedern grau; die vorderen großen Deckfedern und die Schwingen schwarz, letztere mit feinem weißen Rande; die hintersten Armschwingen außen grau gewellt. Die 3 äußeren Schwanzfedern jeder Seite weiß, mit schwarzen schmalen Querlinien, die an der Außenfahne nur als Punkte erscheinen, besonders nach oben; die Spitze breit weiß. Beine schwarz.

Weibchen: Kopf, Hals, Nacken, Rücken und Oberbrust grau, vor und hinter dem Auge ein schwarzer Streif. Aeußere Flügeldeckfedern schwarz und weiß quergestreift, Schwingen schwarz, mit weißem Rande. Brust anfangs weißlich, dann blaßroth, später blutroth, wie der Bauch und der Steiß. Die vier mittleren Schwanzfedern grau mit schwarzer Spitze, die drei äußeren jeder Seite schwarz, breit weiß gesäumt am Außenrande und der Spitze, die Außenfahne mit kleinen schwarzen Flecken. Beine schwarz. —

Ganze Länge $8\frac{3}{4}''$, der Schwanz $3\frac{3}{4}$—$4''$. —

Die Art ist im nördlichen Brasilien (Ciara, Piauhi, Pernambuco) zu Hause; — sie ähnelt sehr der vorigen, besonders im weiblichen Geschlecht, unterscheidet sich aber von ihr durch die bloß auf den Hals beschränkte graue Farbe der Unterseite, die dichteren Querlinien auf den Flügeldeckfedern und die viel breiter weiß gesäumten, am Außenrande schwarz punktirten Schwanzfedern. Letztere haben beim Männchen sogar deutliche (4—6) Querbinden auf der ganz weißen Endhälfte. —

3. Trogon collaris *Vieill.*

Nouv. Dict. d'hist. nat. VIII. 318. — ***Le Vaill.*** Courouc. etc. pl. 6.
Trogon auratus ***Swains.*** birds of Bras. pl. 61. 62.
Trogon castaneus ***Spix.*** Av. Bras. I. 48. 3. tb. 37. fem.
Trogon Curucui ***Pr. Max.*** Beitr. IV. 305 2.
Trogon erythrinus ***Licht.*** Msc.
Curuçui ***Marcgr.*** h. nat. Bras. 211.

Männchen: Kopf, Hals und Rücken lebhaft erzgrün, Brust und Bauch roth; äußere Schwanzfedern schwarz und weiß quergestreift mit weißer Spitze.
Weibchen: Gelbbraun, Bauch roth; äußere Schwanzfedern grauschеckig, mit weißer Spitze und schwarzer Binde vor derselben. —

Männchen. Schnabel blaßgelb, Iris braun, Augenlider orange. Kopf Hals, Nacken, Rücken, Bürzel und mittlere Schwanzfedern lebhaft erzgrün, goldglänzend; Zügel, Backen, Kehle und Schläfen schwarz; äußere Flügeldeckfedern fein schwarz und weiß gewellt, Schwingen schwarz mit weißem Rande, die hintersten Armschwingen wie die Deckfedern gezeichnet. Schwanzfedern schwarz, die drei äußeren jeder Seite mit breiter weißer Spitze und zahlreichen, weißen Querlinien darüber bis zur Basis. Brust, Bauch und Steiß prächtig roth, der Anfang der Brust von dem grünen Halse durch einen weißlichen Bogen geschieden. Beine dunkelgrau.

Weibchen an Brust, Bauch und Steiß wie das Männchen gefärbt, aber das Roth matter; Kopf, Hals, Rücken, Flügeldeckfedern und mittlere Schwanzfedern gelbbraun, etwas grau angeflogen; die Flügeldeckfedern fein schwarz gewellt, die 2 Schwanzfedern mit schwarzen Enden. Schwingen schwarz, mit weißem Rande; die hintersten Armschwingen schön gelbbraun, schwarz fein gewellt. Die drei äußeren Schwanzfedern jeder Seite gelblichgrau, der Außenrand und die Spitze weiß, letztere durch eine schwarze Querbinde nach innen begrenzt, der übrige Theil fein schwarzgesprengt oder marmorirt. Beine, Schnabel und Iris trüber gefärbt, als beim Männchen. —

Die jüngeren Vögel in beiden Geschlechtern viel matter gefärbt, als die alten; die jungen Männchen vor der ersten Mauser tragen das Kleid der Weibchen; die weiße Binde am Unterhalse vor der rothen Brust breiter und mehr verwaschen. —

Ganze Länge 10½″, Schnabelfirste 5‴, Mundrand 1″, Flügel 4″ 2‴, Schwanz 5½‴, Lauf 6‴. —

Bewohnt das Waldgebiet des mittleren Brasiliens vom Rio St. Matthäus bis gegen Bahia hinauf. Der Prinz zu Wied traf die Art nordwärts häufiger. Spix erhielt nur ein Weibchen im Innern am Rio Tabatinga; Swainson's vortreffliche Abbildung giebt die beste Ansicht des Vogels.

Anm. Ich kann nicht zweifeln, daß des Prinzen zu Wied Trogon Curucui mit dem Trogon auratus Swainson's einerlei ist und ebenso gewiß gehört Trog. castaneus von Spix dazu; weniger sicher scheinen mir die Synonymen aus Vieillot und Gould (Monogr. of the Trogon. pl. 5.), indem diese Schriftsteller ihre Vögel aus Mexico erhalten haben wollen.

B. Arten mit gelbem Bauch.

4. Trogon viridis *Linn.*

Linn. S. Nat. I. 167. 3. mas. — ***Lath.*** Ind. orn. I. 199. 2. — ***Buff.*** pl. enl. 195.? — ***Le Vaill.*** h. n. Cour. pl. 3 et 4. — ***Gould,*** Mon. Trog. pl. 10. et 11.

Trogon violaceus ***Gmel. Linn.*** S. Nat. I. 1. 404. — ***Lath.*** Ind. orn. I. 199. 3. — ***Pr. Max.*** Beitr. IV. 297. 1.

Trogon strigilatus ***Linn.*** I. 167. 1. femina. — ***Lath.*** Ind. orn. I. 200. 4. — ***Buff.*** pl. enl. 765.

Trogon melanopterus ***Swains.***

Männchen: Stirn, Kehle und Backen schwarz, Scheitel und Brust stahlblau, Rücken grün, Bauch gelb; Flügeldecken schwarz, äußere Schwanzfedern mit schiefer, weißer Spitze.

Weibchen: Dunkelgrau, Bauch blaßgelb; Flügeldeckfedern mit feinen weißen Querlinien, äußere Schwanzfedern mit weißer Spitze und weißen Querbinden auf der Außenfahne. —

Etwas größer als die beiden vorigen Arten. Männchen mit blaß grünlich weißem Schnabel, dessen Mundrand einige Kerben hat. Stirn, Zügel, Backen, Kehle und Vorderhals schwarz; Scheitel, Nacken, Halsseiten und Oberbrust stahlblau; Rücken, Schultern und oberste Flügeldeckfedern erzgrün, die Bürzelfedern ins Blaue fallend. Bauch und Steiß lebhaft dottergelb. Aeußere Flügeldeckfedern und Schwingen schwarz, letztere mit weißem Rande nach unten und weißlicher Basis nach innen; innere Flügeldeckfedern schwarzgrau mit weißlichen Rändern. Zwei mittlere Schwanzfedern grün, mit schwarzem Endsaum; die nächstfolgenden schwarz, mit erzgrüner Außenfahne; die 3 äußeren jeder Seite an der Spitze und von da schief hinauf am Außenrande schmal weiß. Beine schwarzgrau, Iris braun. —

Weibchen mit schwärzlichem Oberschnabel und schwarzer Stirn; von da ab trüb schiefergrau; der Bauch und Steiß licht dottergelb. Aeußere größere Flügeldeckfedern und hintere Armschwingen mit feinen weißen Querlinien; die übrigen Schwingen schwarz, mit weißem Vorderrande nach unten und schmaler weißlicher Basis. Schwanzfedern schwarz, die drei äußeren jeder Seite an der Spitze weiß und an der Außenfahne weiß quadratisch gefleckt. —

Ganz junge Vögel wie die Weibchen gefärbt, nur lichter; später die männlichen mit einzelnen metallischen Federn, welche allmälig die grauen verdrängen. —

Ganze Länge 12—12½", Schnabelfirste 8‴, Mundrand 14‴, Flügel 6", Schwanz 5", Lauf 5‴. —

Diese Art ist in den Urwäldern Brasiliens die häufigste; man sieht den Vogel in mäßiger Höhe auf Zweigen im Walde sitzen, und kann ihm ziemlich nahe kommen, da er ohne Scheu aushält. Er verbreitet sich nordwärts bis Guyana, wo ihn Schomburgk häufig und ebenfalls als die gewöhnlichste Art, antraf (Reise I. 127. — III. 718. 241). — Sein Nest soll frei in den Baumkronen lose gebaut, nach Art der Tauben angelegt sein und einige ganz weiße Eier enthalten. Thienemann hat sie von 2 Arten abgebildet (Fortpfl. d. ges. Vögel Taf. XIV. Fig. 2. 3.). — Der Vogel fliegt leise, aber nicht schnell, wie eine Eule; setzt sich bald wieder, und kann zur Brunstzeit, wenn man seinen kenntlichen Ruf nachahmt, leicht und sicher angelockt werden. Die Brasilianer kennen ihn unter dem Namen Çuruxuá oder Capitão do mato, welche letztere Benennung man mehr im Innern hört. Er wird, gleich den Papageien, gern gegessen und soll so wohlschmeckend sein, wie diese. —

Anm. Buffon's Figur pl. 195. gehört wohl nicht hierher; die alten männlichen Vögel haben nie weiße Querbinden am Schwanz. Vielleicht stellt das Bild aber einen jungen Vogel vor, der am Rumpf schon das Kleid des alten, am Schwanz noch das der Jugend trug; dafür spricht auch der große dunkle Fleck am Schenkel und der sehr schwärzliche Vorderleib. —

5. Trogon aurantius *Spix.*

Aves Bras. I. 47. 2. tb. 36. — *Gould*, Monogr. Trogon. pl. 14.

Männchen: Stirn, Scheitel, Nacken und Unterhals stahlblau; Kinn und Kehle schwarz, Rücken erzgrün, Bauch röthlich dottergelb; 3 äußere Schwanzfedern mit grader, breit weißer Spitze. —

Weibchen noch unbekannt, wahrscheinlich grau am Rücken.

Etwas kleiner als der eigentliche Curuxuá und ihm so ähnlich, daß man beide Vögel leicht verwechseln kann; indessen hat diese Art fein schwarz und weiß gewellte äußere Flügeldeckfedern, nicht schwarze, wie die vorige. Stirn ebenso dunkel stahlblau wie Scheitel, Nacken und Hals vor der Brust; nur das Kinn, die Kehle und die Backen sind schwarz. Schnabel hell grünlich weiß, am Mundrande schwach gekerbt neben der Spitze. Rücken hoch herauf bis zum Nacken erzgrün, mit dem Lichte stahlblau; die Schwanzdecken und zwei mittleren Schwanzfedern auch im reflectirten Lichte blau die übrigen Schwanzfedern schwarz, die beiden nächsten am Außenrande metallisch blaugrün, die 3 äußeren mit weißer Spitze, welche nicht bloß am Außenrande, sondern auch am Innenrande sich hinaufzieht und an der letzten Feder beinahe die Hälfte einnimmt. Bauch und Steiß röthlich dottergelb, die Unterschenkel, wie gewöhnlich, braunschwarz. Obere kleinere Deckfedern der Flügel und die äußere Seite der hintersten Armschwingen fein weiß und schwarz wellig marmorirt, der Rand der vordersten Schwingen weiß, alle am Grunde nach innen weißlich, die innern Flügeldecken einfarbig schiefergrau; die vordern äußeren großen Deckfedern und der Daumenfittig schwarz.

Ganze Länge $10\frac{1}{4}''$, Schnabelfirste $7'''$, Mundrand $11'''$, Flügel $5''$, Schwanz $4\frac{3}{4}''$. —

Ich erhielt von dieser Art ein männliches Individuum bei Neu-Freiburg, aber kein Weibchen. Der Vogel war dort viel seltner als der vorige, und kam mir an anderen Orten nicht wieder vor. Spix erwarb sein Exemplar bei Rio de Janeiro, der Prinz zu Wied hat die Art nicht beobachtet; sie scheint also mehr dem Süden Brasiliens anzugehören.

6. Trogon atricollis *Vieill.*

Galer. d. Ois. II. 17. pl. 31. — Id. N. Dict. VIII. 318. — *Le Vaill.* h. nat. d. Couroue. pl. 7—9 et 15. — *Pr. Max.* Beitr. IV. 309. 3. — *Gould*, Mon. pl. 8.

Trogon rufus *Gmel. Linn.* S. Nat. I. 1. 404. femina. — *Lath.* Ind. I. 200. 5. — *Buff.* pl. enl. 736. —

Männchen: Stirn und Kehle schwarz; Scheitel, Nacken, Rücken und Oberbrust grün; Bauch dottergelb, äußere Flügeldeckfedern fein weiß gewellt; die 3 äußeren Schwanzfedern weiß quergestreift.

Weibchen: Gelbbraun, Bauch hellgelb; obere Flügeldeckfedern schwarz fein gewellt; äußere Schwanzfedern schwarz, die 3 äußersten weiß quergestreift. —

Die geringere Größe und die mehrmals in die Quere gestreiften äußeren Schwanzfedern machen diese Art kenntlich. Das Männchen hat eine schmale schwarze Stirn, schwarze Backen und eben solche Kehle; das übrige Kopfgefieder, der Rücken und die Oberbrust sind metallisch grün, letztere mit bläulichem Schiller. Der Schnabel ist weißlich, die Iris braun. Die Flügel sind schwarz, aber die obersten und mittleren äußeren Deckfedern nebst den hintersten Armschwingen haben eine feine, wellenförmig graue Zeichnung und die vordersten Schwingen einen weißen Rand; die inneren Flügeldecken sind grau, die Schwingen an der Basis weiß. Im Schwanz sind die Federn schwarz, die beiden mittelsten obenauf metallisch grün mit schwarzer Spitze, die nächstfolgenden nur auf der Außenfahne grün, die drei äußersten jeder Seite stark abgekürzt, mit weißer Spitze und schmalen weißen Querlinien, welche weiter nach der Basis zu auf die Außenfahne beschränkt bleiben. —

Das Weibchen hat genau dieselbe Zeichnung des Schwanzes, aber was beim Männchen metallisch gefärbt war, ist bei ihm zimmtrothbraun. Auch die Flügel ähneln denen des Männchens, doch sind die oberen Deckfedern und hintersten Schwingen nicht grau und braun marmorirt. Das übrige Gefieder ist, mit Ausnahme des blasser gelben Bauches, gelbbraungrau, etwas olivenfarben spielend, ohne allen metallischen Glanz. Der weiße Schnabel hat eine graue Basis des Oberkiefers. Die Beine sind bei beiden Geschlechtern schwarzgrau, weißlich bestäubt. —

Ganze Länge 10″, Schnabelrücken 7‴, Mundrand 11‴, Flügel 5″, Schwanz 5″. —

Die Art ist im Küstengebiet, von Rio de Janeiro bis über den Amazonenstrom hinauf, zu Hause; sie lebt, gleich den übrigen, im Urwalde, und ist nicht so selten wie die vorige, aber minder häufig als die vierte. Ich erhielt mehrmals beide Geschlechter von meinen Jägern in Neu-Freiburg, wo der Vogel nicht seltner zu sein schien, als Trogon viridis. —

Anm. Einige Schriftsteller ziehen *Buff.* pl. enl. 195. zu dieser Art, allein der Mangel grauer Wellen am Flügel in dem Bilde macht mich zweifelhaft; auch sind die weißen Binden der Schwanzfedern zu breit und nicht zahlreich genug angegeben; dagegen ist pl. 765. entschieden das Weibchen dieser Art.

7. Trogon sulphureus *Spix.*

Aves Bras. I. 48. 4. tb. 38. — *Gould,* Monogr. pl. 9.
Trogon meridionalis *Swains.* — *Schomb.* Reise III. 719. 243.

Männchen: erzgrün, Stirn und Kehle schwarz, Bauch gelb; äußere Flügeldeckfedern und Schwanzfedern weiß quergestreift.

Weibchen: schieferschwarz, Bauch gelb; äußere Flügeldeckfedern und Schwanzfedern weiß quergestreift.

Diese Art steht noch unter der vorigen an Größe, kommt ihr aber sonst in Farbe und Zeichnung nahe; doch hat das Männchen bloß schwarze Zügel und eine schmälere schwarze Kehle, das übrige Kopf-, Hals- und Rückengefieder ist lebhaft metallisch grün; der Bauch von der Brust bis zum Steiß gelb. Die Flügel sind schwarz, auf den äußeren oberen Deckfedern und hintersten Armschwingen mit breiteren weißen Querwellen gezeichnet, die vordersten Schwingen weiß gerandet; die mittleren Schwanzfedern sind grün, mit schwarzer Spitze, die äußeren schwarz, mit weißer Spitze und weißen Querbinden. — Das Weibchen ist am Flügel und Schwanz wie das Männchen gezeichnet, aber das mittlere Schwanzfedern-Paar und das ganze übrige Gefieder ist schieferschwarz; selbst die Brust bis zu den Schenkeln, letztere mit eingeschlossen; erst von da wird der Bauch blaßgelb, mit röthlichem Anflug nach außen. Der Schnabel ist weiß, die Iris braun, die Beine sind grau.

Ganze Länge 8″, Flügel $3\frac{1}{2}$″, Schwanz 5″.

Spix erlegte diese Art bei Tabatinga, einer militärischen Grenzstation am Solimoes; weitere Fundorte sind mir in Brasilien nicht bekannt; nach Schomburgk ist sie am Rio Demerary nicht selten. Sie begiebt sich mitunter in die Gesellschaften anderer Vögel, wird aber gewöhnlich allein im Urwalde angetroffen. —

II. Bartvögel, deren innere und äußerste Zehe nach hinten gerichtet sind.

A. Mit leicht gebogenem, ziemlich starkem Schnabel, von der Länge des Kopfes oder etwas kürzer.

2. Bucconidae.

Der Schnabel hat in dieser Gruppe eine noch größere Aehnlichkeit mit dem der Kukuke, als in der vorigen, und kommt mit ihm in der schlankeren, höheren, leicht gebogenen Gestalt fast ganz überein; auch tritt die Nasengrube deutlicher über das Kopfgefieder hervor, wird aber von den steifen Borstenfedern noch überdeckt. Das Gefieder ist ungemein weich und schlaff, fast noch mehr als bei den Trogoniden; es nimmt nie metallische Farben oder auch nur Metallschiller an. Die Flügel sind nicht völlig so kurz und namentlich nicht so stark gewölbt, oder die Schwingen nach innen gebogen. Der Schwanz ist relativ kürzer; er erreicht nicht mehr als die Länge des Rumpfes und besteht bei Micropogon aus zehn, bei den anderen amerikanischen Gattungen aus zwölf Federn, wodurch dieselben sich von den verwandten Gattungen der alten Welt leicht unterscheiden lassen. Seine Form ist übrigens nicht eigenthümlich, die Schwanzfedern sind ziemlich schmal und das Ende stumpf zugerundet. Die Bürzeldrüse hat bei den Gattungen mit zwölf Schwanzfedern einen nackten Zipfel, bei den anderen einen Federnkranz um die Oeffnungen am Zipfel. — Die Beine sind entschieden kräftiger, als bei den Trogoniden, aber nicht ganz so stark oder groß wie bei den Kukuken; das Stellungsverhältniß ihrer Zehen ist das gewöhnliche; die erste und vierte Zehe sind nach hinten, die zweite und dritte nach vorn gerichtet. Kurze gleichgroße Gürtelschilder bedecken sie auf der Oberfläche; der Lauf hat vorn größere, hinten kleinere Tafelschilder zur Bedeckung.

In der Lebensweise dieser und der vorigen Abtheilung herrscht vollkommne Uebereinstimmung, doch sind die Bucconiden fast noch gleichgültiger und träger als die Trogoniden. Sie halten sich gern im dichtesten Schatten des Buschwerkes ruhig sitzend versteckt auf, und legen, so weit bekannt, weiße Eier. —

Ihr innerer Bau weicht von dem der vorigen Gruppe durch einen derberen, mehr fleischigen Magen, dessen innere Oberfläche von einer dicken, gefalteten Lederhaut bekleidet ist, sehr wesentlich ab; auch der Schlund ist enger und festwandiger, dagegen sind lange, kolbige Blinddärme, wie bei Trogon vorhanden, und die Gallenblase fehlt ihnen auch. Das Skelet hat im Brustbein Aehnlichkeit mit dem der Kukuke, selbiges ist aber viel kleiner und zarter; das Gabelbein ist sehr schwach, und beide Hälften bleiben nicht getrennt, wie bei den Bucconiden der östlichen Erdseite. Letztere zeigen darin eine ähnliche, nur noch geringere Entwickelung, als die früher bei den Tukanen beobachtete. —

a. Mit zwölf Schwanzfedern. Capitonidae.

3. Gatt. Capito *Temm.*

Bucco *Gmel. Lath.* — Tamatia *Le Vaill.*

Schnabel stark, kegelförmig, in der Hauptrichtung grade; die Rückenfirste sanft gekrümmt, abgerundet; die Spitze hakig herabgebogen, mitunter zweizackig ausgekerbt. Nasenloch kreisrund, dicht vor dem Stirngefieder, von Borstenfedern überwölbt; ähnliche aber steifere Borsten am Zügel über dem Mundwinkel, andere längere und weichere am Kinn. Augenlider mit kurzen, steifen Randwimpern besetzt. Gefieder weich und lax, die einzelnen Federn stumpf gerundet. Flügel kurz, bis auf den Anfang des Schwanzes reichend, die vordersten Handschwingen stark stufig, die erste kaum halb so lang wie die vierte, welche die längste zu sein pflegt. Bürzeldrüse ohne Federnkranz am Zipfel. Schwanz aus zwölf Federn gebildet, die einzelnen Federn schmal, aber ziemlich lang, die beiden äußeren, oder nur das äußerste Paar etwas verkürzt. Beine von mäßiger Stärke, wenigstens stärker, als die von Trogon und Galbula, aber doch nur klein; der Lauf vorn mit 6—8 kurzen Tafeln, hinten fein getäfelt; die Zehen mit noch kürzeren Gürteln und kleinen, obwohl ziemlich stark gekrümmten spitzen Krallen, von denen die größere vordere saumartig nach innen gerandet ist.

Die Arten haben dicke starke Köpfe, aber schwache Rümpfe; sie bewohnen mehr die nördlichen Gegenden Süd-Amerikas am Aequator und sind in Süd-Brasilien nur schwach vertreten; — sie sind nicht scheu, sitzen viel, und fangen vom Platze auffliegend Insecten. —

a. Schnabel dicker, bauchiger, am Mundrande nicht eingebogen, schwarz gefärbt.

1. Capito macrorhynchus *Gmel.*

Bucco macrorhynchus ***Gmel. Linn.*** S. Nat. I. 1. 406. — ***Lath.*** Ind. orn. I. 203. 5. — ***Buff.*** pl. enl. 689. — ***Le Vaill.*** Ois. Barb. II. 92. pl. 39. — Capito macrorhynchus ***Wagl.*** Syn. Av. no. 1. — ***v. Tschudi*** Fn. per. Orn. 41. 1. — ***Schomb.*** Reis. III. 719. 245. —

Oberkopf, Rücken und eine Binde über die Brust schwarz; Kehle, Vorderhals, eine Nackenbinde und Bauch bis zum Schwanz weiß, oder der Bauch ochergelb.—

So groß wie unser Pfingstvogel, aber der Kopf dicker. Schnabel, Oberkopf, Rücken, eine Binde über die Brust, Flügel und Schwanz schwarz;

Flügel und Schwanz bei recht alten Vögeln mit leichtem Metallschiller, bei jüngeren matter gefärbt mit trüberen Rändern. Kehle, Vorderhals, eine Binde um den Nacken, die Brust und der Bauch weiß, letzterer bei dem mir vorliegenden Exemplare rein ochergelb, an den Seiten und Schenkeln schwarz quer gebändert. Schwingen an der Innenfahne nach unten weiß gesäumt; erste Schwinge halb so lang wie die dritte, zweite so lang wie die siebente, vierte die längste. Aeußerste Schwanzfedern etwas verkürzt, alle unten graulich. Beine und Iris schwarzbraun. —

Ganze Länge 10″, Schnabel 1½″, Flügel 4″, Schwanz 3″. —

Das Weibchen unterscheidet sich vom Männchen durch einen weißen Stirnrand, der bis zum Zügel hinabreicht und sich über dem Auge fortsetzt.

Der junge Vogel hat an allen Federn des Rückens und der Flügel gelbliche Ränder, und einen blaß ochergelben Bauch, dessen schwarzgraue quer gestreifte Seiten die ganze Schenkelgegend bedecken. Dieses ochergelbe Gefieder scheint nur den brasilianischen Vögeln zuzukommen, oder doch länger bei ihnen stehen zu bleiben. Das mir vorliegende Exemplar ist ein völlig ausgewachsenes altes, weibliches Individuum, und hat doch ganz entschieden einen ochergelben Bauch.

Der Vogel ist die größte Art seiner Gattung in Brasilien und dort keineswegs häufig; ich erhielt nur das eine hier beschriebne weibliche Stück von Herrn Bescke, ohne nähere Angabe des Fundortes. Aus der Gegend von Neu-Freiburg ist es nicht, sondern wahrscheinlich aus den dichten Waldungen nördlich vom Rio Parahyba, wo die indianischen Stämme der Puris und Botokuden ihre Wohnsitze behauptet haben. Schomburgk fand die Art in Guyana ebenfalls nur in einzelnen Exemplaren am Canuku-Gebirge, v. Tschudi in Peru am Ostabhange der Cordilleren gegen Brasilien zu; dem Prinzen zu Wied kam sie nicht vor. —

Anm. Bonaparte und Gray trennen die Individuen aus Brasilien von denen aus Guyana spezifisch, und geben jenen den Namen Capito Swainsonii, sich auf *Swains.* zool. Ill. pl. 99. beziehend. Da ich nirgends angegeben finde, daß der Bauch gelb gefärbt sei, wie bei meinem Exemplar, so mag der Unterschied wohl begründet sein.

2. Capito melanoleucus *Gmel.*

Bucco melanoleucus ***Gmel. Linn.*** S. Nat. I. 1. 406. — ***Lath.*** Ind. orn. I. 203. 6. — ***Buff.*** pl. enl. 688. 2. — ***Le Vaill.*** l. l. II. 93. pl. 40. —
Capito melanoleucus ***Wagl.*** Syn. Av. no. 2. —

Rückenseite schwarz, ohne weiße Nackenbinde; Bauchseite weiß, mit breiter schwarzer Binde über die Brust.

Ganz wie die vorige Art gebaut, aber beträchtlich kleiner; Oberseite schwarz, einige weiße Federränder an der Stirn, ein Streif hinter dem

Auge, die Spitzen der Achselfedern und des Schwanzes weiß; ebenso die ganze Unterseite, mit Ausnahme einer breiten Binde quer über die Brust, welche schwarz ist, wie der Schnabel und die Füße; die Iris dunkelbraun. Schwingen an der Innenfahne nach unten weiß gesäumt, Schwanzfedern mit weißem Querfleck, der ebenfalls nur die Innenfahne trifft. —

Ganze Länge 7'', Schnabel 1¼'', Flügel 3½'', Schwanz 2¼'' —

Die Art ist der Berliner Sammlung von Para zugegangen, sie muß also die nördlichsten Gegenden Brasiliens am Amazonenstrom berühren; ihre eigentliche Heimath ist Guyana.

3. Capito macrodactylus *Spix.*

Capito Cyphos, ***Wagl.*** Syn. Av. no. 7 .— ***v. Tschudi***, Fn. per. Orn. 14. 2.— Cyphos macrodactylus ***Spix*** Av. Bras. I. 51. tb. 39. f. 2. —

Scheitel rothbraun; Kehle, Nacken und Oberbrust ochergelb, Zügel, Augen und eine Binde über den Vorderhals schwarz; Rücken, Flügel und Schwanz braun; Bauch ochergelb, braun gewellt. —

Schnabel etwas kürzer als bei den vorigen Arten und feiner, schwarz; Iris braun. Stirn, Scheitel und Hinterkopf rothbraun; Zügel, Augengegend und eine von da quer über den Vorderhals gezogene Bogenbinde schwarz; äußerster Stirnrand mit der Fortsetzung über dem Auge als Streif weiß. Kehle, Nacken und Brust ochergelb, der Bauch trüber braungelb, mit schwarzbraunen feinen Bogenlinien auf jeder Feder. Rücken, Flügel und Schwanz braun, der Rücken ziemlich ins Schwarze fallend; die Deckfedern ochergelb gerandet, davor dunkler und z. Th. schwarz gefärbt; Schwingen braun, an der Innenfahne heller gesäumt; Schwanz einfarbig braun, das äußerste Federnpaar stark verkürzt.

Ganze Länge 6½'', Schnabel 10''', Flügel 2⅔'', Schwanz 2''. —

Man kennt diese Art nur aus der hier mitgetheilten Beschreibung und Abbildung von Spix und Wagler, auf welche v. Tschudi als bekannt verweist. Spix erhielt sein Exemplar am Amazonenstrom; es ist, nach Wagler, ein junger Vogel, dessen im Ganzen matte Farben mit dem Alter wohl schärfer sich ausprägen, im Grunde aber nicht wesentlich sich zu ändern geneigt erscheinen. —

4. Capito Tamatia *Linn.*

Wagl. Syn. Av. no. 6. —
Bucco Tamatia ***Gmel. Linn.*** S. Nat. I. 1. 405. — ***Lath.*** Ind. orn. I. 201. 1. — ***Buff.*** pl. enl. 746. 1. — ***Le Vaill.*** l. l. 95. pl. 41. — ***Vieill.*** Gal. II. 21. pl. 34. — ***Swains.*** birds of Bras. pl. 11. — ***Schomb.*** Reise, III. 719. 246.
Chaunornis Tamatia ***G. R. Gray.***

Rückenseite braun, Stirn und Vorderhals gelbbraun, ein Streif am Halse schwarz; Bauch bis zum Steiß weiß und schwarz quer gefleckt. —

Der Schnabel ist viel dicker und stärker, als bei den vorigen Arten, aber nicht länger, eher kürzer; die hakige Spitze ist durch einen Einschnitt in zwei stumpfe Zacken getheilt, der Mundrand sonst einwärts gebogen; die schwarzen Borstenfedern haben, besonders am Zügel über dem Mundwinkel, eine auffallende Stärke; die des Kinnes sind weiß und ebenfalls länger als bei anderen Arten. Das Gefieder des Rückens ist dunkelbraun, der Stirnrand gelbrothbraun, welche Farbe sich als Streif über dem Auge fortsetzt und den ganzen Vorderhals bis zur Brust einnimmt. Von dem weißen Kinnwinkel zieht sich ein weißer Streif unter dem Schnabel über die Backen zum Nacken fort, und verfließt hier mit einem helleren, aber mehr gelblichen schmalen fleckigen Ringe um den Nacken. Unter dieser weißen Linie verläuft am Halse ein breiter schwarzer Streif herab. Die braunen Deckfedern der Flügel haben lichtere Ränder, die besonders bei jungen Vögeln deutlich werden; die Schwingen sind braungrau, an der Innenfahne isabellgelb gesäumt, eben diese Farbe nehmen die inneren Deckfedern an. Die Brust und der Bauch haben einen weißlichen Grund, mit schwarzen Querflecken auf jeder Feder und gelben Rändern, die im Alter auch weiß werden. Der Schwanz ist auf der Oberseite braun, auf der Unterseite grau, mit gelblichen Säumen an der Innenfahne; die Gegend hinter dem After ist blaßgelb, die Iris braun. —

Ganze Länge 6½″, Schnabel 1″, Flügel 3″, Schwanz 2″. —

Auch diese Art gehört den nördlichen Gegenden Brasiliens an und wurde hier nach einem von Para bezogenen, nicht ganz alten Individuum beschrieben. Schomburgk fand sie in Guyana ziemlich häufig in den dichteren, geschlossenen Waldungen, woselbst der Vogel einsam und furchtlos gern auf niedrigen Zweigen saß, ohne jemals eine Stimme hören zu lassen. Grade so beobachtete auch ich die nachfolgenden Arten in Brasilien. —

b. Schnabel ziemlich stark seitlich zusammengedrückt, daher schmäler, höher, am Mundrande stärker einwärts gebogen; ganz oder größtentheils hellroth gefärbt.

5. Capito collaris *Buff.*

Wagl. Syn. Av. no. 3. — *v. Tschudi*, Fn. per. Orn. 41. 3. —
Bucco collaris *Lath.* Ind. orn. I. 202. 3. — *Buff.* pl. enl. 395. — *Le Vaill.* l. l. 94. pl. 42. —
Bucco capensis *Linn.* Syst. Nat. I. 168. 1. — *Gmel. Linn.* S. Nat. I. 1. 406.

Rückenseite rothgelb, schwarz fein gewellt; Bauchseite weiß; über die Brust eine breite, im Nacken schmälere, schwarze Ringbinde. —

Der Schnabel ist ganz hellroth, auch die Spitze; die Firste bei jüngeren Vögeln bräunlich. Das Gefieder hat auf dem ganzen Rücken eine fuchsrothe Grundfarbe; jede Feder aber mehrere feine schwarzbraune Querlinien dicht neben einander. Die Flügel sind ebenso gefärbt, die Schwingen an der Innenfahne bräunlich, auf der Unterseite die Deckfedern blaßgelb. Kehle, Vorderhals, Brust, Bauch, Beine und Steiß sind rein weiß gefärbt, nur die Bauchseiten etwas gelblich; mitten über die Brust zieht sich eine breite schwarze Bogenbinde, welche sich als feinerer Ring um den Nacken fortsetzt. Der Schwanz ist obenauf rothgelb, unten blaßgelb, mit 9 feinen, schwarzen Winkelquerbinden in weiteren Abständen von einander. Die Iris ist gelbbraun, die Beine sind fleischbraun. —

Ganze Länge 8″, Schnabel 1″, Flügel 4″, Schwanz 3″.

Der junge Vogel unterscheidet sich vom älteren durch mattere Rückenfarbe und relativ breitere Querlinien des Gefieders; der Schnabel ist blaß roth, längs der ganzen Firstenkante gebräunt; die Beine haben eine trüb gelbbraune Farbe; der Schwanz ist kürzer und mit breiteren Querbinden versehen. —

Diese Art ist in Brasilien eine der seltensten und mir so wenig, wie dem Prinzen zu Wied vorgekommen. Sie scheint vorzugsweise den nordwestlichen Gegenden am Fuße der Cordilleren gegen Peru anzugehören, und dort in den dichten und großen Urwäldern ihren Standort zu haben. So wenigstens beobachtete sie Hr. v. Tschudi. —

6. Capito melanotis *Temm.*

Planch. col. des Ois. etc. pl. 94. — *Wagl.* Syn. Av. no. 5. — *Pr. Max.* Beitr. IV. 359. 1. — *v. Tschudi,* Fn. Per. Orn. 41. 5. —
Capito Chacuru *Vieill.* Enc. 1420. — N. Dict. X. 239. —
Bucco strigilatus *Licht.* Doubl. 8. 31.
Chacuru, *Azar.* Apunt. II. 330. 261.

Rückenseite rothbraun, schwarz in die Quere gestreift, Bauchseite blaßgelb; ein Fleck an der Backe schwarz, ein Ring im Nacken weiß. —

Schnabel hell rothgelb, die Firste bei jüngeren Individuen gebräunt, die Spitze auch am alten Vogel schwarz. Vorderste Stirn- und Zügelfedern bis zum oberen Augenrande weißlich, die Borstenfedern am Rande davor fein, die am Zügelrande steifer, aber nicht länger. Oberkopf bis zum Nacken dunkelrothbraun, jede Feder schwarzbraun mit rothgelber Binde vor dem schwarzen Spitzenrande; Backen und die Gegend am Ohr tief und rein schwarz, von einem weißlichen Fleck durchbrochen, der hinter dem Auge liegt und bis zum Ohr fortgeht. Kehle weiß, Vorderhals, Brust und Bauch blaß isabellfarben, die Brust fein quer liniirt, die Bauchseiten und der Schenkel breiter schwärzlich in die Quere gebändert. Vom Halse zieht sich mitten über den Nacken eine weiße Binde von mäßiger Breite. Rücken, Flügel und Schwanz sind braun, jede Feder des Rückens und die Deckfedern der Flügel mit breiter hellrostrother Binde vor dem schwarzen Spitzenrande; innere Flügeldeckfedern weißgelb. Schwingen graubraun, die Innenfahne isabellgelb gesäumt, die Armschwingen nach außen rothbrauner, heller fein gerandet. Schwanzfedern mit blaß rostrothen dreieckigen Randflecken, welche sich mit dem Alter zu Querbinden ausbilden; Unterseite des Schwanzes röthlich isabellgelbgrau. Iris blaßgelb. Beine bräunlich fleischfarben. —

Ganze Länge 8″, Schnabel $1\frac{1}{2}$″, Flügel $3\frac{1}{2}$″, Schwanz $2\frac{1}{3}$″. —

Das hier beschriebene Individuum ist ein nicht ganz ausgefärbter **weiblicher** Vogel; das **Männchen** hat hellere Farben und namentlich am Bauch schwächere schwarze Querlinien auf rein weißem Grunde; über dem Auge setzt sich eine weißliche Linie vom Zügel her fort; die rothgelben Binden der Rückenfedern sind schmäler und der Anfang des Rückengefieders unter der weißen Nackenbinde ist schwärzlicher. Der Schwanz hat weniger deutliche Querbinden auf den seitlichen Federn. —

Die **jungen** Vögel ähneln den Weibchen, sind aber noch viel matter gefärbt und besonders die breitern Rückenbinden mehr graubraun, als entschieden rothbraun.

Ich traf diesen hübschen Bartvogel in den Gebüschen bei Lagoa santa, wo er still und einsam auf offnen Zweigen unter den Laubkronen saß und ohne ein Glied zu regen den Beobachter ganz nahe herankommen ließ. Er blieb bis auf 6—8 Schritte ruhig sitzen und flog erst auf, wenn man die Büsche in seiner unmittelbaren Nähe bewegte. Seine Nahrung besteht in Insekten, die er vom Platze aus fängt, ihnen nach- oder entgegen eilend, wenn sie ihm nahe kommen. Er klettert nicht, wie die Spechte thun, sondern wartet ruhig, bis ihm eine zusagende Beute sich darbietet. Sein Nest habe ich nicht erhalten können; doch nistet er, nach Angabe der Brasilianer, in Baumlöchern und legt mehrere weiße Eier. Der Prinz zu Wied erhielt den Vogel im Sertong von Bahia, Hr. v. Tschudi am Ostabhange der Cordilleren in der unteren Waldregion, Azara in Paraguay, wo der Vogel aber so selten ist, daß er überhaupt nur 5 Exemplare in seine Hände bekam. Nach ihm läßt er eine Stimme hören, die dem Namen Chacuru ähneln soll; ich habe nie einen Ton vom Vogel vernommen. —

Anm. Swainson hat in seinen Birds of Brazil, pl. 10. als Tamatia Leucotis einen Bartvogel abgebildet, den ich, so weit sich nach dem bloßen Bilde, ohne Beschreibung, urtheilen läßt, für das ausgefärbte alte Männchen der vorstehend beschriebenen Art halten muß; wenigstens paßt das Bild a. a. O. ganz gut auf ein von mir aus Lagoa santa mitgebrachtes altes, männliches Individuum. Dasselbe hat einen viel breiteren weißen Fleck am Ohr, als der junge Vogel, aber eine schmälere weiße Stirn, stärkere schwarze Bartborsten, und einen mehr rostrothen Rücken, dessen Federn bloß schwärzliche Randflecke statt der Binden besitzen. Die feinen schwärzlichen Linien auf der Brust sind sehr verloschen und die mittleren Schwanzfedern haben 11 schmale, die seitlichen etwas breitere, weißlich rothgelbe Querbinden, die an der Außenfahne der letzteren zu einer ganz weißlichen Färbung verfließen.

7. Capito maculatus *Gmel.*

Alcedo maculata ***Gmel. Linn.*** S. Nat. I. 1. 451. — ***Lath.*** Ind. orn. 258. 33. — ***Le Vaill.*** Barb. Suppl. Fig. F. — ***Swains.*** Birds of Bras. II. pl. 9.
Capito maculatus ***Wagl.*** Syn. Av. no. 7. —
Bucco somnulentus ***Licht.*** Doubl. 8. 34. —
Tamatia ***Marcgr.*** h. nat. Bras. 220.

Rückengefieder braun, mit rothgelben Querflecken; Bauchseite weißgelb, schwarz gefleckt; Vorderhals und ein Ring im Nacken ochergelb. —

Im Rumpfe kleiner, als die vorige Art, aber Schnabel und Schwanz relativ viel länger. Erstere von schwächerem Bau, niedriger, die Spitze minder hakig, blaßrothgelb, aber die ganze Firstenkante mit dem Haken und der Kehlkante gebräunt. Borstenfedern am Grunde reichlich, aber ziemlich fein, auch die am Zügel. Iris blaßgelb. Gefieder des Kopfes und ganzen Rückens, mit Einschluß der Flügel und des Schwanzes, braun; jede Feder mit einem blaßgelbrothen Fleck am Ende und die Deckfedern auch mit einer solchen Binde in der Mitte. Vorderster Stirnrand bis zum Auge und darüber hinaus blaßgelb; Kehle und Kinnwinkel rein weiß. Vorderhals und eine halbe Mondbinde im Nacken schön und klar ochergelb; die Backenfedern, besonders am Ohr, blaßgelb und schwarz gestrichelt. Schwingen graubraun, die Innenfahne weiß gesäumt, die hintern Armschwingen mit gelblichen Randflecken an der Vorderfahne, die hintersten an beiden Fahnen. Untere Flügeldeckfedern gelblich weiß, fein in die Quere grau gestreift. Brust und Bauch blaßgelb, jede Feder mit einem schwarzen Fleck vor der Spitze, welcher am Bauch kleiner wird, der Bauchmitte fehlt und an den Bauchseiten auf den Schenkeln zu Querbinden sich ausdehnt. Schwanz sehr lang, aber schmal, die Oberseite braun, die Unterseite grau; jede Feder mit 12 feinen blaß gelbrothen Querlinien, die auf den äußeren Seitenfedern zu an beiden Fahnen alternirenden Bogenstrichen sich verändern. Beine bräunlich fleischfarben, etwas zierlicher gebaut als bei der vorigen Art. —

Ganze Länge 9″, Schnabel 1″ 8‴, Flügel 3¼″, Schwanz 3″. —

Die Art bewohnt die Gegenden von Bahia, und kam mir auf meiner Reise nicht vor; da sie schon von Marcgraf erwähnt wird, so scheint sie dort nicht selten zu sein. Was man von ihrem Benehmen weiß, zeigt, daß sie ganz dieselbe Lebensweise führt, wie die vorige Art. Viel weiter südlich scheint sie nicht zu gehen, indem sie, obgleich keine Seltenheit, dem Prinzen zu Wied auf seiner Reise nicht vorkam; auch ins Innere dringt sie nicht tief ein. —

4. Gatt. Monasa *Vieill.*

Lypornix *Wagl.* Scotocharis *Gl.* Monastes *Nitzsch.*

Schnabel kleiner, besonders nach der Spitze zu dünner und schwächer, zwar sanft gebogen, aber ohne abgesetzten Endhaken; der Mundrand grade, nicht einwärts gekrümmt. Um das Auge ein mehr oder minder breit nackter Ring. Gefieder noch weicher und wolliger als in der vorigen Gattung; die Flügel entschieden länger, spitziger, in der Ruhe tiefer über die Basis des Schwanzes hinabreichend; die erste Schwinge sehr kurz, die zweite und dritte in mäßigen Absätzen verkürzt. Schwanzfedern schmal, übrigens etwas verschieden gebaut, bald länger, bald viel kürzer als in der vorigen Gattung; ein Mal kaum länger als die ruhenden Flügel. Beine feiner und zierlicher gebaut als bei Capito. —

a. Schwanz beträchtlich länger als die ruhenden Flügel; Gefieder sehr weich.

α. Bartborsten sehr lang, weit am Schnabel hinabreichend; äußere Schwanzfedern stark verkürzt und der ganze Schwanz ziemlich kurz. — Malacoptila ***Gray.***

1. Monasa fusca *Gmel.*

Bucco fuscus ***Gmel. Linn.*** S. Nat. I. 1. 408. — ***Lath.*** Ind. orn. I. 206. 17.
Tamatia brun, ***Le Vaill.*** Ois. Barb. 99. pl. 43.

Bucco striatus *Spix* Av. Bras. I. 52. 3. tb. 40. fig. 2. — *Swains.* birds of Bras. pl. 34.
Lypornix torquata *Wagl.* Syn. Av. sp. 4.
Capito fuscus *Temm.* *Pr. Max.* Beitr. IV. 364. 2.

Braun, Kopf- und Rückenfedern rostgelb gestreift; Vorderhals weiß, gegen die Brust schwarz gesäumt; Oberbrust rostgelb. —

So groß wie ein Staar, aber wegen des weichen Gefieders etwas größer erscheinend. Schnabel schlank und spitz, wenig gebogen, schwarz. Kopf und Rücken dunkelbraun, jede Feder mit einem rostgelben Schaftstreif, der mit dem Alter deutlicher und klarer wird; Zügelgegend und oberer Augenrand ganz rostgelb; die Bartfedern am Grunde rostgelb, an der Spitze schwarz. Auf dem Vorderhals, vor der Brust, ein breiter weißer Mondfleck, welcher gegen die Brust von einer schwarzen Binde begrenzt wird; die Brust anfangs rostgelb, dann graugelb, heller und dunkler schwach gebändert, die Schäfte der Federn am hellsten. Rücken und äußere Flügeldeckfedern lichter braun, mit kleineren, nach der Spitze zu breiteren, rostgelben Schaftstrichen; Schwingen graubraun, am Außenrande schmal, am Innenrande breit rostgelb vorgestoßen; innere Flügeldeckfedern vorn bräunlich, hinten gelblich. Schwanz einfarbig braun, unten graulicher; Steiß gelblich. Beine schwarz. Iris rothbraun. —

Der junge Vogel unterscheidet sich vom alten nur durch mattere Färbung und trübere, nicht so scharf abgesetzte Schaftstriche; sein weißer Mondfleck am Halse ist licht gelb überlaufen und etwas breiter, die schwarze Binde dagegen schmäler als beim alten Vogel. —

Ganze Länge 8″, Schnabel am Mundrande $1\frac{1}{4}$″, Flügel $3\frac{1}{2}$″, Schwanz $3\frac{1}{4}$″, Lauf 9‴. —

Die 3 ersten Schwingen gleichförmig stufig verkürzt, die fünfte Schwinge die längste; äußerste Schwanzfeder jeder Seite um ein Viertel kürzer, als die mittleren; das nächstfolgende Paar um 2—3 Linien verkürzt. —

Von allen Bartvögeln Brasiliens ist diese Art die gemeinste, sie kommt bis in die Gärten der Dörfer, und sitzt hie und da am Wege, zur Frühlingszeit wohl paarig, ohne sich zu regen, oder auch nur die geringste Aufmerksamkeit auf ihre Umgebung zu verrathen. Der Eindruck, welchen dieser sonderbare Vogel dadurch macht, ist ein höchst überraschender; man sieht ihn, mit seiner weißen Kehle weit aus dem Dickigt hervorleuchtend, schon von Ferne, und bemerkt, wenn man näher kommt, daß er unbeweglich einem Schlafenden ähnlich, aber mit großen offnen Augen, den Reisenden anstiert, gleichsam als wüßte er nicht, was er thun solle. Dummheit und Gleichgültigkeit sprechen zu deutlich aus diesem Benehmen, als daß man sich darüber wundern könnte, den Vogel João doido von den Brasilianern genannt zu hören. Er ist auch zoologisch ein sonderbares Gemisch, worin der Körperbau der dreisten, beweglichen, lärmenden Kukuke mit dem düstern Kleide und dem trägen Naturell der leise schwebenden Nachtschwalben sich vereinigt hat; eine gewiß merkwürdige Verbindung (vgl. meine Reise, S. 181).

Das Nest des Vogels habe ich nicht bekommen, auch der Prinz zu Wied sagt nichts darüber.

Die anatomische Untersuchung hat mir ergeben, daß der Schlund zwar weit, aber weniger schlaff ist, als beim Kukuk; daß der Magen eine ziemlich starke fleischige Wandung besitzt, welche inwendig, wie bei Singvögeln, von einer derben gefalteten Lederhaut überzogen wird, und der ziemlich kurze, aber nicht grade enge Darmkanal mit zwei weiten, sanft kolbigen und ziemlich langen Blinddärmen versehen ist. Im Magen fand ich, außer den Resten anderer kleinerer Insekten, einen großen Tagschmetterling (Papilio Protodamas), welcher zusammengewickelt fast den ganzen Magen anfüllte. —

2. Monasa rufa.

Bucco rufus *Spix* Av. Bras. I. 52. 2. tb. 40. fig. 1.
Lypornix rufa *Wagl.* Syn. Av. sp. 5.

Rückenfläche rothbraun, der Scheitel grau, weißlich gestreift; Kehle, Vorderhals und Brust rothgelb, mit weißer Binde; Bauch und Steiß weißlich. —

Wie die vorige Art gestaltet; der Schnabel ebenso schlank, schwarz, am Kinnrande gebräunt. Stirn rostroth, dahinter der Scheitel bis zum Hinterkopf und die Wangen grau, jede Feder mit weißlichem Schaftstrich. Ganzer Rücken einfarbig rothbraun. Kehle, Vorderhals und Brust heller zimmtrothbraun oder rostgelb, über die Brust eine breite weiße Binde; Bauch und Steiß weißlich, leicht gelb überlaufen. Schwingen schwarzbraun, Schwanz rothbraun, Beine fleischbraun. —

Ganze Länge $7\frac{1}{2}''$, Schnabel $1''$, Flügel $3\frac{1}{3}''$, Schwanz $2\frac{1}{4}''$. —

Der junge Vogel ist etwas weniger voll gefärbt, hat einen fast ganz gelbbraunen Unterkiefer, eine viel undeutlichere, schmälere Binde über die Brust, und einen mehr gelblichen Bauch.

Spix entdeckte die Art in den Waldungen am Amazonenstrom.

3. Monasa Rubecula.

Bucco Rubecula *Spix* Av. Bras. I. 51. 1. tb. 39. fig. 1. — *Temm.* pl. enl. 323. fig. 2. —
Lypornix Rubecula *Wagl.* Syn. Av. sp. 6. — *Swains.* birds of Bras. pl. 35. (jung).

Graubraun, Vorderhals rostgelb, Brust mit graulicher Querbinde, Bauch weißlich. —

Schnabel fein und schlank gestaltet, ziemlich deutlich zusammengedrückt, die Rückenfirste beinahe scharfkantig, schwarz. Borstenfedern lang, bis über die Mitte des Schenkels hinabreichend, die Spitzen schwarz, die Fahne weißgelb, wie die Zügelgegend und der vorderste Stirnrand. Scheitel, Rücken, Flügel und Schwanz braungrau; die Flügel brauner, die Schwingen fast schwarzbraun, nur die Armschwingen mit lichteren feinen Rändern; alle an der Innenfahne breit blaßgelb gesäumt. Kehle weißlich, Vorderhals und Oberbrust rostgelb, dahinter eine grauliche Querbinde; Bauch und Steiß weißgelb. Füße schwarzgrau, Iris braun.

Der junge Vogel überall matter gefärbt, der Rücken graulicher, die Brust blaßgelber, die graue Binde anfangs gar nicht von der Brustfarbe gesondert; der Schwanz und die Schwingen mehr graubraun als schwarzbraun, die Innenseite sehr blaß.

Ganze Länge 6″, Schnabel am Mundrande 1″, Flügel $2^2/_3$″, Schwanz 1″ 10‴, Lauf 8‴. —

Ich bekam von dieser Art nur einen ziemlich jungen Vogel in Neu-Freiburg durch meine Jäger, ohne weitere Angabe, als daß er im Urwalde einsam lebe und im Benehmen der ersten Art ähnele. Spix fand sein Exemplar beim Dorfe Malhada am Rio St. Franzisco. —

β. Bartborsten kurz, schwach entwickelt, nur wenig über die Nasenlöcher hinabreichend. Schwanz von beträchtlicher Länge, und ziemlich so lang wie der Rumpf, die ruhenden Flügel weit überragend. Monasa *Gray*.

4. Monasa leucops *Ill.*

Bucco leucops ***Ill. Licht.*** Doubl. etc. 8. 38.
Capito leucops ***Pr. Max.*** Beitr. IV. 368. 3.
Tamatia leucops ***Swains.*** birds of Bras. pl. 12.
Lypornis leucops ***Wagl.*** Syn. Av. sp. 3.
Bucco albifrons ***Spix*** Av. Bras. I. 53. 5. tb. 41. f. 1.
Monasa personata ***Vieill.*** Gal. II. 23. pl. 36. —

Gefieder grau, Stirn und Kehle gelb, Schnabel roth.

Gefieder weich und voll, wie bei den vorigen, aber die einzelnen Federn breiter gebaut; ganz grau, nur die Schwingen außen und der Schwanz beinahe schwarz, wenigstens schieferschwarz. Vorderer Stirnrand, Zügel und Kehle isabellgelb, nur die Borsten am Mundrande hinter dem Nasenloch schwarz. Schnabel hell zinnoberroth, Iris grau, Beine schwarz. Schwingen an der Innenfahne licht weißgrau gesäumt.

Weibchen vom Männchen durch die mehr weißliche Farbe der Federn am Schnabelgrunde verschieden; jüngere Vögel matter grau. —

Ganze Länge 11″, Schnabelrücken 1¼″, Flügel 5″, Schwanz 4″, Lauf 10‴. —

Lebt tiefer im Urwalde, als M. fusca und wird in der Nähe menschlicher Ansiedelungen nicht gesehen; ich erhielt den Vogel zu Neu-Freiburg von meinen Jägern, selbst habe ich ihn nicht lebend beobachtet. Der Prinz zu Wied traf ihn nördlich vom Rio Espirito santo häufig in den Wäldern, wo er sich durch seine laute, eigenthümliche Stimme kenntlich machte. Sein Benehmen ist weniger träge, als das von Monasa fusca.

5. Monasa nigrifrons *Spix.*

Bucco nigrifrons *Spix* Av. Bras. I. 53. 4. tb. 41. fig. 2.
Lypornix unicolor *Wagl.* Syn. Av. sp. 2.

Einfarbig schiefergrau; Stirn, Schwingen und Schwanz schwärzer; Schnabel roth. —

Diese Art hat die vollständigste Uebereinstimmung mit der vorigen, von der sie durch die dunkle, schieferschwarze, dem Kopfgefieder gleichfarbige Stirn abweicht. Der Schwanz hat etwas stahlblauen Anflug und von allen Körpertheilen den dunkelsten Ton. —

Ganze Länge 10½″, Schnabel 1½″, Flügel 5⅓″, Schwanz 3½″. —

Spix entdeckte diese Art in den Wäldern am Amazonenstrom.

Anm. Nördlich vom Amazonenstrom, in Guyana, lebt eine ganz ähnliche, noch etwas größere, dritte Art, deren äußere Flügeldeckfedern einen hell weißen Rand haben. Das ist der Bucco cinereus *Gmel. Linn.* S. Nat. I. 1. 409. — Bucco calcaratus *Lath.* Ind. orn. I. 206. 18. — Cuculus tranquillus *Gmel. Linn.* S. Nat. I. 1. 417. — *Buff.* pl. enl. 512. — Monasa tranquilla *Vieill.* — Lypornix tranquilla *Wagl.* Syn. Av. sp. 1. Da der Vogel nicht bis Brasilien hinabgeht, so bespreche ich ihn nicht weiter. Schomburgk (Reise III. 719. 247) fand ihn stets paarig, an lichten Waldstellen der Flußufer. —

b. Schwanz sehr kurz, nur wenig über die ruhenden Flügel hervorragend; Gefieder etwas derber, kleinfedriger. Chelidoptera *Gould.*

6. Monasa tenebrosa *Pall.*

Cuculus tenebrosus, *Pall.* n. nord. Beitr. III. 3. tb. 1, fig. 1. — *Lath.* Ind. orn. I. 221. 46. — *Buff.* pl. enl. 505.
Bucco tenebrosus *Licht.* Doubl. 8. 39. — *Le Vaill.* Barb. pl. 46. — *Temm.* pl. col. 323. 4.
Capito tenebrosus *Pr. Max.* Beitr. IV. 372.
Monasa tenebrosa *Vieill.*
Lypornix tenebrosa *Wagl.* Syn. Av. sp. 7. — *Swains.* Birds of Bras. pl. 36. — *Schomburgk,* Reise III. 720. 218.

Schieferschwarz, bläulich schillernd; Bauch rostgelb, Bürzel und Steiß weiß.

Viel kleiner als die vorigen Arten, mit dichterem, glatterem, dunklerem

Gefieder. Schnabel ziemlich kurz, am Grunde dick oder besser hoch, sanft gebogen, schnell zugespitzt. Bartborsten fein, zahlreich, nicht ganz bis zur Schnabelmitte reichend. Farbe schieferschwarz, aber leicht bläulich angeflogen, bei ganz alten Vögeln mit schwachem Metallschiller. Bauch zwischen den Schenkeln rostgelb; obere und untere Schwanzdecken weiß. Flügel lang und spitz, die erste Schwinge sehr klein, die zweite nur wenig kürzer als die dritte, längste. Schwanz kurz, die ruhenden Flügel nur sehr wenig überragend, grade abgestutzt, die äußerste Feder jeder Seite etwas abgekürzt. Beine grau. Iris braun. —

Ganze Länge 7″, Schnabel am Mundrande 1″, Flügel $4\frac{1}{2}$″, Schwanz 2″, Lauf 5‴. —

Gemein im Waldgebiet Brasiliens und häufig nahe am Wege auf einzelnen freien Zweigen sitzend zu sehen; aber doch ziemlich hoch über dem Boden sich haltend. Im Benehmen nicht ganz so sorglos, wie Monasa fusca, obgleich der Hauptsache nach dieselbe Lebensweise führend. Auch der innere Bau ganz ebenso, namentlich der Magen dickwandig fleischig mit innerer Lederhaut, und die Blinddärme lang. Im Magen fand ich, unter andern Insekten, besonders Ameisen und eine große Wanze (Anisoscelis). Der Prinz zu Wied beobachtete das Nest im abschüssigen Sandufer des Rio Belmonte am Ende eines 2 Fuß langen Ganges mit 2 weißen Eiern. —

b. Mit zehn Schwanzfedern. Bucconidae.

5. Gatt. Micropogon *Temm.*

Schnabel etwas dicker und stärker, als bei den Vorigen, sanft gebogen, mit wenig herabgekrümmter, nicht hakiger Spitze. Borstenfedern mäßig entwickelt. Gefieder im Ganzen viel derber und kräftiger, und dem von Chelidoptera in der Beschaffenheit verwandt, aber die Flügel kürzer, nur den Anfang des Schwanzes bedeckend; die Schwingen ziemlich schmal, die drei ersten stark stufig verkürzt, die vierte und fünfte die längsten. Schwanz ziemlich kurz oder von mäßiger Länge, steif, nur aus zehn Federn gebildet; die äußeren an jeder Seite stufig verkürzt, daher die Form runder als bei den vorigen Gruppen. —

Die Arten dieser Gattung haben ein grelles buntes Gefieder, ein lebhaftes Temperament, streifen in kleinen Gesellschaften durch die Wälder und kommen gern in die Nähe der Ansiedelungen. Sie sind im südlichen Brasilien gar nicht vertreten, sondern gehören ausschließlich den Gegenden am Amazonenstrome an. Weder der Prinz zu Wied, noch ich selbst habe hierher gehörige Vögel auf der Reise angetroffen. — Folgende Art wird für Brasilien erwähnt. —

Micropogon elegans *Gmel.*

Bucco elegans *Gmel. Linn.* S. Nat. I. 1. 406.
Bucco maynanensis *Lath.* Ind. orn. I. 203. 4. — *Buff.* pl. enl. 330. — *Le Vaill.* Barb. pl. 34.
Embucco elegans *Bonap.* Consp. 142. 280. 4.

Grün; Stirn, Kehle und Vorderbauch roth; Brust gelb, Wangen blau. —

Ein kleiner Vogel, nicht völlig so groß wie Monasa tenebrosa, aber der Schnabel und der Schwanz länger. Gefieder auf dem ganzen Rücken, den Flügeln, dem Schwanz und Bauch grün. Stirn, Oberkopf und Kehle roth, blau eingefaßt, welche blaue Einfassung sich auf die Wangen bis unter das Auge nach vorn zum Mundwinkel hin ausbreitet. Der Vorderhals und die Brust gelb, der Bauch vor den Schenkeln mit einem großen rothen Fleck; der übrige Theil, die Schenkel und der Steiß gelblich grau, mit breiten grünen Schaftstreifen. Flügel auf der Innenseite blaßgelb, Schwingen braungrau, die äußere Fahne grün, die innere weiß gesäumt. Schwanz ziemlich kurz, breit abgerundet, die 3 äußeren Federn jeder Seite stark stufig. Schnabel horngrau, am Mundrande und an der Spitze weißlich; Beine horngraubraun. —

Ganze Länge 5″ 8‴, Schnabel 10‴, Flügel fast 3″, Schwanz $1^2/_3$″, Lauf 10‴. —

Am oberen Amazonenstrom in der Provinz Maynas.

Anm. Einige andere Arten dieser Gattung mögen höchstens an der äußersten Nordgrenze Brasiliens, jenseits des Rio Negro, auftreten, wie z. B.

1. Micropogon aurovirens *Cuv.* — *Le Vaill.* Barb. Suppl. pl. E. — Bräunlich grün, beinahe olivenfarben; Oberkopf roth, Vorderhals und Brust orange, Bauch grünlicher, blasser als der Rücken, der Steiß weißlich. Schnabel hornschwarz, Beine bleigrau. — Länge 7—8″. —

2, Micropogon cajennensis. *Temm.* pl. col. livr. 83. Sexte. — *Buff.* pl. enl. 206. — *Le Vaill.* Barb. pl. 23—25. — Schwarzbraun. Vorderkopf, Kehle und Vorderhals roth, Brust gelb; Männchen mit weißem Streif über dem Auge. Rücken- und Flügeldeckfedern bei jüngern Vögeln lichter gelbgraubraun gesäumt; Schwingen an der Innenfahne weißlich gesäumt. — Besonders in Guyana zu Hause. Vgl. *Schomb.* Reise III. 720. 245.

Die übrigen bekannten Spezies stammen aus Peru (vgl. *v. Tschudi*, Fn. per. Orn. 259.), Chili (C. aurifrons *Vig.* Proc. zool. Soc. 1832. 3.) und Columbien (*Lafresnaye,* Rev. zool. 1845). Die früher beschriebenen hat Temminck a. a. O. livr. 83. aufgeführt, aber nicht sehr glücklich den afrikanischen Bucco margaritatus *Cretzsch* Atl. tb. 20. (pl. col. 490) damit verbunden. Er bildet nunmehr die besondere Gattung Trachyphonus *Ranzani* (Promepicus *Lafresn.*), wohin auch Picus caffer *Gmel.* (Microp. sulphuratus *Lafresn.*) gehört. —

B. Mit langem, die Länge des Kopfes übertreffendem, meist dünnem Schnabel.

3. Galbulidae.

Schnabel höher als breit, mit scharfkantiger Firste und kaum merklicher Krümmung, welche ihm bei der gewöhnlich sehr großen Länge das Ansehn eines Pfriemens geben; die Spitze völlig grade, ohne Spur einer Abwärtsbiegung oder hakenförmigen Krümmung; der Kinnwinkel sehr kurz. Nasengrube vom Hornüberzuge bedeckt; das Nasenloch eine kleine runde Oeffnung dicht vor dem Kopfgefieder. Neben dem Nasenloch einige sehr lange und steife Borsten; die übrigen am Mundrande und am Kinn viel kleiner und schwächer. Ein schmaler Ring um das Auge und ein Streif am Zügel bis zum Mundwinkel nackt. Gefieder nicht ganz so weich, wie bei den eigentlichen Bartvögeln, aber doch nicht derbe, die Federn rundlicher breiter, häufig mit lebhaftem Metallschiller. Flügel kurz, nicht viel über den Anfang des Schwanzes hinabreichend, die erste Schwinge sehr klein, die zweite und dritte weniger verkürzt. Schwanz aus zwölf ziemlich großen langen Federn gebildet, von denen das äußere Paar meistens sehr klein und oft ganz versteckt ist; übrigens beinahe von der Länge des Rumpfes, oder darüber, die äußeren Federn etwas verkürzt. Beine sehr klein und schwach gebaut, von kurzen Gürteln bekleidet; die beiden vorderen Zehen am Grunde verwachsen, die innere Hinterzehe sehr klein, mitunter ganz fehlend.

Die Gruppe ist ausschließlich amerikanisch und in der Lebensweise ganz übereinstimmend mit den Bartvögeln. Es sind dumme, träge, gleichgültige Vögel, welche man einsam hier und da auf Zweigen sitzen sieht, und wegen der höchst auffallenden Sorglosigkeit ihres Benehmens ganz besonders mit dem Namen João doido in Brasilien belegt. — Sie fressen Insekten, welche sie vom Platze fangen, nisten in Erdlöchern, wie Monasa tenebrosa, und legen 2 weiße Eier. —

6. Gatt. Jacamerops *Cuv.*

Schnabel stark, ziemlich breit, nur wenig länger als der Kopf; die Rückenfirste hinten scharfkantig, nach vorn abgeplattet. Die Borsten am Nasenloch minder steif, mit vielen Aesten am Grunde und kurzer Spitze. Gefieder auf dem Rücken derber, metallisch glänzend. Flügel klein, die Schwingen sehr schmal, in der Ruhe von den ziemlich langen obern Schwanzdecken überragt. — Schwanz breit und ziemlich lang, aus zwölf Federn gebildet; die äußerste Feder jeder Seite ziemlich groß, obgleich nur halb so lang wie die nächstfolgende und diese ebenfalls viel kürzer als die dritte, die mittleren sechs fast gleich lang. — Beine stärker gebaut als bei der folgenden Gattung.

Jacamerops grandis.

Galbula grandis *Lath.* Ind. orn. I. 245. 2.
Alcedo grandis *Gmel. Linn.* S. Nat. I. 1. 458.
Galbula Jacamerini *Shaw.* Natur. Misc. pl. 83. — *Le Vaill.* Jacam. pl. 54.
Lamproptila platyrhyncha *Swains. Schomb.* Reise III. 718.

Rückenseite und Kehle metallisch grün, goldglänzend; Brust, Bauch und Steiß rostgelbroth; am Halse ein weißer Fleck. —

Schnabel schwarz, Iris braun; Gefieder von der Stirn bis zur Schwanzspitze, gleich wie an der Kehle und den Seiten des Halses, glänzend metallisch grün, die Schultern kupferroth, der Rücken goldgelb, die Flügel stahlblau schillernd. Handschwingen und vordere Armschwingen schwarz, am Innenrande hell rostgelb gesäumt. Schwanzfedern auf der Unterseite graugrün, schwächer metallisch glänzend. Vorderhals, Brust, Schenkel, Bauch und Steiß lebhaft rostgelbroth; vorn am Halse ein kleiner weißer Fleck. Füße braun.

Ganze Länge 12″, Schnabel am Mundrande 2″, Flügel 4″, Schwanz 5″, Lauf 7‴. —

Der Vogel ist höchstens im nördlichen Brasilien an der Mündung des Amazonenstromes zu Hause, seine eigentliche Heimath fällt nach Guyana.

7. Gatt. Galbula *Briss.*

Schnabel lang, dünn, höher als breit, sehr scharfkantig, sanft gebogen; Borstenfedern am Nasenloch lang und steif. Körperbau schwächer, das Gefieder weicher, die Flügel nach Verhältniß etwas länger, die oberen Schwanzdecken unter dem ruhenden Flügel versteckt. Schwanz nicht so breit, und mannigfaltiger gebaut, bald länger, bald kürzer als der Rumpf oder die Flügel; gewöhnlich aus zwölf Federn gebildet. Die äußerste Feder jeder Seite sehr klein, meistens unter dem Steißgefieder ganz versteckt; die mittelsten zwei Federn theils länger, theils nur ebenso lang, wie die benachbarten; die zunächst der kleinen äußersten mehr oder minder abgekürzt. —

A. Innere Hinterzehe vorhanden.

a. Gefieder des Rückens lebhaft glänzend metallisch grün, mit Goldschimmer.

1. Galbula viridis *Lath.*

Alcedo Galbula *Linn.* S. Nat. I. 181. 15. —
Galbula viridis *Lath.* Ind. orn. I. 244. 1. — ***Buff.*** pl. enl. 238. — ***Le Vaill.*** Jacam. pl. 47—49. — ***Pr. Max*** Beitr. IV. 237. 1.
Galbula viridicauda *Swains.* two Cent. no. 140. — ***Schomb.*** Reise III. 717. 234.

Rückenseite und Brust metallisch goldgrün, Bauch und Steiß rostgelb; Kehle weiß; Schwanz so lang wie die Flügel, breit zugerundet. —

Schnabel sehr lang und dünn, gänzlich schwarz; Zügel, Augenring und Wangen, so weit nackt, von derselben Farbe. Stirn, Scheitel, der ganze Rücken und die Brust lebhaft metallisch grün, golden schillernd; die Spitzen der Federn des Oberkopfes stahlblau und einige auf der Brust ebenfalls, die übrigen reiner goldglänzend. Schwingen schwarzgrau, die Außenfahne am Rande nach außen grünlich metallisch, die Innenfahne weiß gesäumt; innere Flügeldecken rostgelb; ebenso, nur dunkler, der Bauch, die Schenkel und der Steiß. Schwanz kürzer und breiter als bei der folgenden höchst ähnlichen Art; die vier mittleren Federn gleich lang, lebhaft metallisch grün, aber die Innenfahne der beiden äußeren schon etwas trüber; das dritte Paar ganz rostgelb, die beiden anderen Paare rostgelb, unten mit schwarzgrauer, oben mit grünlicher Spitze; nur die äußerste Feder jeder Seite, neben der kleinsten versteckten, merklich abgekürzt. Beine bräunlich fleischfarben. Iris braun. —

Das Männchen hat eine rein weiße Kehle, deren meiste Federn mit grünen Spitzen versehen sind; beim Weibchen ist die Kehle blaßgelb, mit feineren grünen Endspitzen der Federn. Jüngere Vögel blasser gefärbt, der Metallglanz matter, erzgrüner, die gelbe Unterseite lichter.

Ganze Länge 8½″, Schnabelrücken 2″, Flügel 3″, Schwanz 2½″, Lauf 5‴. —

Bewohnt die Waldungen des ganzen Küstengebietes von Brasilien und zeichnet sich durch nichts Eigenthümliches in seiner einsamen Lebensweise aus. Die Brasilianer halten den Vogel gewöhnlich für einen großen Kolibri, und nennen ihn deshalb auch Bejaflor grande. Sein Magen ist ganz wie bei Monasa gebaut und enthält Insekten. Die Blinddärme sind kürzer, aber sehr kolbig; die Zunge ist etwa halb so lang wie der Schnabel, schmal, spitz, glatt und hinten in 2 zackige Läppchen getheilt.

2. Galbula ruficauda *Swains.*

Swains. two Centur etc. no. 139. — *Le Vaill.* h. nat. Jacam. pl. 50.

Rückenseite und Brust metallisch goldgrün, Bauch und Steiß rostgelb; Schwanz länger als die Flügel, schmal, lang zugespitzt. —

In der Farbe und Größe stimmt diese Art genau mit der vorigen überein, unterscheidet sich aber von ihr in folgenden Punkten.

Der Schnabel ist beträchtlich kürzer, und erscheint darum etwas dicker. — Die äußeren Flügeldeckfedern haben stahlblaue Spitzen. — Die Schwingen sind an der Innenfahne rostgelb und zwar breiter gesäumt, und die inneren Deckfedern ebenso tief rostgelb, wie der Bauch. — Die Kehle ist bei beiden Geschlechtern licht rostgelb und diese Farbe breiter hinab auf den Hals ausgedehnt; auch fehlen die metallischen Federnspitzen größtentheils. — Der Schwanz ist um ein Beträchtliches länger, die einzelnen Federn neben der kleinsten, versteckten sind schmäler, und die Verkürzung der äußern viel bedeutender; nur die 2 mittelsten haben eine wirkliche, aber matte, dunkel metallgrüne Farbe; die nächst folgenden sind am Schaft rostgelb, am Rande breit dunkelbraun, mit leichtem Erzschiller; das dritte Paar ist ganz rostgelb, die andern beiden Paare haben breitere, oben schwarzgrüne, unten graue Spitzen und sind stärker stufig. Die Farbe der Beine ist etwas dunkler. —

Ganze Länge 8¼", Schnabelrücken 1¾", Flügel 3", Schwanz 3⅙".

Die Art scheint nur im nördlichen Brasilien ansäßig zu sein; sie ist hier nach einem Exemplar unserer Sammlung beschrieben, das von Para bezogen wurde. —

3. Galbula macrura *Vieill.*

Galbula macrura *Vieill.* Gal. d. Ois. II. 12. pl. 29. — *Le Vaill.* h. nat. Jacam. pl. 52.
Galbula leptura *Swains.* two Cent. etc. no. 141. — *Schomb.* Reise 715. 235.

Rückenseite und Brust metallisch goldgrün, Bauch und Steiß rostgelb; Schwanz lang, stark stufig, die zwei mittleren Federn grün, die anderen rostgelb.

Auch diese Art ähnelt den beiden vorigen sehr, besonders der zweiten; sie hat indessen einen entschieden kürzeren Schnabel und viel längeren Schwanz, dessen sämmtliche Federn ganz rostgelb sind, mit Ausnahme der beiden mittleren, welche die metallisch grüne, stark goldglänzende Färbung des Rückens beibehalten. Außerdem sind die Schwanzfedern viel stärker stufig abgesetzt, das äußerste kleinste Paar ist nicht versteckt, also größer, als gewöhnlich und mißt gegen ein Viertel des mittelsten; das nächstfolgende zweite von außen etwa die Hälfte des mittelsten, die drei anderen Paare halten gleichmäßige Verkürzung zwischen diesen beiden. Die Kehle ist, wie gewöhnlich, beim Männchen weiß, beim Weibchen rostgelb. —

Ganze Länge 10″, Schnabel 1″ 2‴, Flügel 3¼″, Schwanz 4″ 5‴, Lauf 8‴. —

Die Art soll im nördlichen Brasilien einheimisch sein und ist hier nach Vieillot a. a. O. beschrieben; ich selbst habe sie weder gefunden, noch untersucht. —

4. Galbula tombacea *Spix.*

Aves Bras. I. 55. 2. tb. 58. — *v. Tschudi*, Fn. per. Orn. 40 u. 255.

Rückenseite, Kehle und Brust metallisch goldgrün, Bauch und Steiß rostgelb. Schwanz ziemlich lang, stark stufig, die zwei mittleren Federn grün, die anderen rostgelb.

Nicht völlig von der Größe der vorigen Art, aber ihr durch den kürzeren Schnabel und den längeren Schwanz verwandt; einfarbig metallisch vom Kinnwinkel bis zur Brust, wie am ganzen Rücken; der Bauch und Steiß nebst den Schenkeln und den äußeren Schwanzfedern rostgelb, die zwei mittleren allein metallisch grün und etwas verlängert, die äußeren stufig verkürzt, fast ganz rostgelb bis zur Spitze. Schnabel schwarz, Iris hellgrau, Beine dunkelgrau. —

Ganze Länge 7″, Schnabel 1⅓″, Flügel 2½″, Schwanz 3½″. —

Spix fand die Art in den Wäldern am Amazonenstrom; der Magen enthielt Ameisen und Wespen-Arten. —

5. Galbula albirostris *Lath.*

Index ornith. I. 245. 4.
Galbula flavirostris *Vieill.* Ois. dorée pl. 4. 5. — *Le Vaill.* Jacam. pl. 51. — *Swains.* two Century etc. no. 143.
Galbula cyanocephala *Licht.* Msc.

Rückengefieder metallisch grün, Stirn und Backen stahlblau; ganze Unterfläche rostgelb; Schnabel gelblich weiß, die Spitze des Oberkiefers schwarz.

So groß wie G. viridis, aber der Schnabel viel kürzer, horngelblich weiß gefärbt, die Endhälfte des Oberkiefers schwarz; die Zügel und der nackte Augenring gelblich fleischfarben. Stirn, Scheitel und Backen am Unterkiefer stahlblau, das übrige Rückengefieder lebhaft metallisch grün, die Enden der großen, breiten Rückenfedern kupferroth. Kehle, Halsmitte, Brust, Bauch, Schenkel und Steiß dunkel rostgelbroth. Schwingen graubraun, die Innenfahne nach unten fein gelblich gesäumt; innere Flügeldeckfedern rostgelb. Schwanz kurz, wie bei G. viridis; die acht mittleren Federn gleich lang, die 2 mittelsten lebhaft metallisch grün, das nächste Paar rostgelb mit grünem Saum, die drei nach außen folgenden Paare ganz rostgelb mit leicht getrübter Spitze, und das dritte von diesen etwas verkürzt; das kleinste äußerste Paar ganz unter den langen untern Schwanzdecken versteckt. — Beine fleischrothgelb, Iris graugelb. —

Ganze Länge 7 2/3″, Schnabelrücken 1 1/2″, Flügel 3″, Schwanz 2 1/2″, Lauf 7‴. —

Die Heimath dieser Art ist das nördlichste Brasilien an der Grenze von Guyana, von wo das hier beschriebene Exemplar bezogen wurde; in ihrer Lebensweise stimmt sie ganz mit den vorigen überein (Schomburgk Reise III. 717. 236).

b. Gefieder schwärzlich, der Rücken matt stahlblau oder erzgrün schillernd.

6. Galbula albogularis *Spix.*

Aves Bras. I. 54. V. 1. tb. 57. fig. 1.

Schwarzbraun, Schnabel und Kehle weiß, Rücken stahlblau angelaufen; Schwanz kurz, abgestutzt.

Kleiner als die vorhergehenden Arten, einfarbig schwarzbraun, der Oberkopf mehr braun, der Rücken schwärzer, die äußeren Flügeldeckfedern beim Männchen grünlich stahlblau, beim Weibchen matter stahlblau schillernd. Schnabel hornweiß, Zügel und nackter Augenring weißlich fleischfarben, Kehle und Vorderhals rein weiß. Schwingen und Schwanz blauschwarz, erstere an der Innenfahne weiß gesäumt; die Schwanzfedern von gleicher Länge, ziemlich kurz, das äußere Paar etwas abgekürzt, das kleinste völlig versteckt, die mittleren obenauf stahlblau angelaufen.

Ganze Länge beinahe 6″, Schnabel 1 1/3″, Flügel 2 1/2″, Schwanz 1 3/4″. —

Spix traf diese Art in den Waldungen bei Para an, sie verbreitet sich nordwärts durch Guyana und Columbien.

7. Galbula paradisea *Linn.*

Alcedo paradisea *Linn.* S. Nat. I. 181. 14. —
Galbula paradisea *Lath.* Ind. orn. I. 245. 3 — *Buff.* pl. enl. 271. — *Le Vaill.* Jacam. pl. 52. — *Vieill.* Ois. dor. pl. 3. — *Schomb.* Reis. III. 717. 237.
Galbula longicauda *Briss.* IV. 89. tb. 2. fig. 5.

Schwarz, Vorderhals mit großem weißem Mondfleck, Flügeldeckfedern metallischgrün; Schwanz lang, alle Federn stark stufig.

Wegen des langen Schwanzes größer erscheinend; sonst im Rumpf nicht größer als G. viridis. Schnabel, Zügel, Beine und der größte Theil des Gefieders schwarz; die Kehle, Stirn und der Mittelkopf bräunlich; der Vorderhals mit einem weißen bis zur Schulter ausgedehnten Mondfleck; auch einige weiße Federn an den Seiten neben den Schenkeln. Aeußere Flügeldecken metallisch grün schillernd, die größeren stahlblau; Schwingen schwarz, innen am Grunde weiß gesäumt; innere Flügeldecken weißlich. Schwanzfedern obenauf bläulich, unten graulich, alle sehr schmal, die zwei mittelsten sehr lang und die schmälsten; die vier folgenden jeder Seite ziemlich stark stufig verkürzt, mit weißlichem Endrande; das äußerste Paar zwar sehr klein, aber doch über das Steißgefieder etwas hervorragend. — Schnabel höher als bei den übrigen Arten. Die Borsten am Nasenloch feiner und kürzer. —

Ganze Länge 11″, Schnabelrücken $1\frac{5}{6}$″, Flügel 3″, Schwanz $5\frac{1}{2}$″, Lauf 5‴. —

Auch diese Art gehört nur den nördlichsten Gegenden Brasiliens an und ist eigentlich in Guyana und Columbien zu Hause; sie hat, nach Schomburgk, ein lebhafteres Benehmen, als die übrigen, schließt sich sogar den Gesellschaften anderer Vögel, wie der Euphonen und Fringillen an. Gewöhnlich sieht man mehrere Individuen auf einem Zweige sitzen, auf vorbeifliegende Insekten lauernd. Sie kommen bis in die Nähe der Ansiedelungen und ziehen die Waldränder dem Dickigt vor. —

B. Die innere Hinterzehe fehlt.

Jacamaralcyon *Cuv.* R. an. I. 448.

8. Galbula tridactyla *Licht.*

Doublett. d. zool. Mus. 12. 85. — *Vieill.* N. Dict. XVI. 444. — *Spix* Aves Bras. I. 55. 3. tb. 57. fig. 2. — *Le Vaill.* Guep. Suppl. pl. L. — *Jardin Selby* Illustr. pl. 22. —
Galbula ceycoides *Such.* zool. Journ. II. 110. (Isis 1830. 843.).
— armata *Swains.* two Cent. no. 146.
— brasiliensis *Less.*

Schwarz, grünlich schillernd; Vorderkopf und Kehle gelbgrau gestreift; Mitte der Brust und des Bauches weiß. —

Nur von der Größe der kleinsten Art, G. albogularis, und ihr in der Farbe ähnlich. Gefieder schwarz, grünlich metallisch schillernd; die Kopffedern lang, schmal und zugespitzt, wie bei keiner anderen Art; jede Feder der Stirn, der Kopfmitte, der Kehle und Backen mit einem gelbgrauen Schaftstreif. Borstenfedern am Nasenloch sehr lang. Mitte der Brust und des Bauches bis zum After hin weiß, die äußeren Federn halb weiß nach innen, halb schwarzgrün nach außen. Schwingen schwarzbraun, außen fein grün gerandet, innen am Grunde weiß gesäumt. Schwanz obenauf grünlich erzfarben schillernd, unten schwärzlich; nur aus zehn Federn gebildet; die acht mittleren von ziemlich gleicher Länge, die äußerste jeder Seite sehr klein, unter dem Steißgefieder versteckt. Beine dreizehig; die innere Hinterzehe (der Daumen) fehlt. —

Jüngere Vögel haben weniger Metallschiller und deutliche gelbgrünliche Ränder an den Flügeldeckfedern. Der Schnabel, die nackten Zügel, der Augenring und die Beine sind in jedem Alter schwarz, die Iris ist graubraun. —

Ganze Länge 7″, Schnabelrücken $1\frac{5}{6}$″, Flügel $2\frac{2}{3}$″, Schwanz 2″, Lauf 5‴. —

Der Vogel hat dieselbe träge Lebensweise seiner Verwandten, übertrifft aber alle anderen an Gleichgültigkeit und Ruhe; er sitzt gern niedrig in doppelter Mannshöhe auf dünnen Zweigen im offenen Geflecht der Schlingpflanzen, und schnappt von da nach Insecten. Ich traf ihn an mehreren Orten, sowohl in der Provinz von Rio de Janeiro (Novo Friburgo, Areas), als auch in Minas geraes (Lagoa santa). Spix erhielt ihn in St. Paulo, von wo ihn auch die Berliner Sammlung bezog. —

Dritte Ordnung.

Hockvögel. Insessores.

Es giebt kaum ein anderes allgemeines Merkmal für die zahlreichen Mitglieder dieser größten aller obersten Vogelgruppen, als die Stellung der Zehen, von denen drei nach vorn und nur eine nach hinten gerichtet ist. Diese hintere Zehe ist die innerste oder kleinste, welche man deshalb den Daumen nennt. Die drei vorderen Zehen haben zwar in den meisten Fällen das gewöhnliche Gliederungsverhältniß: 3, 4, 5, aber nicht eine diesen Zahlen entsprechende Länge. Zwar ist die mittlere Zehe stets länger als die innere, die äußere dagegen sehr allgemein kürzer als die mittlere, höchstens ebensolang, wie z. B. bei Dendrocolaptes. Mitunter verbinden sich beide äußere Zehen inniger mit einander, oder verwachsen wenigstens bis zur Mitte; so bei Halcedo, Prionites und einigen Ampeliden. Im Uebrigen sind die Zehen fein gebaut, auf der Oberseite von Halbgürteln bekleidet, mit langen, stark gebogenen, mehr oder minder scharfen Krallen versehen, aber nie so kräftigen und starken wie bei den Raubvögeln, denen sie übrigens in der Stellung ähneln. Der Lauf über den Zehen ist gewöhnlich hoch und ziemlich so lang wie die vordere Mittelzehe; selten befiedert (bei Cypselus), in der Regel vorn von großen Tafelschildern bekleidet, hinten warzig genetzt oder kleiner getäfelt; häufig aber mit zwei langen schmalen Stiefelschienen belegt, welche eine ausschließliche Eigenheit der ächten Singvögel zu sein scheinen.

Der übrige Körperbau zeigt keine so durchgreifende Uebereinstimmung. Im Allgemeinen sind die Hockvögel von kleinerer Statur, wenigstens gehören die kleinsten Vögel, wie die Kolibris, Goldhähnchen und mehrere Pipren, zu dieser Gruppe. Sehr große starke Körper trifft man selten und die Größe unseres Raben ist das mittlere Maximum, worüber nur wenige Mitglieder (die Buceros) hinausgehn. Im Einzelnen ist der Kopf groß, der Hals kurz, der Rumpf eher schmal als breit, und der Flügelschnitt gestreckt, spitz, obgleich auch viele Formen mit kurzen abgerundeten Flügeln hier vorkommen. Wichtiger ist am Flügel das Verhältniß der Schwingen und großen Deckfedern zu einander. Was erstere betrifft, so haben die meisten Hockvögel zehn Schwingen am Handtheil, und sechs bis dreizehn am Arm. Unter sechs Federn am Arm scheinen nicht vorzukommen, doch so viele allen Kolibris zuzustehen. Die Zahlen acht oder neun bezeichnen am Armtheil die gewöhnlichste Menge der Schwingen; sie steigen aber bei Nichtsängern höher, auf eilf bis dreizehn. An der Hand fehlt öfters, z. B. bei den Finken und Tanagriden, die erste, meist verkleinerte Schwinge, und diese Vögel haben dann nur neun Handschwingen. Bei der üblichen Zahl zehn ist gewöhnlich die dritte oder vierte die längste. —

Wie an den Schwingen, so treten auch an den äußeren großen Deckfedern der Flügel mancherlei unterscheidende Eigenschaften auf. Gewöhnlich bilden die großen äußeren Deckfedern eine vom vorderen Rande des Flügels zum hinteren in ziemlich grader Linie fortlaufende Reihe, welche Reihe durch keinen stark einspringenden Winkel unterbrochen wird. Das ist das normale Verhältniß bei den meisten Vögeln; es hängt hauptsächlich von der Kleinheit und Kürze der vordersten, über den Handschwingen gelagerten Federn ab. Bei den ächten Singvögeln dagegen, mit Singmuskelapparat und Stiefelschienen hinten am Lauf, verlängern sich die vordersten großen Deckfedern beträchtlich und bilden gleichsam eine Deckfedernreihe für sich, die in ihrer Richtung den Spitzen der Handschwingen folgt, und ähnlich von außen nach innen sich verkürzt, wie diese selbst. Dadurch erscheinen die Schwingen kürzer, die Deckfedern breiter, und die ganze Reihe der letzteren bildet in geschlossener Lage des Flügels einen tiefen einspringenden Winkel, wie man ihn bei anderen Vögeln in dem Grade nicht wieder findet. —

Viel weniger durchgreifend sind die übrigens nur geringen Unterschiede des Schwanzes. Er besteht in den allermeisten Fällen aus zwölf ziemlich gleich langen Federn und zeigt überhaupt nur zwei Formen, welche durch Verlängerung entweder der äußeren, oder der inneren Federn bewirkt werden. Im ersten Falle erscheint der Schwanz gabelförmig, im zweiten keilförmig. Zehn Schwanzfedern kommen ungleich seltener vor, und größtentheils bei solchen Hockvögeln, die keine wahren Singvögel sind. —

Die Bürzeldrüse ist kurz herzförmig gebaut, mit kleinem Zipfel, dem ein Federnkranz um die Oeffnungen fehlt. —

Der innere Bau dieser Gruppe ist ähnlichen Schwankungen unterworfen, wie der äußere des Gefieders. Am übereinstimmendsten zeigt sich der Darmkanal; sein Schlund hat keinen Kropf, der Magen eine ziemlich starke muskulöse Wand nebst einem lederartigen, derben inneren Ueberzuge; der Dünndarm ist nicht eben lang, und der Anfang des Mastdarms durch 2 meist kurze Blinddärme bezeichnet. Im Gefäßsystem fällt die Abwesenheit der rechten Halsschlagader (Art. Carotis dextra) bei den meisten hierher gehörigen Vögeln auf. Das Knochengerüst zeigt keine durchgreifende Eigenheit; gewöhnlich bleibt die pneumatische Beschaffenheit auf den Schädel und den Rumpf beschränkt, doch führen einige plump gebaute Hocker, z. B. Buceros, fast in allen Knochen Luft. Wichtiger und zu durchgreifender Unterscheidung in zwei Abtheilungen geeignet ist der Bau des unteren Kehlkopfes an der Luftröhre, vor ihrer Theilung in die beiden Lungenäste oder Bronchien. Man wußte schon lange durch Cuvier *), daß die wahren Sänger (Canorae) unter den Hockern an diesem Organ mit einem eigenthümlichen, aus fünf Muskelpaaren gebildeten Modulationsapparat versehen sind, welcher die Mannigfaltigkeit ihrer Töne wenn auch nicht nothwendig, doch möglich macht. Seitdem ist durch eine umfassende Untersuchung von Joh. Müller nachgewiesen worden **), daß viele so genannten Singvögel diesen Apparat nicht besitzen, vielmehr in der Hauptsache des Baues mit den Klettervögeln weit mehr, als mit den ächten Sängern übereinstimmen. Aus diesen Hockvögeln wird passend eine besondere Abtheilung gebildet, die sich mit dem Namen der Schreier (Clamatores) belegen läßt. Es sind das lauter Formen ohne Stiefel-

*) Vgl. *Reil's* Archiv f. Physiol. V. S. 67.

**) Abh. d. Acad. z. Berlin, phys. Classe. Jahrg. 1845.

schienen an der Laufsohle, deren vorderen großen Deckfedern sich nicht besonders verlängern; während die hintere Laufseite der ächten Sänger gewöhnlich von 2 schmalen Stiefelschienen bekleidet wird, und die vordere Partie ihrer großen äußeren Flügeldeckfedern sich bedeutend verlängert. —

Indem wir die weitere Charakteristik dieser beiden Gruppen bis auf den Ort versparen, wo wir eine jede von ihnen zu schildern haben, mögen hier noch einige andere allgemeine Bildungs- und Lebensverhältnisse der Hockvögel erörtert werden. —

Wir haben ihres Schnabels noch nicht gedacht, und zwar deshalb, weil er kein allgemein zutreffendes Merkmal besitzt. Im Allgemeinen ist er klein und schwach, bloß von einer Hornscheide überzogen, grade, kegel- oder pfriemförmig. Aber alle diese Eigenschaften erleiden Ausnahmen. Er kann lang, selbst sehr lang sein, und dabei sich bis zu der Feinheit einer starken Nadel verdünnen, oder auch dick und kegelförmig gestaltet bleiben. Bald ist er mehr von beiden Seiten zusammengedrückt, also höher als breit; bald mehr von oben nach unten flachgedrückt, also breiter als hoch, besonders am Grunde. Je breiter er hier ist, um so tiefer und weiter pflegt die Mundspalte zu sein, was stets auf große Geschicklichkeit zum Insectenfangen im Fluge hinweist. Hockvögel, die lieber sitzende Insecten, Körner oder Beeren fressen, haben kurze Mundspalten und feinere Schnäbel, ohne Bartborsten am Mundwinkelrande, welche den ersteren mit breiten, tief gespaltenen Schnäbeln zukommen, und stets mit der Kürze des Schnabels im umgekehrten Verhältnisse stehen. Auch die Nasengrube mit dem Nasenloch zeigt große Verschiedenheiten, pflegt aber bei kurzen Schnäbeln wenig sichtbar zu sein, wobei die Nasenöffnungen gern unter dem Kopfgefieder sich verstecken. Weit nach vorn rücken sie überhaupt nicht vor, sind stets ziemlich kleine, runde oder ovale Oeffnungen, deren Größe zu der Größe des Schnabels und besonders zu seiner Länge, in keiner Harmonie steht.

Von Bedeutung als Familiencharakter ist die Zunge der Hockvögel. Sie hat mitunter eine fadenförmige Gestalt und spaltet sich dabei in zwei Hälften. Das ist ein Merkmal der Kolibris. Die meisten übrigen Hockvögel haben kurze, flache, dreiseitige Zungen, welche hinten in zwei zackige Lappen übergehen, vorn und an den Rändern aber viel häufiger mit hornigen Spitzen, Zacken oder Fasern versehen, als ganz glatt sind. Vögel mit weiten kurzen Schnäbeln haben auch kurze breite Zungen; Vögel mit langen dünnen, in der Regel längere und schmälere. Doch giebt es auch davon Ausnahmen, z. B. bei Halcedo; eine Gattung, die ziemlich den größten Schnabel und doch eine sehr kleine Zunge besitzt. —

Die Hockvögel sind wie in ihrem Bau, so auch in ihrer Nahrungs- und Lebensweise sehr mannigfach; die meisten fressen wohl Insecten, eine sehr große Zahl ist auf Samen angewiesen, eine beträchtliche, aber doch wohl geringere Anzahl frißt saftige Beeren. Die Insectenfresser fangen zur größeren Hälfte ihre Beute im Fluge, und manche sind mit dieser Arbeit beständig beschäftigt; Andere suchen die Fliegen, Käfer und andere Insecten von den Blättern, Zweigen oder Wänden abzulesen, welche sie theils hüpfend, theils kletternd betreten. Ueberall sind sie muntere, behende, im Fliegen ausnehmend geschickte Vögel, die aufmerksamer als die meisten Kletterer auf ihre Umgebungen achten und nie das dumme Naturell der Bartvögel besitzen. Sie bauen die kunstreichsten Nester unter den Vögeln, obgleich nicht alle gleich große Geschicklichkeit darin besitzen, und füttern ihre anfangs blinden und nackten, selbst des haarförmigen Nestdunenkleides beraubten Jungen mit Nahrungsmitteln, die sie ihnen zutragen und in den Mund bringen. Die Anzahl ihrer meist bunt gefärbten, mannigfaltig gezeichneten und gefleckten Eier pflegt 5—6 nicht leicht zu überschreiten, viele legen nur 2 Eier, wie alle Kolibris. Obgleich bei Letzteren die Farbe der Eier ausschließlich weiß ist, und eben diese Farblosigkeit noch mehreren anderen, meistens im Dunklen (in Erdlöchern oder völlig überbauten Nestern) brütenden Vögeln zusteht, so legt die größere Menge der Hockvögel doch mehr farbige und oft gerade um so buntere und schönere Eier, je einfarbiger und schmuckloser ihr eigenes Gefieder erscheint. Dafür können uns die Krähen als Beispiel dienen.

Hockvögel leben in allen Breiten; die nordischen sind größtentheils Zugvögel, die tropischen nur Strichvögel, welche gern in Schwärmen umherschweifen und mit der kälteren Jahreszeit aus den entferntern Gegenden gegen den Aequator sich zurückziehen. So sieht man Kolibris im Sommer bis nach Canada und dem Feuerlande streifen, während sie im Winter daselbst nicht angetroffen werden. —

I. Schreivögel. Clamatores.

Wir vereinigen unter diesem Namen die Hockvögel ohne zusammengesetzten Singmuskelapparat am untern Kehlkopf, deren große äußere Flügeldeckfedern gleichmäßiger verlängert sind und deren Lauf auf der Hinterseite niemals mit den beiden langen Stiefelschienen belegt, sondern entweder ganz nackt, oder mit Warzen und kleineren Tafelschildern bedeckt ist. Sie haben keinen melodischen Gesang, sondern nur eine mehr kreischende, mitunter sehr laute, gewöhnlich aber matte und feine Stimme.

Der untere Kehlkopf ist bei den hierher gehörigen Vögeln nicht nach demselben Typus gebaut, sondern mancherlei Familien- oder Gattungs-Unterschiede fähig. Gewöhnlich haben die Schreivögel nur einen Muskel an jeder Seite der Larynx inferior, welcher die äußere Wand desselben bedeckt und entweder mit dem ersten Bronchialringe allein, oder über ihn hinaus noch mit dem zweiten oder dritten rc. sich verbindet. Dieser Muskel ist bald sehr dick und stark (Chasmarhynchus), bald sehr dünn und flach (Cypselus, Caprimulgus, Halcedo), fehlt aber mitunter ganz (Upupa). Mehrere Schreivögel bringen einen zweiten kleinen Muskel hinzu, der bald unpaarig zwischen und z. Th. auf jenem liegt (z. B. bei Pipra), bald unter ihm zu beiden Seiten der ersten Bronchialringe seine Stelle hat (z. B. bei Trochilus). Alle diese Unterschiede machen eine weitere allgemeine Schilderung unmöglich. —

Im Schnabelbau der Schreivögel herrscht die größte Verschiedenheit, doch gehören die Hockvögel mit den größten, längsten, feinsten und stärksten Schnäbeln zu dieser Gruppe. Die Schnabelbildung der Schreivögel ist also viel mannigfaltiger, als die der Singvögel, bei denen so bedeutende Verschiedenheiten nicht auftreten. Da sich dasselbe vom gesammten Körperbau beider Gruppen sagen läßt, so erscheint die gegenwärtige in keiner Hinsicht als eine natürliche, sondern nur als eine negativ begrenzte, weiterer allgemeiner Schilderung unfähige Abtheilung, deren untergeordnete Gruppirung indeß minder große Schwierigkeiten hat.

A. Schrillervögel. Strisores.

Die Muskeln des unteren Kehlkopfes sind dünn, flach oder fehlen ganz; die Vögel haben feine, oder matte, oft kreischende Stimmen, und sind gar keiner Modulation ihrer Stimme fähig.

Die in Südamerika ansäßigen Mitglieder dieser Section lassen sich, wie folgt, unterscheiden:

A. Flügel lang und spitz, der Armtheil mehr oder weniger verkürzt.
   a. Schnabel lang, dünn; Zunge fadenförmig gespalten. — 1. Trochilidae.
   b. Schnabel kurz und sehr breit am Grunde; Zunge kurz, flach, dreiseitig.
      α. Gefieder einfarbig; Vorderarm kurz. — 2. Cypselidae.
      β. Gefieder scheckig marmorirt; Vorderarm von mäßiger Länge. — 3. Caprimulgidae.

B. Flügel kürzer und breiter, nicht auffallend verlängert; äußere Vorderzehe z. Th. verwachsen.
   a. Zunge klein, rudimentär. — 4. Halcedinidae.
   b. Zunge von normaler Größe. — 5. Prionitidae.

Neunte Familie.

Kolibris. Trochilidae.

Span. Picaflor. — Brasil. Bejaflor od. Chupaflor. — Guaran. Guainumbi.

Es giebt keine schöner gefärbte, zierlicher gebaute, und zahlreichere Vogelfamilie auf der Erde, als diese in jeder Hinsicht merkwürdigste und eigenthümlichste unter den amerikanischen Vogelgestalten; man muß die wundervollen Geschöpfe lebend in ihrem Vaterlande gesehen haben, um den ganzen Liebreiz ihrer Natur vollständig bewundern zu können. Wir wollen sie hier zunächst körperlich beschreiben, und dann ihre Gewohnheiten kurz besprechen. —

Der Schnabel ist pfriemenartig gebaut, dünn, schlank, fein zugespitzt, grade oder sanft gebogen, bald viel länger, bald nur so lang wie der Kopf, mitunter fast von der Länge des Rumpfes, selten noch länger; sein Ueberzug ist eine feine lederartige Hornscheide, die

Spitze meist grade, der Rand einfach; mitunter jener etwas hakig und dieser fein am vorderen Ende beiderseits sägeförmig gekerbt, Die Schnabelhälften sind nach innen tief ausgehöhlt bis zur Spitze, der Oberschnabel umfaßt den unteren und bildet mit ihm ein Rohr, worin die Zunge liegt und bis zur Spitze reicht. Nach hinten hebt sich die Firste als stumpfe Kante aus der Schnabelfläche hervor und hat neben sich eine seichte Furche, welche zwar die Nasengrube ist, aber die Nasenlöcher liegen nicht darin, sondern viel weiter nach außen, unmittelbar neben dem Schnabelrande, als feine langgezogene Längsspalten. Der enge, schmale, von nackter Haut ausgefüllte Kinnwinkel reicht mehr oder weniger, bei kurzen Schnäbeln ziemlich bis zur Mitte, in den Unterschnabel hinab. Die steifen Borstenfedern am Mundrande fehlen gänzlich. —

Das Zungengerüst hat in der Anlage die meiste Aehnlichkeit mit dem der Spechte, insofern die langen Zungenbeinhörner gebogen am Hinterkopf hinaufsteigen und darüber hinweg auf die Stirn übergehen, woselbst sie in der Ruhe bis an den Rand des Schnabels reichen. Die eigentliche Zunge besteht aus zwei am Grunde verbundenen hornigen hohlen Fäden, welche aber nicht an der Spitze geöffnet sind, sondern in eine abgeplattete fast häutige Fläche auslaufen, welche seitwärts mit kleinen feinen Zacken versehen ist. Diese hohlen Fäden scheinen nur Luft zu enthalten, wenigstens sah ich sie stets leer. Hinten verbinden sie sich mit einander, und hier ist ihre Höhlung mit lockerem Zellgewebe erfüllt; die Zunge wird von da nach hinten zu ein wenig dicker und endet mit zwei kurzen, etwas divergirenden glatten Ecken. Dieser Theil der Zunge ist stets so lang wie der Schnabel. Unmittelbar hinter den beiden Basal-Ecken wird die Zunge fleischig und gleicht einem kurzen Stiel, dessen Oberfläche in Falten gelegt ist. Bis an den Kehlkopf verdickt sich diese Strecke, welche dem Zungenbeinkörper entspricht, sehr allmälig und theilt sich dann in zwei Schenkel, welche den Kehlkopf zwischen sich nehmen und neben den Aesten des Unterkiefers vorbei zum Hinterkopfe hinaufsteigen. Das sind die Zungenbeinhörner. Sie werden von ein Paar bandförmigen Muskeln begleitet, welche die Bewegung der Zunge bewirken; der eine stärkere Muskel liegt neben dem Zungenbeine, geht an ihm bis zur Zunge und dient zum Herausstrecken der Fäden, wobei sich die gefaltete Scheide des Stiels der Zunge, von der Basis bis zum Kehlkopf, stark ausdehnt, und eine vier- bis sechsfache Länge erhält. Das andere Muskelpaar geht von den Zungenbeinhörnern in der Mitte am Gelenke derselben zwischen ihren beiden Abschnitten aus, läuft über den Scheitel zur Stirn und heftet sich an die Basis des Schnabels vor der Stirn. Dieser Muskel zieht die Zunge zurück und verkürzt die Scheide zwischen der Zungenbasis und dem Kehlkopf wieder. —

Mit dieser Zunge fangen die Kolibris, ohne den Schnabel viel zu öffnen, ihre Nahrung, welche aber nicht in Blumenhonig besteht, sondern in kleinen Insecten, die sie aus den engen Röhren der Blumenkronen damit hervorholen, allein auch anderwärts überall auflesen, wo sie sie sicher wegnehmen können, niemals aber im Fluge fangen. Ich habe gesehen, wie Kolibris kleine Fliegen aus frei schwebenden Spinnennestern nahmen, indem sie vor denselben ebenso standen, wie vor den Blumen, und konnte deutlich bemerken, wie der ruckweise ab- und zufliegende Vogel eine Mücke nach der andern herausholte. Die Spinne sucht ihn dabei nur selten zu stören, die meisten lassen es ruhig geschehen, weil, wenn sie sich unvorsichtig zu weit vorwagen, auch sie vom Kolibri weggeschnappt werden, namentlich die kleinern. Etwas ähnliches erzählt Bullok in seiner Reise nach Mexico (Ethnographisch. Archiv. XXVI. S. 310); besonders aber hat der Prinz zu Wied durch ausführliche Mittheilungen (Reise, II. S. 123. und Isis, 1822. S. 470. ferner Beiträge z. Nat. Bras. IV. S. 34.) die Insecten-Nahrung der Kolibris erwiesen. Jetzt bezweifelt sie wohl Niemand mehr. Auch beweist die Untersuchung ihres Magens, der stets zahlreiche Quantitäten von Insecten-Resten enthält, sehr bald, daß das, und nicht etwa der mit aufgenommene Blumenhonig, ihre wahre Nahrung ist. —

Das Gefieder des Kolibris ist ziemlich derbe und für die Größe der kleinen Vögel reichlich; es hat fast gar keine dunigen Bestandtheile, prangt dagegen mit dem herrlichsten Metallglanze in den allerschönsten grünen, blauen, rothen und violetten Farben. Rund um das Auge bleibt ein ziemlich breiter Ring nackt, doch sind die Augenlidränder mit kleinen, schuppenartigen Federn statt der Wimper besetzt. Die Iris ist immer schwarzbraun. Die Flügel sind lang, meist schmal und etwas sichelförmig gebogen; die erste Schwinge ist immer die längste. Sie hat gewöhnlich einen stärkern Schaft, dessen untere Hälfte sich bei manchen Arten ganz enorm ausbreitet; dagegen ist die Außenfahne sehr schmal. Man zählt neun oder gewöhnlich zehn Federn an der Hand, aber nur sechs am Armtheil des Flügels. Von letzteren sind die vier vordern gleich lang, die zwei letzten stufig abgekürzt; doch erreichen jene vier nicht ganz die Länge der letzten Handschwinge. — Der Schwanz besteht immer aus zehn bald sehr breiten, bald schmalen, öfters stufig nach außen oder nach innen verlängerten Federn.

Auffallend klein und zierlich gebaut sind die Füße der Kolibris. Der Lauf hat mitunter noch Befiederung, die indessen mehr anliegt als absteht; die Zehen sind bald völlig getrennt, bald am Grunde etwas verwachsen, und mit kurzen Tafelschildern bekleidet. Die Krallen ungemein scharf, spitz und beinahe so lang, in manchen Fällen (bei Phaëthornis) fast länger als die Zehen.

Die Bürzeldrüse ist tief im Fleische des Schwanzrückens versteckt, kurz, breit, aber mit einem ziemlich langen spitzen Zipfel ohne Federnkranz versehen. —

Vom inneren Bau des Kolibris sind die Hauptzüge bekannt. Ihr Skelet ist ungemein zierlich gebaut und das des Rumpfes größtentheils pneumatisch. Der Schädel hat sehr große Augenhöhlen, deren Scheidewand durchbrochen zu sein pflegt. Im Hals sind 12—13 Wirbel vorhanden, im Rücken gewöhnlich 8 mit ebenso vielen Rippen. Die Furcula ist kurz, fein, hat keinen Stiel und verbindet sich nicht mit dem Brustbein. Letzteres wird nach hinten zu merklich breiter, ist dort abgerundet und nicht mit Buchten oder Lücken versehen; der ungemein hohe Kamm tritt stark nach vorn vor. Das Becken nähert sich durch seine kurze breite Form dem der Spechte und Kukuke mehr, als dem der Singvögel; der Schwanz besteht aus 5—7 Wirbeln, jenachdem die vordern sich mit dem Becken verbunden haben, oder frei bleiben. Die Flügelknochen sind durch das lange Schulterblatt ebenso merkwürdig, wie durch den sehr kurzen Ober- und Vorderarm; der Handtheil dagegen hat eine sehr bedeutende Länge. Die Knochen der Beine sind sämmtlich sehr fein und ziemlich kurz, doch enthalten die Zehen ihre gewöhnlichen Gliederzahlen. —

Die weichen Theile der Kolibris habe ich bei mehreren Arten

untersucht, aber nichts besonders merkwürdiges daran gefunden. — Der Schlund dehnt sich am Halse zu einem länglichen Schlauch völlig, wie bei den Spechten und Kukuken, aus, ehe er in die Furcula tritt. Von da an zieht er sich wieder zusammen, und geht durch eine sehr enge Mündung in den kleinen kurzen Vormagen über, dem ein ganz auffallend kleiner, runder, wenig fleischiger Magen folgt. Jener ist auf der Innenseite mit netzförmigen Drüsenmaschen bekleidet, dieser ganz glatt und ohne Lederhaut. Der Anfang des Dünndarms wird wieder sehr weit, er bildet eine große Schlinge, worin Pancreas und Gallengänge münden, beschreibt hinter derselben noch zwei kleine Windungen, wobei er allmälig immer enger wird, und geht dann ohne großen Unterschied in den ebenso engen aber mehr schlaffwandigen Dickdarm über, dessen innere Oberfläche glatt ist, während der Dünndarm dichte, lange, feine Zottenblätter hat. Die Blinddärme und die Gallenblase fehlen, dagegen ist die Leber sehr groß, zweilappig und der rechte Lappen entschieden der größere. Die Luftröhre theilt sich schon am Halse, ziemlich weit von der Furcula, in zwei Schenkel und an dieser Stelle bildet sich ein deutlicher unterer Kehlkopf von beinahe kugeliger Form, dessen ganze untere Fläche von einem dünnen Muskel beiderseits belegt ist, dem noch ein zweiter, schmaler, der unter ihm auf den beiden ersten Bronchialringen sitzt, sich anreihet. Die Lungenflügel sind sehr klein, das Herz aber ist ungemein groß, und über dreimal so groß wie der Magen. Im Schlund fand ich mehrmals ganze Insecten, aber nur kleine Spinnen, oder weiche Mücken und Fliegen, welche zu Simulia oder Ceratopogon gehören; der Magen selbst war mit unkenntlichen Resten davon dicht angefüllt, was bei der Zartheit jener kleinen Dipteren nicht zu verwundern ist. Durch den Mastdarm schienen schwarzgraue Kothmassen hie und da hervor, der Dünndarm enthielt nur gelben, weichen Chymus. Auffallend groß und weit ist der an der linken Seite der Bauchhöhle herabsteigende Oviduct, wie es die enorme Größe der Eier dieser kleinen Vögel fordert; der Eierstock dagegen und die Hoden sind klein und schwer zu finden. Das räumlich größte Organ des Rumpfes ist der ganz enorm starke musculus pectoralis major. —

Obgleich die Kolibris, wie hiernach feststeht, von Insecten leben, so fangen sie dieselben nie, wie schon erwähnt wurde, im Fluge, sondern holen sie mit ihrer fadenförmigen Zunge aus der langen, röhrenförmigen Blumenkrone hervor. In deren Tiefe versteckt, weiß der Kolibri nicht, ob die Blume etwas für ihn brauchbares enthalten wird; er steht darum schwebend vor ihr, senkt seine Zunge hinein und hält sich dabei durch beständigen Flügelschlag genau auf derselben Stelle, bis er die eine Blüthe nach der andern eines doldenförmigen Blüthenstandes untersucht hat. Die Sicherheit und Gewandtheit, womit die kleinen Vögel dies ihr beständiges Geschäft üben, ist wahrhaft erstaunenswürdig. Pfeilschnell kommt das Thierchen daher geschossen, ohne daß man im Stande wäre, seinen Weg mit dem Auge zu verfolgen; nur der eigenthümliche summend schwirrende Ton, wonach die Engländer sie Humming-birds genannt haben, verräth dem kundigen Ohr ihre Anwesenheit. Hat man den Ton vernommen, so muß man erst suchen, bis man den Vogel zwischen den Blüthen entdeckt; denn so lange der Kolibri still stehend vor der Blume schwebt, mit schnell flatternden Flügeln sich auf derselben Stelle erhaltend, hört man das Summen nicht; wohl aber sieht man, wenn man ihn aufgefunden hat, das klare Auge wie es unverwandt den Beobachter anblickt, die äußerste Seelenruhe verrathend, so lange der Anwesende ruhig bleibt; allein so wie er sich bewegt, eilt der Vogel hinweg, mit einem summenden Flügelschlage sich in Bewegung setzend. Das ist derselbe Ton, den man vernimmt, wenn der Kolibri ankommt. — Die Vögel sind aber keinesweges stumm, sie haben eine feine, pfeifend zwitschernde Stimme, lassen sie aber nur hören, wenn sie sitzen. Ich habe sie, im Garten unter einem großen Abakaten-Baume ruhend, öfters in Larangeiras bei Rio de Janeiro vernommen. Der Kolibri saß über mir in demselben Baume und verrieth sich dadurch meinem Ohr. Nachsehend fand ich ihn bald auf einem dünnen Zweige im unteren schattigen Theile der Krone sitzend, abwechselnd mit dem zarten Lockton seine feine gespaltene Zunge momentan über einen Zoll lang aus dem Schnabel hervorstreckend. Denn diese kleinen Vögel sind durchaus nicht scheu, sie lassen sich in ihren Verrichtungen nur durch die unmittelbare Nähe stören und fliehen, im Bewußtsein ihrer ungemeinen Schnelligkeit, erst, wenn man ihnen sehr nahe kommt. Daher sind sie auch äußerst leicht zu schießen, und wenn man einen blumenreichen Pflanzenbusch, den sie gern besuchen, in der Nähe hat, so kann man, ruhig stehen bleibend, bald eine ziemliche Anzahl erlegen, indem der Knall der Flinte sie nicht erschreckt und gleich ein Anderer wiederkommt, wenn der Vorgänger auch auf derselben Stelle gefallen ist. —

Ich besaß auch zweimal einen lebenden Kolibri, den man leicht bekommt, wenn man Blumen im Zimmer hält. Die kleinen Vögelchen fliegen dreist durch das offene Fenster hinein und werden mittelst schnellen Verschlusses der Fensterladen gefangen. In dieser Gefahr fliegt der Vogel pfeilschnell gegen die Wand, fällt zu Boden und ist bald die Beute seiner Nachsteller. So lange man ihn in der Hand hält, ist das Thierchen ganz ruhig, sein Auge verräth die nie getrübte Klarheit des Blicks und man glaubt, er werde sich bald mit dem Menschen befreunden; allein vergeblich. Wie man ihn los läßt, fliegt er wieder gegen die helle Wand und rennt sich auf diese Weise bald den Kopf ein. Um den meinigen zu erquicken, holte ich einen großen blühenden Zweig und hielt ihm denselben entgegen. Augenblicklich kam er herbei und umflatterte die Blumen ebenso sorglos, wie im Freien, in jede einzelne seine Zunge auf einen Moment hinabsenkend. Ich stand kaum 2 Schritte von dem Thier, und doch ließ es sich nicht stören, so lange ich ruhig war; aber die geringste Bewegung meinerseits trieb ihn von der Stelle, er stürzte noch einige Mal gegen die Wand und endete auf diese Weise durch öftere Wiederholung des Anprallens an demselben Tage sein Leben (Vgl. meine Reise S. 193.). Indessen versichern sowohl Azara als auch v. Tschudi, daß junge Kolibris sich zähmen und Monate ja Jahre lang in Zimmern halten lassen, wovon mir kein Beispiel bekannt geworden ist. —

Ebenso zierlich und gewandt, wie ihr Körperbau oder ihr Flug, ist auch der Nestbau dieser kleinen Vögel, den übrigens, wie Azara berichtet, das Weibchen allein ausführt. Ich habe darüber in *Cabanis* Journ. d. Ornith. I. 171. Mittheilungen gemacht, die ich hier im Auszuge wiederhole. Die allgemeine Form des Nestes ist die eines Napfes, und hat die meiste Aehnlichkeit im Umriß mit einem Tiegel. Es besteht aus sehr verschiedenen zarten Pflanzenstoffen, feinen Grasfäden, Moosen, zarten Lycopodiaceen, Pflanzenseide, Baumwolle, Farrnkrautschuppen und Flechtenlappen. Der eine Kolibri zieht diesen, der andere jenen Stoff vor, doch trifft man an meisten Nestern mehrere Materialien. Gewöhnlich ist Baumseide oder Baumwolle die Grundlage, und damit sind die Flechten, Farrnkrautschuppen und Moosstengel so verwebt, daß letztere mehr die äußere Oberfläche, die zarten Pflanzenfäden den inneren Raum bekleiden. Oefters scheint ein solches Nest nur aus Flechten oder Moos zu bestehen; so dicht sind die Lappen der Flechte, oder die braunen Farrnkrautschuppen an einander gefügt. Das Nest steht gewöhnlich zwischen einigen Gabelzweigen, oder es ist in eine horizontale Gabel eingeklemmt; sehr oft trifft man es auch im hohen Grase zwischen den obersten Enden einiger verbundenen Halme, oder es hängt an den zusammengefügten Blättern eines großen, mannshohen Farrnkrautwedels. In der Regel sitzen die Kolibrinester nicht sehr hoch; man kann sie meistens mit der Hand erreichen, oder durch kurze Leitern herabholen. Jedes Nest enthält zwei sehr längliche, für die Größe des Vogels sehr große, ursprünglich weiße Eier; mitunter sind die Eier aber ganz karminroth, wenn der Kolibri die rothe Baumflechte (Spiloma roseum) zum Einweben in das Nest verwendet hat. Das thut z. B. Trochilus eurynomus gern und der hat häufig ganz rothe Eier, indem sich der Farbestoff der Flechte unter der Brütwärme des Vogels ausscheidet und am Ei niederschlägt. Die jungen Vögel schlüpfen nach 16 Tagen aus dem Ei und sind anfangs völlig blind und nackt. Erst nach 14 Tagen öffnen sie ihre Augen und nach 4 Wochen sind sie flügge; bis dahin bleiben sie im Neste, das die Mutter höher hinaufbaut, wenn die Jungen allmälig größer werden. So bekommt das anfangs flache napfförmige Nest nach und nach das Ansehn eines tiefen Tiegels (Vgl. Lyons, Zool. Journ. V. no. 17. 1829. — Isis 1831. 714.). Die brasilianischen Arten bauen zweimal, das erste Mal im Frühling (October), das zweite Mal im Hochsommer (Januar). — Die Jungen ähneln den alten Vögeln in der Regel nur in der Form des Schnabels und im Bau und der Farbe der Flügel; das übrige Gefieder weicht sehr ab, es ist stets beim jungen Vogel matter und schlechter gefärbt, namentlich an der Bauchseite sehr häufig grau oder graugelb. Auch fehlen dem jungen Vogel die eigenthümlichen Federndecorationen, womit die alten Vögel zu prangen pflegen. Darin liegt auch ein häufiger Unterschied zwischen Männchen und Weibchen; Letzteres hat nie die ganze Pracht des Ersteren, und namentlich einen kürzern, stumpfern Schwanz, einen kürzeren relativ dickern Schnabel und eine kleinere Holle, wenn solche dem Männchen zusteht. Die Geschlechter und Alterskleider sind darum schwer zu erkennen und viele der letzteren bisher als Arten aufgeführt, ohne dies Recht in Wahrheit zu verdienen. —

Aus dem angegebenen Grunde ist die Systematik und Synonymie der Kolibris eine schwierige Arbeit, besonders auch weil die Zahl der aufgestellten und zerstreut, wie in besonderen Werken, beschriebenen Arten sehr groß ist. Früher hat Lesson*) sie monographisch bearbeitet, neuerdings Gould**); eine systematische Uebersicht der Arten gab Bonaparte im Conspect. Gen. Av. pag. 67 seq. (1850) und ganz kürzlich Reichenbach (*Cabanis* Journ. Extraheft. bes. Anhang. 1853.). Hier werde ich mich auf die Beschreibung derjenigen Arten beschränken müssen, welche ich selbst in Brasilien theils zu beobachten, theils zu erwerben Gelegenheit hatte; wobei ich meiner eigenen, auf Beobachtungen gestützten Gruppirung folge.

I. Vordere Fußkrallen lang, dünn, wenig gebogen und schwach, besonders die mittlere sehr lang; Zehen kurz, am Grunde etwas verwachsen, nur mit sehr dünnen kleinen Täfelchen belegt; der Lauf fast nackt, oder befiedert.

1. Phaëthornidae.

1. Gatt. Grypus *Spix.*

Rhamphodon *Less.*

Schnabel grade, stark, von mehr als doppelter Kopfeslänge, die Spitze beider Kiefern hakig gekrümmt, feinhakig, aber die obere viel stärker; der Mundrand beider Kiefern vor der Spitze eine Strecke kerbig gezähnt, aber der des Unterkiefers sehr stumpf; Rückenfirste am Grunde stark erhöht, hoch aber stumpf gerundet. Flügel breit,

*) Histoire naturelle des Oiseaux-Mouches, etc. Paris 1829. 8. av. 85. pl. — Histoire naturelle des Colibris, suiv. d'un Suppl. à l'hist. nat. d. Ois. Mouches. Paris 1830. 8. av. 25 et 36. pl.
Les Trochilidées, ou les Colibris et les Oiseaux-Mouches etc. Paris 1832. 8. av. Index général et 66. pl.

**) A Monography of the Trochilidae or Humming-birds. Lond. 1850. fol.

mäßig gekrümmt, der Schaft der ersten Schwinge nach unten sehr stark. Schwanz breit, aber nur wenig länger als die ruhenden Flügel, die beiden äußeren Federn an jeder Seite verkürzt. Beine kurzzehig, die Zehen am Grunde etwas verwachsen; die Krallen sehr lang, fein, sanft gebogen, die mittelste länger als die Zehe. Gefieder nur schwach metallisch auf dem Rücken.

Grypus naevius *Dumont.*

Trochilus naevius *Dumont*, Dict. d. sc. nat. X. 55. — *Vieill.* Enc. II. 548. — *Temm.* pl. enl. 120. f. 3.
Trochilus quamosus *Licht.* Doubl. 14. 117.
Grypus ruficollis *Spix.* Av. Bras. I. 79. 1. Taf. 80, Fig. 3.
Rhamphodon maculatum *Less.* Colib. pl. 1. — Trachil. Ind. gen. 8. 10.

Rückenseite trüb kupferig erzgrün, Bauch und Kehle graugelb, schwarz gestreift; Halsseiten, ein Streif am Auge und die Spitzen der äußeren Schwanzfedern rostgelb.

Eine der größeren Arten, ziemlich kräftig gebaut, besonders der Schnabel. Oberkiefer schwarz, Unterkiefer blaß gelblichweiß mit schwarzer Spitze. Stirn und Scheitel dunkelbraun, die Ränder der Federn rostgelb. Rückengefieder und zwei mittlere Schwanzfedern matt erzgrün, mit Kupferschiller, aber auch diese Federn mit feinem rostgelbem Rande, welcher jedoch grade den zwei mittelsten Schwanzfedern fehlt; die übrigen mehr schwarzbraun, mit rostgelber Spitze, die nach außen breiter wird und an den zwei äußersten mehr als die Hälfte einnimmt. Aeußere Flügeldeckfedern matt erzgrün, wie der Rücken; die langen Schwingen schwarz, äußere violett schillernd. Ueber dem Auge ein blaß rostgelber Streif, darunter ein schwarzer; die Halsseiten bis zum Unterschnabel rostgelbroth, die Kehle schwarz gestreift; Brust, Bauch und Steiß gelblich grau, der letztere mehr rostgelb; jede Feder mit schwärzlichem Längsstreif. Beine fleischfarben, die Rückenseite der Zehen und Krallen braun.

Ganze Länge $5\frac{3}{4}''$, Schnabel am Mundrande $1\frac{1}{2}''$, Flügel $3''$, Schwanz $1\frac{1}{2}''$. —

Die Art lebt in den Wäldern der südlichen Gebirgsthäler und geht nicht weit in die Ebene hinab. Ich erhielt sie in Neu-Freiburg, wo der Vogel häufig vorkommt, von Hrn. Beske, unter dessen großen Vorräthen ich indeß keine abweichend gefärbten Individuen antraf, nur matter und weniger voll erschienen mehrere, die ich für jüngere Vögel hielt. Nach Spix hat das Männchen eine rostrothgelbe Kehle, ohne schwarze Streifen. Das von ihm gegebene Bild ist übrigens sehr schlecht; gut dagegen das von Temminck, weniger gelungen das bei Lesson. —

2. Gatt. Glaucis *Boje*.

Isis. 1831, S. 545.

Schnabel mäßig lang, ziemlich stark, leicht gebogen, die Spitze hoch, etwas herabgekrümmt, mit zwei kurzen feinen Kerbzahnreihen daneben am Oberschnabel. Gefieder ziemlich derbe, matt metallisch am Rücken gefärbt, die Unterseite glanzlos. Flügel ohne Eigenheiten, der Schaft der ersten Schwinge stark, aber nicht abgesetzt verdickt. Schwanz kurz, breit, mit lang gerundeten aber breiten Federn, die ruhenden Flügel nur wenig übertreffend, die äußerste Seitenfeder sehr wenig verkürzt. Beine kurz, aber ziemlich stark, blaß fleischfarben; der Lauf unter dem Haken etwas befiedert. —

Glaucis hirsuta *Gmel.*

Trochilus hirsutus ***Gmel. Linn.*** S. Nat. I. 490. — ***Less.*** Colibr. pl. 21. mas.
Trochilus brasiliensis var. *β*. ***Lath.*** Ind. orn. I. 308. 23. —
Trochilus dominicus ***Linn. Gmel.*** S. Nat. I. 1. 489. — ***Lath.*** Ind. orn. 309. 26. — ***Audeb.*** Ois. dor. pl. 20. 68.
Trochilus Mazeppa ***Less.*** Trochil. pl. 3. femina. — Ind. gen. 13. no. 23. 24.
Trochilus ferrugineus ***Pr. Max.*** Beitr. IV. 120. 21.
Guainumbi quarta species ***Marcgr.*** h. nat. Bras. 197.

Rückenseite metallisch erzgrün, Bauchseite hell rostroth; seitliche Schwanzfedern am Grunde tief rostroth, dann schwarz, am Endrande weiß gesäumt.

Ein ziemlich kräftiger, stark gebauter Kolibri, der dem Weibchen des **Phaëthornis superciliosus** sehr ähnlich sieht, aber durch den höheren am Ende fein gekerbten Schnabel und den breiteren stumpfen Schwanz sich davon unterscheidet. Der Schnabel ist schwarz, der Unterkiefer beinahe ganz weißgelb, die Spitze gebräunt. Das Gefieder des Rückens hat eine lebhaft metallisch erzgrüne Färbung, die Mitte des Rückens spielt ins Goldene, der Oberkopf ins Braune; die hinteren Federn, besonders am Bürzel, sind mit feinen blaßgrauen Spitzen versehen. Die äußeren Deckfedern sind erzgrün, die Schwingen braun, violett schillernd. Die zwei mittleren Schwanzfedern gleichen dem Rücken und haben feine weiße Spitzen; die übrigen sind am Außenrande trüb erzfarben, auf der Mitte und innen frisch rostroth, mit schwarzer Spitze und weißem Endrande. Die ganze Unterseite hat eine lebhaft rostgelbrothe Farbe, die mitten auf der Brust beim Weibchen ins Graue fällt; unter dem Auge zeigt sich bis zum Zügel ein lichter Streif, und hinter dem Auge ein dunklerer Fleck bis zum Ohr; am Halse zieht sich die rostgelbe Farbe zum Nacken hinauf. Die Beine sind fleischfarben, die Zehen obenauf und die Krallen schwärzlich, der Lauf ist am Grunde etwas befiedert.

Ganze Länge 5½″, Schnabel am Mundrande 1″ 4‴, Flügel 2″ 5‴, Schwanz 1″ 5‴. —

Beide Geschlechter ähneln einander in Größe und in der Farbe, doch hat das Weibchen einen düsteren Ton, der besonders an den Backen, der Kehle und Unterbrust stark ins Graue spielt; die weißen Ränder der Schwanzfedern sind schmäler, die schwarze Endgegend aber ist breiter. — Die jungen Vögel haben alle Farben trüber und breitere grauliche Spitzen am Rückengefieder, besonders nach hinten.

Dieser Kolibri ist im ganzen Küstengebiet Brasiliens häufig; ich erhielt ihn mehrmals in Neu-Freiburg. Der Prinz zu Wied traf ihn ebenfalls überall; auch Schomburgk erwähnt ihn (Reise III. 708. 197) als eine gewöhnliche Form Guyanas. Er geht sogar bis auf die westindischen Inseln, wo er etwas größer und lebhafter gefärbt zu werden scheint. So stellt ihn Lesson als Troch. Mazeppa vor, das ist der ächte Tr. Dominicus *Linn.*

Anm. 1. Wenn v. Nordmann in *A. Erman's* Reise l. l. mehrere dieser sehr ähnliche Arten unterscheiden will, die z. Th. ungekerbte Schnabelränder an der Spitze haben sollen, so scheint das auf einer Verwechselung mit dem Weibchen von Phaëthornis superciliosus zu beruhen. —

2. Eine wirklich verschiedene hierher gehörige Art ist dagegen Trochilus leucurus *Linn.* S. Nat. 190. 6. — *Lath.* Ind. orn. I. 305. 19. — *Buff.* pl. enl. 600. fig. 4. — Troch. ruficollis *Less.* Colibr. pl. 22. — Trochil. Ind. gen. 12. 20. — Der Vogel hat einen feineren noch sanfter gebogenen Schnabel, und eine breite erzgrüne Binde über die Brust, welche mit dem lebhafter gefärbten Rückengefieder zusammenhängt; der Hals vor der Binde ist lebhaft rostgelbroth, der Bauch hinter ihr graugelb; die vier äußeren Schwanzfedern jeder Seite sind weiß, und die zwei äußersten derselben haben eine schiefe, schwarze Spitze. — Die Art ist nur im nördlichen Brasilien zu Hause. —

3. Gatt. Phaëthornis *Swains.*

Schnabel sehr lang, deutlich gebogen, mit feiner grader Spitze, ohne Kerben am Rande; die Nasengrube kurz und flach, die Nasenspalte ebenfalls kurz. Gefieder matt metallisch am Rücken, röthlichgelb oder graulichgelb am Bauch; die Flügel ohne Eigenheiten, kürzer als der Schwanz; die erste Schwinge mit starkem aber nicht plötzlich verdicktem Schaft. Schwanz der Männchen lang keilförmig, alle Federn zugespitzt, die mittleren stark verlängert; der Weibchen kürzer, die Federn relativ breiter, die mittelsten wenig oder gar nicht verlängert. Füße sehr zierlich und klein, die Mittelkralle enorm lang, der Lauf kurz, leicht befiedert; die Farbe licht, gelblich fleischroth mit bräunlichem Rücken der Zehen und Krallen. —

Ich habe von dieser eigenthümlichen, aber nicht brillanten Gattung vier Arten aus Brasilien beobachtet. —

1. Phaëthornis superciliosus *Linn.*

Trochilus superciliosus *Linn.* Syst. Nat. I. 189. 3. — *Lath.* Ind. orn. I. 302. 3. — *Buff.* pl. enl. 600. f. 3. — *Pr. Max.* Beitr. IV. 116. 20. — *Lesson* Colibri, pl. 6. 7. — Trochil. Ind. gen. 14. 28.
Phaëthornis superciliosus *Swains*, Nat. Libr. XV. pl. 26. 27.

Rücken matt metallisch grün, die Federn rothgelb gerandet; Bauchseite einfarbig röthlich grau; über und unter dem Auge ein blaß rostgelber Streif.

Männchen mit spitzen verlängerten Schwanzfedern, die mittelsten doppelt so lang, halb weiß, die seitlichen mit weißer Spitze und rostgelbem Seitenendrande, alle vor der Spitze schwarz, am Grunde trüb metallisch grün.

Weibchen mit stumpfen Schwanzfedern, die am Grunde breit rostroth, am Ende weiß, davor schwarz gefärbt sind, die zwei mittleren obenauf metallisch.

Größer als die folgenden Arten im Rumpfe, auch der Schnabel viel länger, aber die seitlichen Schwanzfedern nach Verhältniß breiter und kürzer. Oberschnabel schwarz, Unterkiefer bis über die Mitte hinab blaßgelb. Stirn und Scheitel trüb braun, leicht metallisch, die Federn ohne breite hellere Randsäume; Nacken, Rücken und Bürzel entschiedener metallisch grün, die Federn deutlich blaß rostgelb gesäumt. Aeußere Flügeldeckfedern metallisch erzgrün, leicht kupferig schillernd; Schwingen braun, mit violettem Anflug. Schwanz breit, die Seitenfedern noch nicht halb so lang, wie die mittleren, alle zwar zugespitzt, aber nur die mittleren beim Männchen in zwei lange, weiße Endhälften ausgedehnt. Alle Federn obenauf trüb metallisch grün, unten graulich, dann schwarz, zuletzt weiß an der Spitze, rostgelb am Rande vor der Spitze, besonders nach außen; der äußere farbige Randsaum breiter, als der innere. Brust, Bauch und Steiß gelbgrau, die Kehle ganz vorn reiner rostgelb, ein solcher Streif unter dem Auge, der vom Zügel herkommt, ein anderer darüber und mehr hinter ihm bis zum Ohr reichend; die Ohrdecke selbst bräunlicher, als das benachbarte Halsgefieder hinter ihr. Beine fleischfarben, die Rückenseite der Zehen gebräunt, die Krallen am Grunde schwarz, der Lauf greis befiedert.

Ganze Länge 7″, Schnabel am Mundrande 1″ 10‴, Flügel 2″ 4‴, Schwanz 2″ 8‴. —

Das Weibchen hat im Rumpfe die volle Größe des Männchens, aber sowohl sein Schnabel, als auch sein Schwanz sind kürzer; die lichte Zeichnung am Auge ist undeutlicher, namentlich der Streif über und hinter dem Auge. Hauptsächlich ist der Schwanz verschieden; derselbe erscheint kaum noch keilförmig, die einzelnen Federn sind sehr wenig zugespitzt und die mittleren nicht besonders verlängert. Nur diese beiden haben eine metallisch grüne Farbe mit breiter weißer Spitze, die andern sind am Grunde rostroth, dann schwarz und an der Spitze weiß, mit leicht rostgelbem Anflug der Außenseite.

Ganze Länge 5″, Schnabel 1″ 6‴, Schwanz 1″ 6‴.

Der Vogel lebt mehr im nördlichen Brasilien bei Bahia, und kam mir auf meiner Reise nicht vor; das hier beschriebene Pärchen wurde aus Berlin bezogen. Der Prinz zu Wied fand ihn auch erst bei Bahia, wo er auf offenen, mit Gebüsch abwechselnden Gegenden nicht selten war und während er vor den Blumen stand, öfters seine laute, kurz lockende Stimme hören ließ. In Guyana, wo ihn Schomburgk beobachtete (Reise III. 708. 195), ist er auch häufig, er saugt besonders an den Blumen der Musaceen.

Anm. 1. Das Weibchen ähnelt sehr dem Trochilus hirsutus s. rufus *aut.* (Tr. ferrugineus *Pr. Max.*), unterscheidet sich aber vom letztern durch einen viel feineren Schnabel, eine minder lebhaft rostgelbe Bauchseite, und deutliche rostgelbe Ränder an den Rückenfedern. Auch hat der Schwanz von Tr. hirsutus viel schmälere weiße Spitzen und der Vogel einen gedrungneren Bau. —

2. Im Verzeichn. d. Thiere u. Pflanz. z. *A. Erman's* Reise u. d. Erde (Berl. 1835 fol.) hat A. v. Nordmann S. 2. Nr. 15. den alten ausgefärbten Vogel dieser Art als Troch. malaris beschrieben, den jüngeren als Troch. superciliosus aufgeführt. —

2. Phaëthornis eurynomus *Less.*

Trochilus eurynomus *Less.* Trochil. pl. 31. — *Swains.* Nat Libr. XV. pl. 28. — *Gould* Mon. 1. pl. 5.
Trochilus melanotis *Nordm. Erm.* Reis. u. d. Erde. Atl. 2. 17. —

Rückengefieder metallisch grünlich, rostgelb gesäumt; Oberkopf und Kehle schwarz, die Federn rostgelb gerandet. Unterseite graugelb. Alle Schwanzfedern mit weißer Spitze, die mittleren verlängert.

Etwas kleiner als die vorige Art, der Schnabel kürzer, am Grunde niedriger, an der Spitze relativ dicker; Oberkiefer schwarz, Unterkiefer blaßgelb, die Spitze schwarzbraun; Oberkopf bis zum Nacken schwarzbraun, jede Feder mit breitem rostgelbem Rande. Rücken, Flügeldeckfedern und Steiß trüb metallisch erzgrün, die Federn blaß rostgelb gesäumt und vor dem Saum ein schwärzlicher Bogenstrich. Schwingen braun, außen violett schillernd. Ueber dem Auge ein rostgelber Streif, der bis zum Ohr reicht, ein zweiter neben der Kehle, der am Halse herabzieht; die Gegend zwischen beiden hinter dem Auge tief schwarzbraun. Kehle und Vorderhals schwarz, die Federn graugelb gesäumt, Brust und Bauch röthlich gelbgrau, der Steiß röthlicher. Schwanz relativ größer, als bei Ph. superciliosus, die Seitenfedern länger, die verlängerten mittleren nicht ganz so lang. Alle

Federn erzgrün, dann schwarz, zuletzt weiß; die weiße Spitze ungleicher, der äußere Saum breiter und bis zum Schaft reichend, der innere schmäler. Beine bräunlich fleischfarben, der Lauf leicht befiedert.

Das Weibchen unterscheidet sich vom Männchen nur durch einen etwas kürzeren Schnabel und kürzeren Schwanz, namentlich durch viel kürzere mittlere Federn; der junge Vogel hat dieselben Kennzeichen, aber noch wenig Metallschiller am Rücken, überhaupt eine mattere Farbe.

Ganze Länge 5″ 9‴, Schnabel 1″ 6‴ am Mundrande, Flügel 2″ 4‴, Schwanz 2″ 6‴.

Diese Art ist in den Gebirgswäldern um Neu-Freiburg häufig und dort eine der häufigsten Colibris; sie nistet nur im dichten Walde und baut ihr Nest aus zarten Laub-Moosen, worin sie die bekannte rothe Baumflechte (Spiloma roseum) verwebt. Unter der Brütwärme des Vogels entwickelt sich der Farbestoff aus der Flechte und färbt die beiden Eier ganz gleichförmig karminroth. Ein solches sehr lang kolbig gebautes Nest habe ich mitgebracht und in der zool. Sammlung zu Halle aufgestellt. Den Vogel erhielt ich auch lebend in Minas geraes, wo er ebenfalls nicht selten war. Seinen inneren Bau, den ich untersuchte, habe ich in der allgemeinen Darstellung geschildert.

Anm. Im Berliner Museum ist die Art als Troch. melanotis aufgestellt und als solche durch v. Nordmann beschrieben; sie kommt auch in Chili, aber nicht in Guyana vor.

3. Phaëthornis squalidus *Natt.*

Trochilus squalidus *Natt. Temm.* pl. col. 120. 1. — *Less.* Colibr. pl. 8. — *Ej.* Troch. Ind. gen. 15. 33.
Trochilus leucophrys *v. Nordm. Erman*, Reis. etc. Atl. 2. 18.

Kleiner, Rücken grünlich metallisch, der Bürzel rothgelb überlaufen; Kehle schwärzlich, Unterseite gelblichgrau; mittlere Schwanzfedern mit weißer, die seitlichen mit rostgelber Spitze. —

Der Schnabel dieser viel kleineren Art ist sehr fein, besonders nach der Spitze zu, der Oberkiefer schwarz, der untere blaßgelb mit bräunlicher Spitze. Der Oberkopf ist bräunlich, doch hat jede Feder einen metallisch grünen schwachen Schiller. Vom Nacken an wird die Farbe entschiedener metallisch erzgrün, die unteren Rücken- und Bürzelfedern fallen mehr ins Rostgelbe. Die Schwanzfedern sind am Grunde erzgrün, das nach der Spitze zu schwärzlich wird; die mäßig verlängerten mittleren an der Spitze weiß, die seitlichen rostgelb gesäumt, mit weißlicher Spitze, wobei der Außensaum ebenfalls breiter ist, als der innere. Die oberen Deckfedern sind erzgrün, die Schwingen schwarzbraun, schwach violett schillernd. Hinter dem Auge verläuft ein blaßgelbrother Streif zum Ohr und ein anderer vom Mundwinkel an den Seiten des Halses hinab; die Kehle ist schwarzgrau mit feinen schwach rostgelben Federrändern, die Brust graulich und der Bauch ziemlich deutlich rostgelbgrau; die Beine sind ganz fleischfarben. —

Das Weibchen scheint wenig vom Männchen verschieden zu sein. —

Ganze Länge 4″ 8‴, Schnabel 1″, Flügel 2″, Schwanz 1″ 10‴. —

Ich fand von dieser Art nur ein Exemplar unter Herrn Beske's Vorräthen, das aus der Umgegend von Neu-Freiburg stammte; die Abbildung in Temminck's pl. col. ist sehr gut, die von Lesson zu grün und ohne schwärzliche Kehlzeichnung, welche mein Exemplar deutlich besitzt. Beide Figuren stellen die Enden der seitlichen Schwanzfedern ganz weiß vor, sie sind aber blaß rostgelb mit weißer Spitze. —

4. Phaëthornis rufigaster *Vieill.*

Trochilus rufigaster ***Lesson***, Colibr. pl. 9. — ***Vieill.*** Enc. Orn. II. 551. — ***Audeb.*** Ois. dor. I. pl. 19.

Trochilus brasiliensis ***Temm.*** pl. col. 120. fig. 2. — ***Pr. Max.*** Beitr. IV. 111. 19.

Trochilus Eremita ***Gould*** Mon. I. pl. 6.

Rückenseite metallisch erzgrün, Bürzel und Unterseite rostgelb, Kehle weiß; alle Federn des stark keilförmigen Schwanzes mit rostgelber Spitze.

Einer der kleinsten Kolibris; Schnabel ziemlich stark für die Größe des Vogels, der Oberkiefer schwarz, der Unterkiefer halb blaßgelb, halb schwarz. Oberkopf braun, die Federn undeutlich rostgelb gerandet; Rücken erzgrün, metallisch glänzend, die seitlichen und hintern Federn rostgelb gerandet; der Bürzel ziemlich vorwiegend rostgelb. Unterseite von der Kehle bis zum Steiß lebhaft rostgelb; die Kehle am Kinn weiß. Flügeldeckfedern erzgrün, die Schwingen braun, leicht violett schillernd. Mittlere Schwanzfedern erzgrün, mit rostgelber Spitze, seitliche mehr schwarzbraun, mit rostgelbem am Außenrande breiteren Saum. Beine fleischfarben, die Krallen schwärzlich. —

Weibchen matter gefärbt, der Schnabel etwas kürzer und dicker, der Schwanz nicht so stark keilförmig ausgezogen.

Ganze Länge des Männchens 3″ 10‴, des Weibchens 3″ 4‴; der Schnabel jenes am Mundrande 1″, dieses 10‴, Flügel 1″ 5‴, Schwanz des Männchens 1″ 3‴, des Weibchens 1″ 2‴. —

Ich erhielt von diesem kleinen Kolibri beide Geschlechter in Neu-Freiburg; das Männchen ist schlanker, zierlicher gebaut und hat einen im Ganzen kleineren Kopf, aber eine viel lebhaftere Farbe; das Weibchen erscheint im Rumpf etwas größer. — Die Abbildungen von Temminck und

Lesson stellen das Weibchen vor, das Männchen ist, so viel ich weiß, nur vom Prinzen zu Wied in seinen Abbild. z. Naturg. Brasil. Vög. tb. 2. mit dem Nest abgebildet, aber etwas zu dunkel colorirt. Das Material des Nestes ist eine rothgelbe Baumwolle mit eingewebten Farrenkraut-Schuppen; es sitzt auf den Blattstielen dreier zusammengefügten Blätter. Nach des Prinzen Versicherung kommt die Art nur im tiefen Walde vor.

Anm. 1. Spix hat als Trochilus pygmaeus einen Kolibri vorgestellt (Av. Bras. I. 78. 1. tb. 80 f. 1.), der große Aehnlichkeit mit dieser Art, aber einen relativ längeren Schnabel und einen kürzeren stumpferen Schwanz besitzt, dessen 2 mittelste Federn nur wenig verlängert sind. Er erhielt den Vogel mit dem Neste in Minas geraes. Wahrscheinlich ist diese mir unbekannte Art der Trochilus Thaumantias *Linn. Lath.* Ind. orn. I. 309. 27., wozu *Buff.* pl. col. 600. fig. 1. gehört. Die Abbildung paßt zu der von Spix, bis auf die Farbe der Unterseite und der äußeren Schwanzfedern, welche hier als weiß angegeben wird. Der Prinz zu Wied hielt ihn für den jungen Vogel von Ph. rufigaster, allein der lange Schnabel widerspricht der Richtigkeit dieser Annahme. Eher könnte es der Troch. davidianus *Less.* Troch. pl. 13. sein. Schomburgk hat ihn in Guyana (Reise III. 708. 198.) und v. Tschudi in Peru beobachtet (Fn. per. Orn. S. 38.).

2. Trochilus brasiliensis *Lath.* Ind. orn. I. 308. 23. — wird von Einigen zu dieser Art gezogen, ist aber wahrscheinlich eine gemischte Form. Die a. a. O. unterschiedene Var. β. scheint unsere Glaucis hirsuta zu sein, die Hauptform ein ganz anderer Vogel, dessen Bestimmung ich nicht unternehme. —

II. Vordere Fußkrallen, wie die hintere, stark gekrümmt, höher, stärker, spitzer, härter; die Zehen am Grunde nicht verwachsen, mit deutlicheren, festeren Tafeln bekleidet.

A. Schnabel stark, mehr oder weniger nach der Spitze verdickt, bald höher als breit, bald breiter als hoch, stets länger als der Kopf, öfters deutlich gebogen.

a. Schnabel besonders stark und hoch, ohne feine Randkerben neben der Spitze*); Flügel breit, die vordersten Schäfte meist stark verdickt.

2. Campylopteridae.

4. Gatt. Campylopterus *Swains.*

Schnabel nur wenig gebogen, aber stark gebaut, etwa anderthalb Mal so lang wie der Kopf, von beiden Seiten zusammengedrückt, also höher als breit; die Spitze grade, der Rand ohne

*) Zu dieser Gruppe gehört als Haupttypus der schöne Trochilus Pella *Linn.* S. Nat. I. 189. 2. — *Lath.* Ind. orn. I. 302. 2. — welcher nicht bis nach Brasilien hinabgeht.

Kerben. Flügel breit und die vordersten Schwingen stark gekrümmt, mit am Grunde plötzlich erweiterten sehr breiten Schäften, die indessen den jungen Vögeln fehlen, und erst nach und nach mit jeder Mauser ihre große Breite erlangen. Schwanz ziemlich groß, aber stumpf, breit gerundet, die ruhenden Flügel nur wenig überragend, die 2 äußeren Federn jeder Seite etwas verkürzt. Beine fein gebaut, die Krallen noch nicht sehr hoch, ziemlich lang, aber doch viel kürzer und stärker als bei Phaëthornis. Gefieder glänzend metallisch, die Schwingen braun, die äußeren Schwanzfedern z. Th. weiß.

1. Campylopterus falcipennis.

? Troch. ensipennis *Swains.* zool. Illustr. II. 107. — *Lesson* Trochil. Ind. gener. 6. no. 5. pl. 46. 47. — ? *Ej.* Ois. Mouch. pl. 35.

Erzgrün, Kehle und Brust blau, Flügel und Schwanz schwärzlich, die drei äußeren Steuerfedern halb weiß. — Junger Vogel unten grau, grün gefleckt.

Es ist fraglich, ob die hier zu beschreibende brasilianische Form von der westindischen spezifisch getrennt werden muß, worüber ich, da mir keine westindischen Exemplare zugänglich sind, keine Gewißheit erlangen kann. Das mir aus Neu-Freiburg von Hrn. Beske schon vor meiner Reise übersandte Exemplar hat folgende Eigenschaften.

Gestalt und Größe fast genau wie ein Weibchen von Trochilus Pella, der Schnabel etwas mehr gebogen, der Schwanz ein wenig länger. Gefieder der Rückseite von der Stirn bis zum Bürzel trüb erzgrün, aber in der Mauser begriffen, indem hie und da lebhaft und hell stahlblaue Federn, namentlich im Nacken und über den Schultern sich eindrängen. Kehle und Vorderhals dunkel stahlblau, etwas ins Violette spielend. Brust, Bauch und Steiß trüb erzgrün, ebenfalls auf der Brust mit heller stahlblauen, frischeren Federn gemischt. Augengegend und Ohrdecke schwarz, hinter dem Auge ein rein weißer Fleck. Kleine Deckfedern erzgrün, die großen und die Schwingen schwarzbraun; die Schäfte der drei ersten zwar stark erweitert, aber nicht so stark wie bei Campylopterus latipennis aus Guyana, sondern nur halb so breit am Grunde. Schwanzfedern ziemlich lang, daher der Schwanz die ruhenden Flügel etwas überragt, breit gerundet, die zwei äußeren etwas verkürzt; alle schwarz, die mittleren leicht erzgrün schillernd, die drei äußeren jeder Seite mit breiter weißer Spitze. — Schnabel und Füße schwarz. —

Ganze Länge 6″, Schnabel 1″, Flügel 3″, Schwanz 2″. —

Wenn der von Lesson (Trochil. pl. 47) abgebildete jüngere Vogel, welcher indessen einen längeren, dünneren, am Unterkiefer blaßgelben

Schnabel besitzt, wie ich glaube, zu dieser Art gehört, so ist die Brust und der Bauch in der Jugend aschgrau, mit erzgrünem Fleck auf jeder Feder vor der Spitze; auch zeigt sich unter dem Auge noch ein weißer Streif, der meinem Exemplar fehlt. —

Ich erhielt, wie gesagt, das einzige hier beschriebene Exemplar dieser Art von Hrn. Bescke aus Neu-Freiburg gesendet.

Anm. Ich glaube nicht, daß Swainson's Troch. ensipennis, dessen Figur Lesson copirt hat (Ois. Mouch. pl. 35) zu dieser Art gehört. Das Bild stellt einen älteren Vogel vor, wie aus den breiten Schäften der Schwingen sich ergiebt, und ist lebhafter erzgrün mit blauer Kehle; während mein Vogel im Kolorit die meiste Aehnlichkeit mit Trochilus macrurus *Vieill.* (Tr. hirundinaceus *Less.*) besitzt. Ich vermuthe, daß mit zunehmendem Alter nicht bloß der ganze Kopf bis zum Rücken, sondern auch der ganze Vorderhals bis zum Bauch stahlblau sich färbt, der alte Vogel also ganz anders aussehen wird, als Swainson's Troch. ensipennis. Dann wären seine Artrechte wohl nicht zu bezweifeln. Ich schlage darum vor, meine hier beschriebene Art mit dem Namen Campylopterus falcipennis zu belegen. —

2. Campylopterus campylostylus.

Trochilus campylostylus *Licht.* Doubl. etc. 14. 115. —
Ornismyia simplex *Less.* Ois. Mouch. pl. 33. — *Ej.* Suppl. pl. 6. — Ind. gen. Trochil. 6. no. 6.
Trochilus cirrochloris *Vieill.* Dict. d'hist. nat. XXIII. 430. — Enc. Orn. II. 560.

Einfarbig erzgrün, der junge Vogel an der Unterseite grau; Schwanzfedern alle gleichfarbig.

Mir ist dieser Vogel nicht bekannt; die zweite Abbildung von Lesson (Ois. Mouch. Suppl. pl. 6) hat indessen ganz den Habitus der vorhin beschriebenen Art, ist einfarbig trüb erzgrün, ohne alle Abwechselung, die Schwingen sind schwärzlich grau, wie die Schwanzfedern auf der Unterseite; der Schnabel und die Beine schwarz. Der junge Vogel hat grauliche Kehle, Brust, Bauch und Steiß, sonst aber das Kolorit des alten Vogels.

Die Art ist etwas kleiner als die vorige; sie bewohnt die südlichen Gegenden Brasiliens und wurde der Berliner Sammlung von St. Paulo zugesendet.

Anm. Unter den von Azara beschriebenen Kolibris ist keiner, der hierher paßte; der Picaflor ceniciento debaxo (Apunt. II. 489. no. 295) hat weiße Spitzen an den 2 äußeren Schwanzfedern, sonst würde man an ihn denken können. —

5. Gatt. Prognornis *Reich.*

Cabanis Jour. f. Orn. Extrah. Anhang.

Schnabel etwas breiter als hoch, besonders breit am Grunde, leicht gekrümmt, nur wenig länger als der Kopf; die Spitze schlank, fein und fast grade. Flügel ziemlich breit, derbe, die Schäfte der drei vordersten Schwingen stärker erweitert nach unten, aber nicht so stark wie in der vorhergehenden Gattung. Schwanz groß, gabelförmig, die äußeren Federn viel länger als die ruhenden Flügel. Beine ziemlich stark, die Krallen von mittlerer Höhe, scharf zugespitzt, stark gekrümmt, viel kürzer als die Zehen.

Prognornis macrurus.

Trochilus macrurus *Gmel. Linn.* S. Nat. I. 1. 487. — *Pr. Max.* Beitr. IV. 93. 14. — *Vieill.* Ois. dor. pl. 60. — Dict. d'hist. nat. VII. 366.
Trochilus forcipatus *Lath.* Ind. orn. I. 304. 9.
Trochilus hirundinaceus *Less.* Ois. Mouch. pl. 25. et Colibr. Syspl.. pl. 39. — Ind. gen. Troch. 5. 2.
Guainumbi tertia species *Marcgr.* h. nat. Bras. 197.

Kopf, Vorderhals und Schwanz dunkel stahlblau; Rumpf erzgrün. —

Einer der größten Kolibris Brasiliens, aber wegen des kurzen Schnabels nicht so groß erscheinend. Gefieder des Kopfes bis zum Nacken und des Halses bis zur Brust lebhaft und schön stahlblau; der ganze übrige Rumpf nebst den Flügeldeckfedern erzgrün, nur der Bauch vor dem After mit weißen Dunen besetzt. Schwingen schwarzgrau, leicht violett schillernd; Schwanz dunkel stahlblau. Schnabel und Füße schwarz.

Ganze Länge 6″, Schnabel 10‴, Flügel 2″ 9‴, Schwanz 3″. —

Diese Art ist im Innern von Minas geraes sehr häufig, man sieht sie überall auf den Campos um die Blumen schweben und kann ihrer in kurzer Zeit viele Individuen erlegen. Das Nest derselben habe ich leider nicht aufgefunden.

b. Schnabel abgeplattet, mit feinen Kerben am Rande vor der Spitze. Schäfte der vordersten Schwingen nicht erweitert.

3. Lampornidae.

Schnabel grade oder sanft gebogen, am Grunde breit; die Spitze grade, der Rand daneben gekerbt. Flügel schlank, die vordersten Schwingen nicht abgesetzt verdickt im Schaft. Schwanz ziemlich breit und stumpf, abgerundet oder leicht ausgeschnitten. Beine langzehig, mit kurzen, hohen, spitzen starkgebogenen Krallen. Das Kolorit der beiden Geschlechter ist sehr verschieden.

6. Gatt. Lampornis *Swains.*

Anthracothorax *Boje.*

Schnabel viel länger als der Kopf, deutlich gebogen, breit und flach in seiner ganzen Länge. Schwanz abgerundet, die 2 äußeren

Federn etwas verkürzt, überhaupt schwächer gebaut, nicht länger als die ruhenden Flügel.

Lampornis Mango.

Trochilus Mango *Linn.* S. Nat. I. 191. 10. — *Lath.* Ind. orn. I. 307. 20. — *Buff.* pl. enl. 671. 2. u. 680. 2. 3. — *Pr. Max.* Beitr. IV. 47. 1. — *Vieill.* et *Audeb.* Ois. dor. pl. 7. 8. 9. — *Lesson* Trochil. Ind. gen. 10. 17. — *Ej.* Colibr. pl. 12. 13. 14. 15. — *Swains.* birds of Bras. pl. 27. 28.
Guainumbi quinta spec. *Marcgr.* h. nat. Bras. 197.
Picaflor turqui debaxo et P. faxa negra *Azara* Apunt. II. 490. sq. no. 295. 296.

Rückengefieder erzgrün, Kehle, Vorderhals und Brust sammetschwarz, stahlblau gesäumt. Schwanz purpurviolett, mit schwarzbraunem Saum.

Junger Vogel weiß an der ganzen Unterseite, mit schwarzem Längsstreif.

Eine der schönsten und am weitesten verbreiteten Arten. Der Schnabel ist anderthalb Mal so lang wie der Kopf, sehr stark abgeflacht, besonders am Grunde; in der Jugend braun, im Alter schwarz. Das Rückengefieder hat vom Stirnrande bis zum Bürzel eine erzgrüne Farbe, mit Kupferschiller beim alten Vogel; die Schwingen sind grauschwarz, violett schillernd. Der Schwanz ist auf der Mitte sehr weit von den langen oberen Deckfedern bedeckt, die beiden mittelsten Federn sind obenauf erzgrün, kupferroth schillernd, unten haben sie, wie die übrigen auf beiden Seiten, eine purpurviolettrothe Farbe und einen schwarzen, stahlblau glänzenden Rand. Die Kehle, der Vorderhals, die Brust und der Anfang des Bauches sind auf der Mitte sammetschwarz, an den Seiten stahlblau gesäumt, das Uebrige des Bauches ist erzgrün, die langen unteren Schwanzdecken schillern stahlbläulich. Die Beine sind schwarz.

Der junge Vogel ist auf der Rückenseite heller erzgrün gefärbt, die Flügel und der Schwanz ähneln dem alten Vogel, doch haben die Schwanzfedern einen weißlichen Endrand und davor eine breitere schwarze Binde. Die Bauchseite ist vom Kinn bis zum Steiß weißlich, welche Farbe da, wo sie in den erzgrünen Rückenton übergeht, ein rostgelbrothes Kolorit annimmt. Am Kinnwinkel beginnt ein schwarzer Streif, der sich auf dem Vorderhals etwas ausbreitet, dann wieder zusammenzieht und so bis zum Bauch erstreckt, hier mit erzgrünen Rändern an den Federn versehen. Die unteren Schwanzdecken haben eine graugrün gefärbte Mitte. —

Das Weibchen ähnelt dem jungen Vogel, ist aber reiner, voller gefärbt und hat keine weißen Schwanzspitzen. —

Ganze Länge 4¼", Schnabel am Mundrande 1" 2—3"', Flügel 2½", Schwanz 1" 4"'. —

Der Kolibri ist ziemlich überall in Brasilien zu Hause; ich traf ihn in Menge bei Neu-Freiburg, der Prinz zu Wied am Rio Espirito Santo,

Azara in Paraguay, Schomburgk in Guyana; nach Lesson geht er bis auf die Antillen, nach Latham sogar nach Mexico; die westlichen Gegenden Süd-Amerikas scheint er zu meiden, denn v. Tschudi führt ihn nicht unter den peruanischen Kolibris an.

7. Gatt. Chrysolampis *Boje*.

Isis 1831. 546.

Schnabel etwas länger als der Kopf, leicht gebogen flach, gedrückt, besonders am Grunde, wo die Befiederung der Stirn auf ihn übergeht und wie am Kinn bis zur Mitte hinabreicht; die Spitze grade, der Rand daneben sehr deutlich gekerbt; Flügel schmal. Schwanz breit, abgerundet, von der Länge der ruhenden Flügel; die äußeren Federn kaum etwas verkürzt. Beine mit langen Zehen und kurzen, hohen, stark gebogenen, spitzen Krallen.

Die einzige Art dieser Gattung unterscheidet sich von der vorigen hauptsächlich nur durch den kürzeren, am Grunde befiederten Schnabel und könnte füglich damit generisch verbunden werden.

Chrysolampis moschitus.

Trochilus moschitus *Linn.* S. Nat. I. 192. 14. — *Lath.* Ind. orn. I. 316. 49. — *Buff.* pl. enl. 227. 2. et 640. 1. — *Vieill.* et *Audeb.* Ois. dor. pl. 29. 30. 54—56. — *Pr. Max.* Beitr. IV. 56. 3. — *Less.* Ois. Mouch. pl. 52—54. — *Ej.* Trochil. pl. 15. Ind. gener. 36. no. 93. — *Swains.* birds of Brazil. pl. 30. — *Schomb.* Reis. III. 705. 180.
Guainimbi octava species *Marcgr.* h. nat. Bras. 197.

Braun, Scheitel rubinroth, Kehle und Vorderhals golden morgenroth; Schwanz rostgelb, mit schwarzem Rande.

Junger Vogel matt erzgrün, unten grau, Schwanz mit weißem Endrande. —

Wohl die schönste Art von allen brasilianischen Kolibris und eine der kleineren. Gefieder des alten männlichen Vogels braun, der Bauch etwas ins Graue spielend. Oberkopf vom Schnabel bis zum Nacken prachtvoll rubinroth; Kinn, Kehle, Vorderhals und Mitte der Brust lebhaft feuerfarben, prachtvoll goldglänzend, ins Morgenrothe spielend. Flügel violett schillernd. Schwanz hell kastanienroth, die Federn mit feinem schwarzem Rande. Schnabel und Beine schwarz.

Junger Vogel am Rücken matt erzgrün, am Bauch weißgrau; der Schwanz heller gefärbt, breiter schwarz gesäumt; mit weißem Endrande. — Das Weibchen ebenso gefärbt, die Rückenfarbe lebhafter, die mittleren Schwanzfedern erzgrün, die daneben ohne weiße Spitzen. —

Ganze Länge 4″, Schnabel am Mundrande 10‴, Flügel 2″, Schwanz 1 1/6″. —

Im mittleren und nördlichen Brasilien zu Hause und dort häufig; nicht mehr bei Rio de Janeiro, wohl aber über ganz Guyana verbreitet.

8. Gatt. Glaucopis *Less.*

Thalurania *Gould.*

Schnabel nur sehr wenig länger als der Kopf, fast grade, am Grunde breit, unbefiedert, am Ende zugespitzt, die Ränder vor der Spitze fein gekerbt. Flügel schmal. Schwanz breit gabelig, die Federn einzeln ziemlich stumpf gerundet; die mittelsten so lang wie die ruhenden Flügel, die äußeren stufig verlängert. Beine mit hohen, scharfen, ziemlich kurzen Krallen. —

1. Glaucopis frontalis *Lath.*

Trochilus frontalis ***Lath.*** Ind. orn. I. 318. 60.
Trochilus Glaucopis ***Gmel. Linn.*** S. Nat. I. 1. 497. — ***Vieill.*** Enc. Orn. II. 557. 37. — ***Pr. Max.*** Beitr. IV. 85. 12.
Trochilus Pegasus ***Linn.*** Syst. Nat. I. 192. 16. — ***Lath.*** Ind. orn. I. 315. 46. fem.
Ornismya glaucopis ***Less.*** Troch Ind. gener. 21. 50. — Ois. mouch. pl. 58. 59.
Guainumbi secunda species ***Marcgr.*** h. nat. Bras. 197.

Lebhaft erzgrün, Oberkopf hell stahlblau; Schwanz lang, tief gegabelt, schwarzblau. —

Weibchen matter erzgrün, Kehle weißlich, Brust und Bauch grau; äußere Schwanzfedern mit weißer Spitze. —

Schnabel und Beine schwarz; Oberkopf des alten Vogels lebhaft stahlblau, der ganze Rumpf erzgrün, aber die Kehle und der Vorderhals bis zur Brust weit prächtiger als das übrige Gefieder. Flügel schwärzlich, violett schillernd; die Armschwingen dunkelblau. Schwanz dunkel grünlichblau, matter glänzend, die mittleren Federn so lang wie die ruhenden Flügel, die äußeren beträchtlich länger. —

Der junge Vogel hat scheinbar einen längeren Schnabel, weil das Stirngefieder sich nicht so weit auf ihn erstreckt; er ist matter erzgrün gefärbt, und der Oberkopf hat bloß einen dunkler erzgrünen Schiller; die Kehle, der Vorderhals und der Steiß sind weißlichgrau, besonders die hinteren Partien; die Brust ist dunkler grau, mehr oder weniger erzgrün gefleckt; der Schwanz hat viel kleinere Federn, mit weißen Spitzen an den drei äußeren. — Das Weibchen gleicht dem jungen Vogel, ist aber reiner und klarer gefärbt und hat einen etwas größeren Schwanz.

Ganze Länge 5″, Schnabel am Mundrande 10‴; Flügel 2″ 3‴, Schwanz 1″ 8‴—2″. —

Die Art ist häufig in der Provinz von Rio de Janeiro, man trifft sie schon in den Gärten der Vorstädte; leichter ist sie besonders auf dem Lande in allen Gärten mit Blumen zu beobachten, doch zieht sie die ebenen Gegenden den Gebirgsthälern vor. Das Nest, welches ich in 2 Exemplaren mitgebracht habe, ist zierlich aus Baumwolle gebaut und mit Flechten bekleidet, fast ebenso dicht wie das ähnliche von Trochilus albicollis; doch sind am oberen Umfange auch viele braune Farrnkrautschuppen eingewebt, die Tr. albicollis nicht benutzt. Es sitzt in den Gabelästen einer Staudenpflanze. —

2. Glaucopis Eriphile *Less.*

Lesson Colibr. Suppl. pl. 25. — Ind. gen. Trochil. 22. no. 54.
Trochilus excisus *Licht.* Mus. ber.

Erzgrün; Stirn, Kehle und Vorderhals lebhafter gefärbt, Brust stahlblau; Schwanz schwarzblau, schwach gabelig.

Weibchen unten grau, die Schwanzfedern mit weißen Spitzen.

Von der Größe der vorigen Art. Schnabel wenig länger als der Kopf, stark abgeplattet, schwarz. Stirn bis zum Scheitel, Kehle, Vorderhals lebhaft und hell erzgrün; der übrige Körper und die äußeren Flügeldeckfedern dunkler erzgrün, die kleinsten Federn am Bug und die Brust bis über den Anfang des Bauches hinab stahlblau; die Aftergegend weißlich, die unteren Schwanzdecken grau, weiß gesäumt. Flügel graubraun, violett schillernd. Schwanz dunkelschwarzblau, unten lebhafter, obenauf matter gefärbt, schwach gegabelt, alle Federn am Außenrande etwas glänzender. Beine schwarz.

Ganze Länge $4\frac{1}{2}$″, Schnabel am Mundrande 11‴, Flügel 2″ 4‴, Schwanz 1″ 8‴.

Ich habe von dieser Art vier Exemplare aus Neu-Freiburg mitgebracht, wo der Vogel nicht selten war; drei männliche stimmen im Kolorit mit einander vollständig überein, bis auf die Brust, welche bei dem Einen nur zur Hälfte stahlblau, hinten sammetschwarz gefärbt ist. Das möchte ein jüngeres Individuum sein. — Das Weibchen gleicht dem von Gl. frontalis so sehr, daß ich es nur durch seinen mehr ins Messingne fallenden grünen Ton und einen relativ kürzeren Schnabel davon unterscheiden kann. Es ist an der Kehle und am Steiß weißgrau, an der Brust aschgrau, mit erzgrünen Seiten und die drei äußeren Schwanzfedern haben weiße Spitzen, die nach innen zu kleiner werden. —

Anm. Im nördlichen Brasilien kommen außerhalb des von mir bereisten Gebietes noch zwei ähnliche hierher gehörige Arten vor, es sind:

3. Trochilus furcatus *Gmel. Linn.* S. Nat. I. 1. 486. — *Lath.* Ind. orn. II. 304. 8. *Buff.* pl. enl. 599. 2. — *Vieill. Aud.* Ois. dor. pl. 34. — *Less.* Ois. Mouch. pl. 18. — Scheitel und Rumpf blaugrün, die Brust stahlblau: Kehle und Vorderhals lebhaft erzgrün; Schwanz schwarzblau, mäßig gabelförmig. — Junger Vogel mit weißlicher Bauchseite und matter grünlichem Rücken.

4. Trochilus Wagleri *Less.* Ois. Mouch. pl. 73. — *Ej.* Trochil. Ind. gen. 21. no. 51. — Tr. sapphirinus *Vieill.* Aud. Ois. dor. I. 105. pl. 37. — Kopf, Hals, Oberbrust, Schwingen und Schwanz stahlblau, letzterer schwach gabelförmig; Rumpf und Deckfedern der Flügel erzgrün, blau schillernd. —

9. Gatt. Petasophora *Gray.*

Schnabel grade, etwas länger als der Kopf, feiner, nicht so flach wie bei den Vorigen, die Ränder an der Spitze fein gekerbt. Flügel schmal, schlank zugespitzt. Schwanz breit, grade, die mittleren und die äußeren Federn sehr wenig verkürzt. Beine mit kurzen, nicht sehr hohen, spitzen, stark gebogenen Krallen. Am Halse jederseits ein Lappen größerer Federn.

Petasophora crispa *Spix.*

Colibri crispus *Spix* Av. Bras. I. 80. 1. tb. 81. fig. 1.
Trochilus petasophorus *Pr. Max.* Beitr. IV. 76. 10. — *Schomb.* Reise III. 707. 193. *Temm.* pl. col. 203. f. 3. — *Less.* Ois Mouch. pl. 1. — Trochil. pl. 12. et 59. — Ind. gen. 8. no. 11.
Trochilus serrirostris *Vieill.* N. Dict. d'hist. nat. VII. 359. — Enc. Orn. II. 561. 52.
Trochilus chalcotis *Licht.* Mus. ber.

Erzgrün, Kehle und Schwanz blaugrün mit stahlblauer Binde, der Hals mit zwei violetten Lappen.

Schnabel schwarz, nur sehr wenig länger als der Kopf, fein zugespitzt, die Ränder schwach gezähnt. Gefieder erzgrün, der Scheitel bräunlich, die Kehle lebhafter blaugrün, die Mitte jeder Feder schwärzlich. An den Seiten des Halses unter der Ohrdecke eine Reihe abstehender größerer, violetter Federn, die z. Th. stahlblaue Ränder haben, die hintersten meist ganz stahlblau. Flügeldeckfedern wie der Rücken, Schwingen graubraun, schwach violett schillernd. Schwanz mit großen breiten, blaugrünen Federn, welche gegen die Spitze hin eine verwaschene stahlblaue Binde haben; die äußeren mit weißem Rande, der am äußersten Paar breiter ist. Aftergegend und untere Schwanzdecken rein weiß. Füße schwarz.

Das Weibchen (*Lesson,* Trochil. pl. 59), hat eine viel mattere Farbe, keinen violetten Lappen am Halse, eine weiße Stelle unter dem Auge, und einen graulichen Bauch. Der junge Vogel (Lesson, ebend. pl. 12) unterscheidet sich davon nicht, doch beginnen bald, wenn er ein männlicher ist, die violetten Federn am Halse hervorzubrechen.

Ganze Länge 5½″, Schnabel am Mundrande 11‴, Flügel 2″ 9‴, Schwanz 1″ 6‴. —

Dieser schöne Kolibri gehört den inneren Campos-Gegenden des mittleren Brasiliens an und wurde von meinem Sohne häufig bei Lagoa santa, wo er die herbstlichen noch blühenden Stauden umschwärmte, geschossen. — Das Winterkleid (Juni) hat an allen Rumpffedern weiße Spitzen, die dem Vogel ein greis überlaufenes Ansehn geben, gegen den Sommer aber (December) verloren gehen. Das Nest erhielt ich nicht. —

a. Schnabel ohne Kerben neben der Spitze, stark, grade, mehr oder minder abgeplattet.

4. Florisugidae

Die Kolibris dieser Gruppe haben den kräftigen Schnabel der vorigen, aber die Spitze ist nicht mit feinen Kerbzähnen am Raude versehen. Es sind übrigens meist stark gebaute, ziemlich große Fliegenvögel, welche sich durch ihre kräftige Statur und ihren großen, den ruhenden Flügeln an Länge gleichkommenden Schwanz den vorhergehenden Gruppen innig anschließen. Im Kolorit sind beide Geschlechter stets mehr oder minder stark von einander verschieden.

10. Gatt. Heliothrix *Boje.*

Isis. 1831. S. 547.

Schnabel am Grunde breit und flach, das Ende lang und fein zugespitzt, deutlich pfriemenförmig, ohne alle Anschwellung; Stirngefieder auf den Schnabelgrund bis über die Nasenlöcher hinabreichend. Flügel lang, schmal. Schwanz des Männchens verlängert, keilförmig, schmalfedrig; des Weibchens abgerundet, breitfedrig. Beine zierlicher, schwächer, die Zehen am Grunde etwas verwachsen, die Krallen kurz, niedrig, leicht gebogen. —

Heliothrix aurita *Gmel.*

Trochilus auritus ***Gmel. Linn.*** S Nat I. 1. 493. — ***Lath.*** Ind. orn I. 311. 36. — ***Vieill.*** Enc. Orn. II. 567. — ***Ej. Audeb.*** Ois. dor. pl. 25. 26. — ***Lesson*** Ois. Mouch. pl. 10. — ***Ej.*** Ind. gener. Trochil. 20. no. 47. — ***Pr. Max.*** Beitr. IV. 104. 17. — ***Swains.*** birds of Brazil. pl. 29.

Jüngere Vögel.

Trochilus auriculatus ***Licht. v. Nordm.*** in ***Erm.*** Reise etc. Atl. 5. 38. th. 2. fig. 1. 2.

Troch. nigrotis, ***Less.*** Ois. Mouch. pl. 11. —

Rückengefieder und Kehlseiten lebhaft erzgrün, unter dem Auge ein stahlblauer Streif. Bauchseite und äußere Schwanzfedern weiß, mittlere schwarz.

Junger Vogel ohne erzgrüne Kehlseiten, der Augenstreif schwarz, die Brust matt erzgrün punktirt. —

Die ganze Rückenseite, von der Stirn bis zum Bürzel, lebhaft und hell erzgrün, bei alten Vögeln mit Goldschiller; ebenso die Kehle, die vorderen Halsseiten und die Flügeldeckfedern. Unter dem Auge beginnt ein sammetschwarzer Streif, der sich hinter dem Auge mehr ausbreitet, und hier einen stahlblauen Rand bekommt, welcher die ganze Spitze des Flecks am Halse einnimmt. — Schwingen grauschwarz, violett schillernd. Unterseite überall rein weiß, ebenso die drei äußeren Schwanzfedern jeder Seite, die vier mittleren schwarz mit schwachem stahlblauem Schiller. Obere Schwanzdecken sehr lang, bis ans Ende der ruhenden Flügel reichend, und so lang wie die äußersten Schwanzfedern. Beine fleischbraun, Schnabel schwarz.

Männchen mit langen schmalen Schwanzfedern, die drei äußeren stufig verkürzt, jede mit einer schiefen, stahlblauen Binde.

Weibchen mit kurzen, breiten, abgerundeten, gleichlangen Schwanzfedern, die drei äußeren einfarbig weiß.

Junger Vogel an der Kehle ganz weiß, der schwarze Streif unter dem Auge hat keinen Stahlschiller und liegt unmittelbar am weißen Halse; der Vorderhals und die Brust sind mit matten erzgrünen Tüpfeln bestreut.

Ganze Länge des Männchens 5″ 8‴, des Weibchens 4″ 3‴; Schnabel beider Geschlechter am Mundrande 11‴; Flügel des Männchens 2″ 10‴, des Weibchens 2″ 8‴; Schwanz jenes 2″ 6‴, dieses 1″ 7‴. —

Der Kolibri bewohnt das Waldgebiet der Ostküste Brasiliens und geht bis nach Rio de Janeiro hinab; ich erhielt ein Pärchen bei Novo Friburgo mit dem dazu gehörigen Nest, welches aus einem seidenartigen Pappus nebst dasselbe umfassenden trocknen Pflanzenblättern, Stengeln und Federn zierlich gewebt ist, für die Größe des Kolibris aber einen geringen Umfang hat, wenn man andere viel kleinerer Arten Nester damit vergleicht. Auch die Eier sind nur klein. Der Prinz zu Wied fand ihn am Rio Belmonte, Swainson bei Bahia, Schomburgk (Reise III. 707. 189) in Britisch Guyana. Der lange, im Fluge, wie bei allen Arten, ausgebreitete Schwanz und die ganz weiße Unterseite machen ihn vor allen anderen Arten schon von Ferne kenntlich.

Anm. Man hat nicht bloß die Geschlechter bei dieser Art vielfältig verwechselt, sondern auch die jüngeren Individuen, welche erst sehr langsam das spätere Kleid annehmen, für eine eigene Art gehalten. Swainson gab a. a. O. die beste Abbildung des Männchens, Lesson stellt Fig. 11 ein junges Männchen und Fig. 10 ein junges, aber relativ älteres Weibchen vor. Die Abbildungen in Erman's Reise a. a. O. sind unkenntlich, aber ebenfalls beide nach jüngeren Vögeln gemacht.

11. Gatt. Florisuga *Bonap.*

Schnabel ziemlich stark und grade, nur am Grunde flach, die Spitze höher als breit, sanft kuppig verdickt, aber ohne Randkerben; das Stirngefieder bis über die Nasenlöcher hinabreichend. Flügel lang und schmal, in der Ruhe fast bis ans Ende des Schwanzes reichend. Der Schwanz breit, aber nicht abgerundet, sondern leicht ausgebuchtet, weil die mittelsten Federn etwas kürzer sind. Beine stark, die Krallen aber nicht sehr hoch, sanft gebogen, kaum stärker als bei der vorigen Gattung; die Zehen am Grunde etwas verwachsen, der Lauf befiedert.

1. Florisuga atra *Pr. Wied.*

Trochilus ater *Pr. Max.* Beitr. IV. 52. 2. — Dessen Reise I. 366. II. 136.
Trochilus niger *Swains.* zool. Illustr. II. pl. 82.
Trochilus atratus *Licht.* Doubl. 14. 113.
Trochilus fuscus *Vieill.* Enc. II. 532.
Colibri leucopygius *Spix,* Av. Bras. I. 81. 3. tb 81. fig. 3.
Ornismya lugubris *Less.* Ois. Mouch. pl. 38. 39. — *Ej.* Trochil. Ind. gener. 7. no. 9.

Schwarz, Weibchen mit rostrothen Backen; Flügeldeckfedern erzgrün; äußere Schwanzfedern weiß, schwarz gerandet. —

Schnabel stark, der unbefiederte Theil nicht länger als der Kopf, die Spitze beträchtlich gewölbt, in Folge dessen der ganze Schnabel etwas gebogen erscheint; schwarz gefärbt, wie das sammetne Gefieder des ganzen Körpers, mit Ausschluß der Aftergegend und der Beine, welche indeß vorn am Lauf schon graulich sind. Flügeldeckfedern trüb erzgrün, Schwingen wie gewöhnlich grauschwarz, matt violett schillernd. Schwanz breit, leicht ausgeschweift, die zwei mittleren Federn schwarz, blauviolett schillernd, die vier äußeren jeder Seite weiß, mit schwarzem Endsaum.

Diese Beschreibung schildert das alte Männchen. Das Weibchen und noch mehr der junge Vogel, haben keinen so rein schwarzen Ton, sondern auf dem Rücken mehr einen erzgrünen, am Halse und der Brust stahlblauen Schiller; die Backen und öfters die ganzen Kopfseiten sind rostroth und die Rückenfedern rothgelb gerandet; der Schwanz hat 4 mittlere schwarze Federn, und von den 3 äußeren jeder Seite ist die äußerste ganz weiß, die mittlere am Ende schwarz, die dritte hier und am ganzen Innenrande. Die Beine sind tief schwarz.

Länge 4½″, Schnabel am Mundwinkel 1″, Flügel 2″ 8‴, Schwanz 1½″. —

Der Kolibri gehörte zu den häufigeren Arten bei Neu-Freiburg, und wurde mehrmals von mir in der Nähe des Ortes, an Blüthen flatternd, beobachtet. Sein Nest erhielt ich ebenfalls. Der Prinz zu Wied hat es ausführlich beschrieben und mit dem Vogel in seinen Abbild. z. Naturgesch. Bras. abbilden lassen. Das meinige besteht zwar aus derselben rothgelben Baumwolle, worin zahlreiche kastanienbraune Farrnkrautschuppen eingewebt sind, aber es sitzt nicht auf einem Blatt, sondern zwischen den großen, breiten, tutenförmig zusammengezogenen, rauhen und weichen Blättern eines Gewächses, dessen Name mir nicht bekannt ist. Der Prinz fand in dem Nest zwei Junge, woran große dicke Maden dergestalt umherkrochen, daß sie die Thierchen öfters ganz bedeckten. Nach Aussage der Eingebornen ist das ein häufiges Vorkommen. Den jungen Vögeln werden die Maden schwerlich nachstellen, sondern wahrscheinlich ihrem Koth, und wäre also ihre Anwesenheit zur Reinhaltung des Nestes vonnöthen. Es müssen Fliegenlarven gewesen sein.

Anm. Eine mit der eben beschriebenen nah verwandte Art aus Guyana ist der Trochilus mellivorus *Linn.* S. Nat. I. 193. 20. — ***Lath.*** Ind. orn. I. 310. 34. — ***Buff.*** pl. enl. 640. 2. — ***Less.*** Ois. Mouch. pl. 21. 22. — Ind. gener. Trochil. 20. no. 49. — Der Rumpf ist erzgrün, der Kopf und Hals stahlblau; der Nacken, Bauch und Schwanz weiß, letzterer schwarz gerandet. Dem Weibchen fehlt der blaue Kopf und sein Bauch ist grau gefleckt.

12. Gatt. Calothorax *Gray.*

Schnabel völlig grade, etwas feiner, mehr drehrund, weder abgeplattet noch zusammengedrückt; die Spitze minder kuppig abgesetzt; die Befiederung der Stirn reicht bis ans Ende des Nasenlochs. Flügel ziemlich stark, die Spitze scharf. Schwanz breit, leicht ausgeschnitten oder ausgebuchtet, etwas länger als die ruhenden Flügel. Beine kräftig, die Zehen bis zum Grunde frei, mit hohen, spitzen, mäßig langen Krallen, der Lauf oben befiedert.

Ein prachtvoll gefärbtes Kehlschild macht die Männchen der hierhergehörigen beiden Arten kenntlich.

1. Calothorax mesoleucus *Temm.*

Trochilus mesoleucus ***Temm.*** pl. col. 317.
— squamosus ***Temm.*** ib. 203. 1. (jung).
— Temminckii ***Less.*** Ois. Mouch. pl. 20. (jung) 29. et 30.

Ornismya mesoleuca *Less.* Trochil. pl. 29. et 45. — Ind. gener. 19. no. 45.
Trochilus mystacinus *Vieill. Audeb.* Ois. dorés III. pl. 21. 22. 23.
— longirostris *Natt.*

Schnabel von fast doppelter Kopfeslänge; erzgrün, an Brust und Bauch ein weißer Streif; Steißfedern weiß gesäumt.

Männchen mit nach unten breiterem, rubinrothem Kehlschild.

Weibchen mit weißem Kehlschild und weißen Spitzen der äußeren Schwanzfedern. —

Schnabel ganz grade, beim alten Vogel doppelt so lang wie der Kopf, kürzer bei jüngeren. Gefieder erzgrün, ziemlich dunkel; Stirn und Scheitel beim Männchen lebhafter blaugrün, die Kehle mit prachtvollem rubinrothem Schilde, das sich nach unten bis zum Flügelbug ausbreitet; von da bis zum Steiß ein weißer Längsstreif, die Schenkelfedern weiß, die unteren Schwanzdecken weiß gesäumt; der Schwanz obenauf dunkel erzgrün, unten blauschwarz.

Das Weibchen hat eine weiße Kehle, die sich ebenfalls, aber nicht so stark, nach den Seiten ausbreitet; je jünger es ist, um so bestimmter erscheinen darauf graue Tüpfel. Am Bauch ist die Aftergegend licht grau. Der Schwanz ist obenauf erzgrün mit blauschwarzer Spitze, unten blauschwarz, die 2 äußeren Federn mit weißem Spitzenfleck. —

Der junge Vogel ähnelt dem Weibchen, aber die Rückenfarbe ist matter, mehr mit grau gemischt, das weiße Kehlschild hat große dunkelgraue Flecke auf jeder Feder, über ihm zieht sich ein weißer Streif unter dem Auge hin, und ein weißer Fleck zeichnet sich hinter dem Auge aus.

Von der folgenden Art ist diese habituell besonders durch den viel kleineren Schwanz, dessen Federn schmäler und spitzer sind und durch die relativ kleineren Flügel neben dem viel größeren Schnabel verschieden.

Ganze Länge 4½″, Schnabel am Mundrande 1″ 5‴, Flügel 2″ 2‴, Schwanz 1″ 3‴. —

Diese schöne Kolibri-Art ist nur im Innern auf dem Campos-Gebiet einheimisch; ich erhielt sie während meines Aufenthalts in Lagoa santa von dem 8 Meilen entfernten Sette Lagoas, woselbst sie ziemlich häufig sein soll.

2. Calothorax rubineus *Lath.*

Trochilus rubineus *Lath.* Ind. orn. I. 312. 37. — *Buff.* pl. enl. 276. 1.
Ornismya rubinea *Less.* Trochil. Ind. gen. 35. no. 90. — Ois. Mouch. pl. 44. 45. 46.
Trochilus ruficaudatus *Vieill.* Dict. VII. 370. et XXIII. 429. — Ois. dor. pl. 27. 28.

Schnabel wenig länger als der Kopf; Schwanzfedern rostroth, erzfarben gerandet.

Männchen: Erzgrün, Kehle rubinroth. —

Weibchen: Ganze Unterfläche rostroth; hinter dem Auge ein weißer Fleck. —

Schnabel viel kürzer als bei der vorigen Art, wenig länger als der Kopf, grade, ziemlich stark, schwarz. Ganzes Gefieder des alten Männchens erzgrün, der Rücken mehr golden broncefarbig; Kehle mit prachtvoll rubinrothem Schilde; Flügelrand, Armschwingen und Schwanzfedern rostgelbroth, letztere erzfarben gerandet, die 2 mittelsten mit ganz erzfarbener Innenfahne; Aftergegend mit weißen Dunenfedern besetzt. — Weibchen am ganzen Rücken wie das Männchen, an der ganzen Bauchseite hell rostgelb, die zwei mittelsten Schwanzfedern ganz erzfarben; hinter dem Auge ein weißer Fleck und unter dem Auge ein blaßgelber Streif. — Junger Vogel wie das Weibchen gefärbt, nur matter, die Rücken- und Bürzelfedern rostgelb gesäumt. Handschwingen stets rauchbraun, violett schillernd; Beine hellbraun, die Krallen und Hornschilder schwarz. —

Ganze Länge $4\frac{1}{2}''$, Schnabel am Mundrande $1''$, Flügel $2\frac{1}{2}''$, Schwanz $1\frac{1}{2}''$. —

Der Kolibri mit der rubinrothen Kehle ist eine der häufigeren Arten in den Gebirgswäldern der Gegend von Neu-Freiburg, er wird hier in großer Menge erlegt, weil man seine schöne Kehle zu Blumen verarbeitet, die wirklich sehr hübsch aussehen. Er kommt aber nicht in die Dörfer hinab, sondern bleibt im Walde und an den Waldrändern. Ich habe ihn in allen Stadien von dort mitgebracht, auch das Nest und junge Vögel im Uebergangskleide, bei denen zuerst mitten am Halse die rubinrothen Federn sich hervordrängen. Das Nest sitzt an einem Farrnkrautwedel, indem sich der Vogel durch Verbindung der Spitzen mehrerer unterer Wedeläste eine Art Tasche gebildet und dahinein das Nest gesetzt hat. Sein Bau ist übrigens durch nichts besonderes ausgezeichnet; es besteht aus einer weißlichen Pflanzenwolle, womit braune Farrnkrautschuppen und einige Flechten verwebt sind.

Anm. 1. Der nächste Verwandte dieser Art ist Trochilus flavicaudatus *Fras.* — Tr. Lafresnaji *Boiss.* Guér. Rev. zool. 1838. 8. aus Columbien, welcher durch den heller gefärbten, rostgelben Schwanz und die weniger prachtvolle Kehle von ihr sich unterscheidet. —

2. Auf dieselbe Weise schließt sich an Calothorax mesoleucus der Trochilus longirostris *Vieill. Aud.* Ois. dor. pl. 59. — Ornismya Corinna s. superba *Less.* Ois. Mouch pl. 20 et Suppl. pl. 33. — Trochil. pl. 34. Ind. gen. Troch. 19. sp. 46. — von den Antillen.

Mehr Arten dieser Gattung kenne ich nicht aus eigener Ansicht. —

d. Schnabel ohne Kerben am Rande vor der Spitze, ungemein flach, daher breit und stark erscheinend, aber stets viel niedriger als in der vorigen Gruppe.

5. Thaumatiadae.

Die Mitglieder dieser Gruppe sind nicht bloß durch ihren breiten, flachen, am Unterkiefer oder an beiden Kiefern rothgefärbten Schnabel kenntlich, sondern verrathen sich ebensosehr durch das einfachere, licht erzgrüne, gewöhnlich mit Weiß decorirte Kolorit, welches bei beiden Geschlechtern in der Hauptsache übereinstimmt. Sie haben niemals eigenthümliche Federndecorationen und sind überhaupt die unscheinbarsten von allen Kolibris. —

13. Gatt. Thaumatias *Bonap.*

Schnabel etwas oder beträchtlich länger als der Kopf, wenn lang sanft gebogen, sonst grade, am Grunde breit und flach, am Ende drehrund, mit leicht erhöhter Kuppe und scharfer Spitze; der Oberkiefer ganz schwarz, der Unterkiefer nur an der Spitze, das Uebrige blaß gelb. Flügel schmal, in der Ruhe dem Schwanze fast gleichkommend. Schwanz ziemlich breit, die mittleren Federn etwas verkürzt, die seitlichen stufig länger. — Gefieder erzgrün, nicht sehr lebhaft; Kehle, Vorderhals und Bauch ganz oder z. Th. weiß. —

1. Thaumatias albicollis *Licht.*

Trochilus albicollis *Licht.* Doubl. etc. 13. 112. — *Vieill.* et *Audeb.* Ois. dor. III. pl. 6. — *Temm.* pl. col. 203. f. 2.
Ornismya albicollis *Less.* Ois. Mouch. pl. 63. — Ind. gener. Trochil. 25. no. 64.
Colibri albogularis *Spix* Aves Bras. I 81. 4. tb. 82. fig. 1.
Trochilus vulgaris *Pr. Max.* Beitr. IV. 72. 8. (jung).
Picaflor sienas blancas, *Azara*, Apunt. II. 478. 289.

Erzgrün, Vorderhals rein weiß; Steiß und untere Schwanzdecken weiß gesäumt; äußere Schwanzfedern mit weißen Spitzen.

Die größte Art dieser Gruppe. Schnabel etwas länger als der Kopf, ganz grade, die Spitze merklich erhöht, der Unterkiefer bis weit über die Mitte hinab blaßgelblich. Rückengefieder ganz erzgrün, ebenso die Brust und der Bauch; Kehle ebenfalls erzgrün, aber die Federn weiß gerandet; Vorderhals ganz rein weiß. Flügeldeckfedern erzgrün, Schwingen wie immer graubraun, violett schillernd, die Außenfahne der ersten Schwinge weißlich. Mittlere Schwanzfedern sehr wenig verkürzt, erzgrün; die seitlichen blauschwarz, mit weißer Spitze; das äußerste Paar viel schmäler und etwas kürzer als die übrigen. Federn des Unterbauches weiß gesäumt, die Aftergegend ganz weiß; untere Schwanzdecken grau, breit weiß gerandet.

Jüngere Vögel und Weibchen haben trübere Farben und namentlich mehr weiß am Bauch, indem die Ersteren auf der Mitte bis gegen die Brust hinauf fast ganz weiß werden und in die Seiten des weißen Vorderhalses grauliche Flecke eindrängen.

Ganze Länge 4½″, Schnabel am Mundrande 1″, Flügel 2″ 2‴, Schwanz 1″ 3‴. —

Dieser Kolibri ist in den Gärten um Rio de Janeiro und in dem ganzen südlichen Theile der Provinz die gemeinste Art; er geht weiter bis St. Paulo und wahrscheinlich noch viel südlicher, denn Azara's Picaflor sienas blancas scheint mir hierher zu gehören. Nordwärts wird er seltner, der Prinz zu Wied hat ihn nur im Jugendkleide bei Rio de Janeiro gefunden; in Guyana fehlt er ebenfalls.

Das Nest dieser Art, wovon ich drei Exemplare mitgebracht habe, ist eins der kunstvollern; es steht gewöhnlich in dem Winkel eines horizontal ausgebrüteten Gabelastes, ist aus einer Art Baumwolle gewebt, aber außerhalb so dicht mit einer weißlichen, unten schwarzgrauen Baumflechte bekleidet, daß man von der Wolle darunter gar nichts wahrnimmt. Da es der Vogel ziemlich hoch und frei unter dem Laube der Krone zu bauen pflegt, so findet man es leicht. Ich habe den Vogel im Garten meines Freundes Lallemant, in der Vorstadt Laranjeiras, täglich gesehen und namentlich an ihm die Beobachtungen über das Züngeln, Zwitschern und Fliegenauflesen aus Spinngeweben angestellt, welche ich in der Einleitung mittheilte. Auch meine anatomische Untersuchung wurde an dieser Art und an Troch. eurynomus gemacht. Beide besaß ich lebendig. —

Anm. 1. Im Norden Südamerikas, besonders in Guyana, vertritt eine kleinere Art mit viel längerem, etwas gebogenem Schnabel die Stelle der hier beschriebenen. Das ist der Trochilus mellisugus *Linn. Lath.* Ind. orn. I. 313. 40. — *Buff.* pl. enl 276. 3. (jung). — Ornismya albirostris *Less.* Ois. Mouch. pl. 78. — Ind gen. Troch. 25. no. 63. — Auch sie ist ganz erzgrün, aber der Vorderhals bis zur Kehle und die ganze Steißgegend mit den unteren Schwanzdecken ist rein weiß und die Schwanzfedern haben keine weißen Spitzen.

2. Trochilus leucogaster *Gmel. Lath.* Ind. orn. I. 315. — *Buff.* pl. enl. 672. 3. ist nicht eben diese Art, sondern Orn. Canivetti juv. *Less.* Ois. Mouch. Suppl. pl. 38.

2. Thaumatias brevirostris *Less.*

Ornismya brevirostris *Less.* Ois. Mouch. pl. 77. — Ind. gener. Troch. 26. no. 66.
Trochilus versicolor, *v. Nordm. Erman's* Reise Atl. 3. 27. Taf. 1.

Erzgrün, Kehle, Bauch und Steiß ganz weiß, beim Männchen die Kehle erzgrün gefleckt. Schwanz deutlich ausgeschnitten, erzgrün mit blaugrünem Fleck.

In der Gestalt am meisten mit Troch. mellisugus verwandt, fein und zierlich gebaut, aber der Schnabel viel kürzer und nicht gebogen; der Oberkiefer schwarz, der Unterkiefer röthlich gelb mit schwarzer Spitze. Gefieder des ganzen Rückens von der Stirn bis zum Steiß erzgrün, die Federnränder bei alten Vögeln kupferig schillernd, die Seiten reiner grün. Kehle und Vorderhals bis zur Brust beim Weibchen ganz weiß, beim Männchen lebhaft bläulich grün, aber im Winterkleide mit weißen Spitzen der Haupt- und Nebenäste, welche den Hals schuppig grün erscheinen lassen; im Sommer dagegen rein grün. Ueber die Brust eine schmale, trüber erzgrüne, grau unterlegte Binde. Bauch und Steiß beim Weibchen rein weiß; beim Männchen grau unterlaufen, schwach erzgrün schillernd, mit langen weißen Spitzen im Winterkleide. Flügeldeckfedern erzgrün, Schwingen braungrau, violett schillernd. Schwanz deutlich ausgeschnitten, erzgrün, die Unterseite lebhafter, mit einem verwaschenen bläulichen Fleck an der Innenfahne vor der Spitze. Beine schwärzlich.

Ganze Länge 3″ 4‴, Schnabel 9‴, Flügel 1″ 10‴, Schwanz 1″. — Der junge Vogel ähnelt dem Weibchen; er hat indessen eine viel mattere Farbe, mehr Grau im Gefieder und schlechter gefärbte Schwanzfedern; sein Schnabel erscheint etwas länger, weil das Stirngefieder nicht so weit hinabreicht. —

Die Art ist häufig in der Provinz von Rio de Janeiro; ich erhielt sie bei Neu-Freiburg, wo sie in den Gärten täglich zu sehen war. Ihr Nest habe ich auch mitgebracht; es sitzt an einem Farrenkrautwedel, hat aber ganz den Bau der übrigen Arten. Seine Grundlage ist eine weiche Pflanzenwolle, womit trockne Blätter und Flechtenlappen verwebt sind.

3. Thaumatias viridissimus *Gmel.*

Trochilus viridissimus *Gmel. Linn.* S. Nat. I. 1. 496.
Ornismya viridis *Less.* Trochil. pl. 33. 54. — Ind. gen. 26. no 69.
Trochilus virescens *Pr. Max.* Beitr. IV. 107. 18.

Vollständig erzgrün, Aftergegend weißlich; mittlere Schwanzfedern am Ende stahlblau. —

Schnabel etwas länger als der Kopf, leicht gebogen, schwarz. Unterkiefer bis über die Mitte hinab blaßgelb. Ganzes Gefieder erzgrün, die Rückenfedern mit Kupferschiller, die Federn des Halses, der Brust und des Oberbauches sehr lebhaft und frisch grün. Aftergegend weiß, untere Schwanzdecken am Grunde weiß gesäumt, die Mitte und die Spitze erzgrün. Flügeldeckfedern erzgrün, Schwingen graubraun, violett schillernd. Schwanzfedern größer und breiter als bei den vorigen Arten, schön und lebhaft erzgrün, die mittleren mit stahlblau schillernder Spitze, die seitlichen etwas verkürzt und schmäler als die anderen. Die Schwanzbildung darnach wie bei Thaum. albicollis, aber ohne weiße Spitzen.

Der junge Vogel hat mehr Weiß im Gefieder, indem das erzgrüne Colorit auf einen Fleck an der Spitze der Federn beschränkt ist; sein Schwanz ist kleiner und glanzloser, mit weißen Spitzen der Seitenfedern. Ueber und unter dem Auge zieht sich ein weißlicher Streif hin. Sehr junge Vögel (Lesson pl. 54) haben eine röthlich gelbgraue Bauchseite, mit erzgrünen Flecken bloß am Vorderhalse.

Ganze Länge 4″ 3‴, Schnabel 11‴, Flügel 2″, Schwanz 1″ 2‴. — Die Art habe ich nicht selbst gefunden, sie ist mir als Bewohnerin des nördlichen Brasiliens mitgetheilt; Lesson giebt in der Beschreibung zu Taf. 33 und 54 kein Vaterland an; der Prinz zu Wied fand sie am Rio Belmonte. —

4. Thaumatias chrysurus *Less.*

Ornismya chrysura *Less.* Ois. Mouch. Suppl. pl. 4. — Ind. gen. Trochil. 40. 104.

Hell erzgrün, goldglänzend, Bauch graulich, Schwanz lebhaft vergoldet.

Gestalt und Größe völlig der vorigen Art. Schnabel etwas länger als der Kopf, deutlich gebogen, am Grunde breit, hellbraun, die Spitze schwärzlich, der Unterkiefer rothgelb. Ganzes Gefieder lebhaft erzgrün, aber mehr ins Messinggelbe fallend, die Säume der Rückenfedern vergoldet; Kehle und Brust besonders prachtvoll glänzend. Flügeldeckfedern gleich der Ohrdecke, fast messinggelb, mit lebhaftem Goldglanz; Schwingen graubraun, leicht violett schillernd. Bauch gelblich grau, die Aftergegend beinahe weiß, die unteren Schwanzdecken grau gesäumt. Schwanz leicht ausgeschnitten, die mittleren Federn etwas verkürzt, alle prachtvoll und äußerst stark goldglänzend, mit lebhafter Politur der Flächen. Beine braun.

Ganze Länge 4″, Schnabel 10‴, Flügel 2″ 2‴, Schwanz 1″ 2‴. — Von dieser prachtvollen Art besaß Herr Beske während meines Aufenthalts in Neu-Freiburg ein Exemplar, welches er mir als die seltenste Art der dortigen Gegend rühmte, und nicht abließ, bevor er nicht ein anderes erhalten habe. So lange ich aber in Neu-Freiburg blieb, wurde kein zweites Stück gefunden. Er hatte indessen während seines 20jährigen Aufenthalts schon mehrere besessen und nach Europa versendet. Wahrscheinlich ist das von Lesson a. a. O. abgebildete auch eins aus dieser Quelle gewesen. —

14. Gatt. Hylocharis *Boje.*

Isis. 1831. S. 546.

Schnabel ganz grade, sehr flach in seiner ganzen Länge, am Grunde breit, nicht viel länger als der Kopf, ganz oder zum Theil

korallroth gefärbt; die Nasenfurchen unbefiedert. Kopf dick und breit. der ganze Rumpf zwar klein, aber gedrungen gebaut. Flügel ohne Eigenheiten. Schwanz kürzer als die ruhenden Flügel, mehr oder weniger deutlich ausgeschnitten, die einzelnen Federn gerundet. Beine mit ganz freien Zehen und kurzen, scharfen, hohen Krallen. —

Das Gefieder ist dunkel erzgrün, der Vorderhals gewöhnlich blau, oder viel lebhafter glänzend als der Rumpf.

1. Hylocharis sapphirina *Gmel.*

Trochilus sapphirinus *Gmel. Linn.* S. Nat. I. 1. 496. — *Lath.* Ind. orn. I. 313. 42.

Ornismya sapphirina *Lesson* Ois. Mouch. pl. 55. 57. — *Ej.* Trochilid. pl. 14. juv. — Ind. gener. Trochil. 38. no. 96.

Altes Männchen:

Trochilus latirostris *Pr. Max.* Beitr. IV. 64. 5.

Dunkel erzgrün, Vorderhals blau. Kehle und Steiß rostroth, Aftergegend weiß; Schwanz kupferfarben.

Das alte Männchen ist ein schöner Vogel; es hat einen fast ganz korallrothen Schnabel, mit feiner schwärzlicher Spitze. Das Rückengefieder ist von der Stirn bis zum Bürzel dunkel erzgrün; die oberen Schwanzdecken und die Schwanzfedern selbst sind kupferfarben, letztere dunkler gerandet. Die Kehle ist hell rostroth, der Vorderhals von da bis zur Brust stahlblau, nach unten allmälig grünlicher; die Unterbrust und der Bauch dunkel erzgrün, die Aftergegend ist weiß, die unteren Schwanzdecken sind rostroth, gleich wie die Mitte der Schwanzfedern. Die Flügel haben erzfarbene Deckfedern und schwärzliche, violett schillernde Schwingen.

Das junge Männchen ist heller erzgrün, die Schwanzfedern haben eine blassere, fast messingartige Kupferfarbe. Die Federn der Unterseite sind zwar ähnlich wie beim alten Vogel gefärbt, aber mit breiten, weißen Rändern geziert, oder nur mit einem trüben Erzfleck auf der Mitte versehen, wodurch die Bauchmitte um so weißer erscheint, je jünger der Vogel ist. Die Steißfedern sind sehr blaß gelbroth, mit erzgrünem Anflug; nur die Mitte der Schwanzfedern ist auf der Unterseite entschieden rostroth. Der Schnabel hat einen viel blasseren rostgelblichen Ton.

Das Weibchen ähnelt dem jungen Vogel, hat aber keine so breit rostgelbe Kehle und eine mehr grauliche Unterseite; die stahlblaue Farbe der Brust ist sehr matt und der rostrothe Steiß hat dieselbe blasse Farbe wie die Kehle. Selbst der Schnabel ist matter gefärbt, als beim Männchen.

Die Beine sind in allen Lebensaltern schwarz, der Lauf ist oben etwas befiedert.

Ganze Länge $3\frac{1}{2}''$, Schnabel $9'''$, Flügel $2''$, Schwanz $1''$. —

Die Art ist im ganzen von mir bereisten Gebiet zu Hause und eine der häufigsten von allen; man trifft sie in jedem nur etwas blumenreichen Garten. Das Nest erhielt ich in Neu-Freiburg; es ist etwas kleiner, als die gewöhnliche Größe, und enthält nur wenige wollige Bestandtheile. —

2. Hylocharis lactea *Less.*

Ornismya lactea *Less.* Trochil. Ind. gen. 38. no. 97. — Orn. sapphirina fem. *Less.* Ois. Mouch. pl. 56.

Trochilus sapphirinus var. *β. Lath.* Ind. orn. I. 314. — *Vieill.* et *Aud.* Ois. dor. pl. 35. 57. u. 58. — *Pr. Max.* Beitr. IV. 61. 4.

Dunkel erzgrün, Vorderhals blau; Bauchmitte, After und Steiß weiß; Schwanz blauschwarz. —

Diese Art ähnelt der vorigen sehr und galt lange Zeit für das Weibchen derselben. Sie hat indeß einen etwas längeren, schlankeren Schnabel, der nicht korallroth gefärbt, sondern nur am Grunde des Oberschnabels hell zimmtroth, dann schwarz ist, während der blaß rothgelbe Unterschnabel eine feine schwärzliche Spitze besitzt. Das Gefieder ist auf der Rückenseite erzgrün und etwas heller als bei H. sapphirina; die oberen Schwanzdecken spielen nur wenig ins Messinggelbe und der Schwanz ist schwarzblau mit feinem, weißlichem Endrande. Kehle, Vorderhals und Brust sind beim Männchen lebhaft stahlblau, beim Weibchen mehr grünblau; der junge Vogel hat außerdem noch weißliche Ränder an den Federn; die Bauchseiten sind lebhaft erzgrün, die Mitte dagegen bis zur Brust, die After- und Steißfedern sind weiß, letztere auf der Mitte der Länge nach trüb erzgrün. Der Schwanz hat auf der Unterseite dieselbe Farbe, wie auf der oberen; die Flügel sind schwarzgrau, mit violettem Schimmer, die Deckfedern erzgrün. Die Zehen sind schwarz, der befiederte Lauf ist trüb erzgrün mit weißem Saum der Federn. —

Ganze Länge $3''\ 4'''$, Schnabel $9\frac{3}{4}'''$, Flügel $2''$, Schwanz $1''$. —

Die Art ist weit über das mittlere Brasilien verbreitet; sie war bei Lagoa santa nicht selten, mein Sohn erlegte in kurzer Zeit zahlreiche Exemplare beiderlei Geschlechter; junge Vögel wurden daselbst nur wenige (im Mai und Juni) gesehen. Das Nest ist mir nicht vorgekommen. —

3. Hylocharis cyanea *Vieill.*

Trochilus cyaneus *Vieill.* Enc. Orn. II 558. — Nat. Libr. XIV. 7.
Ornismya cyanea *Less.* Ois. Mouch. pl. 71. mas, Trochil. pl. 22. juv. Ois. Mouch. Suppl. pl. 23. fem. — Ind gener. Trochil. 40. no. 102.

Dunkel erzgrün, Oberkopf, Kehle und Brust stahlblau, beim Weibchen der Bauch weißlich; Schwanz schwarzblau. —

Der vorigen Art in Farbe, Größe und Gestalt höchst ähnlich, der Schnabel heller roth, mit schwärzlicher Spitze und ebenso gebaut.

Das Männchen hat einen stahlblauen Oberkopf, Kehle, Vorderhals und Brust; das übrige Rumpfgefieder ist dunkel erzgrün, der Hinterrücken mehr kupferig, der Schwanz einfarbig blauschwarz, matt, wenig glänzend, mit spitzeren, schmäleren Federn, und überhaupt etwas kleiner. Die Aftergegend ist mit weißen Daunen bekleidet, der Bauch vor ihr und das untere Schwanzgefieder hinter ihr schwärzlichgrau, matt erzgrün schillernd.

Der jüngere Vogel hat weißliche Ränder am Kehl- und Halsgefieder, und eine ganz aschgraue Unterseite; der Oberschnabel ist bräunlich.

Das Weibchen ist wie der junge Vogel gefärbt, nur klarer und reiner.

Ganze Länge 3″ 2‴, Schnabel 8‴, Flügel 2″, Schwanz 10‴. —

Ich erhielt diese Art nur bei Neu-Freiburg, aber nicht im Binnenlande; sie scheint also auf das südliche Waldgebiet beschränkt zu sein, weil der Prinz zu Wied sie nicht beobachtet hat. —

4. Hylocharis bicolor *Gmel.*

Trochilus bicolor *Gmel. Linn.* S. Nat. I. 1. 496. — *Lath.* Ind. orn. I. 314. 43. — *Vieill. Audeb.* Ois. dor. pl. 36. — *Schomb.* Reise III. 705. 178.
Ornismya bicolor *Less.* Ois. Mouch. pl. 49. 50. — Trochil. pl. 16. — Ind. gener. 38. no 95.
Trochilus splendidus *Vieill.* Enc. meth. Orn. II. 563. 2.
Picaflor mas bello, *Azara* Apunt. II. 489. 293.

Lebhaft erzgrün, besonders die Brust; Vorderhals bläulich schillernd; Schwanz dunkel stahlblau. —

Auch diese Art hat ganz den Habitus der beiden vorigen, namentlich den breiten flachen Schnabel, der indessen etwas kürzer ist und in der Jugend braun mit gelbem Kinn, im Alter bis zur Mitte schön orangegelb mit schwarzer Spitze gefärbt ist, die am Oberschnabel bis zur Mitte reicht. Das Gefieder des alten Vogels ist ein frisches volles Erzgrün; die Schwingen sind graubraun, mit lebhaftem Violettschiller, der Schwanz ist stahlblau. Der Vorderhals und die Kehle haben einen blaugrünen Schiller, der je älter der Vogel um so deutlicher ist; die Seiten des Halses, die Brust und der Bauch sind voll erzgrün, nur die Gegend am After ist mit weißen

Dunen besetzt. Die unteren Schwanzdecken schillern etwas bläulich. Die Beine sind schwarz, die Läufe oben schwarzgrau befiedert. —

Der junge Vogel hat eine viel trübere Färbung, die anfangs gar keinen blauen Ton zeigt, nur der Schwanz ist stahlblau. Das Weibchen besitzt ebenfalls eine blaß grüne Farbe, aber zugleich eine weiße Kehle und einen weißen Mittelstreif am Bauch; auch nimmt es nie die schöne orangene Schnabelfarbe an, welche dem Männchen zusteht. —

Ganze Länge 3″ 4‴, Schnabel 7‴, Flügel 1″ 10‴, Schwanz 11‴.

Mein Sohn schoß von dieser Art mehrere Exemplare im Winterkleide bei Lagoa santa; alsdann haben die Halsfedern nur einen stahlblauen Fleck auf der Mitte, welcher sich später mehr ausdehnt. Auch sind die Aeste mit schwarzbraunen Haarspitzen versehen, die sich hernach abstoßen. Azara scheint den Vogel im Sommerkleide mit mehr blauer Kehle beschrieben zu haben. Er geht also von Paraguay bis Guyana durch ganz Süd-Amerika.

5. Hylocharis Audeberti *Less.*

Ornismya Audeberti *Less* Ois. Mouch. pl. 51. — Ind. gen. Troch. 37. no. 94.
Trochilus Audeberti *Pr. Max.* Beitr IV. 67. 6.
Trochilus coeruleus *Vieill.* et *Audeb.* Ois. dor. I. 82. pl. 40.

Rückengefieder kupferig erzgrün, Bauchseite lebhaft erzgrün, Kehle stahlblau; Schwanz blauschwarz, breiter und länger geformt. —

Diese Art ist wieder der vorigen höchst ähnlich, aber ein wenig größer, weil Schnabel und Schwanz länger sind. Der Oberkiefer ist schwarzbraun, der Unterkiefer weißlich gelb, mit brauner Spitze. Das Gefieder des ganzen Oberkörpers hat einen kupferbraunerzgrünen Ton, ist also düsterer und nicht so lebhaft wie bei H. bicolor. Der mit breiteren Federn versehene Schwanz reicht bis ans Ende der ruhenden Flügel und ist mehr schwarz als blau gefärbt. Die graubraunen Schwingen haben denselben lebhaften Violettschiller. Die oberste Kehle ist lebhaft stahlblau, dann aber der Hals und die Brust reiner grün, obgleich von dunklem Ton mit höchst lebhaftem Glanze. Der Bauch und der Steiß spielen mehr ins Kupfrige, die Aftergegend ist weiß; die braunen Beine sind oben am Lauf weißlichgrau befiedert.

Ganze Länge 3″ 7‴, Schnabel 9‴, Flügel 1″ 11‴, Schwanz 1″ 1‴. —

Der Prinz zu Wied erlegte die Art am Rio Espirito santo, und von da an weiter nach Norden; mir ist sie nicht vorgekommen, meine Exemplare sind aus Berlin bezogen. —

Anm. Die Varietät mit rother Schnabelwurzel ohne blaues Kinn, welche der Prinz erwähnt (S. 69), ist die vorige Art: H. bicolor.

6. Hylocharis prasina *Less.*

Ornismya prasina *Less.* Ois. Mouch. pl. 65. alt. — Trochil. pl. 16. jung, pl. 17. fem.
Trochilus viridissimus *Lath.* Ind. orn. I. 319. 61. — L'Orverd *Buff.* VI. 17.

Schnabel feiner, schwarz, der Unterkiefer, zumal bei Jungen, röthlich; Gefieder lebhaft erzgrün, Schwanz stahlblau, tief ausgeschnitten.

Kleiner, zierlicher gebaut, als die vorhergehenden Arten, besonders der Schnabel, welcher an der vorderen Hälfte völlig pfriemenförmig gestaltet ist, ganz schwarz, nur die Basis des Unterkiefers röthlich; beim jungen Vogel bis ziemlich zur Mitte hinab. — Gefieder erzgrün, mit deutlichem Goldschiller; die Kehle, der Vorderhals und die Brust mit breiteren, platteren, glanzvolleren Federn, wovon die mittleren ins Bläuliche spielen. Aftergegend weißlich, untere Schwanzdecken kupferig erzgrün. Schwanz stahlblau, die mittleren Federn beträchtlich verkürzt, die drei äußeren jeder Seite stufig verlängert, die äußerste 2‴ länger als die mittlere, alle schmal. Schwingen graubraun, violett schillernd, der Rand der vordersten Schwinge weißlich. Beine schwarz, mit kurzen, hohen, spitzen Krallen.

Der junge Vogel hat auf dem Rücken die Farbe des alten, sie ist aber matter, indem alle Ränder weiche, rostgelbe Spitzen haben; die Bauchseite ist ganz grau, rostgelb überlaufen; hinter dem Auge ist ein weißlicher Fleck und davor am Zügel ein blaßgelber Streif; die Ohrdecke ist schwärzlich. Die 2 äußeren Schwanzfedern jeder Seite haben weiße Spitzen, und die äußerste ist nicht länger als die nächstfolgende. —

Ganze Länge 3″, Schnabel 7‴, Flügel 1″ 9‴, Schwanz 10‴. —

Mein Sohn erlegte diesen kleinen zierlichen, im ausgefärbten Zustande ungemein prachtvollen Vogel bei Lagoa santa; da ihn der Prinz zu Wied nicht beobachtet hat, so scheint daraus zu folgen, daß er nur dem inneren Campos-Gebiet angehört. —

Anm. 1. Im Waldgebiet vertritt die Stelle der eben beschriebenen Art der höchst ähnliche Trochilus cyanogenys *Pr. Max.* Beitr. IV. 70. 7. — Ornismya Wiedii *Less.* Ois. Mouch. Suppl. pl. 26. — Ind. gen. Troch. 39. 98. — Troch. viridissimus var. β. *Lath.* l. l. Er hat einen abgerundeten Schwanz mit nach außen etwas verkürzten Federn, einen ganz schwarzen Schnabel und eine stahlblaue, scharf vom grünen Halse abgesetzte Kehle. Der Prinz beobachtete den Vogel an mehreren Orten auf seiner Reise nicht selten. —

2. Beide letzten Arten, die Hyl. cyanogenys und Hyl. prasina, schließen sich durch ihren feineren Schnabel an die folgende Gruppe, stehen aber im übrigen Körperbau den vorhergehenden Arten näher, daher es passender erschien, sie damit zu verbinden. —

B. Schnabel fein, pfriemenförmig, nur ganz am Grunde und unmittelbar vor der Stirn etwas breiter und flach; später schlank, dünn, drehrund, grade, sehr spitz, ohne Randkerben.

6. Lophornidae.

Diese eigenthümliche Gruppe der Kolibris ist außerdem an den besonderen Federndecorationen kenntlich, womit theils der Kopf, theils der Schwanz wenigstens bei den Männchen geziert ist. Die Männchen haben ein ungemein prachtvolles, meist sehr buntes Gefieder; die Weibchen ein weniger schönes, meistens ganz schmuckloses. Es gehören zu dieser Gruppe die am feinsten gebauten Kolibris, deren Füße besonders klein sind, namentlich die Zehen kurz, daher die feinen Krallen relativ länger erscheinen, als bei den früheren Gruppen.

15. Gatt. Orthorhynchus *Cuv.*

Cephalepis *Lodd.*

Schnabel fein pfriemenförmig, die Spitze des Unterschnabels etwas kuppig, kaum so lang wie der Kopf. Scheitelgefieder beim Männchen in einen Zopf verlängert, der zuletzt aus einer sehr langen Feder besteht. Flügel ziemlich kurz. Schwanz länger als die ruhenden Flügel, breitfedrig. Beine kurzzehig, mit feinen langen, dünnen Krallen. —

1. Orthorhynchus Delalandii *Vieill.*

Trochilus Delalandii ***Vieill.*** Enc. Orn. II. 558. 41. — *Temm.* pl. col. 18. f. 1. 2. — ***Swains.*** birds of Bras. pl. 22.
Ornismya Delalandii ***Lesson***, Ois. Mouch. pl. 23. 24. — Trochilid. pl. 41. — Ind. gen. 29. no. 77.

Junger Vogel:

Trochil. versicolor ***Vieill.*** Nouv. Dict. d'hist. nat. XXIII. 430. — ***Less.*** Colibr. Suppl. pl. 19.

Erzgrün am Rücken, äußere Schwanzfedern schwarzblau mit weißen Spitzen; Bauchseite grau.

Männchen mit hellgrünem Oberkopf und lasurblauer Kehle bis zur Brust.
Weibchen einfarbig am ganzen Bauch.

Das Männchen ist einer der schönsten Kolibris. Der feine Schnabel ist ganz schwarz. Das Kopfgefieder besteht von der Stirn an aus allmälig längeren Federn, die lebhaft und hell erzgrün gefärbt sind; die längsten 3, welche den Zopf bilden, der aufgerichtet getragen wird, und die an den Seiten sind dunkler und matter grün, im hohen Alter stahlblau. Der Rücken ist matt aber rein erzgrün, welche Farbe auch die zwei mittleren Schwanzfedern besitzen; die seitlichen sind schwärzlich und die äußersten haben einen weißlichen Endrand. Die sehr schmalen Schwingen sind graubraun, mit leichtem Violettschiller. Die Unterseite ist aschgrau, oben auf der Mitte von der Kehle bis zu den Beinen hinab schön und voll lasurblau. Die Beine sind schwarzbraun.

Das Weibchen und der junge Vogel haben kein verlängertes Kopfgefieder und keine lasurblaue Unterseite; im Uebrigen ähneln sie dem Männchen, doch haben beide breitere weiße Spitzen an den 2 äußeren Schwanzfedern. Hinter dem Auge steht ein weißer Fleck, der auch dem alten Männchen bleibt, aber bei ihm etwas kleiner ist.

Ganze Länge 3½″, Schopf des Männchens von der Stirn an gemessen 1″ 8‴. Schnabel 7″, Flügel 2″, Schwanz 1″.

Der Vogel war in den Umgebungen von Neu-Freiburg nicht selten; er lebt aber nur im Walde, oder an Waldrändern und kommt nicht in die Gärten der Ansiedler. Sein Nest, das ich in 2 Exemplaren besitze, ist groß und wie gewöhnlich aus einer Pflanzenwolle gebaut, deren Außenseite große Flechtenlappen und braune Farrenkrautschuppen ganz bedecken. Er gehört dem südlichen Brasilien in der Nähe des Wendekreises an, und geht kaum weiter nach Norden als bis zur Provinz von Rio de Janeiro. In Guyana fehlt er. —

2. Orthorhynchus Loddigesi *Gould.*

Trochilus Loddigesi *Gould.* Proceed. zool. Society. 1830.
Ornismya Loddigesii *Lesson,* Troch. pl. 51. — Ind. gener. 30. no. 78.
Trochilus opisthocomus, *v. Nordm. Erman's* Reise Atl. 6. 45. tb. 2. f. 3.

Erzgrün am Rücken, die Schwanzfedern von derselben Farbe, die äußeren an der Unterseite schwarz mit breiterer weißer Spitze.

Männchen mit stahlblauem, violett schillerndem Oberkopf und schwarzblauem Bruststreif. —

Weibchen einfarbig grau am Bauch.

Diese Art steht der vorigen so nahe, daß es nicht nöthig ist, sie zu beschreiben, sondern genügt, ihre Unterschiede anzugeben; sie bestehen in folgenden:

Die Bauchseite ist lichter grau gefärbt, der Schwanz ist etwas länger, am Grunde erzgrün, dann schwarz, und die 3 äußeren Federn haben breite weiße Spitzen. Beim Männchen ist die Haube nicht grün, sondern prächtig indigoblau mit Purpurschiller; die lange Zopffeder stahlblau. Die Unterseite hat einen weit schmäleren Längsstreifen von schwärzlichblauer Farbe, der lange nicht bis zur Kehle hinaufreicht. — Der junge Vogel ist stärker mit rostgelb überflogen, und erscheint dadurch mehr gelbgrau gefärbt am Bauche. —

Länge 3" 6"', des Schnabels 7½"', der Flügel 1" 10"', des Schwanzes 1" 3"'. —

Die Art geht noch südlicher, als die vorige und ist besonders in der Provinz St. Paulo zu Hause. Vielleicht ist Azara's Picaflor ceniciento debaxo (Apunt. II. 489. 294.) das Weibchen oder Junge derselben.

16. Gatt. Lophornis *Less.*

Bellatrix, *Boje*, Isis, 1831, S. 544.

Schnabel von der Länge des Kopfes, fein pfriemenförmig, die Spitze sehr sanft zugespitzt, vorher etwas verdickt; die Basis von dem herablaufenden Stirngefieder bekleidet. Halsgefieder stark entwickelt, mit sehr langen oder breiten, großen Federn beim Männchen. Flügel klein und schmal, kürzer als der Schwanz. Letzterer ziemlich lang, breitfedrig, leicht ausgeschnitten, oder abgerundet, die Federn stumpf. —

1. Lophornis magnificus.

Trochilus magnificus *Vieill.* Enc. Orn. II. 559. 42. — Ois. dor. III. pl. 8 — *Temm.* pl. col. 229. f. 2. — *Pr. Max.* Beitr. IV. 79. 11.
Trochilus decorus *Licht.* Doubl. zool. Mus. 14. 120.
Colibri Helios *Spix.* Av. Bras. I. 81. 5. tb. 82. f. 2.
Ornismya strumaria *Less.* Ois. Mouch. pl. 42. 43. — Ind. gen. Troch. 41. 107.

Erzgrün, der Bürzel mit weißer Binde. Schnabel rothgelb, die Spitze schwarz. —

Männchen mit rostrother Haube und breiten, abstehenden, weißen, schwarz gesäumten Halsfedern.

Weibchen ohne Federnschmuck, mit rostrothen Kopfseiten und Vorderhals, die Brust und der Bauch weißlich. —

Zugleich eine der kleinsten und schönsten Kolibri-Arten. — Das Männchen ist am Rumpf erzgrün, der Bauch aber matter als der Rücken, mit grauer Unterlage. Die Scheitelfedern sind zimmtrothbraun, schmal, verlängert und in eine breite, oft zweilappige Haube ausgedehnt; die Stirn, Zügel, Kehle und der Vorderhals lebhaft erzgrün, mit Goldschiller; die Seitenfedern des Halses sind groß, breit, abgerundet mit schwarzem Randsaum, die vordersten kürzer rostgelb angeflogen. Auf dem Unterrücken liegt eine weiße Querbinde, welche sich auch nach unten über die Aftergegend erstreckt. Die oberen Schwanzdecken sind kupferig, die unteren zimmtbraun; die Schwanzfedern, mit Ausschluß der 2 mittleren, dunkel kastanienbraun erzgrün gerandet; die Schwingen grauschwarz, violett schillernd. Der Schnabel ist rothgelb mit schwarzer Spitze; die Beine sind braun, mit schwarzen Krallen.

Das Weibchen hat keine Haube und keine vergrößerten Halsfedern; die Seiten des Oberkopfes und die Kehle mit dem Vorderhalse sind rostgelb, trüb getüpfelt; die übrige Unterseite ist weißlich; die Schwanzfedern sind erzgrün, mit rostrother Spitze und Unterseite.

Das junge Männchen hat die Gestalt der Weibchen, aber keinen weißen, sondern einen grauen Bauch, mit blaß rostrothen untern Schwanzdecken. Mit zunehmendem Alter treten auf dem blaßgelben Stirn- und Halsgefieder metallgrüne Flecke hervor, denen bald einige verlängerte zimmtrothe Haubenfedern folgen. Später und erst im zweiten Jahre, wenn der Vogel brünstig wird, wachsen die großen seitlichen Halsfedern hervor. Der Schwanz ist im Jugendkleide erzgrün, mit rostgelben Spitzen und viel kleiner als am alten Vogel. —

Ganze Länge 3″, Schnabel am Mundende 7‴, der freie Theil 5‴, Flügel 1″ 6‴, Schwanz 11‴. —

Die Art ist in der Provinz von Rio de Janeiro nicht selten; ich erhielt zahlreiche Exemplare in allen Lebensstadien bei Neu-Freiburg; sie verbreitet sich nicht weit nach Norden und fehlt schon den Gegenden am Amazonenstrom. Mein Sohn schoß sie auf den Campos bei Lagoa santa, der Prinz zu Wied bei Bahia. — Das mir als zu ihm gehörig gelieferte Nestchen dieses Vogels ist merklich kleiner, als bei den übrigen Arten und nicht so dicht gewebt, sondern loser aus feinen Halmen und Fäden ohne viele Wolle gebaut. —

Anm. 1. Die Abbildung von Lesson pl. 12. stellt ein sehr junges Männchen vor, dessen breites Halsgefieder noch größtentheils im Rückstande ist; Weibchen und junger Vogel sind gut, der letztere ist ebenfalls sehr jung.

2. In Guyana und Columbien vertritt die Stelle dieser Art der Trochilus ornatus *Lath.* Ind. orn. I 318. 58. — *Less.* Ois. Mouch. pl. 41. — Troch. auratus *Gmel.* — *Vieill.* et *Aud.* Ois. dor. I. pl. 49—51. — Das Männchen hat statt der breiten weißen Halsfedern lange, schmale, rostgelbe mit erzgrüner Spitze; das Weibchen eine erzfarbene Unterseite. Im Uebrigen bleiben die beiden Arten ziemlich sich gleich. —

2. Lophornis festivus.

Trochilus festivus *Licht.* Doubl. zool. Mus. 14. 122.
Colibri mystax *Spix* Av. Bras. I. 82. 6. tb. 82. fig. 3.
Trochilus chalybaeus *Vieill.* Enc. Orn. II. 574. — Ois. dor. III. pl. 19. — *Temm.* pl. col. 66. f. 2.
Ornismya Vieillotii *Less.* Ois. Mouch. pl. 64. — Trochil. pl. 8—10. — Ind. gen. Troch. 42. no. 108.

Erzgrün, Unterseite grau, rostgelb überlaufen, Schnabel schwarz.
Männchen mit langen grünen Halsfedern, deren Spitze weiß ist.
Weibchen mit weißem Vorderhalse, worauf erzgrüne Flecken. —

Etwas größer als die vorige Art, in allen Theilen schlanker und gestreckter. — Gefieder erzgrün, die Bauchseite grau, rothgelb überlaufen beim Männchen mit Erzschiller; Bürzel breiter, weiß. — **Männchen** mit lebhafter erzgrüner Stirn, Scheitel und Kehle, der Zügel schwärzlich; Seitenfedern des Oberhalses unter den Wangen sehr lang, schmal und stufig verlängert, erzgrün, mit weißer Spitze. Bürzelfedern kupferfarben mit erzgrünen Spitzen. Schwanz dunkler rothbraun, erzgrün schillernd, die einzelnen Federn schmäler, länger, die äußern etwas verkürzt, der Steiß weißgelb. — Schnabel und Beine schwarz.

Weibchen unterhalb ganz rostgelblich grau, ohne Erzschiller, nur auf dem Vorderhalse einige erzgrüne aber mattere Flecken. Bürzel und Schwanzfedern weniger kupferroth, mehr erzgrün, die Schwanzfedern rostgelb gesäumt.

Junger Vogel wie das Weibchen, aber matter gefärbt, die Kehle und Halsgegend reiner weiß, mit größeren, erzgrünen Flecken auf den einzelnen Federn und die Stirn rostgelb überlaufen. Die langen Halsfedern treten erst mit der Brust im zweiten Jahre auf.

Ganze Länge 3½″, Schnabel 7‴, Flügel 2″, Schwanz 1″ 3‴. —

Diese Art gehört den südlichsten Gegenden Brasiliens an und wurde von **Spix** in St. Paulo gesammelt; ebendaher bezog sie auch das Berliner Naturalien-Kabinet.

Anm. Eine sehr ähnliche Art lebt in Peru; sie ist von **Lesson** als Ornismya Audenetii (Ois. Mouch. Suppl. pl. 2) abgebildet. Ihre verlängerten Halsfedern sind kürzer und etwas breiter; der hellgraue Bauch hat breite, schwarzbraune Flecken mitten auf jeder Feder, und der Schwanz ist ebenfalls schwarzbraun, mit leichtem Erzschiller. Nicht zu ihm, sondern zu dem vorstehend beschriebenen Troch. festivus *Licht.* gehört der Colibri mystax von **Spix**. —

17. Gatt. Heliactinus *Boje*.

Isis, 1831, S. 546.

Schnabel etwas länger als der Kopf, am Grunde vom Stirngefieder bekleidet, sanft zugespitzt, davor ein wenig nach oben und unten verdickt. Kopfgefieder des Männchens verlängert, über jedem Auge einen Lappen bildend. Flügel lang und schmal. Schwanz verlängert keilförmig, die einzelnen Federn stark stufig abgesetzt, alle schmal und scharf zugespitzt. Beine klein, die Krallen kurz, ziemlich hoch und scharf. —

Heliactinus cornutus.

Trochilus cornutus *Pr. Max. z. Wied* Beitr. etc. IV. 99. 16.
Trochilus bilophus *Temm.* pl. col. 18. fig. 3.
Trochilus dilophus *Vieill.* Enc. Orn. II. 573.
Ornismya chrysolopha *Less.* Ois. Mouch. pl. 7. 8. — Suppl. pl. 32. — Ind. gen. Troch. 31. no 88.

Erzgrün, Vorderhals und Mitte des Bauches bis zum Steiß weiß, desgleichen die seitlichen Schwanzfedern.

Männchen mit stahlblauem Oberkopf, goldenen Augenlappen und schwarzer Kehle.

Weibchen mit schwarzer Binde in den äußeren Schwanzfedern. —

Klein und sehr gestreckt gebaut; der feine Schnabel ganz schwarz, beim jungen Vogel am Grunde blaßgelb. — Gefieder des Rückens und der Brust, nebst den Flügeldeckfedern und zwei mittleren Schwanzfedern erzgrün, mäßig glänzend; die Schwingen grau, die vorderste mit weißem Rande. Vorderhals, Mitte des Bauchs, Steiß und äußere Schwanzfedern rein weiß.

Das Männchen hat einen stahlblauen Oberkopf, der sich über die Zügel ausdehnt und am Augenrande in einen abstehenden Lappen sich erweitert, dessen Federn von innen nach außen durch violett in grün, gelb, orange und roth übergehen. Die Kehle, der Vorderhals und die Backen sind tief sammetschwarz, einige längere Federn hängen über die Mitte bis zur Brust hinab; die weißen seitlichen Schwanzfedern haben einen graulichen Rand.

Das Weibchen zeigt nichts von den Decorationen des Kopfes und Halses, sein Oberkopf ist ebenso erzgrün wie der Rücken; die Kehle dagegen und ein Streif über dem Auge spielen in's Rostgelbe; die äußeren Schwanzfedern haben eine schwarze Binde über die Mitte.

Der junge Vogel ähnelt dem Weibchen, doch ist sein Schnabel am Grunde blaßgelb, das Stirngefieder hört am Schnabelgrunde auf und die Kehle hat eine schwarzgraue Unterlage, welche später in Flecken durchbricht. Die stahlblauen Kopffarben des Männchens erscheinen erst zur Brunstzeit im zweiten Jahre, gleichzeitig die schwarze Kehle; noch später und erst im zweiten Jahre stellen sich die goldglänzenden Augenlappen ein (Lesson's pl. 8 zeigt ein solches junges Männchen ohne Lappen).

Ganze Länge 4½″, Schnabel 8‴, Flügel 2″, Schwanz 2—2½″. —

So schön wie dieser herrliche Kolibri ist, so häufig findet man ihn in seiner Heimath, den offnen Campos des Innern von Minas geraes. Er umschwirrt hier die niedrigen blühenden Stauden in Menge; mein Sohn schoß auf den Feldern am Ufer des Sees bei Lagoa santa schon ein Dutzend in einem Morgen. Da es Herbst war (Mai), so erhielt ich das Nest des Vögelchens nicht. Der Prinz zu Wied fand ihn in ähnlicher Art auf den Campos des Sertong von Bahia.

18. Gatt. Gouldia *Bonap.*

Heliactinus *Boje.*

Schnabel etwas stärker, besonders nach unten, die Besiederung bis über die Nasenlöcher hinabreichend, die Spitze sehr fein und schlank, fast ohne alle Verdickung vor derselben. Flügel ganz auffallend klein. Schwanz des Männchens lang, gabelförmig, alle Federn sehr schmal und fein zugespitzt; die äußersten von Rumpfeslänge, die mittelsten kürzer als die ruhenden Flügel; der des Weibchens breiter und abgerundet. Beine klein, die Zehen fein und dünn, die Krallen sehr lang, dünn, stark gebogen. —

Gouldia Langsdorffii.

Trochilus Langsdorffii *Vieill.* Enc. meth. Orn. II. 574. — *Temm.* pl. col. 66. 1.
Colibri hirundinaceus *Spix* Av. Bras. I. 80. 2. tb. 81. fig. 2.
Ornismya Langsdorffii *Less.* Ois. Mouch. pl. 26. — Suppl. pl. 16. — Trochil. pl. 35. — Ind. gener. Troch. 32. no. 85.

Erzgrün, Bürzel mit weißer Binde, die sich am After über den Bauch ausdehnt; Brust feuerfarben gefleckt.

Männchen mit seinen langen, auf der Unterseite weißen Schwanzfedern.

Weibchen matter gefärbt, mit kürzeren, stumpfen Schwanzfedern, die weiße Spitzen haben. —

Schnabel schwarz, ebenso die Beine. Gefieder des Kopfes und Rückens erzgrün, kupferig schillernd; vor dem Bürzel am Unterrücken eine weiße Binde, welche sich über die Aftergegend am Bauch fortsetzt und sich beim Weibchen über die ganze Bauchfläche und das Steißgefieder ausdehnt. Kehle und vordere Kopffedern des Männchens lebhafter erzgrün bis zur Brust; hier eine schmale feuerfarbene Fleckenbinde, worauf ein großer sammetschwarzer Fleck am Bauch folgt. Schenkelgefieder weißgrau, die obere Hälfte des Laufs mit schwarzen, weißgesäumten Federn besetzt. Schwanz des Männchens sehr lang, die Federn fein zugespitzt, die zwei äußeren längsten aber stufig abgesetzten jeder Seite obenauf grau, unten weiß; die folgenden obenauf stahlblau, die mittelsten kleinsten mit weißer Spitze. — Beim Weibchen alle Schwanzfedern breiter, zugerundet, obenauf stahlblau mit weißer Spitze;

zwar länger als die mittelsten des Männchens, aber viel kürzer als dessen äußere und fast gleich lang, die äußern etwas verkürzt.

Der junge Vogel hat eine mattere Erzfarbe und eine weiße Kehle, worauf erzgrüne Tüpfel sich bilden; unter dem Auge zieht sich ein weißer Streif vom Mundwinkel herab. Die Bauchmitte ist weiß, mit schwarzen Flecken auf jeder Feder; der Schwanz schwärzlich blau, mit weißer Spitze.

Ganze Länge des Männchens $4\frac{1}{2}$—5″, des Weibchens 3″; Schnabel am Mundrande 7‴, Flügel 1″ 5‴, Schwanz des Männchens $2\frac{1}{3}$ bis $2\frac{1}{2}$″, des Weibchens 8‴. —

Ich erhielt diese Art in mehreren Exemplaren mit dem zugehörigen Neste von Herrn Bescke in Neu-Freiburg; sie kommt in den benachbarten Gebüschen an offenen blumenreichen Stellen vor und ist dort keineswegs selten. —

19. Gatt. Platurus *Less.*

Schnabel von ähnlicher Stärke wie bei Gouldia, am Grunde abgeplattet, von da zugespitzt, mit leichter Verdickung vor der schlanken Spitze; übrigens nicht länger als der Kopf. Flügel ziemlich groß, weiter als die mittleren Schwanzfedern reichend. Letztere mäßig schmal, zugespitzt, mit steifen Schäften; die äußeren langsam stufig verlängert, die äußersten des Männchens sehr lang, mit breiter runder Fahne an der Spitze des eine Strecke astlosen Schaftes. Beine klein und schwach, die Krallen ebenfalls lang, dünn, stark gebogen. —

Platurus longicaudus.

Trochilus longicaudus *Gmel. Linn.* S. Nat. I. 1. 498. 60.
Trochilus platurus *Lath.* Ind. orn. I. 317. 55. — *Vieill.* Enc. meth. Orn. II. 569. 77. — Ois. dor. I. 98. pl. 52. — *Pr. Max.* Beitr. IV. 96. 15.
Ornismya platura *Less.* Ois. Mouch. pl. 40. — Suppl. pl. 31. — Ind. gen. Trochil. 24. no. 61.

Erzgrün, Kehle des Männchens lebhafter glänzend, des Weibchens weiß mit schwarzem Streif; Schwanz jenes mit verlängerten ruderförmigen Seitenfedern, dieses stumpf, mit weißen Spitzen der Seitenfedern.

Da ich diesen Kolibri nicht selbst beobachtet habe, so setze ich die Beschreibung des Prinzen zu Wied her.

Männchen. Schnabel schwarz, Beine dunkelbraun. Kehle, Wangen und Vorderhals prächtig erzgrün, die Brust mit größeren blaugrünen, weißgesäumten Federn; Bauch anfangs schwarz, mit rundlichem Goldfleck auf jeder Feder. Hinter den Beinen bis zum After weiß, die Steißfedern fahl gelbröthlich. Rückenseite wie gewöhnlich erzgrün, die Seiten des Bürzels weiß, die Schwingen graubraun, mit Violettschiller; Schwanzfedern röthlich braun, jede auf der Mitte röthlich weiß, mit weißem Schaft, die beiden Ruderfahnen der äußersten Enden schwarz, mit Violettschiller.

Weibchen und junger Vogel matter erzgrün am Rücken, graulich am Bauch, die Backen bis unter das Auge rein weiß, die Kehle und Mitte des Halses mit einem schwarzen Streif, der fast bis zur Brust reicht; die Brustseiten und der Oberbauch erzgrünscheckig. Schwanzfedern gleich lang, stumpfer aber nicht breiter als die des Männchens, die mittleren erzgrün, die anderen schwarzbraun, unten grauweiß, mit schwarzer Endpartie, die äußeren 2 mit weißlicher Spitze (Lesson Suppl. pl. 31).

Ganze Länge des Männchens gegen 4″, Schnabel am Mundrande 7‴, Flügel 2″, Schwanz 1″ 6‴, die äußersten Enden 1″ länger. —

Der Prinz zu Wied erlegte ein männliches Individuum bei Bahia, wo, wie er hörte, der Vogel nicht häufig ist. Dasselbe berichtet Schomburgk von ihm in Guyana (Reise III. 709. 200).

Anm. Neuerdings hat man die guyanischen und brasilianischen Exemplare in 2 Arten gesondert und die letztere mit dem Namen Ocreatus ligonicaudus belegt (*Gould*, Proc. zool. Soc. 1846). Ich bin nicht im Stande, über die Rechtmäßigkeit dieser Trennung mich zu äußern, da mir keine Exemplare zu Gebote stehn. —

20. Gatt. Calliphlox *Boje* *).

Isis. 1831, S. 544.

Schnabel fein, spitz, länger als der Kopf, am Grunde vom herablaufenden Kopfgefieder bekleidet, vor der Spitze nach unten und oben etwas verdickt. Flügel klein und kurz. Schwanz schmalfedrig, beim Männchen gabelförmig, die seitlichen Federn stufig nach außen verlängert, scharf aber nicht lang zugespitzt; beim Weibchen die Federn gleichlang, etwas stumpfer. Beine zierlich, die Zehen und Krallen kurz, letztere stark gekrümmt, scharf zugespitzt.

Calliphlox amethystoides.

Ornismya amethystoides *Less.* Trochil. Ind. gen. 33. no. 85. — pl. 25. 26. 27.
Trochilus ruficaudus *Vieill.* Enc. Orn. II. 573.
Trochilus amethystinus *Pr. Max.* Beitr. IV. 90. 13.

Junger Vogel und Weibchen:

Trochilus brevicauda *Spix.* Av. Bras. I. 79. 2. tb. 80. f. 2.
Trochilus campestris *Pr. Max.* Beitr. IV. 73. 9.

---

*) Diese antike Form ist keine fehlerhafte Bildung und daher beizubehalten: καλλίφλοξ, egregio splendore nitens.

Erzgrün, Bauch des Männchens grau, des Weibchens rostgelb; Schnabel und Beine schwarz. —

Männchen mit amethystfarbner Kehle und Gabelschwanz.

Weibchen mit weißer Kehle und stumpfem am Ende rostgelbem Schwanz.

Eine der kleinsten Arten, schlank gebaut, mit ziemlich langem, dünnem, ganz gradem, schwarzem Schnabel; das Rückengefieder von der Stirn bis zum Schwanz dunkel erzgrün, matt goldglänzend.

Männchen mit amethystrother, prachtvoller Kehle, die sich über die Backen und den Vorderhals bis zur Brust ausdehnt; dahinter eine rein weiße Binde. Die Brust und der Bauch schwärzlich grau mit schwachem Erzschiller, die Aftergegend weiß, die untern Schwanzdecken hellgrau, weiß gesäumt; mittlere Schwanzfedern erzgrün, die 3 äußeren jeder Seite wie die Schwingen graubraun, mit schwachem Violettschiller, und stark stufig verlängert. —

Weibchen am Rücken wie das Männchen, die Kehle weiß mit braunem Streif am Rande unter dem Auge. Brust rostgelbgrau, der Bauch besonders vor den Schenkeln reiner rostgelb, ebenso der Steiß und die unteren Schwanzdecken. Schwanzfedern gleich lang, kaum etwas länger als die ruhenden Flügel, die mittleren erzgrün, die seitlichen schwarzbraun mit rostgelber Spitze. —

Junger Vogel wie das Weibchen gefärbt, nur matter und bald auf der Mitte der Kehle mit hervorbrechenden amethystfarbenen Federn geziert. Den Gabelschwanz erhält er erst später, im zweiten Jahre, wo er anfangs noch viel kürzer ist als am älteren Vogel.

Ganze Länge des Männchens 3″ 4‴, des Weibchens 2″ 9‴, Schnabel obenauf 5‴, am Mundrande 7‴, Flügel 1½″, Schwanz des Männchens 1″ 3‴, des Weibchens 8‴. —

Die Art bewohnt das Campos-Gebiet des Innern Brasiliens und wurde von meinem Sohne häufig auf den Feldern bei Lagoa santa erlegt. Der Prinz zu Wied traf sie unter ähnlichen Verhältnissen in der Provinz Bahia. —

Anm. 1. Die Trennung dieser Art von dem in Guyana einheimischen Trochilus amethystinus *Gmel. Lath.* Ind. orn. I. 319. 62. — *Buff.* pl. enl. 672. f. 1. — *Less.* Ois. Mouch. pl. 47. — Suppl. pl. 20. 21. 22. finde ich durchaus gerechtfertigt. Der letztere ist relativ größer, hat einen längeren Schnabel, im männlichen Geschlecht einen längeren Schwanz und in beiden einen helleren lichtgrauen Bauch. Der junge Vogel zeigt auf den Kehl- und Halsfedern, bevor die amethystfarbenen Federn hervorbrechen, blaß erzgrüne Tüpfel, welche dem Jungen von C. amethystoides nicht zukommen. — Ich habe Exemplare von Schomburgk in Guyana gesammelt vor mir, welche die angegebenen Unterschiede als sicher nachweisen. —

2. Die übrigen, noch sehr zahlreichen, brasilianischen Kolibri-Arten stammen aus Gegenden, welche ich nicht bereist habe, daher ich sie um so lieber un-

erörtert lasse, als eben Hr. Hofr. Reichenbach mit einer vollständigen Uebersicht aller Spezies sich beschäftigt, und deren Erscheinung nahe bevorsteht. Des Prinzen Bonaparte's Aufzählung im Consp. Avium enthält 255 Arten, in Reichenbach's vorläufiger Uebersicht (Journ. f. Ornith. Extra-Heft, 1853. Beil.) ist diese Zahl noch um ein Fünftel vermehrt. —

Zehnte Familie.

Segler. Cypselidae.

Im Flügelschnitt wie im Gesammtkörperbau den Kolibris ähnlich, entfernen sich die Segler doch sehr weit von ihnen in der Form des ganz kurzen, kleinen, am Grunde breiten, gegen die Spitze hin zusammengedrückten und herabgebogenen Schnabels. Dessen Gestalt giebt ihnen vielmehr eine täuschende Aehnlichkeit mit den Schwalben. Aber der Flügelbau ist durchaus nicht schwalbenartig; derselbe verhält sich vielmehr wie bei den typischen Clamatoren, d. h. die großen Flügeldeckfedern sind stark verlängert, weit über die Mitte der Armschwingen hinabgezogen und letztere auffallend kurz, nur die vordersten großen Handdeckfedern sind lang, fast ebenso lang wie bei den Singvögeln und die kleinen Armdeckfedern ebenso lückenhaft in der Reihenzahl. In der Länge der hinteren Deckfedern übertreffen die Segler noch die Kolibris, bei denen zwar die Armschwingen ebenso kurz, aber die Deckfedern keineswegs so lang sind, so daß bei den Kolibris weniger als die Hälfte der Armschwingen, bei den Seglern weit mehr als die Hälfte derselben von den großen Deckfedern bedeckt wird. Das ist das übliche Verhältniß bei den ächten Clamatoren oder Strisoren *).

Der Kopf der Segler ist breit und ziemlich flach gewölbt, die Augen sind groß, die Lider ohne Wimpern; die Befiederung erstreckt sich bis auf den Schnabelgrund und ist hier nicht von Mundborsten begleitet, sondern wie bei den Kolibris völlig homogen, obgleich sehr

---

*) Hierauf muß ein noch größeres Gewicht gelegt werden bei Unterscheidung der Canorae und Clamatores, als auf die Länge der vordersten großen Handdeckfedern, welche weniger bezeichnend ist; vielmehr unterscheidet die Kürze der hinteren oder Armdeckfedern ganz besonders die Canorae. — Vgl. Sundeval, Isis. 1846. S. 340 flgd.

kleinfedrig. Der Rumpf hat ein ziemlich derbes Gefieder, besonders aber sind die Schwingen sehr lang und fest. Man zählt deren zehn an der Hand und alle sind einzeln sichtbar, denn schon die erste ist etwas länger als die zweite; die Anzahl der Armschwingen beläuft sich auf 7 oder 8. Sie sind breit zugerundet oder leicht ausgebuchtet am Ende, nicht spitz, wie die Handschwingen, unter sich gleich lang und beträchtlich kürzer als die zehnte Handschwinge. Das alles erinnert an den Bau der Kolibris. Dagegen unterscheidet das Deckgefieder der Flügel beide Vogelfamilien leicht. Die Kolibris haben nicht jene langen vorderen Handdecken der Segler, vielmehr sind dieselben so kurz, daß sie am ruhenden Flügel die kurzen Armschwingen nicht überragen, während sie bei den Seglern bis zur neunten, oder gar bis zur achten Handschwinge hinabreichen; auch bleiben die Armdeckfedern der Kolibris, wie schon erwähnt worden, weit hinter denen der Segler an Länge zurück. — Im Schwanz der Segler herrscht dieselbe Verschiedenheit wie bei den Schwalben; bald ist er lang und gabelig, bald kurz und abgestutzt, obgleich seine Federn steif sind und bei mehreren Arten in stechende Spitzen auslaufen. Die Anzahl der Schwanzfedern ist zehn, wie bei den Kolibris; nicht zwölf, wie bei den Schwalben. Die Bürzeldrüse ist ohne Federnkranz am Zipfel.

Der kleine kurze Schnabel hat eine sehr breite Basis und einen tief gespaltenen, weit klaffenden Mund. Die Nasenlöcher sind oval und liegen oben auf dem Schnabelgrunde, dicht neben der abgesetzten schmalen Firste; das Ende des Schnabels ist zusammengedrückt, sanft gewölbt, herabgebogen, aber nicht eigentlich ein Haken. —

Die Füße sind kurz, aber ziemlich stark, viel stärker als bei den Kolibris; sie haben einen kräftigen, aber meist nur kurzen Lauf und kurze Zehen mit hohen, stark gebogenen, spitzen Krallen. Ihre Oberseite ist gleichmäßig von kurzen Tafeln bekleidet, der Lauf dagegen beinahe nackt, oder ähnlich dem der Kolibris befiedert. Daß die drei vorderen Zehen gleichviele Glieder, d. h. drei, und fast gleiche Länge haben, bezeichnet nur die ächten typischen Segler, andere Arten haben das gewöhnliche Zahlenverhältniß 3, 4, 5.

Vom inneren Bau ist wenig bekannt, nur Nitzsch hat darüber in Naumann's Vögeln Deutschl. nach Untersuchung der europäischen Arten, einige Mittheilungen gemacht. Er bemerkt, daß der

Schlund keinen Kropf habe, der Magen schwach fleischig sei, die innere Fläche des Dünndarms hohe, zickzackförmige Falten besitze, was an die langen Zotten der Kolibris erinnert, und die Blinddärme ganz fehlen. Die Gallenblase ist vorhanden und ziemlich groß, die Milz sehr klein. Die kleine Zunge entspricht dem kleinen Schnabel; sie ist am Vorderrande in 2 feine Spitzen getheilt, welche man den langen Fäden der Kolibrizunge vergleichen kann, hinten mit zwei mehrzackigen, divergirenden Lappen versehen; auch die Gaumenfläche ist mit Papillen besetzt. Der untere Kehlkopf hat nur ein schwaches Muskelpaar und ist noch kleiner, als beim Kolibri. Am Knochengerüst findet sich viel Aehnlichkeit mit dem der Kolibris, besonders in der Form des Brustbeins, das nach hinten ebenso breit bogig gerundet und nicht mit Einschnitten versehen ist, und am Becken, das völlig deren breite, kurze Form besitzt. Das Gabelbein hat einen kurzen, runden Griff, verbindet sich aber nicht mit dem Kamm des Brustbeins, der zwar hoch, aber vorwärts verkürzt und abgerundet ist. Am Arm fällt die Kürze des Oberarms und die Länge der Hand auf; das Schulterblatt ist schmal, aber lang; der Oberarm sehr stark und mit Muskelhöckern versehen. Rückenwirbel pflegen 8, Schwanzwirbel 7 vorhanden zu sein, von denen der letzte schmal und mit einer langen Spitze versehen ist.

Die Segler sind über die ganze Erdoberfläche verbreitet, aber nirgends zahlreich an Arten, wenn auch sehr zahlreich an Individuen; sie leben von Insekten, welche sie im Fluge fangen, nisten in Erdlöchern, Felsen, alten Gebäuden und legen weiße Eier. Ihre Stimme ist fein und eintönig kreischend. —

1. Gatt. Acanthylis *Boje.*

Hemiprocne *Nitzsch.* Chaetura *Steph.*

Der ziemlich grade abgestutzte, mitunter beinahe abgerundete Schwanz besteht aus steifen, am Ende mit vorragenden stechenden Spitzen versehenen Federn, welche bei mehreren Arten in lange Stacheln ausgehen. Das Gefieder ist dichter und voller, als bei den ächten Seglern und die Fußbildung viel kräftiger. Der längere Lauf trägt vier etwas ungleiche Zehen, von denen die innere oder

der Daumen, weiter abgerückt, etwas höher angesetzt, und nach hinten gewendet, auch relativ viel größer und stärker ist, als bei Cypselus. Die drei vorderen Zehen sind nicht ganz gleich groß, vielmehr ist die mittlereet was länger, als die innere und die äußere ebenfalls, aber viel weniger verkürzt, als jene. Auch bestehen die Zehen aus der gewöhnlichen Gliederzahl: 3, 4, 5. Vor dem Auge zeigt sich ein kleiner, tief schwarzer, aus aufrechtstehenden, bürstenartigen Federn gebildeter Fleck, der auch den andern Seglern eigen ist; dagegen sind die Nasenlöcher der Amerikaner schmäler, spaltenförmiger als bei den übrigen Arten. —

A. Schwanzfedern mit kurzen Spitzen, die mittleren Federn etwas kürzer, als die äußeren, aber ihre Spitzen länger. —

1. Acanthylis collaris.

Hirundo collaris *Pr. Max.* Reis. I. 75. 336.
Cypselus collaris *Temm.* pl. col. 195. — *Pr. Max.* Beitr. III. a. 344. 1.
Cypselus albicollis *Vieill.* Gal. d. Ois. II. pl. 120.
Cypselus torquatus *Licht.*

Rußschwarz, der Rumpf grünlich metallisch schimmernd; um den Hals ein weißer, auf der Brust breiterer Ring. —

Ein großer hübscher Vogel und einer der größeren Segler, welche man kennt. Gestalt völlig wie Cypselus melba, aber etwas kräftiger gebaut, die Flügel und der Schwanz relativ kürzer. Ganzes Gefieder rußschwarz; der Rumpf um so schwärzer, je älter der Vogel ist; bei alten ausgefärbten Vögeln mit grünlichem Metallschiller; Stirn und Kehle mehr braun; die Gruppe abstehender Federn vor dem Auge nur mäßig entwickelt. An dem Halse ein weißer Ring, welcher mit dem Alter des Vogels an Schärfe und Reinheit zunimmt, im Nacken fast bis zum Hinterkopf hinaufsteigt und auf der Brust sich abwärts ausbreitet; bei jüngeren Vögeln schmäler, matter und vor den Schultern unterbrochen. Ruhende Flügel viel länger als der Schwanz, leicht sichelförmig gebogen, rußbraun, die Schäfte der Schwingen nach unten weißlich. Längste vordere Handdeckfeder kaum länger als die neunte Schwinge, erste Schwinge spitzer und etwas länger als die zweite. Schwanz kurz, kaum bis zur sechsten Schwinge hinabreichend, die Federn scharf zugespitzt, bei älteren Vögeln stumpfer und abgenutzter als bei jungen; die Enden der Schäfte kaum über die Fahne hinaus verlängert; die mittleren etwas länger und steifer als die äußeren. Untere Schwanzdecken so lang wie die Schwanzfedern, obere viel kürzer. Beine stark, die Zehen mit kräftigen (1, 2, 3) Sohlenballen, der Lauf mit starkem Hackenballen, die Krallen groß und sehr scharf. —

Ganze Länge des Rumpfes 7″, der Flügel vom Handgelenk 8″, des Schwanzes 2″, des Laufs 10‴, der Mittelzehe ohne die Kralle 7‴. —

Der Vogel ist über das mittlere Brasilien verbreitet, aber im Küstenwaldgebiet viel seltener, als im Binnenlande; ich erhielt bei Neu-Freiburg nur 1 Individuum, sah dagegen in Minas geraes bei Congonhas alle Tage (September, Oktober) ganze Schaaren über das Dorf sich ausbreiten. Gegen 10 Uhr Morgens kamen sie von den benachbarten Waldhöhen oder Felsenkuppen herunter und jagten bis Nachmittag durch die Straßen, Wespen fangend. Alle von mir untersuchten Individuen hatten mit einer und derselben Art, dem gemeinen Chartergus nidulans, ihren Magen strotzend vollgestopft. Eier und Nester habe ich nicht erhalten; der Prinz zu Wied vermuthet, daß diese Art in Thonwänden, Felsspalten und Schluchten niste. —

2. Acanthylis senex.

Cypselus senex *Temm.* pl. col. 397.

Rußschwarz, Kopf- und Halsgefieder weißlich gerandet; Schwanz abgestutzt, die Schäfte steif, aber ohne vortretende Spitzen.

Die Beschreibung, welche Temmink a. a. O. von dieser Art giebt, ist sehr dürftig; der Abbildung nach hat sie ganz die Gestalt der vorigen, ist aber etwas kleiner. Das einfarbig rußschwarze Gefieder hat einen leichten Seidenglanz; die Federn des Kopfes und Halses haben weißliche Ränder und lassen diese Theile grau erscheinen; nur der Bürstenfleck vor dem Auge bleibt tiefschwarz. Die ruhenden Flügel reichen gegen 1½″ über den Schwanz hinaus; letzterer ist abgestutzt und die steifen Schäfte der Federn gehen nicht in eine frei vorragende Spitze aus. Der Schnabel endet sehr fein. Die Beine sind ziemlich stark, besonders der Lauf und der Daumen steht nach hinten, läßt sich aber auch etwas nach innen wenden. —

Die Länge des Vogels beträgt 7″ vom Schnabel bis zur Schwanzspitze, die Flügel sind vom Handgelenk ab 6½″ lang, der Lauf gegen 9‴.

Aug. de St. Hilaire brachte den Vogel aus dem Innern Brasiliens nach Paris. —

Anm. A. B. Streubel hat in der Isis (1848 S. 366) einen Cypselus fumigatus *Natt.* Msc. beschrieben und mit der eben besprochenen Art, als nächstem Verwandten, verglichen. Danach ist der Vogel kleiner, nur 5″ 4—7‴ lang, die Flügel betragen angeblich 3½″ und der Lauf 5¼‴. Die Farbe des Gefieders ist ein trübes Rußbraun, bei jüngeren Vögeln durch weißliche Federnränder ins Grauliche spielend; an der Unterseite des Körpers schwach seidenglänzend; Stirn und Vorderhals ziehen etwas ins Graue; die Flügeldeckfedern sind schwärzer und die Unterfläche des Schwanzes schimmert matt grünlich. Seiner Form nach ist der Schwanz grade abgestutzt, hat steif elastische, aber nicht dornartig über die Fahne hervorragende Schäfte, vielmehr ist das Ende der Fahne theils seicht ausgeschnitten, theils etwas zugeschärft, mit leicht befaserter Spitze. Auch diese Art wurde im Innern Brasiliens, aber von Joh. Natterer entdeckt; die Berliner Sammlung erhielt sie aus Para. —

B. Schwanzfedern mit langen, frei vorragenden Spitzen; die äußeren Federn etwas kleiner oder kürzer als die mittleren.

3. Acanthylis oxyura *Vieill.*

Cypselus oxyura *Vieill.* Enc. meth. Orn. 531.
Cypselus pelasgius *Pr. Max. z. Wied* Beitr. III. a. 347. 2.
Vencejillo, *Azar.* Apunt. II. 513. 307.

Rückenseite schwarz, grünlich metallisch schillernd; Unterseite trüb rußbraun, Vorderhals graulich. —

Diese und die folgende Art sind einander höchst ähnlich und nur mit Mühe, wenn man beide neben einander hat, zu unterscheiden. Im Ganzen erscheint zwar die vorliegende etwas größer, aber das rührt nur von dem längeren Schwanz und den längeren Flügeln her; die Rumpfe beider sind gleich groß, das Gefieder ist bei dieser Art dunkler gefärbt, die ganze Rückenseite hat einen schwarzgrünen Ton und schillert lebhafter metallisch; in der Tiefe sind die Federn braun, und diese Farbe tritt auch an der Innenseite der Schwingen auf. Letztere sind einzeln spitziger und mehr gebogen, als bei A. acuta. Der Schwanz ist länger, aber seine Federn sind schmäler, die Fahnen am Ende schärfer zugespitzt und die äußeren Federn relativ etwas länger, obgleich nicht völlig so lang wie die mittelsten; die Endspitzen sind sehr scharf, die mittleren fast 4‴ lang, die äußeren, feineren nur 2‴. Der Unterrücken und die ganze Unterseite sind keinesweges grau, sondern graulich rußbraun, welche Farbe besonders auf der Bauchmitte am klarsten wird; die Federn des Vorderhalses haben weißlich graugelbe Säume, aber die Basis ist schwarzbraun und die ganze Gegend lange nicht so hell weißlich, wie bei der folgenden Art. Die unteren Schwanzdecken sind kürzer als die äußeren Schwanzfedern und schimmern ins Erzgrüne. Schnabel und Füße sind etwas kräftiger als bei A. acuta und besonders an letzteren die Zehen nebst den Krallen; der Lauf ist ganz nackt und merklich länger als bei der folgenden Art.

Ganze Länge 4$^3/_4$″, Flügel 4$^2/_3$″, Schwanz mit den Stacheln 1″ 8‴, Lauf hinten 4‴, vorn 5‴. —

Ich erhielt von dieser Art ein schlechtes Individuum bei Neu-Freiburg und sah den Vogel später öfters in Minas geraes, ohne daß es mir gelang, ihn in meine Gewalt zu bringen. Der Prinz zu Wied klagt gleichfalls über die ungemeine Flüchtigkeit desselben und noch mehr Azara. Letzterer berichtet, nach Rosada, daß die Art im Walde lebe, gern tief fliege und in hohlen Baumlöchern übernachte. Er fand in einem solchen Loch, nach Anleitung eines Indianers, einen ganzen Schwarm, von dem er 40 Stück erwischte. Der Prinz sah den Vogel auf den Sträuchen der Manglegebüsche in solcher Menge, daß dieselben davon schwarz erschienen.

Anm. 1. Obgleich der Prinz z. Wied den Schwanz seines Vogels als ausgeschnitten beschreibt, so glaube ich doch, daß er ganz dieselbe Art, wie ich, vor sich hatte. Vielleicht war das eine von ihm untersuchte weibliche Exemplar nicht völlig ausgewachsen.

2. Hirundo Pelasgia *Linn.*, welche der Prinz hierher zieht, ist größer (über 5″ lang) und lebt im südlichen Nord-Amerika. Vergl. *Wils.* Am. Orn. II. pl. 39. f. 1. und Streubel, Isis 1848. 363. — Dagegen möchte die von Buffon beschriebene Hirondelle acutipenne de la Martinique (pl. enl. 544. 1. — Hirundo acuta *Gmel. Linn.* S. Nat. I. 2. 1023. — *Lath.* Ind. orn. II. 581. 31.), welche der Prinz wohl nur aus Versehen zu seinem Cypselus acutus citirt, vielleicht zu Acanthylis oxyura gehören, oder doch eine ihr sehr nahe stehende Art vorstellen. Der Abbildung nach ist sie kleiner als A. oxyura, hat einen etwas längeren Schwanz mit viel kürzeren Endstacheln und eine mehr röthlich rußbraun gefärbte Unterseite. Mit ihr möchte Natterer's Cyps. ruficollis zusammenfallen.

4. Acanthylis spinicauda.

Cypselus spinicaudus *Temm.* pl. col. tabl. génér. 78. — *Buff.* pl. enl. 726. 1.
Cypselus acutus *Pr. Max.* Beitr. IV. 351. 3.
Hirundo Pelasgia var. *γ. Lath.* Ind. orn. II. 581. 30.

Rückenseite schwarz, bläulich metallisch schillernd; Unterseite grau, die Kehle weißlich. —

Von der Größe unserer Hausschwalbe (H. urbica) nur etwas schlanker und schmächtiger gebaut. Rückseite dunkel rußschwarz, die Federn in der Tiefe braun; jüngere Vögel matter gefärbt, ältere mit leichtem erzgrünen Metallschiller. Unterrücken bis zum Schwanz hin leicht aschgrau, der Schwanz aber rußschwarz, wie die Flügel, unten matter rußbraun. Schwingen 16, Steuerfedern 10; die mittleren mit 3‴ langen, die seitlichen mit 2‴ langen freien Spitzen; alle stumpfer in der Fahne, als bei der vorigen Art und die äußeren kleiner, kürzer, daher die Gesammtform des Schwanzes abgerundet. Ruhende Flügel um 1″ länger als der Schwanz, ihre Form mehr gebogen; die erste Schwinge viel schmäler und spitzer als die zweite, aber nur wenig länger. Unterseite grau, Kehle und Vorderhals stark ins Weißliche fallend; Steißfedern dunkler, erzgrün schillernd, die mittleren Schwanzdecken fast so lang wie die äußeren Schwanzfedern. Schnabel sehr klein; Beine ziemlich schwach und völlig wie bei der vorigen Art gebaut;

der Lauf etwas kürzer, ebenfalls nackt, die Zehen entschieden kleiner, zierlicher.

Ganze Länge $4\frac{1}{2}''$, Flügel vom Handgelenk an $4''$, Schwanz $1''\ 4'''$ ohne, $1''\ 8'''$ mit den Stacheln, Lauf hinten $3\frac{2}{3}$, vorn $4\frac{1}{4}'''$. —

Ich erhielt kein Exemplar dieser Art; das hier beschriebene wurde aus Berlin bezogen und war, wie das des Prinzen, bei Bahia erlegt. Die Art scheint also mehr dem nördlichen Brasilien anzugehören.

Anm. 1. Der Prinz zu Wied hat sich in dem Citat aus Buffon vergriffen; die von ihm beschriebene Art paßt nur zu Buffons Hirondelle à queue pointue de Cajenne (pl. enl. 726. 1.), welche Temminck Cypselus spinicaudus nennt. Latham verband sie mit Hir. Pelasgia *Linn.*

2. Einige andere in Süd-Amerika beobachtete Arten scheinen Brasilien nicht zu bewohnen; dergleichen sind:

Chaetura brunneitorques *Lafr.* Guér. Rev. zool. 1844. S. 81 aus Columbien mit röthlichem Halsbande und rußbrauner Unterseite, an Hirundo acuta *Gmel. Lath.* erinnernd. —

Cypselus poliurus *Temm.*, auf Hirondelle de queue pointue de la Louisiana Buffon's (pl. enl. 726. 2.) gegründet, die andere Schriftsteller zu Cyps. Pelasgius ziehen; der auffallend kurze Schwanz scheint für die Selbstständigkeit dieser mit A. oxyura zunächst verwandten Art zu sprechen.

2. Gatt. Panyptila *Cabanis.*

Ornith. Notiz. *Wiegm.* Arch. 1847. I. 345.

Pseudoprocne *Streubel.*

Süd-Amerika bewohnt in seinen nördlichen und westlichen Districten eine Segler-Form, welche mit Cypselus im engern Sinn die Gestalt der Füße, zumal die Stellung der Hinterzehe nach innen und ihren tiefen Ansatz am Lauf gemein hat, dagegen mit Acanthylis in der Zahl der Gliederung der Vorderzehen übereinstimmen soll, also das gewöhnliche Verhältniß der Glieder 3, 4, 5 besitzt. Indessen ist die Beugung des Daumens minder stark einwärts, als bei Cypselus, und die Befiederung des Laufs bis zu den Krallen auf die Zehen ausgedehnt. Ich habe keine Art dieser Gruppe untersuchen können, und sehe mich dadurch außer Stande, die Richtigkeit der obigen Angaben zu vertreten. Im Uebrigen stimmt der Körperbau ganz mit dem von Cypselus überein; d. h. die Flügel sind länger, schlanker, mehr gebogen, als bei Acanthylis, und der Schwanz ist gabelförmig. — Die bekannten Arten sind in Guyana, Columbien, Peru, Bolivien zu Hause und eine von ihnen geht bis ins nördliche Brasilien, daher ich ihre Beschreibung hier mittheile.

Panyptila cajanensis.

Hirundo cayanensis *Gmel. Linn.* S. Nat. I. 2. 1024. — *Buff.* pl. enl. 725. 1. — *Lath.* Ind. orn. II. 583. 34.
Pseudoprocne cayennensis *Streub.* Isis 1848 357.
Panyptila cajennensis *Licht.* Nom. Av. Mus. berol. 61.

Tiefschwarz, ein Streif vor dem Auge, die Kehle, der Vorderhals, ein Halsband, der Unterrücken bis zu den Schenkeln hinab weiß. —

Hauptfarbe tiefschwarz, bei alten Vögeln mit violettem Schiller. Vor dem Auge bis zum Nasenloch eine Reihe weißer Federn, darunter am Auge das tiefsammetschwarze Bürstchen. Kehle und Vorderhals weiß bis zur Brust, von da ein schmales weißes Band, welches den Hals unter dem Nacken umfaßt. Unterrücken und Bürzel ebenfalls weiß und diese Farbe ist bis auf die Schenkel hin ausgedehnt. Flügel lang, schmal, stark gebogen, gegen 1″ über die längsten Schwanzfedern hinabreichend; die Schwingen einfach zugespitzt, ohne Winkelausschnitte. Schwanz stark gabelförmig, die Federn ziemlich schmal, stark zugespitzt, eine Strecke vor der Spitze die äußeren schnell verschmälert. Schnabel und Beine schwarzbraun, Lauf und Zehen befiedert, beide kurz, der Lauf dick, die Zehen stark, mit großen stark gebogenen Krallen. Der Schnabel etwas dick und nach Verhältniß kräftig, die Nasenlöcher groß, nach außen von einer befiederten Schneppe umfaßt. —

Ganze Länge bis zur Schwanzspitze 5″ 8‴, Flügel 4″ 7‴, längste Schwanzfedern 2″ 4‴, kürzeste 1″ 2‴, Mittelzehe ohne Kralle $2\frac{1}{4}$‴. —

Die Berliner Sammlung erhielt Exemplare dieser Art von Bahia durch Sieber; ihre Hauptheimath fällt jedoch nördlicher, nach Guyana, woselbst sie indessen von Schomburgk nicht beobachtet worden ist.

Anm. 1. Als hierher gehörige Arten werden von verschiedenen Schriftstellern noch aufgeführt:

1. Hirundo nigra *Gmel. Linn.* S. Nat. I. 2. 1025. — *Lath.* Ind. Orn. II. 577. 17. In Westindien und Guyana einheimisch. —
2. Cypselus anticola *D'Orb.* Voy. d. l'Am. mer. Orn. pl. 42. f. 2. Aus Bolivien.
3. Cypselus montivagus *D'Orb.* ibid. f. 1. Ebendaher.

Elfte Familie.

Nachtschwalben. Caprimulginae.

Lafresnaye, Guérin Mag. d. Zool. 1837. — *Cassin*, Catal. of the Caprimulgidae etc. Philad. 1851.

Obgleich die Gestalt der Nachtschwalben augenscheinlich an die der Schwalben und noch mehr an die gedrungnere der großen Segler erinnert, so sind sie doch nur durch diese Analogie der Form und die Kleinheit des Schnabels mit ihnen verwandt; ihr ganzer äußerer und innerer Bau ist ein anderer.

Der flache breite Kopf giebt den Vögeln ein plumpes Ansehn, und das großfedrige laxe Gefieder verstärkt noch diesen Eindruck. Der Schnabel ist kurz, flach, stark nach vorn verschmälert, nach hinten breit, und so tief klaffend, daß der Mundwinkel unter oder selbst hinter dem Auge liegt. Die Spitze des Schnabels ist schmal, nur am Oberkiefer oder an beiden Kiefern herabgebogen, etwas kuppig abgesetzt und mittelst einer stumpfen Firste über den Schnabelrücken bis zur Stirn fortgesetzt. Daneben liegen, ziemlich weit nach vorn, die ovalen, von einer weichen Haut umgebenen Nasenlöcher. Der Mundrand ist hinter den Nasenlöchern bis gegen das Auge hin gewöhnlich mit sehr starken, langen und steifen, weit abstehenden Borstenfedern besetzt. Das sehr große Auge hat feine, kurze, dichte Wimpern. — Das Gefieder ist sehr großfedrig und weich, harmonirt aber in seiner Vertheilung ganz mit dem von Cypselus. An den langen ziemlich spitzen Flügeln ist indessen nicht die erste, sondern in der Regel die zweite, mitunter erst die dritte oder vierte Schwinge die längste; die Anzahl der Handschwingen beträgt auch hier immer zehn, die der Armschwingen ist gewöhnlich elf oder zwölf. Letztere sind lang, viel länger als bei Cypselus und bedecken in der Ruhe mehr als die Hälfte der Handschwingen; die großen Deckfedern der Flügel sind dagegen kurz, klein und wenig von dem übrigen Deckgefieder unterschieden. — Der Schwanz besteht aus zehn großen Federn von sehr ungleicher Form und Größe. Gewöhnlich ist die Gesammtform des Schwanzes abgerundet, aber doch länger, als die ruhenden Flügel; bei kurzen Schwingen pflegt die Form eine mehr abgestutzte zu sein; sehr lange Schwänze sind gabelförmig gestaltet. — Die Bürzeldrüse ist auffallend klein, tief im Gefieder versteckt und an der Spitze nackt.

Die Beine der Nachtschwalben sind eher schwach als kräftig gebaut, der Lauf ist ziemlich kurz und ruht beim Sitzen bis zum Hacken auf der Unterlage, daher die Hackengegend eine ziemlich starke Schwiele trägt. Vorn ist der Lauf mit kurzen Gürtelschildern bekleidet, oben oft befiedert, mitunter ganz nackt. Die Zehen sind klein, nur die mittlere hat in der Regel eine bedeutende Länge, welche sich auch auf ihre Kralle erstreckt. Daran bemerkt man eine starke, gewöhnlich kammförmig gekerbte Erweiterung nach innen. Die Innenzehe ist stets klein und die Außenzehe in der Regel auch; dann pflegt sie nur vier Glieder zu haben und mitunter sogar kleiner als die Innenzehe zu sein. Gewöhnlich ist die Innenzehe mit der Mittelzehe am Grunde inniger verbunden, als letztere mit der Außenzehe. Auf der Oberseite aller Zehen sieht man übrigens nur kurze, gleichgroße Halbgürtelschilder, welche die Anzahl der Zehenglieder unkenntlich machen.

Der innere Bau der Caprimulgen zeigt namentlich im Knochengerüst des Schädels und der Füße manche Eigenheiten, welche zuerst Nitzsch in seinen osteographisch. Beitr. z. Nat. d. Vögel (Leipz. 1810. 8.) besprochen hat. Wir verweisen auf dieselbe und begnügen uns hier mit der systematisch bedeutsamen Thatsache, daß das Brustbein zwar nach hinten noch sehr breit ist, wie bei Trochilus und Cypselus, aber dennoch viel kürzer und mit einem kurzen Einschnitt am Endrande versehen, welcher einen divergirenden Ast von der Hauptfläche sondert. Das Gabelbein ist fein, auf einen kurzen breiten Griff gestützt, aber nur lax mit dem Brustbeinkamm verbunden. Das Becken ähnelt dem der Kukuke, mit welchem überhaupt die Gesammtanlage des inneren Baues große Aehnlichkeit hat. So zeigt die ziemlich kleine Zunge eine flache, am Ende zugerundete Form, ist aber am Rande und nach hinten auf der Fläche mit spitzen Zacken besetzt. Der Schlund hat bei Capr. europaeus keine Erweiterung, bei Nyctibius grandis dagegen ist er sackförmig erweitert, wie beim Kukuk; der Vormagen ist nicht groß, aber dickwandig, der Magen dagegen sehr groß, flach kugelig, einem dicken Käse ähnlich und fleischig verdickt in seiner Wand, aber ohne derbe innere Lederhaut. Am Anfange des Dickdarms sind zwei ziemlich lange, stark kolbige Blinddärme, ganz denen der Trogoniden ähnlich, vorhanden. Die Leber ist nicht groß und die Gallenblase sehr klein; sie fehlt aber nicht völlig, wenigstens nicht bei Capr. europaeus. Auch der untere Kehlkopf ist sehr klein, und wie beim Kukuk nur mit einem einzigen schwachen Muskelpaar versehen. —

Nachtschwalben giebt es in allen Erdgegenden, nur nicht in den ganz kalten; sie sind einsame, stille Vögel, von düsterem, braungrauem, mit vielfachen schwarzen Wellenzeichnungen oder Flecken geziertem Gefieder, welche schon dadurch ihre nächtliche Lebensweise verrathen, bei Tage ruhen und meistens der Länge nach auf Zweigen im Walde sitzen, ohne im Geringsten ihre Umgebung zu beachten. Selbst ein Flintenschuß vermag sie nicht aufzuschrecken. In der Abenddämmerung werden sie munter und fliegen nun schnell und gewandt auf offnen Plätzen ohne einen Laut zu erregen umher, hier nach Abend- und Nacht-Insekten, besonders Käfern und Schmetterlingen jagend. Sie nisten an offenen Stellen, sehr kunstlos, meistens wohl auf dem Boden, und legen 1—2 sehr längliche, matte, mit grauen oder rostgelben, z. Th. etwas verloschenen Zeichnungen gleichförmig bedeckte, mitunter ganz weiße Eier.

Brasilien und noch mehr ganz Süd-Amerika ist reich an Arten dieser Gruppe; ich habe zwar nur fünf davon selbst beobachtet, aber mehrere von anderen Gegenden bezogen und zur Untersuchung gebracht. Da wo man sie trifft, sind sie nicht selten; allein wegen ihrer versteckten Aufenthaltsorte am Tage findet man sie doch nicht leicht. In der Dämmerung umflattern sie den Reisenden auf den Wegen, und setzen sich von Zeit zu Zeit vor ihm auf den Pfad, ohne sich besonders scheu zu zeigen. Ihr rapider Flug und die Dämmerung machen jedoch ihre Jagd stets schwierig und erfordern einen geübten Schützen. Am Tage sitzen sie in den Wäldern gewöhnlich so hoch, daß man auch dann vergeblich auf sie anlegt. —

A. Nachtschwalben ohne Kammnagel an der vorderen Mittelzehe.

1. Steatornidae.

1. Gatt. Nyctibius *Vieill.*

Nyctornis *Nitzsch.*

Schnabel ziemlich stark, der Endhaken groß, auch auf den herabgebogenen Unterkiefer übergehend, aber am letztern ausgehöhlt zur Aufnahme des Oberschnabelhakens; die Unterkieferspitze wieder etwas emporgebogen. Mundrand scharf, und besonders nach hinten breit vortretend, mit einem dicken abstehenden Zahn in der Mitte, von wo der breitere Theil anhebt. Das Nasenloch nach vorn gewendet, daneben einige aber nur schwache Borsten am Mundrande, außerdem ein etwas derberes, dichtes, vorragendes Gefieder rings um den Schnabelgrund, das sich über den Schnabel legt und mit zahlreichen feinen Borstenspitzen an den obersten Aesten versehen ist; ein ähnliches Gefieder auch auf dem Orbitalrande und der Ohrdecke, und abwärts an der Kehle. Augen nach Verhältniß kleiner, als bei Caprimulgus. Gefieder des Rumpfes sehr groß und lang, auch die Flügel eben so lang, wie bei den eigentlichen Caprimulgen, die dritte Schwinge die längste. Schwanz ziemlich lang, etwas länger als die ruhenden Flügel, zugerundet, die äußeren Federn verkürzt. Beine sehr kurz, dick und fleischig; der Lauf nackt und ganz besonders kurz, so daß die Hackenschwiele nur wenig über dem Daumen sitzt; Zehen kurz, am Grunde sehr fleischig, in eine gemeinsame Handfläche vereinigt, der Daumen relativ größer, bloß nach hinten gerichtet, die innere und mittlere Zehe am stärksten und weiter als die mittlere und äußere verwachsen, letztere fünfgliedrig und beträchtlich länger als die Innenzehe, alle auf der Oberseite mit kurzen Gürtelschildern bekleidet; die Krallen hoch, stark, spitz, die mittlere nur mäßig vergrößert, mit scharfer Innenkante, aber nicht gekämmt. Nach dem Prinzen zu Wied ist die Zunge klein, breit und mit sehr langen Zungenbeinhörnern versehen, die bis auf die Stirn in der Ruhe hinaufreichen. —

1. Nyctibius grandis.

Caprimulgus grandis *Gmel. Linn.* S. Nat. I. 2. 1029. — *Lath.* Ind. orn. II. 383. 1. — *Buff.* pl. enl. 325. — *Pr. Max. z. Wied* Beitr. III. a. 295. 1. — Mus. Lever. tb. 9.
Nyctibius grandis *Vieill.* Enc. 536. — *Schomb.* Reis. III 711. 210.
Ibiyau major, *Marcgr.* h. nat. Bras. 196.

Grundfarbe ein weißliches, helles Gelbgrau, worauf viele feine braune und schwarze Querlinien stehen, die Rückenseite dunkler als die Bauchseite; Achselfedern braun, schwarz gebändert; Schwanz mit abwechselnden rothgelben und weißen, schwarz gesprenkelten Binden.

Ein großer Vogel, vom Körper des Kolkraben, aber der Kopf viel größer und breiter. Die Grundfarbe des Gefieders ist weißlich, auf dem Rücken mit gelbgrauem Anflug; alle Federn der Oberseite des Kopfes haben einen bräunlich schwarzen Längsstreif, auch ebensolche schmälere Querlinien, und sind dazwischen etwas gelblich überlaufen; an den Spitzen der Federn sammeln sich zum Theil etwas größere dreieckige dunklere Flecken. Die großen und mittleren Deckfedern der Flügel haben dieselbe Zeichnung wie der Rücken, sind aber hier und da mehr röthlichbraun angeflogen; der Rand des Flügels, die Deckfedern am Bug, Oberarm und die Achsel sind dunkler röthlichbraun, mit schwarzen Querzeichnungen, zwischen denen am Handgelenk weiße Flecke sich ausscheiden. Der Unterrücken ist weiß, mit dunkelbraunen Querlinien und gelblichen Endsäumen der Federn. Die Schwingen sind dunkel graubraun, mit helleren, dunkel marmorirten Querbinden, die an der Vorderfahne weißliche Punkte oder Flecke einschließen; die unteren Flügeldeckfedern sind graubraun, weißlich in die Quere gestreift. Die Schwanzfedern sind mit 6—7 abwechselnden helleren und dunkleren Querbinden geziert, die hellen sind weißlich, braun punktirt, die dunklen gelbbraun, schwarz gerandet und gefleckt; auf der Unterseite haben beide eine mattere mehr grauliche Farbe. Die Bauchseite des Körpers ist an der Kehle weißlich, am Vorderhalse gelblich, auf beiden fein in die Quere braun liniirt; der Unterhals und die Brust haben außerdem schwarze Längsstreifen, der Bauch und Steiß bloß Querwellen. Die Aftergegend ist ganz weiß und das Schenkelgefieder breit abstehend, wie bei Adlern, mit schwarzbraunen Querlinien. Der Schnabel ist gelblich horngrau, die Iris dunkel schwarzbraun, die Beine blaß gelblich grau, die Krallen horngrau. —

Ganze Länge $21\frac{1}{6}''$, Länge des Mundrandes $3''$, Länge des Flügels $15\frac{1}{2}''$, des Schwanzes $10\frac{1}{3}''$, des Laufs $5\frac{1}{2}'''$, der Mittelzehe ohne Kralle $1\frac{1}{4}''$. —

Ich habe diesen Vogel nur einmal auf meiner Reise getroffen, aber nicht erhalten können; er saß im dichten Walde des Thales am Rio da

Pomba frei unter der Krone eines der höchsten Bäume und blieb dort ruhig sitzen, als wir nach ihm feuerten, unsere Flinten ihn aber nicht erreichten. Die hier mitgetheilte Beschreibung ist vom Prinzen zu Wied entlehnt. Derselbe fand den Vogel auf ähnliche Art, wie ich, am Rio Belmonte. Bei Neu-Freiburg kommt er ebenfalls vor, aber nicht häufig; denn während der Zeit meines dreimonatlichen Aufenthaltes wurde kein Exemplar erlegt; dagegen erhielt ich von Herrn Beske ein Ei desselben, welches ich in *Cabanis* Journ. d. Orn. (I. 169) beschrieben habe. Dasselbe ist 20‴ lang, 14‴ breit, sehr länglich oval, weiß, mit zerstreuten feinen schwärzlichen und violettgrauen Punkten sparsam, doch etwas dichter am stumpferen Ende bestreut. Diese Eier lagen ohne alle Unterlage in einem ausgehöhlten offnen Baumast. — Nach dem Prinzen hat der Vogel eine laute Stimme, welche er gewöhnlich mehrmals wiederholt.

2. Nyctibius aethereus.

Caprimulgus aethereus *Pr. Max. z. Wied* Reise I. 236. II. 227. — Dess. Beitr. III. a 303. 2.

Röthlichbraun, alle Federn mit zahlreichen feinen, schwärzlichen Querbinden, die Brust mit großen, schwarzen Endtropfen; Achselfedern am äußeren Rande weißlich, das kleine Deckgefieder dunkelbraun. —

Der Vogel ist etwas kleiner, als der vorige, nur so groß wie eine Krähe und dunkler, mehr rostbrauner in der Hauptsache gefärbt. Dieser rostgelbbraune Ton herrscht von der Stirn bis zum Schwanz und dehnt sich über die Flügel aus; die Bauchseite dagegen ist von der Kehle herab lichter, beim Weibchen rostgelblich, beim Männchen graulicher gefärbt. Auf dem Rücken haben die Federn schwarzbraune feine Querwellen, welche gegen die Spitze hin einen dunklen, blaß gelbroth vorgestoßenen Fleck bilden; das dichte Stirn- und Zügelgefieder hat diese dunkleren Endflecke nicht. Ueber jedem Auge sitzt eine Reihe kleiner steiferer, blaßgelb und schwarzbraun gebänderter Federn. Die Achselfedern sind am hellsten gefärbt und werden gegen den Außenrand allmälig ganz weißlich, welche helle Färbung vorn deutlicher ist als hinten; die kleinen Deckfedern der Flügel und der Rand unter dem Bug sind am dunkelsten braun, fein rostgelb quer gewellt; die großen Deckfedern haben die lichtere Farbe der Schwingen und abwechselnd hellere und dunklere Querbinden, von denen die helleren noch dunkle Sprengpunkte einschließen; die Innenseite der Flügel ist schwärzlich grau, mit weißlichen Querstreifen. An der Kehle wird der Farbenton besonders beim Männchen mehr grau, und diese Farbe verliert sich allmälig an der Unterfläche bis zum After hin, der gelblicher bleibt; die oberen Halsfedern haben bloß einen hellen Endfleck, die unteren und die der Brust eine tief schwarzbraune Spitze über der blaßgelben Endgegend; am Bauch verlieren sich beide, aber es treten dafür schmale dunklere Schaftlinien hervor; die Aftergegend, die Schenkel und die unteren Schwanzdecken sind lichter gelbgrau gefärbt. Der Schwanz hat obenauf die Farbe und Zeichnung der Schwingen, unten ist er viel lichter gefärbt, gelblicher und die dunklen Querbinden sind hier viel schmäler. — Der Schnabel ist hornbraun, die Iris braun, die Beine licht fleischbraun, die Krallen nach der Spitze zu dunkler. —

Ganze Länge 19—20″, Schnabel am Mundrande 1″ 9‴, Flügel 13″, Schwanz 11″, Lauf 4‴, Mittelzehe ohne Kralle 1¼″. —

Diese Art findet sich nicht mehr in den südlichsten Gegenden Brasiliens, sondern in den mittleren und nördlichen; sie wurde vom Prinzen zu Wied bei Bahia erlegt, das hier beschriebne Exemplar ist durch Herrn v. Olfers wahrscheinlich in Minas geraes gesammelt. In seiner Lebensweise stimmt der Vogel mit dem vorigen überein, er lebt nur im Urwalde, sitzt bei Tage ruhig in den Laubkronen versteckt und fliegt in der Dämmerung, große Nachtschmetterlinge jagend. In mondhellen Nächten sah ihn der Prinz zu Wied hoch in der Luft mit langsamem Flügelschlage sanft dahin schweben und legte ihm deßhalb den passenden Namen N. aethereus bei. —

Anm. Caprimulgus longicaudatus *Spix* Av. Bras. II. 1. tb. 1, welchen der Prinz zu seiner Art zieht, scheint mir davon verschieden zu sein; der Vogel ist nach der Abbildung a. a. O. beträchtlich kleiner, hat eine mehr rostrothe Farbe und unterscheidet sich durch einen rein weißen Fleck auf dem dunklen Deckgefieder der Flügel am Bug auffallend von N. aethereus. Am Rio Japurá erlegt.

3. Nyctibius cornutus.

Caprimulgus cornutus *Vieill.* Enc. meth. Orn. 538. — Nouv. Dict. X. 245.
Nyctibius cornutus *Lafresn.* Guer. Mag. 1837. — *v. Tschudi* Fn. per. Orn. 20. 1. 123. 1.
Urutau, *Azar.* Apunt. II. 527. 308.

Kleiner, rußgraubraun, hell und dunkel gewellt, die Brust mit kleinen schwarzen Tropfen. Kleine Deckfedern rostgelber; ruhende Flügel sehr wenig kürzer als der Schwanz. —

Diese Art steht der vorigen noch näher, als sie der ersten, indessen fällt die Farbe dunkler, weil die schwarzbraunen Stellen breiter sind. Der Oberkopf ist beinahe ganz schwarzbraun, im Nacken und an den Halsseiten scheiden sich dunklere Schaftstreifen aus, die am Vorderhalse zu schmalen Linien werden. Die Kehle spielt ins Weißgraue, die Zügel, Backen und Ohrgegend nehmen mehr rostgelb in den lichten Farbenton auf. Eben diese Farbe haben die kleinen Flügeldeckfedern, aber die obersten an der Schulter sind fast ganz schwarzbraun, welche Farbe auch in den Rücken übergeht; die Schwingen sind braun, die vordersten am Außenrande weißlich gebändert, auf der Innenfahne mit Spuren von lichtern Querbinden versehen, die auf den hinteren Schwingen deutlicher werden und an den letzten Armschwingen, wie an den Achselfedern, in eine weißgraue Wellenzeichnung mit schwarzen Schaftflecken übergehen. Die Brust ist lichter gelbgrau, fein gewellt, mit schmalen schwarzen Schäften und einigen, nicht sehr großen schwarzen Tropfen auf den mittelsten Federn. Bauch und Steiß sind lichter, aber ebenso gezeichnet. Der Schwanz ist oben wie die Schwingen gefärbt, also braun, mit lichteren dunkel besprengten Querbinden; unten viel heller gefärbt, aber ebenso gezeichnet; nicht bloß die äußeren 2 Federn, sondern auch die mittleren sind etwas verkürzt, so daß er leicht ausgeschnitten erscheint; die äußersten Federn sind ebenso lang wie die ruhenden Flügel, die längsten jeder Seite etwas länger. Der Schnabel ist graubraun mit lichterem Rande; die Iris nach Azara durchsichtig, die Beine sind graugelb, mit braunen Krallen.

Ganze Länge 15″, Schnabelrücken 10‴, Mundrand 2″, Flügel 10″, Schwanz $6^2/_3$″, Lauf 5‴, Mittelzehe ohne die Kralle 1″. —

Ich habe diesen Vogel nicht auf meiner Reise getroffen, sondern nach einem Individuum der Berliner Sammlung beschrieben, das Sellow aus Brasilien einsandte. Nach Azara kommt der Vogel nur im Sommer (Oktober bis Februar) nach Paraguay und lebt dort in den dichtesten Wäldern bei Tage der Länge nach auf Aststümpfen ruhig mit geschlossenen Augen dasitzend. Er hat eine laute Stimme, die er besonders zur Brunstzeit erschallen läßt. Man behauptete von ihm, daß er kein Nest baue, sondern seine Eier mittelst eines klebrigen Stoffes auf den Baumzweigen befestige und daß die Jungen in der zur Hälfte geschonten Eischale so lange sitzen blieben, bis sie flügge seien. Aber Azaras Freund Noseda fand das wirkliche Nest in einem Baumloche mit zwei braun gefleckten Eiern. —

Anm. Einige Schriftsteller halten die Art für identisch mit Caprimulgus jamaicensis *Gmel. Linn.* S. Nat. I. 2. 1029. — *Lath.* Ind. orn. II. 584. 2. — ***Brown***, Jamaic. p. 473. — ***Gosse***, Ill. of the Birds of Jam. pl. 8. — ob mit Recht, mögen Andere entscheiden, indem mir keine Exemplare aus Jamaica vorliegen.

4. Nyctibius leucopterus.

Caprimulgus leucopterus *Pr. Max.* Beitr. etc. III. a. 311. 3. — Dessen Reise II. 227.

Des Murs Iconographie ornithologique etc. pl. 49. et 50.

Noch kleiner, schwärzlich braun, blaßgelb getüpfelt und gewellt; mittlere Flügeldeckfedern sehr hell weiß und gelb gefleckt; Unterbrust mit langen schwarzen Flecken. —

Ein ächter Nyctibius, aber nicht größer als unsere europäische Nachtschwalbe. Gefieder des Rückens vorwiegend dunkelbraun, Oberkopf, Scheitel und Nacken fast schwarz; vor jedem Auge ein weißlicher Stirnfleck; Zügel und Backen lichter braun; die untere Partie der Federn blasser gefärbt, fein gelb besprengt, besonders an den Seiten. Flügel rein und einfarbig braun, aber vom Bug läuft über die Mitte bis zu den letzten Armschwingen eine licht weißliche Binde, die aus rein weißen Federn besteht, deren Spitze rothgelb ist, mit feinen braunen Querlinien, welche besonders an der Außenfahne sich hinziehn. Schwingen braun, die erste einfarbig, die folgenden fünf mit weißlichen Flecken am Außenrande, die hinteren und die Armschwingen mit undeutlichen helleren Tüpfelquerbinden. Schwanz obenauf wie die Flügel gefärbt, aber die Tüpfelquerbinden breiter und deutlicher; unten blasser, die hellen Binden viel breiter, winkelig gebogen. Kehle und Vorderhals weißlich graugelb, die Spitzen der Federn braun getüpfelt; Brust und Bauch lichter braun, dicht blaß getüpfelt, mit schmalen, schwarzen Schäften; die unteren am vollsten gefärbten Brustfedern mit großen, breiten, schwarzen Spitzen; Steiß wie der Bauch, nur lichter gefärbt, weil die blassen Querbinden der Federn nach hinten stets breiter werden. — Schnabel schwarz, der Rand blaßgelb; Iris hoch orange; Beine hell bräunlich gelbgrau, die Krallen schwarzbraun. —

Ganze Länge 11″, Schnabel 6′′, Mundrand $1^{3}/_{4}$″, Flügel $7^{2}/_{3}$″, Schwanz 5″, Mittelzehe ohne die Kralle 9‴. —

Das hier beschriebene weibliche Individuum wurde mir vom Prinzen zu Wied bereitwilligst zur Ansicht übersendet; der männliche Vogel ist weißlicher, stärker marmorirt und etwas größer (ganze Länge 13″). Der Prinz erhielt seine Exemplare in den Waldungen der Küstengegend bei Caravellos und später in der Nachbarschaft von Bahia. Sie flogen in der Abenddämmerung durch den Wald, setzten sich öfters auf die Erde, was der Urutau nach Azara niemals thut, und schwebten auf offnen Stellen mit leichtem Fluge lange umher. —

Anm. Die übrigen Arten dieser Gattung scheinen Brasilien nicht zu betreten; ich kenne davon nur noch die Nr. 7 erwähnte sehr kleine Spezies, welche Guyana und Columbien bewohnt. Andere sind:

5. Nyctibius pectoralis *Gould* Icon. Avium pl. 8.

6. Nyctibius pallidus *Gosse,* Ill. of the Birds of Jamaica pl. 7. Von Jamaica.

7. Nyctibius bracteatus *Gould,* Proc. zool. Soc. 1846. 1. Von St. Fé de Bogota. — Kleiner als alle andere Arten, nur 9″ lang, hell rostroth, sehr fein dunkler gewellt, mit großen weißen, schwarz gesäumten Flecken auf dem Rücken und an der Bauchseite. — Damit scheint Nyct. rufus *Cabanis, Schomb.* Reis. III. 711. 210. identisch zu sein, wenigstens paßt die Beschreibung völlig auf Gould's Diagnose. Am Rio Pomoroun, im feuchten Urwalde.

8. Nyctibius longicaudatus *Spix* Av. Bras. II. 1. tb. 1. wurde schon früher bei N. aethereus erwähnt, und von ihm unterschieden; eine ausführliche Beschreibung steht noch zu erwarten, eine kurze gab *v. Tschudi*, Fn. peruan. Orn. 124. 2. — Am Fuße der Cordilleren, in der Provinz Maynas.

Wenn der von Azara ohne Namen beschriebene Vogel (Apunt II. 560. 316.), worauf Vieillot seinen Caprimulgus sphenurus (Enc. méth Orn. 540) gegründet hat, wirklich, wie einige Schriftsteller glauben, ein Nyctibius ist, so kann er, der angegebenen Größe nach (7''), nicht zu N. aethereus gebracht werden, wie Bonaparte (Consp. 58. 131. 3) gethan hat, vielmehr müßte er eine eigne Art bilden. Nach Lesson (Echo du Monde sav. 1843. 310) soll er als Weibchen zu Caprimulgus furcifer gehören; eher scheint er, der Größe nach, zu Vieillot's Capr. manurus zu passen.

B. Nachtschwalben mit kammförmig am Innenrande gekerbter Mittelkralle.

2. Caprimulgidae.

Die Nachtschwalben dieser Gruppe sind kleinere, schlanker gebaute Vögel mit feineren zierlichen Schnäbeln, ohne Zahn am Mundrande, und feinen, dünnen Zehen, von denen die mittlere sehr lang, die äußere sehr kurz, noch kürzer als die innere, und die hintere sehr klein, etwas mehr nach innen als nach hinten gerichtet ist. Im Knochengerüst besteht die äußere nur aus vier Gliedern. Ihre Kralle ist ganz auffallend klein, etwas größer die Innenkralle; sehr groß, wenigstens lang, die Mittelkralle mit dem Kammrande. Auf der Oberseite haben die Zehen kurze Halbgürtel, wie der Lauf. —

a. Schnabel ziemlich lang, sehr flach, am Grunde breit, die Nasenlöcher in seiner Mitte, die Bartborsten auffallend stark.

2. Gatt. Hydropsalis *Wagl.*

Isis 1832. S. 1222.

Schnabel merklich gestreckt, viel länger als bei den ächten Caprimulgen, die Spitze etwas stärker, die Nasenlöcher kleiner, flacher, mehr nach vorn gerückt, in der Mitte des Schnabels; Unterkiefer nicht abwärts gebogen. Am Mundrande 8—9 sehr steife, lange, abstehende Borsten. Der ganze Kopf etwas schmäler und gestreckter, als in der folgenden Gattung. Flügel und der Schwanz länger, stärker, kräftiger; die vordersten Schwingen am Rande etwas gekerbt, ähnlich wie bei den Eulen; der Schwanz gabelförmig gestaltet, mit sehr langen äußeren Federn. Beim Weibchen die Flügel etwas schmäler, der Schwanz kürzer und weniger stark gabelig. Beine sehr fein und zierlich gebaut, der Lauf oben befiedert, unten getäfelt, die Zehen am Grunde breiter geheftet; die Außenzehe so lang wie die Innenzehe, die Mittelzehe mit langem, gekämmtem Nagel. —

Die Arten dieser ausgezeichneten Gattung sind nur in Süd-Amerika einheimisch; ich habe deren 2 beobachtet.

1. Hydropsalis forcipatus *Bescke.*

Caprimulgus forcipatus *Nitzsch*, Pterylographie S. 125. (1840).
— megalurus *Licht.* Nomencl. Av. Mus. zool. ber. 62.
Hydropsalis creagra *Bonap.* Consp. Av. 58. 2.
— limbatus *Cassin*, Cat. of Caprim.

Braun, gelb gefleckt, die Halsmitte weiß; erste Schwinge die längste, äußere Schwanzfedern von mehr als doppelter Körperlänge.

Die Grundfarbe des Gefieders ist ein dunkles schwärzliches Braun; die Federn des Oberkopfes haben rostgelbe Querflecke an beiden Seiten, welche in der Gegend des Auges blasser, breiter sind und einen lichteren Streif bilden; im Nacken nehmen die Federn breite rostgelbe Endsäume an. Das Rückengefieder ist mit blaßgelben queren Zickzackwellenlinien geziert und die vorderen Achselfedern haben einen breiten, schiefen, gelben Spitzenfleck, die hinteren gegenüberstehende ovale Randflecke, die z. Th. eine schwarze Pupille einschließen; auf dieselbe Art, aber mit kleineren einfachen Endflecken, sind die äußeren Flügeldeckfedern gezeichnet; die inneren dagegen schwarz und rostgelbroth quer gebändert. Die Kehl-, Hals-, Brust- und Bauchfedern haben rostgelbe Endsäume, welche auf der Brust am breitesten sind und sich auf der Mitte des Halses zu einem blaßgelben Mondfleck verändern; die Oberbrust ist dunkler braun, rostroth getüpfelt. Die Bauchmitte, Aftergegend und die unteren Schwanzdecken sind fast ganz blaßgelb, schwarzbraun gebändert; die oberen schwarzbraun mit rostgelbrothen Randflecken. Die großen, starken Schwingen sind braun, die erste ist die längste, sie und die folgenden haben bloß an der Innenfahne nach unten rostgelbe Querflecke, die späteren auch an der Außenfahne; die großen Deckfedern sind ebenso gezeichnet, die hintersten und die letzten Armschwingen schon mit Wellenlinien geziert. Von den zehn Schwanzfedern ist die äußerste jeder Seite über zweimal, fast dreimal so lang wie der Körper, ganz braun mit weißem Saum an der Innenfahne; die nächstfolgende Feder ist ähnlich gefärbt, aber der weiße Saum schon wellig gescheckt und die braune Basis rostroth gebändert; die übrigen haben eine feine Zickzackzeichnung, welche nach außen dichter zusammenfließt, und rostrothe Binden am Grunde; das zweite Paar ist etwas länger, das dritte etwas kürzer als die ruhenden Flügel. Schnabel, Iris und Mundrandborsten sind schwarzbraun; die Beine fleischbraungelb, um das Hackengelenk befiedert. —

Ganze Länge 2′ 2—4″, Schnabelrücken 8¼‴, Flügel 9″, Schwanz 19—21″, Lauf 8‴, Mittelzehe ohne Kralle 10‴. —

Ich erhielt diese Art während meiner Anwesenheit in Neu-Freiburg durch die Vermittelung des Hrn. Besche; ein zweites Exemplar hatte er schon vor vielen Jahren an meinen seeligen Vorgänger im Amte nach Halle unter dem Namen gesendet, welchen ich beibehalten habe, da er der älteste bekannt gemachte ist. Der Vogel lebt einsam tief im Walde, in den engen Nebenthälern des Orgelgebirges und kommt nicht häufig vor. —

2. Hydropsalis psalurus.

Caprimulgus psalurus *Temm.* pl. col. 157. mas.
— furcifer *Vieill.* Enc. Orn. 542. — N. Dict. X. 242.
— fissicaudis *Merr. Ersch* et *Grub.* Enc. XV. 148.
— grandis *Licht.* Doubl. 58. 604.
Hydropsalis Azarae *Wagl.* Isis. 1832. 1222.
Psalurus macropterus *Swains.* Cabin Cyclop. Birds II. 339.
Hydropsalis torquatus *Cassin*, Proc. Ac. N. Sc. Philad. 1851.
Ibiyaú cola de tixera, *Azar.* Apunt. II. 536. 115. femina.

Lichter gefärbt, der Nacken mit einem rostgelben Halbringe; erste und zweite Schwinge gleichlang, mittlere Schwanzfedern länger als die seitlichen, aber kürzer als die äußersten. —

Die Grundfarbe ist auch bei dieser Art ein dunkles Braun, aber das Gefieder erscheint lichter, weil alle Federn feine weißlich gelbgraue Querlinien dicht neben einander haben, welche nur die Gegend am Schaft unberührt lassen. Dadurch stellen sich dunklere Längsflecke auf hellerem Grunde heraus. Rund um den Nacken zieht sich eine tief rostgelbrothe Binde, welche die Schultern berührt und nach vorn in den undeutlicher abgesetzten, blaßgelben Mondfleck übergeht, den auch diese Art auf dem Vorderhalse trägt; aber die Federn des Fleckes behalten feine schwarze Ränder. Auf der Brust ist die Farbe ziemlich dunkel, gegen den Bauch hin wird sie heller, blaßgelb mit braunen Querlinien. Die Flügeldeckfedern haben einen gelben Endfleck, die Achselfedern schiefe gelbliche Endsäume. Die Schwingen sind kleiner, schmäler, als bei der vorigen Art, mehr graubraun, mit lichteren Rändern und die beiden ersten haben gleiche Länge, aber nur die erste einen weißlichen Randstreif nach unten; die hinteren Schwingen haben an der Basis rostrothe Querflecken, anfangs an der Innenfahne, dann an beiden; an den Armschwingen zeigt sich ein weißlicher Endrand und die 3 letzten haben die gewellte Zeichnung des Rückens. Höchst eigenthümlich ist der Schwanz gebaut. Die beiden äußersten Federn sind sehr lang, allmälig zugespitzt, aber gewöhnlich ungleich, die rechte länger als die linke; am Grunde hat jede rostgelbe Querbinden, welche am Außenrande zusammenfließen, die Mitte ist schwarzbraun, die Spitze und der Innenrand graugelb, matt braun marmorirt. Ebendiese Zeichnung haben die 3 Federn daneben nach innen an der Spitze, am Grunde sind sie schwarzbraun, blaßgelb gebändert. Die beiden mittelsten Federn, welche beträchtlich länger sind, als die 3 zwischen ihnen und den äußersten, sind ganz grau, fein braun quergewellt und dazwischen mit breiteren schwarzbraunen Binden, ähnlich wie das Gefieder des Unterrückens. — Schnabel und Borsten schwarzbraun, Iris braun, Beine licht fleischbraun, die Krallen schwärzlich.

Ganze Länge 15—17″, Flügel 6½″, äußerste Schwanzfedern 10—12″, mittelste 5—6″, Lauf 7‴, Mittelzehe ohne Kralle 9‴. —

Das Weibchen ähnelt in Farbe und Zeichnnng dem Männchen, ist etwas röthlicher gelb und hat viel kürzere Schwanzfedern, wovon die äußersten nur 6—7″, die mittelsten 3—4″ messen. —

Mir wurde von dieser Art ein Exemplar in Lagoa santa gebracht, dem aber die längste rechte Schwanzfeder fehlt; bei einem anderen, was Nitzsch untersuchte, war sie um 3″ länger als die linke. Temminck's Figur stellt beide fast gleich lang vor, ist aber wenigstens im Uebrigen nicht genau, denn es sind 12 statt 10 Schwanzfedern gezeichnet, auch das Kolorit viel zu grell. — Von der Lebensweise des Vogels kann ich nur angeben, daß das hier beschriebene Stück mehrere Tage auf derselben Stelle in einem Garten des Ortes sich hatte sehen lassen und dann auf meine Veranlassung ebenda geschossen wurde. Nach Azara, der das Weibchen beschreibt, kommt die Art nur im Winter nach Paraguay, lebt im Walde und fliegt niedrig über dem Wasser der Bäche hin. —

Anm. Vieillot hat eine höchst ähnliche, aber kleinere Art, welche nur die Größe des Sperlings oder der Lerche haben soll, als Caprimulgus manurus (N. Dict. d'hist. nat. X. 239) beschrieben. Ein Hauptunterschied liegt in der Länge der zwei mittelsten Schwanzfedern, welche die äußersten an Länge übertreffen. Wahrscheinlich gehört zu ihr als Weibchen: Caprimulgus torquatus *Gmel. Linn.* S. Nat. I. 2. 1032. — *Lath.* Ind. orn. 587. 15. — Noch eine verwandte Art beschreibt Hr. v. Tschudi in der Fn. peruan. Orn. 128. als H. climacocercus, tb. 6. f. 1.

3. Gatt. Eleothreptus *Gray*.

Schnabel von Hydropsalis, d. h. lang, flach dreiseitig, am Grunde breit, mit weit vorgerückten röhrigen Nasenlöchern, starkem Endhaken und 10 langen, starken, sehr steifen Borsten am Rande, vom Nasenloch bis zum Auge. Körperbau klein und kurz, die Flügel und der Schwanz abgekürzt, doch letzterer die ruhenden Flügel etwas überragend. Handschwingen sichelförmig gekrümmt, ziemlich breit, die vorderen mit einer starken Bucht am Rande, alle bis zur siebenten gleich lang, aber die siebente und achte etwas länger, schmäler, spitzer; Armschwingen sehr kurz, unter dem Deckgefieder versteckt. Schwanzfedern gleich lang, ziemlich breit, stumpf zugerundet. Beine fein, der Lauf kurz, von schwachen Tafeln bekleidet; die Zehen lang, dünn, am Grunde nicht verwachsen; die Außenzehe viergliedrig, etwas länger als die Innenzehe.

Eleothreptus anomalus.

I. R. Gray, Gener. of the Birds pl. 32.
Amblypterus anomalus *Gould* Proc. zool. Soc. 1837. — *Ej.* Icon. Avium pl. 1.
Caprimulgus mixtus *Licht.* Mus. berol.
— Mercurius *Natt.* Mus. Vindob.

Klein, braungelbgrau, fein gewellt; Kehle, Brust und Flügeldeckfedern mit lichten Schaftstreifen. Vordere Handschwingen und äußere Schwanzfedern mit blaßgelben Spitzen. —

Ein sonderbarer Vogel, klein, aber doch ziemlich breitschulterig gebaut, mit großem, langem Kopfe, der völlig dem von Hydropsalis ähnelt. Die Hauptfarbe des Gefieders ist braungelbgrau, indem auf jeder Feder sehr dicht zusammengerückte feine braune und gelbliche Querwellenlinien mit feinen Punkten stehen. Die mittleren Scheitelfedern und die Achselfedern haben rein schwarze Schaftflecke, welche aus der Erweiterung der dunklen Querlinien entstehen; die Federn der Kehle, des Halses, der Brust und des Flügeldeckgefieders sind mit breiten, zugespitzten gelben Schaftstreifen geziert, die von dunkleren Säumen begrenzt werden. Auf dem Bauch breiten sie sich aus, und lassen nur dunklere Randflecke auf den Federn übrig, so daß das Gefieder hier hell und dunkel gebändert erscheint; die Steißfedern sind fast ganz rostgelb; ein ebensolcher Streif zieht sich vom Schnabelrande zum oberen Augenrande hin, und ein zweiter mehr verloschener vom Mundwinkel zur Ohrdecke. Die steifen Schnabelborsten sind schwarz, wie die Handschwingen, doch haben alle am Grunde und die sechs ersten auch an der Spitze eine blaßgelbe Binde. Die erste Schwinge ist am Außenrande hinter der Mitte bis zur Spitze erweitert, die folgenden fünf haben eine stärkere Erweiterung am Grunde, welche durch eine Bucht von der nicht ganz so breiten Spitze abgesetzt ist; von der siebenten Feder, welche wie die folgenden schmäler und an der Spitze schwarz ist, fehlt die Erweiterung und die Bucht. Die Armschwingen sind kurz, breit gerundet und größtentheils unter dem Flügeldeckgefieder versteckt; man sieht nur die vordersten mit ihren blaßgelben Spitzensäumen. Die Basis aller Schwingen ist außen röthlich gelb, schwarz fein getüpfelt. Die Schwanzfedern haben die Farbe des Rückens und absatzweise schwarze Querbinden; die drei äußeren jeder Seite sind mit breiten blaßgelben Spitzen versehen, und auf der Unterseite lichter gebändert. Der Schnabel ist blaß horngelbgrau mit brauner Spitze, die Iris braun, die Beine licht graugelblich mit bräunlichen Krallen. —

Ganze Länge 7½″, Schnabelrücken 6‴ bis zum Gefieder, Mundrand 1½″, Flügel 5″, Schwanz 2⅓″, Lauf 8‴, Mittelzehe ohne die Kralle 10‴. —

Meine Beschreibung wurde nach einem Exemplar der Berliner Sammlung gemacht, welches Hr. Beske eingesendet hatte; die nähere Fundstelle ist aber nicht angegeben. —

4. Gatt. Antrostomus *Gould.*

Eucapripodus *Less.* Echo d. Md. sav. 1843.

In dieser Gattung herrscht ebenfalls noch die Schnabelbildung von Hydropsalis, welche man als die typische der amerikanischen Nachtschwalben ansehen kann; der Schnabel ist lang, flach, am Grunde breit, mit hakiger Spitze und nach vorn gerückten Nasenlöchern, bis zu denen eine Befiederungsschneppe der Stirn reicht. Daneben stehen bis zum Auge hin zehn ungemein starke, steife, pfriemenförmige Borsten, welche der Vogel willkürlich bald mehr nach vorn, bald mehr nach hinten biegt und die eine Länge von fast 2 Zoll erreichen können. Das Gefieder ist derber, kleinfedriger als bei den ächten Caprimulgen, der Schnitt von Flügel und Schwanz aber derselbe. Die Schwingen sind schmal, grade, ziemlich spitz und reichen in der Ruhe bis auf die Mitte des Schwanzes oder noch weiter; die erste ist nie, wohl aber die zweite die längste, doch gewöhnlich nicht länger als die dritte, oder selbst als die vierte; die Armschwingen bleiben eine ziemliche Strecke sichtbar. Der Schwanz ist lang, aber nicht breit, zugerundet und die Seitenfedern sind mehr oder weniger abgekürzt. Die Beine haben einen ziemlich starken, etwas kurzen, mindestens oben zu Hälfte, oder ganz auf der Vorderseite befiederten Lauf, und kurze gedrungene Zehen, deren Verhältniß übrigens völlig wie bei Caprimulgus ist, indem die äußere der inneren etwas an Länge nachsteht; die Krallen sind sehr klein, nur die mittlere vordere ist stark verlängert und scharf gekämmt. —

a. Ohne weiße Binde über die Handschwingen; Schwanz kürzer, die Federn von gleicher Farbe und Zeichnung, die äußeren mit hellem Endsaum.

1. Antrostomus rutilus.

Lichtenst. Nomencl. Av. Mus. berol. 62.
Caprimulgus Cortapao *Natt.* Mus. vindob.
Ibiyau acanelado *Azar.* Apunt. II. 542. 311 ?

Lichter oder dunkler zimmtrothbraun, schwarzbraun gewellt; Scheitel und Rückenfedern mit schwarzen Mittelflecken, Vorderhals mit rostgelbem Ringe. Flügel und Schwanzfedern gleichmäßig rostroth gebändert.

Schnabel völlig wie bei Hydropsalis gebildet, also länglich dreiseitig, am Grunde flach, mit feiner Firste; am Ende stärker und mehr hakig gekrümmt als bei Caprimulgus, mit kleinern, wenig röhrenförmigen Nasenlöchern in der Mitte. Oberer Mundrand mit 8, 9 oder 10 ungemein starken, langen Borsten am Zügel besetzt, von denen die hintersten längsten über 1½″ messen; sie und der Schnabel schwarz, an der Basis rostbraun. Grundfarbe des Gefieders bald mehr schwarzbraun, darauf dichte rostgelbrothe Zeichnungen, welche größtentheils aus eng an einander gerückten Zickzackquerbinden bestehen, aber auf dem Kopf, Rücken und Flügeldeckgefieder einen breiteren schwarzen Schaftstreif übrig lassen, von denen kreuzförmige, breitere Aeste abgehen; oder, wenn die rostrothen Binden lichter und breiter werden, hell rothbraun. Im Nacken am Schulterrande ein breiterer rostgelbrother Ring; am Vorderhalse ein hellerer rostgelber, schwarzgerandeter. Achselfedern am Außenrande blaßgelber gefärbt, sie und die mittleren Kopffedern mit größerem schwarzem Fleck an der Spitze. Schwingen braun, rostroth gebändert, am Vorderrande breitere Flecken; die erste kürzer als die zweite, und diese noch etwas kürzer als die dritte, alle schmal und zugespitzt, sehr viel schmäler als bei Hydropsalis. Schwanz abgerundet, die Oberseite rostroth scheckig gebändert, mit schwarzen schmalen, wellenförmigen Querbinden; die Unterseite graubraun, mit schmalen, rostgelbgrauen braun getüpfelten Querbinden und breitem, gelbgrauem Endsaum an den drei äußeren, etwas stufig verkürzten Federn. Unterseite von der Kehle bis zur Brust dunkel schwarzbraun, jede Feder rostgelb gesäumt und die unteren auch am Schaft gefleckt; auf der Mitte des Vorderhalses ein schmaler rostgelber Mondfleck; die Brust und der Bauch blasser gelb als der Rücken, übrigens mit ähnlichen feinen, braunen Querwellen, die von einem schmalen Schaftstreif ausgehen. Aftergegend und untere Schwanzdecken fast ganz gelb, schmal braun gebändert. Beine fleischbraun, etwas kräftiger gebaut, als bei Hydropsalis, die Mittelkralle stark gekrümmt.

Ganze Länge 10″, Schnabelrücken 8‴, Flügel 7″, Schwanz 4″, Lauf 8‴, Mittelzehe ohne Kralle 9‴. —

Ich erhielt von dieser Art ein sehr dunkelgefärbtes Individuum während meines Aufenthaltes in Neu-Freiburg, woselbst dasselbe im benachbarten Walde erlegt war; zwei andere Exemplare von Para und Bahia wurden mir aus Berlin zur Ansicht gesendet, von denen sich das erstere durch eine sehr licht zimmtrothe Hauptfarbe und viel feinere schwarze Querlinien auffallend unterscheidet. —

Anm. Dieser Vogel kann nicht der Caprimulgus rufus *Gmel. Linn.* Ind. orn. II. 586. 9. — Pl. enl. 735. sein, weil in der Abbildung die langen steifen Borsten am Schnabelrande fehlen. Auch Azara's Angaben passen nicht völlig, indem er die Schwanzspitze weiß nennt.

2. Antrostomus ocellatus.

Caprimulgus ocellatus *v. Tschudi* Fn. per. Orn. 127. 3. tb. 5. f. 2.
— brasilianus *Pr. Max.* Beitr. III. 337. 7.
Ibiyau, *Marcgraf,* hist. nat. Bras. 195.

Dunkelbraun, heller rostroth und schwarz fein gewellt; Rücken mit großen schwarzen Flecken, die hell gesäumt sind; Vorderhals mit weißem Mond. Flügel und Schwanz rostroth und schwarz gebändert, äußere Schwanzfedern mit weißer Spitze. —

Sehr dunkel umbrabraun gefärbt, feiner rostroth und schwarz sehr regelmäßig gewellt, die Rückenfedern mit großen, schwarzen, herzförmigen Spitzenflecken, die einen feinen rostgelben Rand haben. Kehle etwas breiter licht gebändert, als die sehr fein gezeichnete Brust; zwischen Beiden eine rein weiße Mondbinde, die jederseits vor den Flügeln vorbei bis zum Nacken hinaufsteigt. Bauch- und Flügeldeckgefieder breiter rostgelbroth gebändert, mit einzelnen runden weißen, schwarzgerandeten Flecken, welche gegen den Steiß hin, wie die ganze Zeichnung, trüber und verloschener werden. Handschwingen am Vorderrande mit rostrothen, dreieckigen Fleckenreihen, die hintersten und die Armschwingen mit rostrothen Fleckenquerbinden; die erste Schwinge merklich verkürzt, die dritte die längste, die zweite der vierten gleich. Schwanz ziemlich lang, obenauf mit schwarzen und breiten rostroth getüpfelten Binden; unten die drei äußeren etwas verkürzten Federn jeder Seite mit weißer Spitze, dann einfarbig braun, zu unterst am Grunde mit rostgelben, schmalen Querbinden. — Schnabel etwas kleiner, als bei der vorigen Art, sonst ebenso gebaut, ganz schwarz, die Borstenfedern ungemein lang, die längsten über 1″, das Zügelgefieder bis zum Auge kammartig aufgerichtet. Iris schwarzbraun, Beine fleischbraun mit schwärzlichen Krallen; die obere Partie des Laufs auf der Vorderseite schwarzbraun befiedert.

Ganze Länge 9″, Schnabelfirste 6‴, Mundrand 1¼″, Flügel 5⅓″, Schwanz 4″, Lauf hinten 8‴, Mittelzehe ohne die Kralle 9‴. —

Mir ist von dieser hübschen Art kein Individuum in Brasilien vorgekommen, das hier beschriebene erhielt ich aus Berlin. Der Prinz zu Wied war nicht glücklicher, auch er bezog seine Exemplare von Freireiß, als im mittleren Waldgebiet gesammelt. Das Nest des Vogels ist auf der Erde und die Eier, so groß wie die der kleinen Zwergtaube, haben an dem einen Ende sparsame röthliche Tüpfel. Da Azara den Vogel nicht aufführt, wohl aber v. Tschudi ihn für Peru beschreibt, so wird er nicht weit nach Süden hinabgehen und kaum den 15° S. Br. überschreiten. —

Anm. Ich stimme Herrn Cassin (Catal. of Caprim.) bei, wenn er den Caprimulgus brasilianus *Gmel. Lath.* nicht zu dieser Art rechnet, sondern daraus einen Chordeiles bildet; die Angabe bei Latham (Ind. orn. II. 586. 10) magnitudine hirundinis beweist schon zur Genüge, daß derselbe einen anderen Vogel meint. So tritt v. Tschudi's passende, von ihm selber verworfene, erste Benennung in ihr Recht; die Abbildung stellt den Vogel kenntlich genug dar. —

b. Eine weiße Binde über die Handschwingen; Schwanz relativ länger, die beiden mittelsten Federn abweichend in Farbe und Zeichnung, die äußeren weiß gefleckt. — Stenopsis *Cassin.*

3. Antrostomus longirostris.

Caprimulgus longirostris *Bonap.* Journ. Acad. N. Sc. Philad. IV. 384. (1825).
— bifasciatus *Gould*, Proc. zool. Soc. 1837. 22.
— decussatus, *v. Tschudi* Fn. peruan. Orn. 126. 2. tb. 5. f. 1.
Stenopsis longirostris, *Cassin.*, Catal. of the Caprimulg. Ac. N. Sc. Coll. Phil. 1851.

Graubraun, heller und dunkler fein gewellt, der Nacken mit rostrothem, der Hals mit weißem Ringe. Bauch rostgelb, schwärzlich gebändert; vordere Handschwingen und äußere Schwanzfedern mit weißer Binde und die letzteren auch mit breiter weißer Spitze. —

Durch den ungemein langen, starken Schnabel und die sehr steifen, langen Borsten an seinem Rande zeichnet sich diese Art vor allen anderen aus. Der Schnabel ist länglich dreiseitig, am Grunde flach und befiedert, am Ende hakig, in der Mitte gekielt; vor und hinter den kleinen, etwas röhrenförmig erhöhten Nasenlöchern stehen feine Borsten, und 10 sehr große, starke, über einen Zoll lange am Mundrande bis zum Auge hin. Das Gefieder ist dunkelbraungrau, indem die Federn fein schwarzbraun und gelblichweiß gebändert sind; die Gegend um das Auge ist etwas röthlicher. Ein deutlicher rostrother Ring umgiebt den Nacken und ein ganz weißer den Vorderhals. Die Achsel- und Rückenfedern haben größere rostrothe und schwarze Flecken; auf den Flügeldeckfedern bilden sich an der Außenfahne blaßgelbe Spitzenflecke, und ähnliche aber schmälere sieht man auf der Mitte der Brust. Die Unterseite ist breiter gebändert als die obere, und wird es nach hinten immer mehr; am Unterbauch schwinden die dunkleren Querbinden ganz und diese Gegend nebst dem Steiß ist einfarbig rostgelb. Die Schwingen sind schwarzbraun und die zweite mit der dritten gleichen die längsten; über die fünf ersten Handschwingen liegt eine breite weiße, unten und beim Weibchen gelbliche Binde, die übrigen haben einen schmälern, in der Ruhe versteckten Querfleck auf der Mitte; auch die kleinen Fittigfedern unter dem Bug haben eine sehr breite weiße Binde; das innere Deckgefieder ist rostgelb und schwarzbraun gebändert. Die zwei mittleren Schwanzfedern sind ganz graubraun, dunkler gebändert und lichter getüpfelt, ähnlich wie der Rücken, und etwas verkürzt; die vier äußeren jeder Seite haben breite weiße Spitzen, die von einem graubraunen Saume oder Spitzenfleck eingefaßt werden, einen elliptischen bindenartigen Fleck auf der Innenfahne unter der Mitte, und rostgelbe, dreieckige Randpunkte, welche z. Th. gesprenkelt und dann undeutlicher sind; die erste und zweite sind länger, die dritte und vierte fast ebenso lang, wie das mittelste Paar. Schnabel und Füße sind fleischbraun, jener mit schwarzer Spitze; die langen Mundborsten ganz schwarz, die Iris rothbraun. Der Lauf vorn bis zu den Zehen befiedert.

Ganze Länge $9\frac{1}{2}''$, Schnabelrücken $8'''$, Mundrand $1\frac{1}{2}''$, Flügel $6''$, Schwanz $4''$, Mittelzehe ohne die Kralle $8'''$, Lauf hinten $7'''$.

Der Vogel bewohnt das mittlere Brasilien am Amazonenstrom bis hinüber nach Peru; er lebt, wie seine Verwandten, im Walde bei Tage ruhend und nur in der Dämmerung thätig. Bis in die von mir bereisten Gegenden geht er nicht nach Süden hinab. —

Anm. 1. Eine der vorigen nah verwandte Art ist der Caprimulgus cajanensis *Gmel. Linn.* S. Nat. I. 2. 1031. — *Schomb.* Reise III. 710. 206. — *Buff.* pl. enl 760. – Caprim. leucurus *Vieill.* Enc. 544 — Ibiyau alas y cola blanca, *Azar.* Apunt. II. 554. 314. — Der Hauptunterschied liegt in dem etwas kürzeren Schnabel, dem heller gefärbten Körper, dessen Kehle und Steißgegend ganz weiß sind, und im Schwanze, von dessen Federn die äußerste weiß mit schwarzer Binde, die beiden folgenden weiß mit schwarzem Rande und nur die zwei mittelsten grau, schwarz punktirt und gebändert sind. Rumpf-Länge $7\frac{3}{4}''$, Schwanz $3\frac{1}{2}''$. — Ich habe diese Art nicht in Brasilien beobachtet, doch dürfte sie dort vorkommen, wenigstens im Innern und am Amazonenstrom, gleich der vorigen die Urwälder an Flußufern aufsuchend. —

2. Ebenfalls für eine fünfte Art dieser Gattung halte ich den mir nicht durch eigne Ansicht bekannten Caprimulgus hirundinaceus *Spix*, Av. Bras. II. 2. 3. tb. 3. f. 1. — Der Vogel ist beträchtlich kleiner, im Rumpfe $6''$, im Schwanze $3''$ lang, dunkler und mehr schwarzbraun am Rücken, nur am Bauch rothgelb gefärbt, hier deutlich dunkelbraun in die Quere gebändert, dort dichter besprengt. Am Vorderhalse macht sich ein weißlicher Halbring kenntlich. Die vorderen Handschwingen haben eine weißgelbe Querbinde, die hinteren und die Armschwingen einen schmäleren abgekürzten Querstreif. Die mittleren Schwanz-

federn sind braungrau, heller getüpfelt, aber nicht dunkler gebändert; die äußersten Schwanzfedern haben einen weißen Spitzenfleck an der Innenfahne und schmale blaßgelbe Querbinden am schwarzbraunen Außenrande. — In den Wäldern am Solimoes erlegt.

b. Schnabel klein und kurz, das Stirngefieder nur wenig überragend, die Borsten am Rande dünn, kürzer oder z. Th. ganz fehlend.

5. Gatt. Nyctidromus *Gould.*

Schnabel klein und schwach, die Kuppe spitz, sanft herabgebogen, die des Unterschnabels ein wenig aufwärts gekrümmt. Mundrand wenig erweitert, mit mäßig langen, steifen, aber doch schwächern Borsten am Oberschnabel besetzt. Augen sehr groß. Gefieder noch großfedriger und weicher als bei Hydropsalis, aber die Flügel schmäler, spitziger, doch nicht kürzer, die zweite oder dritte Schwinge die längste. Schwanz bei beiden Geschlechtern gleich groß, abgerundet, bald mehr, bald weniger über die ruhenden Flügel hinausragend, aber nie kürzer. Beine etwas kräftiger, als bei Hydropsalis, und besonders der Lauf höher, nicht befiedert, sondern vorn mit Halbgürteln bekleidet; die Außenzehe kürzer als die Innenzehe, beide mit kurzer Spannhaut an die Mittelzehe gebunden; letztere lang mit großer, stark gekrümmter Kralle. —

Ich habe von dieser Gattung nur eine Art in Brasilien beobachtet; es kommen aber mehrere daselbst vor.

1. Nyctidromus albicollis *Gmel.*

Linn. Syst. Nat. I. 2. 1030. — *Lath.* Ind. orn. II. 585. 7. — *Vieill.* Enc. Orn. 536.
Caprimulgus guianensis *Pr. Max.* Beitr. III. a. 318. 4.
Nyctidromus americanus *Cassin,* Proc. Ac. N Sc. Phil. 1851.
Nyctidromus Derbyanus *Gould* Icon. Av. II pl. 2.
L'Ibiyau *Azara* Apunt. II. 538. 310.

Hellbraun, Rückengefieder fein besprengt, Achselfedern mit großen, schwarzen, gelb gesäumten Flecken. Am Mittelhalse ein weißer Mond; zweite Schwanzfeder fast, dritte ganz weiß.

Männchen mit weißer Binde über die Handschwingen, Weibchen mit rostgelber schmälerer Binde. —

Männchen mehr rostgelb gefärbt, nur der Oberkopf leicht ins Grauliche spielend, die Mitte rostroth, mit schwarzen Schaftstrichen, übrigens die Federn fein und dicht braun besprengt; Stirnrand blasser gefärbt, Zügel deutlicher rostroth, Ohrgegend mehr goldgelb, die Backen unter dem Auge zimmtbraun, die Kehle rostgelb, schwarz gewellt. Mitten auf dem Vorderhalse ein großer, rein weißer Mondfleck, die Brust darunter rostgelb, mit schwarzen feinen Bogenlinien, jede Feder am Endrande blasser gefärbt. Bauch und Steiß matter rostgelb mit schmalen, weiter von einander abstehenden schwarzen Bogenlinien. Rückengefieder wie der Scheitel gefärbt, aber die schwarzen Schaftstreifen schmäler, mit deutlichen Queraesten. Achselfedern dunkel rostroth, schwarz gewellt, der Außenrand blaßgelb mit schwarzem Vorstoß, der auf den unteren Federn die ganze äußere Fahnenhälfte einnimmt. Deckgefieder ähnlich gefärbt, aber die helle Binde am Ende und davor ein schmälerer schwarzer Rand. Schwingen schwarzbraun, die der Hand mit schiefer, weißer Binde über die Mitte, die des Armes rostroth gebändert; die dritte Schwinge die längste, die vierte der zweiten, die fünfte der ersten an Länge gleich. Unterrücken und vier mittlere Schwanzfedern graubraun, dicht schwarz besprengt, mit schmalen schwarzen Querwellen untermischt; äußerste Schwanzfeder ganz schwarzbraun, nur in der Mitte des Innenrandes ein weißer Saum, die zweite weiß mit feinem braunem Rande, die dritte ganz weiß. Schnabel gelbbraun mit schwarzer Spitze; Iris dunkelbraun; Beine fleischbraun, die Zehen nach der Spitze dunkler.

Weibchen überall lichter gefärbt als das Männchen, aber die Farben matter; besonders der Scheitel, Nacken und Rücken stark ins Grauliche spielend. Die Zügel, Augengegend, Backen und Ohrdecke lebhafter rostgelbroth; der weiße Mondfleck am Vorderhalse kleiner und mehr blaßgelb gefärbt; die Zeichnungen auf den Achselfedern undeutlicher, die schwarzen Flecke kleiner. Die Handschwingen kürzer, mit blaßgelber schmälerer Querbinde, die Armschwingen mehr gelb als rostroth gebändert. Aeußerste Schwanzfeder braun, an der Außenfahne gelb gebändert, an der Innenfahne weißlich, braun besprengt; zweite Feder größtentheils weiß mit braunem Endsaum, dritte bloß an der Spitze weiß, am Grunde graubraun besprengt. —

Der junge Vogel ähnelt mehr dem Weibchen, hat aber viel unklarere Zeichnungen, eine gleichmäßiger gebänderte Bauchseite, deutliche durchgehende rostgelbe Binden an den 3 äußeren Schwanzfedern, deren Spitzen nur an den 2 inneren etwas weiß sind. Auch ist die Binde auf den Handschwingen nicht weiß, sondern gelb und die Spitze der Schwingen spielt etwas ins Gelbliche. —

Ganze Länge 11—12″, Schnabelrücken 5‴, Flügel $6\frac{1}{3}$″, Schwanz $5\frac{3}{4}$″, Lauf 11‴, aber die oberen 3‴ befiedert.

Diese Nachtschwalbe ist von allen die häufigste Art in Brasilien, man sieht sie freilich bei Tage selten, dagegen häufig des Abends in der Dämmerung, wo sie gern über den offenen Landstraßen fliegt, sich nicht hoch erhebt, und nach kurzer Pause hie und da auf dem Wege niederläßt. Ihr Flug ist leicht und leise, ohne alles Geräusch. — Der Vogel nistet auf dem Boden im hohen, lichten Grase, ohne alle Vorbereitung und legt 1—2 sehr längliche ovale, weiße, blaß rostroth getüpfelte Eier. Ich habe das Ei ausführlicher unter dem irrigen Namen des Caprimulgus brasilianus in *Cabanis* Journ. f. Orn. I. 170. 11. beschrieben. Es wurde Anfangs October noch unbebrütet im warmen Neste des Vogels gefunden. —

Anm. Zu dieser Art gehört vielleicht auch Caprimulgus americanus ***Linn.*** S. Nat. I. 346. 2. — ***Lath.*** Ind. orn. II. 587. 14. — Capr. jamaicensis ***Briss.*** Av. II. 480. 4. — aber die Beschreibungen geben mir keine genügende Gewißheit, daher ich den späteren Namen Gmelin's vorgezogen habe.

2. Nyctidromus guianensis *Gmel.*

Linn. S. Nat. I. 2. 1030. — ***Lath.*** Ind. orn. II. 586. 8. — ***Buff.*** pl. enl. 733. — ***Cassin***, l. l.
Caprimulgus variegatus ***Vieill.*** Enc. Orn. 539.
— jaspideus Merrem. ***Ersch.*** et ***Grub.*** Enc. XV. 147.
— albicollis ***Schomb*** Reise III. 710. 204.
Ibiyaú jaspeado ***Azara***, Apunt. II. 546. 313.

Kleiner als die vorige Art, ganz ähnlich gefärbt, aber die zweite Schwanzfeder an der ganzen Außenfahne braun und bloß die dritte ganz weiß.

Männchen mit weißer Binde über die vorderen Handschwingen, Weibchen mit blaßgelber.

Die Art steht der vorigen so nahe, daß man sie leicht verwechseln kann; die hier zu beschreibende ist indessen beträchtlich kleiner, viel dunkler und mehr rostbraun gefärbt und stellenweis auch anders gezeichnet. —

Das Männchen hat eine mehr graubraune Kopffläche und einige wenige breite schwarze Schaftstriche auf der Mitte; die Zügel, Backen und Schläfen haben eine rostrothe, nach oben gelb gerandete Farbe, welche sich auch über die Kehle, den Vorderhals bis zur Brust erstreckt. Mitten auf dem Halse erscheint ein schmälerer, öfters durchbrochener weißer Mondfleck. Das Rücken- und Flügelgefieder hat genau die Zeichnungen der vorigen Art, aber die schwarzen Flecke auf den Achselfedern sind etwas kleiner und ihre Innenfahne weniger rothbraun; dabei ist der Flügelschnitt ein anderer, die Handschwingen sind kleiner, spitziger, die Armschwingen länger und breiter. Der Schwanz hat obenauf eine dunklere, stärker mit Schwarz besprengte Zeichnung und etwas breitere Binden an den 4 mittleren Federn, die dritte Feder nach außen ist ganz weiß, die vierte nur an der Innenfahne, die fünfte äußerste ganz schwarz. Die blaß rostgelbe Bauchseite hat relativ feinere, mattere, in der Mitte mehr winkelige schwarze Querlinien. —

Das Weibchen ist blasser gefärbt als das Männchen, hat viel kleinere schwarze Flecke auf den Flügeln und eine blaßgelbe Querbinde über die Schwingen. —

Der junge Vogel verräth sich am besten durch den Schwanz, dessen drei äußere Federn schwarzbraun mit rostgelben Querlinien gezeichnet sind, und bloß an der Spitze einen schiefen weißen Fleck haben, welcher der äußersten fehlt. Im Uebrigen sind die Zeichnungen wie beim alten Vogel, die Farben aber überall blasser und die hellen Töne vorherrschender. Die Handschwingen haben eine schmale gelbe Querbinde und eine gelbliche Spitze.

Ganze Länge 10″, Flügel 6″, Schwanz 4½″, Lauf 9‴. —

Die Art gehört mehr den nördlichen Districten Brasiliens an und ist besonders in Guyana zu Hause; ihr Betragen gleicht, wie Schomburgk berichtet, völlig dem der vorigen. —

Anm. Eine dritte im Norden Süd-Amerikas (Bogota, Columbien, Guyana) einheimische Art ist der mir unbekannte Nyctidromus grallarius *Gould, Bonap.* Consp. 62. 136. 1. — Eine ganz schwarze äußerste Schwanzfeder nähert ihn der vorigen.

6. Gatt. Chordeiles *Swains.*

Schnabel sehr klein, fast ganz vom Kopfgefieder versteckt, so daß nur die Spitze mit den Nasenlöchern hervorragt; daneben einige feine Borsten, aber die steifen Borsten am Mundrande fehlen. Gefieder derber und fester als bei den übrigen Nachtschwalben, die Federn zahlreicher kleiner; der Kopf breit und von oben gesehen fast kreisrund, die Augen groß, der Hals sehr kurz. Die Flügel lang und spitz, die erste Schwinge fast ebenso lang wie die zweite, längste, die Schwingen sehr derbe gebaut. Schwanz aus derben, kräftigen Federn gebildet, aber selten länger, in der Regel kürzer als die ruhenden Flügel; gewöhnlich etwas ausgeschnitten, oder entschieden gabelförmig, also die äußersten Federn die längsten. Beine klein und schwach, der Lauf oben oder ganz auf der Vorderseite befiedert, das untere Ende, wenn nackt, nicht getäfelt; die Zehen kurz, die äußere eben so lang wie die innere, aber die mittlere viel länger, mit sehr großer, stark gebogener und gekämmter Kralle. — Farbe und Zeichnung schärfer, voller als bei den vorigen Gattungen. —

a. Schwanz gabelförmig, die äußeren Federn beträchtlich verlängert.

1. Chordeiles leucopygus.

Caprimulgus leucopygus *Spix*, Av. Bras. II. 3. 4. tb. 3. fig. 2.
Caprimulgus minutus *Natt. Bonap.* Consp. Av. 63. 9.
Lurocalis leucopygus *Cassin*, Cat. Caprim.

So groß wie unser Mauersegler (Cypselus apus), aber etwas dicker und die Flügel kürzer. Hauptfarbe braun, der Rücken fein rostgelb in die Quere getüpfelt; die obersten Achselfedern an der Innenfahne fast ganz schwarz, an der Außenfahne rostgelb breit gesäumt. Alle Schwingen mit kleinen rostrothen Flecken an beiden Fahnenrändern in Absätzen über einander, nur die erste Schwinge am Außenrande einfarbig. Schwanzfedern braun, die mittleren undeutlich rostgelb in die Quere gebändert, die Binden gegen die Spitzen hin verloschen und fein gesprengt; die äußeren 3 Federn stufig verlängert, mit großem weißem Fleck auf der Mitte, und leichten rostrothen Flecken am Außenrande nach unten. Ohrdecke lichter rostgelb, breiter gebändert wie die Kehle; die Brust sehr fein rostgelb und braun gebändert, die Binden mitten auf der Brust viel breiter; Bauch und Steiß weiß und braun gebändert, die Binden nach hinten allmälig breiter. Füße klein, der Lauf am Grunde befiedert, die Zehen gelblich fleischfarben, die Kralle der mittleren schwarz, mit weißem sehr dünnem Kamm.

Ganze Länge $7\frac{1}{2}''$, Flügel $5\frac{1}{4}''$, Schwanz $3''$.

Die Beschreibung ist nach einem Exemplar der Berliner Sammlung entworfen, welches aus der Gegend von Para stammt; Spix beschreibt jüngere Vögel mit nicht so deutlich gegabeltem Schwanze, trüberer Zeichnung und ungekämmter Mittelzehe. —

Anm. Mit Caprimulgus leucopterus *Pr. Max.* l. l. hat diese Art nichts gemein, derselbe ist ein ächter Nyctibius. Noch jünger, als die von Spix beschriebenen Individuen, scheinen diejenigen gewesen zu sein, worauf Natterer seinen Caprimulgus minutus gründete.

2. Chordeiles rupestris.

Caprimulgus rupestris, *Spix,* Av. Bras. II. 2. 2. tb. 2.
Chordeiles rupestris *Bonap.* Consp. 63. 6. — *Cassin*, Catal. Caprim.

Rückenseite und eine Binde über die Brust graugelb, schwarzbraun getüpfelt und gebändert; Kehle, Bauch und Steiß weiß; äußere Schwanzfedern weiß mit grauer Spitze, mittlere wie der Rücken.

Ich habe von dieser Art kein Individuum untersucht, und theile darum die Beschreibung mit, welche Spix a. a. O. gegeben hat. So groß wie eine kleine Amsel. Die Rückenseite graugelb, fein quer gewellt, auf der Mitte der Federn die Binden zu rautenförmigen Querflecken erweitert, der

Oberkopf mit schwarzen Schaftstreifen. Ueber die Mitte der Brust eine ebenso gefärbte und gezeichnete Binde, der übrige Unterkörper weiß. Flügeldeckfedern röthlicher grau, die am Bug mit größerem schwarzem Mittelfleck, die hinteren schmäler quergebändert, alle weißlichgrau gesäumt. Handschwingen schwarz, Armschwingen weiß mit schwärzlicher Spitze; innere Flügeldeckfedern am Bug und auf der Mitte weiß. Schwanz nicht länger als die ruhenden Flügel, aber deutlich gegabelt; die 2 mittleren Federn wie der Rücken gefärbt; die übrigen weiß, mit breiter schwarzgrauer, gegen den Rand lichterer Spitze, die äußerste auch am Außenrande schwärzlich. Lauf zur Hälfte weiß befiedert, dann wie die Zehen nackt, fleischbraun; Schnabel braun mit schwärzlicher Spitze.

Ganze Länge 8″, Flügel 6″, Schwanz 3¾″, Lauf 6‴. —

Auf felsigen Inseln des Rio Negro gesellig und dort ziemlich häufig; bei Tage zwar ruhend, aber doch mitunter auch fliegend gesehen. —

b. Schwanz leicht ausgeschnitten, die äußeren Federn nur wenig länger als die mittleren.

3. Chordeiles pruinosus *Licht*,

Caprimulgus pruinosus *Licht.* Mus. berol. — *v. Tschudi,* Fn. per. Orn. tb 6. fig. 2.
Chordeiles semitorquatus *v. Tchudi* Fn. per. Orn. 130. 1.
— brasilianus *Cassin.,* Catal. Capr.

Dichter und sehr fein graugelb marmorirt besprengt, am Flügelbug einige größere gelbliche Flecken; Bauchseite blaßgelb und braungrau gebändert; Schwanzfedern ziemlich breit, deutlich zugerundet, die mittleren sehr wenig verkürzt.

Männchen dunkler gefärbt, mit weißer Binde vor der Schwanzspitze.

Weibchen lichter graulicher, ohne weiße Binde im Schwanz; beide Geschlechter mit weißer Binde im Flügel.

Die Hauptfarbe des Gefieders ist ein bräunliches Gelbgrau, das aus schwarzbraunen, blaßgelben und weißlichen feinen Querwellen zusammengesetzt wird; die obere Seite ist dunkler gefärbt als die untere, weil auf jener die Querwellenlinien viel feiner sind; die mittleren Kopffedern haben breite, schwarzbraune Schaftstriche und blaßgelb getüpfelte Randflecken; auf dem Rücken wird die Zeichnung homogener, feiner gewellt und die schwarzen Schaftstreifen verändern sich in feine schwarze Schaftlinien, welche auf den Achsel- und Flügeldeckfedern vor der Spitze eine breitere Kreuzquerbinde haben, unter der nach außen die Spitze einen lichteren, mehr isabellgelben Fleck bekommt, welcher besonders oben am Bug in einer abnehmenden Reihe sich bemerklich macht. Die Zügel, Backen, Ohrgegend und die Kehle rostgelb, braun gebändert, die Halsmitte weiß, der Unterhals wieder gelb und braun gebändert, die Oberbrust licht grau, feiner quer braun gewellt, der Bauch bis zum Steiß wieder gelb, braun breiter gebändert, die letzten Steißfedern unterm Schwanz am spärlichsten. Die Schwingen sind braungrau mit etwas lichteren, aschgrauen Spitzen; die 5 vordersten Handschwingen haben über die Mitte eine breite weiße Binde, welche beim Weibchen auf der Außenseite gelb und braun getüpfelt ist; die Grundhälfte aller Schwingen ist mit rostgelben Querbinden versehen, die besonders am Vorderrande deutlicher vortreten. Die beiden mittleren etwas verkürzten Schwanzfedern sind wie der Rücken gefärbt, aber mit feinen, schwarzen Querbinden geziert; die äußeren allmälig etwas längeren (3—4‴) haben abwechselnd schwarze und weißliche Querbinden, die am Rande gescheckt und auf der Unterseite getüpfelt sind; das Ende jeder Schwanzfeder ist stumpf zugerundet und mit einer breiten grauen, weiß besprengten Binde geziert, vor der sich beim Männchen eine rein weiße Querbinde ausscheidet. Der Lauf ist am Grunde bis zur Mitte hinab vorn befiedert, dann, wie die Zehen, blaß gelblich grau; die kurze Schnabelspitze ist braun, die Iris schwarz. —

Ganze Länge 7½″, Flügel 6⅓″, Schwanz 3″, Lauf hinten 5‴, Mittelzehe ohne die Kralle 7‴. —

Die Art ist mir auf meiner Reise nicht vorgekommen, weil sie hauptsächlich den westlichen inneren Gegenden Brasiliens angehört, indessen ostwärts auch bis nach Minas geraes vordringen soll. — Azara hat sie im Süden nicht beobachtet, aber v. Tschudi beschreibt sie aus Peru und erwähnt dabei eines Stücks der Berliner Sammlung, welches H. Philippi bei Lima schoß; ebendasselbe liegt meiner Beschreibung zum Grunde. —

Anm. Der hier beschriebene Vogel ist gewiß nicht Caprimulgus semitorquatus *Linn. Gmel. Lath.*, wie das Citat aus Buffon pl. enl. 734. beweist; ob er, wie Hr. Cassin meint, der Capr. brasiliensis dieser Schriftsteller sei, scheint mir ebenfalls bedenklich. Er ähnelt so sehr der folgenden Art, daß junge Vögel beider wohl nur schwer zu unterscheiden sein möchten; man muß auf die bei der folgenden in allen Lebensaltern schmäleren spitzeren Schwanzfedern achten, und auf die mehr gelbliche Zeichnung des Kopfes mit dem Rücken.

4. Chordeiles acutus *Gmel.*

Caprimulgus acutus *Gmel. Linn.* S. Nat. I. 2. 1031. — *Lath.* Ind. orn. II. 587. 13. — *Buff.* pl. enl. 732.
Caprimulgus semitorquatus *Pr. Max. z. Wied* Beitr. III. a. 330. 6.
Chordeiles acutipennis *Cassin*, Catal. Caprim.

Breiter und mehr gefleckt marmorirt, die Achsel- und Flügeldeckfedern mit blaßgelbem Spitzenfleck; Bauchseite braun, gelb gebändert; Schwanzfedern schmal, mehr oder weniger zugespitzt, die mittleren merklicher verkürzt.

Männchen graulicher gefärbt, vor der Schwanzspitze eine rein weiße Binde.

Weibchen röthlicher, ohne weiße Binde im Schwanz, aber beide Geschlechter mit weißer Binde über die 5 ersten Schwingen. —

Gestalt und Größe ganz wie bei der vorigen Art und überhaupt ihr so ähnlich, daß man zumal junge Vögel nicht leicht unterscheiden kann. Die Hauptfarbe ist auch hier ein lichtes Graugelb, aber die Zeichnung grober, die ganze Rückenseite nicht so fein gewellt, mehr scheckig marmorirt und der Oberkopf rostroth punktirt, indem jede Feder schwarzbraune und hell rostrothe Flecken am Rande hat; die Backen sind auch röthlicher, zumal beim Weibchen; der Rücken hat keine so deutlichen Schaftstriche, wohl aber schärfere Querbinden auf den Federn; die Achselfedern und der größere Theil der Flügeldeckfedern sind auf der Innenseite der Spitze schwarzbraun, auf der Außenseite rostgelbroth und besonders an den großen Flügeldeckfedern zeichnen sich zwei Reihen hellerer Spitzenflecke gut aus. Die Schwingen sind relativ breiter, die Schwanzfedern dagegen schmäler als bei der vorigen Art, die mittleren stärker verkürzt und beide spitzer zugerundet; namentlich die letzteren, welche bei alten Vögeln wirklich zugespitzt werden. Auch ist das Verhältniß der ersten Schwingen ein anderes, die erste relativ etwas kürzer, die dritte dagegen relativ länger. In der Zeichnung und Farbe der Schwingen ist kein wesentlicher Unterschied, doch fallen die rostgelben Binden am Rande mehr ins Rothe. Der Schwanz dagegen ist dunkler gefärbt und die schwarzen Binden der beiden mittleren Federn sind breiter. Die übrigen haben zwar dieselben Zeichnungen, d. h. schwarzgraue und weiße getüpfelte Querbinden, aber ihr Unterschied ist schärfer und die weißen sind schmäler. — Die Bauchseite hat mehr gelb im Ton; die Kehle ist ebenso blaßgelb, wie der Vorderhals; die Brust bis an den weißen Halsfleck hinauf grau und schwarz breiter gebändert; der Bauch viel gelber und schärfer braun in die Quere gebändert. Der Lauf ist vorn am Grunde befiedert, die Zehen haben eine mehr fleischbraune Farbe, der Schnabel und die Iris sind schwarz. —

Ganze Länge 8″, Flügel 6¼″, Schwanz 3⅓″, Lauf 5‴, Mittelzehe ohne Kralle 7‴. —

Diese Art bewohnt die ganze Ostküste Süd-Amerikas und lebt mehr auf offenen mit Gebüsch bestandenen Flächen, als tief im Walde. Der Prinz zu Wied traf sie besonders am Meeresufer, wo sie ohne alle Unterlage im Sande brütete und 2 ganz weiße Eier gelegt hatte; er sah den Vogel schon vor der Dämmerung umherfliegen und dabei von Zeit zu Zeit seinen Schwanz fächerartig ausbreiten. —

Anm. Die Beschreibung, welche der Prinz zu Wied vom Schwanz seines Caprimulgus semitorquatus giebt, beweist am besten, daß er diese und nicht die vorige Art meint; Buffon's Abbildung stellt einen älteren Vogel mit spitzeren Schwanzfedern vor. Was den Caprimulgus brasiliensis *Gmel. Lath.* betrifft, so möchte ich ihn lieber zu dieser, als zur vorigen Art ziehn, und ihn auf jüngere Individuen deuten. Deshalb schien es mir besser, den ohnehin nichtssagenden Namen ganz zu vermeiden. Das von mir beschriebene Exemplar ist aus Surinam, und zwar ein junges Weibchen; ich selbst traf den Vogel in Brasilien nicht, da er kaum bis Rio de Janeiro südwärts sich verbreiten dürfte. Auch Azara hat die Art nicht beobachtet. —

c. Schwanz grade abgestutzt, die äußeren Federn durchaus nicht länger als die mittleren. Lurocalis *Cassin.*

5. Chordeiles semitorquatus *Gmel.*

Caprimulgus semitorquatus *Gmel. Linn.* S. Nat. I. 2. 1031. — *Lath.* Ind orn. II. 586. 11. — *Buff.* pl. enl. 734.
Caprimulgus scaphiurus *Natt.* Mus. vind.
Lurocalis semitorquatus *Cassin*, Catal. Capr.
Podager Gouldii *Gray* Gen. of Birds pl. 18.

Dunkel schwarzbraun, die meisten Federn mit rostrothen Randpunkten; Kehle weiß, Bauch und Schwanz rostgelbroth gebändert; Achselfedern und letzte Armschwinge mit weißlichen, braun getüpfelten Binden. Schwanz so lang wie die ruhenden Flügel.

Nur wenig größer als die vorigen Arten, ebenso gestaltet, das Verhältniß des Schwanzes und der Flügel dasselbe, aber die Farbe ganz verschieden. Der Grundton ist ein tiefes Schwarzbraun. Alle Federn des Kopfes, Halses, der Brust und des Rückens haben kleine rostrothe Randflecken in gleichen Abständen zu beiden Seiten, welche auf den größeren Rückenfedern einen kleinen braunen Fleck einschließen. Die meisten Achselfedern und letzten Armschwingen bekommen statt dieser Randflecke breitere, weiße Binden, mit braunen Tüpfeln, doch behalten die obersten an der schwarzbraunen Spitze zwei gelbe Ringflecke. Die großen Deckfedern, die Schwingen und Schwanzfedern sind braun, mit schmalen, rostrothen Querbinden, die auch hie und da einen braunen Fleck einschließen. Am Ende der beiden, zunächst den mittelsten Schwanzfedern ist ein weißer, an dem der seitlichen ein graulicher Saum sichtbar. Mitten am Halse, gleich unter der Kehle, ist ein großer, rein weißer Querfleck. Der Bauch und der Bürzel haben breitere, rostgelbe, sehr intensiv gefärbte Binden. Der Lauf ist vorn bis fast zu den Zehen befiedert und letztere sind gelblich fleischfarben; der Schnabel und die Iris schwarz. —

Ganze Länge 8¼″, Flügel 6⅓″, Schwanz 3″, Lauf 4‴.

Auf den eben beschriebenen Vogel paßt Buffon's Abbildung pl. enl. 734, aber auf keinen der beiden vorigen; es ist also dieser der ächte Caprimulgus semitorquatus *Gmel. Lath.* Das hier beschriebene Exemplar stammt von Cameta in Süd-Brasilien und ist mir aus Berlin zur Ansicht mitgetheilt worden; über die Lebensweise des Vogels weiß ich nichts zu berichten.

6. Chordeiles Nattereri.

Caprimulgus Nattereri *Temm.* pl. col. 107.
Podager Nattereri *Bonap.* Consp. 62.
Lurocalis Nattereri *Cassin*, Cat. Capr.
Caprimulgus brachyurus *Licht.* Mus. ber. — *Erm.* Reise, naturh. Atl. 16. 112.

Schwarzbraun, rostroth gröber getüpfelt, die Tüpfel der Flügel mit einem braunen Punkt; am Vorderhalse ein weißer Fleck; Bauch und Steiß rostgelbroth gebändert; Achselfedern und letzte Armschwingen weißlich gescheckt; Schwanz viel kürzer als die ruhenden Flügel. —

Durch einen etwas größeren, kräftigeren Körper weicht diese Art, abgesehen von dem so auffallend verkürzten Schwanze, von den früheren merklich ab; sie hat aber daneben die ganze Farbe und Zeichnung der vorigen. Die Hauptfarbe ist also ein dunkles Schwarzbraun, das stellenweis wie sammetschwarz wird. Die Federn des Kopfes, Halses, Rückens, der Flügel und der Brust haben rostrothe Randpunkte an beiden Seiten, die auf den größeren Flügeldeckfedern einen schwarzen Punkt einschließen. Am Vorderhalse steht dicht unter der Kehle ein rein weißer Fleck, der sich seitwärts in eine Spitze verlängert. Die größeren Achselfedern und hinteren Armschwingen haben lichte, weißgraue, bräunlich gescheckte Querbinden, die z. Th. am Schaft durchbrochen, z. Th. rostgelb gerandet sind. Die Schwingen und Schwanzfedern sind bis zur Spitze hinab etwas breiter rostroth gebändert und enthalten braune Flecke in den Binden, welche sie an vielen Stellen durchbrechen; an den hinteren Handschwingen und äußeren Steuerfedern zeigt sich ein grauer Endsaum, die beiden neben den mittelsten haben einen rein weißen Fleck im Saum. Die Brust ist undeutlicher und enger, der Bauch bis zum Steiß deutlicher und sehr breit rostgelbroth gebändert; der Lauf vorn zur Hälfte befiedert, unten leicht getäfelt, hier fleischbraun, wie die Zehen; der Schnabel und die Iris sind schwarz. In der Ruhe reichen die sehr spitzen Flügel so weit über den kurzen, breiten Schwanz hinab, daß derselbe noch nicht die Spitze der vierten Schwinge erreicht; die erste Schwinge ist nur wenig kürzer als die zweite und länger als die dritte. —

Ganze Länge 10″, Flügel 8″, Schwanz 3″, Lauf hinten 7‴, Mittelzehe ohne die Kralle 9‴. —

Ich habe von dieser merkwürdigen Art ein Individuum mitgebracht, was in den Wäldern bei Neu-Freiburg erlegt ist, von der Lebensweise desselben aber nichts weiter erfahren, als daß der Vogel im dichten dunklen Walde lebt und in seinem Betragen den übrigen Nachtschwalben ähnelt. —

Anm. Die Art zu Podager zu bringen, verbietet nicht bloß der ganze Habitus, sondern auch der oben befiederte Lauf und die Abwesenheit steiferer Borsten am Mundrande vor dem Auge.

7. Gatt. Podager *Wagl.*

Isis, 1832. S. 277.

Proithera *Swains.*

Von starkem, kräftigem Körperbau, ungemein breitem Kopf, derbem Gefieder und ziemlich starkem Schnabel, der relativ zwar kürzer ist, als bei Hydropsalis und Antrostomus, aber nicht schwächer und viel stärker als bei Nyctidromus und Chordeiles. Die Spitze ist sanft herabgebogen, die Nasenlöcher liegen vor der Mitte, fast am Grunde, sind von kleinen feinen Borstengruppen begleitet; der Mundrand ist stark, etwas aufgeworfen und mit einer Reihe steiferer, größerer Borsten bis zum Auge besetzt, die indessen minder lang und steif sind als bei Nyctidromus. Das Auge ist sehr groß; das Gefieder voll und dicht, homogener wellig gezeichnet als bei den übrigen Nachtschwalben und am Bauch rein weiß. Die Flügel sind ruhend viel länger als der Schwanz, ziemlich breit; die erste Schwinge gleicht der vierten, die zweite der dritten; die langen Armschwingen reichen bis zur siebenten Handschwinge, und die sehr langen, großen Deckfedern beinahe bis ans Ende der Armschwingen. Der Schwanz ist kurz, nur etwas länger als die sechste und kürzer als die fünfte Schwinge der ruhenden Flügel, übrigens breitfedrig und leicht abgerundet. Die Beine sind stärker gebaut, als bei allen anderen typischen Caprimulginen; der Lauf lang, ganz nackt, vorn und hinten von Tafeln bedeckt; die Zehen fleischig, doch nicht länger als gewöhnlich; der Daumen stark nach innen gerichtet, die Innenzehe etwas länger als die Außenzehe, die Mittelzehe mit einem Kammnagel versehen. —

Man kennt nur eine Art dieser Gattung, welche sich durch ganz Süd-Amerika verbreitet.

Podager Nacunda.

Caprimulgus Nacunda *Vieill.* Enc. meth. Orn. 538. — N. Dict. X. 240. — *Schomb.* Reise III. 711. 209. — *Bonap.* Consp 63. 143. 1. — *Cassin*, Cat. Capr.
Caprimulgus campestris *Ill. Licht.* Doubl. d. zool. Mus. 59. 605. — *Temm.* pl. col. 182.
Caprimulgus diurnus *Pr. Max. z. Wied* Reise etc. II. 174. 344. — Dessen Beitr. III. a. 326. 5.
Nacundá, *Azara* Apunt. II. 544. 119.

Rückenfläche und Brust braun, gelbgrau gewellt oder gefleckt; eine Binde am Vorderhals, der Bauch und die Spitzen der äußeren Schwanzfedern weiß.

So groß wie eine Dohle, aber breiter und flacher gebaut, das ganze Gefieder rauchbraun, auf jeder Feder feine, rostgelbe Querwellen, die am Kopfgefieder bloß den Rand einnehmen, daher der Oberkopf dunkler erscheint; die Achsel- und Flügeldeckfedern mit einem ungetheilten braunen Fleck auf der Mitte; Kehle, Zügel, Ohrgegend und Vorderhals rostgelblicher, voller gefärbt, weniger braun gefleckt; mitten auf dem Halse eine weiße Querbinde, die sich bis unter das Ohr erstreckt; die Brust wie der Rücken gezeichnet, aber nicht ganz so fein gewellt; Bauch, Schenkel, After und untere Schwanzdecken rein weiß. Handschwingen schwarzbraun, mit breiter weißer Binde am Grunde; Armschwingen wie die Flügeldeckfedern braun und gelblich gewellt, mit breiteren braunen Querbinden; ebenso die vier mittleren Schwanzfedern, doch schließen die äußeren derselben schon einen weißen Fleck an der Spitze ein; die 3 anderen jeder Seite mit breiter weißer Spitze und dunkleren, schmäleren Querbinden, die mit breiteren weißlichen getüpfelten Binden abwechseln auf der Unterseite. Beine fleischröthlich, braungrau angeflogen, besonders die Spitze der Zehen; Iris hellbraun, Schnabel graubraun mit schwärzlicher Spitze. —

Ganze Länge 12″, Schnabelrücken 5‴, Mundrand $1\frac{1}{3}$″, Flügel 10″, Schwanz 4″, Lauf hinten 1″, Mittelzehe ohne die Kralle 1″. —

Der Vogel ist in dem von mir bereisten Theile Brasiliens unter dem Namen Criango oder Coriango Jedermann bekannt; er fliegt bei Tage, hält sich in der Nähe der Dörfer, nistet auf dem Boden im Grase an Abhängen, und legt 1—2 sehr längliche, weiße, dicht graubraun heller und dunkler gefleckte Eier. (Vgl. *Cabanis,* Journ. d. Orn. I. 170. 10. — Das von D'Orbigny Voy. Am. mer. Ois. pl. 42. fig. 3 abgebildete Ei gehört sicher einem anderen Vogel an). Er ist sowohl im Waldgebiet, als auf den Campos heimisch, meidet aber den dichten Wald ebenso, wie die ganz offenen Triften, am liebsten in buschigem Terrain sich aufhaltend. Aufgescheucht fliegt er nur kurze Strecken und setzt sich dann wieder auf den Boden, wo er überhaupt am liebsten im tiefen Grase sich versteckt; seltener trifft man ihn auf Bäumen oder Sträuchern. —

Zwölfte Familie.

Eisvögel. Halcedinidae.

Vögel von mäßiger Größe mit großem Kopf, langem, starkem, gradem, beinahe pyramidenförmigem Schnabel; auffallend kleiner Zunge; kurzen Flügeln und kleinen Beinen, deren beide Außenzehen bis zur Mitte verwachsen sind, bilden diese in Süd-Amerika an Arten arme, übrigens auf der ganzen Erdoberfläche ansäßige Familie.

Der lange spitze Schnabel hat etwas spechtartiges, namentlich eine völlig grade, mehr oder weniger abgerundete, auch abgeplattete Rückenfirste; ist bloß von einer dünnen, nach vorn stärkeren Hornscheide bedeckt, und an der Spitze ebenfalls grade, ohne alle Krümmung, öfters aber sehr scharf. Der Unterschnabelrand steigt vom Kinn in eine leichte Biegung nach oben; der Kinnwinkel ist kürzer als der halbe Schnabel und die Kehlhaut dicht befiedert. Die Nasengrube bildet eine seichte, nach vorn bald verstrichene Längsgrube, worin ganz hinten, dicht vor dem Stirngefieder, die schmalen, spaltenförmigen, etwas schiefen Nasenlöcher sich befinden. Der Mundwinkel reicht bis unter das Auge; die Borstenfedern, welche an seinem Rande zu stehen pflegen, fehlen gänzlich; auch die Augenlidränder haben keine Wimpern, sondern dichte, feine Federn bis zum Rande. — Das Gefieder ist derbe, kleinfedrig, dicht zusammengedrängt und in der Tiefe stark mit Dunen gemischt; besonders klein sind die schmalen, länglichen Kopffedern. Die Flügel sind zwar ziemlich spitz, aber doch nur kurz, sie reichen in der Ruhe soeben über den Anfang des Schwanzes hinab. Am Handtheil sitzen zehn Federn, von denen die dritte stets die längste, die erste merklich, die zweite nur wenig kürzer ist; der Armtheil trägt je nach der Größe des Vogels 12 bis 15 Federn, alle von gleicher Länge und ziemlicher Breite. In der Ruhe reichen die Armschwingen bis zur siebenten Handschwinge und bedecken den größten Theil des Handflügels; sie selbst überragen die großen Deckfedern beträchtlich, während letztere sich von dem übrigen Deckgefieder nur wenig unterscheiden und größtentheils darunter versteckt bleiben. — Der Schwanz besteht aus zwölf ziemlich schmalen, beinahe ganz gleich langen Federn, indem nur das äußere Paar etwas verkürzt zu sein pflegt. — Die Beine sind klein und besonders im Schenkel und Lauf kurz. Die Befiederung endet schon vor dem Hacken, so daß das Hackengelenk frei bleibt. Der Lauf ist auf der Sohlenseite fein warzig chagrinirt, auf der Vorderseite nach unten mit allmälig größeren Tafeln belegt. — Die feinen kurzen Zehen sind von gleichgroßen, kleinen Tafeln bekleidet und die beiden äußeren bis zur Mitte verwachsen. Der Daumen sitzt sehr niedrig und bildet mit der Innenzehe eine schmale Sohle, fast wie bei Nyctibius. Die Krallen sind kurz, mäßig gebogen, aber ziemlich scharf; die vordere Mittelkralle hat einen saumartig vortretenden Rand nach innen. An der Bürzeldrüse ist ein starker Federnpinsel in der Umgebung des kurzen Zipfels vorhanden. —

Die innere Organisation der Eisvögel ist ebenso gleichförmig, wie die äußere. Alle haben trotz des großen Schnabels eine sehr kleine, kurze, dreieckige, aber dabei breite Zunge, welche hinterwärts mit zwei scharfen, divergirenden, glatten Ecken vortritt, vor denen, quer über die Fläche der Zunge, eine Reihe feiner Zacken sitzt. — Sie wird von einem merkwürdig breiten, partisanenförmigen Zungenbeinkörper getragen, der vorn in einen schaufelförmigen, hinten in einen griffelförmigen Knorpel übergeht; die Hörner sind dagegen dünn und ebenfalls kurz. — Der Schlund hat keine kropfförmige Erweiterung, der Vormagen ist ungemein kurz; der eigentliche Magen ziemlich weit, schlaffwandig, stark ausdehnbar und bauchig; am Darm fehlt jede Spur von Blinddärmen, grade wie bei den Kolibris, aber die Gallenblase ist vorhanden und von ziemlichem Umfange; der untere Kehlkopf ist hart und an jeder Seite mit einem schmalen Muskel belegt, die Trachealringe sind dagegen weicher, als bei vielen Vögeln. — Das Knochengerüst zeigt mancherlei Eigenthümlichkeiten. Der Schädel ist durch die schmale Stirn, die starken Kiefergerüste, das sehr solide, dickwandige Thränenbein und der Unterkiefer durch den Mangel einer Lücke in seinen Schenkeln ausgezeichnet. Der Hals pflegt 11, der Rücken 8, der Schwanz 7—8 Wirbel zu besitzen, von denen der letzte schmal und klein ist. Die Furcula verbindet sich nicht mit dem Brustbein, hat keinen Griff und stützt sich nur auf die Basis des vorn grade abgestutzten Kammes. Das Brustbein ist ziemlich lang und hinten in vier divergirende, T förmige Fortsätze getheilt, ähnlich dem der Spechte; aber die Fortsätze sind viel kürzer und divergiren darum auch nicht so stark. Auffallend kurz, breit, flach und weit geöffnet ist das Becken. Die Armknochen sind ziemlich schwach, die Schulterblätter zwar lang, aber schmal, der Vorderarm nicht bloß länger als der Oberarm, sondern auch viel länger als die Hand, welche überhaupt nach Verhältniß klein genannt werden muß. Ungemein schwach ist das Knochengerüst der Beine, und auch an ihm der Unterschenkel der bei weitem längste Abschnitt. Er besteht fast nur aus dem Schienbein, das Wadenbein ist bloß in dem obersten Viertel sichtbar. Der kurze Lauf zeichnet sich am Knochengerüst noch auffallender aus. Die Zehen haben die gewöhnlichen Gliederzahlen 2, 3, 4, 5. —

Auch in der Lebensweise stimmen die Eisvögel aller Länder, so weit bekannt, sehr mit einander überein; sie halten sich an Teichen, Flüssen und Bächen auf, haben hier ihre Lieblingsstandorte, wo sie gern ruhig sitzen und auf Fische, oder die kleineren Arten auf Insekten lauern, nach denen sie auffliegend stoßen. Sie nisten am liebsten in Löchern, besonders in den Gehängen abschüssiger Ufer, und legen meist mehr als zwei (5—7) weiße, sehr kugelförmige, feinschaalige Eier. Ihre Jungen sind anfangs blind und nackt, und bekommen kein Nestdunenkleid, sondern es brechen sofort die Conturfedern als starke Spitzen hervor, welche dem Jungen, so lang die Federnbälge noch geschlossen sind, wahrhaft das Ansehn eines Stachelnkleides ertheilen. —

Nach der kürzlich vom Hofr. Reichenbach gelieferten Uebersicht *) kennt man über 100 Arten dieser Familie, wovon indessen nur 1 in Mittel-Europa, und 4 in Brasilien vorkommen; die meisten sind über West- und Ost-Afrika, Süd-Asien und Neu-Holland verbreitet. Die Süd-Amerikaner gehören zweien Gattungen an, welche nur hier, am Cap und in Nord-Amerika auftreten. Sie zeigen eine leichte Verschiedenheit im Gefieder beider Geschlechter, haben kurze Schwänze, aber recht lange Schnäbel, und bilden die besondere Unterabtheilung der Cerylinae.

*) Handbuch der speziellen Ornithologie. 1. Heft. Leipz. 1851. 8.

1. Gatt. Megaceryle *Kaup.*

Schnabel auffallend stark, besonders hoch, die Rückenfirste nach hinten entschieden abgeplattet, die Spitze nicht sehr scharf, der Kinnrand des Unterkiefers leicht gebogen, der Kinnwinkel weiter, als gewöhnlich, hinabreichend. Lauf ungemein kurz, aber breit und stark; alle Zehen ziemlich kräftig, besonders der Daumen. Gefieder ohne Metallglanz, die Rückenseite matt, das Scheitelgefieder sehr schmal und spitz, am Hinterkopf zu einem Schopf verlängert. Schnabel und Füße bräunlich schwarz, der Grund des Schnabels viel blasser. —

Megaceryle torquata *Kaup.*

Reichenb. Handb. I. 24. 56.
Alcedo torquata *Linn.* S. Nat. I. 180. 8. — *Buff.* pl. enl. 284. — *Lath.* Ind. orn. I. 256. 30. — *Schomb.* Reise III 703. 171 u. I. 304.
Alcedo cyanea *Pr. Max.* Beitr. IV. 5. 1.
Martin pescador celeste, *Azar.* Apunt. III. 383. 417 et 418.

Rückenseite blaugrau, Schwingen und Schwanzfedern schwarz, weiß quergestreift; Kehle und eine Halsbinde weiß, Brust und Bauch rostroth; beim Männchen der Steiß, beim Weibchen die Oberbrust grau, weiß gefleckt.

Die größte Art der Eisvögel Amerikas, und eine der größten überhaupt, größer als eine Dohle mit ungemein starkem Kopf und starkem, aber relativ etwas kürzerem Schnabel. Letzterer schwarzbraun, am Grunde des Unterkiefers und den Seiten des Oberkiefers bis zum Nasenloch weißlich bleigrau, später fleischroth oder im Alter gar hochroth. Gefieder des Rückens blaugrau, jede Feder mit einem schwärzlichen Schaftstreif, der beim jungen Vogel breiter und deutlicher ist als beim alten; die meisten unteren äußeren Flügeldeckfedern mit einer feinen weißen Spitze, auch das untere Augenlied weiß befiedert. Handschwingen ganz schwarz, mit großem, weißem Fleck am Grunde nach innen, und feiner weißer Spitze; die Armschwingen und die Schwanzfedern am Rande grau, auf der Mitte schwarz, hier weiß quer gestreift. Kehle und Vorderhals bis zur Mitte weiß und von da eine weiße Binde um den Nacken, die bis zur Schulter reicht. Brust und Bauch lebhaft rostrothgelb. Beine fleischbraun.

Das Männchen hat einen spitzeren, schlankeren Schnabel; einen schmalen, weißen Streif am Zügel vor dem Auge, inwendig weiß gefärbte Flügel, und lichtgraue Unterbauch-, Steiß- und Schwanzdeckfedern, welche breit in die Quere weiß gebändert sind.

Das Weibchen ist etwas plumper gebaut, besonders im Schnabel, hat einen breiten weißen Fleck am Zügel vor dem Auge; eine ganz graue, am oberen wie unteren Rande weiß getüpfelte und hier durch einen weißen Rand von der rostgelben Färbung abgesetzte Brust, aber einen rostgelben Bürzel und rostgelben Steiß mit den Schwanzdecken.

Der junge Vogel ist trüber gefärbt, das Grau spielt ins Bräunliche, die Schaftstreifen sind breiter und die Nackenfedern kürzer. —

Ganze Länge 16—17″, Schnabelrücken 3″, Flügel 7″, Schwanz 5″, Lauf ½″, Mittelzehe ohne die Kralle 1″. —

Der große Eisvogel ist ziemlich durch das ganze wärmere Süd-Amerika verbreitet. Man trifft ihn in der Nähe von Gewässern, besonders an dem Ufer bewaldeter Flüsse, wo er auf Zweigen über dem Wasser sitzt und den Fischen auflauert, von denen er sich ausschließlich nähret. Ihr Nest legen sie an abschüssigen Stellen in Lehmwänden, mitunter weit vom Flußufer an und höhlen dazu ein langes, wagrechtes 5—6 Fuß langes Rohr aus; sie sollen nur 2 weiße Eier legen. — Ich erhielt Exemplare sowohl im Küstengebiet (Novo-Friburgo), als auch im Binnenlande (Congonhas).

Anm. 1. In den westlichen Gegenden Süd-Amerikas (Peru, Chili) tritt eine sehr ähnliche Art auf, welche zuerst Meyen als Alcedo stellata beschrieb (N. Act. ph. med. Soc. Caes. Leop. Car. N. Cur. XVI. Suppl. 93. tb. 14); sie hat weiße Querflecken auch auf den unteren Flügeldeckfedern.

2. Die von Reichenbach a. a. O. 24. Nr. 57 unterschiedene Megaceryle caesia stellt ein recht altes männliches Individuum vor. Ein solches bekommt man viel seltner, als Weibchen und jüngere Vögel. —

2. Gatt. Chloroceryle *Kaup.*

Feiner gebaute, kleinere, schlankere Vögel mit relativ viel längerem, spitzerem, dünnerem Schnabel, dessen Rückenfirste abgerundet ist und dessen Kinnwinkel nicht so weit hinabreicht. Das Gefieder hat auf der Rückenseite einen metallischen Glanz. Die Beine sind feiner gebaut, haben einen relativ dünneren Lauf, einen kürzeren Daumen und schlankere, schwächere Krallen. —

1. Chloroceryle amazona.

Reichenbach, Handb. I. 28. 69.
Alcedo amazona ***Lath.*** Ind. orn. I. 257. 31. — ***Pr. Max.*** Beitr. IV. 12. 2. — ***Vieill.*** N. Dict. XIX. 399. — ***Schomb.*** Reise III. 704. 102. — ***v. Tschudi,*** Fn. per. Orn. 40. 3.
Alcedo rubescens ***Vieill.*** Enc. Orn. I. 395. (mas).
Martin pescador obscuro dorado ***Azara*** Apunt. III. 387. 419. fem.
Martin pescador garganta roxa ibid. 388. 420. mas.

So groß wie ein Krammetsvogel, oben lebhaft erzgrün, unten weiß, die Seiten erzfarben gefleckt; die Brust des Männchens rostroth.

Schnabel schwarz, der Unterkiefer am Kehlrande röthlich. Rückengefieder lebhaft und frisch erzgrün, die Flügeldeckfedern bei jüngeren Vögeln mit feinen weißgrauen Spitzenflecken. Schwingen am Innenrande weiß gesäumt, die vorderen mit davon ausgehenden, gegen den Schaft gewendeten Querflecken und feinen weißen Spitzen. Mittlere Schwanzfedern oben einfarbig erzgrün, unten grau; die seitlichen oben mit weißen Randflecken, unten mit weißen Querbinden. Kehle, eine Binde um den Hals, Bauch und Steiß weiß, die Seiten erzgrün gestreift. Beine schwarz, Iris dunkelbraun.

Männchen feiner gebaut, mit spitzerem Schnabel und rostrother Brust.

Weibchen etwas größer, die Brustmitte weiß, die Seiten erzgrün gefleckt; vor und unter dem Auge ein weißlicher Streif.

Junger Vogel matter gefärbt, die Flügeldeckfedern mit weißen Spitzen, die Brust, wenn Männchen, gelblich überlaufen, besonders an den Seiten.

Ganze Länge 11 — 12″, Schnabelrücken 2″, Flügel 5″, Schwanz 3″, Lauf 5‴, Mittelzehe ohne die Kralle 7‴.

Bewohnt die Waldgebiete vom ganzen wärmeren Süd-Amerika und ist in den meisten Gegenden keine Seltenheit; ich traf den Vogel mehrmals während der Reise an Bächen im Walde, er ließ uns aber nie zum Schuß kommen. Er sitzt ein Paar Fuß über dem Wasser auf herabhängenden Zweigen und stößt, wie die vorige Art, auf kleine Fische. Sein Nest findet man, nach der Versicherung des Prinzen zu Wied, ebenfalls in Uferlöchern.

Anm. Chloroceryle leucosticta *Reichenb.* l. l. 29. 61. ist auf jüngere, besonders weibliche Individuen dieser Art gegründet.

2. Chloroceryle bicolor.

Reichenbach, Handb. I. 28. 68.
Alcedo bicolor *Gmel. Linn.* S. Nat. I. 451. — *Lath.* Ind. orn. I. 258. 34. — *Buff.* pl. enl. 592. — *Pr. Max.* Beitr. IV. 23. 4. — *Schomb.* Reise, III. 704. 173.
Alcedo inda *Lath.* l. l. 259. 37. av. juvenil.
— viridirufa *Boddaert.*

Rückengefieder erzgrün, Unterseite rostroth; Schwingen und Schwanzfedern am Innenrande weiß gefleckt.

Etwas kleiner als die vorige Art, aber größer als die folgende. Schnabel schwarz, der Rand des Kinnwinkels blasser, röthlich weiß. Iris dunkelbraun. Rückengefieder lebhaft und voll erzgrün, mit Kupferschiller; die Flügeldeckfedern bei jüngeren Individuen mit blaß rostgelben Spitzenflecken. Schwingen und Schwanzfedern schwarz; erstere am Außenrande mit kleinen, am Innenrande mit großen weißen Flecken; letztere oben erzgrün, die seitlichen am Innenrande weiß gefleckt. Ganze Unterseite und ein Streif vom Schnabel zum Auge lebhaft rostroth; die oberste Kehlgegend blasser, weißlich, und von da am Rande des erzgrünen Kopfgefieders ein blasserer Streif, welcher sich zum Nacken zieht. Beine blaßbräunlich.

Das Weibchen unterscheidet sich vom Männchen durch eine etwas matter gefärbte Unterseite und eine erzgrüne Binde quer über die Brust. — Die jungen Vögel haben eine sehr lichte Rostfarbe und viel größere Flecken auf den Flügeln. —

Ganze Länge 9—9½", Schnabelrücken 1" 9'''. Flügel 4", Schwanz 2" 8''', Lauf 4''', Mittelzehe ohne Kralle 5'''. —

Die Art ist selten, sie lebt einsam im Walde an Bächen und scheint sich durch das ganze Küstenwaldgebiet zu verbreiten, indem Lesson sie noch auf der Insel St. Catharina gefunden haben will (Voyage d. l. Coquill. Zool. I. 195.). Der Prinz zu Wied beobachtete den Vogel zuerst in der Gegend des Rio Mucuri und an der Lagoa d'Arara; — Schomburgk in Guyana; — mir kam er nicht vor. —

3. Chloroceryle americana.

Reichenbach, Handb. etc. I. 27. 63.
Alcedo americana *Linn. Gmel.* S. Nat. I. 1. 451. — *Lath.* Ind. orn. I. 258. 35. — *Buff.* pl. enl. 591. — *Pr. Max.* Beitr. IV. 17. 3. — *Schomb.* Reise III. 704. 174.
Alcedo viridis *Vieill.* Enc. Orn. 397.
Martin-pescador verde obscuro, *Azara* Apunt. III. 389. 421.

Rückenseite bläulich erzgrün, Bauchseite gelblich weiß, über die Brust eine erzfarbne Binde beim Weibchen, oder die ganze Brust rostroth beim Männchen.

Nicht viel größer, als der europäische Eisvogel, aber langschnäbliger. Schnabel schwarz, der Kinnwinkel blaß horngelbroth, auch die Spitze gewöhnlich lichter. Iris braun. Alle Obertheile bläulich erzgrün, bei jungen Vögeln weißgraue Spitzen am Kopf- und Flügeldeckgefieder. Schwingen schwarz, alle am Innenrande weiß gefleckt und von der dritten an auch am Außenrande weiß punktirt. Mittlere Schwanzfedern ganz grün, die seitlichen am Innenrande weiß gefleckt, das äußerste Paar viel kleiner und kürzer. — Unterseite des Weibchens weiß, blaßgelb überlaufen, die Halsseiten bis zur Schulter weiß; mitten über die Brust eine erzgrüne Fleckenbinde, dagegen vorn am Bauch, an dessen Seiten und am Steiß große erzgrüne Flecken. — Beim Männchen sind diese Flecken am Bauch und Steiß größer, aber die Binde über die Brust fehlt und dafür ist die ganze

Brust bis zum Halse hinauf rostroth. — Die Beine sind tief schwarzbraun. —

Die jungen Vögel haben mattere Farben, deutliche graugelbe Punkte im Kopfgefieder, einen gelblichen Streif vom Auge bis zum Schnabel und kleine blaß gelbgraue Tüpfel an den Rändern der unteren äußeren Flügeldeckfedern. Die Innenseite der Flügel ist gelb überlaufen, beim alten Vogel rein weiß.

Ganze Länge 8″, Schnabelrücken 1″ 9‴, Flügel 3″ 4‴, Schwanz 2″, Lauf 3‴, Mittelzehe ohne die Kralle 6‴.

Das ist die häufigste Art der Eisvögel Brasiliens, man trifft sie ziemlich überall an kleinen Bächen auf überhängenden Zweigen und sieht den Vogel ins Wasser stoßen, um seine Beute sich zu holen, die besonders in jungen Fischen besteht. Er ist weniger scheu, als die größeren Arten, kommt bis nahe an die Ansiedelungen, und läßt sich ziemlich leicht schießen. Sein Nest findet sich ebenfalls in Uferlöchern. —

Anm. 1. Auch von dieser Art hat Hofr. Reichenbach eine etwas kleinere Form von 6″ Länge specifisch getrennt und Ch. chalcites genannt (Handb. etc. 28. 64.). Die anderen Unterschiede, daß die weißen Flecken an der Innenseite der Schwanzfedern nicht zusammenflössen, sind nicht stichhaltig, sie thun das wohl, obgleich erst tiefer nach der Basis zu. Ich habe 2 solche kleinere Individuen von 7″ Länge vor mir, welche die Mitte zwischen dem großen, oben beschriebenen, und dem ganz kleinen Reichenbach's halten, also wohl den Uebergang beider Formen in einander beweisen dürften.

2. Nördlich vom Amazonenstrom findet sich in Süd-Amerika noch die ganz kleine Chloroceryle superciliosa *Reichenb.* Handb. 28. 65. — Alcedo superciliosa *Linn.* S. Nat. I. 179. 6. — *Lath.* Ind. orn. I. 259. 39. — *Buff.* pl. enl. 756. — Der Vogel ist kaum 5″ lang, aber dunkel bläulich erzgrün, die Kehle und die Mitte der Brust sind weiß, die übrige Unterseite lebhaft zimmtroth; beim Männchen zieht sich eine lichte Binde vom Halse zum Nacken, beim Weibchen ist die Brust an jeder Seite breit erzfarben. Schwingen und Schwanzfedern sind wie gewöhnlich weiß gefleckt; der Schnabel ist schwarz, die Beine sind fleischbraun. — Jüngere Vögel haben blaß gelbliche Tüpfelchen auf dem Scheitel und den Flügeldeckfedern, gleich wie einen solchen Streif vom Auge zum Schnabel. — Schomburgk fand diese Art häufiger an Teichen und stehenden Gewässern in der Nähe der Küste, als im Binnenlande an den Waldbächen; sie stößt ebenfalls auf kleine Fische. Reise III. 704. 175.

3. Bei den älteren Autoren kommen noch mehrere Arten aus Süd-Amerika vor, so namentlich: Alcedo cajennensis, A. maculata, A. brasiliensis und A. surinamensis vor (Vgl. *Lath.* Ind. orn. I. S. 256 seq. no. 29. 33. 36. 38). Alle diese Formen beziehen sich wohl nur auf ganz junge Individuen, bei denen die Erzfarbe noch durch ein trübes Braun vertreten, und der Flügel größer gefleckt ist. Wahrscheinlich gehören die erste, zweite und vierte der genannten Arten zu Chloroceryle amazona oder Ch. bicolor, die dritte zu Chloroceryle americana.

Dreizehnte Familie.

Sägeracken. Prionitidae.

Es sind Vögel von dem Ansehn und der Größe unserer Blauracken (Coracias garrula), deren Stelle sie auch in Süd-Amerika vertreten, aber der längere Schwanz und der etwas höhere Lauf läßt sie größer erscheinen. Wesentliche Unterschiede liegen in den gezackten Schnabelrändern und den zur Hälfte verwachsenen äußeren Vorderzehen.

Der Schnabel ist leicht gebogen, ziemlich spitz, ohne Endhaken, seitlich zusammengedrückt, aber doch rundlich mit abgerundeter Spitze. Die Nasengrube erstreckt sich nicht in den Oberschnabel hinab, sondern bildet eine abgeschlossene Vertiefung dicht vor dem Stirngefieder, welche zur Hälfte von einer kleinen Platte bedeckt ist, an deren unterem Rande sich das gebogene Nasenloch befindet. Der Mundrand beider Kiefer ist mehr oder minder regelmäßig und stark gekerbt. Steife, aber nicht sehr lange Borstenfedern umgeben beide Schnabelränder am Mundwinkel; aber das Augenlid trägt keine Wimpern, sondern kleine Randfedern. — Das Gefieder ist weich, voll, großfedrig und in der Tiefe stark dunig. Die ziemlich kurzen, etwas abgerundeten Flügel reichen nur bis auf den Anfang des Schwanzes; sie enthalten zehn Federn an der Hand, von denen die erste sehr kurz, die zweite und dritte minder verkürzt, die vierte und fünfte die längsten sind, und 10—12 am Arm. Letztere sind lang, reichen ruhend bis dicht vor die Spitze der längsten Handschwingen und setzen sich zwar von den großen Deckfedern deutlich ab, diese aber nicht von dem übrigen Deckgefieder, unter dem sie größtentheils stecken. — Der lange stark keilförmige Schwanz besteht theils aus zehn, theils aus zwölf Federn, die paarig gleiche Länge haben. Sind zwölf da, so ist das äußerste Paar sehr klein; wenn zehn, so erreicht es ein Drittel der Mittelfedern. Selbige pflegen theils an der Spitze, theils eine Strecke vor derselben abgenutzt zu sein. Die Bürzeldrüse ist klein und am Zipfel nicht befiedert.

Von den inneren Organen zeichnet sich die Zunge durch eine gewisse Aehnlichkeit mit der der Tukans aus. Sie ist zwar nicht so lang und der Zungenbeinkörper sehr klein, aber sie geht in eine hornige, federartig zerschlissene, tief zweilappige, etwas breitere, oval-lanzettförmige Endfläche aus, welche beinahe den ganzen Unterschnabel ausfüllt. Hinten theilt sich die Zunge in zwei große, gezackte, divergirende Lappen. Die weichen Theile habe ich nicht untersucht, weil das mir gebrachte frische Exemplar zur Zeit eintraf, als ich eben das Bein gebrochen hatte. Das Skelet ähnelt dem der Kukuke, doch mehr noch dem von Coracias. Am Schädel fällt die Kleinheit des Thränenbeines auf. Das Brustbein ist kurz, aber breit, besonders nach hinten und hier vor dem Rande mit vier ovalen Hautstellen versehen, die nur schmale Knochenbrücken zwischen sich lassen und, wenn sie hinterwärts durchbrechen, vier T förmige Zacken ergeben würden, ganz wie bei Kukuken und Spechten. Das Becken ist kleiner und schwächer als bei den Kukuken, aber breiter und kürzer als das von Coracias. Halswirbel sind 13, Rückenwirbel 8, Schwanzwirbel ebenfalls 8 vorhanden. Das Gabelbein verbindet sich nicht mit dem Kamm des Brustbeins, welcher überhaupt niedrig und vorn abgestutzt ist, es hat keinen Griff und ist am Winkelende sehr schwach; Schlüsselbein und Schulterblatt sind lang, aber nur dünn oder schmal. Der Oberarm ist viel kürzer als der Vorderarm und die Hand ebenfalls; sie ähnelt in ihrem Verhältniß ganz der von Halcedo. Die Beine sind länger und etwas stärker, besonders der Lauf, welcher die Länge des Oberschenkels besitzt; das Wadenbein ist sehr klein und kurz, der Daumen lang, relativ länger als bei Halcedo. Die drei Vorderzehen haben die üblichen Gliedzahlen und sind in ihnen die Mittelglieder nicht kürzer als Anfangs- und Endglieder, ein Verhältniß, das auch bei Halcedo, Coracias und den Klettervögeln sich findet. Die Bekleidung des Fußes besteht hinten am Lauf aus kleineren, vorn aus größeren, besonders breiteren Tafelschildern; auf den Zehen verkürzen sie sich und gehen in gleicher Form und Größe bis zur Spitze hinab. Außen- und Mittelzehe sind bis zur Mitte zusammengewachsen. Die Mittelkralle hat einen starken, nach innen vortretenden Saum. —

Die Sägeracken sind Waldvögel, welche sich in einigen Arten über Süd-Amerika verbreiten, zwar nicht zu den Seltenheiten gehören, aber doch nirgends in beträchtlicher Anzahl auftreten, vielmehr nur einzeln oder paarweis fern von menschlichen Wohnungen gefunden werden. Morgens und Abends hört man ihren Ruf, der einem einfachen Pfiff auf der Flöte ähnelt. Sie fressen Insecten, die sie größtentheils am Boden aufsuchen; in der Gefangenschaft nehmen sie auch vegetabilische menschliche Eßwaaren und Früchte. Das Nest findet sich in alten modrigen Astlöchern, worin der Vogel nur eine schlechte Unterlage sich bereitet und dann 2 weiße Eier legt. Mitunter soll es auch in Erdlöchern stecken.

Gatt. Prionites *Illig.*

Prodrom. Syst. Mamm. et Av.

Wir lassen die Gattung hier in dem alten Umfange, wie sie von Illiger a. a. O. aufgestellt und durch den mehr hohen als flachen Schnabel von Kopfeslänge charakterisirt ist; die mexikanische Gattung Hylomanes *Licht.* hat einen relativ längeren, flacheren Schnabel und begreift kleinere Vögel in sich.

a. Mit zehnfedrigem, kürzerem Schwanz.

1. Prionites ruficapillus *Illig.*

Pr. Max. z. Wied Beitr. z. Naturg. Bras. III. 1257. — *Le Vaill.* h. nat. d. Promer. Sppl. 6.
Baryphonus ruficapillus *Vieill.* Gal. d. Ois. II. 519. pl. 190.
Momotus Levaillantii *Less.*
Taquara oder Gallo do mato der Brasilianer.

Olivengrün, Scheitel und Oberbauch rostrothgelb, die Brust ähnlich überlaufen; Zügel, Augenring, Backen und ein Fleck auf der Brust schwarz.

Etwas größer als eine Elster, doch von deren Gestalt und Ansehn; der Schnabel mehr gebogen und spitzer, schwarz mit bräunlicher Spitze. Oberkopf von der Stirn bis zum Nacken rostroth; Zügel, Augengegend, Backen bis zum Ohr und ein Fleck auf der Brust kohlschwarz. Rumpfgefieder und Flügeldeckfedern olivengrün, rostbräunlich überlaufen. Die Kehle ganz rostgelb, der Vorderhals ebenso überlaufen bis zur Brust hinab; der Bauch vor den Schenkeln entschieden rostgelbbraun. Schwingen schwarz, die Handschwingen an der Vorderfahne himmelblau, die Armschwingen grün, wie der Rücken. Schwanz obenauf dunkler grün, die Spitzen der mittleren Federn bläulich; unten grau. Steiß, After und Schenkel graugrün. Beine blaßbraun. Iris rothbraun. —

Ganze Länge 17″, Schnabelrücken 1″ 7‴, Flügel 6″, Schwanz 8½ bis 9″, Lauf 1″ 2‴, Mittelzehe ohne die Kralle 1″. —

Ich erhielt diesen hübschen Vogel frisch nur in Lagoa santa, wo er Gallo do mato (Waldhahn) genannt wurde; doch sah ich auch Bälge desselben in Neu-Freiburg, wo er keinesweges selten war. Eier und Nester sind mir nicht bekannt geworden.

Anm. Illiger stützte seine Art allerdings auf Azara's Tutú (Apunt. etc. I. 243. 52), weil er den hier beschriebenen Vogel, welchen er vor sich hatte, damit für übereinstimmend ansah. Es scheint aber, als ob derselbe verschieden sei, weil Azara's Vogel kleiner (14½" lang, Schwanz 7¼") und seine Bauchfläche nicht rostgelb, sondern blaugrün gefärbt ist. Wir ziehen es daher vor, dieser den mehr südlichen Gegenden angehörigen Form den Namen Prionites cyanogaster *Vieill.* (Enc. Orn. 898) zu lassen. Le Vaillant bildete den Vogel in seiner Hist. nat. des Rolliers etc. pl. 39. als Prionite Dombé ab; Lesson nennt ihn deshalb Pr. Dombeyi, Gray und Bonaparte übertragen auf ihn Illiger's Benennung.

2. Prionites Martii *Spix.*

Aves Bras. I. 64. tb. 60.
Crypticus platyrhynchus *Gray. Bonap.* Consp. 165.

Rostroth, Flügel und Schwanz spangrün, Handschwingen am Rande himmelblau; Zügel, Augen, Backen und ein Fleck auf der Brust schwarz.

Etwas kleiner als die vorige Art, doch ebenso gebaut, nur der Schnabel etwas dicker und breiter. Kopf, Hals, Brust und Vorderbauch lebhaft rostroth, der Scheitel am dunkelsten; Zügelgegend, ein Ring um das Auge, welcher sich als Streif bis unter das Ohr fortsetzt und ein kleiner keilförmiger Fleck mitten auf der Brust schwarz. Rücken, Außenseite der Flügel, Schenkel, Bürzel, Schwanz und Steiß bläulich spangrün; die kleinen Flügeldeckfedern am Bug rostroth überlaufen. Schwingen schwarzgrau, die der Hand an der Außenfahne himmelblau, die des Armes wie der Rücken; Schwanz auf der Unterseite lichtgrau. Schnabel und Beine braun, letzte grau überlaufen, Iris rothbraun.

Ganze Länge 14½", Schnabel 1¾", Flügel 5", Schwanz 9½".

In den Waldungen am unteren Amazonenstrom, von Spix bei Para entdeckt; führt bei den Einwohnern den Namen Jiriba.

b. Mit zwölffedrigem längerem Schwanz.

3. Prionites brasiliensis *Lath.*

Ramphastus Momota *Linn.* S. Nat I. 152 1.
Momota brasiliensis *Lath.* Ind. orn. I. 140. — *Buff.* pl. enl. 370. — *Le Vaill.* Promer. pl. 37. 38.
Baryphonus cyanocephalus *Vieill.* Nouv. Dict. XXI. 215.

Bräunlich grün, Scheitel schwarz, vorn spangrün, hinten lasurblau eingefaßt. Flügel und Schwanz obenauf lebhafter grün, der Rand und die Spitzen bläulich.

Es giebt von dieser Art zwei Formen, die entweder Geschlechts- oder Art-Verschiedenheit andeuten.

Bei der einen (älteren oder männlichen?) Form ist die Hauptfarbe des Halses, der Kehle, der Brust und des Bauches ein klares und volles Rostgelb, welches gegen den Kopf hin immer voller, zimmtrother wird, besonders im Nacken. Rücken, Flügeldeckfedern, Schenkel und letzte Steißfedern sind grün. Der Kopf hat schwarze Zügel, Backen und Scheitel; die Stirn ist lebhaft spangrün und ein ähnlicher schmaler Kranz umgiebt den Hinterkopf, dessen äußerste hinterste Spitzen cyanblau werden. Mitten auf der Brust sitzen zwei schwarze Federn, deren äußerer Seitenrand spangrün ist, eine ebenso gefärbte Linie zieht sich unter der schwarzen Backe hin. Die Schwingen sind schwarzgrau, die der Hand am Vorderrande himmelblau, die des Armes obenauf grün. Der lange Schwanz besteht aus 12 obenauf grünen, am Rande bläulichen, auf der Unterseite schwarzen Federn, von denen die beiden äußeren kleineren Paare entschiedener zugespitzt sind, während das mittelste längste Paar mit blau angelaufener Spitze eine abgeriebene nackte Strecke an der Fahne hat, wodurch sich der Endtheil spatelförmig vom übrigen Schwanze absetzt. Die Beine sind hornbraungrau, der Schnabel ist ganz schwarz, die Iris rothbraun. —

Ganze Länge 19″, Schnabelrücken 1½″, Flügel 6½″, Schwanz 11″, Lauf 1″ 3‴, Mittelzehe ohne die Kralle 10‴. —

Die andere (jüngere oder weibliche?) Form ist etwas schmächtiger gebaut, hat einen blaßgelblichen Kinnwinkelrand am Unterschnabel und einen olivengrünen, leicht braun überlaufenen Rumpf, der nur eine kleine Strecke oben im Nacken wirklich zimmtbraun wird. Flügel und Schwanz haben dieselbe Farbe, aber der Schwanz ist etwas kürzer (10″) und die äußeren 2 Paar Federn sind ebenso stumpf gerundet, wie die folgenden. Auf dem Kopf ist die licht spangrüne Zeichnung breiter, besonders der Ring am Hinterkopf, welcher hier prachtvoll lasurblau wird und den schwarzen Ring unter ihm völlig verdeckt. Der schwarze Backenstreif ist länger und an beiden Seiten von spangrünen Federn eingefaßt, auch der schwarze Fleck auf der Brust hat eine bedeutendere Größe.

Ganze Länge 18″, Schwanz 10″, Flügel 6″, die übrigen Dimensionen wie bei der vorigen Form.

Der Vogel bewohnt die Waldgebiete der nördlichen Districte Brasiliens und kommt besonders von Para und Cajenne. Er ist hier ebenso allgemein bekannt, wie die erste Art im Süden. Schomburgk, der ihn mehrmals brütend beobachtete (Reise I, 200), berichtet, daß er in alten

Astlöchern niste, und dabei durch Reibung des Schwanzes auf dem Nestrande seine beiden mittleren Schwanzfedern so eigenthümlich abnutze. Da beide Geschlechter diese Abnutzung zeigen, so werden sie auch beide brüten.

Anm. Wenn die von mir hervorgehobenen Unterschiede sich als Artverschiedenheiten herausstellen sollten, so würde ich vorschlagen:

Die erste Form, welche die südlichere brasilianische zu sein scheint, ausschließlich mit dem Namen Pr. brasiliensis zu bezeichnen.

Die zweite, welche mehr über Guyana, die Gegenden nördlich vom Amazonenstrom und Peru sich verbreitet, Pr. Momota zu nennen. Buffon's Abbildung a. a. O. gehört zu dieser zweiten Form.

B. Kreischer. Tracheophones.

Die Muskeln des unteren Kehlkopfes bleiben entweder ganz schwach, wie in der vorigen Gruppe, oder bilden einen kräftigen, mitunter sehr starken Fleischkörper, welcher die eigenthümlich gestalteten, oft erweiterten ersten Bronchialringe überdeckt; die Vögel haben eine laute, trommelnde oder kreischende, unmelodische Stimme, welche nur einer geringen Modulation fähig ist. Ihre Laufsohle ist entweder ganz nackt oder warzig chagrinirt, ihr Flügelschnitt dem der Sänger (Canorae) ähnlich. —

In der äußeren Erscheinung gleichen die Vögel dieser Abtheilung den Sängern und sind auch in früherer Zeit dahin gezogen worden. Nachdem Blasius und Kaiserl ng behauptet hatten *), daß die Stiefelschiene am Lauf ein charakteristisches Merkmal ächter Singvögel sei, suchte ich dasselbe durch Hinweisung auf die hierher gehörigen Vögel, welche ich damals noch für Singvögel hielt, zu beschränken **), worauf jene erwiderten, daß die von mir namhaft gemachten Gattungen keine Singvögel seien ***). Das ist seitdem durch Joh. Müller's Untersuchungen des Kehlkopfes nachgewiesen ****), wie bereits früher angegeben wurde (S. 310). Wir verweisen hier auf dieselben für weitere Belehrung und beschränken uns auf die Angabe, daß die Tracheophonen in der Regel nur einen bald schwachen, bald starken, oder sehr kräftigen Muskel jeder-

*) Wiegman's Archiv f. Naturg. 1839. I. S. 332.

**) Ebenda 1840. I. 220.

***) Ebenda S. 362.

****) Abh. d. Königl. Acad. d. Wissensch. z. Berlin, und besonders: Berlin 1847. 4.

seits am unteren Kehlkopf besitzen, der über denselben hinab bis auf den ersten, zweiten oder dritten, weiter ausgedehnten oder sonst veränderten Bronchialring sich erstrecken kann. Das ist das einzige allgemeine Merkmal; im Uebrigen erleidet nicht bloß die Stärke des Muskels sehr erhebliche Verschiedenheiten, sondern es kann auch noch ein dritter unpaariger auftreten, welcher dann zwischen ihm auf der unteren oder Brustseite des Organes zu sitzen pflegt. Einige weitere Angaben werden bei den einzelnen Familien und Gattungen vorkommen.

Der Flügelschnitt der Tracheophonen ist entschieden singvogelartig; d. h. die großen Flügeldeckfedern reichen nicht so weit über die Armschwingen hinab, wie in der Regel bei den Schrillern, werden aber selbst weniger breit von den vorhergehenden Deckfedernreihen überragt. Auch fehlen ihnen, wie bei den ächten Sängern (Canorae) die oberen kleineren Deckfedernreihen am Vorderarm, wie Sundeval gezeigt hat *). Man sieht deshalb auf dem Flügel außen drei Federnabtheilungen deutlicher unterschieden: die kleinen Deckfedern, die großen Deckfedern und die Schwingen; besonders aber bemerkt man die weiter hinabreichenden, den Handschwingen entsprechenden vordersten großen Deckfedern am ruhenden Flügel, während sie bei den meisten Schrillervögeln unter den darüberliegenden Armdeckfedern sich verstecken. Die Tracheophonen haben in der Regel neunzehn Schwingen und davon stets zehn an der Hand, deren erste schon eine ziemliche Größe besitzt; bei den Canoren finden sich nur neun Schwingen, oder wenn zehn, so ist die erste sehr viel kleiner. — Obgleich alle Verhältnisse des Flügelschnitts bei den ächten Sängern noch bestimmter und deutlicher hervortreten, so ist doch die Uebereinstimmung mit deren Bau bei den Tracheophonen unverkennbar. Letztere sind nach dem Schnitt des Flügels ebenso sehr Singvögel, wie sie nach der Bekleidung der Laufsohle von denselben sich scharf unterscheiden. Das rechtfertiget um so mehr die Selbstständigkeit der durch ihren Kehlkopf als eigenthümlich gezeichneten Gruppe. —

Wir theilen die Gruppe, mit Cabanis **), in 3 Familien:

*) Vgl. Isis. 1846. S. 244 flgd.

**) Ornithologische Notizen. Wiegm. Archiv 1847. I. S. 185 u. S. 308.

Die Colopteriden haben eine breite, ganz nackte, oft mehrreihig warzige Laufsohle und öfters eigenthümliche, verkümmerte Schwingen im Handtheil des Flügels. Ihr Schnabel ist kurz, breit und mehr flach gewölbt, als hoch. —

Die Anabatiden haben eine schmale, glatte oder nur einreihig warzige Laufsohle und keine verkümmerten Handschwingen; ihr Schnabel ist meist lang, dünn und gebogen. —

Die Eriodoriden sind an der eigenthümlich weichen, wolligen Beschaffenheit ihres Rückengefieders und dem kurzen, starken, seitlich zusammengedrückten Schnabel kenntlich. —

Vierzehnte Familie.

Schmuckvögel. Colopteridae.

Vögel theils mittlerer, theils geringer Größe, mit bald ziemlich breitem, flach gewölbtem, bald höherem kegelförmigem Schnabel, dessen Spitze mehr oder weniger herabgebogen, und neben dem kurzen Endhaken mit einer kleinen Kerbe versehen ist, und der eine kurze, vom Kopfgefieder z. Th. bedeckte Nasengrube dicht vor der Stirn umschließt, worin vorn das offene runde Nasenloch liegt. Am Zügelrande stehen in der Regel einige kurze, mitunter recht steife Borsten. Die Flügel sind von mäßiger Länge, ziemlich spitz und reichen wenig oder bedeutend über den Anfang des Schwanzes hinab; ihre erste Schwinge mißt in der Regel etwa drei Viertel der dritten, welche die längste zu sein pflegt; in der Mitte oder am Rande des Handfittigs treten einzelne verkümmerte Federn, doch nicht bei allen Mitgliedern auf. Die Fußbildung ist stark und kräftig, die Laufsohle gewöhnlich breit, und entweder glatt, oder theils getäfelt, theils mit mehreren Reihen kleiner Warzen bekleidet. Das Gefieder ist ziemlich derbe, nicht sehr großfedrig, also zahlreich und knapper anliegend. Der Schwanz enthält stets zwölf Federn und die Bürzeldrüse hat keinen Federnkranz am Zipfel.

Die Mitglieder der Familie sind in Amerika zu Hause und die meisten über die wärmeren Gegenden verbreitet; sie ernähren sich entweder von saftigen Früchten, besonders Beeren, oder von Insecten, haben z. Th. ein mit grellen Farben prangendes, oft buntes und schönes Gefieder. An ihrem Kehlkopf tritt der ausgebildetste Tracheophonentypus auf, aber nicht allgemein, nur bei einzelnen Mitgliedern.

1. Ampelinae.

Der Schnabel ist ziemlich groß, zwar gewölbt, aber mehr breit als hoch, besonders am Grunde, und seine freie Rückenfirste mindestens so lang, wie der Abstand des Nasenlochs von der vorderen Augenecke. Verkümmerte Schwingen oder sonst eigenthümliche Formen des Flügels treten hier nicht auf; die Außenzehe ist nicht mit der Mittelzehe am Grunde verwachsen.

A. Einzelne steifere Borsten am Zügelrande; die Geschlechter gleich gefärbt. Coracinidae.

1. Gatt. Coracina *Vieill.*

Cephalopterus, Pyroderus et Threnoedus *aut.*

Schnabel ziemlich drehrund, wenig abgeplattet, nach vorn erhöht; die Befiederung überdeckt das Nasenloch; am Zügelrande, im Gefieder versteckt, 4—5 steife Borsten. Flügel ziemlich spitz, bis auf die Mitte des Schwanzes oder darüber hinab reichend; keine Schwinge verkümmert. Schwanz ziemlich lang, breit abgerundet. Beine hoch und stark, der Lauf hinten dicht mit feinen Warzen bekleidet. Gefieder hauptsächlich schwarz.

1. Coracina scutata *Temm.*

Planch. color. pl. 40. — *Pr. Max.* Beitr. III. a. 406. 1.
Ampelis sanguinicollis *Licht.* Doubl. 56. 580.
Pyroderus scutatus *Shaw., Gray.*
Urraca degollada, *Azara,* Apunt. I. 260. 56.
Pavão der Brasilianer.

Schwarz; Vorderhals und Oberbrust brennend roth.

Beinahe so groß wie eine Krähe, das ganze Gefieder einfarbig schwarz, die Säume der Federn und die Flügel mit Metallschiller, dessen Glanz mit dem Alter zunimmt. Oberste Kehlgegend noch schwarz, dann wie die Mitte des Halses bis zur Brust lebhaft feuerroth, in der Jugend matter als im Alter; die untersten Brustfedern roth oder rothbraun gerandet, mitunter ein solcher Fleck auf der Mitte der Brust. Beine tiefschwarz, Schnabel rauchbräunlich, Iris dunkelbraun.

Je älter der Vogel wird, desto mehr breitet sich der rothe Fleck aus und desto feuriger erscheint er. Junge Vögel haben breite rothbraune Säume am unteren Hals- und Brustgefieder, welche allmälig breiter und röther werden. Beim Weibchen, das etwas kleiner ist als das Männchen, stehen sie länger.

Die ruhenden Flügel reichen genau bis zur Mitte des Schwanzes; ihre erste Schwinge ist 1″ kürzer als die zweite, und diese $^1/_2$″ kürzer als die dritte, welcher der vierten um etwas mehr als 1‴ nachsteht; letztere und die fünfte sind die längsten; im Ganzen zähle ich neunzehn *). Im Zügelgefieder stehen drei steife Borsten am Schnabelrande; die Augenlider tragen keine Wimpern, sondern kleine Federn am Rande.

Ganze Länge 16″, Schnabelrücken 1″, Flügel 9″, Schwanz 6″, Lauf 1$^1/_2$″, Mittelzehe ohne Kralle 1$^1/_4$″.

Der Vogel ist in allen brasilianischen Wäldern zu Hause und Jedermann unter dem Namen Pavao an seiner kollernden, lauten Stimme bekannt. Sein innerer Bau wurde von mir an einem weiblichen Individuum untersucht und bot folgende bemerkenswerthe Eigenschaften dar. —

Die Mundhöhle zeigt am Gaumen, hinter der langen, schmalen Choanenspalte, eine nach vorn verbundene, hinten in zwei abgerundete Lappen getheilte papillöse Fläche, deren Papillen nach hinten länger werden und am Rande kurze Zacken bilden. In der Spalte zwischen beiden Lappen ist die gemeinsame Mündung der tubae Eustachii. Die Zunge ist glatt, vorn von einer Hornscheide überzogen, an der äußersten Spitze in zwei kurze Lappen mit feineren Nebenzacken getheilt und am Rande kurz gefranzt, welche Franzen aber noch nicht bis zur Mitte des Seitenrandes reichen; hinten hat sie zwei große, divergirende, stark am Rande gezackte Pfeillappen. Dazwischen liegt, etwas mehr nach hinten, die Stimmritze, von zwei mandelförmigen Polstern umgeben, deren Ränder und hinteren Oberflächen mit spitzen Zacken besetzt sind. Die Luftröhre ist so lang wie der Hals, flach rund, gleich weit, und an jeder Seite von einem schmalen dünnen Muskelbande begleitet, das bis zum fünften Bronchialringe hinabreicht; ebenso dünn und schmal sind die beiden Mm. sternotracheales, welche etwa 1$^1/_2$″ vor dem unteren Ende der Trachea seitwärts neben dem Längsmuskel von ihr ausgehen. Der untere Kehlkopf hat das Ansehn eines flach gedrückten Trompeten-Mundstückes und besteht aus zwei größeren, allmälig weiteren Trachealringen, welche durch einen mittleren ab-

*) Nitzsch giebt in der Pterylogr. S. 109 zwanzig Schwingen oder eine mehr an; ich finde dagegen am frischen Vogel ganz sicher nur neunzehn, Azara zählte nur achtzehn. —

steigenden Fortsatz innig mit einander verwachsen sind; selbst der erste Bronchialring hängt damit auf dieselbe Weise zusammen. Der zweite Bronchialring ist frei und der dritte mit ihm auf der Unterseite durch einen aufsteigenden Querast gelenkig verbunden; der fünfte, noch sehr weite, wird von dem Seitenmuskel gehalten; der sechste verengt sich stark und der siebente hat zuerst den engen Umfang der nachfolgenden, übrigen Ringe. Dadurch entsteht am Anfange der Bronchien jederseits eine weite Höhle vom Umfange einer kleinen Haselnuß, und das ist die Trommel des Stimmorganes. Auf der oberen, gegen die Lunge gewendeten Seite läßt jeder Bronchialring in seinem Umfange eine Lücke, welche bloß mit Fleischgebilden, wie zwischen den Ringen, ausgefüllt ist. In Folge dessen können sich diese Trommeln sehr stark ausdehnen. Einen eigenen Muskelbelag aber, wie bei Chasmarhynchus, haben sie durchaus nicht; der Apparat ist völlig ohne alle Muskeln, wie bei Gymnocephalus, Ampelis, Psaris und Pipra, mit deren Kehlköpfen auch der von Coracina in allen wesentlichen Punkten übereinstimmt.

Die Verdauungsorgane anlangend, so ist der Schlund sehr weit spindelförmig ausdehnbar, aber ohne besonderen Kropf. Der große Magen hat nur wenig fleischige, ziemlich schlaffe Wände; der Dünndarm ist genau 1′ lang und weit, der Mastdarm ziemlich kurz, nämlich 2″, und sehr schlaffwandig; zwei ungleiche, sehr enge, kurze (3—8‴ lange) Blinddärme bezeichnen seinen Anfang. Die Leber ist von mittlerer Größe, und in zwei sehr ungleiche Lappen getheilt; an dem viel größeren rechten sitzt die ziemlich große Gallenblase. Den Schlund fand ich ganz leer, aber der Magen, welcher den Umfang einer recht großen Wallnuß besitzt, war strotzend gefüllt mit vier großen Laurineen-Früchten vom Ansehn einer Olive, deren jede in einem dünnen Fleische einen großen dikotyledonischen Kern umschließt. — Man sieht den Vogel nur selten, weil er sich stets tief im Dickicht aufhält und ziemlich träge ist; aber man hört seine Stimme aus beträchtlicher Ferne, und bekommt ihn, ihr nachgehend, leicht zum Schuß. Meine Exemplare sind bei Neu-Freiburg und Lagoa santa gesammelt. Sein Nest erhielt ich nicht; nach dem Prinzen zu Wied nistet der Vogel auf Bäumen und legt 2 Eier.

Anm. 1. Ein sehr ähnlicher, aber kleinerer (11″) Vogel findet sich in Guyana und den Gegenden nördlich vom Amazonenstrom; das ist die Muscicapa rubricollis ***Gmel. Linn.*** S. Nat. I. 2. 993. — ***Buff.*** pl. enl. 381. ***Lath.*** Ind. orn. II. 489. 87. — Querula rubricollis ***Vieill.*** Gal. II. 181. pl. 115. — ***Le Vaill.*** Ois. rar. de l'Am. et Ind. pl. 47. 48. — Threnoedus rubricollis ***Gloyer, Schomb.*** Reise III. 691. 121. — Die Flügel sind länger, spitziger; der Schwanz ist kürzer, der Schnabel dicker, bauchiger und das Gefieder in der Jugend ganz schwarz, hernach mit einem karminrothen Schilde am Vorderhalse bis zum Kinnwinkel geziert. —

2. Zu einer besonderen Gattung dürfte dagegen zu erheben sein, die bis-

her mit jener verbundene Coracina militaris *Temm.* — *Le Vaill.* Ois. d'Am. et Ind. pl. 25. 26. — Querula rubra *Vieill.* N. Dict. VIII. — Q. purpurea *Less.* — In Gestalt und Größe der vorigen Art ähnlich, aber der Schnabel hinten breiter, vorn schlanker, das Gefieder gestreckter und die Geschlechter im Kolorit völlig verschieden; das Männchen ganz scharlachroth, die Brust und Scheitelfedern stärker verlängert, Schwingen und Schwanz braun; — das Weibchen braungrau, unten weißlich; Schnabel und Beine hornbraun. —

2. Coracina ornata *Spix.*

Aves Brasil. I. 63. tb. 59.
Coracina cephaloptera *Vieill.* Gal. II. 179. pl. 114. — Nouv. Dict. VIII. 5. — *Temm.* pl. col. 225.
Cephalopterus ornatus *Geoffr.* Ann. d. Mus. XIII. pl. 15. — *v. Tschudi* Fn. per. Orn. 22. et 141. — *Pöppig*, Frorieps Notiz. 1831 Nr. 687. Beil. — *Schomb.* Reise III. 691. 122. — *D'Orbigny*, Voy. Am. mer. Orn. 296.

Einfarbig schwarz, stahlblau glänzend; Männchen mit hohem überhängendem Stirnbusch und langem Kehllappen, Weibchen mit aufrechter Stirnholle und kurzem Kehllappen. —

Noch etwas größer als Coracina scutata, besonders der Schnabel etwas länger und stärker. Ganzes Gefieder schwarz, die Säume der Rückenfedern stahlblau; Kopf, Hals und Brust stahlblau glänzend; Flügel und Schwanz einfarbig schwarz.

Männchen mit einem hohen Busch aufrechter, abstehend mit der Spitze übergebogener, starker Federn auf dem Oberkopf, deren Stiele weiß sind; vorn am Halse ein langer Hautlappen, der von Federn mit zerschlissenen Fahnen bekleidet wird; die Halsseiten daneben nackt. —

Weibchen und junger Vogel beträchtlich kleiner, mit einer viel schwächeren, aus graden senkrecht stehenden Federn gebildeten Haube auf dem Oberkopf und kurzem Kehllappen; beide um so kleiner, je jünger und glanzloser das Individuum.

Ganze Länge 19½″, Schnabelrücken 1¾″, Flügel 10″, Schwanz 7″, Lauf 1″ 7‴. —

Der Vogel bewohnt die Ostabhänge der Cordilleren Peru's, geht bis zu 3000′ hinauf, und verbreitet sich von da über die obere Hälfte des Amazonenstromes bis zum Rio Negro, wo ihn Spix beim Dorfe Fonte boa in Menge erlegte. Sein Flügelschnitt ist ganz wie bei Coracina scutata und der ruhende Flügel reicht ebenfalls bis zur Mitte des Schwanzes; der Vogel hat neunzehn Schwingen, wie jener, die erste Schwinge ist 1″ kürzer als die zweite, und letzte ½″ kürzer als die dritte, welche der vierten längsten um 1‴ nachsteht, während die fünfte schon wieder ½‴ kürzer ist und die neunte der ersten an Länge gleichkommt. Vom inneren Bau hat v. Tschudi a. a. O. eine kurze Beschreibung gegeben, welche von der bei Coracina scutata geschilderten nur durch die stark spindelförmig erweiterte Luftröhre abweicht; nach ihm frißt der Vogel fleischige Früchte, nach Pöppig auch Insekten (Coleopteren). Er hat eine laute, weitschallende, volle Stimme, die man dem Brüllen einer Kuh oder eines jungen Stiers vergleicht, daher ihn die Indianer Toropichy, oder wie Pöppig berichtet, die Spanier Vacca del monte nennen. Sein Nest ist kunstlos aus Reisern gebaut, findet sich auf den Spitzen der höchsten Bäume und enthält 2 Eier.

Anm. Das erste Exemplar dieses Vogels fanden die Franzosen in Lissabon nach der Einnahme der Stadt bei einem Privatmann, der es dem Pariser National-Museum überließ, woraus es Geoffroy schon 1800 beschrieb. Seitdem haben ihn Spix, Pöppig, v. Tschudi und Schomburgk in seiner Heimath beobachtet. Er geht südwärts bis Bolivien und an die Grenze von Chili hinab, ist aber nirgends grade gemein, als etwa am oberen Amazonenstrom. —

2. Gatt. Lipaugus *Boje.*

Isis, 1828.

Schnabel ziemlich schlank, oben rundlich abgeplattet, ähnlich dem von Coracina, nur länger spitziger; die Nasengrube befiedert, mit steifen Borstenspitzen bedeckt. Gefieder dicht, weich, einfarbig; alle Kinn- und Mundrandfedern in Borsten verlängert, aber darunter 3—4 größere, steifere Borsten am Zügelrande vor dem Auge. Flügel nur wenig über die Basis des Schwanzes hinabreichend, die vordersten Schwingen scharf zugespitzt, aber nicht verschmälert; die vierte Schwinge die längste, die erste mäßig, die zweite und dritte sehr wenig kürzer; die Armschwingen breit und stumpf; der Schwanz lang, breit, abgestutzt; die Beine nicht sehr kräftig, die Laufsohle dicht mit kleinen Warzen bekleidet, völlig wie bei Coracina, aber die Zehen kleiner, schwächer und die Außenzehe der mittleren, nur wenig längeren, am Grunde stark genähert; Krallen scharf, spitz, ziemlich hoch. —

1. Lipaugus cineraceus.

Cabanis, Wiegm. Arch. 1841. I. 234.
Ampelis cineracea *Vieill.* N. Dict. VIII. 162. — *Le Vaill.* Ois. rar. Am. et Ind. pl. 44.
Muscicapa plumbea *Licht.* Doubl. 53. 553. — *Pr. Max.* Beitr III. b. 806. 6.
Muscicapa vociferans *Pr. Max.* Reise etc. I. 242. II. 118. — Querula cinerea *Vieill.*
Lathria cinerea *Swains.* Nat. Libr. Flycatch. pl. 2.

Einfarbig grau, Flügel bräunlich grau; Bauchseite lichter gefärbt; Iris feuerroth. —

Beinahe so groß wie Turdus viscivorus, einfarbig blaugrau, die Rückenseite dunkler; Flügel und Schwanz bräunlich angelaufen, Unterbauch und Steiß ins Gelbgraue fallend; Schnabel und Füße hornschwarz, die Krallen gelbbraungrau, die Iris feuerroth. Neunzehn Schwingen im Flügel, die Handschwingen scharf, aber nicht lang zugespitzt, die vierte die längste, dritte und fünfte fast ebenso lang, die zweite um 1‴, die erste um 4‴ kürzer. Schwanz lang, die Federn ziemlich breit, stumpf gerundet.

Der junge Vogel hat bräunliche Kopfseiten, und lichtere Schaftstreifen an der Kehle und dem Vorderhalse.

Ganze Länge 10″, Schnabelrücken 10‴, Flügel 5″, Schwanz 4″, Lauf 1″, Mittelzehe ohne Kralle 9‴. —

Der Vogel ist mir lebend nicht vorgekommen, er scheint südlich nicht über den 18° S. Br. hinabzugehen; sein Aufenthalt sind dichte Wälder, wo man ihn meist oben in den Laubkronen ruhig sitzend gesellschaftlich antrifft, und durch seinen lauten, mehrtönigen Ruf bald aufmerksam gemacht wird. Der Prinz zu Wied, welcher seinen Rhythmus durch Noten wiederzugeben sucht, sagt, er beginne mit zwei lauten, ziemlich tiefen und vollen Pfiffen, welche allmälig sinken und dann folge schnell ein sehr lauter dreistimmiger Pfiff. Ihre Nahrung besteht in Insekten. —

2. Lipaugus simplex *Licht.*

Cabanis, *Schomb.* Reise III. 694. 130.
Muscicapa simplex *Licht.* Doubl. zool. Mus. 53. 552.

Kleiner, bleigrau, die Flügel bräunlicher, der Steiß gelblicher.

Ganzes Ansehn der vorigen Art, aber um ein Fünftel kleiner, der Schnabel etwas schlanker; die Farbe genau dieselbe, doch der Rücken etwas dunkler, die Flügel und Schwanzfedern bräunlicher, der Steiß lebhafter gelbgrau, die Kehle weißer.

Ganze Länge 8″, Schnabelrücken 8‴, Flügel 4″, Schwanz 3″, Lauf 8‴.

Lebt wie die vorige Art, hält sich aber nördlicher, von Bahia bis Para, und läßt keinen so lauten gellenden Ruf hören.

Anm. Einige Ortholgen ziehen hierher Muscicapa cinerascens *Spix* und Tyrannus calcaratus *Swains.*, allein beide Schriftsteller beschreiben einen ganz anderen, ähnlich gefärbten Vogel, der später als Myiarchus rusticus vorkommen wird.

3. Lipaugus sibilatrix.

Muscicapa sibilatrix *Pr. Max.* Beitr. III. 6. 810. 7.
Ampelis hypopyrrha *Vieill.* Enc. Orn. 762. — Lipaugus hypopyrrhus *Hartlaub*, Guér. Rev. zool. 1846. pag. 3.
Lipaugus lateralis *Gray*, zool. Misc. pl. 60.

Aschgrau, Flügel und Schwanz bräunlich, die unteren kleinen Deckfedern olivengrün, die großen gelb gerandet; Brustseiten und Flügelbug gelb.

Hauptfarbe aschgrau, etwas grünlich überlaufen, am deutlichsten die Mitte der Flügeldeckfedern grünlich, darüber am Bug rein gelb. Unterfläche blasser gefärbt, die Seiten der Brust mit lebhaft citronengelbem oder rothgelbem Fleck, der Bauch bis zum Steiß gelblich überlaufen. Große Deckfedern, Schwingen und Schwanzfedern bräunlichgrau, der Außenrand innen grünlich oder röthlich braun; Spitzen der unteren Schwanzdecken gelbröthlich, Iris braun, Schnabel und Beine schwärzlich.

Ganze Länge 8″, Schnabelrücken $6\frac{1}{2}$‴, Flügel 4″, Schwanz $3\frac{1}{4}$″, Lauf 8‴, Mittelzehe ohne Kralle $6\frac{1}{2}$‴. —

Bewohnt die dichten Waldungen an den ungestörtesten ruhigsten Stellen und läßt hier von Zeit zu Zeit einen feinen zarten Pfiff hören. Mir ist der Vogel nicht vorgekommen.

Anm. Hr. Dr. Hartlaub hat eine Uebersicht dieser von ihm früher (Cat. Mus. Brem. 47.) mit Coracina (Querula *Vieill.*) verbundenen Gattung gegeben (Guérin. Rev. zool. 1846. S. 3) und dahin auch noch die mir unbekannten Arten Laniocera sanguinaria *Less.* Rev. zool. 1840. 353. und Turdampelis lanioides *Less.* Echo d. Mond. sav. 1844. 156. gestellt. — Lafresnaye bringt übrigens die hier beschriebene dritte Art zu Ptilochloris (Guér. Rev. 1846. S. 43), weil ihre Außenzehen am Grunde verwachsen seien, was Dr. Hartlaub zugiebt (Ebenda S. 112) und darum meint, man könnte für sie die Gattung Laniocera *Less.* beibehalten; denn eine ächte Ptilochloris sei sie nicht.

3. Gatt. Gymnocephalus *Geoffr.*

Schnabel stark und groß, einem Krähenschnabel ähnlich; die Wurzel, Zügel, Kehle, Stirn, Scheitel und Augengegend nackt. Am Zügelrande 4 steife Borsten. Gefieder kurz und ziemlich knapp. Flügel mäßig spitz, etwas breiter als bei Coracina, bis auf die Mitte des Schwanzes reichend. Schwanz kürzer und kleiner als bei Coracina. Beine sehr stark, der Lauf hoch, hinten warzig, der Daumen kräftig, die Außenzehe beinahe eben so lang wie die Mittelzehe. —

Gymnocephalus calvus.

Corvus calvus *Gmel. Linn.* S. Nat. I. 1. 372. — *Buff.* pl. enl. 521. — *Lath.* Ind. orn. I. 153. 6. — *Le Vaill.* Ois. rar. Am. et Ind. pl. 49. — *Schomb.* Reise, III. 690. 119.
Gymnocephalus capucinus *Geoffr.* Ann. d. Mus. XIII. (1809).
Ampelis calva *Licht.* Doubl. 56. 581.

Rostrothbraun, der Rücken etwas ins Olivengrüne spielend; Schnabel, Gesicht, Schwingen, Schwanz und Beine schwarz. —

Im Rumpf größer als Coracina scutata, und so groß wie C. ornata, auch der Schnabel ebenso stark, doch länger und viel größer erscheinend, wegen des nackten Gesichtes. Dieser nackte Theil ist indeß mit zerstreuten Borstenfedern besetzt, unter denen sich vier steife am Mundrande vor dem Auge besonders auszeichnen. Das Gefieder ist hell rostroth, spielt aber im Nacken und auf dem Rücken ins Olivengrüne. Schwingen und Schwanzfedern sind schwarzbraun, die letzten Armschwingen etwas röthlich überlaufen und die obersten Flügeldeckfedern entschieden olivengrünbraun. Die Flügel haben neunzehn Schwingen, von denen die vierte die längste ist, völlig wie bei Coracina; der viel kürzere Schwanz enthält auch schmälere Federn. Die Beine sind auffallend stark gebaut, übrigens nur durch die etwas längere Außenzehe von denen der Coracinen verschieden.

Bei den jungen Vögeln ist das kahle Gesicht von weißlichem Dunengefieder bekleidet, also doch vom übrigen Gefieder sehr verschieden.

Ganze Länge 16″, Schnabelrücken 1″ 10‴, Flügel 9″, Schwanz 4″, Lauf 1″ 7‴, Mittelzehe ohne Kralle 1″ 4‴. —

Der Vogel lebt in den Wäldern des nördlichen Brasiliens und ist weder dem Prinzen zu Wied, noch mir auf der Reise vorgekommen. Nach Schomburgk sieht man ihn in den Waldungen der tiefsten Region, nicht weit von der Meeresküste, öfters paarweis auf Bäumen sitzen und hört seinen weithin tönenden Ruf, welcher die täuschendste Aehnlichkeit mit dem Blöken eines Kalbes hat. Der von Joh. Müller geschilderte Kehlkopf (a. a. O. S. 31, Taf. V. Fig. 4) gleicht ganz dem von Coracina scutata, ist aber nach Verhältniß etwas kleiner, wogegen die Luftröhre jene spindelförmige Erweiterung zeigt, welche auch bei C. ornata sich findet. —

B. Keine steiferen Borsten am Zügelrande. Ampelidae.

a. Geschlechter sehr ungleich in der Farbe.

4. Gatt. Gymnoderus *Geoffr.*

Schnabel niedriger, flach gewölbt, am Grunde sehr breit; die Nasengrube weit nach vorn verlängert, bis zum Nasenloch dicht befiedert, wie die Zügel; letztere ohne steife Mundborsten. Eine Stelle hinter dem Auge und die Halsseiten nackt, in der Jugend mit Dunenfedern besetzt. Gefieder einfarbig, glanzlos; die Flügel sehr spitz, bis zur Mitte des Schwanzes reichend, nur die erste Schwinge merklich verkürzt, die zweite fast so lang wie die dritte längste; Schwanz mäßig breit, stumpf abgerundet; Beine stark, der Lauf hoch, die Außenzehe kaum etwas länger als die innere Vorderzehe. —

Gymnoderus foetidus.

Gracula nuda et foetida *Lath.* Ind. orn. I. 190. 4. et 5. — *Linn.* S. Nat. I. 164. 3.
Corvus nudus *Gmel. Linn.* S. Nat. I. 1. 371. — *Buff.* pl. enl. 609.
Gymnoderus cajennensis *Geoffr.* Ann. d. Mus. XIII.
Coracina gymnodera *Vieill.* Gal. II. 178. pl. 112.
Ampelis nudicollis *Licht.* Doubl. 56. 582.

Jugendkleid grau, die Schwingen am Rande weißlich; der alte Vogel schieferschwarz, die nackten Halsseiten blaßroth.

Beinahe so groß wie eine Elster, aber der Schwanz kürzer, mehr vom Ansehn der Dohle, obgleich der Kopf, wegen des kurzen knappen Gefieders, viel kleiner aussieht. — Das Weibchen und der junge Vogel sind schwarzgrau, Kopf und Rücken am dunkelsten, die Federn der Stirn, Zügel und Backen sammetartig zusammengedrängt, sehr kurz, aufrecht, rein schwarz; Scheitel, Nacken und Oberrücken schiefergrau, das übrige Gefieder heller grau, weil die Federn von weißlichen Säumen umfaßt werden. Vorderste große Flügeldeckfedern mit weißen Spitzen; Handschwingen schieferschwarz, fast ohne lichten Rand, Armschwingen an der Außenfahne breit aber verloschen grauweiß gesäumt. Zwei mittelste Schwanzfedern einfarbig schiefergrau, die seitlichen lichter, mit weißen getüpfelten Spitzen. Schnabel und Beine schwarz, Iris braun, Halsseiten zerstreut befiedert.

Das alte Männchen hat eine dunklere, schieferschwarze Farbe, die am Kopf, Halse und Rücken am dunkelsten, hier aber noch mittelst der gelblichbraunen, durchscheinenden, unteren Federnportionen etwas gescheckt ist. Die Federn der Brust, des Bauches und der Flügel haben keine so weißen Säume, sondern höchstens etwas lichtere feine Ränder, und ihre Farbe ist ein homogenes Schieferschwarz. Dagegen ist der nackte Hals viel lebhafter fleischroth gefärbt, und nur noch hie und da mit einzelnen Federn besetzt.

Ganze Länge 13—14″, Schnabelrücken 10‴, Flügel 8″, Schwanz 5″ Lauf $1\frac{1}{4}$″, Mittelzehe ohne Kralle 1″. —

Der Vogel gehört den nördlichen Gegenden Brasiliens an und kam mir auf meiner Reise nicht vor; auch der Prinz zu Wied hat ihn in dem Gebiet von Rio de Janeiro bis Bahia nicht beobachtet. Nach Schomburgk erscheint er in Guyana auch nur auf dem Zuge, ohne dort zu brüten.

5. Gatt. Chasmarhynchus *Temm.*

Schnabel noch niedriger und flacher als bei der vorigen Gattung, besonders am Grunde, mit weit vorgeschobenen Nasengruben; letztere in der Jugend dicht befiedert, im Alter nackt, gleich wie die Zügel, Backen und die Kehle mit dem Vorderhalse. Keine steifen Mundborsten am Zügelrande. Gefieder nach dem Geschlecht verschieden gefärbt, die Federn ziemlich klein und dicht, in der Jugend grünlich grau mit gelblichen oder bräunlichen Schaftstrichen; Flügel mit schmalen, ziemlich spitzen Schwingen, reichen bis über die Mitte des kurzen, abgestutzten Schwanzes hinab. Beine etwas zierlicher, als bei den vorhergehenden Gattungen, die Laufsohle mit sehr flachen Warzen bekleidet und bloß genetzt erscheinend; die Außenzehe etwas länger als die Innenzehe, aber viel kürzer als die mittlere.

Chasmarhynchus nudicollis.

Temm. pl. col. 368 mas, 383 femina. — *Pr. Max.* Beitr. III. a. 377. 1.
Chasmarhynchus ecarunculatus *Spix*, Av. Bras. II. 3. tb. 4.
Ampelis nudicollis *Vieill.*
Araponga oder Ferrador (nicht Ferreiro) der Brasilianer.

Männchen weiß, Weibchen graugrün; beide ohne Fleischzipfel auf der Stirn.

Der Vogel hat die Größe einer Drossel (F. pilaris), aber einen breitern flacheren Kopf und einen am Grunde viel breiteren Schnabel.

Das alte Männchen ist ganz weiß, nur die nackte Stirn, Zügel, Backen, Kehle und Halsmitte sind grün gefärbt; der Schnabel ist braun, die Iris lichtbraun, die Beine licht fleischbraun.

Das Weibchen ist trüb olivengrün, am Bauch lichter, mit breiten, gelbgrünen Schaftstreifen auf jeder Feder; die beim Männchen nackten Stellen des Kopfes sind bei ihm mit einem blaßgelbgrünen kurzen Gefieder bekleidet, der Oberkopf bis zum Nacken ist schwarzbraun, die Beine dunkler fleischbraun.

Der junge Vogel ähnelt dem Weibchen, aber sein ganzes Gefieder ist dunkler, besonders am Halse und auf der Brust. Diese Gegenden haben, wie der Bauch des Weibchens, gelbgrüne Schaftstriche, die im Nacken allmälig schmäler und feiner werden. Die Basis aller Federn ist grau. —

Der Flügel enthält zwanzig Schwingen, die erste ist um 9‴ kürzer als die zweite, und diese 3‴ kürzer als die dritte, welche der vierten längsten gleichsteht; die zweite und dritte haben an der Außenecke vor der Spitze einen Ausschnitt, wodurch sich eine etwas feinere aber doch stumpfe Spitze absetzt. Beim Männchen tritt die weiße Farbe erst mit der zweiten Mauser ein, im ersten Jahr sind sie licht graugrün gefärbt; man findet nicht selten jüngere Exemplare mit einzelnen dunkleren Federngruppen; ich habe ein solches vor mir, dessen Flügeldeckfedern am Vorderrande vom Bug bis zum Ellenbogen, und dessen mittlere Armschwingen jene Farbe besitzen. Das ist offenbar ein mausernder Vogel.

Ganze Länge 11″, Schnabelrücken 10‴, Flügel 6″, Schwanz 2²/₃″, Lauf 1¹/₆″, Mittelzehe ohne Kralle 1″.

Der Ferrador, wie die Brasilianer in dem von mir bereisten Strich diesen Vogel nennen, ist dort überall bekannt, wegen seiner lauten, weitschallenden Stimme, die mit dem Klang einer Kuhglocke, oder dem Ton eines Hammers, der auf den Ambos schlägt, manche Aehnlichkeit hat; indessen bald etwas steigt, bald wieder sinkt und aus einzelnen, in Pausen wiederholten Lauten besteht. Er lebt tief im Innern des Waldes, ist träge, hält sich einzeln oder paarig auf, und kommt nie in die Nähe menschlicher Ansiedelungen. Sein Hauptstandort sind die Gebirgswaldungen der engen Thäler des Küstengebietes; nahe dem Meeresufer findet man ihn nicht mehr. Ich erhielt Exemplare in Neu-Freiburg von meinen Jägern.

Den merkwürdigen Stimmapparat am unteren Kehlkopf hat Joh. Müller (a. a. O. S. 23 flgd. Taf. I.) beschrieben. Zwei große, einer Glocke im Umriß ähnliche Fleischkörper bedecken den unteren Kehlkopf nebst den beiden ersten Bronchialringen jeder Seite, während ein dünner bandförmiger Muskel links und rechts an der Luftröhre bis zum obern Kehlkopf, wie bei den übrigen Ampeliden und Pipriden hinaufsteigt. Die ersten Bronchialringe sind sehr weit und in bedeutenderer Distanz von einander, als die übrigen. Darin stimmt Chasmarhynchus mit Coracina, Gymnocephalus, Ampelis und Psaris überein; aber der dicke Fleischkörper kommt ihm allein zu. —

Die Nahrung des Vogels besteht vorzugsweise in fleischigen Beeren, womit sein Magen strotzend gefüllt ist; doch frißt er auch Insecten, wohl nur als Zukost mitunter. Sein Nest kennt man noch nicht.

Anm. Es kommen von dieser Gattung noch 2 Arten in den nördlichen Gegenden Süd-Amerikas vor:

1. Chasmarhynchus carunculatus *Temm. Buff.* pl. enl. 793. mas, 794. fem. — Ampelis carunculata *Gmel. Linn.* S. Nat. I 2. 841. — *Lath.* Ind. orn. I. 366. 9. — *Le Vaill.* Ois. rar. Am. et Ind. pl. 39. 40. — Procnias nivea *Gray.* Das Männchen der Art ist völlig gefärbt wie das der vorigen, hat aber am Schnabelgrunde einen fleischigen Zapfen von 1 Zoll und mehr Länge; das Weibchen ähnelt dem der vorigen Art, aber Kehle, Vorderhals und Brust sind weißgrau und der Zapfen fehlt auch ihm nicht. — Der Vogel lebt in Guyana und ist dort durch seine ähnliche Stimme ebenso bekannt, wie der vorige in Brasilien. Vgl. *Schomb.* Reise, III. 692 124. —

2. Chasmarhynchus variegatus *Temm.* pl. enl. 51. — Ampelis variegata *Gmel. Linn.* S. Nat. I. 2. 841. — *Lath.* Ind. orn. I. 367. 10. — Ampelis Averano *Vieill.* Gal. II. 184. pl. 117. — Männchen aschgrau, Oberkopf bis zum Nacken braun, Flügel schwarz; die Kehle nackt, mit wurmförmigen Fleischlappen bekleidet; Weibchen und junger Vogel grünlich braun, schwarzbraun gefleckt, Schwingen schwarzbraun, Kehle ohne Lappen. —

6. Gatt. Ampelis *Linn.*

Schnabel feiner, gestreckter, etwas höher, der Grund zwar breit, aber bis zum Nasenloch dicht befiedert; letzteres frei, kreisrund, offen. Keine steifen Borstenfedern am Zügel. Rumpfgefieder des Männchens sehr derbe, kleinfedriger, mit breiteren Schäften und prächtiger Farbe, beim Weibchen düster, graubraun; erste Schwinge nur sehr wenig verkürzt, bisweilen aber verschmälert, wie auch die zweite und dritte. Schwanz abgestutzt, mäßig lang. Beine im Lauf ziemlich kurz, aber; stark die Laufsohle mit kleineren Tafeln bekleidet, die Mittelzehe lang, die Außenzehe wenig länger als die Innenzehe. —

a. **Männliches Rumpfgefieder sehr schmal, lang und zugespitzt, kirschroth gefärbt; die Flügel weiß, die ersten Schwingen nicht verschmälert. Xipholena** *Gloyer.*

1. Ampelis purpurea *Licht.*

-Doubl. d. zool. Mus. z. Berlin, 57. 583. — *Pr. Max. z. Wied* Beitr. III. a. 397. 2.

Ampelis atro-purpurea *Id.* Reise I. 262. 275.

Männchen dunkel kirschroth, Schwingen weiß, die Spitzen der Handschwingen schwarz; Schwanzfedern auf der Mitte schwärzlich. —

Weibchen grau, große hintere Deckfedern und Armschwingen weiß gerandet. —

So groß wie ein Dompfaffe, aber der Rumpf stärker, der Kopf schmäler. Schnabel beider Geschlechter bräunlich horngrau, Iris gelblich weiß, Beine schwarzgrau. —

Das Männchen hat ein sehr dichtes, derbes, kleinfedriges, dunkel kirschroth-schwarz, völlig wie die Blume Scabiosa atropurpurea gefärbtes Gefieder, das auf dem Rücken ziemlich lang wird und hier aus einem sehr derben breiten Schaft mit kurzen zerschlissenen Aesten besteht; auch die Brust und der Oberbauch haben dieselben Federn. Die Flügel sind rein weiß, nur die Spitzen der fünf ersten Schwingen schwarzbraun. Der Schwanz hat eine lichtere Kirschfarbe, weiße Schäfte, und einen großen schwarzen Mittelfleck auf jeder Feder, welcher an den zwei mittelsten sich mehr nach der Basis hin zurückzieht.

Das Weibchen ist einfarbig grau, mit lichterem, weißlichem Unterbauch. Die großen Deckfedern vor den Armschwingen haben einen ziemlich breiten weißen Saum, die Armschwingen selbst einen feinen Rand, und alle Schwingen eine breite, weiße Innenfahne; die äußersten unteren Schwanzdecken sind fast ganz weiß.

Der junge männliche Vogel ähnelt dem weiblichen, hat aber schon einen etwas röthlichen Anflug, besonders an den Spitzen der weißlichen Steiß- und Afterfedern.

Ganze Länge 8″, Schnabelrücken 6‴, Flügel 5″, Schwanz 2″, Lauf 9‴, Mittelzehe ohne Kralle 8‴.

Der Vogel ist im Waldgebiet des östlichen Brasiliens zu Hause, aber nicht häufig; ich erhielt ihn einmal bei Neu-Freiburg; der Prinz zu Wied traf ihn am Rio Mucuri. Letzterer vergleicht die Stimme desselben mit dem Miauen einer Katze.

Anm. 1. In Guyana tritt statt dieser Art die sehr ähnliche Ampelis Pompadora *Linn.* S. Nat. I. 298. 2. — *Lath.* Ind. orn. I. 365. 6. — *Buff.* pl. enl. 279. — Ampelis cinerea *Lath.* Ind. orn. I. 367. 11. — *Buff.* l. l. 699. fem. — auf. — Das Männchen ist lichter kirschroth gefärbt, hat sehr verlängerte Achselfedern und keine schwarzen Flecke im Schwanz; das Weibchen einfarbig hellgrau, ohne weiße Federnränder, mit blaß röthlichem Schnabel und Beinen.

2. In Columbien vertritt die Stelle der vorigen: Ampelis lamellipennis *Lafresn.* Guer. Mag. d. Zool. 1839. Av. pl. 9; etwas größer, die langen Federn des Männchens breiter, schuppenförmiger und sein Schwanz weiß, wie die Flügel. —

b. Rumpfgefieder des Männchens zwar straffer und mit steiferen Schäften, aber nicht verlängert; himmelblau; die Federn abgerundet, wie beim Weibchen. Flügel schwarz, die ersten Handschwingen merklich verschmälert. Cotinga *Gray.*

2. Ampelis cajana *Linn.*

Linn. S. Nat. I. 298. 6. — *Lath.* Ind. orn. I. 355. 3. — *Buff.* pl. enl. 624. — *Le Vaill.* Ois. rar. Am. et Ind. pl. 27. 28. 29. 30.

Männchen schwarz, alle Federn des Körpers halb und die Ränder der Flügel und des Schwanzes himmelblau, Kehle und Vorderhals violett.

Weibchen rußbraun, der Rücken dunkler, die Bauchseite lichter, am Steiß ins Gelbliche fallend. —

Schlanker gebaut, als die vorige Art, aber nicht größer. Schnabel und Beine horngraubraun, Iris braun. Gefieder des Männchens eigentlich schwarz, aber jede Feder des Kopfes und Rumpfes hat an der Spitze einen schönen himmelblauen Fleck, der sich abwärts so weit ausdehnt, daß der Körper mehr himmelblau als schwarz erscheint. Nur die Flügeldeckfedern sind vorzugsweise schwarz, mit himmelblauen Säumen, welche an den großen Deckfedern, Achselfedern und Schwingen zu feinen Rändern sich verschmälern. Am Innenrande sind die Schwingen weiß gesäumt und die zwei ersten sehr auffallend verschmälert. Der Schwanz ist schwarz, mit sehr schmalem, blauem Seitenrande. Das vordere Halsgefieder vom Kinnwinkel bis zur Brust ist prachtvoll violett.

Das Weibchen ist einfarbig rußbraun, der ganze Oberkopf nebst dem Rücken etwas dunkler als die Bauchseite, die Brust zeigt lichtere Federnränder, die Steißfedern spielen ins Rostgelbe. Auch bei ihm sind die zwei ersten Handschwingen stark verschmälert, und die übrigen am Innenrande blaßgelb gesäumt. —

Der junge Vogel ähnelt dem Weibchen, hat aber einen blauen Anflug am ganzen Rücken, falls er ein männlicher ist; bald stellen sich wirkliche himmelblaue Federnränder bei ihm ein.

Ganze Länge 8″, Schnabelrücken 5‴, Flügel 4″ 2‴, Schwanz 2½″, Lauf 8‴, Mittelzehe ohne Kralle 8‴. —

Ich erhielt diesen schönen Vogel nicht auf meiner Reise in Brasilien, er findet sich nur in den nördlichen Districten des Landes und streift dort während der Sommerzeit in den dichteren Wäldern umher. Im männlichen Geschlecht ist er an seinem schönen Gefieder bald zu erkennen; das Weibchen hält sich stets in der Nähe auf und man bekommt in der Regel beide Geschlechter, da der Vogel dumm und träge ist. Seine Nahrung besteht in saftigen Beeren. Er zieht nach denselben von Ort zu Ort umher und dehnt sich über weite Gebiete aus.

Anm. 1. Am nächsten steht der eben beschriebenen Art die Ampelis maynana *Linn.* Syst. Nat. I. 298. 5. — *Lath.* Ind. orn. I. 365. 5. — *Buff.* pl. enl. 229. — *Le Vaill.* l. l pl. 43. — Sie hat völlig deren Farbe, aber das Himmelblau der Rumpffedern ist breiter und dehnt sich über die ganzen Flügeldeckfedern aus, während die Schwingen breitere Säume bekommen.

2. Etwas weiter entfernt sich von beiden die Ampelis Cotinga *Linn.* Syst. Nat. I. 298. 4. — *Lath.* Ind. orn. I 369. 2. — *Buff.* pl. enl. 186. — *Le Vaill.* l. l. 34. 35. 36. — *Vieill.* Gal. II. 183. pl. 116. — Bei ihr geht die violette Kehle vom Vorderhalse ununterbrochen bis auf die vordere Hälfte des Bauches hinab. — Beide Arten bewohnen das Gebiet nördlich vom Amazonenstrom, jene die westliche, diese die östliche Hälfte. —

3. Ampelis cincta *Gray.*

Ampelis Cotingae var. *Linn.* l. l. — mas *Lath.* l. l. — *Pr. Max. z. Wied* Beitr. III. a. 391. 1. — *Buff.* pl. enl. 188. — *Le Vaill.* l. l. pl. 41. 42.

Ampelis superba *Shaw.* Nat. Misc. pl. 817 et 821.

— coerulea *Bonap.* Consp. 175. 340. 2.

Männchen am Rumpf himmelblau, Kehle bis zur Brust, und ein Fleck dahinter auf der Brust violett; Flügel und Schwanz schwarz.

Weibchen rußbraun, Bauch und Steiß lichter, gelblicher.

Weder in der Größe noch in dem Colorit wesentlich von Ampelis cajana verschieden. Das Männchen also schwarz, mit himmelblauen Endhälften aller Rumpffedern; die Flügeldeckfedern schwarz, breit himmelblau gesäumt, die Schwingen und großen Deckfedern feiner gerandet, die ersteren am Innenrande weiß, und die vordersten stark verschmälert; der Schwanz schwarz, mit feinem blauem Seitenrande jeder Feder. Kehle und Vorderhals bis zur Brust lebhaft violett, dann ein breites, blaues Band quer über die Brust, und unter diesem wieder ein violetter Fleck auf der Brust von verschiedenem, meist beträchtlichem Umfange. — Weibchen rußbraun, die Scheitelfläche und der Rücken dunkler, die Brustfedern weißlich gerandet, die Bauch- und Steißfedern gelblicher. Innenseite der Flügel und der innere Saum der Schwingen blaß rostgelb. —

Der junge Vogel ähnelt dem Weibchen, doch bekommt der männliche bald einen bläulichen Anflug und später blaue Federnsäume.

Ganze Länge 8″, Schnabelrücken 5½‴, Flügel 4″ 5‴, des Schwanzes 2″ 10‴, Lauf 9‴, Mittelzehe ohne Kralle 8‴.

Diese Art, wohl die schönste von allen, bewohnt das Küstenwaldgebiet Brasiliens, und geht bis Rio de Janeiro hinab, aber wohl kaum weiter; sie wurde mir einmal in beiden Geschlechtern von meinen Jägern bei Novo-Friburgo gebracht, aber zu zerschossen, als daß ich den Balg hätte gebrauchen können. Der Prinz zu Wied erhielt seine Exemplare am Rio St. Matthäus und Rio Mucuri, so wie später bei Bahia. Nach ihm nistet der Vogel in jenen Gegenden nicht, sondern im Innern, kommt nur während der kalten Jahreszeit (Mai bis October) dahin, und streift dann nach Beeren durch die Wälder, läßt einen kurzen, lauten Lockton hören und ähnelt in seinem Benehmen ganz unserem Seidenschwanz. Er führt dort den Namen Crejoa oder Kirua, woraus die wissenschaftliche Benennung Cotinga entstanden zu sein scheint. —

b. Geschlechter in der Farbe übereinstimmend.

7. Gatt. Ampelion *Cabanis.*

v. Tschudi, Fn. per. Orn. 137. Carpornis *Gray. Bon.*

Körperbau wie Ampelis, aber der Schnabel kürzer, höher, mehr dem von Pipra ähnlich, obgleich stärker und bauchiger; Nasengrube befiedert, ihre und die Kinnfedern mit Borstenspitzen, welche die runden offenen Nasenlöcher überdecken. Gefieder weich, in der Hauptsache bei beiden Geschlechtern gleich und von gleicher Farbe; alle Schwingen gleich breit, die erste beträchtlich, die zweite wenig verkürzt.

Schwanz ziemlich lang, grade abgestutzt. Beine kurz, mit kurzen Zehen; die Laufsohle, wie bei Ampelis, getäfelt; die Außenzehe wenig länger als die Innenzehe. — Gefieder grünlich im Ton, besonders auf der Bauchseite. —

1. Ampelion cucullatus *Cab.*

v. Tschudi, Fn. per. Orn. 137. 2.
Ampelis cucullata *Temm.* pl. col. 363.
Procnias cucullata *Swains.* zool. Ill. pl. 37.

Kopf und Hals schwarzgrün, Rücken braungrün, Brust, Bauch und ein Ring im Nacken gelbgrün; Flügel mit 2 gelblichen Querstreifen.

Etwas größer als eine Ampelis, wohl so groß wie die Singdrossel. Schnabel horngrau, Iris feuerroth. Kopf und Hals grünlich schwarz, der Scheitel am dunkelsten; die Kehle stark grün überlaufen. Der ganze Rücken, die Flügel und der Schwanz braun, grünlich überlaufen; alle Federn mit grünen Außenrändern, nur die großen Deckfedern vor den Armschwingen und die letzte Reihe der kleinen Deckfedern vor den großen mit einem hellen, gelblichen Saume am Ende. Brust, Bauch, Schenkel, Steiß und ein Ring im Nacken lebhaft grünlich gelb, mit sehr schmachen Spuren dunkler Querlinien zu beiden Seiten der Brust. Beine hornbraun, die Zehen und Krallen kurz, letztere namentlich viel kürzer als bei Ampelis. —

Ganze Länge $8^3/_4$—9″, Schnabelrücken 6‴, Flügel 5″, Schwanz 3″, Lauf 9‴, Mittelzehe ohne Kralle 7‴. —

Ich fand ein Exemplar unter Herrn Bescke's Vorräthen, das in der Umgegend von Neu-Freiburg erlegt war; von seiner Lebensweise habe ich nichts anderes erfahren, als daß der Vogel ein einsamer Waldbewohner ist.

2. Ampelion melanocephalus.

Cabanis, v. Tschudi Fn. per. Orn. 137. 3.
Procnias melanocephala *Swains.* zool. Illustr. pl. 25.
Ampelis melanocephala *Pr. Max.* Beitr. III. a. 401. 3.

Zeisiggrün, Kopf und Oberhals schwarz, Brust und Bauch dunkler quer gebändert. —

Etwas kleiner als die vorige Art, aber der Schnabel relativ größer, am Grunde horngrau, an der Spitze schwarz. Iris feuerroth. Kopf, Kehle und Anfang des Halses rabenschwarz; die Scheitelfedern in feine, aber längere Spitzen übergehend. Rumpf und Flügel zeisiggrün, die Rückenseite dunkler, mit grau unterlegt; Schwingen schwarz, außen grün, innen blaß gesäumt. Die Deckfedern einfarbig grün. Schwanzfedern unten grau, oben dunkelgrün, die Schäfte und die Mitte schwarz. Beine dunkler schwarzbraun, bleigrau überlaufen. —

Ganze Länge 8″, Schnabelrücken 7‴, Flügel 3″ 10‴, Schwanz 2½″, Lauf 8‴, Mittelzehe ohne Kralle 7‴. —

Auch diesen Vogel erhielt ich bei Neu-Freiburg, aber nur einmal durch einen dortigen Schützen; er lebt tief im Urwalde und ist wegen seiner Farbe schwer zu entdecken. Seine Nahrung besteht in kleinen rothen Beeren, womit der Magen angefüllt war. Der Prinz zu Wied erhielt seine Individuen nördlich vom Parahyba, am Rio Cabapuana, wo er den Vogel mehrmals einzeln oder paarweise im Walde sah und als dumm und sorglos kennen lernte. Sein Nest beobachtete er nicht. —

Anm. Man rechnet zu dieser Gattung noch 2 Arten mit langen, schmalen Federn am Hinterkopf. — 3. Ampelion rufaxilla *v. Tschudi*, Fn. per. orn. 137. 1. tb. 7. f. 2. Rücken braun, Bauch gelbgrün, braun gestreift; Scheitel und Flügelbug rostroth. Peru. — 4. Ampelion rufocristatus *Lafr. D'Orb.* Voy. Am. mer. Orn. 297. pl. 31. f. 1. Grau, Unterrücken weiß gesäumt, Scheitel rostroth. Bolivien.

8. Gatt. Phibalura *Vieill.*

Gestalt und ganzer Bau von Ampelion, nur der Schnabel etwas kürzer und darum dicker erscheinend und der lange Schwanz gabelförmig ausgeschnitten; auch die Flügel länger, spitzer, und die erste Schwinge nur ganz wenig verkürzt. Beine wie bei Ampelis und Ampelion, mit kleinen Tafeln auf der Hinterseite des Laufs; die Außenzehe am Grunde der Mittelzehe zwar stark genähert, aber noch nicht damit verwachsen, völlig wie bei Ampelion, womit diese Form am nächsten verwandt ist.

Phibalura flavirostris *Vieill.*

Nouv. Dict. d'hist. nat. XXV. pag. 521. — Enc. méth. Orn. 784. — *Temm.* pl. col. 118. — *Vieill.* Galer. II. 97. pl. 74.
Phibalura cristata *Swains.* zool. Ill. 6. pl. 31.
Pipra chrysopogon *Licht. Wagl.* Isis. 1830. 930. 4.

Kopf, Rücken, Flügel und Schwanz schwarz, stahlblau glänzend, Scheitelmitte roth, Rücken gelbgrün gebändert. Kehle und Bauch gelb; Brust schwarz gebändert, Bauch schwarz gefleckt. Schnabel und Beine blaß horngelb.

Ein ungemein zierlicher Vogel, vom Ansehn einer Ammer, aber wegen des langen Gabelschwanzes größer erscheinend. Schnabel und Beine horngelb, letztere etwas fleischröthlich, Iris feuerroth. Kopf schwarz, stahlblau schillernd, die Mitte des Scheitels in der Tiefe zinnoberroth; Nacken und Rücken schwarz und gelbgrün gebändert, indem jede Feder einen breiten gelben Saum besitzt; die obersten Nackenfedern mehr weiß als gelbgrün quer gestreift. Flügel schwarz, stahlblau schillernd, innen blaßgelb; erste Schwinge nur wenig kürzer als die zweite, welche der dritten längsten gleichkommt; alle am Innenrande gelblichweiß gesäumt. Der Schwanz ist obenauf schwarz, mit matterem, stahlblauem Schiller, unten grauweiß; die äußersten Federn sind sehr schlank zugespitzt und doppelt so lang wie die mittleren; zwischen beiden stehen, sich allmälig verkürzend, die anderen 4 Paare, welche sich außerdem durch einen gelbgrünen Seitensaum am Grunde auszeichnen. Die Kehle ist goldgelb, von einem weißen Ringe umfaßt, der seitwärts bis zum Ohr reicht. Die Brust zeigt dichte, schwarze und weiße, schmale Querbinden; der Bauch und Steiß sind weiß, gelb überlaufen, auf jeder Feder mit einem Paar schwarzer Randflecken, die vorn rundlicher, nach hinten mehr streifenförmig gestaltet sind; nur die langen, unteren Schwanzdecken haben je 2 Paare solcher runden Seitenflecken.

Ganze Länge $8\frac{1}{2}''$, Schnabelrücken $4\frac{1}{2}'''$, Flügel $4''$, Schwanz $4''$, Lauf $9'''$, Mittelzehe ohne Kralle $7'''$. —

Der Vogel bewohnt das Waldgebiet des mittleren Brasiliens von Bahia bis Rio de Janeiro. Ich erhielt ihn bei Neu-Freiburg durch Hrn. Bescke. Er ist aber nirgends häufig, lebt ziemlich versteckt im Urwalde und zeichnet sich weder durch eine laute Stimme, noch durch andere eigenthümliche Manieren aus. Das hier beschriebene Exemplar gehört nicht zu den größeren und ist wahrscheinlich ein weibliches; alte Männchen haben etwas längere, spitzere Kopffedern, und besonders einen noch längeren Schwanz. —

2. Piprinae.

Schnabel kürzer als der Abstand des Nasenlochs vom vorderen Augenwinkel, gewöhnlich sehr klein, mehr oder minder stark nach vorn zusammengedrückt, also hoch und bloß hinten abgeplattet; keine steifere Borsten im Zügelgefieder am Mundrande. Flügel ziemlich kurz, gewöhnlich mit einigen eigenthümlich gestalteten oder verkümmerten Schwingen. Beine zierlicher als bei den Ampelinen, die Laufsohle häufig ganz nackt, die beiden äußeren Vorderzehen bis zum zweiten Gelenk vollständig mit einander verwachsen. Gefieder beider Geschlechter in der Regel sehr verschieden gefärbt. —

9. Gatt. Ptilochloris *Swains.*

Schnabel ziemlich groß und stark für die Gruppe, nur wenig breiter als hoch, mäßig gewölbt, die Firste kantig abgesetzt, die Spitze hakig herabgebogen mit deutlicher Kerbe dahinter; Nasenloch unter borstigen Federnspitzen versteckt, wie überhaupt alle Federn am Schnabelgrunde Borstenspitzen haben. Flügel bis auf den Grund des Schwanzes reichend und höchstens das erste Drittel desselben bedeckend, die Schwingen zugespitzt, die dritte die längste. Schwanz ziemlich kurz, schmal, grade abgestutzt, die Federn einzeln zugerundet. Lauf nicht lang, nur wenig länger als die Mittelzehe, hinten feinwarzig getäfelt; Mittel- und Außenzehe am Grunde mehr oder minder deutlich verwachsen.

1. Ptilochloris chrysoptera *Licht.*

Ampelis chrysoptera *v. Nordm. Erman's* Reise Atlas 15. 110, Taf. X.
Tijuca nigra *Lesson*, Centur. zool. pl. 6.
Chrysopteryx erythrorhynchus *Swains.*
Carpornis nigra *Gray.*

Männchen schwarz, mit orangenem Schnabel und gelben Rändern der Schwingen; Weibchen grün. —

Vom Ansehn einer Amsel, der Schnabel hoch orange, die Iris rothbraun, das ganze Gefieder des Männchens schwarz, nur die zweite bis fünfzehnte der neunzehn Schwingen am Vorderrande zur Hälfte tief schwefelgelb; zweite Schwinge 2''' kürzer als die dritte, erste 6''' kürzer als die zweite. — Weibchen und junger Vogel grün gefärbt, die Flügel und der Schwanz ins Bräunliche fallend, die Bauchseite lichter, gelblicher; der Schnabel matter gelb. —

Ganze Länge 11'', Schnabelfirste 7''', Flügel $5^1/_2$'', Schwanz 4'', Lauf 1'', Mittelzehe ohne Kralle 8'''. —

Ein seltener Vogel Brasiliens, der mehr den südlichen Gegenden (St. Paulo, St. Catharina), als den nördlichen angehört, und weder von mir noch vom Prinzen zu Wied beobachtet wurde.

2. Ptilochloris squamata *Licht.*

Lanius squamatus *Licht.* Mus. ber.
Muscicapa squamata *Pr. Max.* Beitr. III. 6. 814. 8. (1831).
Lanius arcuatus *Geoffr. St. Hilaire, Lafresnaye* Guer. Magaz. III. Ois. pl. 12. (1833).
Ptilochloris lunatus *Swains.*

Rückenfläche grün, Scheitel schwarz; Bauchfläche gelb, die Brust schwarzquer gestreift; dichter und stärker beim Weibchen, wenig und feiner beim Männchen. —

Schnabel etwas stärker nach vorn zusammengedrückt, horngrau; Iris braun; Oberkopf bis zum Nacken und den Zügeln schwarz; Backen und das ganze Rückengefieder grün, wie beim weiblichen Pipren; Flügel graubraun, die Ränder der großen Deckfedern und Schwingen grün; ebenso die äußeren Schwanzfedern. Unterfläche vom Kinn bis zum Steiß gelb, beim Männchen lebhafter gefärbt, als beim Weibchen, von der Brust bis zum Steiß schwärzliche Bogenstriche am Rande jeder Feder, welche beim Männchen schmäler sind, und sich auf der Mitte fast ganz verlieren. Beine bräunlich fleischfarben.

Ganze Länge 6″ 6—9‴, Schnabelrücken 6‴, Flügel $3^3/_4$″ Schwanz $2^1/_3$″, Lauf 9‴, Mittelzehe ohne Kralle 6‴. —

Der Prinz zu Wied erhielt den Vogel nur durch seine Jäger an mehreren Orten; er lebt still und einsam im Urwalde, wo er sich schwer beobachten läßt; mir kam er nirgends vor. —

Anm. In Guérin's Rev. zool. 1838. pag. 237. hat Herr Lafresnaye drei verwandte Arten aus Brasilien unterschieden, deren Diagnosen ich hersetze, da mir die Vögel nicht weiter bekannt sind.

3. Ptilochloris remigialis: Rückenseite lebhaft grün, Scheitel schwarz; Bauchfläche gelb, auf der Brust und an den Seiten des Bauches einige schwärzliche Querstreifen; die 3 ersten Schwingen abgesetzt zugespitzt, die vierte in eine griffelförmige Spitze ausgezogen und auswärts gebogen. Um ein Viertel kleiner als Pt. squamaat.

4. Ptilochloris rufo-olivaceus: etwas kräftiger gebaut als Pt. squamata, einfarbig olivenbraungrün, Flügel und Schwanz entschiedener bräunlich; Unterfläche lichter, zumal an der Kehle und dem Vorderhalse.

5. Ptilochloris virescens (Muscic. virescens *Cuv. Less.* Traité 391). Viel kleiner als die übrigen Arten, etwa so groß wie Accentor modularis; einfarbig olivengrün, Kehle und Bauch lichter, Flügel und Schwanz ins Bräunliche spielend; übrigens wie die vorige Art, aber kaum $^2/_3$ so groß. —

10. Gatt. Rupicola *Briss.*

Pipra *Linn. Wagl.* Orinus *Nitzsch.*

Schnabel hoch, stark, mit scharf abgesetzter Firste, aber fast ohne allen Endhaken; das Nasenloch vorgerückt, rund, offen, aber von dem kammartig aufgerichteten Stirngefieder bedeckt; keine steifen Borstenspitzen an den Federn des Mundrandes. Gefieder voll und dicht, das des Männchens länger, und auf dem Rücken in breite, abgestutzte Federn mit vortretenden Ecken oder langen Spitzen umgeformt. Flügel ziemlich lang, bis über die Mitte des Schwanzes hinabreichend, die erste Schwinge zwar verkürzt, aber mit einer schmalen Spitze versehen, die beinahe bis ans Ende der zweiten Schwinge reicht; im Ganzen 20 Schwingen, von denen die vierte die längste ist; die hinteren Armschwingen immer breiter, stumpfer und nach außen scharfeckiger werdend. Schwanz kurz, breit, grade abgestutzt, von den langen Bürzelfedern größtentheils bedeckt. Beine ungemein stark und plump, der Lauf hinten sehr fein warzig chagrinirt, vorn nicht geschildert, sondern statt der Tafeln mit einer ungetheilten Schiene belegt, worauf dicht vor den Zehen zwei Platten folgen; Außenzehe mit der Mittelzehe innig bis zum zweiten Gliede verwachsen; am Anfange aller Zehen eine breite gemeinsame Sohle.

Rupicola crocea *Linn.*

Upupa crocea ***Linn.*** S. Nat. Ed. VI.
Pipra rupicola ***Linn.*** S. Nat. Ed. XII. I. 338. 1. — ***Lath.*** Ind. orn. II. 554. 1. — ***Buff.*** pl. enl. 39. mas. 747. fem. — ***Le Vaill.*** Ois. Parad. I. 144. pl. 51. 52. — ***Wagl.*** Isis 1830. 928. 1.
Rupicola elegans ***Steph.***
Rupicola cayana ***Swains.***
Rupicola crocea ***Bonap.*** Consp. I. 170. 327. — ***Schomb.*** Reise III. 694. 131.

Männchen orange, Flügel und Schwanz braun, die Federn beider mit weißlichem Endrande.

Weibchen rußbraun, innere Flügeldeckfedern orange.

So groß wie eine Dohle und von ähnlichen Körperverhältnissen; Schnabel blaß horngelb, Iris orange, Beine gelblich fleischfarben. — Gefieder des Männchens orange, die Federn des Scheitelkammes klarer ästig, mit dunkel purpurrothem Rande; alle Achsel- und Bürzelfedern sehr breit, mit herabhängenden Ecken. Große Flügeldeckfedern, Schwingen und Schwanzfedern braun, die Endränder weißlich gerandet; die Federn des Daumenfittigs außen weiß; alle Schwingen und Schwanzfedern mit breitem weißem Fleck am Grunde, der sich am Innenrande saumartig ausbreitet. — Weibchen und junger Vogel einfarbig braun; der Stirnkamm kleiner, dichter; die Schwingen einfarbig, bloß am Innenrande graulich; die unteren Flügeldecken orange; die Bürzel- und Schwanzfedern obenauf lichter rothgelbbraun, unten letztere grau mit weißen Schäften. —

Ganze Länge des Männchens 12″, des Weibchens 10″, Schnabelrücken 1″, Flügel 7″, Schwanz des Männchens 4″, des Weibchens 3″, Lauf $1\frac{1}{4}$″, Mittelzehe ohne Kralle $1\frac{1}{6}$″. —

Bewohnt felsenreiche Gegenden im Innern des östlichen Südamerikas, besonders in den nördlichen Districten; nährt sich von saftigen Früchten, am liebsten Beeren; nistet in offenen Nestern an Felsen, brütet zweimal (December und April) und legt zwei weißliche, ziemlich dicht gelbbraun getüpfelte Eier. Im südlichen Brasilien ist mir der Vogel auf meiner Reise route nicht vorgekommen; ich habe auch unter Hrn. Beske's Vorräthen keine Exemplare bemerkt, ebenso wenig hat ihn der Pr. z. Wied irgendwo angetroffen.

Anm. Man kennt nur noch eine Art dieser Gattung aus dem westlichen Süd-Amerika: die Pipra peruviana *Lath.* Ind. orn. II. 555. 2. — *Buff.* pl. enl. 745. — *v. Tschudi*, Fn. per. Orn. 142. — Der Vogel ist etwas kleiner, der Kamm niedriger, das Gefieder des Männchens lebhafter gelbroth, die Flügel und der Schwanz einfarbig schwarz, nur die letzten Armschwingen grau. Weibchen rothbraun. Nistet nach v. Tschudi auf Bäumen.

11. Gatt. Phoenicocercus *Swains.*

Carnifex *Sundev.*

Schnabel kürzer, niedriger, stark zusammengedrückt, am Ende fein herabgebogen, mit scharfer Rückenkante, breiter Basis und feinem Borstengefieder am Grunde, das besonders am Zügelrande stark entwickelt ist. Gefieder derbe und straff, vorzüglich beim Männchen, auch bei ihm lebhafter und voller gefärbt als beim Weibchen, dessen Colorit indessen in der Anlage ähnlich ist. Flügel kurz, nur bis den Anfang des Schwanzes reichend, die drei ersten Schwingen verschmälert, aber fast gleich lang; die vierte beim Männchen verkümmert, viel kürzer, in eine S förmige schmale Spitze auslaufend; die fünfte noch kürzer als die sechste, welche plötzlich breiter wird und darin den folgenden gleichkommt; die dreizehnte (dritte Armschwinge) länger und breiter als die übrigen Armschwingen. Schwanz mäßig lang, grade abgestutzt. Laufsohle ohne Warzen, außen glatt, an der Innenseite befiedert bis beinahe zum Daumen hinab; die Zehen ziemlich lang, der Daumen stark, die vorderen dünn, die äußerste mit der mittleren am Grunde innig verwachsen. —

Phoenicocercus coccineus *Wagl.*

Pipra coccinea *Wagl.* Isis. 1830. 938. 24.
Ampelix carnifex *Spix* Av. Bras. II. 2. tb. 5.
Phoenicocercus nigricollis *Swains.*
Phoenicocercus atrococcineus *Lafresn.*
Phoenicocercus Merremi *Lesson.*

Männchen: Scheitel, Brust, Bauch, Steiß, Bürzel und Schwanz roth; Hals, Rücken, Flügel und Saum des Schwanzes schwarz.

Weibchen: bräunlich olivengrün; Scheitel, Backen, Bauch, Bürzel und Schwanz roth. —

Von der Größe des Staars; Schnabel hellbraun, Iris feuerroth, Beine fleischroth. — Gefieder des Männchens straffer, besonders die schmalen, etwas verlängerten Federn des Oberkopfes. Stirn, Scheitel, Bürzel, Brust, Bauch und Schwanz lebhaft scharlachroth; Hals, Kehle, Rücken, Flügel und ein Saum am Ende des Schwanzes sammetschwarz; die Schwingen rußbraun. — Gefieder des Weibchens kürzer, weicher, die Hauptfarbe olivengrün, die Schwingen ebenfalls braun; der Oberkopf, Bürzel, Bauch, Steiß und Schwanz matter scharlachroth.

Ganze Länge 8″ 6—9‴; Schnabelrücken 5‴, Flügel 3″ 4‴; Schwanz 2″ 8‴, Lauf 1″, Mittelzehe ohne Kralle 10‴. —

Spix entdeckte diese Art in den Wäldern des Rio Negro bei Barcellona, woselbst der Vogel einsam und spärlich gefunden wird; von seiner Lebensweise ist nichts Näheres bekannt.

Anm. 1. Eine sehr ähnliche, längst bekannte Art aus Guyana ist: Ampelis carnifex *Linn.* S. Nat. I. 298. 3. — *Lath.* Ind. orn. I. 366. 7.— *Buff.* pl. enl. 378. — Cotinga rubra *Briss.* — *Le Vaill.* Ois. rar. d'Am. et Ind. pl. 37. 38. — Sie wurde bisher gewöhnlich mit der vorigen verbunden, so auch nach von Wagler a. a. O., der indessen die Unterschiede beider Formen schon hervorhob. Der ächte Phoenicocercus carnifex ist eher kleiner, als größer, hat im männlichen Geschlecht keinen schwarzen, sondern einen purpurbraunen Hals, Rücken und Mantel; schwarzbraune Schwingen, und einen blaßbraunen Endsaum am Schwanz; das Weibchen ist weniger grünlich, als bräunlich gefärbt, etwas größer als das Männchen und da, wo jenes roth erscheint, heller. Mit zunehmendem Alter wird der braune Ton lichter und röther, so daß ganz alte Männchen beinahe einfarbig scharlachroth mit lebhafter gefärbtem Scheitel und Bürzel aussehn (Buffon's Figur). Auch in Guyana ist der Vogel nicht häufig; man sieht ihn dort zwar das ganze Jahr hindurch in den Wäldern, indessen konnte Schomburgk (Reise, III. 695. 132) nichts über das Brutgeschäft in Erfahrung bringen. — Ausführlicher hat den Vogel zuerst Merrem in seinen Beiträg. z. Ornith. I. 1. Taf. 1. Fig. 2. geschildert. —

2. Hier wäre vielleicht die Pipra Laplacii *Eydoux Gervais,* Voy. d. l. Favorite etc. (Guèr. Magaz. VI. 1836. 15. II. pl. 68) einzuschalten. — Der Vogel stammt aus Nord-Brasilien, ist nur wenig größer als Pipra caudata, schwarzbraun, lichter am Bauch, mit weißem Rücken, Bürzel und Steiß, violettem Vorderhalse und stahlblau schillernden Flügeln. Letztere sind sehr spitz und reichen fast bis ans Ende des kurzen, breiten Schwanzes. Er erinnert habituell an Metopia und bildet offenbar eine eigene Gattung. —

12. Gatt. Metopia *Swains.*

Schnabel kurz, fein zugespitzt, breiter als hoch, zierlicher als bei gleich großen Pipren, die Rückenfirste nicht so scharf; Stirngefieder haubenartig erhöht, bis ans Nasenloch vorgedrängt; Mundrandborsten spärlicher. Flügel etwas mehr als bei Pipra über den Anfang des Schwanzes hinabreichend, weit spitzer; die vordersten Schwingen schmäler, die 3 ersten stufig verkürzt, die Armschwingen breit. Schwanz lang, zugerundet, die äußeren Federn schmäler und kürzer. Lauf sehr hoch, dünn, hinten glatt, aber die vorderen Schilder weit nach hinten greifend; Außenzehe kurz, bis zur Mitte völlig mit der Mittelzehe verwachsen.

Metopia galeata *Licht.*

Pipra galeata ***Licht.*** Doubl. d. zool. Mus. z. Berlin, 28. 297. — ***Swainson***, Birds of Brazilia pl. 23.
Pipra Wiedii ***Lesson.***
Pipra Hilarii Mus. paris.

Männchen glänzend schwarz, Oberkopf, Nacken und Rücken karminroth; Weibchen olivengrün, Schwingen und Schwanz schwärzlich.

So groß wie ein Sperling; Schnabel schwarzbraun, die Ränder weißlich; Iris schwarz; Beine dunkelkirschroth, die Zehen schwärzlich. Ganzes Gefieder des Männchens schwarz; die hohen, aufstehenden Stirnfedern nebst Scheitel, Nacken und Rücken lebhaft und voll karminroth, das Gefieder hier glänzender straffer; Schwanz ins Schwarzblaue spielend. — Weibchen und junger Vogel olivengrün; Schwingen und Schwanzfedern schwarzgrau, grün gerandet. —

Ganze Länge 6″, Schnabelrücken 3½‴, Flügel 3″, Schwanz 2″, Lauf 9‴. —

Ich erhielt diesen schönen Vogel in mehreren Exemplaren zu Lagoa santa, woselbst er in den benachbarten Camposgebüschen nicht grade selten vorkommt.

13. Gatt. Pipra *Linn.*

Schnabel kurz, die Spitze schmal, ziemlich hoch, die Rückenfirste mehr oder minder scharfkantig; Stirngefieder kurz, anliegend, bis zum Nasenloch reichend; Mundrand mit feinen Borsten spärlich besetzt. Flügel kurz, wenig über den Anfang des Schwanzes verlängert, die ersten Handschwingen stufig verkürzt und stark verschmälert, besonders an der Spitze; gewöhnlich die vierte die längste. Schwanz kurz, abgestutzt, oder durch Verlängerung der mittelsten Federn keilförmig zugespitzt. Lauf hoch, dünn, hinten nackt, aber sehr schmal; Außenzehe völlig bis zur Mitte mit der Mittelzehe verwachsen. Männchen bunt gefärbt, Weibchen stets grün. —

Die zahlreichen Arten der Manakine bevölkern die Gebüsche und Waldungen Brasiliens, und ähneln im Benehmen den Meisen, indem sie, wie letztere, pfeifend im Gebüsch umherhüpfen und z. Th. auf dem Boden nisten. Ihre Eier sind sehr länglich, blaß, fein getüpfelt, mit einem Fleckenkranze am stumpferen Ende. Thienemann hat mehrere derselben abgebildet (Fortpfl. d. ges. Vögel Taf. 30, Fig. 1—5). Sie zerfallen in mehrere natürliche Gruppen, welche neuerdings zu Gattungen erhoben sind, wie folgt:

A. Mittlere Schwanzfedern verlängert, besonders beim Männchen. Chiroxiphia *Cabanis.*

1. Pipra militaris *Shaw.*

Shaw, Natur. Misc. 20. pl. 849. — ***Wagler*** Isis. 1830. 931. 8.
Pipra rubrifrons ***Vieill.*** Nouv. Dict. XIX. 161.
Pipra oxyura ***Licht.***, ***v. Nordm.***, ***Erman's*** Reise Atl. 12. 87. tb. 9. fig. 7.

Männchen: Rückenseite schwarz, Stirn und Bürzel karminroth, Flügel z. Th. grün; Unterfläche weiß, Backen grau, Steiß grünlich. —
Weibchen grün; Kehle, Brust und Bauch blaß graulich.

Ziemlich klein, etwa wie unsere Lasurmeise; Schnabel und Beine blaß hornbraun; mittlere Schwanzfedern lang und fein zugespitzt. —

Männchen mit karminrother Stirn und karminrothem Unterrücken bis zum Schwanz; die übrige Rückenfläche vom Scheitel an schwarz, nur die Armschwingen sind olivengrün, so weit man sie sieht; übrigens graubraun, wie die Handschwingen, an der Unterseite weißlich; die erste Handschwinge ist sehr schmal. Die Kehle, Wangen und der Hals sind hell bleigrau; die Brust und der Bauch weiß, die Steißgegend grünlich überlaufen.

Das Weibchen hat kürzere, mittlere und überhaupt stumpfere Schwanzfedern, eine homogene grüne Färbung, nur die Kehle, der Vorderhals und die Brust sind graulich; die Schwingen und Schwanzfedern in der Tiefe bräunlich.

Der junge männliche Vogel ähnelt dem weiblichen.

Ganze Länge des Männchens 5″, des Weibchens $4\frac{1}{4}$″, Schnabelrücken 2‴, Flügel $2\frac{1}{2}$″, Schwanz des Männchens 2″, des Weibchens $1\frac{1}{4}$″, Lauf 7‴. —

Ich erhielt diese Art bei Neu-Freiburg, wo sie aber selten ist; ihr Hauptgebiet fällt südlicher, nach St. Paulo und St. Catharina. —

2. Pipra caudata *Lath.*

Shaw, Nat. Misc. 5. pl. 153. — ***Lath.*** Ind. orn. Suppl. I. — ***Thunb.*** Mém. de l'Acad. d. St. Petersb. 1822. tb. 7. — ***Spix*** Aves. Bras. II. 5. 3. tb. 6. — ***Wagl.*** Isis 1830. 930. 5. — ***Swains.*** Birds of Braz. pl. 45.
Pipra longicauda ***Pr. Max.*** Beitr. III. a. 413. 1. — ***Schomb.*** Reise, III. 695. 134.

Männchen himmelblau, Stirn und Oberkopf roth, Backen, Hals, Flügel und Schwanz schwarz, nur die 2 mittleren längeren Federn blau.
Weibchen ganz grün.

Etwas größer als die vorige Art, besonders stärker, das Gefieder voller, weicher; Schnabel hellbraun, Iris dunkelbraun, Beine dunkel fleischroth. — Männchen mit prächtig feuerrothem Oberkopf, der bis zum Nacken reicht; die Augengegend, Zügel, Backen, Kehle und Hals schwarz; der übrige Rumpf himmelblau, die Flügel und der Schwanz schwarz, nur die zwei mittleren verlängerten Federn am Grunde blau, die schmale, stumpfe Spitze dagegen schwarz. — Weibchen und junger Vogel einfarbig grün, die Schwingen und die Spitzen aller Schwanzfedern bräunlich; die beiden mittleren zwar verlängert, aber viel kürzer als am Männchen. Junge männliche Vögel haben eine gelbe, nach hinten orangenfarbene Stirn. Vorderste Handschwingen stark verschmälert, die vierte die längste.

Ganze Länge des Männchens $6\frac{1}{4}''$, des Weibchens $5\frac{3}{4}''$, Schnabelrücken $3\frac{1}{3}'''$, Flügel $3''$, Schwanz des Männchens $2\frac{1}{2}''$, des Weibchens $2''$, Lauf $10'''$. —

Dieser Vogel ist eine der häufigsten Erscheinungen in den großen Waldungen Brasiliens; er kommt nicht in die Nähe der Ansiedelungen und ist darum den älteren Beobachtern entgangen. Der Prinz zu Wied fand sein Nest Anfangs März an einem Waldpfade in mäßiger Höhe zwischen den Zacken eines Gabelastes; es war klein, schlecht gebaut und enthielt zwei hell graulichgelbe Eier, welche verloschen blaß gefleckt und am stumpferen Ende mit einem bläulich grauen Fleckenkranze geziert waren.

Anm. 1. Die von Vieillot auf Azara's Pico de punzon cola de pala (Apuntam. I. 425. 112) gegründete Pipra longicauda (Enc. méth. Orn. 388) wird als eigene Art von der vorstehenden unterschieden, weil Azara angiebt, daß die beiden mittleren verlängerten Schwanzfedern sich am Ende in eine kleine Palette erweitern. In allen übrigen Punkten paßt seine Beschreibung auf Pipra caudata.

2. Wagler hat in der Isis 1830. 931. 6. eine Pipra ignicapilla beschrieben, welche etwas kleiner ist als P. caudata, einen orangenen Scheitel, einen niedrigeren Schnabel und spitzere, mittlere Schwanzfedern besitzen soll. Ich glaube, daß es nur jüngere männliche Individuen von P. caudata waren, welche Wagler zur Aufstellung der Art veranlaßten. —

B. Mittlere Schwanzfedern nicht verlängert.

a. Lauf nicht länger als die Mittelzehe mit der Kralle.

α. Schwanzfedern ohne verlängerte Spitzen. Piprae genuinae.

3. Pipra pareola *Linn.*

Linn. S. Nat. I. 339. 2. — *Lath.* Ind. orn. II 555. 3. — *Buff.* pl. enl. 303. 2. juv. et 687. 2. mas senex. — *Swains.* Birds of Brazil. pl. 44. — *Desmar.* Tanagr. et Man. pl. 50. 51. 52. — *Pr. Max.* Beitr. III. a. 418. 2. — *Schomb.* Reise III. 695. 133. — *Wagl.* Isis. 1830. 930. 9.

Pipra superba *Lath.* Ind. orn. II. 556. 4.

Manacus superbus *Pall. Spix* zool. I. 8. tb. 3. fig. 4.

Tijé guaçú *Marcgr.* h. nat Bras. 212.

Männchen schwarz, Scheitel auf der Mitte roth, Rücken himmelblau.
Weibchen ganz grün. —

Schnabel braun, die Spitze blasser; Iris dunkelbraun, Beine hellfleischroth, etwas gelblich. — Männchen ganz schwarz, nur mitten auf dem Scheitel bis zum Hinterkopf ein karminrother Streif. Rücken bis zu den Flügeln und die Achselfedern himmelblau. — Weibchen und junger Vogel einfarbig grün, der Ton ins Graublaue spielend; Schwingen und Schwanzfedern bräunlich, mit grünen Rändern.

Schwanz sehr kurz, ragt nur wenig über die ruhenden Flügel hervor und besteht aus schmalen Federn; auch die vorderen Handschwingen sind sehr schmal und spitz, besonders die erste. —

Ganze Länge 4'', Schnabelrücken $3\frac{1}{2}$''', Flügel 2'' 10''', Schwanz 10''', Lauf 9'''. —

An denselben Stellen wie die vorige Art, aber mehr im mittleren Brasilien, bei Bahia bis nach Guyana hinauf; lebt wie jene von kleinen saftigen Beeren, hüpft pfeifend im Laube umher und nistet in mäßiger Höhe im Dickigt des Waldes. Schomburgk fand das aus Moos gebaute Nest mit 2 Eiern im April und Mai. —

4. Pipra erythrocephala *Linn.*

Linn. S. Nat. I. 339. 6. var. β. — *Lath.* Ind. orn. 557. 7. β. — ***Pr. Max. z. Wied*** Beitr. III. a. 422. 3. — *Wagl.* Isis 1830. 933. 13. — *Licht.* Doubl. 29. 300.
Pipra rubricapilla ***Briss.*** — *Temm.* pl. col. 54. 3. — *Desmar.* Tanagr. et Man. pl. 53.
Tanagra, secunda spec. *Marcgr.* h. nat. Bras. 215.

Männchen schwarz, Oberkopf, Zügel und Backen roth.
Weibchen grün. —

Kleiner als die vorigen Arten, der Schnabel schlanker, röthlich graubraun; Iris blaßroth, Beine trüb fleischfarben. — Männchen ganz schwarz, nur der Oberkopf, die Zügel, Backen und Unterschenkel scharlachroth; Flügel leicht stahlblau schillernd. — Weibchen graugrün, Flügel und Schwanzfedern bräunlich, Kehle gelblich. — Erste Schwinge breiter und stumpfer, als bei den vorigen Arten.

Ganze Länge 4'', Schnabelrücken 3''', Flügel $2\frac{1}{2}$'', Schwanz 1'', Lauf 7'''. —

In den Waldungen des mittleren Brasiliens bis Rio de Janeiro. Lebensweise der vorigen Arten. —

Anm. Pipra torquata *Gmel. Lath.* Ind. orn. II. 560. 18. auf Seba's Thes. gegründet, scheint nur ein verdorbenes Exemplar dieser Art zu sein.

5. Pipra cornuta *Spix*.

Aves Bras. II. 5. 1. tb. 7. f. 2. — *Wagl.* Isis 933. 12. — *Schomb.* Reise III. 696. 138.

Männchen schwarz, Kopf und Hals roth; Nackengefieder in 2 Schöpfe verlängert.
Weibchen grün.

Gestalt, Größe und Farbe der vorigen Art; Schnabel und Beine blaß gelbbraun; Rumpf des Männchens schwarz, aber der ganze Kopf mit der Kehle und dem Oberhalse nebst den Unterschenkeln roth; das Gefieder am Hinterkopf in 2 Schöpfe verlängert. — Weibchen graugrün, ebenfalls mit 2 Federnschöpfen am Hinterkopf.

Am mittleren Amazonenstrom, auch in Britisch-Guyana.

6. Pipra aurocapilla *Licht.*

Doubl. d. zool. Mus. z. Berlin 29. 302. — *Wagler* Isis 1830. 934. 14. — *Schomb.* Reise III. 696. 137.
Pipra erythrocephala *Linn.* S. Nat. I. 339. 6. — *Lath.* Ind. orn. II. 556. 7. *Buff.* pl. enl. 34. 1. — *Desmar.* Tanagr. et Man. pl. 60. 61.
Manacus aurocapillus *Briss.* Av. IV. 448.

Männchen schwarz, Oberkopf und Backen goldgelb.
Weibchen grün.

Etwas kleiner als P. erythrocephala, aber ebenso gebaut, Schnabel und Beine blaßgelblich; Iris roth. — Männchen ganz schwarz, der Rücken und die Flügel stahlblau schillernd, Oberkopf und Backen goldgelb. — Das Weibchen einfarbig graugrün, Schwingen und Schwanzfedern bräunlich. Erste Schwinge wieder sehr schmal. —

Ganze Länge 3½″, Flügel 2″, Schwanz 9‴. —

Mehr im Norden Brasiliens bei Para und in Guyana zu Hause.

7. Pipra leucocilla *Linn.*

Linn. S. Nat. I. 340. 9. — *Lath.* Ind. orn. II. 557. 8. — *Buff.* pl. enl. 34. 2. — *Pr. Max.* Beitr. III. a. 427. 4. — *Wagl.* Isis. 1830. 934. 16. — *Desm.* Tanagr. et Man. pl. 59. — *Schomb.* Reise III. 697. 139.

Männchen schwarz, Stirn und Oberkopf weiß.
Weibchen grün.

Gestalt ud Größe wie Pipra aurocapilla, aber der Schnabel und die Beine schieferschwarz, ersterer mit weißlicher Spitze und Randkante. — Gefieder des Männchens ganz schwarz, Flügel stahlblau schillernd; Oberkopf von der Stirn bis zum Nacken hinab weiß. — Weibchen einfarbig graugrün, die Schwingen und Schwanzfedern bräunlich. Erste Schwinge nur mäßig verschmälert.

Ganze Länge 4″, Schnabelfirste 3‴, Flügel 2⅓″, Schwanz 8‴, Lauf 6½‴. —

Lebt in Gesellschaft der Pipra erythrocephala im Waldgebiet der Küstenstrecke Brasiliens, ist aber minder häufig; ich erhielt beide Arten bei Neu-Freiburg. —

8. Pipra cyaneocapilla *Hahn.*

Hahn, Abb. u. Beschr. ausl. Vögel 15. tb. 3. fig. 2. — ***Wagler*** Isis. 1830. 934. 15.

Pipra coronata ***Spix*** Av. Bras. 5. 2. tb 7. fig. 1.

Männchen schwarz, Oberkopf himmelblau.

Weibchen grün.

Größe und Gestalt völlig wie die vorige Art, und von ihr im männlichen Geschlecht nur an dem schön himmelblau gefärbten Scheitel verschieden.

Von Spix am Rio Solimoes beim Dorfe St. Paulo gefunden.

Anm. Einige verwandte Arten, deren Vorkommen in Brasilien ungewiß ist, da sie hauptsächlich das Gebiet Süd-Amerikas nördlich vom Amazonenstrom bewohnen, mögen hier nur kurz definirt werden:

Pipra serena ***Linn.*** S. Nat. 340. 11. — ***Lath.*** Ind. orn. II. 556. 5. — ***Buff.*** pl. enl. 324. 2. — ***Vieill.*** Gal. II. 95. pl. 72. — ***Wagl.*** Isis 1830. 935. 19. — Männchen schwarz, Stirn weiß, Bürzel blau, Bauch orange. Weibchen grün; Bauch gelb. Schnabel und Beine schwarz, Länge 3″ 8‴. —

Pipra gutturalis ***Linn.*** S. Nat. I. 340. 10. — ***Lath.*** Ind. orn. II. 557. 10. — ***Buff.*** pl. enl. 324. 1. — ***Wagl.*** Isis 1830. 935. 17. — Männchen schwarz, Kehle und Vorderhals weiß; Weibchen grün, Bauch gelblichweiß. Schnabel schwarzbraun, Beine fleischrothbraun. Länge 3″ 9‴. —

Pipra perspicillata ***Wagl.*** Isis 1830. 935. 18. — ***Desmar.*** Tanagr. et Manac. Add. pl. 65. — Rückenfläche grün, Bauchseite weiß; Zügel, Augenstreif, Schwingen und Schwanzfedern schwarz, grünlich gerandet. Oberschnabel schwärzlich, Unterschnabel weißlich. —

9. Pipra strigilata *Pr. Wied.*

Pr. Max. z. Wied Beitr. III. a. 430. 5. — Dess. Reise I. 187. — ***Temm.*** pl. col. 54. — ***Lichtenst.*** Doubl. 29. 303. 304. — ***Swains.*** Birds of Braz. pl. 25.

Rückengefieder olivengrün, Bauchseite blaßgelb, die Federnränder braun.

Männchen mit rothem Oberkopf, Weibchen mit blaßgelber Brust. —

Kleiner als alle früheren Arten, kaum so groß wie ein Goldhähnchen. Oberschnabel braun, Unterschnabel und Beine blaß gelbbraun. Rückengefieder, Flügel und Schwanz olivengrün; Schwingen außen bräunlich, innen grau, wie die Schwanzfedern unten. Bauchseite blaßgelb, die langen schmalen Federn mit rothbraunen Randstreifen, die Unterschenkel fast ganz rothbraun. Männchen mit karminrothem Oberkopf, der vorn bis zur Stirn reicht, Zügel und Backen aber nicht berührt; — Weibchen:

Kehle, Vorderhals und Brust einfarbig blaßgelb, die Federnränder etwas intensiver gelb gefärbt. Schwanz kaum länger als die ruhenden Flügel, erste Schwinge beträchtlich verschmälert. —

Ganze Länge 3¼″, Schnabelfirste 3‴, Flügel 2″, Schwanz ½″, Lauf ½″. —

In den Gebüschen der Waldregion des mittleren Brasiliens; von mir nur in Neu-Freiburg beobachtet. —

β. Schwanzfedernschäfte in lange Borsten verlängert. Cirripipra *Bon.*

10. Pipra filicauda *Spix.*

Spix Aves Bras. II. 5. 3. tb. 8. — ***Wagl.*** Isis. 1830. 936. 21. — ***v. Tschudi,*** Fn. per. Orn. 123. 1.

Männchen: Stirn und Bauchseite gelb, Scheitel und Nacken roth; Rücken, Flügel und Schwanz schwarz. —

Weibchen: Gefieder grün, die Bauchseite lichter, weißlicher. —

Größe und Ansehn von P. erythrocephala. Schnabel braun, Kinngegend lichter; Lauf dunkel fleischroth, Zehen braun. — Männchen mit gelber Stirn, Backen und ganz gelber Unterseite; Scheitel und Nacken bis zum Rücken roth; Rücken, Flügel und Schwanz schwarz; die Schwingen am Innenrande breit weiß, die erste nur an der Spitze verschmälert; Schwanzfedern zugespitzt, der Schaft der vier äußeren Schwanzfedern in eine feine straffe, bis 2″ lange Borste verlängert, die Basis des Schaftes unten weiß gefärbt. — Das Weibchen gleicht dem Männchen in Größe und Gestalt, hat auch die langen, feinen Borsten an den drei äußeren Schwanzfedern, aber die Farbe ist grün; die Rückenseite dunkler, die Bauchseite lichter; Schwingen und Schwanzfedern sind braungrau.

Ganze Länge ohne Borsten 4¼″, mit den Schwanzborsten 6″, Schnabelfirste 3‴, Flügel 2½″, Schwanz ohne Borsten 1½″, Lauf 7‴.

Von Spix am Rio Solimoes beim Dorfe St. Paulo entdeckt.

b. Lauf hoch, länger als die Mittelzehe mit der Kralle; vorderste Schwingen sehr schmal, sichelförmig gekrümmt. Manacus *Briss.* Chiromachaeris *Cabanis.*

11. Pipra Manacus *Linn.*

Linn. S. Nat. I. 340. 12. — ***Lath.*** Ind. orn. II. 556. 6. — ***Buff.*** pl. enl. 303. 1. — ***Pr. Max.*** Beitr. III. a. 432. 6. — ***Wagl.*** Isis. 1830. 939. 26. — ***Schomb.*** Reis. III. 696. 135. — ***Swains.*** Birds of Braz. pl. 26.

Pipra gutturosa ***Desm.*** Tanagr. et Man. pl. 58.

Männchen: Scheitel, Rücken, Flügel und Schwanz schwarz; Bürzel und Steiß grau; Kehle, Hals, Brust und Bauch weiß.

Weibchen grün. —

Durch den breiteren, flacheren Kopf, das starke Kehlgefieder, die schmalen säbelförmigen, ersten Schwingen und die hohen Läufe weicht diese Art etwas mehr von den übrigen ab. Der Schnabel hat eine scharfe Firstenkante, ist grau, mit weißlichem Unterkiefer; die Iris grau, die Beine blaß gelblichfleischfarben. Gefieder groß und sehr weich. — Beim Männchen Stirn und Scheitel bis zum Nacken schwarz, ebenso der Rücken, die Flügel und der Schwanz. Kehle, Backen, Hals, Brust und der Anfang des Bauches sind weiß; hernach werden Bauch und Steiß schiefergrau, und der Bürzel ist sehr dunkelgrau; nur die obersten, kleinsten Flügeldeckfedern am Bug sind auch weiß. — Das Weibchen ist ganz grün, etwas reiner als die Weibchen der früheren Arten, der Bauch weißgrün, der Bürzel und Steiß graulich; die Schwingen sind braungrau, die seitlichen Schwanzfedern ebenfalls.

Ganze Länge 4½″, Schnabelrücken 3‴, Flügel 2″, Schwanz 1″, Lauf 11‴, Mittelzehe ohne Kralle 6‴. —

Ich erhielt diesen kleinen zierlichen Vogel bei Neu-Freiburg, wo er nicht selten ist; der Prinz fand ihn besonders in den südlichen Gegenden seiner Reiseroute von Rio de Janeiro bis Bahia. Er bemerkte an ihm im Fluge einen schnurrenden Ton, der durch die Bewegung des Handgelenks entsteht und selbst nach dem Tode sich noch hervorbringen läßt. Das Thierchen bläht gern seine Kehlgegend auf und treibt dadurch das lange Kehlgefieder bartartig hervor.

Anm. Im nördlichen Brasilien, bei Para und darüber hinaus in Guyana, tritt eine verwandte Art auf, welche ich so wenig, wie der Prinz zu Wied, in Brasilien beobachtet habe; es ist die:

12. Pipra Edwardsii *Bonap.* Consp. Av. 171. 332. 2. — Pipra Manacus *Linn. Lath.* var. l. l. — *Buff.* pl. enl. 303. 1. — Der Vogel erscheint in dem mir vorliegenden Exemplar etwas kleiner, hat einen viel breiter weißen Nacken, ein ganz weißes Deckgefieder am Flügelbug, und einen weißen Bauch bis zum Steiß; dagegen ist der Bürzel schwarz. Den Schnabel finde ich schmäler und die Mittelzehe im Verhältniß etwas länger. —

14. Gatt. Calyptura *Swains.*

Kleine zierliche Vögelchen vom Ansehn unserer Goldhähnchen (Regulus), mit sehr kurzem, etwas schmälerem Schnabel, der dem von Pipra Manacus am meisten ähnelt, aber nicht so lang ist. Das Gefieder ist weich und voll, wie bei dem genannten Vogel, das des Oberkopfes in eine Holle verlängert. Die kleineren Flügel sind kurz, aber ihre Schwingen nicht verschmälert, die erste ist so breit wie die folgenden, und nur wenig kürzer. Ganz auffallend klein, kurz und schmalfedrig ist der Schwanz. Die zierlichen Beine haben einen mäßig hohen, hinten einreihig warzigen Lauf, und nicht eben lange Zehen, von denen die äußere nur am Grunde etwas mit der mittleren sich vereinigt hat.

Calyptura cristata *Vieill.*

Swainson, Birds of Brazilia pl. 24. — ***Ej.*** ornith. Drawinys, pl. 26.
Pardalotus cristatus ***Vieill.*** N. Dict. d'hist. nat. XXIV. pag. 129.
Pipra Tyrannulus ***Licht. Wagl.*** Isis. 1830. 940. 27.

Rücken grün, Oberkopf roth, schwarz gerandet; Unterseite gelb; Flügeldeckfedern mit weißen Spitzen.

Ganz wie unser Goldhähnchen (Regulus cristatus), nur lebhafter gefärbt. Schnabel und Beine bleigrau, Iris dunkelbraun. Gefieder am Rücken gelblich olivengrün, der Oberkopf roth, schwarz an den Seiten eingefaßt; die Stirn beim Männchen gelb, beim Weibchen grün. Flügel und Schwanzfedern graubraun, die kleinen und großen Deckfedern mit weißer Spitze, die Schwingen grünlich gerandet, die Armschwingen mit weißem Endsaum. Unterseite lebhaft dottergelb, beim Weibchen Kehle und Vorderhals grünlich überlaufen.

Ganze Länge 3″, Flügel 2″, Schwanz 9‴. —

Bei Neu-Freiburg war dies zierliche Vögelchen nicht selten, es hüpft wie die Pipren im Unterholz des Waldes herum und ist wenig scheu. —

15. Gatt. Piprites *Cabanis.*

Ornith. Notiz. 1847. 234.

Etwas stärkere größere Vögel, die sich besonders durch einen viel dickeren Schnabel von den typischen Pipren unterscheiden. Ihre Flügel reichen bis auf den Grund des Schwanzes und haben breite Schwingen, welche nur am Ende zugespitzt erscheinen. Der Schwanz ist entschieden länger, breiter und größer als bei Pipra, und ragt weit über die ruhenden Flügel heraus. Die Beine haben mäßig hohe Läufe mit warziger Sohle und kurze Zehen, von denen die äußere nur am Grunde etwas mit der mittleren sich verbunden hat, aber nicht eigentlich verwachsen ist. Darin stimmen sie mit Calyptura überein. Beide Gattungen nähern sich den Tyranniden, und zwar die letztere den Psariden in der Form des Schnabels.

1. Piprites chloris *Natt.*

Pipra chloris *Natt. Temm.* pl. col. 172. 2.
Hemipipo chloris *Cabanis Wiegm.* Arch. 1847. I. 234.

Oben grünlich, unten gelblich.

Rückenseite grün, Bauchseite gelblich, Brust grünlicher; vorderste Stirnfedern zimmtfarben, am Ohr ein blaugrauer Fleck; Flügel und Schwanz graubraun, die Deckfedern weißlich gelbgrün gesäumt, die Schwingen und Schwanzfedern grünlich gerandet; der Schwanz abgerundet, die Seitenfedern etwas verkürzt.

Ganze Länge 5½'', Schnabelrücken 4''', Flügel 3'', Schwanz 1¾'''.

Im Innern Brasiliens (Goyaz, Mato grosso).

2. Piprites pileata *Natt.*

Pipra pileata *Natt. Temm.* pl. col. 172. 1.
Piprites pileata *Cabanis* l. l.

Männchen: oben zimmtfarben, unten limonengelb; Scheitel schwarz.
Weibchen: oben olivengrün, nur der Bürzel zimmtroth.

Etwas kleiner als die vorige Art, und besonders durch den breiteren, etwas ausgeschnittenen Schwanz, dessen mittlere Federn verkürzt sind, abweichend. Männchen oben zimmtroth, Scheitel schwarz; unten hell blaßgelb. Flügel und Schwanz braun, die Deckfedern roth, die Schwingen grün gerandet; seitliche Schwanzfedern breit rostroth gesäumt. — Weibchen oben olivengrün mit rostrothem Bürzel; der Scheitel wie der Rücken, sonst wie das Männchen.

Ganze Länge 5'', Flügel 2¾'', Schwanz 1¾''. —

Ebenfalls, wie die vorige Art, von Joh. Natterer im Innern Brasiliens entdeckt. —

Beide Arten dieser Gattung sind mir unbekannt, und nur nach den citirten Schriftstellern beschrieben. —

3. Tyranninae.

Schnabel stark und grade, beinahe so lang wie der Kopf; die Distanz des Nasenlochs von der Spitze meist viel größer, als die vom vordern Augenwinkel; die Form mehr oder minder kegelförmig, also nicht abgeplattet, vielmehr drehrund, mitunter bauchig aufgebläht; die Spitze hakig herabgebogen, mit seichter Kerbe; das Nasenloch frei, rund, offen, nicht überschattet, aber von Borsten überragt, die den ganzen Mundrand und Grund des Schnabels begleiten;

darunter gewöhnlich einige längere und stärkere am Zügelrande. Flügel ziemlich lang und spitz, bis auf die Mitte des Schwanzes reichend; die erste Handschwinge nur sehr wenig verkürzt, aber häufig, gleich den vordern, abgesetzt zugespitzt; mitunter verkümmerte Federn im Flügel. Schwanz ziemlich lang, stark, breit, mehr oder minder deutlich ausgeschnitten, seltener abgerundet. Beine ziemlich stark, der Lauf hoch, hinten von mehreren Warzenreihen bedeckt; die Zehen kräftiger als bei den meisten Piprinen, die Außenzehe nie mit der Mittelzehe verwachsen, sondern ihr bloß am Grunde etwas genähert. Gefieder voll, weich, vorherrschend grau am Rücken, gelb oder weiß am Bauch gefärbt.

Die Mitglieder dieser Gruppe sind zahlreich über ganz Süd-Amerika verbreitet und gehören dort zu den häufigsten Erscheinungen, weil sie gern in die Nähe der Ansiedelungen kommen und durch ihre laute, z. Th. höchst charakteristische Stimme sich verrathen. Sie fressen Insecten, sind dreist und gewandt, und die größeren fallen selbst kleinere, besonders kranke oder ermattete Vögel an. —

A. Zweite Schwungfeder beim Männchen sehr klein und verkümmert, beim Weibchen vollständig. Psaridae.

Die merkwürdige Anomalie in der Flügelbildung hat schon Azara erkannt (Apunt. II. 409) und Lichtenstein (Doubl. d. zool. Mus. 50. 531) erwähnt. Nitzsch (Pterylogr. S. 116) wußte die Erscheinung ebenfalls, aber erst Cabanis hat nachgewiesen (*v. Tschudi*, Fn. peruana Orn. S. 146. und *Wiegmann's* Archiv 1847. I. S. 237), daß das ein allgemeiner Geschlechtscharakter der Männchen sei. Auf ihre Affinität mit den Ampeliden hatte ich deshalb schon in Nitzsch Pterylographie (a. a. O.) hingewiesen.

16. Gatt. Bathmidurus *Cabanis*.

Wiegm. Arch. 1847. I. 243.

Psaris *Cuv. Bonap.* Pachyrhynchus *Spix.*

Schnabel im Vergleich mit den folgenden Gattungen klein, die Rückenfirste wenigstens angedeutet, wenn auch nicht scharf abgesetzt; die Borsten am Mundrande stärker entwickelt. Flügel spitziger, schmäler; Schwanz länger als bei den folgenden Gruppen, die äußeren Federn mehr oder minder verkürzt, die Gesammtform also stark abgerundet, was diese Gattung besonders kenntlich macht.

Gefieder der Weibchen rostgelb oder rostroth, der Männchen ganz oder z. Th. schwarz; junge männliche Vögel wie die Weibchen gefärbt. —

1. Bathmidurus melanoleucus *Cab.*

Cabanis, a. a. O. 244. 3.
Muscicapa rufescens *Gmel. Linn.* S. Nat. I. 2. 932. — *Lath.* Ind. orn. II. 487. 82. — *Buff.* pl. enl. 453. 1. fem.
Pachyrhynchus rufescens *Spix* Av Bras. II. 34. 7. tb. 46. f. 2.
Muscipeta aurantia *Pr. Max.* Beitr. III. b. 911. 7.
Saltator melanoleucus *Vieill.* N. Dict. d'hist. nat.

Männchen: Rückenseite schwarz, Zügel und Bauchseite weiß; Unterrücken grau, Flügeldeckfedern mit weißen Spitzen.

Weibchen: rostroth, Unterseite weißlich; Hinterkopf bis zum Auge grau; Schwingen braun, rostgelb gerandet.

Junger Vogel ganz rostroth, bloß die Kehle weißlich und der Nacken grau.

Durch den längeren und stärker abgerundeten Schwanz ist diese Art am besten kenntlich gemacht. — Das alte Männchen kennt man noch nicht genau, nach Exemplaren in der Mauser zu schließen, wird es auf der ganzen oberen Seite glänzend schwarz, an der Bauchseite weiß sein; vom Schnabel streicht durch das Auge ein weißer Streif, die großen und unteren kleineren Flügeldeckfedern und die Schwanzfedern haben weiße Spitzen. — Das junge Männchen, welches ich mitgebracht habe, besitzt die sehr kleine zweite Schwinge, ist übrigens am ganzen Rücken, der Brust, dem Bauch, den Flügeln und dem Schwanz rostgelbroth, nur die Kehle spielt ins Weiße; rund um den Hinterkopf liegt ein aschgrauer Ring, welcher sich breiter werdend bis zum Auge erstreckt; die Stirn- und mittleren Scheitelfedern sind dunkler braun gefärbt und etwas derber. Die graubraunen Schwingen haben rostgelbe Ränder. Der Schwanz ist ganz rostgelb. — Das junge Weibchen sieht ebenso aus, das alte dagegen ist an der ganzen Unterseite heller, weißlicher und hat schwarzbraune Schwingen. —

Ganze Länge 6″, Schnabelfirste 5½‴, Flügel 3″ 8‴, Schwanz 2″ 4‴, Lauf 8‴, Mittelzehe ohne Kralle 5‴. —

Ich erhielt von diesem ziemlich seltenen Vogel nur das beschriebene junge Männchen bei Neu-Freiburg; der Prinz zu Wied traf ihn in den großen inneren Waldungen des mittleren Theils seiner Reiseroute, aber nicht häufig an. —

2. Bathmidurus marginatus *Licht.*

Todus marginatus *Licht.* Doubl. 51. 539. fem.
Muscipeta marginata *Pr. Max.* Beitr. III. b. 909. 6.
Pachyrhynchus marginatus *D'Orbigny* Voy. Am. mer. Ois. pag. 303. no. 201. pl. 31. f. 2—4.

Lanius atricapillus *Gmel. Linn.* S. Nat. I. 1. 302. 32. mas. — *Lath.* Ind. orn. I. 73. 19.
Bathmidurus atricapillus *Caban.* l. l. 245. 4.
Tityra Swainsonii *Gray.*

Männchen: Oberkopf, Nacken, Rücken, Flügel und Schwanz schwarz; Unterrücken, Bauch und Steiß grau; Flügeldeckfedern und Schwanzfedern mit weißen Spitzen.

Weibchen: Oberkopf rothbraun, Rücken, Flügel und Schwanz olivengrün, Deckfedern und Schwanzfedern mit rostgelbem Saum. Unterseite gelbgrün.

Vom Ansehn der vorigen Art, nur etwas kleiner. — Männchen mit schwarzem Oberkopf, Nacken, Rücken, Flügel und Schwanz; große Deckfedern und Armschwingen weiß gerandet; mittlere Schwanzfedern einfarbig, die seitlichen mit weißem Rande und weißer Spitze. Kehle, Vorderhals und Brust weißlich, von da bis zum Steiß bleigrau, allmälig voller gefärbt; Bürzel und Rücken bis zwischen die Flügel ebenfalls grau, desgleichen die Wangen und Halsseiten. Schnabel schieferschwarz, der Unterkiefer lichter, bläulicher; Iris dunkelbraun, Beine bleifarben. — Weibchen und junger männlicher Vogel auf dem Oberkopf rostroth, die Zügel mit weißem Streif, die Backen graulich; der Nacken und ganze Rücken mit den Flügeln und dem Schwanz graulich olivengrün, je älter der Vogel um so grünlicher; die Flügeldeckfedern dunkler braun, breit rothgelb gerandet; die Schwingen ebenso, aber der Saum am Innenrande breiter als am äußeren. Mittlere Schwanzfedern wie der Rücken, gegen die Spitze zu dunkler, schwarzbraun, der Endrand rostgelb; seitliche schwarzbraun, mit rothgelbem Saum und graugrüner Basis. Unterseite von der Kehle bis zum Steiß blaßgelblich. —

Ganze Länge 5½″, Schnabelrücken 5‴, Flügel 2½″, Schwanz 2″, Lauf 7¾‴, Mittelzehe ohne Kralle 4¾‴. —

Der Vogel bewohnt das Waldgebiet des mittleren Brasiliens und ist, gleich der vorigen Art, nicht häufig; die Berliner Sammlung enthielt ihn vorzüglich von Bahia; D'Orbigny beobachtete ihn am Ostabhange der Anden Boliviens.

3. Bathmidurus variegatus *Spix.*

Cabanis Wiegm. Arch. l. l. 244. 2.
Pachyrhynchus variegatus *Spix* Av. Bras. II. 31. 1. tb. 43. fig. 2.
Muscipeta splendens *Pr. Max.* Beitr. III. b. 906. 5.
Pachyrhynchus Spixii *Swains.*, two Cent. no. 28.

Männchen mit stahlblauem Oberkopf, schwarzer Rücken- und aschgrauer Bauchseite. Flügel und Schwanz schwarz, die Deckfedern, Schwingen und seitlichen Schwanzfedern mit weißer Spitze.

Weibchen trüber gefärbt, aschgrauer, Oberseite dunkler, aber ohne schwarzen Scheitel.

Der ersten Art an Größe gleichkommend. — Männchen mit schwarzem, stahlblau glänzendem Oberkopf und dunkel schieferschwarzem Rücken. Flügel und Schwanzfedern tiefer schwarz, alle Schwingen, die großen und die untersten kleinen Deckfedern weiß gesäumt, die Schwingen besonders an der Innenseite weiß, die hintersten überall weiß gerandet; zwei mittlere Schwanzfedern ganz schwarz, die übrigen sehr stark stufig verkürzt, mit breiter weißer Spitze. Ganze Unterseite bleigrau; Schnabel blaugrau, Iris braun, Beine bleigrau. — Weibchen und junger Vogel ganz aschgrau, die Rückenseite aber dunkler als die Bauchseite, Flügel und Schwanz wie beim Männchen, die Farbe nur matter, graulicher. —

Ganze Länge 6″, Schnabel 5″ 4‴, Flügel 2″ 10‴, Schwanz 2″ 4‴, Lauf 7¼‴, Mittelzehe 5‴ ohne Kralle.

Auch diese Art bewohnt das Küstenwaldgebiet Brasiliens, lebt aber besonders in den nördlichsten Districten und ist nicht häufiger, als ihre übrigen Verwandten. Vielleicht wird der alte männliche Vogel auch an der Bauchseite schwarz und verliert selbst an den Schwingen und Schwanzfedern die graulichen Ränder.

Anm. Ein solches, ganz schwarzes männliches Individuum hat Spix als Pachyrhynchus niger abgebildet (Av. Bras. II. 33. 5. tb. 45. f. 1) und dabei selbst die Vermuthung geäußert, daß es das alte Männchen seines Pach. variegatus sei. Zu ihm scheint auch Psaris nigra *Swains.* zool. Journ. II. 356. zu gehören.

17. Gatt. Pachyrhamphus *Gray*.

Pachyrhynchus *Spix*.

Nicht größer, aber gedrungener gebaute Vögel, mit stärkeren, dickeren Schnäbeln und wenn auch nicht viel kürzerem, doch ziemlich grade abgestutztem, also breiterem Schwanz, dessen seitliche Federn nur sehr wenig kürzer sind, als die mittleren. Der Schnabel ist übrigens bauchiger, als bei Bathmidurus, aber nicht so dick, wie bei Psaris; man bemerkt auf ihm eine stumpfe Rückenfirste, die dem Psaris fehlt. Die Borstenfedern am Mundrande sind kurz, aber nicht eben fein; die erste Schwinge ist so breit wie die dritte, und die verkümmerte zweite des Männchens relativ größer als bei Psaris. — Das Gefieder voll, aber weich; beim Weibchen vorwiegend rostgelb oder graugelb, beim Männchen grau oder grün mit schwarzem Scheitel.

1. Pachyrhamphus mitratus *Licht.*

Lanius mitratus *Lichtenst.* Doubl. d. zool. Mus. 50. 534. mas. 535. fem.
Pachyrhamphus atricapillus *Caban. Wiegm.* Arch. 1847. 1. 242. 5. — *Schomb.* Reise. III. 698. 145.
Pipra atricapilla *Gmel. Linn.* S. Nat. I. 2. 1003. — *Lath.* Ind. orn. II. 501. 22. — *Buff.* pl. enl. 687. f. 1. mas.
Muscicapa aurantia *Gmel. Linn.* S. Nat. I. 2. 932. — *Lath.* Ind. orn. II. 487. 80. — *Buff.* pl. enl. 831. 1. fem.

Männchen weißgrün, Hals und Bauch weiß, Scheitel schwarz; Flügel und Schwanzfedern braungrau, weißgrün gesäumt. —

Weibchen rostroth, Scheitel graubraun, Kehle und Steiß weiß; Schwingen braungrau, rostroth gerandet.

Ein kleiner Vogel, nicht so groß wie Pipra caudata, aber der Kopf mit dem Schnabel viel dicker, wenngleich schmächtiger als bei den nachfolgenden Arten. Schnabel bleigrau. Iris braun, Beine blaß fleischbraun. — Männchen licht graugrün, Oberkopf bis zum Nacken schwarz, stahlblau schillernd. Stirn, Backen, Kehle und Vorderhals weiß, Brust gelblich, Bauch und Steiß weiß. Flügel graubraun, die großen Deckfedern und die Schwingen weißlich gerandet. Schwanz graugrün, die Ränder weißlich. — Weibchen und junger Vogel hell zimmtroth, Kehle und Vorderhals weiß, Brust rostgelb, Bauch und Steiß weiß. Oberkopf braun, der Nacken und die Schläfen graulich; Schwingen graubraun, rostgelb gesäumt; Schwanz einfarbig rostgelbroth.

Ganze Länge 5″, Schnabelfirste 6‴, Flügel 2″ 9‴, Schwanz 1″ 7‴, Lauf 7‴, Mittelzehe 5‴ ohne Kralle.

Gemein in Guyana bis zur Mündung des Amazonenstromes, aber nicht südlicher. —

2. Pachyrhamphus nigriceps *Licht.*

Muscicapa nigriceps *Licht.* Doubl. etc. 56. 570. mas 571. fem.
Muscipeta nigriceps *Pr. Max. z. Wied* Beitr. III. b. 914. 8.
Psaris Cuvieri *Swains.* zool. Ill. I. pl. 32.
Pachyrhynchus Cuvieri *Spix* Av. Bras. II. 33. 4. tb. 45. f. 2.
Tityra Vieillotii *Jard. Selby,* Ill. orn. I pl. 10. f. 1.
— Dupontii et viridis *Vieill.* Enc. meth. Orn. 860.
Caracterizado verde y corona negra, *Azar.* Apunt. II. 184. 210.

Beide Geschlechter am Rücken grün, am Bauch gelb, im Nacken grau, an der Kehle weiß; — Männchen mit schwarzblauem, Weibchen mit grauem Scheitel. —

Kaum größer als die vorige Art. Schnabel bleigrau, der Rand und die Spitze weißlich; Iris schwarzbraun, Beine grünlich grau. — Gefieder am Rücken, Flügeln und Schwanz grün, auf der Brust rein gelbgrün, am Bauch und Steiß blaßgelb. Schwingen schwarzgrau, grün gerandet. Ober=

kopf bis zum Nacken beim **Männchen** schwarz, stahlblau schillernd, der Nacken grau, die Stirn, Zügel, Backen, Kehle und der Vorderhals weiß; beim **Weibchen** alle diese Theile grau, die Kehle und der Vorderhals blaß weißlicher, der Scheitel grün überlaufen. —

Ganze Länge 5″ 4‴, Schnabelfirste 6‴, Flügel 3″, Schwanz 2″, Lauf 8‴, Mittelzehe ohne Kralle 6‴. —

Der Prinz zu **Wied** erhielt diese Art bei Bahia, konnte sie aber nicht selbst beobachten; auch ich habe sie nirgends angetroffen, sondern nach Exemplaren beschrieben, die mir durch einen früheren Zuhörer aus Bahia übersendet wurden. Dort scheint also der Vogel zu Hause und nicht gar selten zu sein. Sein Ei hat **Thienemann** (a. a. O. Taf. 27, Fig. 19) abgebildet; es ist ziemlich groß, blaßgrün, mit einem dichten, schwarzgrünen Fleckenkranze beinahe in der Mitte, etwas mehr nach der Seite des stumpferen Endes gerückt.

3. Pachyrhamphus validus *Licht.*

Cabanis, Wiegm. Arch. 1847. I. 240. — Lanius validus *Licht.* Doubl. etc. 50. 532. 533.
Pachyrhynchus cinerascens *Spix* Av. Bras. II. 34. 6. tb. 46. f. 1. (mas juv.).
Tityra atricapilla et rufa *Vieill.* Enc. meth. Orn. 859.
Tityra pileata, *Jard. Selby*, Ill. orn. I. pl. 17.
Psaris roseicollis *Lafr. D'Orb.* Voyag. Am. mer. Ois. pag. 302. no. 200.
Caracterizado canela corona de pizarra *Azara* Apunt. II. 181. no. 208. (fem.) ibid. 209 (mas) C. c. c. y cabeza negra.

Männchen rußschwarz, Unterseite gelblich. Achselfedern weiß. —

Weibchen zimmtroth, Unterseite gelblich, Scheitel und Schwingen schwarzbraun. —

So groß wie ein **Staar**. — Gefieder des **Männchens** auf der ganzen Rückenseite einfarbig rußschwarz, nur der Oberkopf kohlschwarz; die Federn auf der Schulterhöhe, welche den Flügelrand bedecken, weiß. Kehle und Vorderhals lebhaft gelb, Brust graugelb, Bauch und Steiß wieder reiner gelb. Oberschnabel schwarz, Unterschnabel braun; Iris schwarzbraun, Beine graubraun. — **Weibchen** und **junges Männchen** hell zimmtroth, der Oberkopf bis zum Nacken und die Schwingen rußbraun, letztere am Vorderrande zimmtroth, Kehle weißgelb; Brust, Bauch und Bürzel blaßgelb, Schwanz lebhaft zimmtroth. —

Ganze Länge 7″ 6‴, Schnabelfirste 9‴, Flügel 4″, Schwanz 2½″, Lauf 1″, Mittelzehe ohne Kralle 8‴.

Dieser Vogel bewohnt das innere Camposgebiet Brasiliens, besonders die südlichen Districte; ich erhielt ihn in Lagoa santa von dem benachbarten Sette Lagoas. Sein dicht rostgelbbraun geflecktes Ei bildete **Thienemann** (a. a. O. Taf. 27, Fig. 18) ab. —

18. Gatt. Psaris *Cuv.*

Tityra *Vieill.* Pachyrhynchus *Spix.*

Schnabel sehr stark und dick, die Rückenfirste völlig gerundet, das Nasenloch sehr nach außen gerückt, dem Mundrande genähert; Augenring nackt oder sparsam befiedert. Gefieder etwas kürzer, kleiner, derber. Schwingen schmal, die zweite des Männchens total verkümmert, fast nur als gefranzter Schaft vorhanden. Schwanz kurz und breit, nur wenig länger als die ruhenden Flügel, grade abgestutzt. Lauf ziemlich dick, aber auch etwas kürzer, auf der äußeren Seite der Sohle mit viel größeren, eckigen Tafeln bekleidet. — Weibchen nicht rostgelb oder zimmtroth, sondern ebenfalls schwarz und weiß gefärbt, wie das Männchen, doch ganz anders gezeichnet als Letzteres. —

1. Psaris inquisitor *v. Olfers.*

D'Orb. Voy. Am. mer. Ois. 302, 199.
Lanius inquisitor, *Licht.* Doubl. d. zool. Mus. 50. 530. 531.
Psaris erythrogenys *Selby*, zool. Journ. II. 483.
Psaris Selbii et Jardinii *Swains.* zool. Ill. n. s. pl. 35.
— Nattereri *Swains.* two Cent. no. 19.

Bleigrau, Bauchseite lichter, Oberkopf, Schwingen und Schwarz schwarz; Weibchen mit rostrother Stirn und Backen. —

Etwas kleiner als die folgende Art. Schnabel schieferschwarz, Kinn und Rand blasser, weißgrau. — Gefieder des Rückens dunkel bleigrau mit schwarzen Schäften, des Bauches vom Kinn bis zum Steiß hellgrau. Oberkopf bis zum Nacken, die Schwingen, der Flügelrand am Bug und der Schwanz schwarz, die hintersten Armschwingen weißgrau. — Weibchen mit rostbrauner Stirn und ebensolchem Fleck hinter dem Auge; der Rücken trüber, fleckiger, indem die Schaftstreifen sich etwas ausdehnen. Iris braun, Beine blauschwarzgrau. —

Ganze Länge $7\frac{1}{2}''$, Schnabelfirste $10'''$, Flügel $4''$, Schwanz $2\frac{1}{4}''$, Lauf $10'''$, Mittelzehe ohne Kralle $8'''$.

Bewohnt ebenfalls die inneren Camposgebiete Brasiliens, namentlich St. Paulo, Goyaz, Mato grosso und die Ostabhänge der Cordilleren Boliviens. —

2. Psaris brasiliensis *Swains.*

Swainson, two Centur. 286. no. 18. — *Caban. Wiegm.* Arch. 1847. 1. 239. 2.
Pachyrhynchus cajanus *Spix* Av. bras. II. 32. 2. tb. 44. f. 1.
Caracterizado blanco cabas negras. *Azara*, Apunt. II. 176. 207.

Männchen grauweiß; Kopf, Schwingen und Schwanz schwarz.
Weibchen weiß, Gefieder schwarz gestreift; Schwingen und Schwanz schwarz.

So groß wie ein Pirol, etwas plumper, besonders der Kopf mit dem Schnabel stärker. — Schnabel schwarz, die Basis des Unterkiefers und der Mundrand daneben röthlich weiß; rings um das Auge ein beim Männchen breiter, beim Weibchen schmaler fleischfarbener, nackter Ring. Kopf des Männchens schwarz, der Rumpf und die hintersten Armschwingen hell grauweiß; der Flügel am Bug und die Schwingen schwarz, letztere innen weiß gesäumt. Schwanz einfarbig schwarz. Die Iris rothbraun, die Beine schwarz. — Weibchen und junger Vogel nur am Flügel und Schwanz schwarz; das Rumpfgefieder etwas grauer, jede Feder mit schiefer-schwarzem Schaftstreif, welcher auf dem Kopf fast die ganze Fläche der Feder einnimmt, am Halse schon schmäler wird, und am Rücken, Brust und Bauch nur als Mittelstreif auftritt. —

Ganze Länge 8″, Schnabelfirste 1″, Flügel 5″, Schwanz 2″, Lauf 11‴, Mittelzehe ohne Kralle 10‴. —

Der Vogel bewohnt die Vorwälder und Gebüsche des ganzen Brasiliens, tritt aber nirgends in großer Menge auf, ja ist in manchen Gegenden eine Seltenheit, daher ihn auch der Prinz zu Wied gar nicht gefunden hat. Mein Sohn schoß ein junges Männchen den 3. Februar bei Neu-Freiburg im nahen Gebüsch des Pfarrgartens, seitdem kam mir die Art nicht wieder vor; andere Individuen besitze ich aus St. Paulo und St. Catharina. Nach Azara kommt der Vogel nur im Sommer (December bis Februar) nach Paraguay und lebt dort paarig in den höchsten Kronen der Waldbäume. Nach Schomburgk nistet die verwandte Art Guyanas in alten, ausgehöhlten Astlöchern.

Anm. 1. Man hat bisher diese Art mit dem Lanius cajanus *Linn. Lath.* Ind. orn. I. 80. 47. — *Buff.* pl. enl. 304 mas. 377 fem. zusammengezogen, allein letzterer, in Guyana zu Hause, ist etwas größer, entschiedener grau gefärbt, hat einen am ganzen Grunde fleischrothen Schnabel und im weiblichen Geschlecht keine so starken Schaftstreifen im Gefieder. —

2. Eine andere verschiedene Art ist Pachyrhynchus semifasciatus *Spix* Av. Bras. II. 32. 3. tb. 44. f. 2. vom oberen Amazonenstrom bis nach Mexico verbreitet. Dieselbe hat die Farbe der brasilianischen Psaris, aber einen dunkler grauen Rücken, mehr grau im Flügelgefieder und statt des ganz schwarzen Schwanzes einen grauen mit breiter, nach außen verschmälerter Binde vor der Spitze.

B. Zweite Schwungfeder des Männchens nicht verkümmert, ebenso groß wie beim Weibchen. Tyrannidae.

Außer dem angegebenen Unterschiede ist für diese Gruppe der ächten Tyranniden noch der Lauf bezeichnend; er hat bloß oben am Hacken und unten am Zehengelenk feine Warzen auf der Sohle, längs der Mitte bleibt nur ein schmaler Streif frei, weil die Tafelschilder der Vorderseite weit nach hinten herumgreifen, oder eine Reihe kleiner Tafeln außen neben sich haben. —

19. Gatt. Scaphorhynchus *Pr. Wied.*

Schnabel sehr groß, so lang wie der Kopf oder länger, besonders breit, fast löffelförmig, mit scharfer Rückenfirste, spitzem Endhaken und vorgerückten, ovalen, auf der Mitte jeder Seitenfläche gelegenen Nasenlöchern. Schnabelgrund mit langen, ziemlich starken, vorragenden Borstenfedern besetzt. Gefieder aber nicht sehr dicht, weich, Flügel und Schwanz derbe; Flügel ziemlich spitz, bis zur Mitte des Schwanzes reichend, die erste Feder etwas schmäler als die folgenden breiten, und etwa 9‴ kürzer als die dritte längste; Schwanz abgestutzt, breit, stumpf, die mittleren Federn leicht verkürzt. Beine für die Größe des Vogels klein, besonders der Lauf kurz, die Zehen schwach.

1. Scaphorhynchus Pitangua *Linn.*

Lanius Pitangua *Linn.* S. Nat. I. 136. 15. — *Buff.* pl. enl. 212. — *Lath.* Ind. orn. I. 78. 42.
Scaphorhynchus sulphuratus *Pr. Max* Beitr. III. b. 983. 1.
Tyrannus carnivorus *Vieill.* Enc. meth. Orn. 847.
Megastoma ruficeps, flaviceps et atriceps *Swains.*, two Centur. 285.
Neinei, *Azara* Apunt. II. 155. 199.
Pitangua guaçu *Marcgr.* h. nat. Bras. 215.

Rücken braun, Bauchseite gelb, Kehle weiß; Oberkopf dunkler braun, die Mitte gelb, von einer weißen Randlinie umfaßt. —

So groß wie ein Krammetsvogel, aber der Schnabel viel stärker, breiter, dicker. Schnabel und Beine hornbraun, die Gegend des Unterkiefers am Kinnrande lichter gelblicher; Iris braun. Gefieder am ganzen Rücken braun, etwas grünlich angeflogen; der Oberkopf zwar dunkler, aber nicht schwarz; die Mitte des Scheitels beim Männchen orange, beim Weibchen blaßgelb durchscheinend; Stirnrand, ein Streif von da bis zum obern Augenrande und weiter bis zum Nacken rein weiß. Große Flügeldeckfedern, Schwingen und Schwanzfedern am Außenrande rostroth fein gesäumt, am

Innenrande breiter und blasser. Kehle weiß, alles Uebrige bis zum Schwanz citronengelb. —

Ganze Länge 9—9½″, Schnabelfirste 1″ 2‴, Flügel 5″, Schwanz 3″, Lauf 10‴, Mittelzehe ohne Kralle 8‴. —

Dieser merkwürdige Vogel ist zwar nirgends selten im Küstenwaldgebiet Brasiliens, aber keinesweges so häufig, wie der Bentavi; er hält sich mehr im Walde, fern von menschlichen Wohnungen auf, und macht sich hier durch seinen Ruf, der wie Gne-i, Gne-i klingt, bald kenntlich. Er ist munter, vorsichtig, bald hoch in der Krone, bald auf dem Boden thätig; ruht aber von Zeit zu Zeit wie der Bentavi auf derselben Stelle, seine Stimme erschallen lassend. Seine Nahrung besteht in größeren Insekten. — Das Nest ist sehr versteckt und ziemlich groß, es enthält selten mehr als zwei blaßgelbe, mit kleinen braunen Flecken besonders am stumpferen Ende bestreute, aber nicht eben dicht gesprenkelte Eier, welche ganz die Größe großer Drosseleier (Turdus viscivosus) besitzen und von Thiemann (Fortpfl. d. ges. Vögel, Taf. 27, fig. 7) recht gut abgebildet sind. Ich erhielt den Vogel bei Neu-Freiburg, wo er aber nur mitunter vorkam; den ersten brachte man mir den 3. Febr. aus der Nachbarschaft. —

Anm. 1. Marcgraf scheint diesen Vogel mit dem Bentavi zusammen beschrieben zu haben; seine Formangaben passen mehr auf den Scaphorhynchus, aber die Stimme ist die des Bentavi. Buffon und Linné haben als Pitangua entschieden diesen Vogel gemeint, und deshalb kann nur er den Namen Pitangua führen, nicht der Bentavi, auf den der Prinz zu Wied ihn übertrug. Vergl. dessen Brochüre: Bresil (Frankf. a. M. 1853. 8.) S. 4. 63.

2. Swainson's Megastoma flaviceps (two Cent. p. 285) bezeichnet den weiblichen Vogel mit schwefelgelber Scheitelmitte und seine Megastoma atriceps (ibid.) den jungen, wo die lichten Zeichnungen am Kopfe noch fehlen; das ganz alte Männchen hat eine rothe oder rothgelbe Scheitelmitte und ist die Megastoma ruficeps (ibid.).

2. Scaphorhynchus audax *Gmel.*

v. Tschudi, Fn. per. Orn. 149. — *Schomb.* Reise, III. 699. 149.
Muscicapa audax *Gmel. Linn.* S. Nat. I. 2. 934. — *Buff.* pl. enl. 453. 2. — *Lath.* Ind. orn. II. 486. 74.
Tyrannus audax *Pr. Max.* III. 889. 2. — *D'Orb.* Voy. l'Am. mer. Ois. 305. 203. — *Vieill.* Enc. meth. Orn. II. 846.
Tyrannus solitarius *Vieill.* ibid. 853.
Suiriri chorreado todo, *Azara* Apunt. II. 145. 196.

Rückenseite schwarzbraun, die Federn weiß gesäumt; Bauchseite weißlich, die Federn mit schwarzem Schaftstreif; Schwingen und Schwanzfedern rostroth gerandet; Scheitelmitte gelb. —

Etwas kleiner als die vorige Art, zierlicher gebaut; der Schnabel zwar in der Hauptsache wie bei jener, aber etwas schmäler, die Rückenfirste stumpfer, die Seitenränder weniger auswärts gebogen; — die Randborsten, besonders am Zügel, viel steifer und die am Nasenloch dichter zusammengedrängt, also das Nasenloch mehr versteckt. Schnabel schwarz, Unterkiefer am Innenrande blaßgelbbraun; Iris braun, Beine schwarzblau. Rückengefieder graulich schwarzbraun, alle Federn weißlich gerandet; die Mitte des Scheitels bei alten Vögeln schwefelgelb, bei jüngeren die Federn bloß am Grunde gelb; über dem Auge bis zum Hinterkopf ein lichterer Streif. Kleine Deckfedern am Flügelrande und die vorderen Schwingen am Außenrande fein rostroth gesäumt, am Innenrande letztere breiter blaßgelb. Obere Schwanzdecken und Schwanzfedern an beiden Rändern lebhafter und breiter rostroth. Unterfläche weiß, die Seiten gelblich angeflogen; jede Feder mit einem schwarzen Längsstreif.

Ganze Länge 8″, Schnabelfirste 1″, Flügel 4½″, Schwanz 2″ 10‴, Lauf 8‴, Mittelzehe ohne Kralle 6‴.

In offenen buschigen Gegenden findet man diesen kenntlichen Vogel ziemlich überall in Brasilien; er sitzt viel, stößt vom Platze auf Insecten, und verfolgt gern schwächere Raubvögel mit Geschrei und Lärm, bald über, bald unter ihnen im Fluge sie bedrohend. Mein Sohn schoß ihn öfters ganz in der Nähe des Ortes bei Neu-Freiburg, wo er damals (Januar bis März) täglich zu sehen war. Sein Nest haben wir aber, trotz vielen Nachfragens und Suchens, nicht auffinden können. Man nannte ihn gewöhnlich den schwarzen Bentavi (Bentavi preto).

20. Gatt. Saurophagus *Swains.*

Schnabel so lang wie der Kopf, entschieden höher als breit, mehr kegelförmig gestaltet, die Firste abgerundet, die Spitze ein kräftiger Haken, mit feiner aber scharfer Kerbe daneben. Nasenloch weiter nach außen gerückt, dem Mundrande mehr genähert, von Borsten beschattet, welche sich am ganzen Schnabelgrunde hinziehn und besonders am Zügelrande sehr stark sind. Gefieder derber, kleinfedriger als bei Scaphorhynchus, die Flügel und besonders der Schwanz etwas länger. Beine viel kräftiger, der Lauf stärker, höher, die Zehen länger, mit viel größeren, mehr sichelförmigen Krallen; Laufsohle nur oben am Hacken und unten an den Zehen warzig, in der Mitte fast ganz von den herumgreifenden vorderen Tafeln bedeckt, mit schmalem nacktem Mittelstreif. —

1. Saurophagus sulphuratus *Linn.*

Cabanis, Schomb. Reise III. 698. 147.
Lanius sulphuratus *Linn.* S. Natt. I. 137. 19. — ***Buff.*** pl. enl. 296. (jung) pl. 246. (alt). — *Lath.* Ind. orn. I. 79. 43. — *Licht.* Doubl. 49. 523.
Tyrannus sulphuratus *Vieill.* Ois. Amer. sept. pl. 47. — *D'Orb.* Voy. Am. mer. Ois. 305. 202. — *Swainson,* Quartl. Journ. XX. 269. 1.
Tyrannus bellicosus *Vieill.* Enc. meth. Orn. II. 846.
Tyrannus magnanimus *Vieill.* ibid. 850.
Muscicapa Pitangua *Pr. Max.* Beitr. III. b. 838. 16.
Corvus flavus *Gmel. Linn.* S. Nat. I. 1. 373.
Corvus flavigaster *Lath.* Ind. orn. I. 162. 31.
Bienteveo o Puitaguá, *Azara* Apunt. II. 157. 200.
Bentavi der Brasilianer.

Rücken braun, Bauch gelb; Scheitelmitte gelb, schwarz eingefaßt; Stirn, Augenstreif, Hinterkopf und Kehle weiß; Zügel und Backen schwarz. Schwanz leicht ausgeschnitten. —

Vom Ansehn und Umfange einer Drossel; der Schnabel länger, stärker, der Kopf schmäler. — Schnabel und Beine glänzend schwarz, Iris braun. Stirn und ein Streif von ihr aus über dem Auge bis zum Nacken rein weiß; Scheitel schwarz, die Mitte mehr oder minder breit schwefelgelb; Zügel und Backen schwarz, Kehle und Vorderhals wieder weiß. Rücken, Flügel und Schwanz grünlich olivenbraun; die Deckfedern, Schwingen und Schwanzfedern rostroth gerandet, die Innenseite der Schwingen breit rostgelb; die mittleren Schwanzfedern etwas verkürzt, die äußeren 3 Paare gleichlang. Brust, Bauch, Schenkel und Steiß schwefelgelb.

Der junge Vogel hat eine trübere Farbe als der alte, einen ganz schwarz bedeckten Scheitel, indem die Federn bloß eine gelbe Basis besitzen, breitere rostrothe Säume am Flügel- und Schwanzgefieder, und einen nur sehr wenig herabgebogenen schwachen Endhaken am Schnabel. Das Männchen gleicht dem Weibchen fast völlig, nur die Oberkopffedern des Männchens sind etwas länger, spitziger und zu einer aufrichtbaren Holle umgestaltet, und die hintersten Armschwingen des Weibchens blasser gerandet, wie überhaupt die Farbe trüber. —

Ganze Länge 10″, Schnabelrücken 1″ 2‴, Flügel 5″, Schwanz 3″, Lauf 1″, Mittelzehe ohne Kralle 9‴. —

Einer der bekanntesten Vögel Brasiliens, und besonders seines Rufes wegen, der entschieden wie ben-te-vii (ich sehe dich wohl) klingt. Der Vogel kommt überall im Waldgebiet, aber stets nur einzeln, vor; nähert sich den Ansiedelungen nicht bloß, sondern sitzt auch gern mitten im Dorfe, auf der Spitze einzelner hoher Bäume und läßt von da seinen Ruf in kurzen Pausen lange Zeit hindurch erschallen. Er ist ein dreister, kühner Geselle, der gern schwächere Raubvögel neckt, sie verfolgt, anschreit, selbst auf sie stößt, wie ich das in meiner Reise angegeben habe (S. 146). Seine Nahrung besteht in größeren Insecten, worauf man ihn häufig stoßen sieht; er fällt aber auch kleinere Vögel, besonders angeschossene, wenn sie ruhen wollen, oder junge Nesthocker an, und wird deshalb von anderen Vögeln verfolgt, wenn er sich in der Nähe ihres Nestes sehen läßt. Das Nest sitzt im dichten Gebüsch ziemlich hoch und besteht aus großen Massen trockner Pflanzentheile, die inwendig mit Federn, Haaren und feineren Fäden ausgekleidet sind; es ist sehr tief und hat mitunter eine förmliche Ueberwölbung, wie ein Dach. Die Eier, deren Zahl sich auf 3—4 beläuft, sind etwas kleiner als die des Nei-Nei, blaß grünlich gefärbt, mit zerstreuten schwarzen und blaugrünen Fleckchen, welche besonders sich über die Mitte nach der Seite des stumpferen Endes ausbreiten (Vgl. Thiemann, a. a. O. Taf. 27. Fig. 6). — Das Stimmorgan hat Joh. Müller (a. a. O. S. 33, Taf. 3, Fig. 1 bis 5) beschrieben; es weicht von dem der Ampeliden schon darin ab, daß die ersten Bronchialringe geschlossen und innig mit einander verwachsen sind, daher die Erweiterung der Bronchien erst später beginnt. In der Tympanalhaut liegt ein kleiner Knorpel (cartilago arytaenoidea) und außen auf jedem Bronchialast ein starker Muskel, welcher vom fünften Bronchialringe bis zum letzten Trachealringe reicht. Keine andere Art der Tyranninen hat ihn so stark wie Saurophagus sulphuratus. —

Anm. Einige Schriftsteller, z. B. Gray und Bonaparte, trennen den Corvus flavus *Gmel.* spezifisch von der hier beschriebenen Art, weil derselbe viel lebhaftere, vollere Farben; breitere, rostrothe Säume am Flügel- und Schwanzgefieder haben soll und besonders einen etwas kürzeren Schwanz. Ich besitze Exemplare aus Minas geraes von Congonhas, worauf diese Angaben passen, halte sie aber doch nicht für spezifisch verschieden; es sind, wenigstens meine Exemplare, frisch ausgemauserte Vögel, deren Farben noch nicht verblaßten und deren Steuerfedern noch nicht die völlige Länge besitzen, welche sie ausgewachsen haben würden. Die Formen aus Columbien und Mexico hat Lafresnaye unterschieden (Rev. zool. 1851. 470).

2. Saurophagus lictor *Licht.*

Cabanis, Schomb. Reise III. 698. 148.
Lanius lictor *Licht.* Doubl. d. zool. Mus. 49. 524.
Saurophagus pusillus *Swains.*, two Cent no. 12.
Muscicapa cayennensis *Pr. Max.* Beitr. III. b. 846. 17.

Rücken braun, Schwingen und Schwanzfedern rostroth gerandet, Scheitelmitte und Bauch gelb; Kopfränder und Backen schwarz, Stirn, Augenstreif, Nacken und Kehle weiß. Schwanz abgerundet.

Völlig vom Ansehn und Colorit der vorigen Art, aber nur halb so groß. — Schnabel und Beine glänzend schwarz, die Iris braun; — Schnabel grade, fast so lang wie der Kopf, ziemlich hoch, die Rückenfirste etwas deutlicher, die Nasenlöcher sehr stark nach außen gerückt, die Spitze hakig herabgebogen. Stirn, Zügel, ein Streif über dem Auge, der bis zum Nacken reicht und der Nacken selbst, weiß; desgleichen die Kehle bis zum Vorderhalse. Oberkopf, Mundwinkel, Backen und untere Kopfseiten schwarz; die Federn der Scheitelmitte schwefelgelb, mit schwarzer Spitze, welche mit zunehmendem Alter verloren geht. Rückengefieder grünlich olivenbraun, die meisten Deckfedern, die Schwingen und Schwanzfedern rostroth gerandet; die Schwingen und Schwanzfedern am Innenrande breit rostgelb gesäumt, in der Form etwas breiter als bei S. sulphuratus. Aeußere Schwanzfedern verkürzt, daher der Schwanz entschieden abgerundet ist. Brust, Bauch, Schenkel und Steiß lebhaft citronengelb.

Ganze Länge 6½—7″, Schnabelfirste 10‴, Flügel 3″ 5‴, des Schwanzes 3″, des Laufs 9‴, der Mittelzehe ohne Kralle 6‴.

Diese Art kommt nicht im südlichen, sondern erst im mittleren und nördlichen Brasilien bis Guyana hinauf vor; der Prinz zu Wied fand den Vogel nicht selten vom Rio Doce aufwärts bis Bahia in allen großen Waldungen und offenen Gebüschen; mir ist er bei Neu-Freiburg nicht vorgekommen. Seine Lebensweise und Manieren sind die der vorigen Art, doch ist er weniger träge und seine Stimme nur ein heller, feiner Pfiff. Im Februar fand der Prinz das Nest in mäßiger Höhe zwischen den Gabeln eines Astes mit flüggen Jungen. —

Anm. Muscicapa cajennensis *Gmel. Buff.* pl. enl. 569. 2., welche der Prinz zu dieser Art zieht, ist zwar ganz ebenso gefärbt, hat aber, wie die Abbildung zeigt, einen viel kürzeren Schnabel, einen abgestutzten Schwanz und gehört zu Elaenea (Musc. similis *Spix.* — M. miles *Pr. Max.*).

21. Gatt. Tyrannus *Lacep.*

Drymonax *Glog.*

Schnabel ziemlich stark, fast so lang wie der Kopf, oder etwas kürzer, am Grunde breit und etwas abgeplattet, die Firste stumpf, die Seiten etwas bauchig, die Spitze stark hakig herabgebogen; die Nasenlöcher ziemlich weit nach außen gerückt, von Borsten überdeckt, aber die Borsten am Zügelrande viel stärker als die übrigen. Gefieder weich, nicht grade voll; Flügel ziemlich spitz, fast bis zur Mitte des Schwanzes reichend; die vordersten Handschwingen abgesetzt zugespitzt, mit eigenthümlich verschmälerter, besonders beim Männchen deutlicher Abstufung, aber die zweite Schwinge übrigens nicht verschmälert. Schwanz stark und groß, die äußeren Federn verlängert, die mittleren verkürzt, die Gesammtform mehr oder minder stark gabelig. Beine ziemlich kurz, namentlich der Lauf; die Sohle bloß am Hacken- und Zehengelenk warzig, die Mitte fast ganz von den herumgreifenden Tafeln der Vorderseite bedeckt, mit schmalen, nackten Längsstreifen; Zehen feiner gebaut als bisher, mit stark gebogenen spitzen, aber kurzen und dünnen Krallen. —

1. Tyrannus melancholicus *Vieill.*

Tyrannus melancholicus ***Vieill.*** N. Dict. d'hist. nat. T. 35. pag. 48. — ***Id.*** Enc. meth. Orn. II. 851. — ***D'Orb.*** Voy. Am. mer. Ois. 314. n. 212. — ***v. Tschudi*** Fn. Per. 131. 16. 1. — ***Caban. Schomb.*** Reise III. 700. 151.
Tyrannus furcatus ***Pr. Max. z. Wied*** Beitr. z. Naturg. Bras. III. b. 884.
Muscicapa furcata ***Spix*** Av. Bras. II. 15. 3. tb. 19.
Muscicapa Despotes ***Illig. Licht.*** Doubl. 55. 567. a.
Tyrannus crudelis ***Swains.*** Quartl. Journ. of Sc. XX. 275.
Suiriri guazú, ***Azara***, Apunt. II. 152. 198.

Aschgrau, Mitte des Scheitels feuerroth, Bauch und Steiß citronengelb. —

Ein großer Vogel, dem Saurophagus sulphuratus in Gestalt ähnlich, nur etwas kleiner. — Schnabel und Beine schwarzbraun, Iris braun. Ganzes Gefieder grau, Kopf und Hals bleigrau, vor und hinter dem Auge schieferschwarz; Rücken, Flügel und Schwanz braungrau; Scheitelmitte feuerroth, oder bei jüngeren Individuen orange, aber durch überliegende graue Federn und deren Ränder größtentheils verdeckt, besonders in der Jugend. Flügeldeckfedern, Schwingen und Schwanzfedern blaß weißgrau gerandet, die fünf ersten Schwingen abgesetzt zugespitzt. Kehle weißgrau; Unterbrust, Bauch und Steiß limonengelb, bei alten Vögeln gleich nach der Mauser voller citronengelb, selbst dottergelb.

Ganze Länge 8″, Schnabelfirste 11‴, Flügel $4\frac{1}{2}$″, Schwanz in der Mitte 3″, die Seitenfeder $3\frac{1}{3}$″, Lauf $8\frac{1}{2}$‴, Mittelzehe ohne die Kralle 7‴. —

Einer der gemeinsten Vögel Brasiliens, überall im Walde, wie in Gebüschen zu Hause und häufig in den Gärten der Dörfer zu treffen. Er hat ein stilles, einsames Temperament, sitzt einen großen Theil des Tages ruhig auf den Bäumen, läßt sich ziemlich nahe kommen, und fliegt, wenn er Feinde bemerkt, still und stoßend davon. Seine Nahrung besteht in Insekten; von Zeit zu Zeit läßt er seine laute helle Stimme erschallen. Er nistet in mäßiger Höhe ungestört in den Gärten der Fazenden, oder in benachbarten Gebüschen und baut sein Nest besonders aus Baumbart (Tillandsia usneoides); seine Eier (Thiemann a. a. O. Taf. 27, Fig. 10) sind etwas kleiner als die des Saurophagus sulphuratus, weiß, an dem stumpferen Ende mit einem Fleckenkranze, der bald aus rostrothen, bald aus schwarzbraunen Tüpfeln besteht. Sie sind so groß wie Staareier. Der Vogel wird übrigens auch Bentavi oder Pendivi genannt; denn mit diesem Namen bezeichnet der gemeine Mann alle größeren gelbbäuchigen Tyranniden. —

2. Tyrannus albogularis.

Kopf grau, Scheitelmitte feuerroth; Rücken grün, Kehle weiß, Brust und Bauch gelb. Flügel und Schwanz bräunlicher, die Federn lichter gerandet.

Etwas kleiner als die vorige Art, schlanker, zierlicher gebaut, besonders der Schnabel. — Oberkopf bis zum Auge und der ganze Nacken licht weißgrau, die Zügelgegend und die obere Hälfte der Ohrdecke schwärzlich, die Backen und die untere Hälfte der Ohrdecke, gleich wie die Kehle, rein weiß. Rücken und Achselfedern olivengrün, die oberen Schwanzdecken bräunlich. Flügel und Schwanzfedern graubraun, die ersteren weißgrün, die letzteren rostgelb schmal gerandet, besonders am Grunde; der Innensaum nur an den Schwingen von gleicher Farbe, aber breiter, an den Schwanzfedern fehlend. Nur die drei ersten Handschwingen abgesetzt zugespitzt, aber der Absatz viel kürzer und stumpfer. Brust, Bauch, Schenkel und Steiß citronengelb, ohne allen grauen Schatten auf der Brust, vielmehr zieht sich die gelbe Farbe mit grünlichem Ton hier zum Nacken hinauf. Schnabel und Beine schwarzbraun, Iris braun; der Schnabel im Ganzen kleiner, beträchtlich kürzer, mit deutlicher, obgleich stumpfer Rückenkante und mäßiger Wölbung der Seite; der Lauf nach Verhältniß etwas höher, die Zehen länger. —

Ganze Länge 8″, Schnabelfirste 7‴, Flügel 4″, Schwanz in der Mitte 3″, an der Außenfeder 3″ 4‴, Lauf 8‴, Mittelzehe ohne Kralle 6‴.

Die Art bewohnt das nördliche Waldgebiet Brasiliens bei Bahia und Pernambucco; sie ähnelt der vorigen in der Lebensweise ganz und ebenfalls sehr im Ansehn, so daß sie gewiß von den meisten Schriftstellern damit verwechselt worden ist.

Anm. Das mir vorliegende, hier beschriebene Exemplar wurde von einem Händler als Tyr. furcatus bezogen; ich glaube darin die Muscicapa sulphurea *Spix* Aves Bras. II. 16. 4. tb. 20. zu erkennen, da aber Spix den Schwanz als nicht ausgeschnitten beschreibt, so habe ich es vorgezogen, ihm eine neue Benennung zu geben. Auf jeden Fall ist Spix Art ein noch sehr junger Vogel. Vielleicht gehört auch Azara's Suiriri pardo aplomado (Apunt. II. 121. 185.) hierher.

3. Tyrannus rufinus *Spix.*

Cabanis Schomb. Reise III. 700. 152.
Muscicapa rufina *Spix* Av. Bras. II. pag. 22. no. 22. tb. 31.
Muscipeta ruficauda *Pr. Max.* Beitr. III. b. 920. 10.
Tyrannus leucotis, *Swains.* Quartl. Journ. of Sc. XX. 276. 11.
Tyrannula Tschudii, *Hartl.* Revue zool. 1844. 369.

Rückenseite graubraun, Unterseite grünlich grau, dunkler gefleckt; Scheitel schwarz mit gelber Mitte; Stirn, Augenstreif und Ränder der Deckfedern weiß, der Schwanzfedern rostroth.

Kleiner als die vorigen Arten, der Schnabel kürzer, der Schwanz minder stark ausgeschnitten. — Gefieder ähnlich wie bei Scaphorhynchus audax, der Oberkopf schwarz, aber die Mitte des Scheitels gelb; von dem schmalen weißen Stirnrande zieht sich ein weißer Streif über das Auge zum Ohr hin, der von einem schwärzlichen über den Zügel, durch das Auge, bis auf die Ohrdecke begleitet wird. Das Rückengefieder ist graubräunlich, etwas wolkig, indem die Federn lichtere Ränder haben; die mehr schwarzbraunen Flügel und Schwanzfedern haben helle Ränder, die oberen Flügeldeckfedern und die Armschwingen weiße; die unteren Deckfedern am Flügelrande, die Schwanzdecken und die Schwanzfedern rostrothe, hier besonders breite Säume; die vordersten, etwas schärfer zugespitzten, aber nur wenig an der Spitze abgesetzten Handschwingen mit feinem rostrothen Rande am Grunde. Kinn und Vorderhals weißlich grau; Brust und Bauch sind grünlich grau, mit dunkleren, aber matten Schaftstreifen; Bauchmitte, Schenkel und Steiß graulich weißgelb, die großen Steißfedern verloschen graubräunlich gefleckt. Schnabel und Beine schwarzbraun, Iris braun. —

Ganze Länge 6″ 10‴, Schnabelfirste 5‴, Flügel 3″ 6‴, Schwanz 2″ 6‴ in der Mitte, 2″ 8‴ am Rande, Lauf 6‴, Mittelzehe ohne Kralle $4^{2}/_{3}$‴.

Das Weibchen hat einen lichter gelben Scheitel und breitere rostrothe Säume an den Bürzel- und Schwanzfedern; — beim jungen Vogel wird der gelbe Scheitel von den schwarzen Spitzen der Federn fast ganz verdeckt. —

Die Art bewohnt im nördlichen Brasilien die großen Wälder, besonders im Gebiet des Amazonenstromes, und streift bis Bahia, von wo sie Herr Dr. Hartlaub erhielt und der Prinz zu Wied mitbrachte, aber nicht selbst beobachtete.

Anm. Wahrscheinlich beschreibt Azara denselben Vogel als Suiriri chorreado debaxo, Apunt. II 125. 187. — Vieillot hat darauf seine Muscicapa varia gegründet (Enc. méth. Orn. II. 832.), die also auch hierher gehören würde.

4. Tyrannus violentus *Vieill.*

Muscicapa Tyrannus *Linn.* S. Nat. I. 325. 4. — *Buff.* pl. enl. 571. 2. — *Lath.* Ind. orn. II. 484. 69. — *Pr. Max.* Beitr. III. b. 834. 15.
Tyrannus Savana *Vieill.* Enc. méth. Orn. II. 853.
Tyrannus violentus ibid. 854. — *Ej.* Dict. d'hist. nat. T. 35. pag. 87.
Tyrannus Tyrannus *D'Orb.* Voy. Am. mer. Ois. 310. no. 211.
Milvulus Tyrannus *Swains.* Fly. Catch. Nat. Libr. 1827. — *Vieill.* Ois. Am. Sept. pl. 43. — *Audeb.* Am. Orn. pl. 168. — *Bonap.* Suppl. *Wils.* Am. Orn. I. pl. 1.
Tixereta *Azar.* Apunt. II. 130. 190.
Tisore der Brasilianer.

Oberkopf schwarz, Mitte des Scheitels gelb; Rückenseite grau, Bauchseite rein weiß; Schwanz stark gegabelt.

Die hübscheste Art der Gattung, durch den langen Gabelschwanz alle anderen übertreffend. — Schnabel schlank und zierlich, ziemlich flach, kürzer als der Kopf und so groß wie bei der vorigen Art; Borstenfedern dicht gestellt, besonders am Zügelrande. Oberkopf mit der Stirn und den Backen schwarz, die Mitte des Scheitels schön gelb, in der Jugend von schwarzen Federnspitzen verdeckt. Nacken und Rücken bleigrau; Flügel braungrau, nur die erste Handschwinge deutlich weiß gerandet, sie und die beiden folgenden mit scharf abgesetztem Spitzenausschnitt, wodurch das Ende als ein gleich breiter Griffel sich absetzt. Schwanz schwarz, die äußeren Federn am Rande nach unten weiß, übrigens ungemein stark verlängert. Ganze Unterfläche vom Kinn bis zum Steiß rein weiß, bei jüngeren Vögeln die Brustseiten grau angeflogen. — Schnabel und Beine schwarz, letztere durch etwas längere Zehen und sehr kurze spitze Krallen sich auszeichnend; Iris braun.

Ganze Länge 12—16″, Schnabelfirste 6½‴, Flügel 4″ 6‴ bis 4″ 8‴; längste Schwanzfedern 11″, kürzeste 2½″, Lauf 7‴, Mittelzehe ohne die Kralle 6‴. —

Das Weibchen unterscheidet sich vom Männchen nur durch einen kürzeren Schwanz; seine äußersten Federn messen in der Regel 5—7″. —

Dieser hübsche Vogel ist eine der ersten auffälligen Erscheinungen, welche dem Reisenden auf dem inneren Camposgebiet begegnen; man sieht ihn bald über den offenen Feldern ziemlich hoch in der Luft sich bewegen, und erkennt ihn leicht an seinem langen Schwanze, den er im Fluge von Zeit zu Zeit wie eine Scheere öffnet und schließt; daher der passende brasilianische Name, unter dem er Jedermann bekannt ist. Im geschlossenen Urwalde sieht man den Vogel nicht. Sein Nest, das in dichten Gebüschen mäßig hoch, aber versteckt, angebracht ist, habe ich nicht bekommen, obgleich mehrmals Leute sich erboten, mir eins zu besorgen; indessen hat D'Orbigny die Eier schon abgebildet (Voy. Am. mer. Ois. pl. 44. f. 3.). Sie ähneln sehr denen von Tyrannus melancholicus, sind nur wenig kleiner, weißlich, mit rostbraunen Tüpfeln überall sparsam bestreut, die am stumpferen Ende sich etwas mehr nähern und stellenweis in größere Flecken zusammentreten. Der Vogel ist übrigens ein fleißiger Insektenjäger, sonst aber weder durch eine eigenthümliche Stimme, noch durch sein anderes Betragen ausgezeichnet.

Anm. Die generische Trennung desselben finde ich durch nichts Positives gerechtfertigt, alle seine eigenthümlichen Charaktere sind bloß relative Abweichungen von den bei Tyrannus melancholicus auftretenden Eigenschaften, die sich kurz als ein schärferes Ausprägen derselben, verbunden mit allgemeiner Gracilität des Baues, bezeichnen lassen. —

22. Gatt. Milvulus *Swains.*

Der entschieden kürzere Schnabel und die positive Geschlechtsdifferenz im Bau der Flügel unterscheiden diese Gattung, so wie ich sie auffasse, von der vorigen. — Der Schnabel ist nur halb so lang wie der Kopf, ziemlich breit, mäßig gewölbt, mit feinem Endhaken und größerem Nasenloch, das weniger nach außen gerückt liegt; die Borsten am Schnabelgrunde sind ziemlich fein, und nur 3—4 größere sitzen am Zügelrande. Das Gefieder ist weich, aber ziemlich kleinfedrig. Die Flügel sind ziemlich kurz, die vordersten Handschwingen scharf zugespitzt, aber die Zuspitzung ist nicht durch einen Ausschnitt abgesetzt, und die zweite Handschwinge des Männchens zwar nicht kürzer aber entschieden schmäler und schärfer zugespitzt als die des Weibchens, oder selbst als die ziemlich breite erste des Männchens. Der Schwanz ist stark gabelig und ähnlich dem von Tyrannus gestaltet. Die Beine weichen von denen der Tyrannen nicht ab; sie haben einen ziemlich kurzen Lauf, dessen Sohle bloß in einem schmalen nackten Streifen von den herumgreifenden vordern Tafelschildern unbedeckt bleibt, und feine Zehen mit langen, spitzen, aber dünnen Krallen. —

Milvulus vetula *v. Olfers.*

Muscicapa vetula *v. Olf. Licht.* Doubl. zool. Mus. 53. 548. — *Spix*, Aves Bras. II. 15. 2. tb. 18.
Tyrannus vetulus, *Jard. Selb.* Ill. orn. pl. 42.
Tyrannus longipennis *Swains.* Fly. Catch. 1. 1.

Einfarbig bleigrau, Flügel und Schwanz schwarzbraun, die beiden äußersten Federn des letzteren mit weißem Rande.

Im Rumpfe ein wenig stärker, als Tyrannus violentus, aber der Schwanz bedeutend kürzer. — Schnabel und Beine glänzend schwarz, Iris dunkelbraun. Gefieder schön und rein bleigrau, die Federn des Oberkopfes länglicher, spitzer, mit schwärzlichen Schäften. Flügel außen schwarzbraun, innen lichter und matter grau als der Rumpf; die erste Schwinge des Männchens 6‴ kürzer als die dritte, ziemlich breit, aber scharf zugespitzt; die zweite Schwinge $1\frac{1}{2}$‴ länger als die erste, viel schmäler und besonders die Außenfahne fast ganz verkümmert, die Spitze sehr scharf, etwas übergebogen; die dritte, vierte und fünfte Schwinge stumpf zugespitzt, ziemlich von gleicher Länge, die sechste breit, stumpf, etwas kürzer als die zweite; — beim Weibchen alle Federn gleichförmiger zugespitzt, die zweite Schwinge nicht verschmälert. Schwanz obenauf schwarzbraun, unten graubraun, die äußersten Federn mit feinem, weißem Rande, der besonders nach der Basis zu deutlicher wird, $1\frac{1}{2}$—$1\frac{3}{4}$″ länger als die mittelsten, kürzesten. —

Ganze Länge 9″, Schnabelfirste 6‴, Flügel $4\frac{1}{2}$″, Schwanz $4\frac{1}{4}$″, Lauf 8‴, Mittelzehe ohne Kralle 6‴.

Der Vogel bewohnt das südliche Campos-Gebiet Brasiliens, in St. Paulo und Minas geraes; er ist zwar nicht selten, aber doch lange nicht so häufig wie Tyrannus violentus. Das hier beschriebene männliche Individuum schoß mein Sohn bei Lagoa santa, in einer nahen, schon ziemlich gelichteten Waldstrecke. Die Art hat das einsame, träge, gleichgültige Benehmen von Tyrannus melancholicus.

Anm. Es ist auffallend, daß weder Azara noch D'Orbigny den Vogel im Innern getroffen haben; er muß auf ein kleines Gebiet des mittleren Brasiliens beschränkt sein. —

23. Gatt. Myiarchus *Cabanis*.

v. *Tschudi* Fu. per. Orn. 152.

Schnabel beinahe so groß wie bei Tyrannus, aber viel flacher; etwas kleiner als der Kopf, leicht gewölbt, ohne abgesetzte Rückenkante, mit feinem spitzem Endhaken und seitwärts gerückten Nasenlöchern; die Basis von starken Borsten umgeben, unter denen sich die am Zügelrande besonders auszeichnen; — alle diese Eigenschaften beim männlichen Geschlecht in viel höherem Grade entwickelt, als beim weiblichen Gefieder weich, aber ziemlich spärlich, großfedrig; vorzugsweise grau, mit lichten Federnrändern am Flügel wie am Schwanz; der Scheitel bei den Süd-Amerikanern einfarbig.

Flügel stumpfer als bei Tyrannus und Milvulus, die ersten Schwingen nicht abgesetzt zugespitzt, ohne Ausschnitt. Schwanz lang, leicht ausgeschnitten. Lauf höher und dünner als bei Tyrannus, die vorderen Tafelschilder nicht nach hinten herumgreifend, die Seiten mit besonderen kleinen Tafeln bekleidet; aber die Zehen nicht länger und besonders die Krallen etwas kürzer. —

1. Myiarchus rusticus *Licht.*

Muscicapa rustica *Pr. Max. z. Wied* Beitr. III. b. 866. 23.
Muscicapa cinerascens *Spix* Av. Bras. II. 16. 5. tab. 21.
Tyrannus calcaratus *Swains.* Quartl. Journ. of Sc. XX. 271. 5. — *Jard. Selby,* Ill. orn. pl. 37.

Ganz grau, Laufsohle unter dem Hackengelenk mit einer Reihe scharfer Zacken besetzt.

Größe der folgenden Art, d. h. die des Staars. — Iris feuerroth. Ganzes Gefieder einfarbig grau, die Flügel und der Schwanz etwas ins Bräunliche fallend, besonders beim jungen Vogel und dem Weibchen, die Ränder der Federn desselben Geschlechtes etwas lichter. Unterbauch und Steiß beim Männchen graugelblich, beim Weibchen und jungen Vogel rostgelblich angeflogen. Erste Schwinge 8‴ verkürzt, zweite fast so lang wie die dritte, alle stumpf. Mittlere Schwanzfedern kaum etwas verkürzt. Schnabel schwarz, beim Männchen sehr groß und stark, mit fünf sehr steifen Borsten am Zügelrande; beim Weibchen viel kleiner mit drei schwächeren Borsten am Zügelrande. Beine fleischbraun, der Lauf heller als die Zehen; die großen Tafelschilder greifen nicht weit nach hinten, sondern haben außen am Lauf eine Reihe kleinerer Tafeln neben sich, von denen die obersten am Hacken sich zu einer Reihe scharfer Zacken entwickeln; Außenzehe mit der Mittelzehe am Grunde ein weniges verbunden. —

Ganze Länge 7½″, Schnabelfirste des Männchens 10‴, des Weibchens 8‴, Flügel 4″, Schwanz 3″, Lauf 10‴, Mittelzehe 7‴ ohne die Kralle. —

Die Art lebt einsam und still wie Tyrannus melancholicus in den dichten Wäldern der Provinzen von Rio de Janeiro, Espirito santo und Bahia; viel weiter nördlich und südlich scheint sie nicht zu gehen. Meine Exemplare sind aus Berlin bezogen, mir selbst ist der Vogel nicht vorgekommen. —

2. Myiarchus ferox *Gmel.*

Muscicapa ferox *Gmel. Linn.* S. Nat. I. 2 934. — *Buff.* pl. enl. 571. 1. — *Lath.* Ind. orn. II. 485. 72. — *Pr. Max. z. Wied* Beitr. III. b. 855. 20.

Tyrannus ferox *Vieill.* Enc. meth. Orn. II. 848. — *D'Orb.* Voy. Am. mer. Ois. 306. no. 205.
Myiarchus ferox *Cab. v. Tschudi* Fn. per. Orn. 153. 1. — *Schomb.* Reise III. 700. 153.

Rücken bräunlichgrau, Kehle und Hals bleigrau, Brust und Bauch blaßgelb. —

Männchen mit rostrothen Rändern der Schwingen und an der Innenseite ganz rostgelben Schwanzfedern.

Weibchen mit graugelben Rändern der Schwingen und einfarbig braungrauen Schwanzfedern. —

Der vorigen Art in der Gestalt und Größe sehr ähnlich, aber ganz anders gefärbt. — Iris braun. Der Schnabel des Männchens sehr stark, noch stärker als bei M. rusticus, mit zahlreichen langen Borsten am Grunde; des Weibchens beträchtlich kleiner und schwächer, aber die Borsten auch bei ihm sehr lang; übrigens schwarzbraun, die Basis lichter. Rückengefieder beim Männchen bräunlich grau, die oberen Deckfedern und hintersten Armschwingen weißgrau gerandet; die unteren am Flügelrande und die Handschwingen rostroth gerandet. Schwanzfedern obenauf bräunlich, der bedeckte Theil rostroth, wie die Unterseite, der Rand der äußersten weißgelb. Beim Weibchen hat der Rücken mehr einen grüngrauen Ton, die Ränder der Flügelfedern sind einfarbiger graugelb, nur die alleroberstеn fast weiß gesäumt, und den Schwanzfedern fehlt der rostrothe Ton völlig. Auf der Unterfläche sind beide Geschlechter von der Kehle bis zur Brust licht bleigrau, dann blaßgelb, beim Männchen mit etwas grünlichem Anflug. Die Beine sind schwarzbraun. —

Ganze Länge 8″, Schnabel des Männchens 11‴, des Weibchens 9‴, Flügel 4″, Schwanz 3″, Lauf 1″, Mittelzehe ohne Kralle 7‴. —

Ueberall gemein in Gebüschen und auf offenen Triften; wenig scheu, aber einsam und ziemlich still. Das Nest ist ziemlich groß, kunstlos aus Halmen gebaut und in mäßiger Höhe angebracht; es enthält 3—4 weißliche, überall aber am stumpfen Ende ziemlich dicht rostbraun und schwarzbraun getüpfelte oder gefleckte Eier, welche den Eiern unsers Sperlings an Größe nicht viel voranstehen, aber nach Verhältniß etwas dicker und bauchiger sind (vgl. *Thiemann*, Fortpfl. Gesch. etc. Taf. 27, fig. 12).

Anm. Obwohl D'Orbigny a. a. O. sich rühmt, dadurch einen der vielen Irrthümer über die von Azara beschriebenen Vögel verbessert zu haben, daß er dessen Suiriri pardo amarilla menor et major (Apunt. II. 138. no. 193 u. 140. no. 194) als Männchen und Weibchen dieser Art deutet, so scheint mir doch das ein etwas gewaltsames Verfahren zu sein, denn die Beschreibungen Azara's passen entschieden nicht auf den hier beschriebenen Vogel. Vieillot hielt die Vögel Azara's für Myiarchus crinitus (Muscicapa crinita *Linn.*), allein dahin muß weit eher der Suiriri pardo aplomado Azara's (Apunt. II. 121. 185) gezogen werden. — Wahrscheinlich sind beide eine ebenso gute eigene Art, wie der

Suiriri pardo y roxo, den D'Orbigny für die ächte Miscicapa crinita *Linn.* *Buff.* pl. enl. 569. 1. hält, während Bonaparte mit Vieillot eine eigene Spezies: Tyrannus irritabilis daraus macht (Enc. méth. Orn. II. 847).

3. Myiarchus sibilans *Licht.*

Muscicapa sibilans *Licht.* Doubl. zool. Mus. 54. 556.
Muscicapa sibilator *Vieill.* Enc. méth. Orn. II. 831.
Pitador, *Azara* Apunt. II. 135. 191.

Oberkopf schwarz, Kehle grau; Rücken graugrün, dunkler schattirt; Flügel und Schwanz schwarz, obere Deckfedern und letzte Armschwingen weiß gerandet, Bauch weißgrünlich. —

Etwas derber gebaut als die beiden vorigen Arten, der Schwanz nicht völlig so lang; der Schnabel höher, scharfkantiger. — Federn des Oberkopfes ziemlich spitz, schwarz; der Nacken und die Backen schieferschwarz, beim Weibchen etwas bräunlicher. Rücken dunkel braungrau, grünlich angeflogen beim Männchen, die Säume aller Federn lichter, der Unterrücken fast weißgrau. Flügel und Schwanz schwarz; alle oberen Deckfedern und die hintersten Armschwingen breit weißlichgrau gesäumt, die unteren Deckfedern am Bug mit gelblichen Rändern. Handschwingen einfarbig, aber die Schwanzfedern mit feinen gelblichen Außenrändern. Unterfläche von der Kehle bis zur Brust bleigrau, dann grünlich oder beim Weibchen bräunlich grau, der Bauch bis zum Steiß lichter, blasser; die unteren Schwanzdecken mit braungrünem Schaftfleck. Schnabel und Beine schwarz, Iris braun; Lauf an der Außenseite mit einer Reihe ziemlich großer Schilder. —

Ganze Länge 7½″, Schnabelfirste 7‴, Flügel 4″, Schwanz 2½″, Lauf 9‴, Mittelzehe ohne Kralle 6‴.

Mein Sohn schoß diesen Vogel einmal bei Lagoa santa, im Juli 1851; es war das hier beschriebene Männchen, Lichtenstein definirt das Weibchen. Auch Azara's Beschreibung giebt den Rücken bräunlicher an, als ich ihn bei meinem Vogel finde. Nach ihm läßt der Vogel einen lauten Ruf, wie bi-bi-bi klingend, erschallen und sucht, im Walde von Baum zu Baum umherflatternd, nach Insekten. Sein Benehmen war ebenso sorglos, wie das der übrigen Tyranniden.

Anm. Tyrannula curtipes *Swains.* Birds of Bras. pl. 54, die einige Autoren zu dieser Art rechnen, ist ein ganz anderer kleinerer Vogel mit viel kleinerem Schnabel und einfarbigen Flügeln.

4. Myiarchus uropygiatus *Pr. Max.*

Muscicapa uropygiata *Pr. Max. z. Wied* Beitr. III. b. 868. 24.
Platyrhynchus ruficauda *Spix* Av. Bras. II. 9. 2. pl. 11. fig. 1.?

Obertheile olivenbraun, Flügelfedern mit lichteren Säumen, Unterrücken und Steiß limonengelb, Schwanz röthlichbraun.

Kleiner als die vorhergehenden Vögel, doch von ähnlicher Gestalt. — Der Schnabel stark, mäßig gewölbt, die Firste abgerundet, schwarz, der Kinnrand lichter, hornweiß; alle Obertheile olivenbraun, Kopf, Hals und Brust mehr graulich olivengrün, der Scheitel dunkler gestrichelt. Flügel röthlicher graubraun, die mittleren und großen Deckfedern mit gelblich weißem Spitzenrande; Schwingen am Außenrande röthlich braun, am Innenrande breit gelblichweiß gesäumt. Schwanz rothbraun, unten blasser; voller gefärbt als der übrige Körper. Untertheile an der Kehle und dem Vorderhalse graulich grün, die Federn mit etwas lichteren Rändern; Brust, Bauch und Schenkel weiß; Steiß und untere Schwanzdecken limonengelb Beine dunkel bräunlich fleischfarben.

Ganze Länge 6″ 7‴, Schnabelfirste 8‴, Flügel 3″ 4‴, Schwanz 2′ 6‴, Lauf $9^2/_3$″, Mittelzehe ohne Kralle 6‴. —

Der Vogel hat eine kräftige würgerartige Gestalt, ganz wie die erste Art, und einen dicken Kopf; er lebt in den großen Urwaldungen südlich vom Rio Doce, wo ihn der Prinz zu Wied erlegte. —

Anm. Zu dieser Gattung gehören noch einige mir unbekannte, von frühern Schriftstellern beschriebene Arten, welche ich hier kurz definire.

5. Myiarchus irritabilis *Vieill.* Enc. meth. Orn. II. 847. — Tyr. crinitus *D'Orb.* Voy. Am. mer. Ois. pag. 306. no. 204. — Suiriri pardo y roxo *Azara* Apunt. II. 143. 195. — Obertheile grünlich braun, der Scheitel dunkelbraun; Flügel und Schwanz schwarzbraun, die oberen Deckfedern weißlich, die unteren und die Schwingen rostroth gerandet. Schwanzfedern außen mit schmalerem, innen mit breitem, rostgelbem Rande. Kehle und Vorderhals hellblaugrau. Brust, Bauch, Steiß und Innenseite der Flügel tief rothgelb. — Länge $7^3/_4$″, Schnabel $8^1/_2$‴, Flügel 4″, Schwanz $3^1/_2$″. —

6. Myiarchus cinereus *Cabanis*, *Wiegm.* Arch. 1847. I. 248. 6. — Platyrhynchus cinereus *Spix* Av. Bras. II. 11. 6. tb. 13, fig. 2. — Einfarbig grau, oben bräunlichgrau, unten bleigrau, die Flügel und Schwanzfedern mehr schwarzgrau, die Kehle und der Steiß weißlich, der Scheitel schwärzlich. Ganze Länge 5″, Schnabel 6‴, Flügel $3^1/_2$″, Schwanz $2^1/_2$″. — Am Amazonenstrom. — Vielleicht Tyrannula curtipes *Swains.* Birds of Braz. pl. 54.

24. Gatt. Elaenea *Sund.*

Köngl. Swensk. Vetensk. Acad. Handb. 1835.

Tyrannula *Swains.* Myiabius *Gray.*

Schnabel kürzer als der Kopf, flach gewölbt, am Grunde breit, vorwärts schnell zugespitzt, hinten stark seitlich zusammengedrückt, mit scharfem Endhaken; im Ganzen viel kleiner als bei Myiarchus, aber ähnlich gestaltet, wenn auch etwas niedriger; übrigens etwas verschieden in der Größe, bald länger, bald kürzer und gewöhnlich dann auch schmäler; der Grund von wenigen feinen und kurzen Borsten begleitet, die sich nur am Zügelrande durch ihre Länge deutlicher auszeichnen. Gefieder mehr derbe als weich; Flügel mäßig lang, nur wenig über die Basis des Schwanzes hinabreichend, die Schwingen gleichbreit, ziemlich stumpf und bloß die erste stark verkürzt; die vierte in der Regel die längste; Deckfedern mit gewöhnlich breiten, mitunter schmalen, lichteren Säumen. Schwanz etwas kürzer als bei Myiarchus, kaum oder leicht ausgeschnitten, meist grade abgestutzt. Beine im Ganzen ziemlich kräftig gebaut. Lauf mäßig hoch, nicht sehr dünn, bloß von den weit herumgreifenden vorderen Tafelschildern bekleidet; Zehen derbe, nicht grade lang, mit kleinen zierlichen Krallen, die Daumenkralle stets die größte; Mittel- und Außenzehe am Grunde sehr dicht aneinander gedrängt, aber nur eine kurze Strecke mit einander verwachsen.

Anm. Die zahlreichen Arten dieser Gattung lassen sich nicht gut mit Schärfe in mehreren Gattungen sondern, obgleich ihre habituellen Unterschiede mitunter recht bedeutend sind.

a. Scheitel mit gelber oder feuerfarbener Mitte. Tyrannula *Gray.*

Das gelbe Scheitelgefieder tritt erst mit zunehmendem Alter hervor und fehlt den jungen Vögeln ganz; zuerst bilden sich schmale, gelbe Schaftstreifen am Grunde der mittleren Scheitelfeder, die allmälig die ganze Feder ergreifen, während nach den Seiten hin neue gelbe Schaftstreifen erscheinen; daher sind die jungen und alten Vögel nicht immer richtig erkannt worden.

1. Elaenea miles *Licht.*

Muscicapa miles *Pr. Max. z. Wied* Beitr. III. b. 850. 18.
Muscicapa similis *Spix* Av. Bras. II. 18. 14. tb. 25.
Muscicapa trivirgata *Pr. Max. z. Wied* Beitr. III. b. 871. 25. (junger Vogel).

Rückenfläche olivenbraun, Scheitel schwarz, die Mitte feuerroth, Kehle und ein Streif über dem Auge weiß, Brust und Bauch schwefelgelb. —

Die größte Art der Gattung, in der Farbe und Zeichnung beinahe ganz wie Scaphorhynchus Pitangua. Schnabel von mittlerer Größe, ziemlich hoch, aber weder sehr lang noch sehr breit, schwarzbraun. Iris gelbbraun. Oberkopf und die Backen ziemlich dunkel, fast schwarz; Mitte des Scheitels feuerroth, bald vollständig, bald unter den braunen Federnspitzen bei jungen Vögeln versteckt. Rand der Stirn und ein Streif von da über dem Auge bis zum Ohr rein weiß, Zügel und Anfang der Backe rein schwarz. Kehle weiß. Rückengefieder braungrün, die vorderen Flügeldeckfedern weißlich gerandet, die übrigen, die Schwingen und Schwanzfedern bloß lichter; die Innensäume der Schwingen blaß rostgelb Brust, Bauch,

Schenkel und Steiß voll schwefelgelb; die untere Schwanzfläche graugelb, besonders der Innenrand der Federn. Beine dunkel fleischbraun. —

Ganze Länge 7—7½", Schnabelfirste 6‴, Flügel 3¾", Schwanz 2⅓", Lauf 9‴, Mittelzehe ohne die Kralle 6‴. —

Dieser Vogel ist im Innern Brasiliens sehr gemein und überall bei Ortschaften in den Gebüschen anzutreffen. Er hat im Betragen Aehnlichkeit mit dem kleinen Bentavi (Sauroph. lictor) und ähnelt dem überhaupt sehr, daher ihn auch Jedermann für einen Bentavi hält. Der Prinz zu Wied traf ihn besonders bei Bahia, Spix noch am Amazonenstrom. Meine Exemplare wurden bei Lagoa santa und Congonhas erlegt.

Anm. Die Unterschiede von der höchst ähnlichen Elaenea cajanensis *Cab. v. Tschudi*, Fn. per. Orn. 158. 1. — Musc. cajanensis *Linn.* S. Nat. I. 327. 12. — *Buff.* pl. enl. 569. 2. — *Lath.* Ind. orn. II. 484. 68. muß ich dahin gestellt sein lassen, indem mir keine authentischen Exemplare Guyana's vorliegen. Wenn Buffon's Abbildung genau ist, so haben die Farben einen viel volleren Ton, der Schnabel ist etwas länger und auch der Schwanz, wie es scheint. Cabanis zieht beide Arten zusammen (a. a. O. 24. 19. 1.) und rechnet auch die Tyrannula superciliosa *Swains.* Birds of Braz. pl. 46. dahin, allein die Abbildung paßt nicht zu meinen Exemplaren; Swainson's Vogel hat eine ganz gelbe Kehle, einen grünen Rücken, schwarzbraune Flügel ohne lichtere Federränder und einen schwarzen Scheitel ohne rothgelb.

1. Elaenea albicollis *Vieill.*

Cabanis, Schomb. Reise III. 701. 162.
Muscicapa albicollis *Vieill.* Enc. meth. Orn. II. 854. — *Ej.* Dict. d'hist. nat. T. 35. pag. 89. — *Buff.* pl. enl. 830. 2.
Muscipeta albicollis *D'Orb.* Voy. Am. mer. Ois. pag. 318. no. 223.
Muscipeta citrina *Pr. Max. z. Wied* Beitr. III. b. 917. 9.
Muscicapa Legatus *Licht.* Doubl. 56. 574.
Tyrannus circumcinctus *Swains.* Birds of Brazilia pl. 50.
Suiriri chorreado sin roxo, *Azara* Apunt. II. 123. 186.

Rückenfläche schwarzbraun, Scheitelmitte gelb; Kehle weißgrau, Brust und Bauch gelblich grau, die unteren Schwanzdecken bräunlich gestreift. —

Rückengefieder dunkelgraubraun, Mitte des Scheitels bei alten Vögeln gelb. Vom Schnabel zieht sich ein feiner grauer Streif zum Augenrande, der sich hinter dem Auge fortsetzt, über dem Ohr weitergeht und im Nacken etwas breiter werdend endet; Kehle und Vorderhals ebenso grau, bei alten Vögeln die Mitte fast weiß. Obere Flügeldeckfedern und hintere Armschwingen schmal weißlich gerandet, der Spitzentheil des Randes etwas breiter; Handschwingen ohne lichteren Außenrand, aber inwendig breit blaßgelb gesäumt. Schwanzfedern mit schmalen, roströthlichen Rändern, besonders die mittleren und in der Jugend; alte Vögel haben einen fast einfarbig schwarzbraunen Schwanz. Brust braungrau, die Ränder der Federn lichter, etwas gelblich weiß; Bauch und Steiß licht grünlich gelbgrau, mit dunkleren Schaftflecken, die besonders auf den unteren Schwanzdecken deutlicher und dunkler gefärbt sind. — Schnabel kurz, am Grunde breit, dick, mit abgerundeter Firste und feinem Endhaken; schwarzbraun, der Kinnrand blasser; Iris hellbraun, Beine schwarzbraun. —

Ganze Länge 5¾—6″; Schnabelfirste 4‴, Flügel 3½″, Schwanz 2″, Lauf 7‴, Mittelzehe 5‴. —

Junge Vögel sind lichter und matter gefärbt, haben aber deutlichere hellere Ränder an allen Federn; bei alten Männchen wird der Rücken einfarbig schwarzbraun, das Weibchen behält einen etwas brauneren Ton und hellere Federnränder; am Bauch hat das Männchen mehr gelb in der Farbe und eine weiße Kehle; beim Weibchen herrscht das Grau mehr vor.

Im Waldgebiet des mittleren Brasiliens und von da nordwärts bis Guyana, aber nicht grade häufig; mir ist die Art nicht vorgekommen. —

Anm. Im ganzen inneren Campos-Gebiet Brasiliens ist ein wahrscheinlich hierher gehöriger und sehr bekannter Vogel verbreitet, den ich nicht selbst untersucht habe, weshalb ich mich über seine systematische Stellung nicht mit Bestimmtheit äußern kann und es vorziehe, ihn anhangsweise aufzuführen als:

Elaenea coronata. Muscicapa coronata *Gmel. Linn.* S. Nat. I. 2. 932. — *Buff.* pl. enl. 675. 1. — *Lath.* Ind. orn. II. 487. 81. — *Pr. Max.* Beitr. III. b. 880. 3. — Myiarchus coronatus *Schomb.* Reise III. 700 134. — Suiriri coronata *D'Orb.* Voy. Am. mer. Ois. 336. no. 256. — Pyrocephalus parvirostris *Gould,* Darw. Zool. of the Beagle, Orn. 44. pl. 6. — Churrinche *Azara,* Apunt. II 105. 177. — Gefieder des Kopfes, Halses, der Brust und des Bauches prachtvoll roth beim alten Männchen, die Scheitelfedern verlängert, zu einer Holle aufrichtbar; Flügel, Rücken und Schwanz schwarzbraun, die Federnränder etwas lichter. — Beim jungen Männchen haben die Stirn, Zügelgegend und die Backen einen graulich braunen Ton, die Flügelfedern sind breiter blaßgelbgrau gerandet, die Kehle und der Bauch spielen ins Blaßrothe oder Gelbliche und die Brust ist dunkler gestreift. — Das Weibchen hat überall eine graubraune Farbe, die Federn sind auf der Mitte dunkler, am Rande heller; das Flügelgefieder ist entschieden weißgrau gerandet; die Kehle, der Vorderhals und die Brust haben eine blaß bräunliche, dunkler gefleckte und der Bauch mit dem Steiß eine gelbröthliche Farbe. — Ganze Länge 5″, Schnabelfirste 4½‴, Flügel 3″, Schwanz 2″, Lauf 8‴, Mittelzehe ohne Kralle 4‴. —

Man trifft diesen schönen Vogel besonders in den südlichen Camposgebieten des inneren Brasiliens, wo er sich gern in der Nähe menschlicher Ansiedelungen zeigt und Jedermann wegen seiner schönen Farbe im männlichen Geschlecht bekannt ist; er lebt einsam oder paarweis, hat das stille Benehmen der Tyranniden, ist aber nicht so träge. D'Orbigny, der den Vogel zu den Fluvicolinen rechnet, fand mehrmals sein Nest und darin 4—5 grauweiße, rothbraun und schwarzbraun gefleckte Eier. Beide Geschlechter brüten abwechselnd, wie alle Tyranniden. —

b. Scheitel wie der übrige Rücken gefärbt, mitunter die Federn am Grunde weißer. — Elaenea *Bonap.* Paroides *Less.* Muscicapara *Lafresn.*

3. Elaenea pagana *Licht.*

Muscicapa pagana *Licht.* Doubl. zool. Mus. 54. 562.
Platyrhynchus paganus *Spix* Av. Bras. II. 13. 10. tb. 16. f. 1.
Muscicapa brevirostris *Pr. Max.* Beitr. III. 799. 4.

Grau, Unterbauch und Steiß gelblich; Flügeldeckfedern und Schwingen weißlich gerandet.

Größer als die vorige Art, so groß wie eine Goldammer; Schnabel kurz, am Grunde breit, die Spitze beträchtlich gewölbt, nur wenig hakig herabgebogen. Borsten am Zügel sehr spärlich, kürzer und geringer an Zahl. Oberschnabel braun, Unterschnabel blaßgelb. Ganzes Gefieder düster aschgrau, die Scheitelfedern etwas verlängert, besonders beim Männchen, im Alter am Grunde weißlich, gewöhnlich ganz grau. Große Flügeldeckfedern und die Reihe vor ihnen mit breiten, weißlichen Endsäumen; Schwingen schmal weißgrau gerandet; Schwanzfedern nur am äußersten Seitenrande etwas lichter. Kehle und Vorderhals weißgrau, auf der Brust ein gelblicher Anflug, der gegen den Bauch hin zunimmt; Unterbauch und Steiß blaßgelb. Iris braun, Beine glänzend schwarz; durch einen etwas dickeren Lauf, kürzere derbere Zehen mit kleineren Krallen sich auszeichnend.

Ganze Länge 6″, Schnabelfirste 4‴, Flügel $3\frac{1}{2}$‴, Schwanz 2″, Lauf $3\frac{1}{2}$‴, Mittelzehe ohne die Kralle $4\frac{1}{2}$‴.

Gemein in allen Gebüschen und Vorwäldern, wenig scheu, und ebensowohl im Binnenlande wie im Küstengebiet ansäßig; mein Sohn schoß den Vogel bei Congonhas, der Prinz zu Wied bei Rio de Janeiro. —

4. Elaenea affinis *Lund.*

Muscicapa affinis *Lund.* Msc.

Rückengefieder grau, Unterbauch und Steiß lebhaft gelb, Kehle weiß. Flügeldeckfedern und Schwingen weißlich gerandet, Schwanz am Grunde limonengelb.

In Größe und Gestalt völlig wie die vorige Art; der Schnabel ein wenig breiter nach vorn, sonst ebenso gebaut und gefärbt. Rückengefieder lichter grau, der Unterrücken grünlich angeflogen. Flügel und Schwanz schwarzbraun, die Deckfedern und hinteren Armschwingen breit hellgrau gerandet, die übrigen Schwingen nur mit feiner, weißer Randkante. Schwanzfedern in der Mitte tiefschwarz, am Grunde bis beinahe zur Mitte limonengelb, am Ende mit grauem Saume, nur das äußerste Paar am Seitenrande weißlich. Kehle und Vorderhals rein weiß, Brust silbergrau, Bauch und Steiß voll citronengelb, ebenso die Innenseite der Flügel.

Ganze Länge 6″, Schnabelfirste 4‴, Flügel $3\frac{1}{2}$″, Schwanz 2″, Lauf 8‴, Mittelzehe ohne Kralle 4‴.

Dieser Vogel ist an seinem zur Hälfte blaßgelben und dann tief schwarzgefärbten Schwanz scharf von der vorigen, ähnlichen Art verschieden; er bewohnt die lichten Campos im Innern Brasiliens und wurde von meinem Sohne mehrmals bei Lagoa santa geschossen.

Anm. Die Schwanzzeichnung erinnert lebhaft an den Schwanz von Muscicapa flavicauda *Swains.* Birds of Brazilia pl. 71. aus Mexico, aber das Gelb reicht bei meiner Art nicht so weit hinab. Vielleicht gehört Muscipeta strigilata *Pr. Max.* Beitr. III. 900. 3. als der junge, eben ausgefiederte Vogel hierher, worüber ich indessen nur meine Vermuthung äußern kann, da ich kein solches Exemplar gesehen habe.

5. Elaenea spadicea *Cab.*

Cabanis, *Schomb.* Reise III. 702. 163.
Muscicapa spadicea *Gmel. Linn.* S. Nat. I. 2. 937. — *Lath.* Ind. orn. II. 484. 67.
Muscicapa virescens *Pr. Max.* Beitr. III. b. 802. 5.
Platyrhynchus ruficauda *Spix* Av. Bras. II. 9. 2. tb. 11. fig. 2. ?

Rückengefieder trüb olivengrün, Flügel und Schwanz braun, die Federn breit rothbraun gesäumt; Bauch und Steiß gelblich. —

So groß wie ein Sperling; der Kopf ziemlich dick, der Schnabel kurz, am Grunde breit, dann seitlich zusammengedrückt, mit hoher, sanft gewölbter Kuppe, die ihm fast eine Kegelform giebt; die Spitze nur wenig hakig herabgebogen; Mundborsten fein, ziemlich zahlreich, von mäßiger Länge. Oberkiefer braun, die Spitze und der Unterkiefer blaßgelb. Gefieder schmutzig olivengrün, mehr oder weniger bräunlich überlaufen; die Flügel und der Schwanz dunkler braun; die großen Deckfedern, die Reihe vor ihnen, die Schwingen und Schwanzfedern mit breiten, rostrothen Säumen. Bauch blaß gelblich grün, leicht rostgelb angeflogen; Kehle weißlich, die Brustseiten bräunlich, die Backen mehr ins Aschgraue fallend. Iris braun, Beine schwärzlich grau.

Ganze Länge $6\frac{1}{4}''$, Schnabelfirste $4\frac{1}{4}'''$, Flügel $2''\ 10'''$, Schwanz $2''\ 3'''$, Lauf $10'''$, Mittelzehe ohne Kralle $4\frac{2}{3}'''$. —

Im mittleren Brasilien, besonders im Waldgebiet zu Hause, nordwärts bis nach Guyana verbreitet. Der Prinz zu Wied erhielt die Art bei Bahia; mir kam sie in den südlichen Districten nicht vor. —

Anm. Ob Spix angezogene Art hierher, oder zu Myiarchus uropygiatus (S. 472) gehört; wage ich nicht, zu entscheiden. —

6. Elaenea modesta *Pr. Wied.*

Muscipeta modesta *Pr. Max.* Beitr. III. b. 923. 11. (älterer Vogel).

Rückengefieder olivengrau; Flügel und Schwanz braungrau, mit blasseren Rändern der Federn; Kehle weißgrau, Brust grüngrau, Bauch blaßgelb. —

Schnabel ziemlich kurz, aber stark, schon an der Stirn hoch, mit nach der Spitze nur wenig hinabgeneigter Firste und ohne deutlichen Endhaken, hornbraun, am Kinnrande blasser; die Bartborsten am Zügelrande etwa 3‴ lang. Rückengefieder olivengrau, die Zügel etwas lichter grünlich; Flügel und Schwanz graubraun, mit blasseren, sehr schmalen Rändern; die Schäfte der Schwingen und Schwanzfedern glänzend röthlich braun. Kehle und Vorderhals weißlich, Brust hell aschgrau, etwas limonengelb gestrichelt; Unterleib bis zum Schwanz weißgelb, die Basis der Federn bleigrau. Beine hornbraun.

Ganze Länge 5″ 4‴. Schnabelfirste 4½‴, Flügel nicht angegeben, Schwanz 2½″, Lauf 8‴, Mittelzehe ohne Kralle 4‴. —

Bei Bahia in Gebüschen, von Freireiß gesammelt.

7. Elaenea brevirostris *Spix.*

Platyrhynchus brevirostris *Spix* Av. Bras. II. 13. 9. tb. 15. f. 2.
Muscipeta Asilus *Pr. Max.* Beitr. III. b. 894. 1.

Rückengefieder olivengrün, Bauchgefieder blaßgelb; Zügel und Augenrand weißlich gelb; Schwingen und Schwanzfedern bräunlichgrau, grün gerandet, die Deckfedern mit 2 hellen Querbinden.

Schnabel kurz, am Grunde breit, gegen die Spitze hin etwas gewölbt mit feinem Endhäkchen; Oberkiefer graubraun, Unterkiefer blaßgelb. Mundrand mit ziemlich langen, aber feinen Borsten. Ganzes Rückengefieder olivengrün, die Spitzen der Scheitelfedern etwas bräunlich; Zügelgegend und oberer Augenrand hell weißlich grün. Schwingen und Schwanzfedern graubraun, die großen Deckfedern und die Reihe vor ihnen mit ziemlich breiten, blaß gelbgrünen Endsäumen, welche 2 Binden über den Flügel bilden; hintere Armschwingen breit weißlich grün gerandet, die vorderen mit feiner lichter Randkante, aber breitem hellem Saum am Innenrande. Schwanzfedern wie die Schwingen hellgrün gerandet. Kehle fast weiß, von der Brust hinab das Gefieder blaßgelblich; die Brustseiten etwas grau angelaufen, bei jungen Vögeln trüber, gelblich gestrichelt. — Iris braun, Beine schwarz, Lauf ziemlich hoch, beinahe doppelt so lang wie die Mittelzehe.

Ganze Länge 4″ 6‴, Schnabelfirste 3‴, Flügel 2″, Schwanz 1½″, Lauf 6⅓‴, Mittelzehe ohne Kralle 3½‴.

Bei Rio de Janeiro in Gebüschen, ebenso bei Neu-Freiburg. —

Anm. Die große Aehnlichkeit dieser Art mit mehreren verwandten kleinen Vögelchen läßt keine Sicherheit in Bezug auf die Synonymie ohne Einsicht der Original-Exemplare hoffen; wahrscheinlich gehört noch Muscicapa virescens *Temm.* pl. col. 275. 3. hierher.

8. Elaenea brevipes *Pr. Wied.*

Rückengefieder zeisiggrün; Schwingen graubraun, blaßgrün gerandet; Kehle und Brust hellgrau, Bauch und Steiß limonengelb. —

Schnabel grade, die Firste sanft hinabgewölbt, etwas kantig, am Grunde wohl zweimal so breit wie hoch, mit feinem Endhaken, graubraun, Unterkiefer blasser; Zügelrand mit feinen, abstehenden Borsten. Rückengefieder zeisiggrün; am Kopfe mehr ins Graue spielend, Unterrücken am lebhaftesten grün. Flügeldeckfedern graubräunlich, mit grünen Rändern; Schwingen und Schwanzfedern dunkler graubraun mit grünen Rändern, die mittleren Schwanzfedern breiter grün. Kinn, Vorderhals und Brust graulich, blaßgelb gestrichelt, die Seiten mehr grau; Bauch und Steiß hellgelb, ebenso die Unterseite der Flügel und der vordere Rand. Beine kurz und schwach gebaut, bleifarben.

Ganze Länge 4″ 8‴, Schnabel beinahe 4‴, Flügel und Schwanz nicht angegeben, Lauf beinahe 6‴, Mittelzehe ohne Kralle 4‴. —

Im Innern der großen Waldungen des Küstengebietes vom Prinzen zu Wied entdeckt.

9. Elaenea obsoleta *Temm.*

Muscicapa obsoleta *Natt. Temm.* pl. col. 275. 1.

Oberkopf und Nacken grau, Rücken grünlich, Flügel braungrau, die Federn licht gerandet, Kehle und Brust weißlich, Bauch gelblich. —

Schnabel fein, am Grunde kaum doppelt so breit wie hoch, die Firste sanft gewölbt, am Ende herabgebogen; Oberkiefer braun, Unterkiefer blaßgelblich; Zügelborsten fein, mäßig lang. Oberkopf und Nacken aschgrau, gegen den Rücken hin bleifarbner, der Rücken selbst olivengrün. Flügel schwärzlich braungrau, die großen Deckfedern und die Reihe vor ihnen hell blaßgelb gesäumt, Schwingen fein blaßgelb gerandet, besonders deutlich die hintersten Armschwingen. Kehle und Vorderhals weißlich, nach den Seiten hin ins Graue spielend; Brust hellgrau, besonders an den Seiten; Bauch und Steiß weiß, gelblich angeflogen.

Ganze Länge 4″.

Von Natterer in Brasilien entdeckt.

Anm. Einige Schriftsteller vergleichen den hier nach Temminck beschriebenen Vogel mit Muscicapa rivularis *Pr. Max.* Beitr. III. b. 789. 1., der zwar ähnlich gefärbt, aber größer zu sein scheint.

10. Elaenea murina.

Platyrhynchus murinus *Spix* Av. Bras. II. 14. 11. tb. 16. f. 2.
Muscipeta incanescens *Pr. Max.* Beitr III. b. 898. 2.

Rückengefieder graubraun, Flügel mit zwei blaß rostgelblichen Binden; Unterseite lichter, die Kehle weißlich, der Bauch gelblich.

Ein kleines Vögelchen, nicht größer als Sylvia Trochilus, aber mehr wie eine junge S. hortensis gefärbt. Schnabel klein, die Spitze stark zusammengedrückt, fast pfriemenförmig; die Basis nicht ganz doppelt so breit wie hoch; braun, am Kinnrande blaßgelb; Mundrandborsten sehr schwach. Rückengefieder bräunlichgrau, bei jungen Vögeln mehr ins Graue, bei alten mehr ins Braune fallend; in der Jugend streifig, indem die Federn etwas lichtere Ränder besitzen; der Oberkopf am deutlichsten und dunkelsten. Flügel nur wenig dunkler als der Rücken, die großen Deckfedern und die Reihe vor ihnen mit blaß oder vielmehr trüb rostgelben Spitzen; die hinteren Armschwingen ziemlich breit, die vorderen Schwingen ganz schmal weißlichgrau gerandet. Schwanzfedern ebenso. Kehle beinahe weiß, gegen den Vorderhals mehr in grau übergehend; Brust silbergrau, Bauch und Steiß weißlichgelb überlaufen, besonders die unteren Schwanzdecken ins trüb Rostgelbe fallend. Iris braun, Beine schwarz.

Ganze Länge 4 1/3", Schnabelfirste 3''', Flügel 2" 3''', Schwanz 1 1/2", Lauf 6 1/2''', Mittelzehe ohne Kralle 3 1/3'''.

Im Innern Brasiliens, bei Congonhas; von meinem Sohne im Garten dicht hinter unserm Hause mehrmals geschossen. Der Prinz fand den Vogel bei Bahia. —

25. Gatt. Mionectes *Cab.*

v. Tschudi, Fn. per. Orn. 147.

Schnabel grade, am Grunde breit, aber nicht flach, dann seitlich zusammengedrückt, ziemlich drehrund, länglich kegelförmig, mit stumpfer Firstenkante, seitlichen großen Nasengruben und wenig herabgebogener, kaum hakiger Spitze; im Ganzen ziemlich groß für die Gesammtgröße der Vögel. Mundborsten fein, kurz, nicht sehr zahlreich. Gefieder weich und lax, ziemlich stark dunig; die Flügel kurz, wenig über den Anfang des Schwanzes hinabreichend, die erste Schwinge stärker verkürzt, die zweite des männlichen Geschlechtes mehr oder weniger verkümmert. Schwanz ziemlich lang, die Federn schmal, die Gesammtform leicht abgerundet. Beine dünn und fein, der Lauf von mäßiger Höhe, die Sohle in der Mitte fast ganz von den weit herumgreifenden Tafelschildern bedeckt; die Außenzehe stärker als bei Elaenea mit der Mittelzehe verbunden. Gefieder ziemlich einfarbig, namentlich ohne Binden über die Flügel.

Anm. Wegen der verkümmerten zweiten Schwinge, welche übrigens veränderlich in der Größe ist, und nicht allen Arten zuzukommen scheint, stände die Gattung vielleicht richtiger bei den Pfarinen, worauf auch der ziemlich dicke, wenngleich schlanke Schnabel hinweist. Es sind kleine sängerförmige Vögel, welche viel Eigenthümliches schon im Ansehn verrathen. —

1. Mionectes rufiventris.

Cabanis, *v. Tschudi* Fn. Per. Orn. 148. Note 2.
Muscicapa rufiventris *Licht.* Mus. ber.

Kopf und Hals grau, Rücken olivengrün, Brust und Bauch rostgelbroth.

So groß wie Sylvia Sibilatrix und ähnlich gestaltet. Schnabel länglich kegelförmig, am Grunde etwas breiter; braun, die Spitze und der Unterkiefer blasser gelblichgrau. Kopf und Hals schiefergrau, der Nacken ins Grünliche spielend, die Kehle ins Weißliche. Rücken und Flügeldeckfedern ziemlich lebhaft olivengrün; die Schwingen graubraun, mit gelbgrüner Außenfahne, und blaßgelbem Saum am Innenrande. Schwanz grünlich grau, die Ränder der Federn grüner. Anfang der Brust grünlichbraun, dann bald in rostgelbroth übergehend, Bauch und Steiß lebhaft rostgelb, ebenso die inneren Flügeldeckfedern. Beine hell fleischfarben, etwas gebräunt an den Zehen, die Außenzehe nur eine kurze Strecke mit der mittleren verwachsen.

Ganze Länge 5″, Schnabelfirste 7‴, Flügel 2″ 8‴, Schwanz 2″, Lauf 9‴, Mittelzehe ohne Kralle 5‴.

Im südlichen Brasilien, nach einem weiblichen Individuum beschrieben, das aus Berlin bezogen wurde (Auction, 1839) und dessen Fundstätte mir nicht näher bekannt ist; das von Cabanis a. a. O. beschriebene Exemplar fällt etwas größer.

Anm. Tyrannus rufiventris *Lafresn. D'Orb.* Voy. Am. mer. Ois. 312. 213. pl. 32. fig. 3. 4. ist ein ganz anderer Vogel, gehört aber, nach Bonaparte (Consp. 187. 370. 2.) in diese Gattung. Ich kenne denselben nicht.

2. Mionectes oleagineus.

Cabanis, *v. Tschudi* Fn. per. Orn. 148. Note 3. — *Schomb.* Reise III. 702. 165.
Muscicapa oleaginea *Licht.* Doubl. zool. Mus. 55. 565.

Rückengefieder einfarbig olivenbraun, Bauchseite trüb rostgelb. —

Etwas kleiner als die vorige Art, übrigens ebenso gebaut; der Schnabel nach Verhältniß etwas breiter am Grunde, die Außenzehe länger mit der mittleren verwachsen. — Oberschenkel und die Spitze des unteren bräunlich, Kinnwinkel und Rand beider Schnäbel blaß gelblichgrau. Gefieder des Rücken einfarbig grünlicholivenbraun, die Schwingen braungrau, lichter gelblichgrün gerandet; der Schwanz obenauf wie der Rücken gefärbt. Unterseite blaß rostgelbroth, die Kehle etwas ins Grünliche spielend, die Brust rostgelbroth überlaufen; Bauch und Steiß reiner rostgelbroth, aber viel matter als bei der vorigen Art. Schwanzfedern unten graulich, rostgelb überlaufen. Beine hell fleischrothbraun, etwas zierlicher als bei der vorigen Art, die Krallen kleiner, die Außenzehe weiter mit der mittleren verwachsen. —

Ganze Länge $4^2/_3''$, Schnabelfirste $6'''$, Flügel $2''\ 4'''$, Schwanz $1''\ 8'''$, Lauf $8'''$, Mittelzehe ohne die Kralle $4^1/_3'''$. —

Mehr im nördlichen Brasilien zu Hause und ebenfalls aus Berlin bezogen; mir auf meiner Reise nicht vorgekommen.

26. Gatt. Tyrannulus *Vieill.*

Gal. d. Ois. II. 92.

Schnabel klein, kurz kegelförmig, die Spitze etwas hakig herabgebogen, mit feiner Seitenkerbe; Nasengrube vortretend, aber kurz, von feinen Borstenfedern beschattet, welche den ganzen Schnabelgrund begleiten, aber weder lang noch stark sind. Gefieder weich, stark dunig am Grunde; Flügel ziemlich kurz, etwas abgerundet, bis auf den Anfang des Schwanzes reichend; Schwanz sehr kurz, daher breit erscheinend, obgleich nicht breitfedrig, abgerundet. Beine ziemlich ebenso wie bei Mionectes, der Lauf fast ganz von den weit herumgreifenden Tafelschildern bedeckt; die Zehen nicht besonders lang, die Außenzehe mit der Mittelzehe am Grunde verwachsen. —

Tyrannulus elatus *Vieill.*

Gal. des Ois. II. 93. pl. 71. — *Schomb.* Reise III. 702. 164.
Sylvia elata *Lath.* Ind. orn. II. 549. 153. — *Buff.* pl. enl. 708. 2.
Pipra elata *Spix* Av. Bras. II. 7. 6. tab. 8. a. fig. 2.

Rückengefieder olivengrün, Scheitel gelb mit schwarzem Rande; Flügel schwarzbraun, die Federn gelb gerandet; Kehle grau, Brust und Bauch gelb.

Vom Ansehn unseres Goldhähnchens (Regulus cristatus), aber etwas größer. Schnabel und Beine schwarz; Rückengefieder dunkel grasgrün, etwas ins Olivengrüne fallend; Scheitelfedern längs der Mitte gelb, die Seiten schwarz eingefaßt; ebenso die Stirn und die Zügel. Kehle und Vorderhals grau, gelblich überlaufen; Brust, Bauch und Steiß rein gelb.

Flügel schwarzbraun, die großen Deckfedern, die Reihe vor ihnen und die hintersten Armschwingen weißgelb gesäumt. Schwanzfedern obenauf schwarzbraun, unten graubraun; die mittelsten Federn grünlich überlaufen. —

Das Weibchen (Spix Figur) hat mattere Farben, nicht ganz so lange Scheitelfedern und einen mehr graugelben Ton an der Kehle; das lebhafter gefärbte Männchen (Vieillot's Figur) zeichnet sich durch verlängerte Scheitelfedern aus, die eine Art Holle bilden und eine mehr orangene Färbung haben.

Ganze Länge $3^1/_2''$, Schnabelfirste $3'''$, Flügel $2''$, Schwanz $1^1/_4''$, Lauf $6'''$. —

Dies kleine zierliche Vögelchen hat große Aehnlichkeit mit Calyptura cristata (S. 448), ist aber etwas größer und lange nicht so voll grün oder gelb gefärbt; es bewohnt die lichten Vorwaldungen des nördlichen Brasiliens und wurde von Spix bei Para beobachtet; den mittleren und südlichen Districten fehlt diese Art, dort vertritt die Calyptura ihre Stelle, hier die Cyanotis.

Anm. Wir führen zur bessern Bezeichnung die letztgenannte Art mit einer kurzen Definition auf, da sie im südlichen Brasilien noch vorzukommen scheint.

Cyanotis omnicolor *Swains.* Ornith. of the Beagle pag. 86. — Regulus omnicolor *Vieill.* Gal. II. 271. pl. 166. — Tachuris rubrigastra *D'Orb.* Voy. Am. Ois. 333. no. 251. — Tachuri rey *Azara*, Apunt. II. 72. no. 161. — Schnabel fein, wenig abgeplattet, länger und mehr pfriemenförmig gestaltet; keine stärkere Zügelborsten. Flügel kurz abgerundet, Schwanz ziemlich kurz abgerundet, Lauf hinten platt und nackt. — Rückengefieder schwarz, der Nacken stahlblau, der Rücken grün glänzend. Oberkopf mit verlängerten rothen Federn, die von einem gelben Randstreif begrenzt werden. Flügeldeckfedern weiß gerandet. Unterseite gelb, Steiß roth. Länge 4''. —

3. Platyrhynchineae.

Der Schnabel ist in dieser Gruppe viel stärker abgeplattet und in den meisten Fällen ganz flach, ohne kuppenförmige Wölbung, und daher selbst noch nahe bei der Spitze breiter als hoch, übrigens wie bisher mit einem Endhaken und einer Kerbe daneben versehen. Die Seitenränder des Schnabels sind nicht grade Linien, sondern mehr oder weniger nach außen gebogen, mitunter dick aufgeworfen, wodurch der Schnabel ein unförmliches plumpes Ansehn erhält. Die Nasengruben dringen ziemlich weit in den Schnabel hinein und enthalten die kleinen runden Nasenlöcher vorn am Ende der Grube, nicht an den Seiten, wo sie bei den Tyranniden liegen. Hiezu kommen auffallend lange, für die Größe der Vögel starke und kräftige Bartborsten am Zügelrande, über dem Mundwinkel, wodurch sie sich leicht und sicher von den Tyranniden unterscheiden. Die übrigen Unterschiede sind geringer. Das Gefieder ist bei den Platyrhynchinen im Allgemeinen laxer, duniger und großfedriger; der Flügelschnitt ist bald sehr kurz, mehr abgerundet, bald lang und spitz; der Schwanz zeigt dieselben Schwankungen. Die Beine sind ebenfalls veränderlich in der Form; gewöhnlich haben sie hohe dünne Läufe, mit zierlichen Zehen und großen Krallen; mitunter ist der Lauf kurz und stark, die Zehen dick, und die Krallen klein. Die Laufsohle pflegt fast ganz von den weit herumgreifenden Tafelschildern der Vorderseite bedeckt zu sein.

Die Platyrhynchinen sind ebenso einsame Vögel wie die meisten Tyranninen, welche sich im Walde oder Gebüschen versteckt halten und noch weniger in die Nähe des Menschen kommen. Ihre Nahrung besteht in Insekten; sie nisten tief im Gebüsch und legen sehr längliche, dicht gefleckte Eier. —

A. Lauf hoch und schlank, Zehen fein, die Hinterkralle sehr groß.

a. Schnabel nach vorn allmälig verschmälert, der Schwanz von beträchtlicher Länge oder sehr lang. 1. Muscipetinae.

27. Gatt. Muscipeta *Lafr.*

Muscipetae pars *Cuv. Pr. Max.* Elaeneae pars et Leptopogon *Cabanis.*

Wir vereinigen unter diesem Namen, dem Vorgange Lafresnaye's in *D'Orbigny's* Voy. d. l'Am. mer. Ois. pag. 319. z. Th. folgend, diejenigen Platyrhynchinen, welche sich den Tyranniden in der Schnabelform, namentlich Elaenea, nähern, aber durch die langen, steifen Bartborsten sich scharf und sicher von ihnen unterscheiden.

Der Kopf ist groß, breit und ziemlich flach; der Schnabel abgeplattet und in seiner Breite dem Kopfe analog; bald breiter, bald schmäler, von oben betrachtet stets dreiseitig, mit sanft gebogenen Rändern und etwas erhabener Firste; der Endhaken klein. Die großen Mundborsten stehen in einer Reihe am Zügelrande schief nach außen ab und ragen weit vor. Die Flügel sind ziemlich kurz, aber nicht eigentlich abgerundet; die erste Schwinge ist stets viel kleiner als bei

Elaenea, und die zweite noch merklich kürzer als die dritte. Der Schwanz dagegen hat eine ziemliche Länge, ist nicht breit, eher schmal, aber abgerundet, selbst etwas ausgeschnitten, ohne stufig abgesetzte Federn. Die Beine haben mäßig hohe Läufe und kleine Zehen; beide nicht so lang und dünn wie bei den Platyrhynchinen mit kurzen Schwänzen und gleichbreiten Schnäbeln. —

Anm. Cabanis Gattung Leptopogon ist auf die Arten mit schmalen Schnäbeln gegründet, welche meines Erachtens sich nicht generisch von den übrigen mit etwas breiteren Schnäbeln absondern lassen. —

1. Schnabel breit dreiseitig, daher flacher im Ansehn, obgleich nicht platter, als in der folgenden Gruppe.

a. Scheitel mit abweichendem Gefieder.

1. Muscipeta virgata.

Lafresn. D'Orb. Voy. Am. mer. Ois. 320. no. 228.
Muscicapa virgata *Gmel. Linn.* S. Nat. I. 2. 948. — *Buff.* pl. enl. 574. 3. — *Lath.* Ind. orn. II. 486. 76. — *Vieill.* Enc. meth. Orn. II. 820.
Platyrhynchus chrysoceps *Spix* Av. Bras. II. 10. 3. tb. 11. fig. 2. (jung).
Muscipeta chrysoceps *Pr. Max.* Beitr. III. 940. 16.
Muscicapa flammiceps *Temm.* pl. col. 144. 3. (alt).
Tyrannula ferruginea *Swains.* Birds of Braz. pl. 53.
Pyrocephalus virgatus *Bonap.* Consp. 188.

Rückengefieder braun, Flügel und Schwanz dunkler, erstere mit 2 hellen Binden; Scheitelmitte gelb oder roth; Unterseite gelblich weißgrau, in der Jugend braun gestreift.

Gestalt und Größe von Silvia Curruca, der Schnabel aber breiter und größer, der Oberkiefer hornbraun, der Unterkiefer und der Rand blaßgelb, Iris braun. Rückengefieder umbrabraun, die Scheitelmitte gelb, bei älteren Vögeln breiter und mehr feuerroth gefärbt. Flügel schwarzbraun, die großen Deckfedern, die Reihe vor ihnen und die hinteren Armschwingen blaß rostgelbroth gesäumt; die Handschwingen nur mit feinem, lichtem Außenrande, aber breitem rostgelbem Innensaum. Schwanzfedern graubraun, unten blasser, die äußeren lichter gerandet. Unterseite gelblichgrauweiß, die Kehle und der Steiß blaßgelb; Brust und Bauchseiten trüber, bei jungen Vögeln braun gestreift. Beine schwarz.

Junge Vögel haben keine gelben Scheitelfedern auf der Fläche, wohl aber sieht man das Gelb in der Tiefe versteckt; bei alten Männchen ist der ganze Scheitel feuerroth. —

Ganze Länge 5″, Schnabelfirste 4‴, Flügel 2″ 8‴, Schwanz 2″, Lauf 7‴, Mittelzehe ohne Kralle 4‴. —

Ueberall im Waldgebiet Brasiliens verbreitet, ich habe Exemplare sowohl von Neu-Freiburg, als auch von Congonhas mitgebracht. —

b. Scheitelmitte wie der Rücken gefärbt.

2. Muscipeta fuscata.

Pr. Max. z. Wied Beitr. etc. III. b. 902. 4.
Myiobius fuscatus *Bonap.* Consp. 188. 4.

Rückengefieder braun, Flügel dunkler mit zwei rostgelben Querbinden und lichteren Rändern der Schwingen; Kehle und Bauch blaßgelb, Brust bräunlich.

Etwas größer als die vorige Art, aber völlig ebenso gebaut; der Kopf ein wenig dicker und daher der Schnabel etwas größer; Oberkiefer braun, Unterkiefer blaßgelb. Iris braun. Scheitel gleichfarbig mit dem Rückengefieder und umbrabraun, letzteres etwas düsterer; Flügel schwarzbraun, die großen Deckfedern, die Reihe vor ihnen und die Schwingen rostgelbroth gesäumt; ebenso der vordere Rand und die Innenseite aller Schwingen. Schwanz völlig wie der Rücken gefärbt, die Ränder nur an der äußersten Seitenfeder lichter. Kehle weißlich, Vorderhals und Brust rauchbraun; Bauchmitte und Steiß rein blaßgelb; Beine fleischbraun. —

Ganze Länge 5¼", Schnabelfirste 6''', Flügel 2" 8''', Schwanz 2", Lauf 8''', Mittelzehe ohne die Kralle 4½'''.

Männchen und Weibchen von gleicher Farbe, das letztere nur blasser; der junge Vogel hat einen etwas kürzeren Schwanz und lichtere Federnränder.

Ueberall gemein in Gebüschen und Vorwäldern von Rio de Janeiro bis Bahia.

Anm. Einige verwandte Arten, die ich nicht selbst zu untersuchen Gelegenheit hatte, mögen hier kurz definirt werden.

3. Muscipeta megacephala, Tyrannula megacephala *Swains.* Birds of Braz. pl. 47. — Genau von der Größe und dem Ansehn der vorigen Art, der Schnabel nach Verhältniß etwas kürzer (5'''), Oberkiefer schwarzbraun, Unterkiefer blaßgelb; Rückengefieder lebhaft olivengrün; Flügel schwarzbraun, die großen Deckfedern, die Reihe vor ihnen und die hinteren Armschwingen blaß rostgelb gerandet; Schwanz wie der Rücken gefärbt, Bauchseite blaßgelb, die Brustseiten und Steißfedern ins Rostgelbe spielend. Beine schwarz. — Bei Bahia.

4. Muscipeta platyrhyncha, *Pr. Max. z. Wied* Beitr. III 932. 14. — Rückengefieder olivengraugrün, Flügel und Schwanz graubraun, die Deckfedern und Schwingen mit weißlichen Rändern; Zügel, Augenstreif und Kehle weißlich; Vorderhals und Brust licht grau; Bauch und Steiß limonengelb. Schwanzfedern mit grünlichen Rändern. Ganze Länge 5½", Schnabel 4''' lang, 3''' breit. — Bei Rio de Janeiro; vielleicht ein junger Vogel der vorigen Art.

5. Muscipeta strigilata *Pr. Max.* ibid. 900. 3. — Rückengefieder fahl braungrau, Flügel schwarzbraun, alle Federn fein blasser gerandet; Gesicht, Kehle

und die ganze Unterseite weißlich, die meisten Federn mit graubraunen Schaftstreifen; Unterbauch sparsamer gestreift, Steiß voller rostgelb. — Ganze Länge 5'' 3''', Schnabelfirste 5'''. — Bei Bahia.

2. Schnabel schlanker dreiseitig, nach vorn höher und mehr gewölbt.

6. Muscipeta flaveola.

Muscicapa flaveola *Licht.* Doubl. etc. 56. 572.
Platyrhynchus flaviventris *Spix* Av. Bras. II. 12. 8. tb. 15. f. 1.
Muscipeta flaviventris *Pr. Max.* Beitr. III b. 929. 13.
Cyclorhynchus flaviventris *Caban. Schomb.* Reise III. 700. 155.

Rückengefieder olivengrün; Flügel und Schwanz graulich, die Federnränder grün, die Deckfedern mit zwei weißlichen Binden; Unterseite limonengelb, Brustseiten grüner.

Wie Sylvia Sibilatrix, aber der Schnabel viel breiter, obgleich nicht ganz so breit, wie bei M. fuscata oder M. virgata und besonders nach vorn etwas höher; aber die langen, steifen, schwarzen Mundrandborsten entscheiden für die Stellung unter Muscipeta. Schnabel horngraubraun, der Unterkiefer blasser. Rückengefieder lebhaft olivengrün; der obere Zügelrand, welcher sich über dem Auge als Streif fortsetzt, weißgrau; auch am Ohr ein weißlicher Fleck. Flügel graubraun, die Schwingen mit grünen Rändern; die großen Deckfedern, die Reihe vor ihnen und die 3 letzten Armschwingen mit weißlichgrünem Endrande, der besonders an der Außenrandspitze der Armschwingen sich scharf absetzt. Schwanz matter graubraun, die Federn grün gesäumt. Kehle und Vorderhals blaßgelb, Brustseiten grünlicher, Bauch und Steiß lebhaft limonengelb. Füße bleigrau.

Ganze Länge $4^1/_2$'', Schnabelfirste 5''', Flügel 2'', Schwanz $1^3/_4$'' Lauf 8''', Mittelzehe ohne Kralle 4'''. —

In Gesellschaft der vorigen Arten in Gebüschen, besonders im mittleren Brasilien von Rio de Janeiro bis Bahia; von mir öfters bei Neu-Freiburg beobachtet. —

Anm. Ein in der hiesigen Sammlung befindliches, aus Berlin bezogenes Exemplar giebt über die Benennung von G. R. Lichtenstein ausreichende Gewißheit; auch die Citate aus Spix und Pr. Max. z. Wied erscheinen mir nicht zweifelhaft; wenigstens nicht das von Spix. Dagegen bezweifle ich sehr, daß Tyrannula modesta *Swains.* Birds of Braz pl. 48, welche Bonaparte zu Cycl. flaviventris rechnet, hierher gehört. —

28. Gatt. Euscarthmus *Pr. Wied.*

Leptopogon et Hapalocercus *Cabanis.* Lepturus *Swains.*

Es sind kleine, zierliche Vögel, vom Ansehn unserer Laub- oder Rohrsänger, welche sich durch einen viel schmäleren, mit einer ziemlich starken Firstenkante versehenen Schnabel, der dadurch fast höher erscheint, als breit, auszeichnen, zugleich aber die langen, steifen, dicht aneinander gerückten Borsten am Zügelrande behalten, obgleich dieselben weder so lang, noch so steif sind, wie bei der vorigen Gattung, sich aber doch durch ihre dickere, abgesetzte, weiße Basis von den übrigen Borsten am Schnabelgrunde gut unterscheiden. Die Spitze des Schnabels ist beinahe grade, nur leicht herabgebogen; die Nasengruben ragen vor, haben kleine runde Nasenlöcher, werden aber von feinen Borstenfedern überschattet. Das Gefieder ist ungemein weich, lax und stark dunig; die Flügel sind nach Verhältniß kurz und reichen kaum oder wenig über die Basis des Schwanzes hinab; die erste Schwinge ist stark, die zweite mäßig, die dritte wenig verkürzt. Besonders macht der lange, dünne, aus sehr schmalen Federn gebildete Schwanz die hierher gehörigen Arten kenntlich, und daneben der dünne hohe Lauf, dessen glatte Sohle fast ganz von den herumgreifenden vorderen Tafelschildern bedeckt wird; die Zehen sind nicht sehr lang, fein, und die beiden äußeren vorderen mehr oder minder verwachsen. —

Anm. Die angegebenen Charaktere sind nicht bei allen Arten gleich stark entwickelt, halten aber Schritt mit einander; je dünner und schlanker der Schnabel, desto dünner und schmalfedriger ist auch der Schwanz und desto höher der Lauf. Dadurch läßt sich Hapalura absondern, welche Gattung noch viel schmälere Schwanzfedern, aber auch einen viel breiteren kürzeren Schnabel besitzt. Die Gattung Euscarthmus des Prinzen zu Wied gehört übrigens nur z. Th. hierher, da sie aber die am meisten typischen Arten enthält und die älteste Benennung ist, so habe ich den Namen beibehalten. Am bezeichnendsten dürfte Swainson's Namen Lepturus sein; er kann aber keine Anwendung finden, da er schon mehrmals anderweitig vergeben ist.

a. Arten mit relativ kürzeren, breiteren Schnäbeln und breiteren Schwanzfedern. Leptopogon *Cabanis*.

1. Euscarthmus aurifrons.

Muscicapa aurifrons *Licht.* Mus. ber. — *Pr. Max. z. Wied* Beitr. III. 829. 13.
Elaenea aurifrons *Cab. Schomb.* Reise III. 701. 160.
Muscicapa luteocephala *Lafresn.* Guer. Maz. d. Zool. III. (1833) Ois. pl. 13. — *Lesson*, Traité etc. pag. 392.

Einfarbig grün, die Kehle weißlich; die Schwingen und Schwanzfedern graubraun, breit grün gerandet; Mitte des Scheitels dottergelb. —

Schnabel ziemlich breit, aber auch hoch, nach vorn seitlich zusammengedrückt; die Spitze etwas hakig herabgebogen; Oberkiefer braun, sein Rand und der Unterkiefer blaßgelblich. — Zügelborsten sehr fein und schwach. Ganzes Gefieder weich und lax, einfarbig olivengrün. Die Kehle und der Vorderhals weißlich, die Bauchmitte mehr gelblich. Auf dem Scheitel von der Stirn bis zum Hinterkopf ein dottergelber, von den seitlichen Kopffedern versteckter Streif. — Flügel kurz, ziemlich rundlich, die erste Schwinge beträchtlich verkürzt und schmäler als die folgenden, die zweite noch 1‴ kürzer als die dritte, übrigens grau, aber mit breiten grünen, nicht scharf abgesetzten Rändern. Schwanzfedern lang aber schmal, obenauf grün, unten grau mit weißen Schäften. Kehle und Vorderhals weißlich, die Seiten und die Brust grünlich grau, die Bauchmitte gelblich, der Steiß blaß grünlich gelb. — Beine dünn und fein, gelblich fleischroth, die Außenzehe mit der Mittelzehe eine ganze Strecke verwachsen; der Daumennagel groß, die anderen Krallen klein, doch die mittelste die größte von ihnen. —

Ganze Länge 5″, Schnabelfirste 4‴, Flügel 2½″, Schwanz 1″ 10‴, Lauf 8‴, Mittelzehe ohne Kralle 4½‴. —

Bei Bahia.

Anm. Cabanis zieht die Art in Schomburgk's Reise (III. 701. 160) zu Elaenea, von der sie sich schon habituell sehr entfernt; passender würde sie sich mit Mionectes verbinden, wie Bonaparte will (Consp. 187. 370. 4.), wenn sie die verkümmerte zweite Schwinge besäße. Lafresnaye beschreibt a. a. O. noch zwei ähnliche Arten aus Brasilien, die beide größer und mir unbekannt sind, daher ich sie übergehen muß:

Muscicapa viridis *Less.* Traité 391. Ganz grün, Flügel und Schwanz bräunlicher, Kehle blasser; 5″ 4‴ lang.

Muscicapa rufo-olivacea *Lafr.* Einfarbig olivengrün, Flügel und Rücken roströthlich angeflogen. Länge 6″ 8‴. —

2. Euscarthmus vilis *Licht.*

Muscicapa vilis *Licht.* Mus. ber.
Orchilus vilis *Id.* Nom. Av. Mus. ber. 20.

Rückengefieder graulich olivengrün, der Oberkopf am dunkelsten; Kehle, Hals und Brust röthlich grau; Bauch und Steiß hellgrau mit weißer Mitte.

Völlig vom Ansehn der vorigen Art, aber nicht so lebhaft grün gefärbt, das Rückengefieder mehr ins Graue fallend, der Oberkopf fast bräunlich. Am Zügel dicht vor dem Auge ein weißer Fleck. Kehle, Vorderhals bis zur Brust röthlich rauchgrau, dann die Seiten perlgrau, die Mitte bis zum Steiß weiß. Flügeldeckfedern einfarbig grün, wie der Rücken, der Rand am Daumen und die Unterseite blaß limonengelb; Schwingen graubraun, grün gerandet, die Innenfahne schmal weißlich; Schwanz heller graubraun, die Außenränder der Federn grünlich. Schnabel hellbraun, der Unterkiefer weißlich, Iris braun, Beine bleigrau. —

Ganze Länge 4″ 8‴, Schnabelfirste 4″, Bartborsten ebenso lang, Flügel 2″ 3‴, Schwanz 1″ 10‴, Lauf 8‴, Mittelzehe ohne Kralle $3\frac{1}{2}$‴.

In der Provinz von Rio de Janeiro und südwärts bis nach Montevideo verbreitet.

Anm. Ich finde diesen Vogel nirgends so deutlich beschrieben, daß ich mit Bestimmtheit ihn hätte als bekannt ansehen können; vielleicht gehört Azara's Verdillo (Apunt. II. 64. no. 159) zu ihm.

Nahe verwandt damit scheinen zu sein:

3. Euscarthmus amaurocephalus, Leptopogon amaurocaphelus *Caban. v. Tschudi* Fn. l. l. 162. — *Wiegm.* Arch. 1847. 251. — Rückengefieder lebhaft olivengrün, der Oberkopf olivenbraun; Zügelfedern und Backenfedern mit einer schwarzbraunen Querlinie. Flügel und Schwanz dunkelbraun, die Federn hellgrün gesäumt, große Flügeldeckfedern mit rostgelben Spitzen, die Innenfahne der Schwingen blaßgelb gesäumt. Unterseite hellgrünlich gelb, Kinn, Kehle und Brust etwas schmutziger. Ganze Länge $5\frac{1}{2}$″, Schnabelfirste 6‴, Flügel $2\frac{1}{2}$″, Schwanz 2″ 4‴, Lauf 7‴. — St. Paulo. —

4. Euscarthmus ventralis, Muscicapa ventralis *Natt. Temm.* pl. col. 275. 2. — Sie ist am Rücken grün, an der Bauchseite gelb und hat 2 gelbe Binden über die schwärzlichen Flügeldeckfedern, nebst solchen breiten Spitzenfedern der 3 letzten Armschwingen. Länge 4″ 3‴. —

5. Euscarthmus caniceps, Tyrannula caniceps *Swains.* Birds of Braz. pl. 49. — Rückengefieder lebhaft grün, Scheitelfedern am Grunde blaßgelb; Flügel schieferschwarz, alle Deckfedern und die Schwingen blaßgelb gerandet; Kehle, Vorderhals, Backen und Brust hellgrau, Bauch und Steiß weiß. Schnabel und Beine schwärzlich. Länge $5\frac{1}{2}$″. Wohl einerlei mit Helinaea viridicata *Vieill.* Enc. 433. — *Azara* Apunt. II. 57. no. 156. — *D'Orb.* Voy. Am. mer. Ois. 325. no. 236.

b. Arten mit relativ längerem, dünnerem, sehr zierlichem Schnabel.

α. Schwanzfedern von gewöhnlicher Breite.

6. Euscarthmus eximius.

Lichtenst. Nom. Av. Mus. berol. 18.
Muscicapa eximia *Temm.* pl. col. 144. 2.

Oberkopf schiefergrau, Stirn und Augenstreif weiß; ganzes Gefieder grün, die Bauchseite ins Gelbe spielend.

Ein feines, zierliches Vögelchen, vom Ansehn wie Sylvia. Schnabel kurz, wenigstens nicht so lang wie bei den nachfolgenden Arten; am Grunde breit, braun, der Unterschnabel weißlich. Oberkopf schiefergrau, die Stirnfedern und die über dem Auge bis zum Ohr mit weißen Spitzen. Ohrdecke grün, schwarz gesäumt. Rückengefieder lebhaft und frisch zeisiggrün; die Flügel schwarzbraun, alle Federn mit lebhaft grünen Rändern, die Schwingen am Innenrande schmal weißlich. Schwanzfedern rauchbraun, am Grunde grünlich gerandet. Kehle weißlich; Vorderhals und Brust grün, grau unterlegt, Bauch und Steiß gelbgrün. Beine bleigrau.

Ganze Länge 4″, Schnabelfirste 3‴, Flügel 2″, Schwanz $1\frac{1}{2}$″, Lauf $6\frac{1}{2}$‴. —

Diese niedliche Art war in den Gebüschen um Neu-Freiburg nicht selten und konnte öfters erlegt werden; sie hüpfte wie ein Laubsänger zwischen den Blättern umher, überall Insekten auflesend.

Anm. Temminck's Abbildung ist etwas zu blaß gefärbt, sonst gut. Ich wundere mich übrigens, daß der Prinz zu Wied den Vogel nicht erhalten hat, er scheint den engen Gebirgsthälern anzugehören und darum auch bei Azara zu fehlen.

7. Euscarthmus pectoralis.

Sylvia pectoralis *Vieill.* Enc. meth. Orn. II. 162.
Euscarthmus superciliaris *Pr. Max.* Beitr. III. b. 953. 3.
Euscarthmus Pareolus *Licht.* Nom. Av. Mus. berol. 18.
Tachuri peccho amarillo, *Azar.* Apunt. II. 80. no. 165.

Rückengefieder braun, Oberkopf schwärzlich, Zügel weiß; Unterseite rostgelbroth, die Brust am dunkelsten. —

Schlank und gestreckt gebaut, ganz wie ein Laubsänger, aber kleiner. Schnabel fein, hoch, nur am Grunde abgeplattet, die Spitze sanft gebogen. Mundborsten zahlreich, aber nicht lang. Oberkopf dunkel schwarzbraun, Zügel vom Nasenloch bis zum Auge weiß. Rückengefieder braun, die Ränder der Flügelfedern etwas lichter, röthlicher, die Innenfahne der Schwingen weiß gesäumt. Kehle blaß rostgelb; Vorderhals bis zur Brust dunkler rostgelbroth, die Bauchseiten wieder etwas lichter, die Bauchmitte und der Steiß fast weiß. Schnabel und Iris braun, die Beine etwas lichter gefärbt. Aeußerste Schwanzfeder heller gerandet, die übrigen obenauf braun, unten grau.

Ganze Länge 4″, Schnabelfirste $3\frac{1}{2}$‴, Flügel 1″ 10‴, Schwanz 1″ 6‴, Lauf 7‴. —

Im inneren Camposgebiet Brasiliens, lebt in den Gebüschen, nahe bei Dörfern, wie die vorige Art.

8. Euscarthmus nigricans.

Sylvia nigricans *Vieill.* Enc. meth. Orn. II. 458.
Tachuris nigricans *D'Orb.* Voy. Am. mer. Ois. 334.
Serpophaga nigricans *Gould*, Zool. of the Beagle, Orn. 50.
Euscarthmus obscuratus *Licht.* Nom. Av. Mus. ber. 18.
Tachuri obscurito menor, *Azara* Apunt. II. 83. no. 167.

Rückengefieder schwarzbraun, Flügelfedern hellbraun gerandet; Scheitel mit weißem Streif; Unterfläche bleigrau. —

Der letzten Art ganz gleich in Größe und Bau, aber die Rückenfarbe dunkler und die Schwanzfedern so breit wie bei den bisher beschriebenen Arten. Oberkopf und Backen dunkel schwarzbraun, längs der Scheitelmitte ein rein weißer Streif. Rücken, Flügel und Schwanz dunkelbraun, die Flügelfedern heller gerandet, zumal an der Spitze. Die Schwingen am Innenrande weißlich. Schwanzfedern gleichfarbig braun. Unterseite hellgrau, die Kehle und der Steiß silberweiß. Schnabel und Iris braun, Beine schwarz. —

Ganze Länge 4″ 3‴, Schnabel 4‴, Flügel 2″, Schwanz 1″ 9‴, Lauf 8½‴. —

In Süd-Brasilien (Rio grande do Sul), nahe bei Gewässern in Gebüschen, aber auch am Boden nach Insekten suchend.

β. Schwanzfedern ungewöhnlich schmal. Hapalocercus *Caban.*

9. Euscarthmus flaviventris.

Arundinicola flaviventris *Lafr. D'Orb.* Voy. Am. mer. Ois. 335. no. 254. pl. 36. f. 1.
Hapalocercus flaviventris *Cabanis, Wiegm.* Arch. 1847. I. 254.
Tachuri vientre amarillo *Azara*, Apunt. II. 89. no. 171.

Rückengefieder olivenbraun, Flügelfedern blaß gerandet; Bauchseite citronengelb. Scheitelgefieder zugespitzt, rostroth gesäumt.

Ganz wie die vorige Art gestaltet, der Schnabel nach Verhältniß etwas stärker und länger. Gefieder hellbraun, etwas grünlich überlaufen; Federn des Oberkopfes zugespitzt, rostroth gesäumt. Flügelfedern kaum etwas dunkler als der Rücken, mit feinen, blaßgrauen Rändern; die Schwingen innen weiß gesäumt. Schwanzfedern schmäler und besonders spitzer zugerundet, als bei den vorigen Arten; fein grau gerandet. Ganze Unterseite und die Innenseite der Flügel lebhaft citronengelb.

Länge 4″, Schnabelfirste 4‴, Flügel 1″ 10‴, Schwanz 1″ 7‴, Lauf 7½‴.

Von Azara in den dichten Wäldern nahe am Wasser beobachtet, hier nach einem Exemplar der Berliner Sammlung von Montevideo beschrieben.

10. Euscarthmus meloryphus *Pr. Wied.*

Pr. Max. z. Wied Beitr. III. b. 947. 1.
Lepturus ruficeps *Swains.* Fly-Cath. Nat. Libr. X. 181. pl. 10.
Hapalocercus ruficeps *Caban.* l. l. 1. — *Id. v. Tschudi* Fn. per. Orn. 164.

Rückengefieder braun, Oberkopf längs der Mitte roth, Kehle und Brust grau, Bauch weißlich gelb. —

Genau wie die vorige Art gestaltet und ihr auch in der Farbe des Rückens ähnlich, aber etwas dunkler; die Flügelfedern mit rostgelben Säumen, die Schwingen innen blaß rostgelb. Oberkopf längs der Mitte orange oder hell rostroth, bei jüngeren Vögeln braun gestreift, die Basis der Federn blasser gelblicher; Backen und Ohrgegend rostgelblich, Kehle weißlich, Vorderhals und Brust hellgrau, nach unten etwas gelblich gestreift, Bauchseiten limonengelb, Bauchmitte und Steiß weiß. Schnabel braun, Unterkiefer blasser; Iris gelbbraun, Beine bleifarben. Schwanzfedern genau ebenso schmal und schlank zugerundet wie bei der vorigen Art.

Ganze Länge 4″ 2‴, Schnabelfirste 4‴, Flügel 1″ 9‴, Schwanz 1″ 7‴, Lauf 8‴. —

Vom Prinzen zu Wied und von Swainson auf dem innern Campos-Gebiet der Provinz Bahia beobachtet; hier nach einem Exemplar der Berliner Sammlung aus derselben Gegend beschrieben. —

Anm. 1. Bonaparte (Consp. Avium 184. 362) verbindet mit dieser Gattung auch Muscicapa parulus *Kittl.* (Mém. d. l'Acad. Imper. d. St. Petersb. 1831. tb. 9) und Culicivora reguloides *Lafr.* (*D'Orb.* Voy. Am. mer. Ois. 332. no. 250. pl. 37. f. 1. — Tyrannulus albocristatus *Vigors* zool. Journ. 1829), allein beide einander sehr ähnlichen Vögel haben einen ganz verschiedenen, schlanker gebauten, höheren, spitzeren Schnabel, und scheinen mir in die Nähe von Basileuterus zu den Sylvicolinen zu gehören. Ihre Heimath ist die Cordilleren-kette von Peru bis Chili.

2. Außerdem erwähne ich hier anhangsweise zwei merkwürdige brasilianische Vögel, welche mir zwar aus eigener Ansicht bekannt sind, aber das Gebiet meiner Reise nicht berühren:

Hapalura stenura, *Cabanis*, *Wiegm.* Archiv 1847. I. 252. — Muscicapa stenura *Temm.* pl. col. 167. 3. — Schnabel an der Basis breiter als an der Spitze, ähnlich dem von Euscarthmus, aber dicker, breiter, kürzer. Flügel sehr kurz, stark abgerundet; Schwanz bedeutend verlängert, die Federn stufig abgesetzt, sehr scharf; Lauf mäßig hoch, hinten mit kleinen Warzen bekleidet. — Rückengefieder rostrothbraun, jede Feder mit dunkler Mitte; Oberkopf blaßgelb, schwarz gestreift; Stirn, Zügel und ein Streif über dem Auge bis zum Ohr weiß; Kehle, Vorderhals und Steiß weißlich, Hals, Brust und Bauchseiten rostgelb; Flügel und Schwanz braun, die Flügelfedern breit rostroth gesäumt. Ganze Länge 4½″. — Im Innern Brasiliens von Natterer entdeckt. —

Hapalura minima *Caban.* l. l. — *Bonap.* Consp. 185. 363. 2. — Pachyramphus minimus *Gould*, zool. of the Beagl. Orn. pl. 15. — hat zwar eine ganz ähnliche Farbe, aber weder den kurzen, breiten Schnabel, noch die langen, schmalen Schwanzfedern und steht richtiger unter Euscarthmus, wohin ihn auch G. R. Lichtenstein (Nom. Av. Mus. berol. 18.) als E. rubetra gestellt hat. Ganze Länge 3¾″, Kopf und Kehle schwarz, Scheitel mit weißen Streifen; Rückengefieder braun, die Federn rostroth gerandet; Bauchseite rostgelbroth, die Mitte blasser, beinahe weiß unter der schwarzen Kehle. —

b. Schnabel anfangs ziemlich gleich breit, erst von der Mitte ab nach vorn verschmälert; Schwanz von geringerer Länge oder sehr kurz. 2. Todidae.

29. Gatt. Triccus *Cab.*

Todirostrum *Less.*

Schnabel lang, schmal, ganz flach, am Grunde gleich breit, von der Mitte an verschmälert, länglich zugespitzt; Mundborsten zwar steif, aber doch etwas fein, mit der zierlicheren Schnabelbildung in Harmonie. Flügel kurz, abgerundet, nur bis auf den Anfang des Schwanzes reichend. Schwanz schmalfedrig, sehr kurz, die äußeren Federn stark stufig abgesetzt. Beine schlank, dünn, mit hohem Lauf und langen, feinen, stark gebogenen Krallen; Mittel- und Außenzehe am Grunde eine Strecke verwachsen. —

1. Triccus melanocephalus.

Todus melanocephalus *Spix*, Av. Bras. II. 8. 1. tb. 9. f. 2. — *Pr. Max.* Beitr. III. 362. 1.
Todus cinereus ibid. 2. Taf. 10, fig. 1. mas. juv. — *Swains.* Nat. Libr. X. Fly-Catch. pl. 18.

Rückengefieder grau, Bauchseite gelb, Stirn schwarz. —

Noch kleiner als der Zaunkönig und nicht größer als ein Goldhähnchen; Schnabel schwarz, die Spitze des Unterkiefers weißlich. Rückengefieder des alten Männchens schön und klar bleigrau; Stirn, Zügel, Flügel und Schwanz schwarz, die großen Deckfedern und Schwingen gelblich weiß gerandet, die 4 äußeren Schwanzfedern jeder Seite mit allmälig nach innen kürzeren weißen Spitzen. Unterseite citronengelb, die Kehle lichter, die Bauchseiten etwas ins Grünliche fallend. Beine bleigrau, Iris braun.

Das junge Männchen (*Spix* Av. Bras. tb. 10. f. 1) hat eine trübere schiefergraue Rückenfarbe und einen schieferschwarzen Oberkopf; die Flügel und Schwanzfedern haben eine braungraue Farbe, mit matteren Rändern und die seitlichen Schwanzfedern sehr undeutliche weißliche Spitzen. Die Unterseite ist an der Kehle weiß, graugrün gestrichelt, hernach von der Brust bis zum Steiß grünlich gelb. —

Das Weibchen hat eine bräunliche Olivenfarbe am Rücken und eine blaß limonengelbe am Bauch, die Kehle ist weiß; die braunen Flügelfedern haben breite rostgelbrothe Säume, und die Schwanzfedern sind einfarbig graubraun.

Ganze Länge 3″ 8‴, Schnabelfirste 6‴, Flügel 2‴, Schwanz 1″, Lauf 9‴, Mittelzehe ohne Kralle $3\frac{1}{2}$‴.

Gemein in den Waldungen des mittleren Brasiliens.

Anm. Neuere Schriftsteller, wie Bonaparte (Consp. Av. 182. 357) trennen den brasilianischen Vogel, unter dem hier beibehaltenen Namen, von dem Surinams als Todus cinereus *Linn.* S. Nat. I. 178. — *Lath.* Ind. orn. I. 265. 2. — *Buff.* pl. enl. 585. 3. — *Desmar.* Tod. pl. 68. Da ich keine Exemplare von dort untersuchen kann, so muß ich es unentschieden lassen, ob beide Formen spezifisch getrennt werden dürfen. —

2. Triccus poliocephalus *Pr. Wied.*

Todus poliocephalus *Pr. Max.* Beitr. III. 964. 2.
Todus perspicillatus *Licht.* Mus. ber.
Todus flavifrons *Lafresn.* Guer. Revue zool. 1846. 361. 3.

Scheitel schieferschwarz, Zügel und die Unterseite gelb, Rücken grün; Schwingen und Schwanzfedern schwärzlich, gelbgrün gerandet.

Ganz vom Ansehn der vorigen Art. Oberkopf schiefergrau, nach vorn dunkler, die Mitte der Stirn und ein Fleck vor dem Auge schwarz. Zügel breit citronengelb, desgleichen die ganze Unterseite, die Brustseiten etwas grau angeflogen. Nacken und Rücken zeisiggrün; die Flügel schwärzlich, die großen Deckfedern, die Reihe vor ihnen und alle Schwingen blaßgrün gerandet. Schwanzfedern grauer, grünlich fein gerandet. Schnabel braun, die Spitze und der Unterkiefer blasser. Die Beine blaß fleischbraun.

Ganze Länge 3″ 8‴, Schnabelfirste 4‴, Flügel 1″ 10‴, Schwanz 1″, Lauf 8‴, Mittelzehe ohne Kralle 3‴. —

Vom Prinzen zu Wied bei Rio de Janeiro in allen dichten Gebüschen an der Stadt beobachtet, hernach nördlicher am Rio Parahyba und Belmonte.

3. Triccus gularis *Natter.*

Todus gularis *Temm.* pl. col. 167. 1.
Todus ruficollis *Licht.* Mus. ber.
Todus plumbiceps *Vieill.* N. Dict. T. 32. p. 355. — *Lafresn.* Guer. Rev. 1846. 361. 4.
Tachuri cabeza de plomo, *Azar.* Apunt. II. 86. 169.

Scheitel schieferschwarz, Zügel, Kehle und Nacken rostgelb; Rücken grün, Brust und Bauch weißlich; Flügel- und Schwanzfeder blaß gerandet.

Stirn und Oberkopf schiefergrau; die Zügel, ein Ring um das Auge, die Kehle, Backen und der Nacken roströthlichgelb; Rücken grün, Flügel braungrau, die großen Deckfedern blaßgelbroth gesäumt, die Schwingen am Vorderrande grünlich, am hinteren weißlich gerandet. Schwanzfedern sehr schmal, ziemlich lang, graubraun, grünlich gerandet. Brustseiten grau, die

Mitte und der ganze Bauch weiß, die Seiten rostgelb überlaufen. Schnabel schwarz, die Spitze weißlich; die Beine blaß braungrau. —

Ganze Länge 3″ 10‴, Schnabelfirste 3½‴, Flügel 1″ 8‴, Schwanz 1″ 2‴, Lauf 8‴, Mittelzehe 3‴. —

Mehr im Innern Brasiliens zu Hause, lebt, wie die vorige Art, in Gebüschen.

4. Triccus crinitus *Licht.*

Todus crinitus *Licht.* Nom. Av. Mus. ber. 20.

Olivengrün, Oberkopf bräunlich, Augenring und Ohrdecke röthlich weiß; Kehle weiß, Bauchseite blaßgelb; Flügel schieferschwarz, mit 2 blassen Binden.

Vom Ansehn der vorigen Art, aber der Schnabel größer und breiter. Rückengefieder olivengrün, Oberkopf olivenbräunlich, Zügelgegend weißlich, Augenrand und Ohrdecke röthlich fleischfarben. Kehle bis zur Mitte des Halses weißlich, Brustseiten grünlich grau, Brustmitte und Bauch blaß limonengelb. Flügel schwärzlich, die großen Deckfedern und die Reihe vor ihnen mit breiten gelbgrünen Spitzen; alle Schwingen grünlich gerandet. Schwanzfedern breiter als bei Tr. gularis, grau, außen grün gerandet, die Spitze auf der Unterseite weißlich und davor ein schwärzlicher Schatten; die dritte Feder von außen die stärkste und längste.

Ganze Länge 3½″, Flügel 1¾″, Schwanz 1″ 2‴, Schnabelfirste 4‴, Lauf 8‴. —

Anm. Die Art hat sehr große Aehnlichkeit mit Todirostum granatense *Hartl.* Rev. zool. 1843. 289., ist aber etwas größer, besonders kräftiger gebaut und letztere durch einen kleineren Schnabel, die graue Stirn und die grauweiße Brust von ihr verschieden. Musc. diops *Temm.*, wofür Lafresnaye (Rev. 1846 363) dieselbe halten möchte, verbinde ich lieber mit einer anderen Art.

5. Triccus orbitatus *Pr. Wied.*

Euscarthmus orbitatus *Pr. Max.* Beitr. III. b. 958 5.
Todirostrum palpebrosum *Lafresn.* Guer. Rev. zool. 1846. 362. 11.
Todus adspersus *Licht.* Nom. Av. Mus. ber. 20.

Rückengefieder olivengrün, Augenring und Kehle weißlich, grau gestreift; Brust und Bauch gelblich, erstere dunkler gestreift.

Etwas größer als die vorigen Arten, und besonders durch einen stärkeren, höheren, aber nicht breiteren Schnabel sich auszeichnend. Rückengefieder olivengrün, Oberkopf ins Braune fallend; Stirn weißlich, Augenrandfedern rein weiß; Mundborsten am Zügel sehr steif, mit rein weißer Basis. Kehle weiß, schieferschwarz gestreift. Brust und Vorderhals gelblich, grüngrau gestreift; Bauch und Steiß blaßgelb. Flügeldeckfedern ganz grün, nur die Schwingen braungrau, grün gerandet; Schwanz grau, obenauf matt grün gesäumt. Schnabel schwarz, die Spitze und der Kehlrand blaßbraun; Beine schiefergrau.

Ganze Länge 4″ 2‴, Schnabelfirste 5‴, Flügel 2″ 3‴, Schwanz 1″ 5‴, Lauf 8‴, Mittelzehe 3½‴.

Die Art ist der Berliner Sammlung aus der Gegend von Bahia zugekommen, der Prinz zu Wied fand sie daselbst in den dichten Wäldern; ob sie auch in Columbien sich findet, wie Lafresnaye a. a. O. vermuthet, muß dahin gestellt bleiben.

Anm. Lafresnaye beschreibt ebenda S. 362. 10. ein Todirostrum furcatum aus Brasilien, das sich durch einen gabelförmigen Schwanz mit ruderförmig verlängerten Seitenfedern auszeichnet, übrigens aber der vorigen Art (Tr. crinitus) am nächsten steht. Da ich diesen Vogel nicht kenne, so muß ich ihn unbeschrieben lassen.

6. Triccus nidipendulus *Pr. Wied.*

Euscarthmus nidipendulus *Pr. Max.* Beitr. III. b. 950. 2.
Triccus viridulus *Licht.* Nom. Av. Mus. ber. 20.
Muscicapa diops *Temm.* pl. col. 144. 1.

Rückengefieder lebhaft grün, Zügel und Bauch rein weiß; Kehle, Hals und Brust graulich.

Beinahe so groß wie die vorige Art, der Schnabel ähnlich gestaltet, nicht ganz so lang und so hoch, aber viel schmäler zugespitzt, wie bei den zuerst beschriebenen Arten, horngraubraun, der Unterkiefer blaßgelb. Zügelborsten feiner, aber am Grunde auch rein weiß, wie die ganze Zügelgegend, welche besonders mit zunehmendem Alter sich schärfer als weißer Fleck absetzt. Rückengefieder lebhaft und frisch zeisiggrün, die Deckfedern der Flügel von derselben Farbe, nur die Schwingen grau, außen grün, innen weiß gesäumt. Schwanzfedern lichter grau. Kehle, Vorderhals und Brust silbergrau, etwas gelblich gestrichelt; Bauch und Steiß rein weiß. Beine hell fleischbraun, die Unterschenkel grün befiedert.

Ganze Länge 3″ 9‴, Schnabelfirste 4‴, Flügel 1″ 8‴, Schwanz 1″ 3‴, Lauf 8‴, Mittelzehe 3½‴. —

Der Prinz zu Wied beobachtete diesen kleinen niedlichen Vogel, den ich aus der Berliner Sammlung zur Untersuchung erhielt, in den Mangle-Gebüschen am Ufer des Rio Mucuri und später bei Bahia. Er baut ein beutelförmiges Nest, welches er aus den Seidenflocken eines Grases dicht zusammenwebt und schwebend aufhängt. —

Anm. Hierher gehört Musc. diops *Natt. Temm.*, die Abbildung stellt ein recht altes Individuum vor, und dürfte, wie gewöhnlich bei Temminck, im Kolorit etwas verschönert sein; der junge Vogel hat bloß einen schmalen, blassen Zügelstreif. —

7. Triccus auricularis.

Platyrhynchus auricularis *Vieill.* N. Dict. Tm. 27. pag. 16. — Enc. méth. Orn. II.
Todirostrum auriculare *Lafr.* Rev. zool. 1846. 364. 12.
Euscarthmus cinereicollis *Pr. Max.* Beitr. III. b. 955. 4.
Vermivora melanotis *Less.*
Todus megacephalus *Swains.* Fly-Catch. Nat. Libr. X. pl. 19.
Orchilus exilis et pygmaeus *Licht.* Nom. Av. Mus. ber. 20. —

Rückengefieder grün, Backen und Hinterhals grau, Kehle weißlich und grau gestreift; hinter dem Auge ein blasser, am Ohr schwarzer Fleck. —

Kleiner als alle anderen Arten, besonders durch den kleineren, nach vorn schneller zugespitzten Schnabel abweichend; im Uebrigen wie die früheren Vögelchen gestaltet. Oberkopf, Rücken und Flügel grün, die Spitzen der großen Deckfedern heller, die Basis schwärzlich, wie die Schwingen, deren Rand außen grün, innen weißlich gefärbt ist. Schwanzfedern grau, außen grün gerandet. Kehle und Vorderhals weißgrau, schiefergrau gestreift. Halsseiten, Wangen und Nacken hell bleigrau; am Ohr ein weißlicher Fleck, der nach hinten von einem schwarzen umfaßt wird; alle diese Zeichnungen am Kopfe und Halse bei jungen Vögeln viel matter und besonders die am Hinterhalse und Ohr verwaschen. — Brust gelbgrün, grau gestreift, Bauch blasser gelblich. Schnabel braun, die Spitze und der Kehlrand röthlich; Beine blaß fleischbraun. —

Ganze Länge 3″, Schnabel 4‴, Flügel 1½″, Schwanz 11‴, Lauf 6‴, Mittelzehe ohne Kralle 2½‴.

In allen dichten Waldungen Brasiliens im Unterholz und besonders zwischen den Schlinggewächsen nicht selten, aber schwer zu erlegen, da er wie eine Meise im Gezweig herumhüpft und sich gut zu verstecken weiß. —

Anm. Der Prinz zu Wied hat diese und die beiden vorhergehenden Arten zu seiner Gattung Euscarthmus gestellt, wozu der nach vorn mehr verschmälerte, schlanker zugespitzte Schnabel auch einigen Grund giebt; allein der kürzere Schwanz und die viel kürzeren Flügel entfernen dieselben Arten doch ziemlich weit von den übrigen der Gattung Euscarthmus, deren Schnabelbau auch ein viel dünnerer, zierlicherer und mehr pfriemenförmiger ist. —

Noch eine brasilianische mir unbekannte Spezies mit langen, spitzen Hinterkopffedern beschreibt Lafresnaye als Todirostrum spiciferum (Rev. zool. 1846. 363. 8). Sie hat einen kürzeren, mehr gebogenen, schlankeren Schnabel und scheint ein ächter Euscarthmus zu sein. Das Gefieder ist grün, der Oberkopf fällt ins Braune, Brust und Vorderhals sind gestreift, der Bauch blaßgelb. Die schwärzlichen, grün gerandeten Flügel haben zwei gelbe Binden. —

30. Gatt. Platyrhynchus *Desm.*

Schnabel ungemein breit und flach, mit scharfem, wenig verdicktem Rande, ziemlich deutlicher, aber stumpfer Firstenkante, und feinem Endhaken. Mundborsten sehr steif, aber die längsten nicht ganz so lang wie der Schnabel. Flügel trotz der Kleinheit der Vögel nicht ganz kurz, ziemlich spitz, über den Anfang des Schwanzes hinabreichend; die beiden ersten Schwingen in dem gewöhnlichen Verhältniß verkürzt. Schwanz klein, schmalfedrig, sehr kurz, etwas abgerundet, die äußeren Federn nur sehr wenig verkürzt. Beine dünn, zart, der Lauf hoch, die Zehen mit dünnen, stark gebogenen Krallen, die Außenzehe mit der mittleren völlig verwachsen.

1. Platyrhynchus Cancroma.

Temm. pl. col. 12. 2.
Todus Cancroma *Licht.* Doubl. zool. Mus. 51. 540. — *Swains.* zool. Illustr. II. pl. 115. — *Ej.* Fly-Catch. Natr. Libr. X. pl. 17.
Platyrhynchus mystaceus *Vieill.* Enc. meth. Orn. II. 844.
Bigotillos, *Azara* Apunt. II. 93. 173.

Rückengefieder braun, Brust und Bauch rostgelb, Zügel und Kehle weiß. Männchen mit goldgelbem Hinterkopf; Weibchen mit einfarbigem Oberkopf.

Ein kleiner Vogel, fast vom Ansehn des Zaunkönigs, aber durch einen viel breiteren Kopf unterschieden. Schnabel sehr breit und flach; Oberkiefer schwarz, Unterkiefer gelblich weiß, Mundborsten schwarz. Rückengefieder gräulich umbrabraun, der Zügel bis zum Auge weiß, die Federn des Hinterkopfes beim Männchen etwas verlängert, goldgelb; die Gegend hinter dem Auge rostgelb, ebenso die Brust und der Bauch bis zum Steiß; die Kehle und der Vorderhals weißlich. Beine hellgelblich fleischfarben. Iris braun. —

Der junge Vogel wie das Weibchen gefärbt, nur matter; der männliche Oberkopf dunkler braun.

Ganze Länge 3½″, Schnabelfirste 5‴, Mundrand 9‴, Flügel fast 2″, Schwanz 1″, Lauf 8‴. —

Im Waldgebiet des Innern Brasiliens; ich erhielt ein Pärchen in Lagoa santa von dem benachbarten Sette Lagoas. —

2. Platyrhynchus rostratus.

Todus platyrhynchus *Pall.* *Spic.* zool. 6. pag 19. tb. 3. — *Gmel. Linn.* S. Nat. I. 1. 446
Platyrhynchus rostratus *Vieill.* Gal. II. 201. pl. 126.
Todus rostratus *Lath.* Ind. orn. I. 268. 13.
Platyrhynchus leucophrys *Pr. Max.* Beitr. III. b. 976. 3.
— brunneus *Desmar.* h. nat. d. Todiers pl. 72.

Rückengefieder braun, Unterseite rostgelb; Kehle weiß.
Männchen mit weißer Mitte des Scheitels.

Etwas größer und kräftiger gebaut; Schnabel und Beine von derselben Beschaffenheit, auch das Gefieder des Rückens einfarbig umbrabraun, des Bauches rostgelb, Kehle rein weiß, die Steißgegend weißlicher. Oberkopf des Männchens über den Augen mit einem weißen Fleck, welcher dem Weibchen wahrscheinlich fehlt. Iris braun.

Junger Vogel ohne weißen Scheitel und graulicher braun gefärbt, die weißen Scheitelfedern bloß am Grunde gefärbt, mit braunen Spitzen.

Ganze Länge 4″ 3‴, Schnabelfirste $4^1/_2$‴, Flügel 2″ 8‴, Schwanz 9‴, Lauf 7‴, Mittelzehe ohne Kralle $3^3/_4$‴. —

In den dichten Urwaldungen des mittleren Brasiliens.

Anm. Ich kenne nur die beiden hier beschriebenen Arten; außer ihnen werden noch folgende unterschieden:

3. Platyrhynchus striatus *Lesson*, Rev. zool. 1839. pag 41.

4. Platyrhynchus prasinus, *Sparm.* Mus. Carlson. tb. 86. 87.

5. Platyrhynchus pusillus *Swains.* Philos. Magaz. 1827. 336. —

31. Gatt. Myiobius *Gray*.

Schnabel am Grunde mehr als doppelt so breit wie hoch, überall flach, mit etwas erhabener Firste und mäßigem Endhaken; von oben betrachtet kurz dreiseitig, mit anfangs graden, dann leicht gebogenen Rändern; am Mundwinkel von sehr langen starken Borsten begleitet. Die Flügel sind eher lang als kurz zu nennen, sie reichen beinahe bis zur Mitte des Schwanzes, und haben ziemlich schmale, kurz zugespitzte Schwingen, übrigens aber ist die erste Feder ebenso kurz wie bei Muscipeta. Der Schwanz ist auch lang und schmalfedrig, aber nicht stufig, vielmehr in der Mitte etwas ausgeschnitten. Die Beine sind ganz wie bei Muscipeta, der Lauf also nicht grade sehr hoch, und kürzer als die doppelte Länge der Mittelzehe; die Zehen klein, nur der Hinternagel groß.

Myiobius barbatus.

Gray, Gen. of Birds. — *Bonap.* Consp. 187. 372. — *Cabanis*, *Schomb.* Reise III. 701. 136.
Muscicapa barbata *Gmel. Linn.* S. Nat I. 2. 933. — *Buff.* pl. enl. 830 1. — *Lath.* Ind. orn. II. 488. 86.
Muscipeta barbata *Pr. Max.* Beitr. III. 934. 15.
Platyrhynchus xanthopygius *Spix* Av. Bras. II. 9. 2. 1. tb. 9. fig. 1. *Swains.* zool. Illust. II. pl. 116.

Rückengefieder graubraun, Scheitelmitte des Männchens gelb; Brust und Vorderhals röthlich graugelb; Bauch, Steiß und Bürzel blaßgelb.

Gestalt und Ansehn der vorigen Arten, nur etwas größer, aber der Kopf, trotz des breiten Schnabels, nicht ganz so dick, wie z. B. bei Muscipeta fuscata; Oberschnabel schwarz, Unterschnabel weißlich. Mundborsten schwarz, so lang wie der Schnabel. Iris braun. Rückengefieder graulich-braun; Unterrücken, Steiß und Bauch limonengelb; Kehle, Vorderhals und Brust röthlich gelbgrau. Flügel dunkelbraun, die Ränder der Federn etwas röthlicher; Schwingen am Innenrande breit rostgelb gesäumt, unteres Deckgefieder blaßgelb, Schwanz schwarzbraun; Beine schwarzgrau.

Männchen mit gelben Federn auf der Mitte des Scheitels, welche je jünger das Individuum ist, um so mehr braune Spitzen haben. — Weibchen mit einfarbig braunem Oberkopf. — Junger Vogel graulicher gefärbt, matter, besonders die Unterseite. —

Ganze Länge 5″, Schnabelfirste 4‴, Flügel 2″ 5‴, Schwanz 2″, Lauf 7‴, Mittelzehe ohne Kralle 3 1/3‴.

Im dichten Walde des Küstengebietes, doch mehr in den nördlichen Gegenden; lebt einsam und still, ist wenig scheu, ruft von Zeit zu Zeit mit schmatzendem Tone tschack, tschack, tschack, und baut 7—8 Fuß über dem Boden ein frei hängendes beutelförmiges Nest an offenen Stellen zwischen Schlinggewächsen aus allerlei trocknen Fäden und Moos gebildet, welches in der Mitte des unteren dickeren Endes ein kleines überwölbtes Flugloch besitzt, und 2 weiße Eier enthält. —

Anm. In Beziehung scheint, zu dieser Art, die Tyrannula curtipes *Swains.* Birds of Brazilia pl. 54. zu stehn; Bonaparte citirt die Figur fragsweise bei Myiarchus sibilans (Consp. Av. 190. 21.), allein dahin gehört sie gewiß nicht; eher zu M. cinereus (S. 473). Der Vogel ist etwas größer als M. barbatus, 6″ lang, ganz dunkel schiefergrau, mit lichterer Unterfläche, schwärzlichem Scheitel und ins Gelbe fallender Steißgegend; sein Schwanz ist ziemlich lang und ausgeschnitten, sein Lauf kurz, sein Schnabel breit, flach, 4‴ lang, am Kinnrande weiß, am Zügel mit langen, steifen Bartborsten besetzt. — Bei Bahia. —

32. Gatt. Cyclorhynchus *Sund.*

Schnabel groß, breit, zwar flach, aber an den Seiten dick und aufgeworfen, die gewölbten Ränder schon von der Basis her einander genähert, die Spitze ziemlich stark hakig. Mundborsten lang, steif, zahlreich. Augengegend bis zum Zügel hin nackt. Gefieder weich und voll, die Flügel von mittlerer Länge, etwas über die Basis des Schwanzes hinabreichend; Schwanz ziemlich lang, schmalfedrig, zugerundet. Beine sehr zierlich, der Lauf von mittlerer Höhe, die Zehen fein mit dünnen Krallen, von denen besonders die mittlere in eine sehr lange Spitze ausgeht. Außenzehe innig mit der Mittelzehe am Grunde verwachsen. — Kolorit einfarbig grünlich, mit lichteren Federrändern auf den Flügeln.

1. Cyclorhynchus olivaceus.

Todus olivaceus *Licht.* Doubl. zool. Mus 51. 538.
Platyrhynchus olivaceus *Temm.* pl col. 12. 1. — *Pr. Max.* Beitr. III. b. 969. 1.
Platyrhynchus sulphurescens fem. *Spix.* Av. Bras. II. 10. 4. tb. 12. fig. 2.

Ziemlich so groß wie ein Kernbeißer, mit dickem breitem Kopf und großem, kräftigem Schnabel. Oberkiefer schwarz, Unterkiefer blaß horngelb. Rückengefieder olivengrün, der Scheitel etwas dunkler; Flügel und Schwanzfedern graulich, die Ränder der großen Deckfedern und aller Schwingen hell gelbgrün, die Ränder der Schwanzfedern matter. Unterseite bis zur Brust lichter graulich grün, der Bauch bis zum Steiß gelbgrün. Beine dunkelgrau, Iris hellbraun. —

Ganze Länge 6″, Schnabelfirste 7‴, Mundrand 1″, Flügel 3″, Schwanz $2\frac{1}{4}$″ Lauf 8‴, Mittelzehe 4‴. —

In den dichten Waldungen des Küstengebietes, von Rio de Janeiro bis Bahia, aber nicht grade häufig. —

2. Cyclorhynchus nuchalis *Pr. Wied.*

Beiträge III. b. 971. 2. — Platyrhynchus sulphurescens mas, *Spix* Aves Brasil. II, 10. 4. tb. 12. fig. 1.

Lichter grünlich, der Bauch gelblicher; Hinterkopf bis zum Ohr mit hellgelber Binde. —

Etwas kleiner, als die vorige Art, übrigens ebenso gebaut, nur der Schnabel etwas platter, wenigstens an den Seiten, weil die Ränder nicht so stark gewölbt sind. Gefieder olivengrün, im Nacken eine gelbe Binde, die sich jederseits bis zum Ohr erstreckt, und beim Männchen deutlicher und reiner hervortritt, als beim Weibchen. Flügel und Schwanz schwärzlich graubraun; die großen Deckfedern, die Schwingen und besonders die hintersten des Armes blaß gelblichgrün gesäumt; die Schwanzfedern zumal nach unten lichter gerandet; Innenseite der Schwingen breit gelblich gesäumt. Kinn, Kehle, Vorderhals bis zur Brust blaß grünlichgrau, gelb überlaufen, Bauch und Steiß limonengelb, Schnabel etwas grünlicher, Iris braun, Beine fleischbraun.

Ganze Länge etwas über 6″, Schnabelfirste $5\frac{2}{3}$‴, Flügel 3″ 2‴ Schwanz 2″ 6‴, Lauf 8‴, Mittelzehe $4\frac{1}{2}$‴. —

In den großen Urwaldungen des Binnenlandes, von Spix am Amazonenstrom beobachtet.

Anm. Spix beschreibt deutlich die gelbe Binde hinter dem Auge am Ohr, welche diese Art so gut kenntlich macht und in der Figur nicht dargestellt worden ist; der Prinz zu Wied hat den etwas stärkeren, besser ausgefärbten alten Vogel beschrieben und giebt darum ein wenig größere Dimensionen an. Der unpassende Name C. sulphurescens muß dem passenderen des Prinzen nachstehen. —

B. Lauf kurz und ziemlich dick, die Zehen fleischiger, die Krallen kürzer und stumpfer. Schnabel sehr breit und flach, schmäler zugespitzt. — 3. Megalophidae.

33. Gatt. Megalophus *Swains.*

Onychorhynchus *Fisch.* Terpsichore *Glog.*

Schnabel ungemein flach, breit, löffelförmig, mit stumpfer Kante, leicht gebogenen Rändern und ziemlich langer, am Ende scharfhakiger Spitze. Nasenloch weit nach vorn geschoben, groß. Mundrand mit fünf ungemein langen, steifen Borsten am Zügel; kleinere über den Nasengruben, am Kinn und hinter dem Mundwinkel. Stirngefieder zu einer langen und breiten Holle vergrößert. Das übrige Gefieder lar und stark dunig. Flügel ziemlich spitz, bis auf die Mitte des Schwanzes hinabreichend, die erste Feder sehr stark verkürzt, die zweite beträchtlich, die dritte bis fünfte die längsten. Schwanz mäßig lang, keineswegs kurz, grade abgestutzt. Beine kurz, die Laufsohle offen und ganz glatt; die Außenzehe mit der Mittelzehe ziemlich lang verwachsen.

Megalophus regius.

Swainson, Birds of Brazilia pl. 51. 52. — *Guérin,* Magaz. d. Zool. Vol. 6. Cl. 2. pl. 73.
Todus regius *Gmel. Linn.* S. Nat. I. 1. 445. — *Buff.* pl. enl. 289. — *Lath.* Ind. orn. I. 267. 10.
Muscipeta regia *Pr. Max.* Beitr. III. b. 944. — *D'Orb.* Voy. Am. mer. Ois. 317. no. 221.

Hellbraun; Unterseite, Bürzel und Schwanz rostgelb; auf dem Kopf eine rothe Federnholle, mit stahlblauen Spitzen. —

Oberschnabel braun, Unterschnabel blaßgelb; die langen Bartborsten schwarz. Gefieder hell umbrabraun, die Kehle weißlich; Bürzel, Schwanz und Unterseite heller gelbbraun, die Schwanzfedern mit dunklerem Ende. Flügel am dunkelsten braun, die Schwingen schwärzlich, die großen Deckfedern auffallend kurz mit blaßgelben Spitzen, auch die kleineren vor ihnen und die hintersten Armschwingen, letztere zugleich an der Außenfahne rothbraun; alle Schwingen am Innenrande blaßgelb gesäumt und das untere Deckgefieder ebenso gefärbt. Beine blaß fleischfarben.

Die Stirnfedern prachtvoll feuer- oder karminroth, jede mit schwarzer, beim Männchen stahlblau glänzender Spitze; die hintern allmälig verlängert, und so lang, daß sie bis zum Nacken reichen, besonders die äußeren jeder Seite, welche über dem Auge stehn und die schmälsten sind. —

Das Männchen hat eine mehr karminrothe Holle und längere Federn, deren Spitzen stahlblau sind; die Holle des Weibchens ist mehr feuerroth, ihre Federn sind kürzer, besonders die vorderen Reihen, daher die ganze Holle stufig schwarz gefleckt aussieht. Der junge Vogel ist mit einer kleinen orangenfarbenen Holle geziert und hat braune Querwellen auf der Brust nebst braunen Flecken auf dem Rücken.

Ganze Länge 6″, Schnabelfirste 10‴, Flügel $3\frac{1}{2}$″, Schwanz $2\frac{1}{4}$″, Lauf 8‴, Mittelzehe ohne Kralle 4‴. —

Dieser prachtvolle Vogel bewohnt die dunklen schattigen Urwälder nahe an Flüssen, nistet in mäßiger Höhe und legt zwei längliche, dicht kirschroth gefleckte und getüpfelte Eier. Ich erhielt ihn aus der Umgegend in Neu-Freiburg, woselbst er etwa 3 Meilen vom Orte am Wasserfall des Rio grande nistet. Die Brasilianer erzählen, daß man zur Brutzeit dem Weibchen sein Männchen tödten könne, ohne daß dasselbe sich stören lasse, indem es sich bald nach einem zweiten und selbst einem dritten, vierten umsehe, wenn auch die späteren ihm getödtet würden. Das wird übrigens auch von den großen Fluvicolinen und den Bentavis gesagt. Vgl. meine Notiz in Cabanis Journ. f. Ornith. I. S. 165 flgd.

Anm. Die Stellung der Stirnholle ist im Leben nicht aufgerichtet, sondern niedergebogen, wie sie Swainson darstellt.

34. Gatt. Muscivora *Cuv.*

Hirundinea *D'Orb. Lafr.* Platyrhynchus *ant.*

Schnabel ganz wie bei der vorigen Gattung, nur etwas gewölbter und nach vorn schlanker; Mundborsten ebenso, aber schwächer. Stirngefieder nicht zu einer Holle verlängert, das ganze Gefieder derber, dichter, Flügel sehr spitz und über die Mitte des Schwanzes hinabreichend, die erste Feder nur sehr wenig verkürzt und die zweite die längste. Schwanz lang, steif, grade abgestutzt. Beine sehr klein, aber nicht grade schwach; der Lauf kurz und dick, die Sohle glatt; die Zehen ziemlich fleischig mit sehr kleinen Krallen, die Außenzehe mit der mittleren nur wenig verwachsen.

Muscivora ferruginea.

Todus ferrugineus ***Gmel. Linn.*** S. Nat. I. 1. 446. — ***Lath.*** Ind. orn. I. 267. 11.
Platyrhynchus hirundinaceus ***Spix*** Av. Bras. II. 11. 5. tb. 13. fig. 1.
Platyrhynchus rupestris ***Pr. Max.*** Beitr. III. b. 997. 4.
Hirundinea bellicosa ***D'Orbigny*** Voy. d. l'Am. mer. Ois. pag. 314. no. 216.
Myiarchus ferrugineus ***Cabanis, v. Tschudi*** Fn. per. 154. 4.
Tyrannus bellicosus ***Vieill.*** N. Dict. Tm. 35. pag. 74. -- Enc. meth. Orn. II. 846.
Suiriri roxo obscuro ***Azara,*** Apunt. II. 129. 189.

Braun, Schwingen und Schwanz schwarz, die Federn am Grunde lebhaft rostroth, wie der Bauch. —

Hat im Ansehn viel Aehnlichkeit mit der vorigen Art, ist aber im Ganzen gedrungener und kräftiger gebaut. Der Schnabel und die Beine sind schwarz gefärbt, nicht blaßgelbroth; die Iris ist braun. Das Gefieder hat am ganzen Rücken eine tief braune Farbe; die Stirnfedern und oberen Augendecken haben weißliche Ränder; im Nacken zeigt sich ein roströthlicher Ring. Flügel und Schwanz sind eigentlich schwarzbraun, aber die sämmtlichen Deckfedern haben rostrothe Ränder; außerdem ist die Innenfahne aller Handschwingen bis über die Mitte hinab rostroth. Von den Armschwingen haben die drei letzten eine schwarzbraune Farbe mit rostrothem Rande, die übrigen sind rostroth, mit schwarzem Fleck an der Spitze, der nach außen zu kleiner wird; die Schwanzfedern sind alle von der Basis bis zur Mitte rostroth; dieselbe Farbe haben Steiß und Unterbauch; Brust, Vorderhals und Kehle sind brauner und blaß rostroth überlaufen. —

Ganze Länge 7″, Schnabelfirste 8‴, Flügel $4\frac{1}{2}$″, Schwanz $2\frac{2}{3}$″, Lauf 7‴, Mittelzehe ohne die Kralle 4‴.

Dieser Vogel bewohnt nicht das Waldgebiet, sondern die Camposgegenden des Binnenlandes; er hat ganz die Lebensweise der Tyranniden, sitzt hie und da einsam auf einem Baum, ist wenig scheu und läßt sich leicht nahe kommen. Ich sah ihn täglich bei Lagoa santa auf meinen Excursionen. Der Prinz zu Wied traf ihn in dem oberen felsigen Gebiete des Rio Belmonte, Spix ebenfalls nur auf den Campos. Sein Nest habe ich nicht erhalten, auch nichts über sein Brütgeschäft erfahren.

4. Fluvicolineae.

Ziemlich große, im Ganzen kräftig gebaute Vögel mit in der Regel großem, aber nicht sehr breitem, sondern mehr hohem, schlank kegelförmigem Schnabel, dessen Spitze nur leicht herabgebogen und nicht zu einem förmlichen Haken entwickelt zu sein pflegt; ihre Nasengruben sind kurz und bis dicht an die Stirn zurückgezogen, die Nasenlöcher kleine runde Oeffnungen vorn in der Grube. Rund um den Schnabelgrund stehen steife Borsten, unter denen sich 3, 4 oder 5 stärkere am Zügelrande auszeichnen, aber doch nie die Größe wie etwa bei den Muscipetinen erreichen. Das Gefieder ist derbe, dicht, kleinfedrig und wenig dunig; die Flügel zeichnen sich durch Länge aus und die erste Handschwinge steht der zweiten nur wenig an

Größe nach. Auch der Schwanz ist gewöhnlich lang, stark, steif und grade abgestutzt. Besonders machen kräftige Beine mit hohen, soliden Läufen und vollen, derben Zehen die Fluvicolinen kenntlich; die Lauffohle ist öfters mit einigen großen Tafelschildern belegt und die Außenzehe nur wenig mit der Mittelzehe verbunden. Die Krallen sind stets dicker und kürzer als bei den Tyranniden. —

Die hierher gehörigen Vögel sind gewandt, stark, dreist und wenig scheu; sie kommen in die Nähe der Ansiedelungen und leben hier an Teichen, Weilern, Bächen, im Schilf oder auf den offenen Triften, nach Insekten jagend. Sie nisten an denselben Stellen und legen häufig ganz weiße Eier. —

35. Gatt. Copurus *Strickl.*

Annal. of Zool. 1841.

Schnabel kurz dreiseitig, breit und flach, nur die Spitze leicht gewölbt, mit feinem Endhaken; am Mundrande fünf steife Bartborsten, aber im Verhältniß zum Schnabel kleiner. Gefieder weich und voll. Flügel lang, ziemlich spitz, bis über die Mitte des Schwanzes reichend, die Federn am Ende mehr zugerundet, die erste bedeutend, die zweite wenig verkürzt. Schwanz ziemlich lang, die äußersten Federn etwas länger, als die inneren, breit und zugerundet; nur das mittelste Paar schmal, mit langer, weit vorragender, am Ende ruderförmig erweiterter Fahne. Beine ziemlich kurz, etwas dick, die Laufsohle oben unter dem Hacken mit kleinen Tafeln belegt; die Zehen von mäßiger Größe, mit kleinen, wenig gebogenen Krallen; die Außenzehe mit der mittleren nur leicht am Grunde verbunden.

Copurus filicauda

Cabanis, v. Tschudi Fn. per. Orn. 157. — Ornith. Not. *Wiegm.* Arch. 1847 1. 254.
Platyrhynchus filicauda *Spix* Av. Bras. II. 12. 7. tb. 14.
Muscicapa monacha *Licht.* Doubl. 53. 550.
Muscipeta monacha *Pr. Max.* Beitr. III. b. 925. 12.
Muscicapa Colonus *Vieill.* Enc. meth. Orn. II. 824.
Muscicapa leucocilla *Hahn*, Vögel etc. c. fig.
Colon, *Azara* Apunt. II. 114. 180.

Stirn, Vorderkopf und Steiß weiß, Scheitel und Hinterkopf grau, das übrige Gefieder schwarz. —

Ein kleiner, niedlicher Vogel, vom Ansehn einer Meise, sich durch seine beiden langen Schwanzfedern überall bald verrathend. Schnabel, Beine, Iris und das ganze Gefieder schwarz, bei alten Vögeln etwas glänzend, bei jungen matt. Stirn rein weiß, deßgleichen der Rand des Scheitels über dem Auge; Scheitelmitte, Hinterkopf und Nacken grau, die Schäfte der Federn schwärzlich. Bürzel rein weiß; letzte Armschwingen weißgrau am Innenrande gesäumt; äußerste Schwanzfedern mit weißlichem Außenrande.

Ganze Länge ohne die beiden längsten Schwanzfedern 5″, mit denselben 8½″, Schnabelfirste 3‴, Flügel 3″, Schwanz ohne die langen Federn 2″, mit denselben 4½″, Lauf 7‴, Mittelzehe ohne die Kralle 3‴.

Gemein im Küstengebiet Brasiliens an offenen Stellen, z. B. an Wegen, hie und da auf einem Baume sitzend; wenig scheu, leicht zu schießen, und während der Brutperiode paarig, aber nie in größeren Gesellschaften sichtbar. Das Nest habe ich nicht erhalten, ebenso wenig der Prinz zu Wied, der die Lebensweise des Vogels ähnlich schildert. Auf dem Wege von Neu-Freiburg nach Aldea da Pedra am Rio Parahyba sah ich den Vogel täglich mehrere Male. —

Anm. Sowohl durch das Benehmen, als auch durch seinen Körperbau schließt sich der Copurus filicauda zunächst an Muscivora ferruginea, die wegen der spitzen Flügel, der langen, ersten Schwinge und kurzen schwachen Füße den unmittelbarsten Uebergang zu dieser Gattung der Fluvicolinen bildet.

36. Gatt. Gubernetes *Such.*

Schnabel ziemlich dick, etwas bauchig gewölbt, am Grunde breit, mit übergebogenen Rändern und stark hakiger, aber nicht langer Spitze; die Bartborsten am Zügelrande recht steif, aber nicht sehr lang. Gefieder weich und voll, die Flügel und der Schwanz derbe; erstere ziemlich weit über die Basis des letzteren hinabreichend, die Schwingen schmal, aber nicht spitz, die erste mäßig verkürzt, die zweite die längste. Schwanz sehr schmalfedrig, aber die äußersten Federn sehr lang, die folgenden stufig kürzer, die Gesammtform spitz gabelförmig. Beine ziemlich kurz, aber stark, der Lauf mit einer äußeren größeren und inneren kleineren Reihe hinterer Randschilder; die Zehen ziemlich lang, fleischig, mit sanft gebogenen Krallen, die äußere mit der mittleren nur wenig am Grunde verwachsen.

Anm. Diese Gattung ist die vorige im Großen, doch mit dem Unterschiede, daß hier die äußeren Schwanzfedern verlängert sind; der Schnabel weicht nur durch größere Dicke und schlankere Spitze ab. —

Gubernetes Yiperu.

Muscicapa Yiperu *Licht.* Doubl. d. zool. Mus. 52. 547.
Muscicapa Yetapa *Vieill.* Enc. méth. Orn. II. 834.
Muscicapa longicauda *Spix* Av. Bras. II. 14. 1. tb. 17.
Gubernetes Cuninghami *Such*, zool. Journ. II. pl 4.
Gubernetes forficatus *Swains.* Fly-Catch. Nat. Libr. X. pl. 5.
Alecturus Yetapa *D'Orb.* Voy. Am. mer. Ois. 342. no. 263.
Jiperú *Azara* Apunt I. 322. no. 75.
Tisore (oder Tezoire) do campo der Brasilianer.

Gefieder grau, Kehle weiß mit rothbraunem Rande; Flügel und Schwanz schwarz mit weißem Rande, mittlere Handschwingen rostroth gesäumt. —

Ein großer Vogel und die größte Art der ganzen Gruppe, im Rumpf stärker als ein Pirol (Oriolus Galbula). Schnabel und Beine schwarz, Iris rothbraun. Gefieder aschgrau, jede Feder mit schwärzlichem Schaft. Kehle und Steiß weiß, die erstere von einem braunrothen Bande eingefaßt, das hinter dem Auge beginnt und im Bogen am Halse hinabläuft; Stirn und oberer Augenrand weißlich. Flügel schwarz, innen licht grauweiß, die erste Schwinge mit weißem Außenrande, die übrigen alle breit weiß gesäumt am Innenrande, die mittleren Handschwingen hellrostroth am Außenrande und dann schnell abgesetzt verschmälert; alle an der Spitze grau gesäumt, besonders die letzten Armschwingen; ebenso die großen Deckfedern. Schwanzfedern schwarz, die äußeren am Grunde weiß gerandet, sehr stark verlängert.

Ganze Länge mit dem Schwanz 15″, aber der Schwanz allein 9″; Schnabelfirste 10‴, Flügel 5″, Lauf 1″, Mittelzehe ohne Kralle 10‴, mittelste Schwanzfeder nur $2\frac{1}{3}$″. —

Bewohnt das innere Camposgebiet, und ist mehr in den südlichen als in den nördlichen Theilen desselben ansäßig; ich habe den Vogel auf meiner Reise nicht lebend getroffen, wohl aber todt aus Sette Lagoas, 7 Meilen von Lagoa santa, erhalten. Spix traf ihn in St. Paulo. Nach Azara hat er nicht die Lebensweise der Tyranniden, er streift vielmehr in kleinen Trupps umher, ruht in Gesellschaft auf den offenen Campossträuchen, sucht seine Nahrung am Boden, und läßt oft seinen Ruf, einen einfachen starken Pfiff, hören. Er stellt den Vogel deshalb unter die Cassicinen.

37. Gatt. Alectrurus *Vieill.*

Schnabel dick kegelförmig, ganz wie bei der vorigen Gattung, nur kleiner, mit bauchigen Rändern, feinem Endhaken und steifen Zügelborsten. Gefieder zwar weich, aber kleinfedriger, die Federn kürzer und breiter. Flügel ziemlich lang, mäßig spitz, die erste

Schwinge stark verkürzt, eigenthümlich zugespitzt, die zweite auch spitz, die folgenden gerundet. Schwanz kurz, steif, entweder die zwei äußeren, oder die beiden mittelsten Federn, eigenthümlich gestaltet, wenigstens beim Männchen, ungleich fahnig, die inneren Aeste auffallend verlängert. Beine zierlicher, der Lauf höher, mit einer Reihe hinterer Randplatten an der Außenseite. Zehen und Krallen lang, die letzteren zwar wenig gebogen, aber sehr fein zugespitzt. —

1. Alectrurus psalurus *Temm.*

Muscicapa psalura *Temm.* pl. col. 286. mas, 296. femina. — *Pr. Max.* Beitr. III. b. 877. 2. — *Darwin* Zool. of the Beagle p. 51.

Alecturus Guirayetapa *Vieill.* N. Dict. etc. Tom. 12. pag. 409. — *Id.* Enc. meth. Orn. II. 861. — *D'Orbign.* Voy. Am. mer. Ois. 342. no. 262.

Muscicapa risorea *Vieill.* Gal. II. 209. pl. 131.

Tyrannus bellulus *Vieill.* Enc. méth. Orn. II. 846. — *Id.* N. Dict. etc. T. 35. pag. 75.

Cola rara pardo y blanco, *Azara,* Apunt. II. 244. 226.

Männchen: Rückengefieder braun, die Federn mit rostrothen Rändern, eine solche Binde auch über die Brust; Kehle und Bauch weiß, Achseln grau; Flügel und Schwanz schwarzbraun, die Federn weiß gerandet, die äußeren Schwanzfedern mit einer sehr langen, breiten Ruderfahne.

Weibchen: Rückengefieder braun, breiter rostgelb gerandet, über die Brust eine rostgelbe Binde; Kehle und Steiß weiß; Flügel und Schwanzfedern graubraun, weißlich gerandet, äußerste Schwanzfedern verlängert, mit kleiner schmaler Ruderfahne.

Etwas größer als die folgende Art und in allen Theilen gestreckter, besonders der Schnabel etwas schlanker; braun, der Kinnrand und die Basis röthlich. Iris braun. Rückengefieder braun, beim Männchen schwärzlich, mit schmalen rostrothen Rändern; beim Weibchen reiner braun mit breiten rostgelben Rändern. Zügel, Backen, Kehle und Vorderhals weiß; die Brust mit breiter Binde, beim Männchen von der Farbe des Rückens, beim Weibchen nur blaß rostgelb. Bauch, Steiß, Bürzel und Achselfedern des Männchens silbergrau, die Bauchmitte und des Steißes weiß; beim Weibchen der Unterrücken und die Bauchseiten rostgelb. Flügel schwarzbraun, die obersten Deckfedern am Bug beim Männchen weiß, beim Weibchen schwarzbraun und wie die folgenden rostgelb gerandet. Große Deckfedern und die Reihe vor ihnen beim Männchen mit silbergrauem, beim Weibchen mit rostgelbem Saum; alle Schwingen mit weißem Rande, nur die hintersten Armschwingen gelbgrau gesäumt, die erste Schwinge in eine längere, nicht so scharf gebogene Spitze ausgezogen. Schwanz schwarzbraun, die Ränder beim Männchen blasser, gelblich weiß, beim Weibchen breiter rostgelb gesäumt; äußerste Schwanzfeder jeder Seite mit einer langen Ruderfahne versehen, die beim Weibchen viel kürzer, schmäler und stumpfer ist; übrigens dort schwarz, hier braun gefärbt.

Ganze Länge des Männchens 12—13″, Schnabelfirste 6½‴, Flügel 3¼″, Schwanz 9″, die Ruderfahne 6½″, Lauf 1″, Mittelzehe ohne Kralle 7‴. — Länge des Weibchens 8″, der Schwanz 4″, die Ruderfahne 2½″.

Der Vogel ist nur im südlichen Brasilien an der Grenze von Paraguay zu Hause, besonders in der Provinz Rio grande do Sul, und erstreckt sich westwärts bis an den Fuß der Cordilleren. Nach Azara ist das Weibchen viel häufiger als das Männchen, doch scheint er die jungen Vögel, welche das Kleid der Weibchen tragen, bei seiner Angabe, daß er ganze Schwärme von Weibchen mit ein Paar Männern beobachtete, nicht gehörig beachtet zu haben. Das geht deutlich aus seiner Beschreibung weiblicher Individuen hervor, die an der einen Seite die männliche, an der anderen die weibliche äußere Schwanzfeder trugen; es waren offenbar junge Männchen, in der Mauser begriffen. —

2. Alectrurus tricolor *Vieill.*

Encycl. méth. Ornith. II, 860. — ***D'Orbigny***, Voy. Am. mer. Ois. 341. no. 261.
Muscicapa alecterura ***Vieill.*** Gal. II. 211. pl. 132. — ***Ej.*** Nouv. Dict. Tm. 12. pag. 402.
Muscicapa Alector ***Temm.*** pl. col. 155. — ***Pr. Max.*** Beitr. III. b. 874. 1. — Isis 1821. S. 647. — ***Licht.*** Doubl. 53. 551.
Alecterura Azarae ***Swains.*** Fly-Cath. Nat. Libr. X. p. 96.
Gallito, ***Azara*** Apunt. II. 240. no. 225.

Männchen schwarz, Kehle, Vorderhals, Achseln und Bauch weiß; mittlere Schwanzfedern sehr breit, besonders an der Innenfahne.

Weibchen und junger Vogel gelbbraun, mit weißer Kehle und lichten Federrändern; mittlere Schwanzfedern nicht breiter als die seitlichen.

Männchen. Oberschnabel braun, der Rand und der ganze Unterschnabel weiß. Gefieder schwarz, die Stirnfedern bis zum Augenrande mit weißen Spitzen. Kehle, Backen, Vorderhals, Bauch und Steiß weiß, desgleichen die Achselfedern und kleinen Flügeldeckfedern; die großen Flügeldeckfedern grau gerandet, die mittleren Schwingen mit weißem Vorstoß, die vordersten und hintersten graulich am Rande; die erste mit kurzer, feiner Endspitze. Mittelste zwei Schwanzfedern sehr breit, besonders an der Innenfahne und daher im Leben aufrecht gestellt, wie beim Haushahn, der steife Schaft in eine nackte Spitze verlängert. Iris braun, Beine schwarz.

Weibchen hell rostgelb gefärbt, die Federn des Oberkopfes, Nackens und Rückens dunkler braun, rostgelb gerandet. Flügel und Schwanz dunkelbraun, alle Federn rostgelb gesäumt, doch am deutlichsten und breitesten auch hier die mittleren Schwingen. Kehle und Vorderhals rein weiß, Steiß weißgelb. Seitliche Schwanzfedern in eine scharfe Spitze abgesetzt, welche auch beim Männchen, aber kürzer, vorhanden ist, mittelste ohne Abweichung.

Ganze Länge 6″, Schnabelfirste 6‴, Flügel 3″, Schwanz 2″, Lauf 10‴, Mittelzehe ohne Kralle 6‴. —

Im Innern von Minas geraes, woselbst ich den Vogel ebenfalls aus Sette Lagoas erhalten habe; auch in St. Paulo und weiter südlich bei Paraguay, wo Azara ihn beobachtete, kommt er nicht grade selten vor, doch gewöhnlich nur im Sommer, vom November bis zum März, obgleich auch einzelne Individuen den Winter hindurch bleiben. Im Fluge steht das Männchen mitunter momentan still und läßt sich mit ausgebreiteten Flügeln und Schwanze senkrecht herabfallen, um auf einem Strauch zu ruhen.

38. Gatt. Arundinicola *Lafr.*

Schnabel etwas weniger gewölbt, länglich kegelförmig, kaum bauchig am Rande, mit grader stumpfer Firste, feinem Endhaken, kleinerem runden, sehr seitlich nach außen gebogenem Nasenloch, und feinen steifen, viel kürzeren Mundborsten am Zügelrande. Gefieder ziemlich weich, die Flügel und der Schwanz kurz; erstere reichen nicht ganz bis auf die Mitte des Schwanzes und haben im männlichen Geschlecht eine sehr kleine erste Schwinge, der eine zweite zwar lange, aber ungemein verschmälerte folgt, welche der dritten nur wenig nachsteht; beim Weibchen ist die erste Schwinge relativ länger und gleich der zweiten von normaler Breite. Der kurze Schwanz ist abgerundet. Der dünne Lauf und die Zehen haben ganz die Form von Alectrurus, doch fehlt der Laufsohle jede eigenthümliche Bekleidung und die Krallen sind viel kürzer, erscheinen daher stärker. —

Arundinicola leucocephala *Pall.*

D'Orb. Voy. Am. mer. Ois. 334. no. 253. — *Schomb.* Reise III. 703. 170.
Todus leucocephalus *Pall.* *Spix* zool. VI. tb. 3. f. 2. — *Gmel. Linn.* S. Nat. I. 1. 444. — *Lath.* Ind. orn. I. 266. 6.
Muscicapa leucocephala *Pr. Max.* Beitr. III. b. 822. 11. — Dess. Abbild. z. Nat. Bras. c. fig.
Platyrhynchus leucocephalus *Vieill.* N. Dict. d'hist. nat. T. 27. pag. 21. — *Id.* Enc. méth. Orn. II. 842.
Muscicapa dominicana *Spix* Av. Bras. II. 21. 21. tb. 29. fig. 2 mas. tb. 30. fig. 2 fem. — *Le Vaill.* Ois. d'Afr. etc. IV. pl. 159. fig. 2.
Suiriri cabeza blanca, *Azara,* Apunt. II. 103. n. 176. —

Männchen ganz schwarz, mit rein weißem Kopfe. —
Weibchen grau mit weißer Stirn, Vorderhalse und weißlicher Bauchseite.

Kleiner und schmächtiger gebaut als Aletrurus tricolor. Schnabel schwarz, Unterkiefer bis über den Kinnwinkel hinab weiß. Kopf beim Männchen rein weiß, bis zum Halse und Nacken hinab, das ganze übrige Gefieder rein und glänzend schwarz, nur auf dem Unterrücken stehen noch einige weiße Federn und die Spitzen der unteren Schwanzdecken sind grau. — Das Weibchen hat denselben Schnabel, und auch ganz schwarze Füße, aber die Hauptfarbe des Rumpfes ist aschgrau, das am Bauch und Steiß weißlich wird, doch bleiben die Seiten und die Schenkel, gleichwie die Brust graulich. Rein weiß ist nur die Stirn, Kehle, der Vorderhals und die Augengegend; wirklich schwarz dagegen nur der Schwanz. — Das junge Männchen wie das Weibchen, Rücken und Flügel etwas dunkler.

Ganze Länge 5″, Schnabelfirste 7½‴. Flügel 2½″, Schwanz 1½″, Lauf 8‴, Mittelzehe ohne Kralle 5‴. —

Der Vogel ist an Weilern und Seen im Schilf, aber auch am Meeresstrande in den Manglegebüschen, überall häufig, nistet auch dort, und legt 4—5 rein weiße sehr kurze Eier (Vgl. Cabanis, Journ. f. Orn. I. 166. — Thienemann, Fortpfl. d. ges. Vögel Taf. 28. Fig. 5.). — Sein Benehmen ist zutraulich und darum das kleine Vögelchen ein lieber Gast, den man nicht leicht stört; ich hatte am See bei Lagoa santa täglich Gelegenheit, ein dort wohnendes Pärchen zu beobachten. In Gesellschaft sieht man ihn nicht. —

39. Gatt. Cnipolegus *Boje*.

Schnabel wie bei Arundinicola, grade, kegelförmig, nicht bauchig, mit stumpfer Firstenkante, leichtem Endhaken, mehr seitwärts als nach innen gerückten Nasenlöchern und feinen mäßig langen Mundborsten. Gefieder fester, derber, kleinfedriger; die Kopffedern zugespitzt, die hinteren Scheitelfedern in eine Holle verlängert. Flügel lang, spitz, aber die Schwingen breit, stumpf zugespitzt, ohne Geschlechtsdifferenz, die erste nur wenig verkürzt. Schwanz lang, stark abgerundet, die äußern Federn allmälig etwas kürzer. Beine ziemlich hoch, die Laufsohle nur oben am Hacken mit kleineren hinteren Randschildern, dann nackt; die Zehen nicht grade lang, die äußere mit der mittleren kaum verwachsen; alle mit schlanken, fein zugespitzten, wenig gebogenen Krallen. —

Cnipolegus comatus.

Muscicapa comata *Licht.* Doubl. d. zool. Mus. 55. 566. — *Pr. Max.* Beitr. III. b. 819. 10.

Muscicapa galeata *Spix* Av. Bras. II. 20. 17. tb. 27 u. tb 28. fig. 1. (jung).
Blechropus cristatus *Swains.* Nat Libr. X. Fly-Catch. pl. 7.

Glänzend schwarz. Handschwingen mit weißem Streif auf der Innenfahne. Iris roth.

So groß und fast auch vom Ansehn eines Staars, aber das ganze Gefieder einfarbig schwarz, dunkelblau glänzend, wie beim Raben; Schnabel und Beine ebenholzschwarz, Iris blutroth. Die Handschwingen an der Basis der Innenfahne weiß, die Unterseite der Schwanzfedern bräunlich. — Ganze Länge 9", Schnabelfirste 7''', Flügel 5", mittlere Schwanzfedern 3½", Lauf 1", Mittelzehe ohne Kralle 7'''. —

Im Innern Brasiliens, auf dem Campos-Gebiet und dort nicht selten; man sieht den Vogel auf freien Zweigen einzeln stehender größerer Bäume sitzen, wo er so lange aushält, bis man ganz nahe herangekommen ist. Seine langen Kopffedern kann er sträuben und senken wie ein Wiedehopf. Ich habe ihn in der Strecke von Lagoa santa bis Congonhas vielfältig gesehen und mehrmals Individuen von meinem Sohne schießen lassen. Er hat einen dreisten Blick, wozu sein rothes Auge viel beiträgt. —

40. Gatt. Machetornis *Gray.*

Pepoaza *Lafr.*

Schnabel wie bei Cnipolegus, nur etwas stärker, die Rückenfirste leicht gebogen, die Basis etwas breiter, der Endhaken dicker; Mundrand mit feinen, mäßig starken Borsten besetzt. Gefieder ziemlich derbe, die Scheitelfedern zugespitzt, nach hinten haubenförmig verlängert. Flügel nicht so lang und spitz, nur bis auf den Anfang des Schwanzes hinabreichend; die erste Schwinge sichelförmig verschmälert, stark verkürzt; die zweite ähnlich gestaltet, aber größer. Schwanz lang, kaum abgerundet, die äußern Federn wenig verkürzt. Beine hoch und stark, in allen Stücken kräftiger als bei Cnipolegus.

Machetornis rixosus.

Tyrannus rixosus *Vieill.* N. Dict. V. 35. pag. 85. — *Id.* Enc. méth. II. 852. —
Tyrannus ambulans *Swains.* Quartl. Journ. XX. 279. 15.
Muscicapa Joazeiro *Spix* Av. Bras. II. 17. 12. tb. 23.
Pepoaza rixosa *D'Orb.* Voy. Am. mer. Ois. 350. n. 276.
Suiriri, *Azara*, Apunt. II. 148. no. 197. —

Rückengefieder olivengrün, Bauchseite gelb; Scheitelmitte feuerroth, Kehle weiß. —

Gestalt und Größe wie bei Cnipolegus comatus; Schnabel hornschwarz, Iris orange, Beine glänzend schwarz. Ganzes Rückengefieder olivengrün, die Schwingen und Schwanzfedern brauner, die Deckfedern ohne lichtere Ränder; alle seitlichen Schwanzfedern mit breiter, gelblicher Spitze; die Schwanzdecken lang, die oberen rostroth gerandet. Stirn, Zügel und Backen grau überlaufen; die Mitte des Scheitels orange oder feuerroth, die Kehle bis zum Vorderhals blaßgelb; die Brust, der Bauch und der Steiß citronengelb. Schwingen an der Innenfahne breit blaß gesäumt, die untern Deckfedern citronengelb.

Ganze Länge 7″ 4‴, Schnabelfirste 8‴, Flügel 4″, Schwanz 3″.

Im ganzen Camposgebiet des innern Brasiliens, von Buenos Ayres bis über den Amazonenstrom hinauf, aber mehr in der westlichen, als in der östlichen Hälfte zu Hause; lebt paarweis oder in kleinen Gesellschaften, ist wenig scheu, kommt bis in die Nähe der Ansiedelungen; fällt oft größere Raubvögel an, wie der Bentavi, und sucht, den Anus ähnlich, das Ungeziefer von den Körpern der Hausthiere. D'Orbigny sah den Vogel in einem Neste des Furnarius brüten und 4—5 Eier legen von blaßer Rosafarbe, dicht mit länglich rostrothen Flecken bestreut, die mit kleinern runden gemischt waren und sich besonders am stumpfern Ende dichter gesammelt hatten (Voy. Am. mer. Ois. pl. 51. fig. 4. — *Thienemann*, Fortpfl. d. ges. Vögel. Taf. 24. fig. 9.). — Mir ist der Vogel auf meiner Reise nicht vorgekommen, das Gebiet ist zu östlich gelegen. —

41. Gatt. Taenioptera *Bonap.*

Xolmis *Boje*. Pepoaza *Lafr.* Blechropus *Swains.*

Schnabel stark, die Rückenfirste anfangs grade, hernach sanft gebogen, ohne abgesetzte Kante; der Endhaken kurz, die Nasengrube mit dem Nasenloch mehr nach innen gerückt, der Mundrand mit ziemlich steifen, aber kurzen Borsten besetzt. Flügel lang und spitz, die erste Schwinge nur wenig verkürzt, die zweite beinahe so lang wie die dritte, längste; ruhend reichen die Flügel über die Mitte des Schwanzes hinab. Schwanz stark, grade abgestutzt, am Ende am breitesten, mitunter leicht ausgeschnitten. Beine mäßig hoch, stark, die Laufsohle am hintern Seitenrande getäfelt; die Außen- und Mittelzehe nur sehr wenig verwachsen; alle Krallen lang, spitz aber mäßig gekrümmt. —

1. Taenioptera Nengeta *Bon.*

Lanius Nengeta *Linn.* S. Nat. I. 135. 7. — *Lath.* Ind. orn. I. 68. 7.
Muscicapa polyglotta *Licht.* Doubl. 54. 554. — *Pr. Max.* Beitr. III. b. 862. 22. — *Spix* Av. Bras. II. 18. 13. tb. 24.
Tyrannus pepoaza *Vieill.* N. Dict. T. 35. 91. — *Id.* Enc meth. Orn. II. 855. —
Pepoaza polyglotta *Lafr. D'Orb.* Voy. Am. mer. Ois. 346. n. 268. —
Pepoazá, *Azara* Apunt. II. 166. 201.

Gefieder grau, Flügel und Schwanz schwarz, die Schwingen am Grunde, die Schwanzfedern hier und an der Spitze weiß; Kehle und Steiß weiß, unter dem Auge ein schwarzer Streif. —

So groß wie ein Krammetsvogel, auch ziemlich so gestaltet. Schnabel schieferschwarz. Iris blutroth. Gefieder grau; große Flügeldeckfedern, Schwingen und Schwanz schwarz, erstere graulich gesäumt. Alle Handschwingen mit breiter weißer Basis, die Armschwingen mit weißem Endrande, mitunter die eine oder andere auch ganz weiß; Schwanzfedern weiß am Grunde und mit weißer Spitze, die äußere auch mit weißem Außenrande. Kehle weiß, desgleichen die Zügel bis zum Augenrande; an dem Auge ein schwarzer Fleck, der sich als Streif an der Grenze der weißen Kehle herabzieht. Brust grau, Bauch und Steiß weiß; Beine glänzend schwarz.

Ganze Länge 9″, Schnabelfirste 9‴, Flügel 5½″, Schwanz 3″, Lauf 1″ 2‴, Mittelzehe ohne Kralle 9‴. —

Im inneren Camposgebiet und dort überall einer der gemeinsten und wegen seiner Größe bekanntesten, aber nur einzeln oder paarig auftretenden Vögel; dreist und verwegen, bis zum Uebermuth, ohne alle Scheu nahe beim Schützen aushaltend. So nahm mal ein solcher Vogel meinem Sohn einen Trochilus macrurus, als er geschossen vom Baum fiel, und zog damit ab. Nistet dicht bei Häusern auf hohen Macauba-Palmen zwischen den Blattstengeln und legt 4—5 ganz weiße, sehr kugelige Eier (*D'Orbigny* Voy. Am. mer. Ois. pl. 39. f. n.). Der Name Musc. polyglotta ist nicht passend, man hört zwar von ihm eine kreischende Stimme, wenn man den Vogel jagt und er dann ängstlich oder erzürnt wird, aber mannigfaltig ist sie nicht. —

2. Taenioptera velata *Licht.*

Muscicapa velata *Licht.* Doubl. etc. 54. 555. — *Pr. Max.* Beitr. III. b. 859. 21. — *Spix* Av. Bras. II. 17. 11. tb. 22.
Pepoaza velata *D'Orbigny*, Voy. Am. mer. Ois. 347. no. 270.

Rückengefieder grau, die Stirn und alle untern Theile weiß. Flügel und Schwanz schwarz, die Armschwingen weiß gerandet, die Schwanzfedern nur am Grunde weiß. —

Etwas kleiner als die vorige Art, aber völlig ebenso gestaltet. Schnabel und Beine schwarz, Iris roth. Rückengefieder lichter bleigrau; Stirn, Augenrand, Zügel und alle unteren Theile rein weiß; Flügel schwarz, die obersten kleinsten Deckfedern grau, die großen Deckfedern etwas blasser gerandet; die Handschwingen an der Innenfahne weiß gesäumt, die Armschwingen am ganzen Rande. Schwanzfedern zur Hälfte weiß, dann tief kohlschwarz.

Ganze Länge 8″, Schnabelfirste 8‴, Flügel 5″, Schwanz 2″ 9‴, Lauf 1″ 1‴, Mittelzehe 8‴. —

An denselben Orten, und oft in Gesellschaft mit der vorigen Art, ebenso einzeln oder paarig sichtbar, aber nicht ganz so dreist, und namentlich nicht so dicht bei den Ansiedelungen nistend. Bei Lagoa santa war auch sie täglich zu treffen.

3. Taenioptera moesta *Licht.*

Muscicapa moesta *Licht.* Doubl. etc. 55. 557.
Muscicapa nivea *Spix* Av. Bras. II. 20. 19. tb. 29. f. 1.
Tyrannus iruperu *Vieill.* N. Dict. T. 35. 92. — *Id.* Enc. meth. Orn. II. 856.
Pepoaza iruperu, *Lafr. D'Orb.* Voy. Am. mer. Ois. 348. no. 271.
Pepoaza iruperu *Azara,* Apunt. II. 171. 204.

Rein weiß, vorderste Handschwingen und die Spitze des Schwanzes schwarz. —

Schnabel und Beine schwarz, wie bei den vorigen Arten, die Iris roth; das ganze Gefieder weiß, nur die vorderen großen Deckfedern, die 4—6 ersten Handschwingen und ein ziemlich breiter Rand am Ende des Schwanzes schwarz; die beiden ersten Handschwingen abgesetzt zugespitzt, mit feinerer Spitze. —

Ganze Länge 7″, Schnabelfirste 6‴, Flügel 4½″, Schwanz 2¼″, Lauf 1″. —

In St. Paulo und St. Catharina bis nach Montevideo hinab; eben so dreist und nahe bei den Ansiedelungen, wie Taenioptera Nengeta, mit welcher und der vorigen Art sie das ganze Benehmen gemein hat. —

Anm. Außer den hier beschriebenen drei Arten bewohnen noch einige verwandte, z. Th. ähnliche Vögel diese südlichsten Theile Brasiliens, weshalb ich sie hier kurz definiren will:

4. Taenioptera coronata. Tyrannus coronatus *Vieill.* N. Dict. T. 35. 92. — *Id.* Enc. meth. II. 855. — Muscicapa vittigera *Licht.* Doubl. 54. sub no. 554. — Pepoaza coronata *D'Orb.* Voy. etc. Ois. 550. 275. — *Azara* Apunt. II. 168. 202. — *Darwin,* Zool. Beagl. Orn. p. 54. — Rückengefieder rauchgrau, Unterseite weiß; Oberkopf schwarz, Stirn und Backen weiß; Schwingen schwarz, innen weiß gesäumt; Schwanz schwarz, mit weißgrauer Spitze. Ganze Länge 8″, Schnabelfirste 7‴, Flügel 5″, Schwanz 3″. —

5. Taenioptera dominicana. Tyrannus dominicanus *Vieill.* N. Dict. T. 35. pag. 92. — Enc. meth. Orn. II. 856. — Pepoaza dominicana *D'Orb.* Voy.

Am. mer. Ois. 347. no. 269. — *Azara*, Apunt. II. 170. 203. — Fluvicola Azarae *Gould*. Zool. Beagl. Orn. pag. 53. pl. 10. — Ganzes Gefieder weiß, Flügel und Schwanz schwarz, die Schwingen mit weißen Spitzen, die erste mit abgesetzter feiner Spitze versehen. — Ganze Länge 7½", Schnabelfirste 5"', Flügel 5", Schwanz 3", Lauf 1" 1"'. —

6. Taenioptera atricapilla, Tyrannus atricapillus *Vieill*. N. Dict. T. 35. pag. 92. — *Id* Enc. meth. Orn. II. 856. — Pepoaza cabeza negra *Azara* Apunt. II. 174. 206. — Gefieder weiß, die Brust und der Rücken ins graue spielend; Kopf, Flügel und Schwanz schwarz, die Schwingen am Innenrande und die 3 letzten Armschwingen weiß; Schnabel und Beine horngrau. — Ganze Länge 7", Schnabelfirste 6"', Flügel 5", Schwanz 2½", Lauf 1" 3"'. —

7. Taenioptera icterophrys *Vieill.*

Muscicapa icterophrys *Vieill*. N. Dict. T. 21. pag. 458. — *Id*. Enc. meth. Orn. II. 832. —
Muscicapa chrysochloris *Pr. Max* Beitr. III. b. 793. 2.
Suiriri icterophrys *D'Orb*. Voy. Am. mer. Ois. 338. no. 257.
Tyrannus Cinchoneti *v. Tschudi* Fn. per. Orn. 151. 2. tb. 8. fig. 2.
Suiriri obscure y amarillo *Azara* Apunt. II. 118. 183.

Rückengefieder olivengrün, Flügel und Schwanz graubraun, die Deckfedern und hinteren Armschwingen weiß gerandet; Unterseite lebhaft citronengelb.

So groß wie eine gelbe Bachstelze und der auch im Ansehn nicht unähnlich. Schnabel etwas flacher, die Firste mehr abgesetzt, schieferschwarz. Ganzes Gefieder des Rückens dunkelgrün, wie mit schieferschwarz unterlegt; die Stirn, ein Streif über dem Auge, die Zügel, Kehle und die ganze Unterseite lebhaft und rein citronengelb, bei jungen Vögeln matter. Flügel schieferschwarz, die obersten kleinsten Deckfedern grünlich, die unteren und die großen Deckfedern weiß gesäumt, ebenso die 4—5 letzten Armschwingen, die übrigen nur mit sehr schmalem weißlichem äußerem Rande, aber breitem weißem Saum an der Innenfahne. Schwanz schwarzbraun, die äußere Feder mit weißlichem Rande. Beine schwarz, Iris braun. —

Das Weibchen und der junge Vogel sind matter gefärbt, besonders am Bauch, und haben breitere weißliche Säume am Flügelgefieder. —

Ganze Länge 6", Schnabelfirste 4"', Flügel 4", Schwanz 2", Lauf 8"', Mittelzehe ohne Kralle 5"'. —

Dieser Vogel ist stellenweis häufig, so bei Neu-Freiburg und Lagoa santa; er hält sich in schattigen Gebüschen auf, ist wenig scheu, liebt die Nähe des Wassers, und hat in seinem Benehmen viel von der Bachstelze. Er nistet ebenda und legt 4 weißliche Eier mit braunen Flecken und Punkten, die etwas sparsam stehen, am stumpferen Ende aber sich mehr sammeln (*D'Orbigny*, Voy. Am. mer. Ois. pl. 45. fig. 3.).

Anm. Es ist sonderbar, daß ein so häufiger Vogel noch von den neuesten Beobachter erkannt werden konnte; denn obgleich die Abbildung in von Tschudi's Fauna peruana schlecht ist, und namentlich einen zu dicken Schnabel hat, so kann sie doch nur hierher gezogen werden. Bonaparte stellt die Art zu Fluvicola, was auch der etwas feinere Schnabel wohl zugiebt, allein Zeichnung und Schwanzbildung verweisen sie unter Taenioptera. —

Die ihr zunächst verwandte Art ist:

8. Taenioptera Suiriri. Muscicapa Suiriri *Vieill.* N. Dict. T. 21. 287. — Enc. meth. Orn. II. 820. — Suiriri suiriri *D'Orbigny* Voy. Am. mer. Ois. 336. no. 225. — Suiriri ordinario *Azara* Apunt. II. 111. 179. — Kopf und Nacken bleigrau, Rücken und Bürzel grünlich; Kehle weiß, Brust hellgrau, Bauch gelblich; Schwingen und Schwanz schwarz, die Flügelfedern und die äußeren Schwanzfedern weißlich gerandet. Schnabel und Beine schwarz, Iris braun. Ganze Länge 6″, Schnabelfirste 5‴, Flügel 4″, Schwanz 2″ 2‴, Lauf 10‴. —

42. Gatt. Fluvicola *Swains.*

Entomophagus *Pr. Wied.*

Schnabel ziemlich flach, kleiner als bei Taenioptera, die Rückenfirste scharf abgesetzt, die Basis relativ breiter; die Nasengrube länger tiefer und das Nasenloch mehr auf die Seite gerückt; Mundrandborsten sehr lang, nur wenig kürzer als der Schnabel. Gefieder weicher, Flügel und Schwanz kürzer als bei Taenioptera; auch die erste Schwinge mehr verkürzt und die Schwanzform mehr oder minder abgerundet, die einzelnen Federn schmäler, die seitlichen viel kürzer. Beine hoch und fein gebaut, der Lauf relativ höher als bei Taenioptera, die Zehen dünner, die Krallen feiner und gestreckter. -

1. Fluvicola mystacea *Pr. Wied.*

Entomophagus mystaceus *Pr. Max* Beitr. II. b. 783. 1. —
Muscicapa mystacea *Spix* Av. Bras. II. 22. 23. tb. 31. —
Muscicapa Nengeta *Licht.* Doubl. 56. 576.
Fluvicola cursoria *Swains.* Zool. Ill. n. 5. pl. 47.
Platyrhynchus pseudogilla *Lesson.*
Muscicapa climacura *Vieill.*

Gefieder weiß, ein Streif am Auge, die Flügel und der Schwanz schwarz, letztere mit weißer Spitze.

Schnabel und Beine schwarz, Iris braun. Gefieder ganz weiß, der Rücken isabellgraugelb überlaufen, der Steiß blaßgelb. Flügel einfarbig schwarzbraun; Schwanzfedern reiner schwarz, die Spitzen weiß, an den äußeren kürzeren Federn allmälig breiter. Hinter dem Auge bis zum Ohr ein schwarzer Streif.

Weibchen und junger Vogel matter gefärbt, der Scheitel grau überlaufen; große Flügeldeckfedern weißlich gerandet, mitunter auch die hintersten Armschwingen. —

Ganze Länge 6" 4‴, Schnabelfirste 5½‴, Flügel 3", Schwanz 2" 4‴, Lauf 1", Mittelzehe ohne die Kralle 5½‴. —

Im Waldgebiet der Küstenstrecke an Bächen und Flüssen, auf deren Ufern der Vogel ganz wie eine Bachstelze herumläuft, daher ihn die Brasilianer auch die Wäscherin (Lavandeira) nennen. Uebrigens einsam und wenig scheu, wie die Fluvicolinen alle, und still, gleichsam traurig im Betragen. —

2. Fluvicola bicolor *Gmel.*

Muscicapa bicolor *Gmel. Linn.* S. Nat. I. 2. 946. — *Buff.* pl. enl. 566. 3. u. 675. 1. — *Lath.* Ind. orn. II. 469. 4.
Fluvicola bicolor *Swains.* zool. Illust. l. l. — *Schomb.* Reise III. 703. 169. — *D'Orbign.* Voy. Am. mer. Ois. 343. no. 264.
Platyrhynchus bicolor *Vieill.* Enc. meth. Orn. II. 837. — N. Dict. T. 27. pag. 13. —
Muscicapa albiventer *Spix.* Av Bras. II. 21. 20. tb. 30. f. 1. (juv).
Suiriri dominico *Azara* Apunt. II. 100. no. 175.

Rückengefieder schwarz, Unterseite und Stirn weiß; kleine Flügeldeckfedern weiß, die übrigen und die Schwanzfedern weiß gesäumt. —

Kopfseiten, Stirn, Kehle und die ganze Bauchfläche weiß; Scheitel, Nacken, Rücken, Flügel und Schwanz schieferschwarz; ebenso der Schnabel und die Beine. Junge oder weibliche Vögel behalten diesen einfarbigen Rücken; alte männliche Individuen haben weiße Säume an den Flügelfedern und meistens ganz weiße kleinste Deckfedern. Die Schwingen sind am Innenrande breiter weiß gesäumt und die vier äußeren Schwanzfedern jeder Seite haben feine weiße Spitzen. Der Schwanz ist etwas kürzer, aber die äußern Federn weniger verkürzt, er erscheint darum weniger abgerundet. —

Ganze Länge 5", Flügel 3", Schnabelfirste 5‴, Schwanz 1" 8‴, Lauf 13‴.

Lebt an ähnlichen Localitäten wie die vorige Art, hält sich aber mehr in den nördlichen Gegenden Brasiliens, auch tiefer im Innern auf, und kam mir nicht vor. Das Nest ist bekannt, sitzt in Gebüschen nicht sehr hoch, besteht fast nur aus Baumwolle, und enthält 2, höchstens 3 weißliche, am stumpfen Ende sparsam braun gefleckte Eier (*D'Orbigny*, Voy. Am. mer. Ois. pl. 57. fig. 3.).

Nachträge.

I. Zum ersten Bande. (Berlin 1854.)

S. 25. Meine Bearbeitung der Gatt. Cebus ist in den Abhandl. der naturf. Gesellsch. z. Halle II. Bd. S. 81 flgd. nunmehr erschienen; ich verweise darauf, ohne die Resultate hier zu besprechen. —

S. 91. Caninae. Neue Zusendungen haben mich in den Besitz aller bekannten wilden Hunde-Arten Süd-Amerika's gesetzt und dadurch die früheren Resultate wesentlich modificirt. Ich berichte darüber ausführlich in den Erläuterungen zur Fauna Brasil. I. Abth. Berlin 1856. Fol. Hier ist gezeigt:

1) Daß der Seite 103 u. flgd. als eine Marderform beschriebene Icticyon venaticus Lunds wirklich zur Gruppe der Hunde gehört, Dr. Lund's Ansicht also mit Unrecht von mir beanstandet wurde. Das Thier hat übrigens nicht 14 Rippenpaare und 6 Lenden-Wirbel, sondern 13 Rippen tragende Rückenwirbel und 7 Lendenwirbel; es ist außerdem von Gray als Cynalicus melanogaster (Ann. et Mag. of nat. hist. 1846. XVII. 293.) und von Schinz als Melictis Besckii (Guer. Rev. zool. 1848. T. 177.) beschrieben worden.

2) Canis Azarae *aut.* S. 96 begreift 2 Arten in sich; die eine ist der ächte Canis Azarae von *Rengger*, *Fr. Cuvier* und *Waterhouse*, Azara's Aguarachai und lebt bloß im Gebiet des Rio de la Plata; die andere, wohin Canis brasiliensis *Lund*, C. melampus *Wagn.* zu ziehen sind, ist wahrscheinlich einerlei mit Canis cancrivorus *Desm.* Zu ihr gehört der Waldfuchs (Raposo do mato) der Brasilianer.

3) Canis Azarae des Prinzen zu Wied bezieht sich auf keine der beiden vorigen Spezies, sondern auf den Canis vetulus *Lund*, womit dessen C. fulvicaudis zusammenfällt; beide sind Camposfüchse (Raposo do campo).

4) Eine gute Art ist Canis magellanicus, sie steht dem C. jubatus in Größe und Farbe am nächsten; Canis fulvipes *Waterh.* dagegen scheint vom ächten C. Azarae *Rengg.* kaum verschieden zu sein. —

S. 109. Der letzte Satz dieser Seite muß so lauten: Das Gebiß gleicht zwar dem der vorigen Art, hat aber schärfere Kanten und der obere Fleischzahn einen viel breiteren, weniger abgesetzten, fast zweispitzigen Höcker, während dem unteren der kleinere innere Nebenhöcker abgeht; — auch ist der obere Kauzahn nach innen beträchtlich schmäler. Häufig fehlt der erste Lückenzahn, besonders im Oberkiefer. Die Milchgebiße beider Arten zeigen mehr Uebereinstimmung; denn der innere Nebenhöcker am unteren Fleischzahn wird in diesem Alter bei beiden vermißt.

In den Abhandl. d. naturf. Gesellsch. z. Halle. II. Bd. Sitzungsber. S. 46 habe ich Mittheilungen über Mustela brasiliensis *aut*. gemacht und gezeigt, daß diese Art nicht in Brasilien, sondern in Californien lebt. Der von D'Orbigny als ihr angehörig abgebildete Schädel ist vom Grison (Galictis vittata).

S. 129. Auch über die Beutelthiere werden die Erläuterungen zur Fauna Brasiliens I. Abth. neue Aufklärungen enthalten, denen ich indessen hier nicht vorgreifen will; nur soviel sei erwähnt, daß fast alle Arten mit langen Stichelhaaren zu Zeiten (in der Jugend und im Sommer) braune, zu andern Zeiten (im Alter und Winter) weiße Grannenhaare haben können.

S. 136. Z. 2 von oben streiche wollig; der Pelz von D. myosurus ist zwar weich, aber glatt, kurz und etwas straffer, als der von D. Quica, der die Art zunächst steht.

S. 293. Die hier beschriebene brasilianische Art mit 5 Zehen an allen Pfoten ist von der südlichen in Paraguay, die wirklich vier Zehen an den vordern hat, verschieden. Man streiche daher unter den Synonymen die Citate aus *Clusius*, *Seba* und *Azara*, welche die südliche Art (Dasyp. conurus *Geoff.*) beschreiben und ebenso die Worte Zeile 18 v. oben: nicht 4, wie man bisher annahm und setze statt der Note *) nachstehende.

*) Isid. Geoffroy St. Hilaire hat nachgewiesen, daß unter dem Apar zwei Arten stecken, von denen die südliche, welche Azara (Apunt. II. 161. no. 60) als Mataco beschrieb, wirklich vier Zehen an den Vorderpfoten besitzt. Letztere nennt Geoffroy Das. conurus; sie hat neun Zähne, Das. 3-cinctus nur acht. Vgl. Compt. rend. etc. XXIV. N. 14. S. 572. — Burm. D'Alt. Zeitg. etc. I. 29. — Guérin Revue zool. 1847. S. 135 flgd.

S. 315. Einige Spießhirsche haben im männlichen Geschlecht Eckzähne, so die Art, welche in Cayenne und Surinam den brasilianischen C. rufus vertritt. Dieselbe nennt Pucheran nach Cuviers Vorgange Cervus rufus, die etwas kleinere Form Brasiliens ohne Eckzähne beim Männchen mit Hamilton-Smith Cervus simplicicornis. Dann bekommt unser Cerv. simplicicornis (S. 317) den Namen Cervus nemorivagus. Vgl. *Pucheran* Monogr. d. Cerfs etc. a. a. O. —

S. 331. Cuvier giebt in seiner vergl. Anatomie beim Tapir andere Wirbelzahlen und das hat mich bestimmt, unsere hiesigen Skelete nochmals zu prüfen. Ich finde bei Tapirus Suillus jetzt 18 Rippen tragende Wirbel, wovon 9 direct ans Brustbein stoßen, 4 Lendenwirbel und 6 Kreuzwirbel, der früher zur Lendenpartie von mir gezählte erste Kreuzwirbel wird aber richtiger zum Kreuzbein gezogen, weil er das Darmbein mit trägt und außer ihm nur noch der folgende; die hinteren 4 Wirbel sind frei. Der Schwanz hat zwar 13 Wirbel, aber der letzte ist bloß ein Knötchen. — Bei Tapirus indicus ist ein Rippenpaar mehr vorhanden, also 19; Lendenwirbel zähle ich ebenfalls 4, Kreuzwirbel aber 7, wovon die 3 ersten an das Darmbein stoßen; Schwanzwirbel sind nur 9 da, es fehlen noch mehrere. Cuviers Angabe von 20 Rippenpaaren möchte wohl auf einem Irrthum beruhen.

II. Zum zweiten Bande.

S. 31 u. 33. Die hier beschriebenen Eier von Cathartes Aura und C. Urubu sind verwechselt, die Beschreibung Seite 31 gehört zum Urubu, die Seite 33 zum Aura.

S. 32. Ein sehr störender Druckfehler steht hier in der Note; wo es Z. 2 v. unten Kropf statt Kopf heißen muß.

S. 40. Ueber die Stimme des schwarzen Caracara (Polyborus vulgaris) macht Darwin (naturwiss. Reisen, v. Dieffenbach I. S. 62.) bemerkenswerthe Angaben.

S. 53. Nach Einsicht der Exemplare des zoologischen Museums zu Berlin habe ich mich überzeugt, daß die von mir ausgesprochene Meinung, Temminck's Buteo lacernulatus pl. 437 könne zu Buteo tricolor *D'Orb.* gehören, nicht stichhaltig ist; D'Orbigny's Figur des Männchens ist vielmehr zu hellgrau gefärbt, und der männliche Vogel genannter Art, wie er im Berl. Mus. steht, hat einen schwärzlich schiefergrauen Ton. Indessen bezweifle ich doch, daß der B. lacernulatus *Temm.* zu der von mir als B. scotopterus beschriebenen Art gezogen werden darf; kein Exemplar in Berlin hat so helle Farben.

Was die drei in der Note 2. erwähnten Arten betrifft, so sind nur die beiden ersten ächte Buteones, die dritte (F. melanops) ist ein Habicht, der den Flügelschnitt von Climacocercus mit der Schwanzbildung von Nisus verbindet, und unter den Habichten stehen muß.

F. albicollis *Lath.* hat in der Jugend gar keine weißen Spitzen am Flügeldeckgefieder, und im Alter bloß an den Achselfedern und Armschwingen; sein Rücken ist bis zum Schwanz hinab schwarz, mit weißen Querstreifen; der Schwanz schwarz, am Ende breit weiß, welche weiße Strecke mit zunehmendem Alter breiter wird. Die Exemplare sind von Bahia.

F. poecilonotus *Temm.* pl. col. 9 hat nicht bloß an den Achselfedern und Armschwingen, sondern auch an allen äußeren Flügeldeckfedern, weiße Spitzen, einen rein weißen Unterrücken und einen weißen Schwanz, mit einer schwarzen Querbinde, die in der Jugend sehr breit ist und allmälig immer schmäler wird. Die Exemplare sind aus Guyana und Columbien.

Beide Arten sind größer als B. scotopterus, gegen 20" lang, haben stärkere Schnäbel und viel stärkere Beine mit etwas kürzerem Lauf, kürzeren Zehen und größeren Krallen.

S. 62. Unter Spizaëtus tyrannus stecken nach den Untersuchungen von de Murs und Lafresnaye, zwei verschiedene Arten (Revue zoolog. etc. 1847. S. 315 und 1848. S. 35 u. S. 134.). Ich habe die Exemplare unserer Sammlung auf die hier festgestellten Unterschiede geprüft und gefunden, daß allerdings zwei Formen, eine etwas größere und eine relativ kleinere mit stärkerem Schnabel und größeren Fängen existiren; allein ich gehe nicht so weit, daraus zwei verschiedene Spezies zu machen; sagt doch Lafresnaye selbst (Rev. zool. 1848. S. 135.) daß beide in der Farbe und Zeichnung keinen rechten Unterschied darbieten, was sicher für zwei wirklich verschiedene Arten so großer Vögel höchst überraschend sein würde.

Mein kleineres Exemplar ist entschieden ein alter Vogel, was der große starke Schnabel und die langen Fänge beweisen; es mißt von der Schnabelspitze bis zum Schwanzende 25″, die Flügel sind 15½″ lang, der Schwanz 11″, der Lauf 3¼″; der Oberkopf ist blaßgelb mit schwarzbraunen Federspitzen; die Kehle fast weiß, breit schwarz gestreift; der Rücken trüber braun, mit verloschenen dunkleren Querbinden; das Schenkelgefieder deutlich weiß quergebändert, nicht getüpfelt, und lang abstehend, wie bei den ächten Adlern. Das Individuum wurde von einem Naturalien-Händler erstanden, daher sein Heimathsort nicht genau angegeben werden kann. — Diese Form nennen de Murs und Lafresnaye Spizaëtus braccatus und ziehen dahin *Spix* Av. Bras. I. 7. tb. 3. —

Mein größeres Exemplar hat einen relativ kleineren Schnabel, kürzere Fänge, höhere Läufe und eine viel reinere Farbe; die Federn des Oberkopfes sind nur in der Tiefe weiß; die des Rückens röthlicher braun, des Nackens und der Kehle ganz schwarz, des Bauchs und der Beine nicht gebändert, sondern mit Querreihen weißer Tüpfel geziert, und die Hosenfedern viel kürzer, den Lauf nur eben bedeckend. Das Individuum ist ein Weibchen und wurde bei Neu-Freiburg geschossen; seine Gesammtlänge beträgt 28″, die Flügel 17″, der Schwanz 13⅓″, der Lauf beinahe 4″. — Dies ist der Spizaëtus tyrannus Tem. pl. col. 73. — *Pr. Max*. Beitr. III. 83. —

Der Schwanz hat bei beiden Vögeln fünf hellere Binden und einen schmalen weißlichen Endrand wenigstens an den äußeren Federn; bei der ersten kleineren Form sind die lichten Binden viel breiter, als bei der zweiten größern. Ganz dasselbe gilt von den hellen Binden der Schwingen. Die unteren Flügeldeckfedern verhalten sich wie die Bauchseiten überhaupt; bei der kleineren Form sind sie breiter weiß gebändert, bei der größern weiß gefleckt. Dem Rückengefieder fehlen bei letzterer die dunklen matten Querbinden, und dafür treten lichtere schmale undeutliche Querbinden auf. —

Das sind die Unterschiede, welche ich wahrnehme; sie scheinen mir zur spezifischen Differenz nicht genügend zu sein, und nur dem Unterschiede der Größe zu entsprechen, welche bei anderen großen Raubvögeln (z. B. Bubo crassirostris und magellanicus) noch viel stärker auftreten. —

Uebrigens ist mein größeres Individuum in der Mauser begriffen, wie einzelne frische sehr dunkle Federn verrathen; mein kleines Individuum dagegen sehr abgeflogen und daher sein viel matterer Farbenton zu erklären. Ich halte das größere Exemplar für einen mäßig alten weiblichen Vogel, das kleinere für einen recht alten männlichen, dessen mehr jugendliche Form von Spix a. a. O. vorgestellt ist, wie u. a. das kurze Laufgefieder beweist. Die Zeichnung des Schwanzes ist wohl nicht ganz richtig, auch der Flügelschnitt kürzer, als an meinem Vogel; vielleicht nur weil er jünger war. —

S. 107. Eine neue Art Cymindis hat Cassin als C. Wilsonii von Cuba beschrieben (Journ. Ac. Nat. Sc. Philad. I.)

S. 217. Die Gruppirung der Spechte von Boje steht in der Isis 1826. S. 977 und 1831. S. 541; woselbst die von mir benutzten Gattungen kurz definirt werden. —

S. 256. Boje's Gattung Diplopterus ist zuerst in der Isis 1826. S. 977. für Cuculus naevius aufgestellt worden.

S. 267. Die hier festgestellte Gruppe von Coccygus nennt Boje Curcus, Isis. 1831. S. 541. —

S. 272. Einige anatomische Angaben über die Trogoniden hat T. C. Eyton in den Ann. et Mag. nat. hist. XVII. pag. 310. pl. 8 (1846) gegeben. Die Abbildungen sind roh und die Beschreibung erstreckt sich nur auf ganz allgemeine Verhältnisse.

S. 283. Hier wäre nachzutragen die Synopsis of the fissirostral Family Bucconidae by Ph. L. Sclater. Lond. 1854. 8. (Extr. Ann. et Mag. nat. hist. 2. Ser. 1854).

S. 284. Der in der Anmerkung citirte Bucco Swainsonii *Gray. Bon.* ist allerdings die von mir als Bucco macrorhynchus beschriebene brasilianische Form mit gelbem Bauch und dürfte Artrechte wohl verdienen, daher sie auch Sclater annimmt. l. l. 8. 3. Mein Capito macrorhynchus würde also Capito Swainsonii *Gray.* Gen. of Birds p. 74. — Tamat. macrorhynchus *Swains.* zool. Ill. pl. 99 zu nennen sein.

Bei Capito melanoleucus ist Bucco tectus *Bodd.* tabl. pl. enl. pag. 43 — Sclater l. l. 9. 6. nachzutragen.

S. 285. Capito macrodactylus wird von Sclater l. l. 14. 15 zu einer besonderen Gruppe Cyphos gebracht, weil die Schnabelform eigenthümlich abweiche. —

S. 290. Monasa fusca. Sclater tritt der Auffassung von Lafresnaye (Revue zool. 1848. 249) und Strickland (Contrib. to Orn. 1852. 43) bei, wornach die brasilianische Form dieser Art spezifisch von der nördlichen Guyanas getrennt werden muß. Die Brasilianische nennt er mit Hahn (ausländ. Vögel, Taf. 13. fig. 5.) Monasa torquata, und zieht dahin die Beschreibungen von Spix, Wagler, dem Prinzen zu Wied und Lichtenstein a. a. O. nebst der Abbildung von Swainson, er giebt für beide Vögel folgende Diagnosen:

Monasa fusca: brunnea, clare fulvo-striata: macula utrinque frontali et magna triangulari superpectorali albis; ventre obscure fulvescente, pedibus albidis, rostro nigro basi aurantiaco.

Monasa torquata: nigrescenti-brunnea, rufescente fulvo-striata: dorso imo, remigibus rectricibusque immaculatis pallidioribus; plaga pectorali alba, infra vitta nigra terminata; loris et ventre summo rufescentibus, ventre laterali virescente-brunneo, medio cum crisso albescentiori; pedibus nigricantibus, rostro nigro.

S. 292. Monasa Rubecula wird von Sclater in eine besondere Gruppe: Nonnula gebracht, wohin noch 2 Arten aus Neu-Granada und Peru kommen.

S. 297. Eine ähnliche Arbeit hat Sclater auch über die Galbuliden geliefert (In W. Jardine Contrib. to Ornitholog.) mit Nachträgen dazu in den Proceed. zool. Soc. Jun. 1855. Verf. bildet aus Galbula Paridisi und einer verwandten Art vom Amazonenstrom die Gruppe Urogalba; aus Galbula albiventris *Cuv.* und einer neuen Art, welche Prof. Behn in Kiel aus Goyaz mitgebracht hat, die Gruppe Brachygalba. Zu Galbula Paridisi zieht er als Synonym die G. albigularis *Spix.* trennt dagegen die G viridis *Pr. Max. z. Wied* als eigene Art: G. maculicauda von der G. viridis *Lath.* welche letztere nur in Guyana lebt und sich durch einen einfarbig erzgrünen Schwanz kenntlich macht, während bei der Art Brasiliens, wie ich sie S. 299 beschrieben habe, die äußeren Schwanzfedern z. Th. rostgelb gefärbt sind. —

Außerdem kommt noch eine neue Art von Para vor: G. cyanicollis. Cassin Pr. Av. n. Sc. Phil. 1851. 154. — G. cyanopogon *Caban. Ersch* u. *Grub.* Enc. p. 308, deren Definition so lautet:

G. aureo-viridis, pileo et colli lateribus sub oculis metallice purpurascentibus; subtus rufo-castanea, rectricibus mediis omnino et lateralibus margine externo viridibus; rostro flavo, mandibula apice nigra. Long. 7'' 5'''. —

Die Definition der neuen Brachygalba melanosterna aus Goyaz lautet:

Br. supra nigricanti-fusca, subtus nigra, mento albido, ventre medio albo; alis caudaque aenescentibus, rostro albo. Long. 7''. —

S. 364. Die Brasilianer belegen Acanthylis collaris mit dem Namen Gayotte.

S. 401. Den Catalogue of the Halcyonidae in the Coll. Acad. N. Sc. Philad. by J. Cassin Nov. 1852. erhielt ich zu spät, um ihn citiren zu können; er bringt auch für die südamerikanischen Arten nichts Neues, als daß Chloroceryle bicolor (S. 406) hier Ceryle inda genannt wird, weil Alcedo inda *Linn.* S. Nat. I. 179. — *Lath.* Ind. orn. I. 259 37. dahin gehört.

S. 465. Mein Tyrannus albogularis ist nicht Tyrannus tuberculifer *D'Orb.* Voy. d. l'Am. mer. Ois. 307. no. 206. pl. 32. f. 1. 2. denn es fehlt ihm jede Spur der beiden Höcker am Flügelrande unter dem Bug; auch ist die Farbe des Oberkopfes und der Flügel lange nicht so dunkel, bei meinem Exemplar, wie in der Abbildung a. a. O. —

S. 493. Zur zweiten Section von Euscarthmus gehört noch eine mit E. nigricans nah verwandte Art, welche ich übersehen habe, es ist:

Euscarthmus cinereus *Strickl.* Ann. et Mag. Nat. Hist. 1844. 414. — v. *Tschudi* Fn. peruana. Orn. 25 u. 1655. — Grau, Flügel und Schwanz schwärzlich, Kehle weißlich, Steiß gelblich. —

Schnabel ziemlich lang, etwas größer als bei E. nigricans, relativ breiter, flacher; schwarz, Unterkiefer am Kinn fleischroth. Iris braun. Gefieder des Rückens dunkel aschgrau, am eigentlichen Rücken bräunlich überlaufen; mittlere Scheitelfedern in der Tiefe rein weiß. Flügel und Schwanz schwarzbraun, die Deckfedern ohne helleren Saum, die Schwingen am Innenrande blasser gesäumt. Kehle und Vorderhals weißgrau; Brust und Oberbauch bleigrau, Unterbauch und Steiß gelbgrau. Beine schwarz.

Ganze Länge 5'', Schnabelfirste 4''', Flügel 2½'', Schwanz 1½'', Lauf 8'''. —

Die außerordentlich fein gebauten Beine haben einen hohen Lauf aber nicht grade lange Zehen, von denen die äußere am Grunde mit der mittleren innig verbunden ist; der Schwanz ist etwas abgerundet; die erste Schwinge 3''' kürzer als die zweite, und diese 1''' kürzer als die dritte längste. —

Bei Congonhas und Lagoa santa, in Gebüschen, aber nicht häufig. —

Druckfehler.

I. Im ersten Bande.

Seite 122 Zeile 8 v. o. l. $^{10}/_{8}$ st. $^{8}/_{10}$
— 130 — 8 v. o. l. klare st. kleine
— 142 — 1 v. o. l. schiefergrau st. lichtgrau
— 188 — 14 v. u. l. Parana st. Panama
— 237 — 14 v. u. l. Falte st. Kante
— 277 — 5 v. o. l. Mittelpunkt st. Mittepunkt
— 312 — 12 v. u. l. ein st. einen
— 329 — 13 v. o. l. 1½'' st. 1½'.

II. Im zweiten Bande.

Seite 23 Zeile 2 v. o. l. im st. in
— 32 — 2 v. u. l. Kropf st. Kopf
— 45 — 16 v. o. l. 14''' st. 14''
— 51 — 18 v. u. l. seinen st. seine
— 65 — 1 v. u. setze nicht vor „giebt" zu
— 130 — 16 v. u. l. Wangen st. Warzen
— 148 — 16 v. o. l. Bürzeldrüse st. Bügeldrüse
— 151 — 18 v. o. desgleichen.
— 157 — 1 v. o. l. großen st. große
— 158 — 1 v. u. l. Ararauna st. Araraura
— 256 — 10 v. u. l. 1. Gatt. st. Gatt.
— 312 — 1 v. o. l. jene st. jener
— 318 — 9 v. u. l. brütten st. bauen
— 353 steht im Pagina 335 st. 353
— 364 Zeile 4 v. o. ist mittlere unrichtig von etwas getrennt
— 367 — 3 v. o. l. Noseda st. Nosada
— 381 — 8 v. o. fehlt im Citat 158. fem.

Seite	414	Zeile	16	v. u. l. Kaiserling st. Kaiserl ng
—	419	—	3	v. o. l. frei st. fein
—	419	—	5	v. o. l. gehalten st. gehallen
—	420	—	5	v. o. l. verschieden st. verschieben
—	428	—	15	v. o. setze aber stark; st. aber; stark
—	450	—	8	v. o. l. selten st. nie
—	464	—	4	v. o. l. schmalem st. schmalen
—	475	—	22	v. u. setze 2. st. 1.

Kolibri 360 GmbH
Ferdinand-Jühlke-Straße 7
99095 Erfurt, Deutschland
produktsicherheit@kolibri360.de